INTERNET OF EVERYTHING

Core Technology & Security of IoT

万物互联

物联网核心技术与安全

宋航　著

清華大學出版社
北　京

内容简介

本书是资深物联网专家十余年研究结晶之作，深入浅出地分析了物联网的概念、特点和体系结构，较全面地介绍了物联网在各个层次上的关键技术及其应用空间。在此基础上探索了基于物联网技术的应用，并且展望了物联网安全的研究前景。

本书分 7 章对物联网技术及其应用进行了相对完整的分析和介绍，是作者结合多年来信息领域理论研究基础，持续跟踪国内外物联网的发展，深入分析研究物联网理论、技术及其对相关领域的深刻影响而形成的探索性成果。第 1 章和第 2 章着重介绍了物联网的概念、特点和结构；第 3 ～ 6 章根据物联网的结构分别论述了物联网的感知识别技术体系、网络传输技术体系、管理服务技术体系和综合应用技术体系，重点阐述了面向规模化应用的管理服务层和综合应用层；在这些物联网的整体认识和技术体系结构的基础上，在第 7 章中论述了物联网安全。

本书可作为从事信息技术或者电子信息系统研究的科研管理人员、高等院校相关专业本科生或研究生的参考书籍，也可作为广大物联网及信息化爱好者的普及读物。

图书在版编目 (CIP) 数据

万物互联：物联网核心技术与安全 / 宋航著. —北京：清华大学出版社，2019 (2023.8重印)
ISBN 978-7-302-51735-1

Ⅰ. ①万… Ⅱ. ①宋… Ⅲ. ①互联网络—应用②智能技术—应用 Ⅳ. ① TP393.4 ② TP18

中国版本图书馆 CIP 数据核字（2018）第 271357 号

责任编辑：秦　健　薛　阳
封面设计：杨玉兰
责任校对：胡伟民
责任印制：杨　艳

出版发行：清华大学出版社
网　　址：http://www.tup.com.cn，http://www.wqbook.com
地　　址：北京清华大学学研大厦 A 座　　邮　　编：100084
社 总 机：010-83470000　　邮　　购：010-62786544
投稿与读者服务：010-62776969，c-service@tup.tsinghua.edu.cn
质 量 反 馈：010-62772015，zhiliang@tup.tsinghua.edu.cn
印 装 者：三河市龙大印装有限公司
经　　销：全国新华书店
开　　本：186mm × 240mm　　**印　　张：**27.5　　**字　　数：**590 千字
版　　次：2019 年 3 月第 1 版　　**印　　次：**2023 年 8 月第 10 次印刷
印　　数：10101 ~ 10400
定　　价：79.00 元

产品编号：073987-01

献　给

我的父母

Preface 序

物联网作为21世纪的一项新技术，拥有着举足轻重的技术与应用地位。早在10年前，物联网技术被确定为国家主推的核心技术，被认为是继互联网技术之后又一个带动万亿产业的牵引性技术，受到了举国推进的礼遇。但是，由于当时其他应用及配套技术等方面尚未跟上物联网技术的发展脚步，使得物联网技术陷于“孤军无援”的尴尬境地，从而未能如愿地扮演好推进万亿产业的灵魂型技术。而之后先后推进的机器人技术、大数据技术、人工智能技术等新技术的光环反过来也遮盖住了物联网技术原本具有的光环。

事实上，物联网技术尽管不至于成为推动万亿产业的灵魂型技术，但却也是变革社会形态的核心技术，尤其是在智慧城市、工业互联网等应用形态中，物联网扮演着不可或缺的角色。

我们知道，就一般性的信息系统模型而言，信息获取、信息传输、信息处理及信息利用是经典的四步功能模型。作为信息系统形态之一的物联网，则对应着感知层、传输层、处理层与控制层四个核心层次。其中，物联网在智慧城市中主要扮演的是信息获取的角色；在车联网中主要扮演的是网络传输的角色；在物流系统中主要扮演着信息汇集查询处理的角色；在工业控制中主要扮演着远程控制的角色。这些案例都是由物联网来扮演着新技术落地的支撑角色。

从安全的角度来说，物联网的安全显然也存在于感知、传输、处理、控制这四个层面。其中，在感知层面重在隐私保护与终端安全；在传输层面重在通信安全与信息保护；在处理层面重在云的安全与数据安全。上述这些原本也主要依赖的是传统的安全技术。但是，在控制层面则属于全新的问题，这是控制体系由封闭转向开放所带来的新的问题，不仅需要判定控制命令的正确与否，也要判定控制命令来源的合理性，这一切也为物联网的安全带来的新的要素提出了新的命题。

本书尝试着对物联网技术及其安全问题进行阐述，仁者见仁，智者见智，希望能给读者以启示。

方滨兴

2019年1月21日

Foreword 前　言

人类的进步源于对美好生活的向往和不懈追求。先来看本书中的几个关键词：物联网秩序、5G、LPWAN、NB-IoT、雾计算、可穿戴技术、物联网安全。这些不断推陈出新的概念刻画着物联网的发展和人类的未来。

物联网（Internet of Things，IoT）被称为继计算机、互联网和移动通信网络之后的第三次信息技术革命，其广阔的应用前景受到了世界各国的高度关注。物联网是普遍联系的网络，是基于互联网、电信网等信息网络的承载体，可以视为互联网的延伸和升级。物联网技术是蓬勃发展的技术，在信息技术发展和物联网应用的推进中，人类对外在物质世界的感知信息都将被纳入到一个融合了现在和未来的各种网络——物联网之中。毋庸置疑，人和物正在紧密地联系在物联网中。

物联网被称为全球下一个万亿美元级规模的新兴产业之一。据美国咨询机构 FORRESTER 2015 年预测，2016 年全球将会使用 64 亿个物联网（IoT）设备，而在 2020 年，这些种类将极大丰富的设备数量可能达到 500 亿台[①]。

2020 年，世界上物与物互联的业务跟人与人通信的业务相比，将达到 30:1，物联网产业的发展潜力不容小觑。EPoSS 观察认为：物联网的发展在经历技术日益成熟，并被广泛应用于物流、零售和制药领域，“物”的整合并互联之后，物体将于 2015—2020 年进入半智能化，对象能进行交互；2020 年之后物体将实现全智能化及对象个性化。

我国物联网市场规模从 2013 年的 4896 亿元到 2015 年的 7500 亿元，根据 IT 和通信业的研究机构贝叶思发布的报告，按照近五年约 30% 的年复合增速来看，2018 年前后物联网市场规模将超过 1.5 万亿元。经过近几年的努力，我国公众网络机器到机器 (M2M) 连接数已突破 1 亿，占全球总量的 31%，成为全球最大市场。工业与信息化部也在 2017 年编制的新版《电信网编号计划》中增加了物联网网号。电信运营商们正在努力推动 M2M 在物联网上的应用，华为等 ICT 领域的企业正在作为 NB-IoT 的急先锋，用行动丰满着广域低功耗物联网接入的标准。根据工业和信息化部发布的物联网 2016—2020 年发展规划，到 2020 年，将

① Dave Evans. The Internet of Things: How the Next Evolution of the Internet Is Changing Everything. April 2011; Cisco White Paper(http://bit.ly/1CJ2sNE)

基本形成具有国际竞争力的物联网产业体系，包含感知制造、网络传输、智能信息服务在内的总体产业规模将突破 1.5 万亿元，公众网络 M2M 连接数将突破 17 亿，并打造 10 个具有特色的产业集聚区。

物联网的发展和实践是科学技术发展的必然，也是人类不断追求自由和美好生活的远景。进入 21 世纪，物联网运用新一代 IT 技术把物和各种形态的网络相连，形成普遍连接的新型网络，它实现了人类社会与物理系统的深度融合，极大方便了人类的生产和生活。人类未来将能够借助物联网，以更加精细和动态的方式管理生产和生活。可以发现，物联网正在给人们的生活方式带来革命性的变化，同时也正推动着新的生产力形式的变革，将人与自然界中的各种物质紧密连接在一起。

按照信息获取、传输、处理和应用的原则，从物联网技术体系角度来看，物联网普遍被认为是四层结构。本书详细分析了物联网的概念和特点，以及物联网技术的感知识别层、网络传输层、管理服务层和综合应用层的体系结构，介绍了物联网在各个层次上的关键技术及其应用空间。在此基础之上，探索了基于物联网技术的应用，展望了物联网安全的研究前景。

书中前两章着重介绍了物联网的概念、特点和结构。中间四章根据物联网的四层结构分别论述了物联网的感知识别层技术体系、网络传输技术体系、管理服务技术体系和综合应用技术体系。物联网各层之间既相对独立又紧密联系，各层之间都有相应的中间件作为上下联系，重点放在应用层介绍。在这些物联网的整体认识和技术体系结构的基础上，于第 7 章论述了物联网安全。

在本书的写作过程中，感谢“大成”同学和“小秦”同学关于科普而不失严谨的写作风格建议。感谢海西物联网研究院，特别是张全升院长在谋篇布局中的建设性意见，感谢中山大学电子与通信工程学院陈曾平院长给予的指点和帮助。

方滨兴院士，周东方、徐昕、李建成、袁乃昌、张春华、侯德亭、王宏义、胡涛教授，吴建飞博士后和杨奋燕硕士、李震硕士、米亚岚硕士、赵喆硕士在本书结构的确定和内容校对等方面给予了帮助；广东省新一代通信与网络创新研究院、湖南时变通讯科技有限公司、武汉芯泰科技有限公司，特别是芯泰科技的夏光董事长，在信息的提供、资料收集等方面提供了支持，作者在此表示诚挚的感谢。还要感谢清华大学出版社的大力支持，特别是秦健编辑的积极协助与高效沟通，使本书能够尽早与读者见面。

本书中大量引用了互联网上世界范围的最新资讯和报刊报道，在此一并向原作者和刊发机构致谢，对于不能一一注明引用来源深表歉意。

由于作者水平有限，书中不妥之处在所难免，恳请读者不吝指正。

宋航

Content 目　录

第 0 章
究竟什么是物联网

0.1 聪明的咖啡壶

1991 年，剑桥大学特洛伊计算机实验室的科学家们在工作时，要走下两层楼梯到楼下看咖啡煮好了没有，但常常空手而归，这让工作人员觉得很烦恼。

为了解决这个麻烦，他们在咖啡壶旁边安装了一个便携式摄像机，镜头对准咖啡壶，图像以每秒 3 帧的速率传输到实验室的计算机上，以方便工作人员随时查看咖啡是否煮好，如图 0-1 所示。

图 0-1　咖啡壶和远端监测示意图（图片来源：智享生活）

1993 年，这套简单的本地“咖啡观测”系统又通过实验室网站连接到 Internet。没想到仅仅为了窥探“咖啡煮好了没有”，全世界 Internet 用户蜂拥而至，近 240 万人点击过这个“咖啡壶”网站。此外，还有数以万计的电子邮件涌入剑桥大学旅游办公室，希望能有机会亲眼看看这个神奇的咖啡壶。具有戏剧效果的是，这只被全世界偷窥的咖啡壶因为网络而闻名，最终也通过网络找到了归宿，咖啡壶在某拍卖网站高额卖出！顺着这个思路，作者特别希望有这么一个物联网幼儿园，每个家长随时可以在手机上看到孩子在园期间的状态，通过孩子的行为提醒老师，我家的宝宝想上厕所了；当然也可以用于敬老院；如果在鞋底嵌入电子标签，就可以防止走失，这就延伸到可穿戴设备。

0.2 植入的标签

在 007 系列电影《大战皇家赌场》中有这么一个情节：M 夫人让人使用貌似冲击钻的大家伙在 007 的手臂中植入了一枚电子芯片，并通过扫描设备将身份信息植入芯片，如图 0-2 所示。

007 对 M 夫人说："你想监视我？" M 夫人不动声色地说："是的。" 但正是这枚能够进行识别和定位的芯片，在关键时刻发出求救信息并分析中毒因素，使 007 死里逃生。

图 0-2　007 被植入标签用的"钻头"（图片来源：电影《大战皇家赌场》）

这枚电子芯片就是射频标签，只不过在实际生活中，人们无须植入，但须随身携带，例如身份证（2 代），还有公交（地铁）卡、门禁卡、各种支持射频识别的 Pay 工具等。在身份证能够电子化地存入手机时，人们就真的能够只带手机出远门了。

标签不仅能够被"植入"，它正被广泛应用于商品，例如超市货物的条形码、图书的身份与作者的身份、火车票下角的二维码等，如图 0-3 所示。其中，二维码不仅可以表示商品、商场，包括实物或虚拟的，还能标识人，例如图 0-3 中的二维码名片。现在二维码也可以用于打车、购物等支付行为了。当然，标签功能的实现还能够以一整套的设备出现，例如 GPS 定位系统，也就是给装备了定位芯片的物体打了个位置标签（可以用一组经度、纬度、高度组成的字符串表示）。

图 0-3　条形码和二维码

在未来的电子火车票时代，买好火车票后只需将票下载到一个卡片或手机里，避免了到火车站取票的烦恼。当然也可以把个人行程与身份证等 ID 在后台绑定。

如图 0-4 所示是电子文身和"小型胶囊"式皮下射频识别（RFID）芯片。此外，还有可植入耳朵的耳机，以及摩托罗拉公司正在研制的拥有射频识别芯片功能的药片。

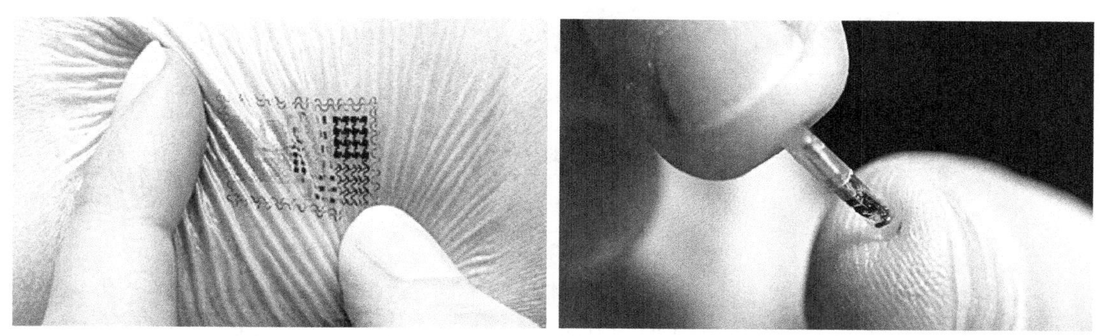

图 0-4　电子文身和皮下 RFID 芯片（来源：科技日报）

电子文身由超薄电极、电子元件、传感器、无线电源和通信系统所组成，可以测量佩戴者的心率、血压、皮肤的温度（紧张度）等数据，有助于专业人员跟踪佩戴者的健康指标（伤口的愈合情况等）。皮下射频识别芯片相应的"小型胶囊"长 12mm，直径为 2mm，采用具有良好生物适应性的 SCHOTT 8625 玻璃制作而成①。这种胶囊内置一种通信芯片，能把近距离通信（NFC）和射频识别很好地结合在一起，能使用手机上的近距离通信标准，从而实现解锁、传输名片等作用。与此同时，它也支持 ISO14443A 协议的射频识别数据传输，可以用于刷门禁、启动汽车等。

0.3 不停车的 ETC

高速公路“ETC”（电子不停车收费系统）也许是得到了“不停购物车结算”的启发。例如，在某国际大型零售超市购物结算时，顾客只需推着购物车走过结算的门禁，通过每个商品的标签自动结算，在下一个门禁付款即可，购物车在结算时不用停，避免了排队并提高了购物效率。

ETC 是指车辆在进入收费站时，通过识读车载标签设备从而实现车辆识别、信息写入，在出口处自动从预先绑定的 IC 卡或银行账户上扣除相应资金，是国际上正在不断普及的一种用于道路、大桥和隧道的电子收费系统，以提高通行效率，如图 0-5 所示。

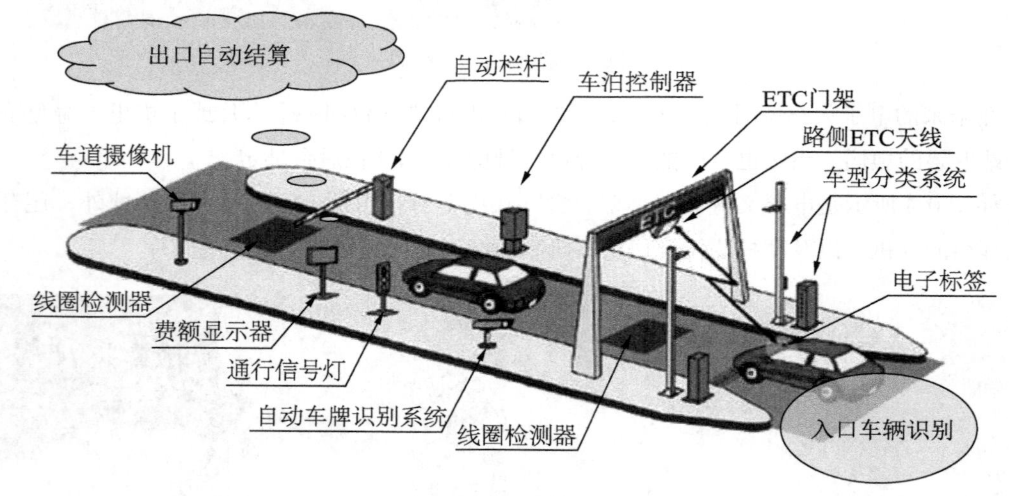

图 0-5　ETC 通行示意图

中国自主知识产权的“双片式 ETC 电子标签”获得了 2014 年度国家科学技术进步奖二等奖。车辆身份管理和公路电子收费用户卡的有机整合，能够实现车辆进入 ETC 通道时，收费站管理系统自动核对车辆信息，这也许将成为车联网的一个入口。

① 刘霞．忘记可穿戴式技术吧——可植入设备汹涌来袭．科技日报（8 版）：http://news.xinhuanet.com/tech/2014-05/14/c_126495303.htm．

0.4 思考

通过以上的例子，让我们进行递进式分析，详情见表 0-1。

表 0-1　物联网概念的递进式分析

例子	物	网	联系	关键技术	延伸应用
聪明的咖啡壶	咖啡壶	实验室网络、因特网	网络观测咖啡煮好没	视频传感器（温度计等智能传感器）	智能家电、智能家居、机器人
植入的标签	007 被 M 夫人当作“物”	情报机构无所不在的网络	标签通过情报网络告诉总部 007 的危急状况，总部通过网络和定位让附近的人救助	射频识别（RFID）、GPS 定位	灾害搜救、商品管理（沃尔玛）、物流、人员管理
ETC 系统	车辆、收费站（出入口）、银行	收费系统网络、银行网络	车辆身份识别；车在入口被自动识别、在出口计算车程费用；费用通过银行网络自动扣费	微波射频识别	防伪、超市收费、停车场管理、车联网、智能交通
对象扩展	任何物或人	泛在网络	事物之间的普遍联系	庞大的物联网技术体系	万事万物的智能化识别、定位、跟踪、监控和管理

注：横向注重关键技术的应用延伸，纵向注重列举典型应用场景。

沿着表 0-1 中“物”的一列，把物的对象扩展，通过标签技术、嵌入技术、智能技术等，让物聪明到能够与我们交流。

沿着表 0-1 中“网”的一列，把网络升级，使网络能够成为承载交流信息、翻译人与物甚至不同种类物的语言的工具。

“联系”随之扩展为万事万物的智能化识别、定位、跟踪、监控和管理。简言之，通过物联网技术，让物可以与人类交流：人类问：咖啡煮好没？咖啡壶可以答：好了。

这样就可以揭开物联网神秘的面纱，将其理解为：可以和物沟通交流的技术体系。

通过在各种各样的日常用品上植入芯片或电子标签，装入 GPS 定位系统，或者通过摄像机等传感器感知它们的状态，人类在信息与通信世界里将获得一个新的沟通维度，从任何时间、任何地点的人与人之间的沟通连接，扩展到人与物、物与物之间的沟通连接，如图 0-6 所示。

如此这般，“物联网”时代的图景：当司机出现操作失误时，汽车会自动报警；不想自驾时，无人驾驶汽车可以带我们到达目的地；公文包会提醒主人忘带了什么东西；衣服会“告诉”洗衣机对颜色和水温的要求；空调、电冰箱、电视在与我们的沟通中各司其职；炒菜机器人会按照客人的口味备好家宴；无人机快递能够把商品悄悄地放在我的阳台……

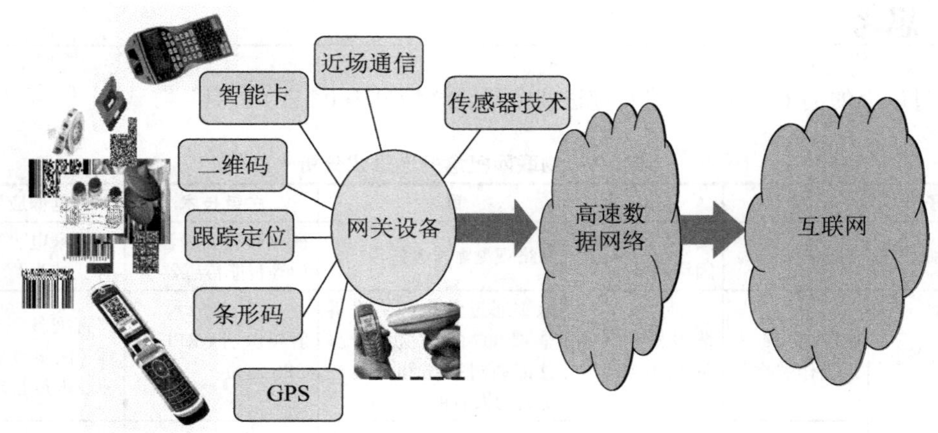

图 0-6 物联网的联网示意图

物联网中的人和物，不论工作，还是生活，井然有序，和睦共处。

0.5 安德的游戏

根据在科幻小说史上极负盛名的同名小说改编而成的电影《安德的游戏》，让人类不禁幻想未来宇宙中不同种族对于资源争夺的战争。

其中，全息投影式般的训练，人机合一般的实战，虚拟现实般的场景，引人入胜、浮想联翩。看起来与 VR[①]（虚拟现实，见图 0-7）电子游戏很相似的元素，也许能够引入到宇航员、飞行员的培养中，以降低风险。

图 0-7 《安德的游戏》中的虚拟现实（图来源：同名电影）

① Virtual Reality，虚拟现实技术，也称作沉浸技术，将在第 3 章中讨论。

心理世界、人机交互、实战场景的融合让我们不禁畅想未来物联网中人与物的一体化感知与行动。《安德的游戏》中的两项技术，已经应用于现实[①]，一个用于人机交互，另一个用于“人体修复”，如图 0-8 所示。

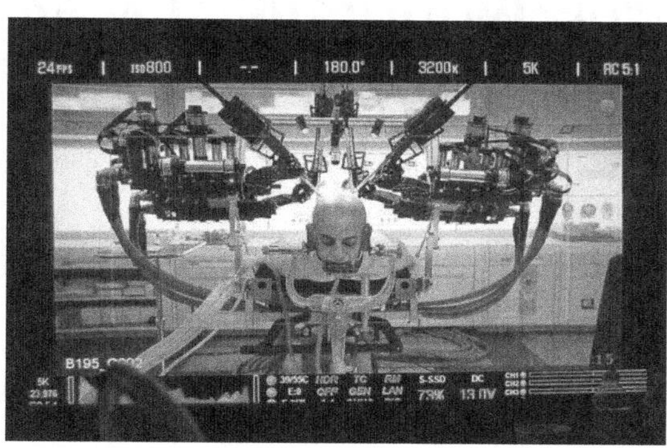

图 0-8　现实中的人机交互设备与手术机器人（来源：腾讯数码）

最后，提倡读者去思考物联网这个概念在现代的形成与丰富；但不提倡对这一概念的寻根问祖。否则，多数中国人可能会想到地动仪（传感系统）、木牛流马（无人车）、珠算（标记与运算），也许还会有人想到“天人合一，物我相通”。

本节部分内容节选自作者讲座《生活中的物联网》[②]。

① 10 个出现在科幻电影中却真实存在的智能设备，见 http://news.rfidworld.com.cn/2015_09/164c3bfd52c08c69.html。

② 作者在“豫图讲坛”的讲座，讲稿收录于《文化纵横谈：河南省图书馆讲座选集（2014）》（孔德超主编，河南人民出版社出版）。《文化纵横谈》，http://www.bookask.com/book/2159174.html。讲座 PPT 可在云盘中下载：http://pan.baidu.com/s/1eSwpYXc。

第 1 章
物联网的形成与发展

"生活

——网。"

是一首全世界最短的诗。

物联网的迅速崛起，带来了新一代的设备和服务；据统计，每天有超过 500 万个新设备，连接和融入人们的日常生活[①]。继互联网诞生以来，这些日新月异的设备和服务，预示以创新和高速增长为时代标签（典型标志）的物联网时代已经到来。

以互联网、移动通信网为代表的网络技术是 20 世纪计算机科学的一项伟大成果，它给人们的生产、生活带来深刻变化。计算机网络的功能不断强大，信息日益丰富，但终究是虚拟的，网络世界中仍然很难感知与表达现实世界，与人们所生活的现实之间存在着深深的沟壑。时代呼唤着新的信息技术。

进入 21 世纪，物联网应运而生，并正在以一个游戏规则改变者的姿态，为人们提供无数的便利；它是继互联网之后又一重大的科技创新与应用创新，正在给我们的生产、生活方式带来深刻变化。

物联网是建立在高新科技迅猛发展和网络覆盖无所不在的基础上的一个全新技术领域。它融合了感知技术、网络技术以及形形色色的颠覆人类思维的应用技术。物联网以其强大的生命力，"诱使"世界各地的政府和企业充分重视并给予它成长的土壤。

不管你做好准备没有，物联网时代已经到来了！

1.1 概念的形成

1998 年春，美国麻省理工学院（MIT）自动识别（Auto-ID[②]）中心的 Kevin Ashton 教授

① Internet of Things; A Vision For The Future．https://otalliance.org/IoT．

② Auto-ID 中心于 2003 年 11 月 1 日更名为 Auto-ID Lab，为 EPC global 提供技术支持。EPC global 旨在搭建一个可以自动识别任何地方、任何事物的开放性的全球网络，也就是我们早期所说的"物联网"原型。

在公开演讲中提出物联网（Internet of Things）这一概念[①]。概念借助射频识别（RFID）、GPS、二维码等传感器装备到电网、铁路、桥梁、隧道、公路、建筑、供水系统、大坝、油气管道以及家用电器等各种真实物体上，经过接口与无线网络相连，达到远程控制或者实现物与物的直接通信，从而给物体赋予“智能”，实现人与物体的沟通和对话，以及物与物之间的交流。

Ashton 在研究射频识别（RFID）和无线传感器网络（WSN）时提出的物联网概念，最初只是设想通过 RFID 及传感器技术让计算机对物理世界进行感知与识别，在无人干预下汇聚数据信息，以此我们就能对所有物品进行追踪和计数。他认为物联网如同互联网一样有着改变世界的巨大潜力。此时物联网的概念雏形局限在 RFID 和传感器网络的形态。

2005 年，国际电信联盟（ITU）在突尼斯举行信息社会世界峰会（WSIS），发布了《ITU 互联网报告 2005：物联网》，报告对物联网的定义为：通过将短距离的移动收发器内嵌到各种配件和日常用品中，使人与人、人与物、物与物之间形成了一种新的交流方式，即在任何时间、任何地点都可以实现交互。

与 Ashton 等人对物联网的定义相比，该定义强调的是物联网互联物品的特征并向人们展示了它的发展愿景：人们通过物联网的应用获得了一个新的沟通维度，即从任何时间任何地点的人与人之间的沟通连接，扩展到人与物、物与物之间的沟通连接。

2008 年，The Internet of Things in 2020（欧盟）报告中提出，物联网是由具有标示、虚拟个性的物体或对象所组成的网络，这些标示和个性等信息在智能空间中，使用智慧的接口与用户、社会和环境进行通信。

2009 年，美国 IBM 公司提出了以“物联网”为核心的“智慧地球”战略。IBM 首席执行官彭明盛（时任）在“智慧地球”理念中对物联网这样描述：运用新一代的 IT 技术（如 RFID 射频识别技术、传感器技术、超级计算机技术、云计算等）将传感器嵌入或装备到全球的电网、铁路、公路、桥梁、建筑、供水系统等各种物体中，并通过互联形成“物联网”；而后通过超级计算机和云计算技术，对海量的数据和信息进行分析与处理，将“物联网”整合起来，实施智能化的控制与管理，从而达到全球的“智慧”状态，最终实现“互联网 + 物联网 = 智慧地球”。此后，物联网在各个领域的解决方案逐渐丰满，包括智能能源系统、智能家居、智慧交通系统、智慧金融和保险系统、智慧零售系统、智慧医疗保健系统与智慧城市系统等，如图 1-1 所示。

---

① 关于物联网的起源，还有另外一种源于联网贩卖机的说法：1990 年，卡内基梅隆大学的校园里，有一群程序设计师，他们每次敲完代码后都习惯到楼下的可乐贩卖机买上一罐冰的可乐，可很多时候只能看着空空的可乐机败兴而回。于是他们就把楼下的贩卖机连上网络，写了段代码去监视可乐机还有多少可乐。这和前文中聪明的咖啡壶很相似。

图 1-1　智慧地球技术应用概念图（来源：IBM）

我国在 2010 年政府工作报告中，把物联网解释为：通过信息传感设备，按照约定的协议，把任何物品与互联网连接起来，进行信息交换和通信，以实现智能化识别、定位、跟踪、监控和管理的一种网络。它是在互联网基础上延伸和扩展的网络。

由此可见，物联网的概念是逐步发展和完善的。欧盟和 IBM 公司对物联网的定义类似，都以应用为特征，结合具体的行业应用对物联网进行了阐述，其中，IBM 公司对于物联网的描述更为全面一些。而中国政府报告对于物联网概念的定义更为明确一些，和以前出现的概念不同之处在于从应用的角度明确了物联网就是对物体的智能化。由此，物联网的“中国式”定义逐渐明晰。

在以计算机为代表的第一次产业浪潮，以互联网、移动通信为代表的第二次产业浪潮之后，物联网正在引领信息产业的新浪潮，其广阔的应用前景受到了各国政府的广泛重视。物联网产业蓬勃发展，对推动经济发展和社会进步的作用正逐步显现。我国正面临着加快转变经济发展方式和调整经济增长结构的机遇与挑战，作为供给侧改革中的新兴产业力量，物联网产业以其巨大的应用潜力和发展空间，对我国经济转型势必会起到巨大的推动作用。

1.2 物联网与人类社会

1. 人口数量与联网设备

人口数量、联网设备、人均联网设备之间关系的发展趋势见图 1-2 中的比较分析。

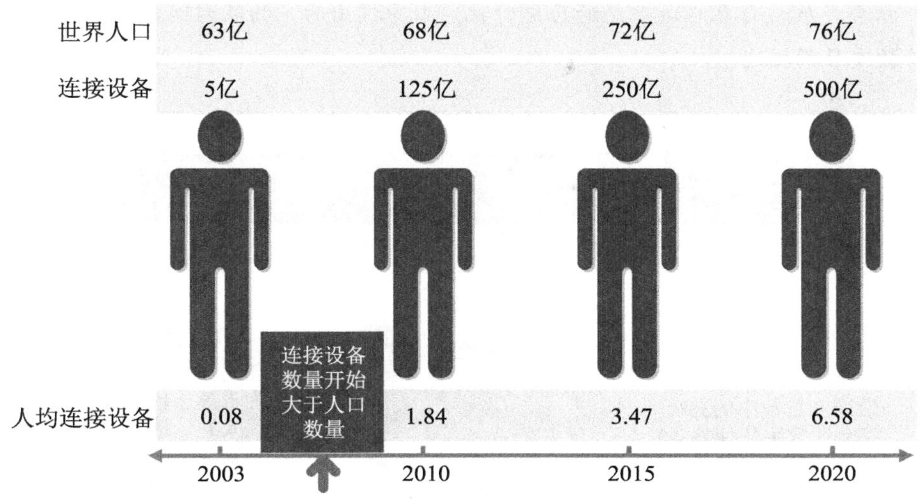

图 1-2　人口数量、联网设备、人均联网设备之间关系的发展趋势[①]

图 1-2 源自思科的统计分析。思科认为，物联网“出生”于 2008 年和 2009 年之间的联网设备数量超过全球人口数量的某一时刻。图中最有意思的不是指向了和 Forrester 预测一致的 2020 年的 500 亿台物联网设备，而在于人口数量、联网设备、人均联网设备随时间发展的正相关性。

今天，物联网正茁壮成长，如图 1-3 所示，各种各样的智能设备以急剧上升的人均数量正侵染着人们的生产与生活。物联网的出现，不仅是高新技术跨领域融合发展的需求，还是人类对自然与社会和谐发展的愿景。我们来看看几个书评。关于作者的另一本书《物联网技术及其军事应用》在“亚马逊”的评价如下。

科学技术发展到新阶段而出现的“物联网”并不是偶然的一系列的发明创造，是历史的选择，是科技发展和人类文明进步的必然，是人类重新审视和反思人与物、社会发展与自然环境和谐理念的历史时机。

——物联网爱好者于 2013 年 7 月 3 日

另一则：

《物联网技术及其军事应用》通过思考物联网作为新一代信息技术对人类社会正在产生的变革性力量，告诉我们：科学技术发展到新阶段而出现的“物联网”，并不是偶然的一系列的发明创造，是历史的选择，是科技发展和人类文明进步的必然，是人类重新审视和反思

① Cisco IBSG, 2011, Dave Evans. The Internet of Things: How the Next Evolution of the Internet Is Changing Everything. http://www.cisco.com/c/dam/en_us/about/ac79/docs/innov/IoT_IBSG_0411FINAL.pdf.

人与物、社会发展与自然环境理念的历史时机。书中提出的“物联网网格”概念恰是目前物联网现阶段发展的描述！

——佚名

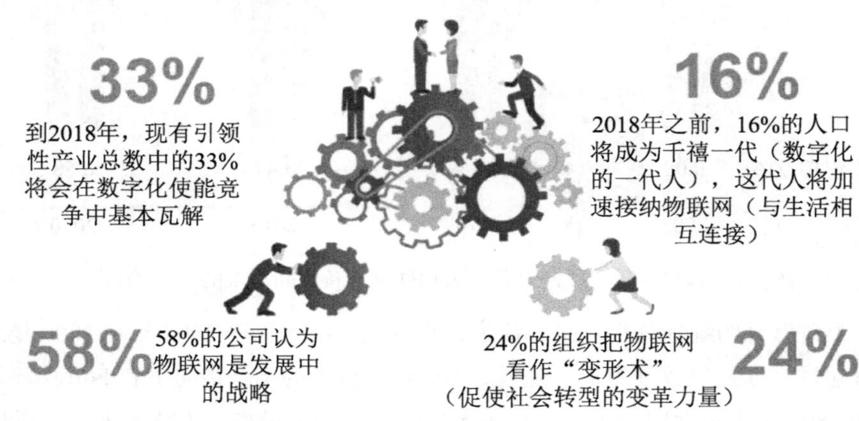

图 1-3 物联网正改变人类的生产与生活（来源：IDC，2016）

这些书评让笔者陷入“物”的思考。“天人合一，物我相通”（《周易》）很早就启示我们：发展物联网的最终目的是在自然与社会的和睦共处、友好和谐中，实现自然资源、社会资源在大环境的高度整合和科学规划，通过科学预测判断和分析，实现精细化的社会管理。

2. 天人合一的时代反思

马克思把自然界、人类和社会历史统一起来，并认为它们遵循着统一的辩证法规律。这就使得马克思的自然观不仅认为自然界先于人，先于人类社会，还明确地把人类社会看作自然界的组成部分。他指出：“历史本来是自然史的即自然界成为人这一过程的一个现实部分”[①]。

从对人与自然关系思想的发展史来看，把人与自然看作统一体的思想一直是主流。中国先秦时代的先哲们把天、道、太极等作为一切存在的本源，把天与人、人与道、人与太极等作为相互联系的、不可分割的关联性存在加以分析；宋明理学家们把“理”作为人与自然相统一的逻辑起点[②]，之后出现的“天人合一，物我相通”进一步思考人与自然的关系，把人

① 马克思恩格斯全集：第 42 卷．北京：人民出版社，1979：128.

② 陈岗，刘会齐．人与自然关系视角的物联网时代探析．经济研究导刊，2012，(10)：189—190．http://www.docin.com/p-456656473.html.

与“天”的关系，引申至社会中个体与群体的关系。

原始社会，人类在被动适应“天”中苟延残喘，不断尝试创造生产工具，在求生本能的驱使下顺应自然，生存寿命很短。

人与人之间通过简单信息传递系统实现了交流，人与自然之间表现为人类艰苦卓绝的抗争。那个时代人类没有能力改变自然界，每一个人的存在都是为了维持生命的延续；人与自然的博弈中，尽管人类显然处于劣势，但是在博弈中获得了改造自然界的主观能力。人为了自己的生存开始尝试把自己的意志强加给自然界。

封建社会，人类逐渐掌握自然规律，刀耕火种，在四季变换中探索“天时地利”，传统农业（种植业）出现并发展。农业可以看作是“人与自然的博弈中的第一步好棋”，还让人类懂得“留得青山在不愁没柴烧”的道理，先吃饱就不慌，从顺从自然走向主动适应自然。此时，人与自然的关系隶属于自然规律范畴之内，最初的农业和畜牧业并没有能力改变人与自然关系的自然规律特征。随着人口数量的增长，人类在和自然界的相互作用中的能动性越来越强，火耕时代和大规模畜牧业时代的到来，使得人在自然界中获得了一定程度上的主动，人有能力在更大范围改变自然界的客观存在。这时候，“仁义礼智信”等东方哲学经典规范着东方人类的行为。

“仓廪实而知礼节，衣食足而知荣辱”的唯物主义（物质决定意识），避免“涸泽而渔”的实用思想反映了人类对于自然的认知的提升。但是，从时间轴来看，这种认知受制于较短的时间周期内，这个时间周期是以个人的生命时间为数量级的。

进入近代社会后，科学技术大发展，逐渐成为变革人类社会的重要力量。随着人口的增加，人类已经确立地球霸主地位，人类的生产力水平也不断提高，殖民主义时代的到来和矿物资源的使用，开始改变了人与自然之间存在的平衡，人类开始以巨大的能力改造自然界的面貌。工业革命以及资本主义制度的诞生，使得人类改造自然的能力发生了质的飞跃。爱因斯坦的相对论打破了人类对于时空认知的上限，人类有可能尝试站在以后的某个时间点来反思现在的社会进程。人类与自然的一致性、相容性终于有可能在较长的历史周期中得以反思。

3. 物联网与可持续发展

“改造”这个词是一把双刃剑[①]，它带给我们想要的，同时也给予了我们没有想要的（后果）。当人类开始藐视自然，一意孤行地按照自己的“标准”去改造自然的时候，就注定要受到惩罚。现在的环境污染问题、过度改造问题，让人类在自己构建的“城市”中悲切地抬头看天（雾霾），低头现坑（天坑）。气候变迁、可耗竭资源日渐枯竭等不可回避的问题也摆

① 科学技术不是双刃剑，人类应用科学技术进行的改造是一把双刃剑。——作者注

在人类面前。20 世纪末，以乔·海伦·布伦特兰为代表的有识之士，开始为人类的可持续发展谋求出路——开始探索崭新的人与自然的关系模式。

人类与自然的关系中，当尝试把“改造”替换为“和谐”时，当科学技术发展到新阶段时，当东方哲学“天人合一”需要反思时，当经济危机需要新技术、新思路以自救时，物联网出现了。从前的网络，仅仅是以人类平等地分享、传递信息为目的，而物联网把“物”纳入网络中。

物联网的出现，既是科技发展的结果，也是人类文明进步的结果。人类已遇见重新审视“物”的地位的历史时机，也需要把“物”纳入网络的科技时代。尊重自然，可持续发展，从“物”开始。物联网开始尝试给予“物”的对话权利，即便初期人类还是想着驾驭“物”，但是已经开始把“物”纳入平等的视野，体现了对“自然”本应有的重视。使人类重新重视“天人”，自然与人类“本是”合一的。这种思想并不是图 1-4 所能够完全表达的，此图只能是一个引子。

图 1-4 “天人合一，物我相通”示意图

2009 年在欧盟的《物联网研究战略路线图》中暂将物归纳为 5 种层次，使“物”的网络更具人类社会的特征，其中通过定义具备不同“智慧”水平的“物”的“能力”，也揭开了物联网时代的新篇章。这就是东西方思想的殊途同归——物联网。

期待物联网时代，人与自然停止博弈；在彼此尊重中，和谐发展。

1.3 物联网现阶段的定义

物联网（Internet of Things，IoT）就是“物物相联的网络”。这有三层含义：其一，物联网现阶段的基础还是互联网，只是在现有互联网基础上扩展和延伸的网络；其二，其用户端扩展和延伸到了任何人和人、人和物、物和物之间进行的信息交换和通信；其三，在前两点基础上，能够实现对物理世界的实时感知与控制、精确管理和科学决策。

由字面意思得出物联网的概念是：利用射频识别（RFID）、激光扫描器、红外感应器、定位系统、地理信息系统等感知设备，在网络中实现物体之间的互联，并按约定的协议，进行信息交换和通信，以实现对物体的智能化管理、定位、识别、监控、跟踪的一种新型网络。

对于物联网中“物”的理解，“物”不仅包括日常遇到的电子装置，例如手机、车辆和设备等，还包括传统意义上非电子类的“物”，例如食物、服装和帐篷等生活用品，材料、零件和装配件等生产用品，地标、边界和路碑等实物；通过“嵌入”或者“标记”，使其可读、可识别、可定位、可寻址、可感知、可控制，从而能够接入物联网。一般来说，只要满足以下条件就能够被纳入“物联网”的范围。

- 物的语言：有数据传输（接收 / 发送）通路。
- 物的记忆：有一定的存储功能。
- 物的思考：有 CPU。
- 物的沟通：有操作系统、应用程序和通信协议。
- 物的名字：有可被识别的唯一编号。

在“2016 RFID 世界大会”中，物联网的本质描述为：通过感知能力和信息处理能力与物理世界紧密结合的新一代信息技术高度集成与深度应用。

笔者认为，在巴黎协定的倡导下，在能源互联网出现的新背景之下，用发展的眼光来看，在最后加上“最终在人与物的深度认同①、智能交互和谐共处中实现生产、生活效率提高与环保、节能效益提升的协调发展”更为合适。这不仅体现了对“物”的尊重，更强调人与物均离不开能源。

物联网的概念作为表现某一认知阶段上科学知识、科学研究的结果，经归纳总结而存在。所以说，上述的仅是现阶段物联网的定义。物联网的概念是在实践中不断发展和延伸的。从上述定义的讨论和“2016 RFID 世界大会”关于物联网本质的描述来看，物联网和互联网存在千丝万缕的联系，但是从发展的角度来看，需要从以下三方面把握其定义。

第一，不能简单地将物联网看作“网络”的延伸，物联网是建立在特有的基础设施之上的一系列新的独立系统，当然，物联网应用离不开作为部分基础设施的网络承载；第二，物联网正酝酿（孕育）着新业务（新需求），并与新业务（新需求）共同发展和完善；第三，物联网体现了“从物理世界中来，经由感知技术、网络传输和智能应用，最终回到物理世界中

① Mutual understanding 比中文“深度认同”表达得更为贴切。——作者注

去”的闭环过程；而最终的目的，是达到“对大自然的感知和其力量的高效融合、与物理世界的和谐共处、使人类智慧和大自然的智慧同步展现、融合与成长”的境界。

面对越来越多人类发展需要的数据，以及部分能够简单地从数据处理（类似人的抽象思维）为信息的转换，已经超出了“人类感官＋人脑＋计算机”的能力，需要一种创新模式，使人类专注于从信息到知识，再到智慧的升华。

如图 1-5 所示，物联网可以在上述过程中辅助人类处理数据，促进信息共享和智慧积累。从底部到顶部的金字塔，逐层包括数据、信息、知识和智慧。数据是以处理的原材料为信息，单独的数据本身不是很有用，但它可以识别趋势和模式。它和其他来源的信息汇集起来，形成知识；智慧就从知识加经验中诞生了。知识随时间而变化，而智慧将永恒。

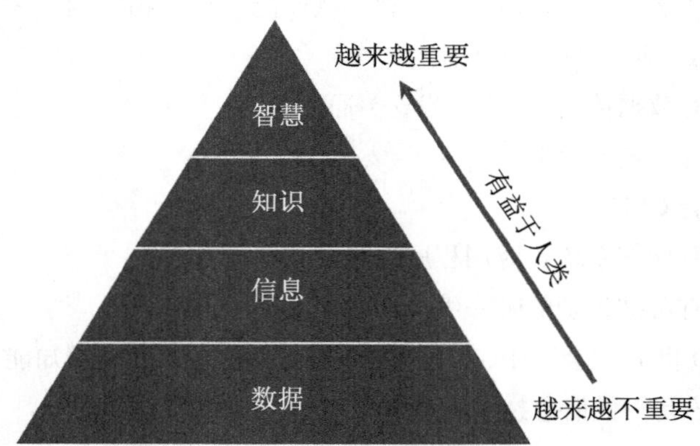

图 1-5 物联网辅助人类爬向金字塔的顶端

智慧金字塔体现了一个直接的输入（数据）和输出（智慧）之间的相关性。创造的数据越多，人们可以获得的知识和智慧就越多。物联网极大地增加了可用的数据量，再加上互联网的沟通能力，显然将辅助人们走向更多的智慧。

1.4 物联网概念的辨析

1. 物联网与互联网

“一花一世界，一叶一菩提。”互联网与物联网之间的关系就像“花”和“叶”的辩证关系一样，既像又不像。互联网创造了虚拟世界，而物联网为我们开辟了一个由虚拟转向现实的新领域。互联网在虚拟世界中实现了人与人的联系，而物联网将在回归到实物的现实世界中实现物与物的联系。虚实相生相伴，两者谁也离不开谁。现阶段来看，物联网是基于互联网之上的一种高级网络形态，物联网和互联网之间的共同点在于它们的部分技术基础是相同的。例如，它们都是建立在分组数据技术的基础之上的。尤其在物联网发展的初级阶段，物联网的部分网络基础设施还是要依靠已有的互联网，对互联网有一定的依附性。

物联网和互联网的不同点是：互联网是一个网络系统，而物联网是一个建立在互联网基础设施之上的庞大的应用系统。用于承载物联网和互联网的分组数据网无论是网络组织形态，还是网络的功能和性能，对网络的要求都是不同的。互联网对网络性能的要求是："尽力而为"的传送能力和基于优先级的资源管理，对智能、安全、可信、可控、可管、资源保证性等都没有过高的要求，而物联网对网络的这些要求高得多。

物联网与互联网的差别中，"智能"[①]是一个期望值最大的标签，人类总是期待能够借助物联网使信息自觉地、自治地付诸行动。从发展的角度来看，物联网有"青出于蓝而胜于蓝"之势。但是目前，安全问题是物联网的显著短板。

互联网服务的目标是数字信息，而物联网服务的目标是包括信息和物理设施在内的行业应用。物联网系统中有大量资源受限，甚至对实时性要求很高的终端感知节点，特别是在工业物联网系统中，这些节点对数据传输的实时性要求很高，而传统信息系统的安全保护没有考虑这些因素，因此传统的信息安全保护技术不再适合物联网系统[②]。由于"资源受限"引发物联网的安全能力的重新考量，是物联网与互联网在现阶段的重要不同。

而"互联网 +"是互联网创新（包含互联网思维）应用在各个传统产业，使信息技术在其与产业的深度融合中，促使产业结构不断调整、优化、升级的形象化描述。以提高各个产业的效率、效益为美好愿景的"互联网 +"，其本质离不开互联网及其应用场景的升级，以及科学技术作为生产力的强大推动作用。如果说物联网现阶段是"互联网 +things"，那么，物联网高级阶段就是"互联网 +everything"。

2. 传感网、物联网与泛在网络的递进关系

传感网又称无线传感器网络（Wireless Sensor Networks，WSN），概念源于 1978 年美国国防部高级研究计划局（DARPA）开始资助卡耐基梅隆大学进行分布式传感器网络的研究项目。它是由一组传感器以自组织方式构成的无线网络，其目的是协作地感知、采集和处理网络覆盖区域中感知对象的信息，并发布给观察者。而物联网在感知、传输、计算模式等方面都具有比传感网更大的范畴，它不仅包括传感网、RFID、二维码、标识等感知技术，也包括人与物、物与物之间形成联系的网络技术。传感网仅仅是物联网众多感知技术中的一种；而泛在网（Ubiquitous Network）源于泛在计算（Ubiquitous Computing[③]）的延伸，指无所不在

---

① 开始会使用工具的人类与开始"纳入"物的网络，见 http://zhidao.baidu.com/question/1577168963553639100.html。

② 武传坤. 中国的物联网安全：技术发展与政策建议. 人民论坛学术前沿（9 月上），http://www.rmlt.com.cn/2016/1013/442002.shtml.

③ https://en.wikipedia.org/wiki/Ubiquitous_computing.

的网络。传感网、物联网、互联网和泛在网的关系如图 1-6（a）所示。

泛在网是面向泛在应用的各种异构网络的集合，这一概念最早是由施乐（Xerox）首席科学家 Mark Weiser 于 1991 年在《21 世纪的计算》中提出。泛在网能够实现个人和社会按需进行的信息获取、传递、存储、认知、决策、使用等服务，网络具有超强的环境感知、内容感知及智能性，为社会及个人提供泛在的、无所不包的信息服务。“泛在”在现阶段体现为指传感器网络等末梢网络部署和移动通信网络覆盖的泛在化，以及各类物联网业务与应用的泛在化。

物联网与泛在网的概念出发点和侧重点不完全一致，但其目标都是突破人与人通信的模式，建立物与物、人与物之间的通信。物联网更侧重物理世界的应用，泛在网可以理解为物联网的高级形式。

物联网中包含众多感知技术，以及以 WSN 为代表的多种短距离通信技术和以 M2M 为代表的移动通信技术等。物联网、互联网、移动网作为智慧星球（智慧地球）的重要组成部分，三者之间又存在着千丝万缕的联系。它们之间的关系如图 1-6（b）所示。

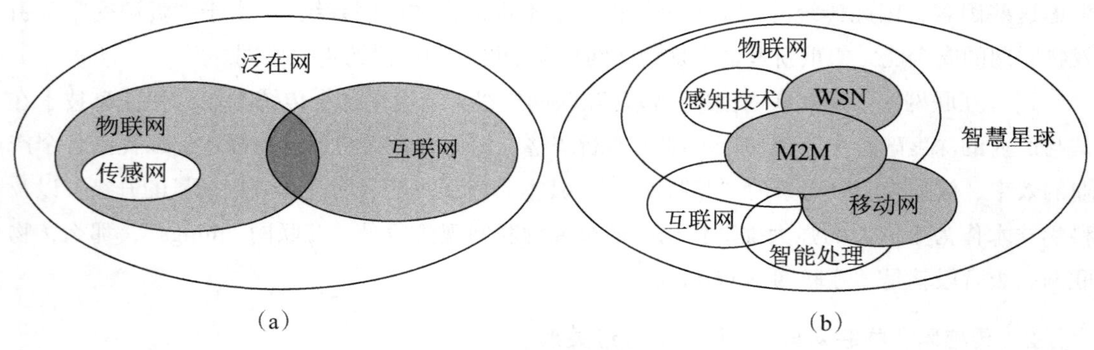

图 1-6　相关概念关系图

3. 物联网 2.0

如果说物联网 1.0（IoT 1.0）是信息化向物的延伸，那么物联网 2.0[①]（IoT 2.0[②]）就是应用牵引的新概念发展模式，iWatch、Google Glass 等产品和虚拟现实[③]、3D 打印等技术，应用牵引人类对物能够给人类带来便捷的创新思维。就像 iPhone 之后的手机应用新思潮。逐行业的烟囱式发展引发物联网 2.0 全面开花。

物联网 2.0 时代的一些特征如下。

① 此概念已经被作者提交至百度百科 http://baike.baidu.com/item/ 物联网 2.0。
② http://www.linkedin.com/pulse/iot-20-rewiring-create-live-digital-businesses-kai-goerlich 中提到 IoT 2.0。
③《物联网技术及其军事应用》一书中使用“灵境”描述了虚拟现实（VR）技术。

- ❑ 新的物物连接方式引发对所需连接之物的进一步需求；
- ❑ 物物相连进入网格化（局域化、功能化、行业化互联）；
- ❑ 各个行业应用在应用中形成对网络层的具体需求（对于连接带宽需求逐渐稳定并形成发展规划），并逐渐行业标准化；
- ❑ 上层应用逐渐与物联网网络层剥离开来，物联网网络支撑技术（NB-IoT、LoRa 等）充分发展、百花齐放；
- ❑ 在感知层将传感器升级为“传感器 + 执行器”，使“眼手”能够协调一致；
- ❑ 物联网安全将作为一个相对独立的研究领域，得到足够的重视与发展。

物联网 2.0 也可以理解为 IoE①（Internet of Everything），显然，其范围比 IoT 更大。IoE 强调的万物互联概念是任何设备、事物都能通过网络联接起来，并在网络中彼此之间进行通信。“万物互联”（IoE）的时代，所有的物（Everything）将会获得语境感知（Context Awareness②）、增强的处理能力和更好的感应能力。将人和物的所有信息纳入网络，人或物将会面对一个数以亿计的网格集合；这些错综复杂的网格创造了前所未有的机会，并将赋予沉默以声音，赋予万物以思考，赋予孤独以生机，赋予黑暗以光明。

4. “物联网 +”与物联网网格③

“物联网 +”看起来是个仿照“互联网 +”产生的新名词，实际上诸多产业都在应用。例如：物联网 + 农业，会想到土壤、温湿度传感器、温室控制和自动浇水施肥；物联网 + 工业，会想到有机械臂的工业机器人在生产线上挥洒自如；物联网 + 能源，会想到几乎所有的“物”都得用能源，能源的产生、供给、分配、储能、再生；物联网 + 物流，会想到物流的全程可感可控、路径优化、节能减排；物联网 + 城市管理，会想到智慧城市；物联网 + 环保，会想到用户不仅需要发布的 PM 指数，还需要清风系统等能够除尘、除污的“实物”；诸如此类。

只是像互联网 + 行业应用一样，物联网正在应用于各行各业，并产生乘数效应，于是有了“物联网 ×”④的表述。图 1-7 是“物联网 ×”与物联网网格、物联网 2.0 的阶段示意图。

---

① IoE. http://baike.baidu.com/link?url=MCksb3LGcuTZdJxOljJFz9ummvtvDPbryFiAZ-AkyidOV0hSphffD3ba-FbG92XYu7KTsG8qvbBOVH83Dc0An_.

② https://en.wikipedia.org/wiki/Context_awareness.

③ 本书作者于 2012 年在百度词条和《物联网技术及其军事应用》撰写中首次提出，见 http://baike.baidu.com/link?url=hB8fVW2S2B8HFAqGvCQ4ZV6AgK7Bbqb1HLyZvqFysXkEKHgxenzxMl4wcQLPP83lTyzg77HwdiMuT1BIHGgoVYYX_ykEG2oBZVIuK0B-5dQuw1B7TgI7ro-Ys0iHG7IcZZwevMUyxDlH7lIFdinfEK。

④ 贡晓丽. “物联网 ×”：“互联网 +”的下一个风口. 中国科学报，http://news.sciencenet.cn/html/showsbnews1.aspx?id=311362.

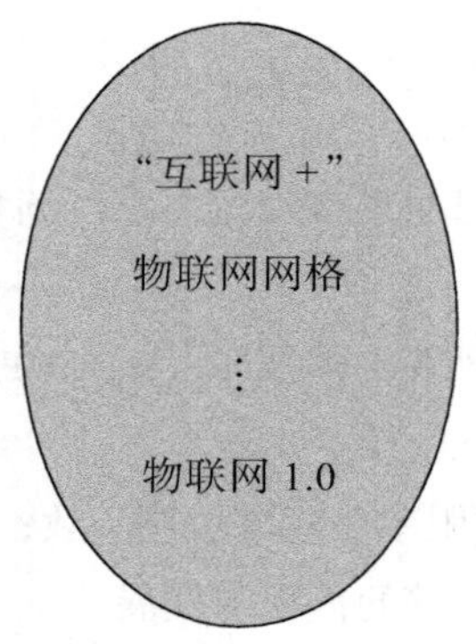

物联网初级阶段：物联网的典型行业应用
（物联网 1.0）

物联网中级阶段：物联网的各行各业应用
（物联网 2.0）

图 1-7"物联网 ×"与物联网网格、物联网 2.0 概念在不同阶段中的示意图

但是，物联网＋大数据，这一组合只是强调了物联网能够作为大数据被搜集而来的来源而已。例如，"物联网＋大数据"将会使云计算大有可为，到 2020 年时，92% 的工作量将由云数据中心处理[①]。

小　结

毫无疑问，物联网时代真的来了！在物联网、云计算、大数据、工业 4.0 等新词的融合下，我们不是不知道干什么，而是不知道怎样干。不能让这样的问题束缚"younger"一代的思路。

希望这本书不是替他人总结经验教训的，而是帮助我们清醒地认识到在高新科技奔涌的今天，我们站在历史的哪一个片段，才能找到"自己的路"，决定怎样走，怎样干。

物联网时代到来的内因，也许是各种新技术殊途同归般的融合和应用需求；外因是人与环境、自然与社会和谐发展的历史驱动。到了"睹物思人"的历史时机了，霍金预测，地球的寿命只剩下 1000 年了[②]。

希望在物联网时代，物联网可以被深度理解为：格物致知＋天人合一。＋号前的也许就是物联网给予人类的启示并勇攀科技高峰的内因；而＋号后的也许就是这一外因。

抛砖引玉！期待人们能够站在科学与人文这两只脚之上来看待物联网。

---

① 受物联网和大数据推动 2020 年 92% 数据将在云端处理，见 http://www.sootoo.com/content/667839.shtml。

② 《霍金：地球只剩 1000 年》，霍金于 2016 年 11 月 14 日在牛津联会发表关于宇宙与人类未来的演讲。http://feedproxy.google.com/～r/businessinsider/～3/VhRZ3SngNww/stephen-hawking-1000-years-2016-11。

参 考 文 献

[1] 宋航 . 物联网技术及其军事应用 [M]. 北京：国防工业出版社，2013.

[2] 宋航，等 . 智慧城市发展趋势研究 [J]. 城市住宅，2015.

[3] 程钰杰 . 我国物联网产业发展研究 [D]. 安徽大学硕士学位论文，2012.

[4] 刘利民 . 物联网运维系统标准化技术的研究 [D]. 华中师范大学硕士学位论文，2012.

[5] Dave Evans. The Internet of Things: How the Next Evolution of the Internet Is Changing Everything[E/OL]. http://www.cisco.com/c/dam/en_us/about/ac79/docs/innov/IoT_IBSG_0411FINAL.pdf.

第 2 章 物联网的时代特征

物联网寻求最有利于承载自身和发展的探索，永远不会停。

RFID、LBS、传感器，以及 WSN、LPWAN 等新概念层出不穷，昭示着物联网得到迅猛发展。物联网技术可以在不同层次的网络环境中，提供个性化的实时在线监测、定位追溯、报警联动、调度指挥、预案管理、远程控制、安全防范、远程维保、在线升级、统计报表、决策支持等管理和服务功能，可以实现对万物的“管、控、用”一体化。而基于蜂窝的和非蜂窝的各种 LPWAN 技术，正在使“一物一联网”的能力兼具低功耗、低成本、远距离的效益。就像手机的普及一样，只要足够便宜，每一个渴望“交流”的物也要装上这么一个超低廉的联网模块。所以，物联网是一个庞大而又复杂的体系。下面从连接维度、技术结构和现状分析等方面来归纳物联网的体系结构。

2.1 物联网的六度连接

“事物是普遍联系和永恒发展的。”物联网从信息融合的维度深化了事物之间的联系。信息融合已经从满足人与人之间的沟通，发展到实现人与物、物与物之间的连接。物联网在信息世界里将任何时间、任何地点连接任何人，扩展到连接任何物品。2005 年，国际电信联盟将物联网描述为解决物品到物品（Thing to Thing，T2T）、人到物品（Human to Thing，H2T）、人到人之间的互联（Human to Human，H2H）这三个维度的连接，现在，物联网已经进入六度连接时代，如图 2-1 所示。

物联网使人和物，在任何时候、任何地方，与任何事物和任何人，采用任何途径（联网）、任何服务实现连接。这意味着类如聚合、内容、集合（库）、计算、通信和连接的处理元素，将能够在各种场景中实现（H2H、H2T、T2T 之间的）无缝连接。

随着物联网的普及和 5G 脚步的加快，电话（PAD）终端将演变成各式各样的可移动的物联网终端（例如手表、手环、眼镜等），这种可移动的通信能力将延伸到物与物之间，网络承载形式也不会仅局限于电信网络（各种长距离、短距离的物联专网正蓬勃兴起），这极大地增加了“物”的说话方式和组网模式。

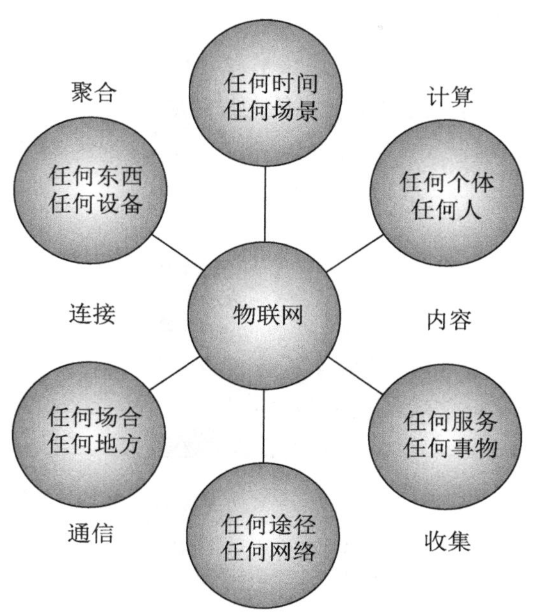

图 2-1　物联网中的连接场景示意图（来源：CERP-IoT）

就像爱因斯坦用相对论打破了人们对现有时空的理解一样，物联网将有可能打破人类以自我为中心的思维方式。物的维度的出现，不仅能够使人类得到一个审视自己在网络、在大自然中的关系的机会，而且可能让人类明白——人类未必是这个世界的中心；人类对大自然的予取予求有可能打破“人与物”的世界的生态秩序，所受到环境污染的惩罚也将影响人类自身的延续。所以说，图 2-1 中物的维度的出现，也激发了和物联网同时代的环境物联网（生态物联网）、能源互联网、新能源技术和环境保护等领域的发展，以及环境科学家们对于生态文明的理解和探索。物联网时代，在物与物的智能互联维度的基础上，正明晰了环境与人类、自然与社会的联系。整个世界的面貌将为之焕然一新。

2.2 分层来看物联网

任何一个复杂系统都有其较为稳定的结构，物联网也不例外，但随着物联网不断地吸纳新的技术，拓展新的应用，其体系结构的划分也会不断发展。但是，不论是系统设计的研究，还是物联网的应用场景和类型研究，都需要一个相对稳定的物联网体系结构作为指导。同时，物联网由于应用的广泛性，特别是网络接入具有很强的异构性，各种设备需要在不同的网络中进行信息的互通，因此需要一个规范的、开放的体系结构。

目前，物联网体系结构的划分有多种方法。根据国际电信联盟ITU的相关规范，物联网结构可以分为：物理接触感知层、网关、信息处理系统及网络层。如图2-2所示，其中，物理接触感知层，主要通过传感器、RFID等技术对各种状态信息进行监测、采集，并将收集到的信息递交给上层进行处理；网关层主要负责将底层物联网感知设备接入到网络中，同时还兼备对底层数据的汇聚功能；信息处理系统可以对收集到的信息进行局部或集中的处理；网络层主要负责信息的传递，包括各种接入和传输网络。

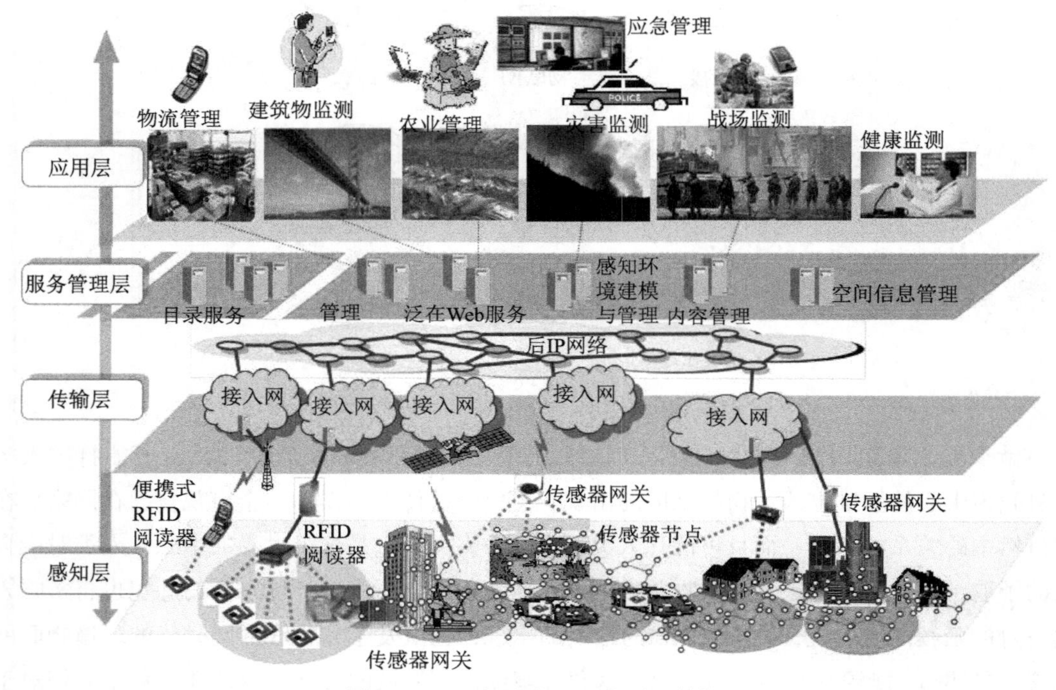

图2-2　ITU提出的四层物联网结构

如果从信息系统的分层结构来看，依据信息的获取、传输、处理和应用的不同环节，物联网的体系结构由低到高分可为四层，即感知识别层、网络传输层、管理服务层和综合应用层。这种分层方法符合图2-2中的物联网结构划分，为研究者们所普遍接受。

（1）感知识别层，简称感知层，主要功能是感知和识别物体。由各种具有感知能力的设备组成，包括传感器、定位器、读写器、摄像头等随时随地通过感知、测量、监控等途径获取物体信息的设备；还包括GPS/GIS（全球定位系统/地理信息系统）、T2T等多种（物到人、物到物）终端、传感器网络和传感器网关等无线接入设备。所以说，感知层是直接强调物联网中“物”的层面，“物”可以定义成可获取各类信息的终端，可以是传感器、二维码标签和识读器、RFID、手机、PC、摄像头、电子望远镜、GPS终端等。最终，随着技术的发展，可以感知到人类所需各种信息的终端，都会被纳入感知层。

感知层可进一步划分为两个子层，首先是在数据采集、执行控制子层通过传感器、数码相机等设备采集外部物理世界的数据，然后在信息采集中间件子层通过 RFID、条码、工业现场总线、蓝牙、红外等短距离传输技术传递数据。也可以只有数据的短距离传输这一层，特别是当仅传递物品的唯一识别码的情况。实际上，这两个子层有时很难以明确区分开。感知层所需要的关键技术包括检测技术、短距离有线和无线通信技术等。

（2）网络传输层，简称网络层，主要功能是实现感知数据和控制信息的通信功能。将感知层获取的相关数据信息通过各种具体形式的物联网，实现信息存储、分析、处理、传递、查询和管理等多种功能。物联网不仅包括有线、无线、卫星与互联网等形式的全球语音和数据网络，也包括实现近距离无线（有线）连接的通信技术。最终，随着技术的发展，感知信息都被纳入到一个融合了现在和未来的各种网络，如固网、无线移动网、互联网、广电网和各种其他专网等网络的融合承载，为物联网奠定坚实的网络基础。值得一提的是，LoRa、SigFox，甚至是卫星网络等物联网专网承载正蓬勃兴起；这些技术之间为了互相取长补短，融合承载是大趋势。

网络层解决的是感知层所获得的数据在一定范围内，通常是长距离的传输问题。网络层数据传输并不局限于现在的移动通信网、国际互联网、企业内部网、各类专网、小型局域网，以及三网融合后的有线电视网，随着物联网建设的加快推进，未来可能会有更适合物联网承载的网络形式（例如移动虚拟网）。在这些融合了现在和未来的网络中最终能够实现把各种物（不只是终端）和人联系在一起。网络层所需要的关键技术包括长距离有线和无线通信技术、网络技术等。

（3）管理服务层也被称作应用支撑层，位于网络传输层和综合应用层之间，对网络层传输而来的数据在各类信息系统中进行处理，作为支撑物联网各种各样应用的信息处理平台，紧密衔接网络传输和综合应用。例如能够屏蔽软硬件环境差异的中间件，将在第 5 章详述，另外还有 SOA、云计算、大数据、LBS 等数据的分析、处理和平台应用。

（4）综合应用层，简称应用层，主要功能是利用经过分析处理的感知数据为用户提供丰富的特定服务。通过物联网的综合应用层平台与各行业专业应用的结合，可以实现广泛智能化的解决方案。应用层是物联网发展的最终目的，在应用层将会为用户提供丰富多彩的物联网应用。不断发展成熟的感知层、网络层技术，正在为物联网应用的多样化和规模化开辟道路。物联网应用将覆盖各行各业，并逐渐影响和改变人类生产、生活方式。

应用层不仅能够解决信息处理和人机界面的问题，而且能够针对行业需求实现具体的应用。这一层也可按形态直观地划分为两个子层：应用支撑子层对网络层传输而来的数据在各类信息系统中进行处理，并通过各种设备与人进行交互；具体应用子层将处理后的数据应用于各个领域，包括电力、医疗、银行、交通、环保、物流、工业、农业、城市管理、家居生活等，涉及支付、监控、安保、定位、盘点、预测等。

还有一种流行的分层方法，可以将物联网体系划分为三层：感知层、网络层和应用层，如图 2-3 所示。

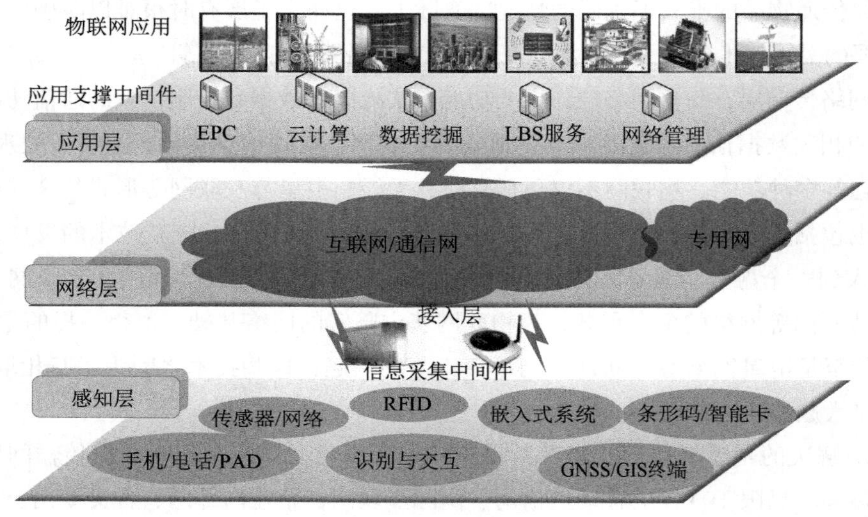

图 2-3　物联网的三层结构模型示意图

如果按照物联网的四层结构模型来看图 2-3，三层结构中的应用层对应四层结构中的管理服务层和综合应用层；三层结构中的感知层对应四层结构中的感知识别层；三层结构中的网络层对应四层结构中的网络传输层。

四层结构中，管理服务层不仅能够解决信息处理和人机界面的问题，而且能够针对行业具体需求实现基于行业信息处理的应用支撑平台，既可以描述为图 2-3 中的泛化的“应用支撑中间件”，又可以描述为图 2-4 中应用层的应用支撑子层。

需要说明的是，在图 2-4 所示的接入和承载技术中，部分技术可以通过自建专网实现广域覆盖。而 2G/3G/4G/5G 的移动网络承载之所以列得这么全，是因为 5G 时代物联网移动网络承载将会有基于 2G 的升级、基于 3G 的升级、基于 4G 和面向 5G 的升级，这将由不同国家和地区的具体情况与发展路线决定。其中面向 5G 的移动网络承载将在第 4 章中详述。

这里不去纠结物联网具体是三层、四层，甚至是五层的结构。本书在第 3~6 章将按照感知识别层、网络传输层、管理服务层和综合应用层的顺序来探讨物联网。图 2-4 中，每层之间都有过渡层，例如感知层与网络层中的本地信息采集与接入，网络层与应用层之间的管理与应用支撑。部分学者将物联网看作五层结构，只不过是单独独立划分过渡层而已。

各层之间的信息传递不仅是单向的，还可有反馈、交互、控制等；也不仅是纵向的，还可有跨系统、跨平台的信息共享和应用。所传递的信息多种多样，其中的物品信息仅仅是基础信息，包括在特定应用系统范围内能唯一标识物品的识别码、物品的静态与动态信息。

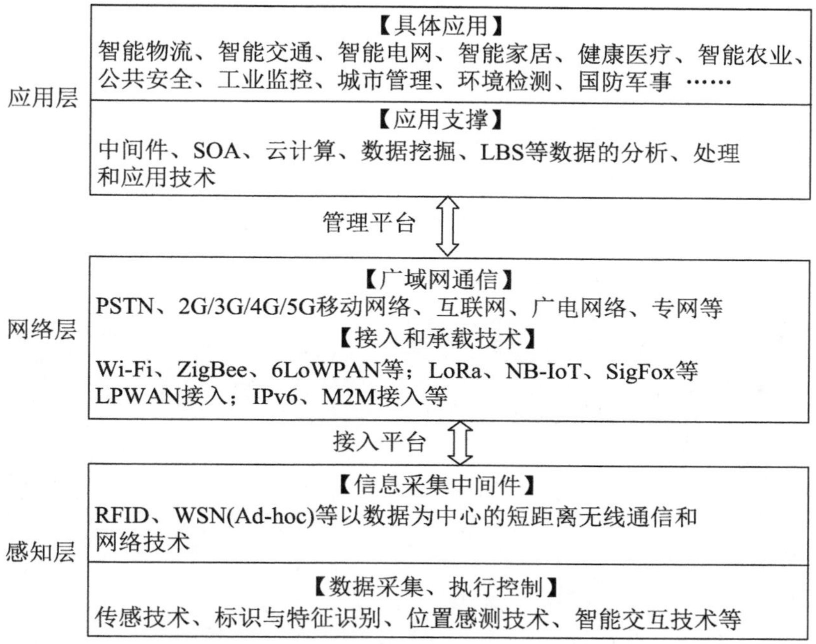

应用层	【具体应用】 智能物流、智能交通、智能电网、智能家居、健康医疗、智能农业、公共安全、工业监控、城市管理、环境检测、国防军事 ……
	【应用支撑】 中间件、SOA、云计算、数据挖掘、LBS等数据的分析、处理和应用技术
	管理平台 ⇕
网络层	【广域网通信】 PSTN、2G/3G/4G/5G移动网络、互联网、广电网络、专网等 【接入和承载技术】 Wi-Fi、ZigBee、6LoWPAN等；LoRa、NB-IoT、SigFox等 LPWAN接入；IPv6、M2M接入等
	接入平台 ⇕
感知层	【信息采集中间件】 RFID、WSN(Ad-hoc)等以数据为中心的短距离无线通信和网络技术
	【数据采集、执行控制】 传感技术、标识与特征识别、位置感测技术、智能交互技术等

图 2-4　物联网的技术体系结构

总之，信息的自由融动将人类世界和物理世界紧密地联系在物联网中，也使物理世界第一次获得了与人类对话的参与权。

2.3 物联网的特征

2009 年 1 月，IBM 首席执行官彭明盛提出“智慧地球”的构想，其中，物联网为“智慧地球”不可或缺的一部分。奥巴马在就职演讲后积极回应“智慧地球”构想，并提升到国家级发展战略。智慧地球所指的“智慧”体现为 3I：更透彻的感知（Instrumented)、更广泛的互联（Interconnected)、更智能的应用（Intelligent)。这三个方面是形成物联网的重要特征，得到了人们的广泛认可。

（1）感知透彻性：在感知层中，不仅有物与物，也包括物与人、人与人之间广泛的通信和信息的交流。透彻性体现为三点，一是感知一切可接入物联网之物，通过感应技术可以使任何物品都变得有感知、可识别，可以接收来自他“物”和网络层的指令；二是互动感知，物联网在感知层更强调信息的互动，即人与感知物的“实时对话”或感知物与感知物的“动态交流”。传感技术的核心即传感器，它是实现物联网中物与物、物与人信息交互的必要组成部分；三是多维感知，感知层中的人机交互包含视觉、听觉、嗅觉、味觉、触觉，甚至包括感觉与直觉、行为与心理的多维综合感知。

（2）互联广泛性：物联网具有更全面的互联互通性，连接的范围远超过互联网，大到铁路、桥梁等建筑物和水电网，小到摄像头、书籍、家电等部件，还包括应用于各种军事需求的军事物联网。通过各种通信网、互联网、专网，有效地实现个人物品、城市规划、政府信息系统中储存的信息交互和共享，从而对环境和业务状况进行实时监控。不仅要“互联”，更要“互通”，这就要求实现信息的高效传输，涉及高速的无线接入网络、高效的路由转发、信息的加密安全等。图 2-5 展示了这种互联的广泛性。

图 2-5　互联广泛性示意图

（3）应用智能性：各种广泛应用的智能感应技术，可以采集和处理图像、声音、视频以及频率、压力、温度、湿度、风速、风向、颜色、气味、长度等各种各样可精确感知世界万物的信息。这些信息的协同处理和应用具有高时效、自动化、自我反馈、自主学习（自治）、智能控制等智能化特征。云计算、数据挖掘、专家系统、模糊识别等各种智能计算技术和手段能够进行复杂的数据分析、处理，整合和分析海量的跨地域、跨行业的信息，可以更好地支持决策和行动，实现对数以亿计的各类物体的实时动态控制和管理。

2.4 物联网的热度分析

按照惯例，这里应该浓墨重彩地分析、总结现状，展望未来，大量引用国际知名预测公司和国内外重要相关政策，可这些信息本就能搜索到。作者在 2012—2013 年根据某搜索引擎中对“物联网”这一概念的更新速度和频率，成功预测出其国内发展的“波谷”。这里用一种可供参考的新思路让每个人都尝试独立思考。

这里想用含有“大数据”思维的模式分析物联网的过去与现状。灵感源于作者在 2012—2013 年对物联网这一概念在某词条被修改的频次与物联网概念股之间的关系分析，如表 2-1 所示。

表 2-1　物联网频次趋势分析表[①]

<table>
<tr><th colspan="5">按网页搜索“物联网”关键字</th><th colspan="5">按新闻搜索“物联网”关键字</th></tr>
<tr><th>时间</th><th>1 年内</th><th>1 月内</th><th>1 周</th><th>1 天</th><th>时间</th><th>1 年内</th><th>1 月内</th><th>1 周</th><th>1 天</th></tr>
<tr><td>2016.05.05</td><td>243 596</td><td>120 044</td><td>32 510</td><td>19 581</td><td>2016.05.24</td><td>372 485</td><td>103 410</td><td>38 277</td><td>3153</td></tr>
<tr><td>2016.05.06</td><td>240 871</td><td>197 240</td><td>35 245</td><td>19 145</td><td>2016.11.14</td><td>3 696 253</td><td>1 624 464</td><td>58 384</td><td>2567</td></tr>
<tr><td>2016.06.03</td><td>127 703</td><td>108 608</td><td>28 485</td><td>12 391</td><td>2016.11.15</td><td>3 691 334</td><td>306 551</td><td>50 405</td><td>2503</td></tr>
<tr><td>2017.01.02</td><td>1 603 910</td><td>90 274</td><td>21 397</td><td>2302</td><td>2016.11.18</td><td>1 803 752</td><td>494 330</td><td>41 626</td><td>2538</td></tr>
<tr><td rowspan="2">2017.01.03</td><td rowspan="2">1 737 979</td><td rowspan="2">87 524</td><td rowspan="2">21 660</td><td rowspan="2">11 209</td><td>2017.01.01</td><td colspan="4">88 871</td></tr>
<tr><td>2017.01.03</td><td colspan="4">89 056</td></tr>
<tr><td>2017.01.06</td><td>953 687</td><td>132 775</td><td>26 108</td><td>3422</td><td>2017.01.06</td><td colspan="4">87 973</td></tr>
<tr><td>2017.01.12
（10:28）</td><td>708 754</td><td>112 542</td><td>25 291</td><td>15 214</td><td>2017.01.12</td><td>101 351</td><td colspan="3"></td></tr>
<tr><td>2017.01.15</td><td>822 525</td><td>109 699</td><td>28 011</td><td>12 866</td><td>2017.01.15</td><td>10 148</td><td colspan="3">微信</td></tr>
<tr><td>2017.01.17
0:33</td><td>685 367</td><td>210 720</td><td>41 400</td><td>3322</td><td>2017.01.17</td><td>96 060</td><td colspan="3">58 596</td></tr>
<tr><td>2017.01.18</td><td>695 332</td><td>134 393</td><td>37 690</td><td>23 250</td><td>2017.01.18</td><td>91 235</td><td colspan="3">49 374</td></tr>
<tr><td>2017.01.20
（22:00）</td><td>621 371</td><td>155 440</td><td>33 601</td><td>3316</td><td>2017.01.20</td><td>96 908</td><td colspan="3">48 801</td></tr>
<tr><td>2017.01.26
（17:00）</td><td>1 256 547</td><td>151 340</td><td>46 919</td><td>15 362</td><td>2017.01.26</td><td>103 398</td><td colspan="3">59 177</td></tr>
<tr><td>2017.01.27
（16:00）</td><td>1 554 534</td><td>110 668</td><td>35 230</td><td>13 417</td><td>2017.01.27</td><td>100 777</td><td colspan="3">50 698</td></tr>
<tr><td>2017.01.29
（19:00）</td><td>1 400 808</td><td>94 892</td><td>28 234</td><td>13 044</td><td>2017.01.29</td><td>95 711</td><td colspan="3">59 732</td></tr>
<tr><td>2017.01.31
（11:00）</td><td>1 588 831</td><td>125 898</td><td>30 343</td><td>16 793</td><td>2017.01.31</td><td>78 463</td><td colspan="3">57 460</td></tr>
<tr><td>2017.02.02
（15:00）</td><td>438 773</td><td>112 145</td><td>31 383</td><td>16 202</td><td>2017.02.02</td><td>74 889</td><td colspan="3">44 942</td></tr>
<tr><td>2017.02.04
（14:00）</td><td>1 005 669</td><td>97 615</td><td>30 112</td><td>17 401</td><td>2017.02.04</td><td>74 478</td><td colspan="3">46 025</td></tr>
</table>

① 其中新闻是按物联网的新闻搜索到的结果，网页是按物联网的网页搜索到的结果。由于使用的搜索引擎于 2017 年调整了搜索策略，新闻不再按年、月、周、日搜索。

续表

按网页搜索“物联网”关键字					按新闻搜索“物联网”关键字				
时间	1 年内	1 月内	1 周	1 天	时间	1 年内	1 月内	1 周	1 天
2017.02.08（19:00）	2 275 278	141 667	51 367	13 476	2017.02.08	59 630	45 919		
2017.02.11（21:00）	1 491 380	112 009	35 552	3316	2017.02.11	64 007	53 547		
2017.02.14（21:00）	4 240 878	151 075	54 236	3851	2017.02.14	78 184	56 741		
2017.02.18（19:00）	4 295 570	119 529	33 441	11 181	2017.02.18	78 010	57 964		
2017.02.22（20:00）	890 304	109 040	36 624	3365	2017.02.22	108 605	60 245		
2017.02.24（16:00）	84 840	123 823	33 247	15 351	2017.02.24	106 248	60 207		
2017.02.26（20:00）	935 530	152 405	29 761	9266	2017.02.26	102 009	60 196		
2017.03.01（15:00）	944 786	122 522	34 901	15 010	2017.03.01	111 885	60 001		
2017.03.04（9:00）	851 667	143 243	34 493	21 397	2017.03.04	96 808	9335		
2017.03.12（17:00）	429 109	114 530	31 092	9370	2017.03.12	121 958	11 341		
2017.03.16（20:00）	824 788	184 873	26 044	6681	2017.03.16	115 033	12 294		
2017.03.23（18:00）	496 421	133 292	46 117	15 150	2017.03.23	81 999	11 009		
2017.04.02（18:00）	523 078	319 890	56 303	17 265	2017.04.02	94 747	39 578		
2017.04.04（18:00）	543 192	281 798	41 013	14 418	2017.04.04	190 930	40 192		
2017.04.05（18:00）	680 537	268 968	24 994	14 352	2017.04.05	53 379	40 808		
2017.04.09（19:00）	541 553	248 511	23 551	8755	2017.04.09	18 726	38 522		
2017.04.20（19:00）	396 167	107 352	27 993	11 630	2017.04.20	14 880	38 714		

注：1. 2017 年开始，该引擎的以“物联网”为关键字的新闻搜索，不能够按照年、月、周、天分别获得。只有一个没有明确时间界限的新闻数量。微信搜索添加至该引擎。

2. 感兴趣的读者可自行寻找引擎搜索“物联网”关键字，根据频次的周期变化分析该关键字热度。

当然，这些搜索虽然是按时间顺序排列，但间隔没有明显规律；仅为启发数据分析的思路。这是一个开放的问题，因为没有问题，需要读者们自己提问题，自己找答案。

物联网是和它同时代兴起的其余新一代信息技术密切相关、有所交叉的技术，这些技术大都处于新兴技术成熟度曲线（见图 2-6）中的“爬坡期”。如图 2-6 中的物联网、无人机、手势控制、微数据中心、家庭物联网、认知专家、机器学习、智能数据挖掘、数据经纪人（dbrPaaS）、情景经纪（context brokering）等。情景经纪中的 context 经常被翻译为上下文、场景，而本书最后一章在物联网安全中翻译作“场景”。场景安全是安全事件的一个很容易理解的边界条件。

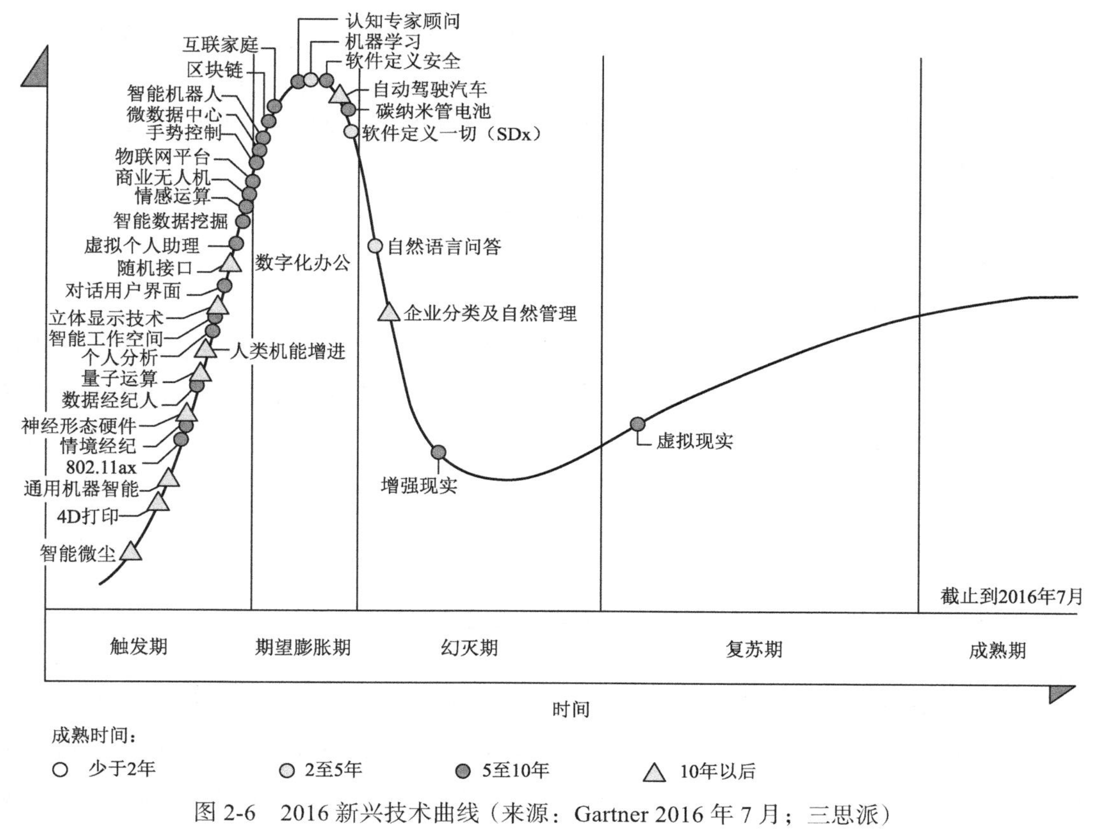

图 2-6　2016 新兴技术曲线（来源：Gartner 2016 年 7 月；三思派）

2.5 物联网的伦理与道德

如果“物”有了人类的智慧，世界将会怎样？这个问题同样伴随着人工智能（AI）的发展。

2.5.1 谁动了我的数据

未来某天。

服务员：欢迎致电肯德基，请问您要点儿什么？

客人：一个汉堡包。

服务员：辣的还是不辣的？

客人：辣的。

服务员：建议您不要吃辣的，根据我们的物联网信息，您最近正在上火，可以吗？

客人：好的，多加点儿色拉酱。

服务员：建议您的汉堡包少加点儿色拉酱，根据物联网信息，您最近正在健身房减肥！

客人：好吧！

服务员：请问您需要送到家里还是办公室？根据您的个人信息，近来几天的这个时间来电订餐都是送到办公室的。

客人：好吧。办公室。你知道我的办公室在哪儿吗？

服务员：知道。

客人：怎么关于我的一切你都知道！？你是怎么知道的！

服务员：先生，根据我们的物联网系统，可以知道关于您的一切信息。另外，请您不要说脏话，否则系统会将您说脏话这一事实发到您的家人和您所有同事的微博和社交朋友圈上，您想再试试吗？

客人：我……

服务员：先生您还有什么要求吗？

客人：我真的想揍你一拳！

服务员：那么先生，您想使用左勾拳右勾拳还是组合拳呢？

在未来的物联网时代，接起这位先生订餐电话的服务员将会是一个物联网机器人！

由上述小寓言可以看出场景时代的 6 要素：Who（谁）、When（何时）、Where（何地）、How（如何）、What（什么）、Why（为什么）。请思考，当我们“被透明”地安排在这一场景中时，我们安全吗？

当我们从某年某天开始收到广告电话时，之后，诈骗、保险、商铺、投资、收藏、原始股等，各式各样的短信电话悄然弥漫了私人生活，是谁动了我的信息？

当我玩玩游戏、上网、下载软件，需要不停注册、同意出让自己的公共信息账号、手机号的时候，我安全吗？

上述场景离我们越来越靠近。OTA 调查显示，超过九成的美国人认为，关于他们自身信息的收集的有效控制，是十分重要的。一些物联网用户认为，他们的数据安全（隐私保护）处于前所未有的低水平，并担心安全和隐私将成为物联网被接纳的两个最大的障碍。

凡事预则立，不预则废。

2.5.2 物联网秩序

物联网的伦理与道德多少都让人有些压力，本节我们换个名词讨论，物联网秩序的“三立”，也就是值得商榷或确立的三个准则。

- “物”有明确所有者时，通过合情、合理、合法的途径获得的信息应当归“物”的所有者；
- 不正当途径获得的，或“物”的非所有者获得的信息是“不合适”的；
- 当所获信息用于不正当目的时，就违反的情理（Common Sense）。

为了更好地服务“物”的所有者，所有者“自己”的信息要传递给“物”的销售或服务一方（第三方），这一方把“自己”的信息经过处理后显得更有价值的信息传回“自己”。例如，增强现实（AR）眼镜把“自己”看到的地标上传后获得该地标详细信息。在“自己”的信息上传、处理、传回的过程中，“自己”的信息落入“盲区”，脱离了“自己”的视线而觉得不可控、不安全。在这个例子当中，起码暴露了“自己”的位置。

根据以上分析，我们需要思考维护物联网秩序的正确方法。首当其冲需要倡导的则是：立言，倡导保护“物”权。

1. 立言

“立言”是面向人类。倡导物联网的“物”及其获取信息的归属应当明确并受到某种（道德、法律）保护，任何物联网信息都有其归属，属于个人、家庭、群体，或者行业，任何“不正当”地获取、传播、篡改、使用物联网信息的人或者组织都要受到惩罚。任何保护物联网信息的行为都应积极地被舆论和相关从业人员倡导。

特别是能够接触到涉及个人、团体安全信息和隐私的企业、特权部门、企业等单位能够接触到内部安全数据和隐私的从业人群（云计算服务提供商内部人员）。应当倡导所有物联网中能够涉及安全的个人、团体、企业、机构等，签署相应安全协议。

2. 立德

“立德”是面向接触到“物”的信息的数据处理一方。当“物”的信息需要数据处理一方提供更有意义的信息时，所有涉及“上传、处理、传回”中的企业或个人应当尊重和保护所有者的“隐私”，所有者可以是个人、家庭、团体等不同层次的“自己”；以物联网“道德”

约束“自己”的数据受到企业、国家等相对强势的很容易涉及隐私数据的实体的保护。

属于文字和制度外的约束工具，却事关物联网产业的兴衰。“太上有立德，其次有立功，其次有立言虽久不废，此之谓三不朽。”（《左传·襄公二十四年》）现在我们可理解为人生的三个最高标准，或者说是人生的“三部曲”，即修养完美的道德品行，建立伟大的功勋业绩，确立独到的论说言辞。说白了，就是用“三严三实”指导做人、做事、做学问。

应当监督所有物联网中能够涉及安全的团体、企业、机构等，横向成立联盟或协会，签署相应安全协议；并对“物联网道德”的违规者做出惩罚。把立言也解释为从社会学、心理学等不同人文视角倡导积极的大“物联网安全”。作为一个正能量的例子，某网络公司解除“涉及利用个人信息特权抢购内部员工月饼”的技术人员的工作，以及在员工发布企业内部信息中嵌入可追溯密码的技术。物联网秩序维护已经开始了。

3. 立法

“立法”是面向物联网信息监管者的社会职责的有效履行的。用法律来约束“自己”的信息不被盗用、恶意使用、暴露，通常是国家层面的法律、法规。以更严厉的方式对“所获信息用于不正当目的”的惩罚。比如，虽然心理咨询师能够接触客户隐私，但是，行业法规约束心理咨询师不能传递客户隐私。当个人能够接触或者工作中需要处理他人或他方（企业等实体）隐私时，个人需要具备相关从业资格规范；而当隐私被违规处理或泄漏时，需要依法惩罚。期待尽早立法，对“物联网道德”的违“法”者做出有依据的强制性惩罚。

这里的“法”当然能够理解为方法，建立物联网安全标准体系是保障物联网秩序、促进物联网发展的有效方法和依据。

物联网秩序的“三立”仅用于念起“良心与安全”的紧箍咒，保护处于相对“弱势”的“群体”。而新的数据保护要求，以及立法机构和监管部门出台相关保护个人隐私的措施，有待于提上日程①。

写到这里（2016.5.21），网上正在科普“基因编辑技术”，下面想讨论三个问题。

（1）为什么搜索这一词条，首先映入眼帘的不是这一名词本身的解释？花了 10 分钟仍旧没有找到对于外行有价值的名词解释。

（2）克隆人类、基因编辑、科技伦理（与换头术）之间有什么关系？

（3）“生存还是毁灭，这是一个值得考虑的问题”，与 *Self/less*②（《幻体：续命游戏》）电影存在道德探索的关联吗？

---

① 数据引发了个人隐私安全问题如何解决．2016-01-27，物联商业网，见 http://www.boiots.com/news/show-14665.html。

② http://baike.baidu.com/link?url=LCTPmfLEEeKy2HGIGh4ZvqiatSFfBmmEo28O2_94gJfeIqX1UjKzJRidmvnu4fa-K3om9a4RGTi2TaH4cMWiSL2jXX32pBwBU2HRmT1RsOZaGryBeZEts4rV4MlWkdfesvzFLR-i2XIGzmQd3ED68uyXkbC2eRAlrO-bceOOrROTTdPw8TplBBqiQtKXvulevqghZjVHu653PHsCxnlFq.

最后一个问题，是道德与安全的问题，作者写到这里，反思为什么《物联网技术及其军事应用》中没有提及物联网安全？仅因为新生事物需要保护吗？但是这本书写到这里，作者决意把物联网安全作为单独的一章讨论。可能因为此时不“to be”就会“not to be”。

小　结

第 2 章写到上述位置本已结束，本意在于用“物”的道德为物联网安全埋下伏笔，在本书第 6 章将提出物联网的一个重要的维度：物联网安全。但在本书改稿的时候，发生了一个威胁物联网安全的典型事件，不得不在此简述。

2016 年 10 月 24 日，美国国土安全部部长杰·约翰逊证实，包括监控摄像头在内的部分物联网设备被黑客用来发起攻击，美国政府将发布物联网安全原则①。约翰逊说，美国国土安全部一直在努力制定一套保障物联网设备安全的战略原则。这一消息标志着物联网安全已经得到政府层面的关注。和物联网安全相关的讨论将作为本书重要的一章放在最后。

① http://news.163.com/16/1025/16/C482PUMR000187V5.html.

第3章 物联网的感知识别技术体系

眼睛、耳朵、嘴巴、鼻子、舌头让人类感知这个物质世界。“聪明的物”也想这样。

感知识别层是物联网的“感官系统”，位于物联网层次结构的最底层，是物联网的实现基础。物联网在感知识别层实现对整个物理世界的感知，感知识别层的各种感知技术将各种物体和环境的感知信息通过通信模块和接入网关，传递到物联网网络传输层中。如果将感知识别层涉及的相关技术统称为感知技术，那么作为物联网（技术体系）的基础，感知技术为感知物理世界提供最初的信息来源，并将物质世界的物理维度和信息维度融合起来，为超越人类本身对物质产生意识的感官系统开辟新的认知道路。

感知技术的本质是信息采集，通过感知技术采集的物理世界的信息，和基础网络设施结合能够为未来人类社会提供无所不在、更为全面的感知服务，真正实现对物理世界认知层次的升华。物联网感知识别层涉及的技术众多，这里通过标识技术、传感技术和传感网、特征识别技术、位置感测技术和人机智能交互技术对物联网感知识别层技术体系进行简要分析。

3.1 标识技术

物联网中，标识就是为了识别，其实就是给“物”起名字的技术，只不过，有时是能够看到的代表一串字符的图案，有时是只有读写器能够感觉到的电子标签，有时是全球唯一的一个“指针”。但是，标示与识别技术是物联网感知层核心技术之一，它通过“起名”使“物”在感知层加入物联网。

3.1.1 自动识别技术

自动识别技术要素是标识与识读，物联网中用标识代表连接对象，具有唯一数字编码或可辨特征，识别分别是数据采集技术和特征提取技术，标识编码和特征的唯一性、统一性对物联网应用至关重要。自动识别技术通过数据编码、数据标识、数据采集、数据管理、数据传输等标准化手段，根据具体实现技术的不同，体现为条形码识别技术、射频识别技术、磁识别技术和 IC 集成电路技术等。

条形码是一种信息的图形化表示方法，可以把信息制作成条形码。能够用特定的扫描设备识读，转换成与计算机兼容的二进制和十进制信息，输入到计算机。条形码分为一维条形码和二维条形码①。

一维条形码（barcode）只是在一个方向表达信息，是将宽度不等的多个黑条和空白，按一定的编码规则排列成平行线图案，用以表达一组信息的图形标识符。一维条形码可以标出物品的生产国、制造厂家、商品名称、生产日期以及图书分类号、邮件起止地点、类别、日期等信息，因此在商品流通、图书管理、邮政管理、银行系统等很多领域广泛应用。条形码通常是对物品的标识，本身并不含有该产品的描述信息，扫描时需要后台的数据库来支持。一维条形码本身信息量受限，如数据量较小（30 字符左右）且只能包含字母和数字及一些特殊字符。二维条形码（2-dimensional barcode）是在二维空间的水平和竖直方向存储信息的条形码。它用某种特定的几何图形按一定规律在平面（横向和纵向）分布的黑白相间的图形记录数据符号信息。通过图像输入设备或光电扫描设备自动识读以实现信息自动处理，具有对不同行的信息自动识别功能及处理图形旋转变化等特点。二维条形码可以表示字母、数字、ASCII 字符与二进制数，最大数据含量可达 1850 个字符；具有一定的校验功能，即使某个部分遭到一定程度的损坏，也可以通过存在于其他位置的纠错码将损失的信息还原出来。2009 年 12 月，我国铁道部对火车票进行了升级改版，车票下方的一维条形码升级为二维防伪码。为了避免信息泄漏，2012 年 12 月，我国铁道部采用专门的强加密技术对火车票二维码中的所有信息（包括旅客身份信息）进行统一加密处理，防伪能力进一步提升。

除了条形码这种自动识别技术之外，日常生活中常用的还有磁卡和 IC 卡等卡类的接触型识别技术。磁卡（magnetic card）是一种卡片状的磁性记录介质，利用磁性载体记录字符与数字信息，用来识别身份或其他用途。IC 卡（integrated circuit card）也叫作智能卡（smart card），它是通过在集成电路芯片上写的数据来进行识别的。这些卡、卡读写器，以及后台计算机管理系统组成了卡类的应用系统。条形码和其余常用的自动识别技术的特性分析比较如表 3-1 所示。

---

① 二维条形码俗称二维码。作为畅想，未来可能出现基因技术与“三维码”（作者认为 DNA 本身就是三维码的双螺旋结构）的结合，解决基因与遗传的快速鉴别。其中，第三维不仅是一个空间维度，而应该是指向特定内容的一个指针。

表 3-1 自动识别技术的特性分析

	一维条码	二维条码	磁条 / 卡	接触 IC 卡	射频签 / 卡
信息量	小	较小	较小	大	大
R/W	R	R	R/W	R/W	R/W
编码标准	有	有	自定义	自定义	有
标识成本	低	较低	较低	中	较低
识读成本	低	较高	较低	中	中
优点	低廉可靠	信息量有提高，标识成本较低廉	低廉可靠，可读写	成本适中，安全可靠	非接触识读，信息量大，读写速度快
缺点	信息量小，近距识读	信息量较小，近距识读，设备成本较高	信息量较小，近距识读，保密性一般	接触识读	远距识读，成本高

从表 3-1 中可见，条形码（一维、二维条形码）和磁条 / 卡信息容量较小，本身无法提供更多的物品精确信息，如位置、状态等信息，防伪能力有限；而且条形码的识别采用光电识别技术，卡类的识别必须与读写器接触；无法做到远距离识读，给应用带来不便。

作为比较廉价实用的技术，条形码、磁条 / 卡、IC 卡在今后一段时间还会在各个行业中得到一定的应用。然而，这些标识能够表示的信息依然很有限，在识别过程中需要近距离识读，这对于未来物联网中动态、快读、大数据量以及有一定距离要求的数据采集、自动身份识别等有很大的限制，因此需要采用基于无线技术的射频识别技术（RFID）标签。

3.1.2 RFID 技术

RFID（Radio Frequency Identification，射频识别），是典型的标识与识别技术，也是物联网的关键技术之一。射频识别起源于第二次世界大战时期，运用飞机雷达探测技术实现“敌友识别”：雷达应用电磁能量在空间的传播实现对物体的识别，最初利用雷达只能够探测到空中是否有飞机，但并不能识别出是英国飞机还是德国飞机。英军为了区别盟军和德军的飞机，首次提出在盟军的飞机上装备了一个无线电收发器。战斗中控制塔上的探询器向空中的飞机发射一个加密信号，当飞机上的收发器接收到这个信号并解密后，回传一个加密的信号给探询器，探询器根据接收的回传信号来识别敌友，即 IFF（Identification Friend or Foe）。这种最早采用射频识别技术区别发射信号的技术，至今已广为使用。

20 世纪 80 年代，集成电路、微处理器等技术的发展加速了 RFID 的发展，RFID 技术及产品进入商业应用阶段，出现了早期的规模化应用。20 世纪 90 年代以来，RFID 技术标准化问题日趋得到重视，RFID 产品得到广泛采用。尤其是 20 世纪 90 年代末以 RFID 广泛应用为技术基础的 EPC 系统的网络化、标准化，逐渐使 RFID 产品成为人们生活中的一部分。

2003 年 11 月 5 日，年营业额占美国零售业六成的沃尔玛（Wal-Mart）百货公司宣布，到

2007 年春，所有供应沃尔玛百货公司的商品包装箱上均要求安装有 RFID。现在看来，这一举动和沃尔玛当年放卫星一样轰动。目前，全球很多著名的研究性大学和知名企业都参与了 RFID 的研发和市场推广。

我国 RFID 市场的发展中，包含身份证这个人手一份的应用，在城市交通、铁路、一卡通（包含银行卡、电子门票等身份标识）、危险物品管理等方面都开始了 RFID 的应用。进入 21 世纪以后，RFID 产品种类更加丰富，有源、无源、半无源电子标签均得到发展，成本不断降低，应用规模持续扩大。单芯片电子标签、多电子标签识读、无线可读可写、无源电子标签和远距离识别、适应高速移动物体的 RFID 正日趋成熟。

1. RFID 的系统组成与原理

RFID 俗称电子标签技术，RFID 射频识别是一种非接触式的自动识别技术，主要用来为各种物品建立唯一的身份标识。射频识别利用射频信号及其空间耦合的传输特性，实现对静止或移动物品的自动识别。典型的 RFID 系统由读写器（Reader）、电子标签（Tag）或应答器（Transponder），以及计算机网络系统组成。其中，电子标签也称为射频标签、射频卡或感应卡，是射频识别系统中存储数据信息的电子装置，由耦合元件（天线）及 RFID 芯片（包括控制模块和存储单元）组成，如图 3-1 所示。

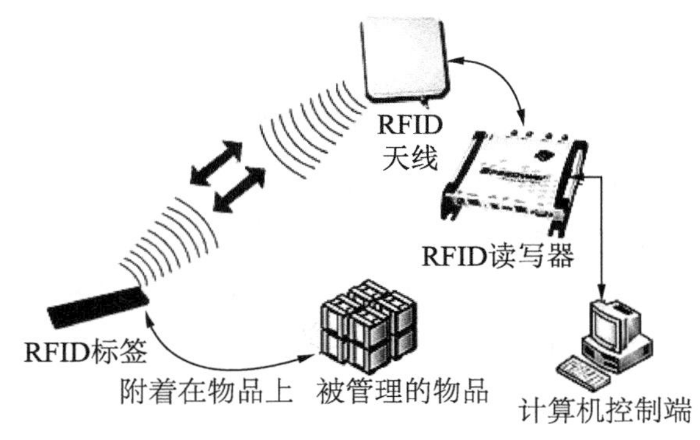

图 3-1　RFID 系统典型应用场景

当读写器发射一特定频率的电磁信号给电子标签时，电磁信号用以驱动电子标签，读取应答器内部的 ID 码。电子标签有卡、纽扣、标签等多种样式，具有免接触、不怕脏污，且芯片密码为世界唯一，无法复制，具有安全性高、寿命长等特点。RFID 标签可以贴在或安装在不同物品上，由安装在不同地理位置的读写器读取存储于标签中的数据，实现对物品的自动识别。RFID 技术可识别高速运动物体并可同时识别多个标签，操作方便，应用广泛。

每个 RFID 芯片中都有一个全球唯一的编码，为物品贴上 RFID 标签之后，需要在系统服务器中建立该物品的相关描述信息，与 RFID 编码一一对应。如图 3-2 所示，当使用读写器对物品上的标签进行操作时，读写器天线向标签发出电磁信号，标签接收读写器发出的电磁信号，凭借感应电流所获得的能量发送出存储在芯片中的产品信息（Passive Tag，无源标签或被动标签），或者主动发送某一频率的信号（Active Tag，有源标签或主动标签）；阅读器读取信息并解码后，再与系统服务器进行对话，根据编码查询该物品的描述信息。

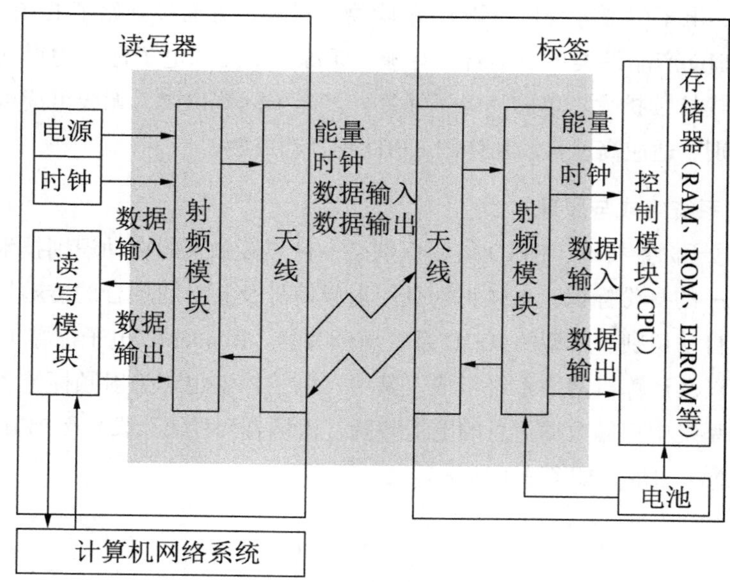

图 3-2 RFID 系统组成原理图

RFID 标签可以分为有源、半有源和无源标签。目前的实际应用中多采用无源标签，依靠从阅读器发射的电磁场中提取能量来供电，标签与阅读器的距离较短。

读写器是读取或写入标签数据和信息的设备，也可称为阅读器，可外接天线，用于发送和接收射频信号，分为手持式（便携式）和固定式两种。读写器既可以是单独的整体，也可以作为部件的形式嵌入到其他系统中。读写器可以单独具有读写、显示和数据处理等功能，也可与计算机或其他系统进行互联，完成对射频标签的相关操作。作为构成 RFID 系统的重要部件之一，由于能够将数据写到 RFID 标签中，因此称为读写器。由于标签是非接触式的，因此必须借助读写器来实现标签和应用系统之间的数据通信。

RFID 标签和读写器实现系统的数据采集，信息采集是 RFID 的一项重要的基础性工作，其核心内容是将不同节点处的分布式读写器采集到的数据（电子标签中的数据信息）实时准确获取，并根据业务的需求传输所需要的数据至计算机网络系统。计算机网络系统不仅用以对读写器读取到的标签信息和数据进行采集、存储和处理，而且要完成数据信息的存储管理以及对标签进行读写控制，是独立于 RFID 硬件之上的部分。计算机网络系统中的软件组件主要是为应用服务的，读写器与各种具体的应用系统之间的接口通常由软件组件来完成。

2. RFID 的分类

根据供电方式分为有源标签、半有源标签和无源标签。根据载波频率分为低频、中频、高频和微波射频识别；根据作用距离分为密耦合标签、遥耦合标签和远距离耦合标签；根据读写功能可分为只读标签、一次写入多次读标签和可读写标签；根据分装形式分为信用卡标签、线形标签、纸状标签、玻璃管标签、圆形标签以及特殊用途的异形标签（SIM-RFID、Nano-SIM）等；在实际应用中，必须给电子标签供电它才能工作；按照工作时标签获取电能的方式不同，分为主动式、半主动式和被动式。

1）主动式 RFID

主动式 RFID 系统在工作时，通过标签自带的内部电池进行供电，可以用自身的射频能量主动地发送数据给读写器。它包括微处理器、传感器、输入 / 输出端口和电源电路等，工作可靠性高，信号传输距离远，一般可达 30m 以上，最远可覆盖 100m。随着标签内部电池能量的耗尽，数据传输距离越来越短，稳定性也会降低。主要用于有障碍物或对传输距离要求较高的应用中，由于寿命有限（取决于电池的供电时间）、体积较大、成本相对较高，不适合在恶劣环境中工作，主要应用于对贵重物品远距离检测等场合。

2）半主动式 RFID

在半主动式 RFID 系统里，虽然电子标签本身带有电池，但是标签并不通过自身能量主动发送数据给读写器，电池只负责对标签内部电路供电。标签需要被读写器的能量激活，然后才传送自身数据。当标签进入读写器的读取区域，受到读写器发出的射频信号激励而进入工作状态时，标签与读写器之间信息交换的能量支持以读写器供应的射频能量为主，标签内部电池的作用主要在于弥补标签所处位置的射频场强不足，标签内部电池的能量并不转换为射频能量。标签未进入工作状态前，一直处于休眠状态或低功耗状态，从而可以节省电池能量。在理想条件下，其读写器距离大约在 30 m 以内，精确度较高，典型有效读取范围一般为 10m。

3）被动式 RFID

被动式 RFID 系统的电子标签的内部不带电池，所需能量由读写器所产生的电磁波提供。标签进入 RFID 系统工作区后，天线接收特定的电磁波，线圈产生感应电流供给标签工作。被动式电子标签与读写器之间的通信，总是由读写器发起，标签响应，然后由读写器接收标签发出的数据。被动式电子标签的读写距离小于主动式和半主动式标签。由于标签不带电池，其价格相对便宜；另外，它的体积和易用性也决定了它是电子标签的主流。典型有效读取范围一般为 4m 以内。

电子标签的工作频率也就是射频识别系统的工作频率，工作频率不仅决定着射频识别系统的工作原理（电感耦合或电磁耦合）、识别距离，还决定着电子标签及读写器实现的难易程度和设备的成本。工作在不同频段或频点上的电子标签具有不同的特点。射频识别应用占据的频段或频点在国际上有公认的划分，即位于 ISM 波段。典型的工作频率有：125 kHz、133 kHz、13.56 MHz、27.12 MHz、902 ～ 928 MHz、2.45 GHz、5.8 GHz 等。按照工作频率可分为低频、中频、高频和微波射频识别，详见表 3-2。

表 3-2 RFID 系统主要频段标准与特性

特性	低频	高频	超高频	微波
工作频率	125 ～ 133 kHz	13.56 ～ 27.2 MHz	902 ～ 928 MHz	2.45 ～ 5.8 GHz
读取距离	1.2 m	1.2 m	4 m(美国)	15 m(美国)
速度	慢	较快	快	很快
潮湿环境	无影响	无影响	影响较大	影响较大
方向性	无	无	部分	有
全球适用频率	是	是	部分(欧盟和美国)	部分(美国)
现有 ISO 标准	11784/85，14223	14443，18000-3，15693	18000-6	18000-4/555
读写区域	小于 1 m	1.2 m 附近(最大读取距离为 1.5 m)	典型情况为 4 ～ 7 m	可达 15m 以上
应用范围	考勤系统、门禁系统等出入管理，固定资产管理和企业一卡通系统等	邮局、空运、医药、货运、图书馆、产品跟踪	移动车辆识别、仓储物流应用、遥控门锁控制器，货架、卡车、拖车跟踪	高速公路收费、ETC 不停车收费等收费站，集装箱

3. RFID 的特点

RFID 技术的主要特点是通过电磁耦合方式来传送识别信息，可快速地进行物体跟踪和数据交换。由于 RFID 需要利用无线电频率资源，必须遵守无线电频率管理的诸多规范。与同期或早期的接触式识别技术相比较，RFID 还具有如下一些特点。

- 数据的读写功能。只要通过 RFID 读写器，不需要接触即可直接读取射频卡内的数据信息到数据库内，且一次可处理多个标签，也可以将处理的数据状态写入电子标签。具备标签的多目标识别、运动识别和远距离识别能力。
- 电子标签的小型化和多样化。RFID 在读取上并不受尺寸大小与形状的限制，不需要为了读取精确度而配合纸张的固定尺寸和印刷品质。此外，RFID 电子标签更可向小型化发展，便于嵌入到不同物品内。因此，可以更加灵活地控制物品的生产，特别是在生产线上的应用。
- 耐环境性。可以非接触读写，具有抗潮湿、抗灰尘、抗烟雾等抗恶劣环境的特性，对水、油和药品等物质具有强力的抗污性。RFID 可以在黑暗或脏污的环境之中读取数据。即便是被纸张、木材和塑料等非金属、非透明材质包覆，也可以进行穿透性通信。但不能穿过铁质等金属物体进行通信。

- 可重复使用。由于 RFID 为电子数据，可以反复读写，因此可以回收标签重复使用，提高利用率，降低电子污染。
- 系统安全性。将产品数据从计算机中转存到标签将为系统提供安全保障，提高系统的安全性。射频标签中数据的存储可以通过校验或循环冗余校验的方法来得到保证。

RFID 的应用现在已经非常广泛了，较高成本的移动车辆识别 RFID 系统级应用的三大领域分别如下。一是高速公路 ETC 不停车收费系统，在图 3-3 中，利用微波频段实现双向无线通信。二是电子车牌，主要用于像斯德哥尔摩这样的智慧城市中的治堵——交通疏导与智能收费，三是智慧交通，把车辆等实时个体信息与路况、服务等结合，不仅能够预测、分析拥堵并规避，还能够基于车联网实现更多服务。

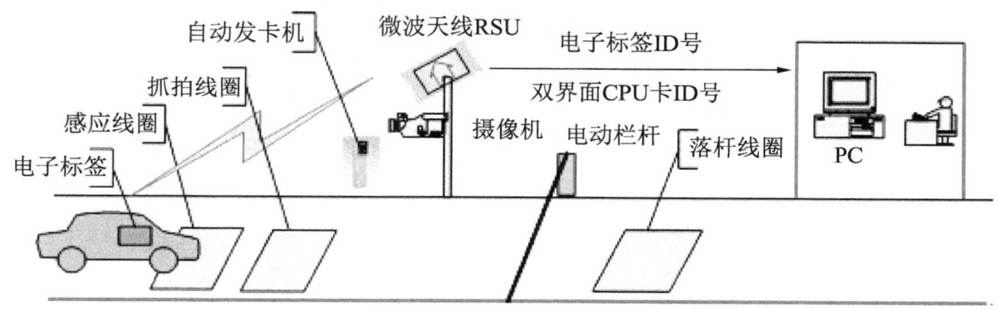

图 3-3　获 2015 年国家科技进步一等奖的 ETC 系统双片设计应用示意图（来源：智能交通世界网）

3.1.3　EPC 及其原理

随着全球经济一体化、信息网络化进程的加快，在技术革新迅猛发展的背景下，美国麻省理工学院 Auto ID 中心在美国统一代码委员会的支持下，提出了产品电子代码（Electronic Product Code，EPC）的概念，随后由国际物品编码协会和美国统一代码委员会主导，实现了全球统一标识系统中的全球贸易产品码（Global Trade Item Number，GTIN）编码体系与 EPC 概念的完美结合，将 EPC 纳入了全球统一标识系统，从而确立了 EPC 在全球统一标识体系中的战略地位，使 EPC 成为一项真正具有革命性意义的新技术，受到了业界的高度重视。EPC 被誉为全球物品编码工作的未来，将给人类社会生活带来巨大的变革。

1. EPC 简介

RFID 技术的首个大规模商业应用实例是 1984 年美国通用汽车公司率先在其汽车生产线上采用 RFID 技术，此后，由于 RFID 具有可追踪和管理物理对象的这一特性，越来越多的零售商和制造商都在关心和支持这项技术的发展与应用。例如，美国的零售业巨头沃尔玛

（Wal-Mart）公司对商品识别和管理的需求，以及美国国防部所属后勤局对从供应商采购商品提出安装 RFID 的要求。

采用 RFID 最大的好处在于可以对企业的供应链进行高效管理，以有效地降低成本。因此对于供应链管理应用而言，射频技术是一项非常适合的技术，但由于标准不统一等原因，该技术早期在市场中并未得到大规模的应用。国际物品编码协会（EAN/UCC）将全球统一标识编码体系植入 EPC 概念当中，从而使 EPC 纳入全球统一标识系统，如图 3-4 所示。

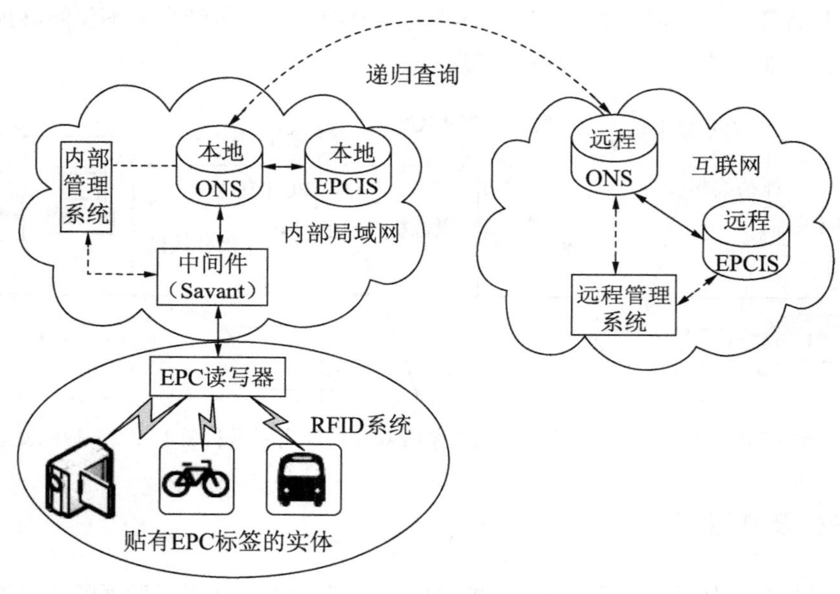

图 3-4 EPC 体系结构示意图

目前，国际上由国际物品编码协会（EAN/UCC）成立的 EPC global 负责 EPC 在全球的推广应用工作。EPC global 已在加拿大、日本、中国等国建立了分支机构，专门负责 EPC 码段在这些国家的分配与管理、EPC 相关技术标准的制定、EPC 相关技术在该国的宣传普及以及推广应用等工作。目前存在三个主要的技术标准体系：EPC global，ISO 标准体系，日本的泛在中心（Ubiquitous ID Center，UIC）。

2. EPC 编码标准

EPC 系统是在计算机互联网和射频技术 RFID 的基础上，利用全球统一标识系统编码技术给每一个实体对象一个唯一的代码，构造了一个实现全球物品信息实时共享的实物互联网。在物联网这一概念出现的早期，EPC 系统甚至被当作物联网的代名词。EPC 系统主要由 7 方面组成：EPC 编码标准，EPC 标签，EPC 代码，读写器，Savant 中间件（神经网络软件），对象名解析服务（Object Naming Service，ONS）、EPC 信息服务（EPC Information Service，EPCIS）。

EPC 编码标准是 EPC 系统的重要组成部分，它是对实体及实体的相关信息进行代码化，通过统一并规范化的编码建立全球通用的信息交换语言。EPC 编码是 EAN/UCC 在原有全球统一编码体系基础上提出的新一代的全球统一标识的编码体系，是对现行编码体系的一个补充。EPC 编码按其 ID 编码位长通常分为三类：64 b，96 b，256 b。对不同的应用规定有不同的编码格式，最新的 Gen2 标准的 EPC 编码可兼容多种编码。这三类可继续分为 7 种类型，分别为 EPC-64-I、EPC-64-II、EPC-64-III、EPC-96-I、EPC-256-I、EPC-256-II、EPC-256-III。以 EPC-64 为例，格式如下：

XX	XXX…XXX	XXX…XXX	XXX…XXX
2 位版本号	21 位 EPC 管理者	17 位对象分类	24 位对象编号

如上所示，EPC 编码的 4 个字段分别如下。

- 版本号。用于标识编码的版本号，这样可使电子产品的编码采用不同的长度和类型。
- EPC 管理者。与此 EPC 相关的生产厂商信息。
- 产品所属的对象类别。
- 对象的唯一编号。

EPC 编码不包含任何描述产品名称、位置、货架周期等产品信息。储存在 EPC 编码中的信息包括嵌入信息（Embedded Information）和参考信息（Information）。嵌入信息可以包括货品重量、尺寸、有效期、目的地等，其基本思想是利用现有的计算机网络和当前的信息资源来存储数据，这样 EPC 就成了一个网络指针，拥有最小的信息量。参考信息其实是有关物品属性的网络信息，它克服了条形码无法识别单品、信息量小、近距识读、易破损丢失信息等缺点。

3. EPC 系统原理

EPC 系统的产生将为供应链管理提供近乎完美的解决方案，以 EPC 软硬件技术构建的物联网，可实现全球的万事万物于任何时间、任何地点彼此相连，将使产品的生产、仓储、采购、运输、销售及消费的全过程发生根本性变化。它是条形码技术应用的延伸和扩展。EPC 的工作原理如图 3-5 所示，系统的逻辑结构由 EPC 标签、读写器、Savant 中间件、ONS 服务器、PML 等组成。

1）EPC 编码标准

这在上一小节已经详述。基于这种 EPC 编码就能够对物品进行信息检索。其中，Savant

中间件是连接 RFID 读写器和 Internet 的处理软件；EPCIS 是提供与 ID 相关联信息的服务器；ONS 服务器用来解析 EPC ID 与对应的 EPCIS 服务器，起到类似互联网中 DNS（Domain Name Server）的作用。其处理流程如下：一旦 Savant 检测到特定的 ID 以后，便向 ONS 服务器查询相应于 ID 的 EPCIS 服务器的地址。然后，根据得到的地址去查询 EPCIS 服务器，便可得到 ID 所对应的物品的准确信息。

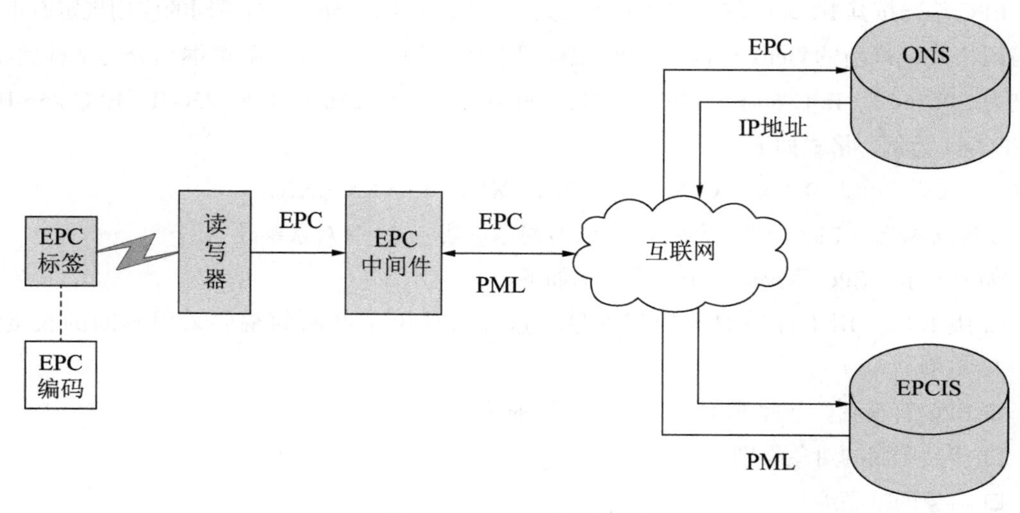

图 3-5　EPC 工作原理图

2）EPC 标签

EPC 标签是 RFID 系统的标识和部分数据载体，EPC 标签由标签专用芯片和标签天线（耦合元件）组成，其工作原理如 RFID 系统。

3）电子产品代码

EPC 唯一的信息载体是 EPC 标签，可以为全球每类产品的每个单品都分配一个标识身份的唯一电子代码。EPC 的提出为每件物品都享有唯一的信息通信地址创造了条件，从而使得物理世界与信息世界连接起来。

4）读写器

读写器是实现对 EPC 标签进行信息数据读取或写入的设备。读写器按照设置方式，可以分为手持移动读写器和固定读写器；按照读写功能可以分为阅读器、编程器和读写器。阅读器只具有从 EPC 标签中读取数据的功能；编程器只具有向 EPC 标签写入数据的功能；读写器兼具数据的读取和写入的功能。

EPC 标签与 RFID 读写器之间通过耦合元件实现射频信号的空间耦合。在耦合通道内，根据时序关系，实现能量的传递、数据的交换。手持移动读写器通过无线接入点（AP），固定读写器直接接入后台通信网络，然后与 Savant 系统相连。手持移动读写器支持 Wi-Fi 或 ZigBee 等协议，可以实现无缝通信。

5）神经网络系统（Savant 中间件）

Savant 是一种分布式操作软件，负责管理和传送 EPC 相关数据。它是处于读写器和局域网与 Internet 之间的中间件，负责数据缓存、过滤、处理等功能。EPC 数据经过 Savant 处理后，传送给局域网和 Internet，其分布式结构主要体现在以层次化进行组织和管理数据。每一层次上的 Savant 系统将收集、存储和处理信息，并与其他的 Savant 系统进行信息交流，具有数据校对、读写器协调、选择数据传送、数据存储和任务管理的功能。

首先，处于网络边缘的 Savant 系统，直接与读写器进行信息交换，对漏读或误读的信息进行校对，接着对多个读写器传输过来的同样的 EPC 信息进行冗余过滤。对从读写器采集到的数据进行预处理后，会将这些数据缓存起来。Savant 会对特殊应用的供应链进行查询以了解需要将什么样的信息在供应链上、下进行传递，它只传输必要的信息，对其他信息进行过滤，以减轻网络传输压力。Savant 的任务管理是指单个 Savant 系统实现的用户自定义的监控管理。例如，一个仓库的 Savant 系统可以通过独自编写程序实现当仓库中的某种商品数量降低到阈值时，会给仓库管理员发出告警提醒。

6）对象名解析服务

EPC 编码中有两种信息：嵌入式信息和物品的参考信息，物品的参考信息存储在厂家维护的 EPC 信息服务器中，Savant 读取到 EPC 之后，需要在局域网或 Internet 上利用对象名解析服务（ONS）服务器来找到对应物品的 EPC 信息服务器，然后利用物品 ID 在这个厂家维护的产品信息服务器中获取该件产品的参考信息，最后回传给 Savant 中间件。

7）物理标记语言

实体标记语言（Physical Markup Language，PML）是一种以 XML 为基础的规范，用于说明物品信息格式。EPC 产品电子代码识别单品，但是所有关于产品有用的信息都是用一种新型的标准计算机语言——PML 书写的。

基于互联网和 RFID 的 EPC 系统构造了一个全球物品信息实时共享的网络。它将成为继条形码技术之后，再次变革商品零售结算、物流配送以及产品跟踪管理模式的一项新技术。

EPC 中，需要思考的开放问题如下。

（1）制造业、物流、产品中的 RFID 可继承性问题有哪些？是否有助于形成一致的、兼容的标识体系？

（2）RFID 标签网格除了 EPC 网络之外，有哪些新型的形态？

（3）还有哪些人类更愿意接受的给“物”起名字的技术？

3.1.4 EPC 安全分析

EPC 安全这个问题说大可大，可以放大到 RFID 应用的所有安全问题；说小可小，可以缩小到基于 EPC 体系的安全问题。这里把 EPC 放在一个场景中，具体根据 EPC 系统在安全传输机制和用户隐私保护措施方面分析以下的不足①。

（1）由于部署在不同地理位置的 RFID 读写器对普通用户的不可预知性，贴有 RFID 标签的物品信息在用户尚未觉察的情况下即会由读写器读取并记录，进而实现对物品的定位和跟踪，使个人隐私为之发生泄漏。

（2）在进行物品信息查询时容易受到窃听攻击、重放攻击、拒绝服务攻击、中间人攻击以及服务器攻击等各类攻击。

（3）像互联网中的 DNS 一样，EPC 系统中的 ONS 同样存在软件漏洞、缓存中毒、域名劫持、DoS 攻击等安全问题。

1. EPC C1G2 安全分析

为了 RFID 技术的产业化和标准化，越来越多的国际化组织针对 RFID 提出了各种各样的标准，较为著名的 EPC global 推出了一种被称为一类（class），二代（generation）的 RFID 标准，正在被越来越多的组织和个人采用，同时该标准于 2006 年通过了国际标准化组织 ISO 的认证，更加奠定了其全球化地位。该标准规定了与 EPC C1G2 兼容的阅读器、标签的逻辑要求和物理要求以及需要遵守的通信协议。

EPC C1G2 标准特点如下②。

- 符合该标准的标签都必须是无源标签，工作在 860 ～ 960MHz，通信距离最大可达 10m。
- 标签必须是低成本标签，不支持复杂的加密运算，只能依靠简单的 16 位随机数和 CRC 校验来完成认证过程。标签可以设置 32 位的访问密码和 32 位的 kill 密码，被 kill 的物理标签将不再可用。
- 标签的电子识别码最多可以达到 256 位。
- 标准采用了相对简单的防碰撞算法来避免多个标签之间的干扰。
- 支持三种调制模式，即双边带、反向和单边带振幅移位键控法。

EPC C1G2 中和安全相关的改进如下。

（1）标签具有比上一代更大的存储空间，可以分为 EPC 分区（存放电子识别码）、TID 分区（协议相关信息和生产商指定数据）、保留内存分区和用户存储分区。保留内存分区放

① 李馥娟，王群．物联网安全体系及关键技术．智能计算机与应用，2016，06．

② 屈宏．RFID 安全协议研究及通用测试平台的实现．电子科技大学硕士论文，2015，06．

Access Password 访问密码和 kill 密码，用户存储分区可以由用户自定义存储任何信息。

（2）被 kill 的物理标签将不再可用。可以“杀死”标签，有助于数据安全和个人隐私保护。“死标签无法说话”，有助于防止无意或恶意地“套话”来获取私密信息。

（3）防碰撞算法的应用和简单的认证方案。

EPC-C1G2 协议存在的安全隐患分析如下①。

EPC-C1G2 协议中，读写器通过选择、盘存、访问这三个操作管理标签，根据读写器的操作，标签对应于就绪、仲裁、应答、确认、开放、安全、销毁 7 个状态中的一个。

- 在盘存过程中，标签的信息是以明文形式进行传输的，很容易被攻击者窃听到，标签的隐私信息容易暴露。只要符合 EPC-C1G2 协议的读写器都可以盘存标签，每次对标签进行盘存时，标签总是传输同样的 EPC，这将导致对标签的跟踪。
- 读写器在访问过程中发送访问口令使标签进入安全状态时，采用随机数 RN16 和访问口令异或后传输，这样就避免了明文传输，但攻击者很容易窃听或截获 RN16。其后，攻击者只要与密文进行异或就可以获得访问口令，非法的读写器在有访问口令的情况下就可以对标签的数据任意篡改。
- 在 EPC-C1G2 协议中，没有对标签进行认证，因此，需要双向认证，以确保读写器和标签都是合法的。

2. 安全威胁场景分析

如图 3-6 所示，虚线内部的安全，对应图 3-5 中 EPC 中间件之前的一端，前端通信（Front-End Communication）指读写器和标签之间通过射频（RF）收集和提供数据，实现的通信安全。

虚线外部的安全，对应图 3-5 中 EPC 中间件之后的一端，后端通信（Back-End Communication）指读写器、标签通过互联网协议（IP 网络）实现的传输安全。

为了避免与下文中的前、后向可追溯性混淆，这里如上定义 RFID 系统的内部安全与外部安全。

由于 RFID 标签和读写器之间使用无线信道通信，因此容易被攻击者攻击。

1）内部的安全威胁②

（1）窃听与侧信道攻击。

通过使用射频设备，攻击者可以探测读写器和标签之间通信信道中的通信内容。在 RFID 系统中标签和读写器之间的通信信道是不对称的（标签的工作功率弱于读写器的工作功

① 王益维，赵跃华，李晓聪．基于 EPC-C1G2 标准的 RFID 认证机制．计算机工程，2010，09.

② WANG Q, XIONG X, TIAN W, et al. Low-cost RFID: security problems and solutions[C] / Proceedings of the 2011 International Conference on Management and Service Science, Piscataway: IEEE, 2011: 1-4.

率)，攻击者能够很容易地截获到前向信道(读写器到标签)中的交互信息，而在攻击者接近标签时，也能够获取后向信道（标签到读写器）中的交互信息。如图 3-7 所示，这种侦测不仅能够发起窃听攻击，而且能够发起侧信道攻击[①]（Side Channel Attack，SCA，也称边信道攻击)。对于 SCA 的理解，打个类比，有人能够通过你按键输入数字的声音分辨出你输入设备的密码。

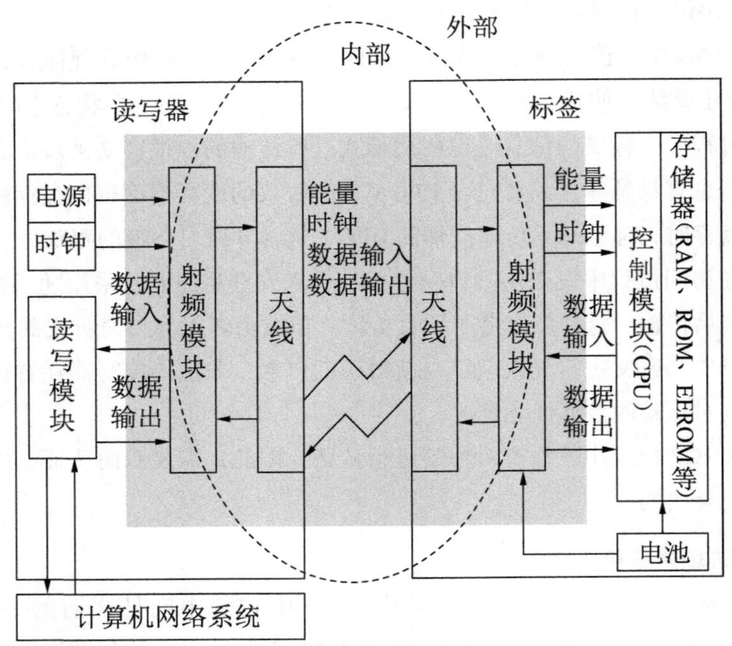

图 3-6 内部安全和外部安全示意图

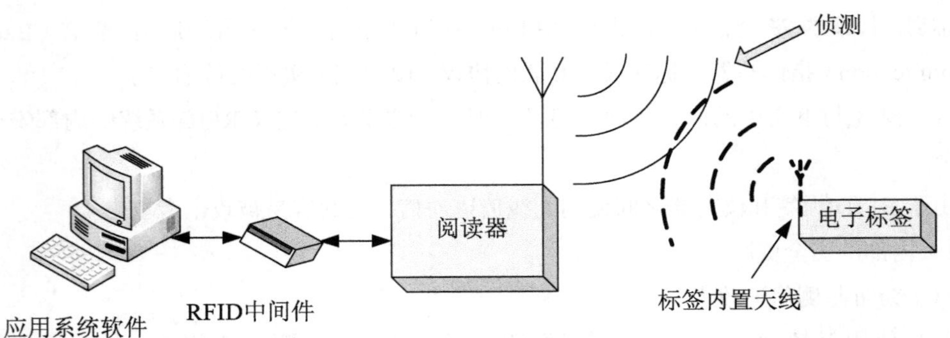

图 3-7 典型 RFID 系统被侦测示意图

① http://baike.baidu.com/link?url=3dr_NgS9NxLdFX-8aY_k0U6d2nsnPa1d9ZW9yJlf9qOIMqxqVwQKEt0sONIbVwDYWgold3oQtHuoaR57I8i80ea58tjrzZZpw5AZk2WdOGyiSs3Kmk03HFEFciUl9ToDdbtUFT3usqVf0mCjg5FZsq.

如果说内部安全威胁中窃听与侧信道攻击是被动的攻击，那么，如下几点则是内部安全威胁中的主动攻击。它们比“潜伏”在标签和读写器之间的“偷听”更为“主动”。

（2）假冒攻击。

假冒攻击分为两种：一种是假冒读写器，向合法标签发送通信请求获取标签数据；另一种是攻击者模仿窃听到的标签信号，伪造标签。

（3）中间人攻击。

在中间人攻击中，攻击者的位置处于读写器和标签之间，标签位于读写器的正常读取范围之外，而攻击者将两者连接起来。也就是说，读写器和标签之间的所有通信都要经过攻击者传递。在一个协议会话中，攻击者可以替换、交换、延迟通信内容。

（4）重放攻击。

重放攻击不需要进行实时攻击。在协议运行过程中，来自被攻击对象（一个标签）的响应被攻击者监听并存储。在下一次协议运行中，当读写器发出查询，攻击者可以将之前存储的响应发送给读写器作为响应，并哄骗读写器将攻击者认证为被攻击对象。

对于假冒攻击、中间人攻击、重放攻击的理解，均可以在图 3-7 中的侦测位置沿时间轴的不同时间点放上伪读写器、伪标签，或者两者都放来实现。这三点都可以归结为基于节点伪装和隐藏的物理攻击。

（5）拒绝服务攻击（信道）。

攻击者通过使用电磁干扰技术干扰标签和读写器之间的通信通道，使 RFID 系统不能正常通信。这种攻击手段并不会破坏系统中的读写器和标签，只会干扰系统的通信过程，公开场所中这种攻击不可能长时间进行，并且在受到该攻击时系统能快速恢复。

（6）去同步攻击。

去同步攻击指攻击者通过篡改标签和读写器之间通信的信息或者阻止合法信息的正常发送，从而导致数据库和标签中信息无法同步更新，在读写器和标签下次会话时，无法实现合法的身份认证。

之所以把内部安全威胁分为主动、被动两种，是因为内部安全的主动威胁都会有一定的特征，根据特征较容易防范。而且，攻击者通过窃听或篡改通信数据等行为来操纵读写器和标签之间的通信过程，但攻击者一般无法破解标签。

2）外部的安全威胁

（1）后向可追溯性[①]。

后向可追溯性或者叫前向安全性，指攻击者利用某种手段获得了某种标签的当前信息，然后寄希望于使用演绎的方法，从这一信息中推测出该标签的有用历史信息，这样会导致整

① 殷新春等．通用的无线射频识别安全认证协议分类模型．计算机应用，2015．

个数据库的安全隐患。

（2）前向可追溯性。

前向可追溯性指攻击者利用标签当前的内部状态跟踪服务器和该标签之间的未来交互。也就是说，在时间 t 给出目标标签的所有内部状态能帮助攻击者辨认目标标签发生在 t 时刻之后的交互。

（3）系统病毒。

系统病毒指读写器读取了包含恶意代码的标签，恶意代码就进入了 RFID 的计算机系统，更改产品的价格和销售数据，并可以创建一个登录接口，允许外部访问者进入 RFID 系统的数据库。

（4）服务器攻击。

服务器攻击指攻击者能够使用标签的内部状态信息模拟一个合法的服务器。例如，攻击者能够让标签更新它的状态，则合法的服务器再也不能与标签成功进行通信。再向外就到了 EPC 体系的网络层，例如 DoS（Denial of Service）攻击，需要源地址认证、数据包过滤、流量清洗等网络技术来保障，限于篇幅，本节不过多讨论。

外部的安全威胁可能破解标签，由此获得标签内部信息。无论内部还是外部威胁都会使 RFID 系统遭受巨大的安全和隐私隐患。

针对 EPC 物联网感知层中 RFID 设备的安全和隐私保护，一方面可以采用静电屏蔽（如法拉第笼）、主动干扰、改变阅读器或标签的频率、kill 标签、sleep 标签等物理方法，其安全保护源于阻止或破坏恶意读写器与 RFID 标签之间的通信；另一方面，可以应用加密和认证机制来保证标签和阅读器之间的通信安全。讨论较多的 RFID 安全协议有 HashLock 协议、随机 HashLock 协议、Hash 链协议、分布式 RFID 询问 - 响应认证协议、LCAP 协议、再次加密机制等[①]。表 3-3 是依据安全威胁场景划分的 EPC 安全层次分析表。

表 3-3　依据安全威胁场景划分的 EPC 安全层次分析

EPC 安全层次分析	攻击方法	防御方法	备注
感知层的内部安全	窃听与侧信道攻击	网络安全编码；超宽带调制[②]（ultra wide band modulation）	物理攻击包括：通过物理手段在实验室环境中去除标签芯片封装、使用微探针获取敏感信号、进行目标标签的重构；用软件利用微处理器的通用接口，扫描标签和响应读写器的探寻，寻求安全协议加密算法及其实现弱点，从而删除或篡改标签内容

① 彭志娟．物联网安全分层解析．计算机知识与技术，2016，6：71-72．

② 武传坤．物联网安全关键技术与挑战．密码学报，2015，2(1)：40-53．
超宽带调制方法是基于时分传输时隙来实现的，它的安全性在于非法攻击者很难得知有用信息是在哪个时隙发送的，该过程用到了相位调制器，也用到了跳时码（time hopping codes）伪随机序列生成器。

续表

EPC 安全层次分析	攻击方法	防御方法	备注
感知层的内部安全	假冒攻击	身份认证	轻量级加密；可信网络连接；可信第三方认证
	中间人攻击	身份认证、数据加密	
	重放攻击	身份认证，时间戳，使用挑战 - 应答方式等	
	拒绝服务攻击（信道）	场景电磁防护	信道的争夺与防护在特定场景中很重要
	去同步攻击	时间戳	双因素认证以增加硬件为代价，可能适用于此防御
感知层的外部安全	后向可追溯性	具有“前向安全性”的 Hash 链[①]、密钥管理等协议；时间戳	PKI，可信第三方认证
	前向可追溯性	具有“后向安全性”的密钥管理协议；时间戳	
	系统病毒	代码签名；身份认证、访问控制等	硬件安全防护
	服务器攻击（自适应攻击[②]、非法访问、漏洞攻击、数据篡改等）	数据加密、身份认证、安全连接、远程证明；QoS 等	已经进入物联网网络层安全，可由可信网络、安全路由、源地址认证、数据包过滤、流量清洗、补丁管理等网络安全技术防护
网络层和应用层	在本书最后一章探讨	身份认证、访问控制、数据加密、IPSec、SSL（TLS）等网络安全技术；安全云等应用层安全技术	技术之外的行业立规（见第 2 章中的立言、立德）；政府层面的立法

RFID 的隐私保护，主要集中在身份隐私保护和位置隐私保护两个主要方面。身份隐私保护方面，基于 K- 匿名模型安全隐私控制模型[③]，K- 匿名的技术于 20 世纪末由 L. Sweeney 和 Samarati 提出，该技术能够对全部个体敏感属性进行保护。其余基于场景的隐私保护方法见最后一章。

位置隐私保护方面，由于 RFID 芯片使用者和 RFID 读写器距离太近，以至于阅读器的地点无法隐藏，保护使用者地点隐私的方法可以使用安全多方计算的临时密码保护并隐藏

① 陈瑞鑫，邹传云，黄景武．一种基于双向 Hash 认证的 RFID 安全协议．微计算机信息，2010，26(11)：149-151.

② 自适应攻击是指攻击者在入侵系统后，通过收集大量正常的认证会话信息（甚至将自己扮演成为合法的 RFID 读写器），由此冒充 RFID 标签向读写器发送信息，试图通过系统的安全认证。

③ 华颜涛，于彪．物联网信息共享的安全隐私保护研究．信息与计算机，2011，6(12)：5-6.

RFID 标识[①]。关于用户的地点信息不透漏给提供服务的提供者或第三方[②]，这类位置隐私问题可通过最后一章场景安全模型的探索来给出解决方案。

3. 安全威胁的研究思路

从感知层的外部安全再向外延伸——网络层安全，其安全威胁的关键是未经授权的网络访问[③]。没有一家公司想要对恶意者明确开放的一个系统，任由不请自来的网络访问。幸运的是，网络安全是一个高度发展的成熟的技术，RFID 读写器制造商可以在面向 IP 网络的外部应用标准的、成熟的安全技术，如安全套接字层（SSL）和 Secure Shell（SSH）；可以关闭不安全的端口（例如，用 Telnet）；可以实现安全的过程，如认证机制，让证书把未经授权者（黑客等）拒之门外；一方面，RFID 厂商积极用强大的、标准的工具来保证数据的安全性；另一方面，用户应该尽量确保他们选择的射频识别系统符合行业标准的安全措施。

RFID 感知层的内部、外部安全威胁是更具挑战性的、复杂的、不断变化的威胁，是近年来较热的研究方向。标签和阅读器之间的空中接口毕竟是开放的薄弱环节。如上所述，多数的 RFID 感知层安全威胁涉及欺骗、操纵，或恶意利用标签和读写器之间的射频通信。恶意读写器可以读一个标签，记录保密信息；它也可以非法获得重写的权限；或者 kill 标签。恶意读写器的伪装、恶意标签的潜伏、恶意行为的发现，未经授权行为的杜绝，都需要考虑。表 3-4 仅仅是列出了一些思路。

表 3-4　RFID 安全威胁的研究思路

研究对象	RFID 感知层的内部、外部安全威胁	EPC 网络层安全威胁
安全技术	轻量级加密、签名和密钥管理；认证授权（双向鉴权）等	强大的网络安全技术
安全策略	访问控制、异常发现、场景标识（保护）、隐私代理等	关闭不安全端口；安全认证机制；可信的第三方；QoS（服务质量）等

除此之外，和人 - 系统交互的安全场景定义、数据安全水平级别定义、公众对 RFID 安全的感受，这几个方面也需要考虑在内。

4. 进一步思考

当 RFID 走向无处不在的未来市场中，会变得越来越容易受到攻击。如图 3-8 所示，是 EPC global 正在面对的 EPC 产业所面临的安全问题，指出未来 EPC 的应用层安全研究场景。

---

① 武传坤．物联网安全关键技术与挑战．密码学报，2015，2(1)：40-53.

② 暴磊，张代远，吴家宝．物联网与隐私保护技术．电子科技，2010，23(7)：110-112.

③ RFID Security issues-Generation2 Security. http://www.thingmagic.com/index.php/rfid-security-issues.

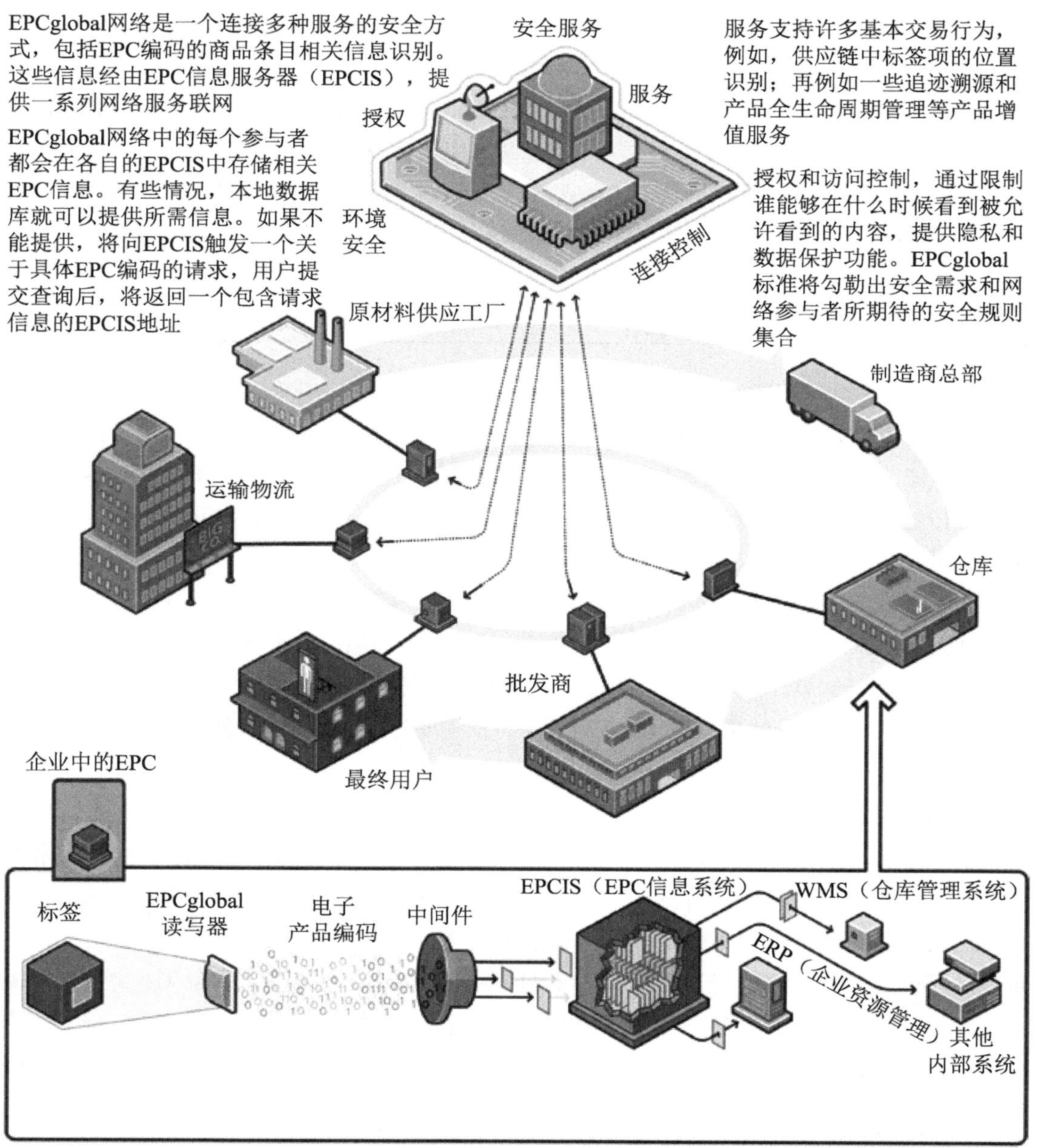
The EPCglobal Network
EPCglobal网络是一个连接多种服务的安全方式，包括EPC编码的商品条目相关信息识别。这些信息经由EPC信息服务器（EPCIS），提供一系列网络服务联网
EPCglobal网络中的每个参与者都会在各自的EPCIS中存储相关EPC信息。有些情况，本地数据库就可以提供所需信息。如果不能提供，将向EPCIS触发一个关于具体EPC编码的请求，用户提交查询后，将返回一个包含请求信息的EPCIS地址
安全服务
授权
服务
环境安全
连接控制
服务支持许多基本交易行为，例如，供应链中标签项的位置识别；再例如一些追迹溯源和产品全生命周期管理等产品增值服务
授权和访问控制，通过限制谁能够在什么时候看到被允许看到的内容，提供隐私和数据保护功能。EPCglobal标准将勾勒出安全需求和网络参与者所期待的安全规则集合
原材料供应工厂
制造商总部
运输物流
仓库
批发商
最终用户
企业中的EPC
标签
EPCglobal读写器
电子产品编码
中间件
EPCIS（EPC信息系统）
WMS（仓库管理系统）
ERP（企业资源管理）
其他内部系统

图 3-8　EPC 产业分析（来源：XPLANATIONS/XPLANE）

图中，EPC 在应用层涵盖：

- ❑ 从工厂生产、运输、仓储到分销的供应链。
- ❑ 直接面向消费者的零售商店和家庭、个人消费。
- ❑ EPCIS 的信息支撑。

这些 EPC 应用层的安全需要进一步研究，这也部分融合了整个物联网的应用层安全需求。随着 EPC 产业和更多需要电子标签的场合的扩展，更多标签部署，不论是托盘上、超市商品上的、车上的标签，都可能受到攻击的新威胁。随之而来的新的安全需求需要更强大的安全保证，相信新兴的安全协议与技术会实现 EPC 的感知层、网络层、应用层的安全体系保证。

3.2 传感器与传感器网络

传感技术是物联网感知层核心技术之一，其本身就是一门多学科交叉的现代科学与工程技术，主要研究如何从自然信源获取信息，并对之进行处理（变换）和识别。传感技术的核心即传感器，它是负责实现物联网中物与物、物与人信息交互的重要组成部分。传感技术不仅包含传感器，还涉及通过传感器感知信息的处理和识别，及其应用中的规划设计、开发、组网、测试等活动。

传感技术的形成和发展其实就像人类眼睛的进化一样困难。传感器能够获取物联网中“物”的各种物理量、化学量或生物量等信息，其功能与品质决定了所获取自然信息的信息量和信息质量。这些就像人类能够看到的范围和视力分辨率（能力）。

信息处理包括信号的预处理、后置处理、特征提取与选择等。这些就像眼睛联合脑神经就能分辨颜色，明察秋毫。

识别的主要任务是对经过处理的信息进行辨识与分类。它利用被识别（或诊断）对象与特征信息间的关联关系模型对输入的特征信息集进行辨识、比较、分类和判断。传感技术本身就包含众多发展方向的高新技术，例如传感网。传感技术同计算机技术与通信技术一起被称为信息技术的三大支柱，同时作为新一代信息技术——物联网发展的基础技术之一，颇受重视。近年来，随着生物科学、信息科学和材料科学的发展，传感技术获得飞速发展，实现了系统化、微型化、多功能化、智能化和网络化；这大大拓展了传感技术的应用领域，也推动了物联网感知能力的发展。物联网中应用的传感技术主要有传感器、传感系统和基于各种分布式传感器节点的传感器网络。

3.2.1 传感器简介

人类的五觉有哪些？视觉、听觉、味觉、嗅觉、触觉分别对应着眼、耳、口、鼻、舌的功能，触觉还涵盖着末梢神经系统对于触碰、抚摸、跌打等行为的感知。人类的五觉就是 5 种传感器或传感系统，人类借此感受外在世界。更为深刻的是，婴儿在母亲的抚触之下，能够发育得更好。这意味着人类的“传感器”更加精密、智慧，与心灵相通。

作为传感技术的实现系统，传感器是负责实现物联网中物与物、物与人信息交互的必要组成部分。传感器将物理世界中的物理量、化学量、生物量转换成供处理的数字信号，从而为感知物理世界中物体的属性，提供信息采集的来源。离开传感器对被测物体原始信息进行准确获取和转换，无论多么精确的测试与控制，都是一叶障目、不见泰山。现阶段，只能追求其功能性和精度，长远来看，伴随着人工智能的发展，也许就能追求其“灵度（灵性）”。

传感器能够将物理量转换成电信号，代表了物理世界与电气设备世界的数据接口。传感器需测量的对象包括温度、压力、流量、位移、速度等越来越多的物理量。物联网感知层除了有传感器，还需要与执行器和控制器结合，通过通信模块与网关互联或先行组网与网关互联，包括传感网、工业总线等，它们共同实现智能化、网络化感知。

在物联网中，从感知对象能够提取的“物”的数据或信息形式，主要包含以下三种。

- 单一数据采集。例如，采集物理、化学、生物等单一技术获取数据的专用传感器，如压力、流量、位移、速度、振动、温湿度、pH，还包括通过核辐射传感器和生物传感器能够检测的辐射值和气味浓度等各种传感器，这些是容易直接想到的“感知器”。
- 感官信息的延伸与扩展。感官信息包括听觉、视觉、触觉、味觉、嗅觉等能够感知或采集的信息。以视觉为例，视频摄像头从根本上来说也是属于信息的采集，其采集到的是一种视频信息，同样是代表了一些描述监控目标的信息数据。由于视频数据可以包含全方位和角度、多层次和维度的信息，比之任何普通专用物理传感器所采集到的信息量要大得多，因此，摄像头是最重要的感知器之一，音频感知也是如此。例如，人工智能在语义识别中的应用，需要采集语音、语义、语调，并联系上下文来理解。
- 感知信息的智能处理和挖掘。音视频、振动等一些采集到的原始信息，使用智能技术对它们进行分析和内容提取（如智能视频分析，车牌识别，生物特征识别技术等）也可以视为一种感知器。只不过是从视频、音频、图像数据中挖掘出的信息，能够使信息更利于理解。人工智能算法能够有效提高辨识能力或分辨程度，这也是人工智能迎来第三次春天的原因之一。

总之，对于物联网来说，只要是处于网络前端节点，以提取一定的信息或数据的技术、器件或产品，都可以视为“广义传感器”中的一种，它是物联网存在的数据来源和基础。

3.2.2 常见的传感器

传感器是感知物质世界的“感觉器官”，用来感知信息采集点的环境参数。传感器可以感知热、力、光、电、声、位移（位置、加速度、手势、语音）等信号，为传感网的处理和传输提供最原始的信息。传感器的类型多样，可以按照用途、材料、测量方式、输出信号类型、制造工艺等方式进行分类。按照测量方式不同，可以把传感器分为接触式测量和非接触式测量传感器两大类；按照输出信号是模拟量还是数字量，可以分为模拟式传感器和数字式传感器；按照用途，可分为可见光视频传感器、红外视频传感器、温度传感器、气敏传感器、化学传感器、声学传感器、压力传感器、加速度传感器、振动传感器、磁学传感器、电学传感器；按照工作原理，可分为物理传感器、化学传感器、生物传感器；按照应用场合，可分为军用传感器、民用传感器、军民两用传感器。

常见的传感器只是一种用于检测周围环境的物理变化的装置，它将感受到的信息转换成电子信号的形式输出。常见的传感器有如下几种。

1. 温度 / 湿度传感器

温度 / 湿度传感器测算周围环境的温度 / 湿度，将结果转换成电子信号。温度传感器使用热敏电阻、半导体温度传感器以及温差电偶等，来实现温度检测。热敏电阻主要是利用各种材料电阻率的温度敏感性，用于设备的过热保护和温控报警等。半导体温度传感器利用半导体器件的温度敏感性来测量温度，成本低廉且线性度好。温差电偶则是利用温差电现象，把被测端的温度转换为电压和电流的变化；由不同金属材料构成的温差电偶，能够在比较大的范围内测量温度。

湿度传感器主要包括电阻式和电容式两个类别。电阻式湿度传感器也称为湿敏电阻，利用氯化锂、碳、陶瓷等材料的电阻率的湿度敏感性来探测湿度。电容式湿度传感器也称为湿敏电容，利用材料的介电系数的湿度敏感性来探测湿度。温度 / 湿度传感器普遍用于测量家庭、工厂、温室大棚等室内环境。

2. 力觉传感器

力觉传感器能够计算施加在传感器上的力度并将结果转换成电子信号。常见的有片状、开关状压力传感器，在受到外部压力时会产生一定的内部结构的变形或位移，进而转换为电特性的改变，产生相应的电信号。还有一类能够通过气压测定海拔高度的传感器。

3. 加速度传感器

加速度传感器可计算施加在传感器上的加速度并将结果转换成电子信号。常用在智能手机和健身追踪器等智能终端上。

4. 光传感器

光传感器可以分为光敏电阻和光电传感器两个大类。光敏电阻主要利用各种材料的电阻率的光敏感性来进行光探测。光电传感器主要包括光敏二极管和光敏三极管，这两种器件都是利用半导体器件对光照的敏感性。光敏二极管的反向饱和电流在光照的作用下会显著变大，而光敏三极管在光照时其集电极、发射极导通。此外，光敏二极管和光敏三极管与信号处理电路也可以集成在一个光传感器的芯片上。不同种类的光传感器可以覆盖可见光、红外线、紫外线等波长范围的传感应用。

5. 测距传感器

测距传感器测算传感器与障碍物之间的距离，一般通过照射红外线和超声波等，搜集反射结果，根据反射来测量距离，并把结果转换为电子信号。其中的照射手段还包括能够扫描二维平面的激光测距仪。常用于汽车等交通工具，例如，倒车警报。

6. 磁性传感器

磁性传感器是利用霍尔效应制成的一种传感器，所以也称霍尔传感器。霍尔效应是指：把一个金属或者半导体材料薄片置于磁场中，当有电流流过时，由于形成电流的电子在磁场中运动而受到磁场的作用力，使材料中产生与电流方向垂直的电压差。可通过测量霍尔传感器所产生的电压来计算磁场强度。结合不同的结构，能够间接测量电流、振动、位移、速度、加速度、转速等。

7. 微机电传感器

微机电系统的英文名称是Micro-Electro-Mechanical Systems，简称MEMS，是由微机械加工技术（Micromachining）和微电子技术（Microelectronics Technologies）相结合而制成的集成系统，它包括微电子电路（IC）、微执行机构以及微传感器。多采用半导体工艺加工。目前已经出现的微机电器件包括压力传感器、加速度计、微陀螺仪、墨水喷嘴和硬盘驱动头等。微机电系统的出现体现了当前的器件微型化发展趋势。比较常见的有微机电压力传感器、微机电加速度传感器和微机电气体流速传感器等。

纳米技术和微机电系统（MEMS）技术的应用使传感器的尺寸减小，精度也大大提高。MEMS技术的目标是把信息获取、处理和执行一体化地集成在一起，使之成为真正的微电子系统。这些装置把电路和运转着的机器装在一个硅芯片上，对于传统的电子机械系统来说，MEMS不仅是真正实现机电一体化的开始，更为传感器的感知、运算、执行等打开了“物联网”微观领域的大门，例如血管内的微型机器人。

8. 生物传感器

生物传感器的工作原理是生物能够对外界的各种刺激做出反应。生物传感器（biosensor）是对生物物质敏感并将其浓度转换为电信号进行检测的仪器。智能交互技术中的电子鼻、电子舌就是运用生物传感器技术。

9. 智能传感器

智能传感器（smart sensor）是具有一定信息处理能力或智能特征的传感器。例如，具有复合敏感功能，自补偿和计算功能，自检、自校准、自诊断功能，信息存储和传输（双向通信）等功能，并具有集成化特点。

需要强调的是：这里的“智能”（smart）和人工智能中的“智能”（intelligence）有根本的不同，前者侧重于与传统传感器的对比；后者强调“拟人化”的思辨能力的趋势。智能传感器最早来源于太空中设备对于传感器处理能力的需求，目前多采用把传统传感器与微处理器结合的方式来制造。代表性产品有：智能压力传感器、智能温湿度传感器。

因为嵌入式智能技术是实现传感器智能化的重要手段，所以通常把智能传感器的智能称为“嵌入式智能”，其特点是具备了微处理器这一硬件。嵌入式微处理器具有低功耗、体积小、集成度高和嵌入式软件的高效率、高可靠性等优点，在人工智能技术的推动下，共同构筑物联网的智能感知环境。随着嵌入式智能技术的发展，CPS（Cyber-Physical Systems）在自动化与控制领域内被认为更接近物联网。它是利用计算机对物理设备进行监控与控制，融合了自动化技术、信息技术、控制技术和网络技术，注重反馈与控制过程，实现对物体的实时、动态的控制和服务。虽然 CPS 在应用和网络上与物联网有相同之处，但在信息采集与控制中存在着差别。

10. 传感系统与传感器网络

传感系统是为了实现单一或者复合感知功能的一个系统，通常具有“前端”原始数据采集及“后端”数据的分析处理；有时还有“中间”作为通信传输。不同于 CPS 之处在于 CPS 是嵌入式、紧密耦合、高集成度；而传感系统通常是松散耦合、前端和后端分工明确、功能化更为具体的系统。例如，飞机场的低空探测系统、光栅门禁系统和接下来介绍的新颖的传感（器）系统。

传感器网络则是在数据采集的前端通过分布式实现更多功能的网络，将在 3.2.5 节专门论述。

总之，不断应用新理论、新技术，采用新工艺、新结构、新材料，研发各类新型传感器和嵌入式智能系统，提升感知物质世界的能力和与物质世界交流的能力，是实现物联网感知环节的基础。

3.2.3 新颖的传感器

既然到了物联网时代，就来看看物联网时代的传感器。这是一个感知 + 功能的系统集成应用趋势。例如，眼睛不仅是用来感知光明的“摄像头”，还能够理解、辨识、享受，还是人类心灵的窗户。

1. 武装到奶牛的物联网传感器

物联网到来前，只听说音乐能够提高奶牛产量。图 3-9 所示是植入牛耳朵里的传感器。在物联网的世界里，不仅是人类需要“助听器”(这里没有恶意)，而且牛也会有“助产量”传感器。这让农民可以监控奶牛的健康和运动，以确保提供更健康、更充足的肉类。导盲犬是不是也需要一个传感系统，以使其更贴心地帮助主人？

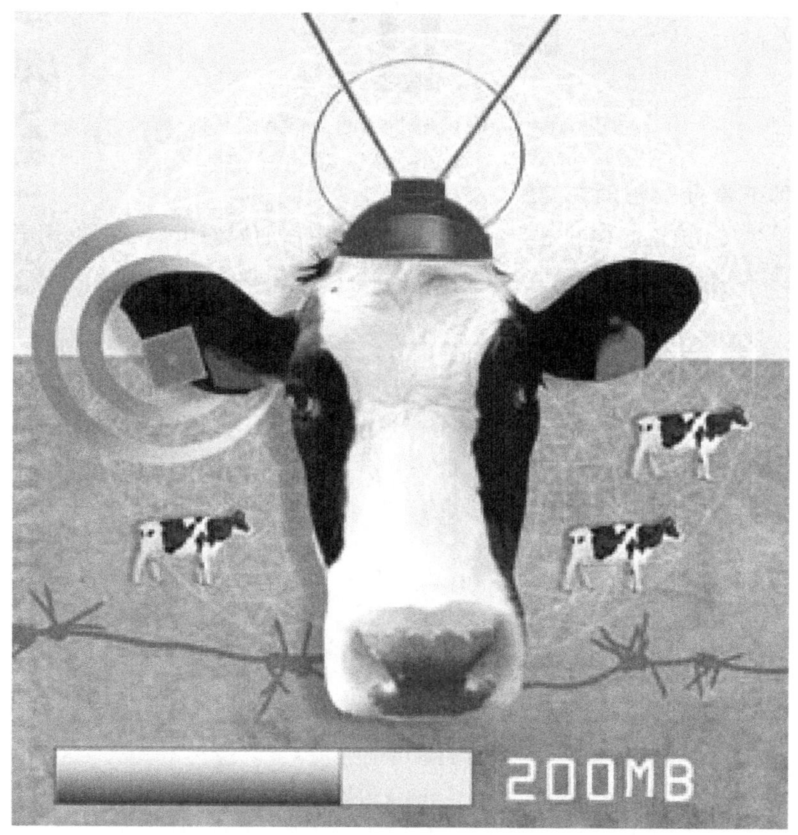

图 3-9　植入牛耳朵里的传感器

2. 跟踪体型的镜子

图 3-10 是 Nake Labs 推出的 3D 健身镜[①]，这款健身镜通过 3D 扫描全身智能地跟踪体型变化，并向手机同步 APP 发送数据，分析健身效果。

① http://www.elecfans.com/iot/417783_a.html.

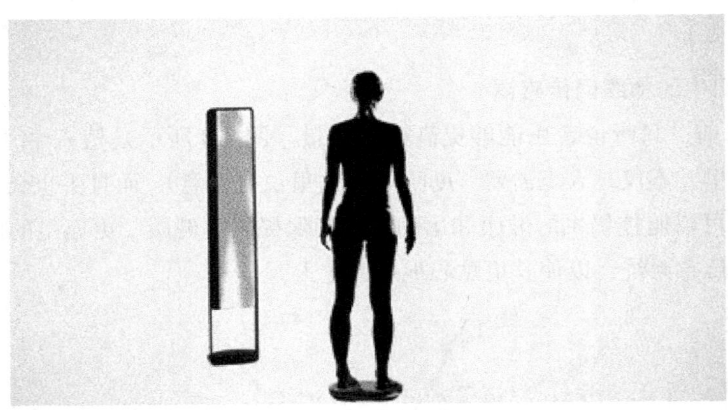

图 3-10　Nake Labs 推出的 Naked 健身镜

3. 按钮即下单的一键通传感器

“一键下单”按钮 Dash Button 是一个可贴在居家任何位置的塑料按钮。例如，在洗衣机上贴一个，如果发现洗衣液用完了，按下按钮直接下单，然后等待收快递，如图 3-11 所示。

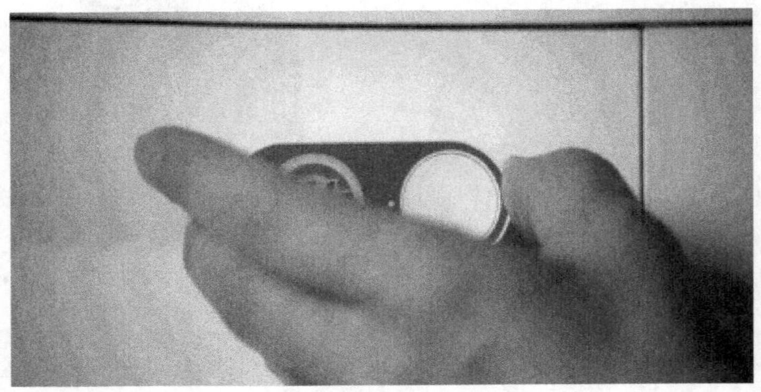

图 3-11　“一键下单”按钮

4. 传感器遍布全身的“中国蛟龙”

我国自主研发的“蛟龙”号仅声学传感系统就包括通信声学系统、测深侧扫声呐、避碰声呐、成像声呐、声学多普勒测速仪等。灵活的“蛟龙”机械臂也需要传感技术支撑，如图 3-12 所示。

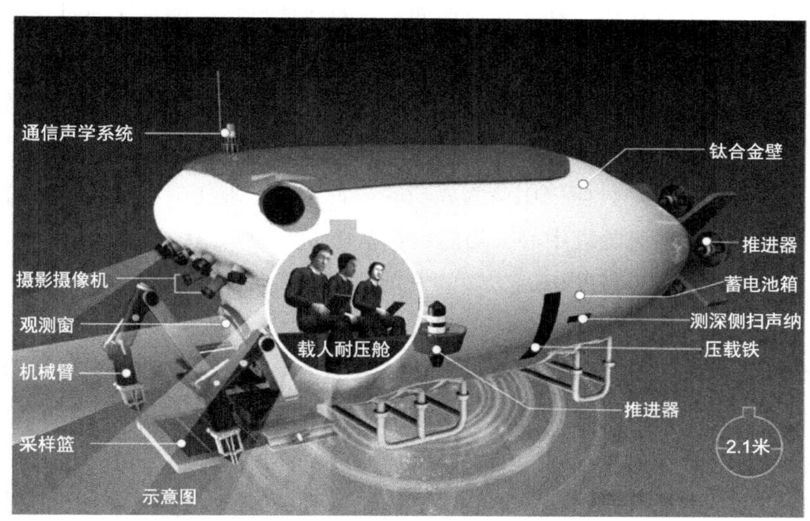

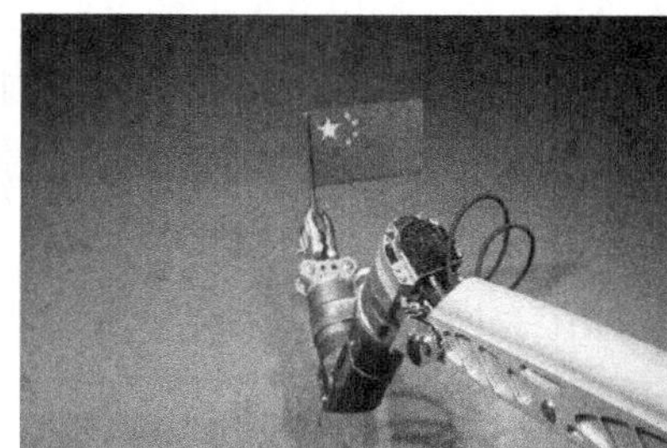

图 3-12 “蛟龙”号的传感系统

3.2.4 传感技术与应用

蛟龙入海，神舟飞天。有了眼睛、耳朵、手的探索系统正助力人类探索太空的奥秘和海洋的深邃。能够延伸眼睛功能的开普勒望远镜、遥感系统，能够延伸耳朵功能的声学传感系统，能够延伸手的功能的机械臂，不仅能够在遥远的太空或深邃的海底执行人类力所不能及的动作，而且更加坚定了人类探索未知世界的信心。

与民用传感器相比，军用传感器具有品种结构特殊、使用环境恶劣、技术指标高、质量水平高、稳定性和可靠性高等特殊要求。近十年来，在微电子技术、微机械加工技术、纳米技术以及新型材料科学等高技术的推动下，当代军用传感器也已进入新型军用传感器阶段，其典型特征是微型化、多功能化、数字化、智能化、系统化和网络化；其应用的传感技术也并不局限于军事用途，而呈现军民融合发展的态势。如果按照探测方式、使用方法和原理的不同，目前的传感技术主要有以下几类。

- 成像技术。分为直接成像和间接成像两种。直接成像技术即直接通过视频设备将设备可视范围内的图像直接传输到后方的信息处理中心。一般通过微型透镜或 CCD 等器件来实现。间接成像技术通过微波、超声等方式将一定范围内的图像数据经技术处理形成图像，例如雷达。美国人鱼海神的试用传感器所用的 360° 成像技术也属于这种。
- 声传感器技术。这是目前使用最为成功的一种方式。即将战场的各种声音信号经过放大，传输到后方信息处理中心。当然也包括水下的声呐系统。
- 振动传感器技术。以探测地面传输的振动为手段发现和识别目标，军事上主要以探测人员、车辆运动为主，通常感兴趣的探测范围是 50m 内的士兵、500m 内行进的车辆等。
- 磁性传感器技术。其工作原理是探测地球磁场扰动的变化。铁质目标入侵活动时产生地磁场的扰动变化，从而被暴露。探测人员的距离约 4m，探测车辆的距离约为 25m，它与振动传感器一起使用时，能鉴别目标的性质。
- 微型传感器。微型传感器是指芯片的特征尺寸为微米级，采用微电子机械加工制作的各类传感器的总称，是近代先进的微电子机械系统（MEMS）中的重要组成部分。现在已形成产品和正在研究中的微型传感器有压力、力、力矩、加速度、速度、位置、流量、电量、磁场、温度、气体、湿度、pH、离子浓度、微型陀螺以及无线网络传感器等。
- 嗅觉、味觉、触觉传感器。是传感器技术中结合生物传感、化学传感、智能传感等技术，能够实现拟人化感知的综合技术。它们都是化学量和生物量的融合式识别，相对于对物理量的识别，研究手段更加复杂。现在一些国家正在研究开发可以识别物体形状的触觉传感器以及能分辨不同气体（液体）的嗅觉、味觉传感器。
- 红外辐射传感器技术。红外辐射传感器是一种无源的红外探测装置，能敏感探测目标与热背景间的温度差，通过探测温差发现目标及其方向。其突出优点是以被动方式工作，有利于抗干扰和隐蔽。
- 定位与位置感测技术。可以通过发射和接收电磁波而定位物体的位置，从而判断物体的移动，可以用于军事和气象。定位技术可以理解为基于位置感测的广义传感技术，不仅包括 GNSS 的卫星定位，还包括传感器网络定位技术、RS/GPS/GIS 等空间定位。

上述这些传感器及其技术不仅能够用于智能终端，还能够延伸机器的感官，实现机器智能。这些传感技术在如下具体设备中的应用，可以用于搜救、安防等领域。

1）便携式多功能电子设备

该装置能够轻便地安装在人身上的各个部位，包括各类 MEMS 传感器及其测控系统，主要有智能头盔（包括夜视仪、红外 / 激光瞄准器等），能有效地提高野外搜救能力。

2）机器人应用

装有多种微型传感器的各类军用机器人已有百余种，其中已投入实际使用的有机器人坦克、自主式地面车辆、扫雷机器人和水下勘测船等。例如，日本福岛核事故期间请美国提供“魔抓”机器人（见图 3-13）帮助进行核电站内部探测；突袭本拉登时用到的 Throwbot 侦察机器人（见图 3-14），身长只有 0.187m。

图 3-13　美国的“魔抓”机器人

图 3-14　Throwbot 侦察机器人

3）无人技术

无人技术是机器人技术的延伸，是能够与环境相互感应、产生交互的人造设备或者系统的合集。无人技术能够使机器模仿人类的感官搜集环境信息，模仿人类的神经系统分析和思考，甚至能够在群体中共享信息，模仿人类产生行为。简言之，就是按“感知—思考—行动”的模式运作的机器。它装有收集周围信息的传感器，可以将收集的数据转发给处理器进行处理；还可以利用这些数据做出决策，实现人工智能[①]。“上天、入海、越障碍”的本领，能够帮助或代替人类完成难以执行或者无法执行的重复性的、危险或高难度的工作。

当今，从上天的“神舟”到入海的“蛟龙”，大到星体、卫星、航母，小到可穿戴设备：传感技术应用极为广泛。而军用传感技术也逐渐拉开了物联网军事应用的序幕，尤其是以智能尘埃为代表的传感技术应用在第二次海湾战争中，让世人眼界大开。

① 《军事物联网的关键技术》中有关于无人技术、机器人的更多也更系统的论述和预测，见 http://www.enaea.edu.cn/uploadfiles/201604/1460140811.pdf。

3.2.5 传感器网络

单一点的传感器信息，不能体现一定区域内动态性、全局性、矢量性的特征，就像一只眼无法很好地感受这个立体的三维世界一样。

如果能够使你的眼、我的眼、他的眼组网，并分享感受会怎样？大家有没有深入思考过电影《阿凡达》的启示？一个种群的整体感受如果能够在大自然中存储、上传、下载，将能够形成跨越现有时空限制的第4维网络空间。

言归正传，如果将传感器组网，就能够协作地实时监测、感知和采集网络分布区域内的各种环境或监测对象的信息，并对这些信息进行处理，获得详尽而准确的信息，传送到需要这些信息的用户。这能够从物体单一属性的采集走向复合属性的采集，从单点信息的采集走向多点信息的采集，从单一信息的理解走向多源信息的综合理解，传感技术就走向了系统化、智能化、网络化感知，于是出现了能够协作地感知、采集和处理一定地理区域中感知对象信息的传感器网络。

传感网节点之间通过（有线或者无线）通信联络组成网络，通过共同协作来监测各种物理量和事件。这种由大量传感器节点构成的传感器网络，是物联网感知层的基础技术之一。早期的传感器网络有分布式压力测算系统、热能抄表系统和测距系统等总线型传感器网络，它们属于有线传感器网络。

现在谈到的传感网，指的是无线传感器网络（Wireless Sensor Network，WSN）。WSN一般由随机分布的节点通过自组织的方式构成网络，节点集成传感器、数据处理单元和通信模块，借助于传感器测量环境中的热、红外、声呐、雷达和地震波等信号，综合探测光强度、信号强度、移动速度和方向等参数。在通信方式上，可以采用无线、红外和光等多种形式，但一般认为短距离的无线低功率通信技术最适合传感器网络使用。在结构上，通常包括传感器节点（sensor）、汇聚节点（sink node）和管理节点。在技术上，包括定位、拓扑控制、数据融合、安全与同步等①。

1. 无线传感器网络的构成

无线传感器网络是一种全新的信息获取平台，能够将实时采集和监测的对象信息发送到网关节点，在网络分布区域内实现目标的检测与跟踪，有着广阔的应用前景。无线传感器网络与有线传感器网络相比，具有安装位置不受任何限制，摆放灵活，且无须布线，不用电缆线，降低了成本，提高了系统可靠性，安装和维护非常简便等优点。

① 参见《军事物联网的关键技术》，http://www.cnki.com.cn/Article/CJFDTotal-GFCK201506007.htm。

ITU是最早进行传感网标准化的组织之一，ISO/IEC JTCl也成立了传感网标准化工组（WG7）。我国成立的国家传感器网络标准化工作组，积极参与国际传感网标准化工作。近几年，随着蓝牙、6LoWPAN、ZigBee等各种短距离通信技术的发展，无线传感器网络逐步得到推广应用，推动了物联网中物与人、物与物、人与人的无障碍交流。在无线传感器网络结构中，大量传感器节点（sensor）随机部署在监测区域（sensor field）内部或附近，节点监测数据沿着其他传感器节点逐跳传输，经过多跳后路由到汇聚节点（sink node），最后通过互联网或卫星到达管理节点。管理节点对传感器网络进行配置和管理，发布监测任务以及收集监测数据。这些节点能够通过自组织方式构成网络，监测的数据沿着其他传感器节点逐跳地进行传输，在传输过程中监测数据可能被多个节点处理。传感器节点的组成包括如下4个基本单元：传感器模块（由传感器和模数转换功能模块组成），处理器模块（由嵌入式系统构成，包括CPU、存储器、嵌入式操作系统等），无线通信模块以及能量供应模块。此外，可以选择的其他功能模块包括定位系统，运动系统以及发电装置等。

传感器节点是一个嵌入式的微型系统，供其工作的电池能量有限，处理能力、存储能力和通信能力都不强，每个传感节点不但可以充当传统网络的终端还可以用作路由器，在收集本地信息和处理数据的同时，还需对其他节点的数据进行编解码并转发，并协作其他节点完成其他一些特定的任务。

汇聚节点比传感器节点具有更多能量，数据的处理、存储的容量以及通信能力比较强，它可以与传感节点、其他网络连接以及管理节点进行通信，起到了多种通信协议之间的“翻译”作用，将无线传感器网络和外部管理网络沟通起来，汇聚节点更多的是关注于处理数据以及转换通信协议，不具备传感功能。

2. 无线传感器网络的特征

无线传感器网络的传感器节点不受地理环境的限制，尤其在环境恶劣、无人看守的情况下有明显的优势，具有快速展开、抗毁性强、组网迅速和成本低、能耗小等特点。无线传感器网络主要有以下一些特征。

1）节点数目多、分布灵活

无线传感器网络系统是由微型传感器节点组成的，一般采用电池供电，通信半径短，在监测区域内放置数量可达成千上万，甚至更多。传感器的分布，既可以在较小的空间内部署密集节点，也可在诸如森林、平原、水域这些大的地理区域内部署大量节点。

2）资源严重受限

网络能耗会随着通信距离的增加而迅速上升，考虑到节能的情况，传感器的通信半径一般都比较小。当传感器节点分布的区域比较复杂时，受环境因素的影响，节点的通信能力受到较大的限制。传感器节点的嵌入式存储模块的能力也有限。在通信、计算和存储资源受限的情况下，还要考虑无线传感器网络节点的能耗，以延长其工作时间。同时，由于不同的应用所需要观测的物理量不同，资源受限程度也不同，系统对软、硬件系统平台和网络协议的设计要求必然有很大的差别。

3）以数据为中心

无线传感器网络中，在某个监测区域内某个指标的数值通常是用户所关心的，对于某个具体的单一节点监测数据值并不关心，这就是无线传感器网络以数据为中心的特点。它能够将各个节点的信息快速而有效地组织并融合从中提取出有用的信息直接传递给用户。

4）动态的拓扑结构

无线传感器网络是一个动态的网络，外部环境的不断变化如由于能量耗尽或者是人为的因素，节点可能会失效，导致节点的随时加入或离开，或者通信链路时断时续等事件，导致网络的拓扑结构可能随时都在变化，这对系统性能有较大的影响。所以网络系统要能够适应变化，并随时进行重新配置。

5）能量受限

网络中传感器节点体积较小，数量众多，可能工作在无人区，所以其供电电池不易或无法更换，故节点能量非常有限。能量主要消耗在信息的发送和接收上，一般而言，1b 信息传输距离为 100m 时所需的能量相当于 3000 条计算机指令所消耗的能量。这对网络的设计是一个考验，为了延长电池寿命，要考虑如何减少能源消耗。或者整个 WSN 系统采用能够提高能量效率的新能源技术（例如石墨烯等新能源材料）。

3. 无线传感器网络的关键技术

无线传感器网络是多学科高度交叉的一个前沿热点领域，其技术的体系结构如图 3-15 所示。WSN 这些年发展迅速，有许多关键技术需要深入研究与解决。接下来仅列举部分关键技术。

1）定位技术

节点定位是指利用有限的已知节点的位置，确定其他节点的位置，并在系统中相互对应建立起一定的空间关系。定位是无线传感器网络完成特定任务的基础。在某个区域内监测发生的事件，位置信息在节点所采集的数据中是必不可少的。而无线传感器网络的节点大多数都是随机布放的，节点事先无法知道自己的位置，少数节点只有通过搭载 GPS 或者是使用其他技术手段获得自己的位置。因此节点在部署后需要通过某种机制能够获得自己的位置以满足应用的需求。

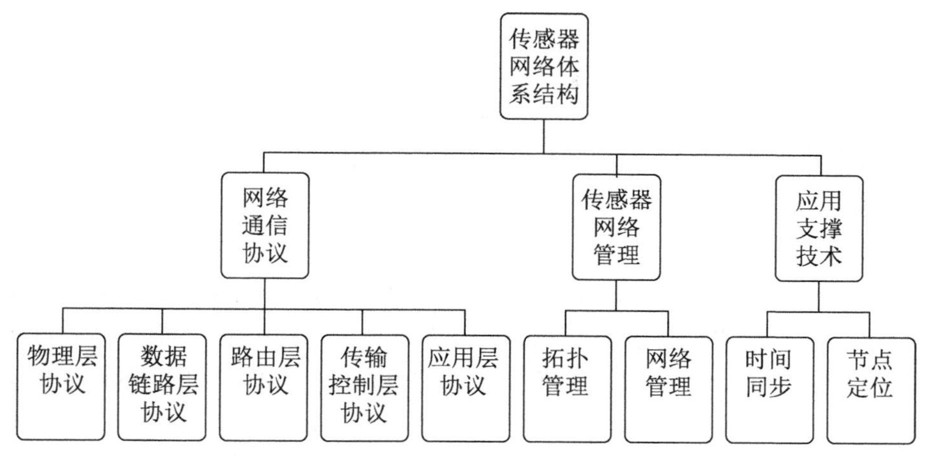

图 3-15　传感器网络技术的体系结构图

2）网络的拓扑控制

传感器网络管理技术主要是对传感器节点自身的管理以及用户对传感器网络的管理，即拓扑管理和网络管理等。其中，无线传感器网络能够自动生成网络拓扑的意义有两点：第一是在满足了网络连通度的情况下，实现降低监测区域有效覆盖的代价；第二是通过网络的拓扑控制可以使其生成较好的网络拓扑结构，而良好的网络拓扑结构可以提升全局的效率，包括提高链路层协议和路由协议的效率，为上层的数据融合等应用奠定基础，有利于整个网络的负载均衡，节省能量。

3）数据融合

无线传感器网络中节点采集和收集到的数据信息是存在冗余的，若把这些带有冗余数据的信息直接传送给用户，不但会产生庞大的网络流量，而且会消耗大量的能量；此外，网络通信流量的分布是不均衡的，监测点附近的节点容易因为能量的快速消耗而失效。因此在收集信息的过程中本地节点可以进行适当而有效的数据融合，减少数据冗余信息，节省能量。但数据融合也会产生一些问题，例如，增加了网络的平均延迟，降低网络的健壮性。

4）网络安全

如何确保数据传输过程的安全也是无线传感器网络研究中重点考虑的问题之一。网络需要实现诸如完整性鉴别、消息验证、安全管理、水印技术等一些安全机制以保证任务部署和执行过程的机密性和安全性。因为传感器网络节点的计算、能量和通信能力都很有限，在考虑安全性的同时需要兼顾节点的能耗、计算量和通信开销，尽可能在安全性和计算量开销上保持一定的平衡。

5）时间同步技术

时间同步技术负责调整协同工作的节点与本地时钟同步，也是无线传感器网络重要的支撑技术之一。无线传感器网的通信协议和绝大多数的应用要求节点的时钟必须时刻保持同步，这样多个传感器的节点才能相互配合、协同工作完成监测任务；另外，节点的休眠和唤醒也要求时间同步。

6）新能源技术

传感器往往依靠自身电池或者太阳能来进行供电，而太阳能电池的供电效率以及可靠性都无法满足要求，目前比较理想的途径是研究无线电能传输技术和高性能锂电池技术，定期对传感器进行远程充电，以大规模延长传感器的使用时间。据报道，通过近场磁共振、远场传递能量①实现无线电力传输的技术，正走向应用。在 4.4 节最后部分会介绍一种无源无线传感器网络。

4. 移动传感器网络简介

移动传感器网络（Mobile Sensor Network，MSN）是具有可控机动能力的无线传感器网络。移动传感器网络由分散的移动节点组成，每个节点除了具有传统静态节点的传感、计算、通信能力外，还增加了一定的机动能力。这使移动传感器网络能够实现一些独特的功能，例如，自主部署（self-deployment）、自修复、完成复杂任务等，特别适合于事故灾难现场紧急搜救、突发事件监测、有害物质检测和战场环境等危险场合。移动传感器网络是无线传感器网络的一种演化，但它涉及分布式机器人和无线传感器网络这两个研究领域的交叉。这种交叉性体现在：网络作为机器人的通信、感知和计算的承载工具，而机器人提供机动性，例如，完成网络部署、修复等复杂任务。这种交叉还拓展出许多新的研究方向，例如，采用 Mesh 网络通信的多移动节点编队协作控制方法的研究。

移动传感器网络的移动性与移动自组织网络（Mobile Ad-hoc Network）的移动性是有所不同的。移动自组织网络研究节点的移动对系统产生什么影响，并不试图去对这种移动进行主动控制。简言之，移动传感器网络比移动自组织网络更具基于主动移动的可控性，因而具备强大的军事潜力，可用于机器人群组的协同感知与控制。相比无线传感器网络，移动传感器网络具有自主部署调整、网络修复率高、能量自动采集、主动检测和事件跟踪等功能性优势。

5. 无线传感器网络的应用

无线传感器网络是由密集型、低成本、随机分布的节点组成的，自组织性和容错能力使

① 智能设备的无线充电离我们还有多远，见 http://tech.163.com/16/0527/08/BO2EVKVH00094OE0.html。

其不会因为某些节点被损坏而导致整个网络的崩溃，这使得传感器网络非常适合应用于恶劣的自然环境中。由于无线传感器网络极具社会应用价值，目前国内外很多大学和研究机构都在大力开展无线传感器网络的研究。2002 年，由英特尔的研究小组和加州大学伯克利分校以及巴港大西洋大学的科学家把无线传感器网络技术应用于监视大鸭岛海鸟的栖息情况。位于缅因州海岸大鸭岛上的海燕由于环境恶劣，海燕又十分机警，研究人员无法采用通常的方法进行跟踪观察。为此他们使用了包括光、湿度、气压计、红外传感器、摄像头在内的近十种传感器类型数百个节点，系统通过自组织无线网络，将数据传输到 300 英尺（约 91m）外的基站计算机内，再由此经卫星传输至加州的服务器。全球研究人员都可以通过互联网查看该地区各个节点的数据，掌握第一手资料。

三菱电机成功开发了一种用于构建传感器网络的小型低耗电无线模块，能够使用特定小功率无线通信构筑对等（Ad-hoc）网络。传感器网络中的无线模块与红外线传感器配合，可以检测家中是否有人；与加速度传感器配合，可以检测窗玻璃和家具的振动；与磁传感器配合，可以检测门的开关。

在旧金山，200 个联网微尘已被部署在金门大桥上。这些微尘用于确定大桥从一边到另一边的摆动距离，可以精确到在强风中为几英尺。当微尘检测出移动距离时，它将把该信息通过微型计算机网络传递出去。信息最后到达一台更强大的计算机进行数据分析。任何与当前天气情况不吻合的异常读数都可能预示着大桥存在隐患。

在上海浦东机场，大量的红外传感器作为传感器网络中的智能节点，获取周边信息，与其他类型传感器采集得到的信息一起准确及时地提供给中央处理系统进行信息融合，作为自动控制决策的依据。

3.2.6　无线传感器反应网络

无线传感器反应网络（WSAN）是由大量资源有限的传感节点和少数资源丰富的反应节点组成的，用于执行分布式传感和反应任务的一种新型网络模型。其中，传感节点用于收集物理环境中的相关信息，反应节点用于接收和处理这些信息，并对物理环境执行适当的反应。这种网络系统被广泛地用于战场监视、小气候控制、化学攻击检测、工业控制、家庭自动化及环境监控等许多领域。为了有效地完成分布式传感反应任务，在传感节点之间，传感节点与反应节点之间以及反应节点之间进行有效的协调是非常有必要的。这一领域应用的相关研究，是关于移动传感器网络中人机交互技术的研究①。可移动机器人统一动作、集体反应的场景，请查阅 2016 年中国春晚的机器人跳舞阵列，如图 3-16 所示。

---

① 张伟娟．移动传感器网络的人机交互技术研究．东南大学硕士学位论文，2009．

图 3-16 机器人跳舞阵列示意图

无线传感器反应网络是无线传感网络技术的延伸，当机器人阵列能够在网络中为了一个任务而自主反应、互相协同地工作，它们的智慧是不是又靠近人类了一步？例如，侦察协同中，一个机器人看到墙后情况，其他联网机器人就都能够明白墙后的态势。更多关于机器人的技术可参见《物联网技术及其军事应用》中的“无人技术”一节。近年来，这一技术在物联网中的发展趋势牵引出新概念——机器人物联网[①]（The Internet of Robotic Things，IoRT），如图 3-17 所示。

未来的物理世界中，在你身边穿梭或忙碌的宠物、保姆等，都有可能是物联网机器人。物联网机器人当然也可以出现在工业生产现场。顺着此思路，我们继续畅想，既然人类可以通过语言分享一个人眼睛看到的世界，为什么机器人不可以？多机器感知融合与分享平台就是这样一个用智能升级了的传感器网络。这里仅简单讨论其部分关键技术。

---

① The Internet of Robotic Things. ABIresearch，AN-1818，https://www.abiresearch.com/market-research/product/1019712-the-internet-of-robotic-things/.

图 3-17　机器人物联网（来源：ABIresearch）

1. RGB-D 传感器及其信息处理

一般情况下，我们通过拍摄获取的信息中并不包含距离信息。而 RGB-D 传感器则能够在获取的图像中获取每个像素的距离信息。RGB 代表红绿蓝，D 则是深度。这就有点儿像人类通过两只眼睛能够获取三维立体信息、通过两只眼睛捕捉到同一物体不同的影像在大脑中的合成，很容易搞清楚“近大远小[①]”的道理；只不过人脑中信息处理的过程我们感觉不到，而传感器则需要通过算法计算出“D”。利用这一原理的立体相机，就可以拍摄出 RGB-D 图像。这不仅可以用于辅助驾驶，还有助于形成“机器视觉”信息，在机器人之间分享。RGB-D 的实现技术详见 3.5 节。

2. 多视角感知融合

“横看成岭侧成峰，远近高低各不同”。一个“机器双眼”一次只能从一个角度看一个物体或环境；不同位置的机器双眼互相之间分享包含“D”信息的“所见”，就可以勾勒出物体或环境的“全景图”；多视角目标检测获得信息及其感知融合，不仅可以用于定位，还可以用于识别物体。详见 3.5 节。

① 详见文言文《两小儿辩日》。

3. 自主学习与经验分享

一个机器双眼在一个环境里走一圈，如何让其他机器人就像自己亲身体验的一样？或者说，一辆无人驾驶汽车在一条路上跑下来，能积累下什么经验？哪里有红绿灯，哪里有学校大门，遇到什么情况减速？通过自主学习，才能“形成经验”；不同机器眼之间的经验以自主形成的模式，交互分享。

本节部分内容选自讲座《新一代信息技术在纺织行业的应用》①。

3.2.7 WSN 安全分析

WSN 的安全包括 WSN 内部的通信安全和数据安全，目标是抵制外来入侵，保证节点安全和感知数据的机密性、完整性、可认证性和新鲜性等。可采取的安全措施包括数据加密、节点身份认证、数据完整性验证、安全路由、入侵检测与容侵等，所需密钥视应用需求的不同可采取预共享或随机密钥预分配算法，甚至是基于 ECC（基于椭圆加密的公私钥机制）的密钥生成协议。物理上，尽可能保护感知节点，同时在重要位置部署监控与审计节点，实时监听并记录感知层其他节点的物理位置、通信行为等状态信息，发现损坏节点、恶意节点、违规行为和未授权访问行为时报告感知层中心处理节点②。接下来，安全分析的对象如图 3-15（传感器网络技术的体系结构图）中传感器网络技术所示，从物联网的感知层的物理设备，到物联网网络层的广域承载之前，根据 WSN 的结构划分为物理层、数据链路层、路由层、传输控制层。各层的实现功能可分述如下。

- 物理层。主要负责与传感器通信模块相关的载波信号的产生和通信频率的管理。
- 数据链路层。主要负责与 MAC 协议相关的介质访问，以及因链路噪声引起的错误控制。
- 路由层。主要通过路由协议的设计，负责路由发现和维护。
- 传输控制层。主要负责将传感器产生的数据转发给公共通信网络。

结合 WSN 体系结构，假设研究设定的安全目标主要集中在以下几个方面。

- 可用性。通过入侵检测、容错、网络自愈与重构等技术，确保当网络受到 DoS 等攻击时，也能够提供基本的服务。
- 机密性。主要利用数据加密技术，使数据不会暴露给未经授权的实体。由于资源受限特性，轻量级加密显得很重要。
- 完整性。综合运用 MAC（Message Authentication Code，报文鉴别码）、Hash 函数和数

① 作者的《新一代信息技术在纺织行业的应用》讲座 PPT 可下载，http://pan.baidu.com/s/1i5foQ25。

② 李馥娟，王群．物联网安全体系及关键技术．智能计算机与应用．2016，6：32-37.

字签名等技术，确保信息在传输过程中不会被篡改。

- 不可否认性。综合运用数字签名、身份认证、访问控制等技术，防止收发数据双方之间否认自身已经发生的行为。
- 信息新鲜度。综合运用入侵检测、访问控制及网络管理等技术，确保用户在指定时间内能够接收到所需要的信息。实现前向安全性和后向安全性。

以上安全目标既不包含物理设备可能受到的物理损伤（包含硬件攻击和 EMI 干扰、压制），也不包含进入物联网网络层之上的网络层安全。表 3-5 中列出了 WSN 系统可能受到的攻击方法和主要的防御方法①。

表 3-5 WSN 系统可能受到的攻击方法和主要的防御方法

网络层次	攻击方法	防御方法	备注
物理层	拥塞攻击	调频、消息优先级、低占空比、区域映射、模式转换	还需考虑 EMC 和恶意 EMI
	物理破坏	破坏证明、节点伪装和隐蔽	还需考虑硬件损坏和中间人攻击
数据链路层	碰撞攻击	纠错码	还需考虑能源耗尽的攻击与防御；链路层端到端安全
	耗尽攻击	设置竞争门限	
	非公平竞争	短帧和非优先级策略	
路由层	丢弃和贪婪破坏	冗余路径、探测机制	安全路由协议
	汇聚节点攻击	加密、逐跳认证	
	方向误导攻击	出口过滤、认证、监视	
	黑洞攻击	认证、监视、冗余	
传输控制层	重放攻击	时间戳、使用挑战 - 应答方式等	SSL（Secure Socket Layer，安全套接层）以及其继承者 TSL（Transport Layer Security，传输层安全）提供安全及数据完整性的安全协议
	泛洪攻击	客户端谜题	
	失步攻击	认证	

以上仅列举部分威胁 WSN 安全的攻击，分析并不完备。从近期研究来看，主要的 WSN 安全的研究方向，除了轻量级加密之外，还有密钥管理、认证授权、安全路由、访问控制等。

3.3 特征识别技术

特征识别是利用“先天的”“与生俱来”的“与众不同”，进行个体与群体的辨识。例如，2017 年，英国正在测试用于取代火车票购买的面部识别系统：不用排队，只需要对着摄像头看一眼，就完成了身份识别。

① 李馥娟，王群. 物联网安全体系及关键技术. 智能计算机与应用，2016，6：32-37.

更为有趣的是，如果你养的宠物不能识别出你，跟着别人跑了，该有多尴尬。所以我们一分为二地来分析特征识别的好处：让物或别人搞清楚“我是谁”和“谁属于我”。物联网中，不仅需要感知和识别物体，还需要感知和识别“人”。一方面，当需要确定人的身份的时候，人的与生俱来的特征就能够作为其独一无二的“自然编码”，人的身份对保护“物权”（参见《欧洲物联网发展规划 2005》）很重要；另一方面，物体本身是有其属性的，当是属于私人的物品时，其感知信息并不能够面向公众，必须控制物品信息的“可知范围”，这就需要确定人的身份和权限。

随着信息技术的发展，身份识别的难度和重要性越来越突出。密码、IC 卡等传统的身份识别方法由于易忘记和丢失、易伪造、易破解等局限性，已不能满足当代社会的需要。基于生物特征的身份识别技术由于具有稳定、便捷、不易伪造等优点，近几年已成为身份识别的热点。

对于身份的识别，由来已久。在真实世界中，身份识别的基本方法可以分为三种：一是“你知道什么”，只要说出或者输入个人所知道的信息，例如密码或图形，就能够确认个人的身份；二是“你拥有什么”，只要个人展示只有你所拥有的东西，例如钥匙、IC 卡或令牌等实物，就能够证明个人的身份；三是“你是什么”，根据独一无二的个人生物特征锁定个人的身份。显然，前两种方法更容易被窃取或顶替，而第三种更安全。在高新科技的推动之下，第三种发展成为基于生物特征的电子身份识别（Electrical Identification，EID）。

基于生物特征的电子身份识别指通过对生物体（一般特指人）本身的生物特征来区分生物体个体的电子身份识别技术。从计算机产生之初，使用口令来验证计算机使用者的身份是最早的 EID 应用。随着社会经济的发展，EID 的应用逐渐扩展到电子政务和民生领域，负责市民、政府官员和移动终端的身份识别。与互联网相同，物联网能识别用户和物体的一切信息都是用一组特定的数据来表示的。这组特定的数据代表了数字身份，所有对用户和物体的授权也是针对数字身份的授权。如何保证以数字身份进行操作的使用者就是这个数字身份的合法拥有者，也就是说保证使用者的物理身份与数字身份相对应，EID 服务就是为了解决这个问题。作为物联网的第一道关口，EID 服务的重要性不言而喻。

目前，特征识别研究领域非常多，主要包括语音、脸、指纹、手掌纹、虹膜、视网膜、体形等生理特征识别；按键、签字等行为特征识别；还有基于生理特征和行为特征的复合生物识别。这些特征识别技术是实现电子身份识别最重要的手段之一。物联网应用领域内，生物识别技术广泛应用于电子银行、公共安全、国防军事、工业监控、城市管理、远程医疗、智能家居、智能交通和环境监测等各个行业。

3.3.1 生物特征识别简介

生物特征识别技术（Biometric Identification Technology）是利用人体生物特征进行身份认证。它的理论基础有两点：一是基于人的生物特征是不相同的；二是基于这些特征是可以通过测量或自动识别进行验证的。人的生物特征包括生理特征和行为特征。生理特征有指纹、手形、面部、虹膜、视网膜、脉搏、耳廓等；行为特征有签字、声音、按键力度、进行特定操作时的特征等。

生物特征识别的技术基础主要是计算机技术和图像处理技术。随着各种先进的计算机技术、图像处理技术和网络技术的广泛应用，使得基于数字信息技术的现代生物识别系统迅速发展起来。所有的生物识别系统都包括如下几个处理过程：采集、解码、比对和匹配。生物图像采集的设备包括高精度的扫描仪、摄像机等光学设备，以及基于电容、电场技术的晶体传感芯片，超声波扫描设备、红外线扫描设备等。在数字信息处理方面，高性能、低价格的数字信号处理器（DSP）的大量应用，对于系统所采集的信息进行数字化处理的功能也越来越强。在比对和匹配技术方面，各种先进的算法不断开发成功，大型数据库和分布式网络技术的发展，使生物识别系统的应用得以顺利实现。在应用方面，受手机的应用推动，从密码锁、指纹锁，已经发展到虹膜锁。在开发方面，已经有公司提供基于生物特征识别的技术开发平台[①]，其中包括高度精确、可扩展的开发工具包：生物识别设备 SensorTile 的多传感器模块与 Valencell 基准的生物传感器系统集成等。

生物特征识别技术已经发展为一个庞大的家族。它在国防、安全、金融、保险、医疗卫生、计算机管理等领域均发挥了重要作用。市场上，除传统的自动指纹识别系统（AFIS）及门禁系统外，还出现了指纹键盘、指纹鼠标、指纹手机、虹膜自动取款机、面部识别的支票兑付系统等。尤其是在物联网的身份认证、物体识别、安全等方面，有着广阔的应用前景。下面以较为成熟的指纹、手形、面部、虹膜等识别系统为例来介绍生物识别系统。

3.3.2 指纹和手形识别

生物识别技术的发展主要起始于指纹研究。指纹识别利用人的指纹特征对人体身份进行认证，是目前在所有的生物识别技术中技术最为成熟、应用最为广泛的生物识别技术。

指纹是人与生俱来的身体特征，大约在 14 岁以后，每个人的指纹就已经定型，不会因人的继续成长而改变。指纹具有唯一性，不同的两个人不会具有相同的指纹。指纹识别发展

---

① http://www.iotevolutionworld.com/m2m/articles/428233-stmicroelectronics-valencell-reveal-biometric-iot-sensor-platform.htm.

到现在，已经完全实现了数字化。在检测时，只要将摄像头提取的指纹特征输入处理器，通过一系列复杂的指纹识别算法的计算，并与数据库中的数据相对照，很快就能完成身份识别过程。时至今日，通过识别人的指纹来作为身份认证的这门技术，广泛应用于指纹键盘、指纹鼠标、指纹手机、指纹锁、指纹考勤、指纹门禁等多个方面。

如图 3-18 所示，指纹鼠标可用于合法用户识别，使用者可以通过轻触位于鼠标上端的指纹传感器，将指纹与已经被输入计算机系统的模块对比。一旦指纹被识别，使用者就可以启动计算机的操作系统。为了安全起见，如果长时间不动鼠标，它将自动启动屏幕保护程序，直到使用者再次触摸为止。指纹键盘与指纹鼠标类似，广泛应用于计算机用户识别。

如图 3-19 所示，指纹手机指的是指纹识别可用于手机的合法用户识别。步入物联网时代，新技术赋予了手机太多的内容：电话、上网、购物、缴费甚至是利用手机进行系统控制，所以仅靠手机本身的密码或者 SIM 卡锁，是不能保障用户安全的，试想一旦利用手机购物，可能你的个人资料和信用卡资料将保存在手机中，一旦手机丢失或者被盗用，后果将十分严重。所以不少手机厂商在集成各种功能的同时，也在手机安全性上大做文章，最新的技术是个人指纹识别。以指纹代替传统的数字密码，不仅可以增加手机银行操作的安全性，此外，手机更可凭指纹认证，作上网购物及收发电子邮件的通行许可，防止黑客攻击。

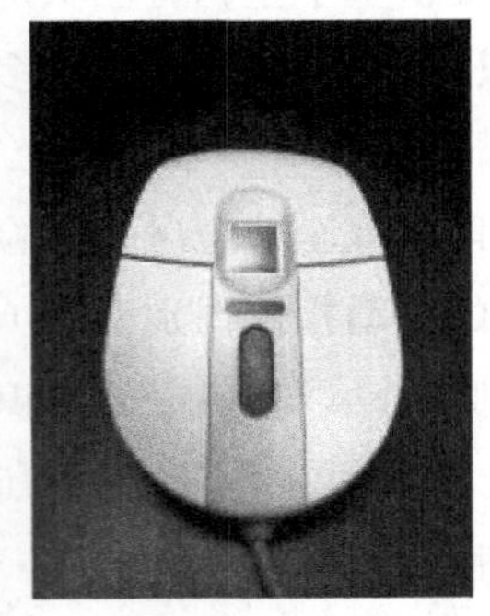

图 3-18 指纹鼠标

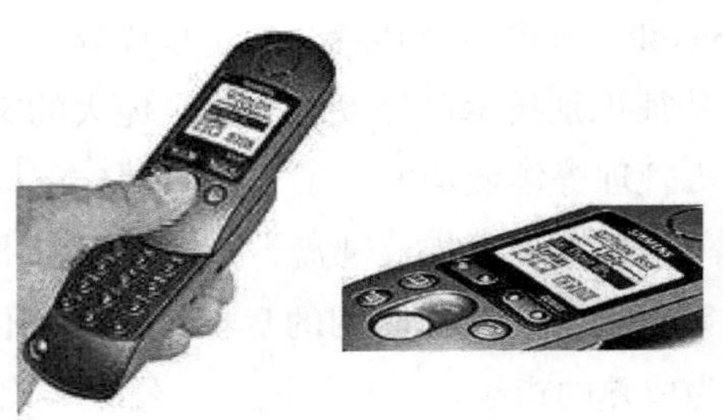

图 3-19 指纹手机

指纹支付依托不侵犯隐私的活体指纹识别技术为基础，客户在进行支付时，当手指在指纹支付终端的读头上按下去之后，终端设备会将用户的指纹数据信息（非图像信息）传至系统，经系统认证识别找到与该指纹信息相对应的付款账户，消费金额将自动从客户的银行账户划至商户，完成支付。目前，苹果手机已经实现了指纹支付。

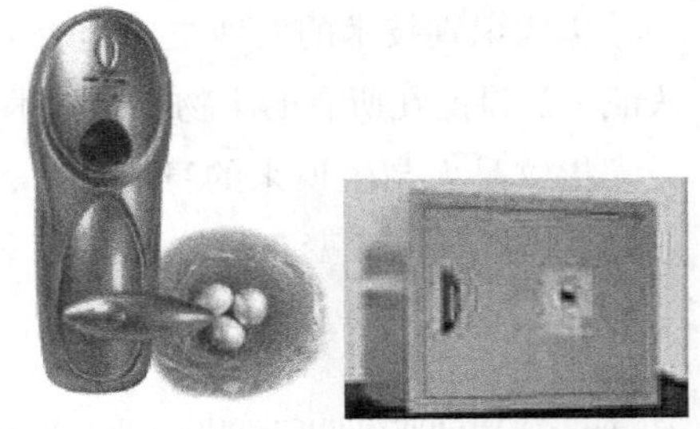

图 3-20 指纹锁和指纹保险箱

图 3-20 中的指纹锁可以应用于车、房锁等私人物品或场所的身份认证。根据不同用户，能够实现智

能设置。指纹锁技术不仅能够使汽车的门锁装置不再需要钥匙，同时还具有根据指纹及预储的信息，自动调整汽车驾驶员的座椅高度、前后距离，各个反光镜位置及自动接通车载电话等功能。

指纹考勤就是用指纹识别代替刷卡，记录员工的考勤情况，实现考勤登记和考勤管理的系统。这些指纹识别应用的技术基础都是自动指纹识别系统（Automated Fingerprint Identification System，AFIS），它是指计算机对输入的指纹图像进行处理，以实现指纹的分类、定位、提取形态和细节特征，然后才根据所提取的特征进行指纹的比对和识别。系统设计主要着眼于一些需要高级安全保护的场合，例如银行、医疗保健、法律公司、军事部门等，并且正在扩大到物联网、电子商务和保险等许多领域，例如指纹支付等。

手形识别技术和指纹识别非常类似，如图 3-21 所示，手形识别通过使用红外线等方法扫描人手，从人手的基本结构提取特征，妥善保存这些特征用于个人身份鉴别。

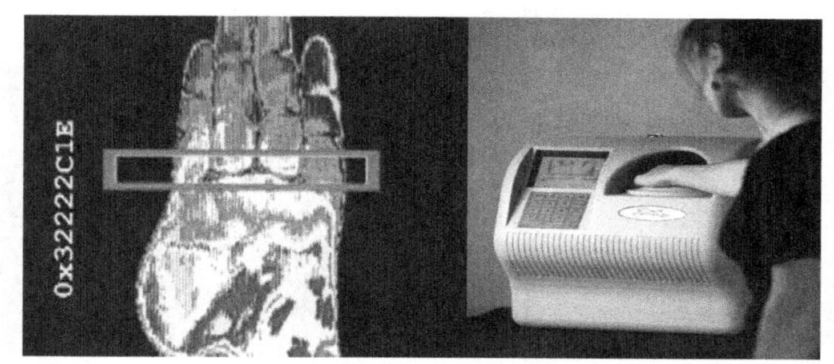

图 3-21　手形识别示意图

3.3.3　面部识别

面部识别是能够根据人的面部特征来进行身份识别的技术，一般分为基于标准视频的识别和基于热成像技术的识别。基于标准视频的识别能够通过普通摄像头记录下被拍摄者眼睛、鼻子、嘴的形状及相对位置等面部特征，然后将其转换成数字信号进行身份识别。

或者是基于标准格式的图像、视频，进行局部特征提取。视频面部识别是一种常见的身份识别方式。此方面研究的热点是人脸视频（图像）结构化信息的采集与应用。

例如，美国南加州大学和德国宝深大学开发了一套称为“Mugshot”的计算机软件，它把要找的人的面貌先扫描并储存在计算机里，然后通过摄像机在流动的人群中自动寻找并分析影像，从而辨认出那些已经储存在计算机中的人的脸孔。

澳大利亚科学及工业研究组织（CSIRO）的科学家研制出一套自动化脸孔辨认系统，可以从储存的智能卡或者计算机资料库中调出事先储存的人脸图像，和真人的脸孔进行比较，在半秒之内，即可辨认出这个人的身份。这套系统采用的只是普通的个人计算机和一个普通摄像机作为硬件。科学家指出，这套系统的精确度达95%，假如再加上一套声音辨认系统，可以把精确度提高至更高的水平。

基于热成像技术的识别属于红外技术的应用，主要通过分析面部血液产生的热辐射来产生面部图像。与视频识别不同的是，热成像技术不需要良好的光源，即使在黑暗情况下也能正常使用。面部识别的优势在于其自然性和不被被测个体察觉的特点。但面部识别技术难度很高，被认为是生物特征识别领域，甚至人工智能领域最困难的研究课题之一。

例如，英国正在测试用于取代火车票购买的面部识别系统。该系统由布里斯托机器人实验室（Bristol Robotics Laboratory）负责开发，该系统通过两个高速红外摄像头，来捕捉乘客的面部信息。和现有特征点识别的相机不同，红外识别可以获得更多人脸上诸如鼻梁高度、眼窝深度、双眼间距，甚至是皮肤皱纹之类的细节信息。意味着无论是打印照片还是双胞胎都会被这项技术分辨出来，如图 3-22 所示。

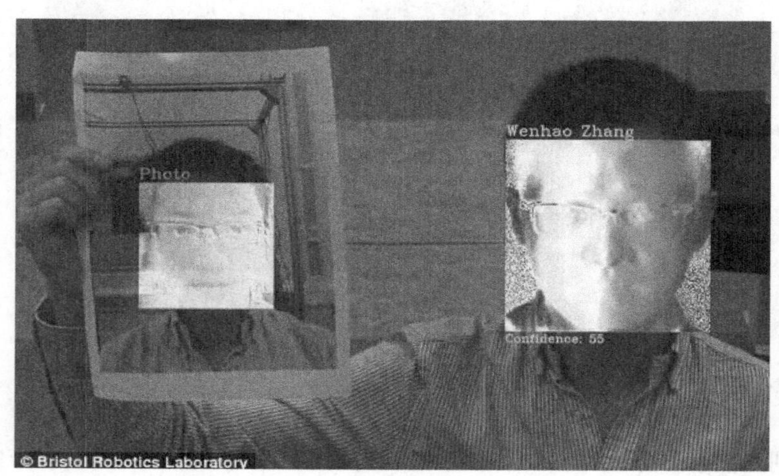

图 3-22　英国布里斯托机器人实验室开发的用于铁路安全的面部识别新技术[①]

（来源：Bristol Robotics Laboratory）

在国内，2017 年，农行、建行、招行已实现 ATM 机上的“刷脸取款”。随着面部特征识别技术的发展，它不仅用于身份识别，还可以根据面部的表情和细微变化推断人的心理活动，美剧 *Lie to me*[②]中揭示了面部表情和心理活动之间的联系。如果这种联系能够用智能模式识别来分析，那么面部模式识别就可以用来测谎。

---

① 英国测试人脸识别技术，不需要排队购票就能刷脸进站，见 http://www.qdaily.com/articles/43586.html。

② 该剧灵感源于行为学专家 Paul Ekman 博士的研究及著作 *Telling Lies*。

3.3.4　眼球与虹膜识别

随着由感知、网络和应用紧密联系而成的物联网时代的到来，指纹、面部、DNA、眼球与虹膜等人体不可消除的生物特征，正逐步取代密码、钥匙，成为保护个人和组织信息安全、预防“罪与恶”的“精确识别”技术。眼睛是心灵的窗户，作为我们独一无二的视觉器官，它隐藏着很多你不知道的高科技密语。

在利用人眼特征进行识别的技术中，眼球与虹膜识别是比较容易混淆的概念。这得由人的眼睛结构说起。人眼由瞳孔晶状体、虹膜、巩膜、视网膜等部分组成。瞳孔指虹膜中间的开孔，是光线进入眼内的门户；虹膜位于巩膜和瞳孔之间，包含最丰富的纹理信息，占据 65%；巩膜即眼球外围的白色部分，约占总面积的 30%。平时说的眼球识别，如果以识别区域来划分，那么识别模式可分为两种：一种是识别虹膜，也就是我们常说的“黑眼珠”除掉中间黑色瞳孔的环状部分；另一种则是识别巩膜，也就是我们常说的“眼白”部分。

因为虹膜识别的精确度更高，所以虹膜的研究走在前端，一般说起准确度高的眼球识别，大部分都是指虹膜识别。

虹膜是瞳孔周围有颜色的肌肉组织，如图 3-23 所示，黑色瞳孔以外，白色巩膜以内的环状区域为虹膜。虹膜上有很多微小的凹凸起伏和条状组织，其表面特征几乎是唯一的。虹膜识别的工作过程与指纹识别有些类似，先要将扫描的高清虹膜特征图像转换为数字图像特征代码，存储到数据库中，当进行身份识别时，只需将扫描的待检测者的虹膜图像的图像特征代码与事先储存的图像特征代码相对照，即可判明身份。

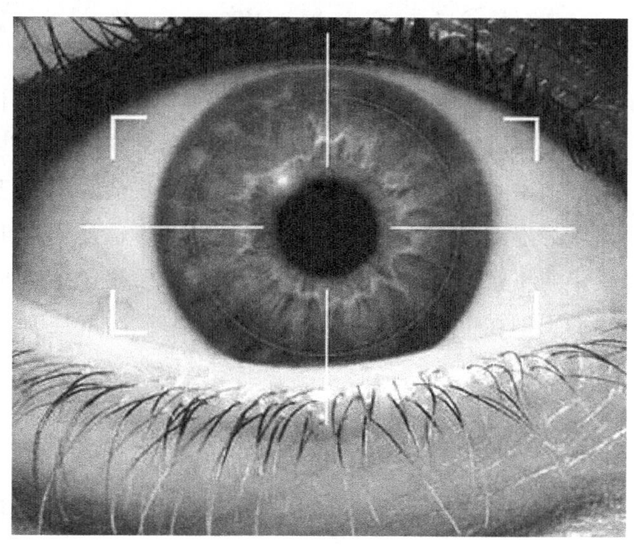

图 3-23　虹膜在眼球中的位置示意图

1991 年，世界上第一个虹膜特征提取技术专利由英国剑桥大学约翰·道格曼教授获得。在所有生物特征识别技术中，虹膜识别的错误率是当前应用的各种生物特征识别中最低的。虹膜识别技术以其高准确性、非接触式采集、易于使用等优点在国内得到了迅速发展。虽然虹膜识别技术比其他生物认证技术的精确度高几个到几十个数量级，虹膜识别也存在缺点。使用者的眼睛必须对准摄像头，而且摄像头近距离扫描用户的眼睛，是一种侵入式识别方式，会造成一些用户的反感。虹膜成像技术采用基于商用 CCD、CMOS 成像传感器技术的数码相机来采集高清虹膜特征图像，因此不需要采集者和采集设备之间的直接身体接触。在目前所有的虹膜图像采集系统中，所使用的光源和成像平面镜都不会对人眼做扫描。如图 3-24 所示，眼睛用户丝毫不受影响。

图 3-24　某品牌手机的虹膜锁方案示意图（来源：华为）

虽然虹膜识别的精准度高，但眼白识别的使用极其方便，所以我们不妨也看下巩膜（眼白）识别。巩膜识别也叫眼纹识别，相对虹膜识别它的安全系数稍微低些。眼白识别要提取的是眼白部分的血管构成。平时我们对着镜子看自己的眼睛，会发现自己眼白部分有些淡红色的小血管。这些小血管会随着时间的推移而发生变化，不过这是个长期而缓慢的过程，一定时间内带来的差异很小。小血管完全可以通过高像素的前置摄像头捕捉，所以虽然精准性没有虹膜识别高，但眼白识别在生活中更容易实现。毕竟它的技术难度比虹膜识别低，成本更低。

3.3.5　行为和复合特征识别

广义的行为特征识别包括语音识别和签字识别等和人类言行相关的特征识别。语音识别主要是指利用人的声音特点进行身份识别的一门技术。其中比较典型的“声纹提取”，能够通过录音等采集设备不断地测量、记录声音的波形和变化等特征（声纹特征），将现场采集到的声音与登记过的声音模板（声纹特征）进行匹配和辨识，从而确定用户的身份。

语音识别是一种非接触识别技术，容易为公众所接受。但声音会随音量、音速和音质的变化而影响。例如，一个人感冒时说话和平时说话就会有明显差异。再者，一个人也可有意识地对自己的声音进行伪装和控制，给鉴别带来一定困难。所以识别精度不高。语音识别技术的延伸还包括嘴唇运动识别技术。人工智能在语音识别中不仅显著提高了识别率，并且开拓了语音 - 唇形双通道识别技术。

签字是一种传统身份认证手段。现代签字识别技术，主要是透过测量签字者的字形及不同笔画间的速度、顺序和压力特征，对签字者的身份进行鉴别。签字与声音识别一样，也是一种行为测定，因此，同样会受人为因素的影响。

作为行为特征识别中的“高端”识别技术，“认知轨迹”识别深受美国国防部高级研究计划局（DARPA）的重视。2012 年 1 月 15 日，美国国防部高级研究计划局的军事信息安全专家在弗吉尼亚州阿灵顿召开会议，将生物识别技术融入美国国防部军事赛博安全系统，无须安装新的硬件。其目的不仅是节省时间和成本，而且还有助于加强国防部现有计算机的安全性，摆脱对冗长复杂类型密码的严重依赖。

“认知轨迹”包括用户在操作计算机时，浏览页面的视觉跟踪习惯、单个页面的浏览速度、电子邮件及其他通信的方法和结构、按键方式、用户信息搜索和筛选方式以及用户阅读素材的方式等。这些浏览时的行为特征综合起来，就可以创建一个用户的认知轨迹。使用这种认知轨迹来验证国防部计算机用户的身份将取代或扩展使用冗长复杂类型密码和通用访问卡。简言之，就是根据一个人的言行举止，或者进行一系列具体操作的特征提取，可以“锁定”一个人。

既然生物特征包括生理特征和行为特征，那么复合生物识别技术在应用中就包括生理特征或行为特征之间的复合。这样就可以在应用中扬长避短、相互补充，从而获得更高的总体识别性能。

在德国汉诺威举办的一次计算机博览会上，一种通过扫描人体脸部特征、嘴唇运动和分辨声音的准许进入系统引起了观众的极大兴趣。这一系统是由柏林一家名为“对话交流系统”的公司设计的。用户在一个摄像机镜头前亮相并自报家门，几秒之内，计算机将扫描进去的人的面部特征、嘴唇运动和声音进行处理，如果所有数据与预先存入的数据相吻合，计算机则放行，否则用户不能进入网络操作。这就是生理特征和行为特征复合的生物识别系统。

复合生物识别既可以是生理特征之间的复合识别，也可以是生理特征和行为特征的复合识别。在电子身份识别服务中经常用到的分组复合识别方法，就是把生物识别集成起来，分成两组。一组是自然识别，包含面部识别、语音识别、脉搏识别和耳廓识别等；另外一组是精确识别，包含指纹识别、手形识别和虹膜（视网膜）识别等。电子身份识别服务系统通过配置，从这两组中分别选择两三种组合进行识别。复合生物识别能够提高识别精度，同时改善用户友好度，增加系统的易用性。

根据美国生物智能识别公司网站（BI2 Technologies.com）报道，该公司开发的MORIS（罪犯识别和鉴定移动系统）能够使智能手机变成功能强大的手持生物识别设备。MORIS由重70g的硬件设备和配套软件组成，它同时具备虹膜识别、指纹扫描和面部识别功能，让警员在几秒之内就能确定疑犯的身份，无须特意返回警局。在警员拍摄疑犯的面部照片、扫描虹膜或用MORIS内置的指纹扫描仪获取疑犯的指纹之后，手机通过无线方式将这些数据与数据库中已有的犯罪记录进行匹配。这种多模复合生物识别还体现在上述美国国防部高级研究计划局（DARPA）所重视的“认知轨迹”上。基于“认知轨迹”的主动认证项目，分三个阶段进行：第一阶段的重点是开发使用行为特征识别技术来捕捉用户的“认知轨迹”；第二阶段的重点是开发一个解决方案，复合任何可行的生物识别技术，使用新认证部署在一台国防部标准的台式计算机或笔记本计算机中；未来第三阶段的重点在于开发开放式应用编程接口（API），更利于“认知轨迹”识别和其他生物特征识别的技术复合。由此可见，多模复合生物识别是生物识别未来发展方向之一。识别技术与认证技术的结合将会是安全物联网入口的发展方向之一，将广泛应用于金融和安全领域。

3.4 交互技术

物联网可以理解为以机器的智能交互为核心的，实现网络化应用与服务的一种“物物相连”的网络。其实物联网中机器和机器的通信、人和人的通信不是天然有界限的，机器和机器通信还是要受人为控制的，最终也是为人服务的；所以人机交互是物联网中必不可少的重要环节。物联网的智能特征也要求着更为智能化的交互方式，一方面是强调了终端的智能化，为了把机器的世界和人的世界结合起来，我们要增强机器对信息的智能收集和处理的能力，这样对终端的智能化就有所要求，因为这些信息的来源不仅局限于物，还可能是源自人或人的感官的信息。另一方面强调了交互的智能化，因为我们不会仅停留在鼠标、键盘这样的交互上，需要在更为融洽的人机环境中用触摸、语音、眼神、动作甚至心理感应，与机器交流人类的真实想法。所以说，人机的智能交互是物联网中人物之间联系的重要方面，智能交互也是物联网智能的重要体现之一。

“人机交互”这个名词对于计算机领域的人来说，有点儿老旧。可是，“新”名词——可穿戴设备也并不新。第一台可穿戴设备诞生于1961年，用于预测俄罗斯轮盘赌能赢的数字[①]。当代，常见于 007 系列电影主角 James Bond 的标准配置（此句为玩笑）。能够服务于智能交互的可穿戴计算将在物联网应用层技术中详述。

人机交互、人机互动（Human Computer Interaction 或 Human Machine Interaction，HCI 或 HMI)，是一门研究系统与用户之间交互关系的跨学科领域，是计算机科学、心理学、社会学、图形设计、工业设计等学科的综合，从广义上可理解为用户体验（狭义参见下文的微交互）。20 世纪 80 年代初期，学术界对最新的人机交互研究成果进行了总结，人机交互学科逐渐形成了自己的理论体系和实践范畴架构。理论体系方面，从人机工程学独立出来，更加强调认知心理学以及行为学和社会学的某些人文科学的理论指导；实践范畴方面，从人机界面（人机接口）拓展开来，强调计算机对于人的反馈交互作用。“人机界面”一词被“人机交互”所取代。20 世纪 90 年代后期以来，随着高速处理芯片、多媒体技术和 Internet Web 技术的迅速发展和普及，人机交互的研究重点放在了智能化交互、多模态（多通道)、多媒体交互、虚拟交互以及人机协同交互等方面，也就是放在以人为中心的人机交互技术方面。

进入 21 世纪，随着物联网的蓬勃发展，人机交互也步入物联网时代，出现了众多基于微交互的可穿戴产品。微交互是只为实现单一任务而存在的一系列操作行为[②]。Michal Levin 将（微）交互模型分为三种：手动操作、半自动操作和全自动操作，也就是当前主流微交互的三种实现方法[③]。物联网虽然是“物物相连的网”，但还是需要人的操作与控制，不过这里的人机交互已远远超出人与计算机交互的概念，而是泛指与应用程序相连的各种设备与人的交互和反馈。例如，谷歌 AR 眼镜、3D 手势互动、体感交互等概念产品正颠覆着我们的传统认知。这些基于五觉（眼、耳、口、鼻、舌）及其综合应用的多维协同感知与交互，正是物联网作为深度信息化的重要体现，将深刻影响着人们的日常生活。

本节讨论的“交互”，根据“拟人”的技术分析，将物联网时代智能交互中人类感知外在世界的感觉器官功能，分为“五觉”：视觉，听觉，触觉，嗅觉，味觉。

3.4.1　视觉的智能化

人类感知外在世界的五觉之中，视觉感知占据了绝大部分的信息来源。物联网视觉源自图像、视频等能够代替人眼功能的系统，这些系统能够实现视觉增强感知、视觉理解与交流等视觉功能。

---

① Jonathan Follett．设计未来——基于物联网、机器人与基因技术的 UX．北京：电子工业出版社，2016．

② http：//microinteractions.com/what-is -a-microinteraction/.

③ 同①。

1. 视觉增强技术

视觉增强属于AR（Augmented Reality，增强现实）中的一种，也有人称AR为混合现实。视觉增强就是借助计算机技术、可视化技术以及可以突破人类视觉限制的技术，例如夜视技术、3D技术等，从而产生一些现实环境中不存在的虚拟对象，或者不能被人类肉眼发现的对象，通过传感技术将虚拟对象准确“放置”在真实环境中，借助显示设备将虚拟对象与真实环境融为一体，并呈现给使用者一个视觉感官效果真实的新环境。

简单来说，视觉增强是虚拟世界和真实世界通过人类视觉融合的一种增强现实技术，属于视觉类人机交互技术。视觉增强将会是通过视觉融合能够突破人类视觉极限的技术之一。它的出现与下述几种技术密切相关。

一是计算机图形图像处理技术和光学传感器。视觉增强的实现，可以通过基于图形图像处理技术的融合，实现人眼所无法实现的广度和清晰度。透过视觉增强看到整个世界，在计算机处理生成的图像之后，达到360° 范围可视、高像素可视。这种增强的视觉信息可以是在真实环境中与之共存的虚拟物体，也可以是实际存在的物体的非几何信息。这些与VR（虚拟现实）的比较放在本节最后一部分。如图3-25所示是来自美国科罗拉多州工业区的视频监控设备：热雷达系统（Thermal Radar System），能提供360° 的红外线覆盖，能让人、火、汽车等无所遁形。

图3-25　美国热成像雷达有限公司研制的360° 监控系统（来源：科技日报）

整套系统的核心是一个不断旋转的热传感器，置于其上的处理器持续不断地将图像拼接在一起，为一个持续刷新的全景视频系统源源不断地提供图片，而且，智能软件会发现潜在的威胁[①]。

二是 3D 技术。传统的 3D 技术使用户通过透明的护目镜看到整个世界，连同计算机生成而投射到这一世界表面的图像，从而使物理世界的景象超出用户的日常经验之外。目前，裸眼 3D 技术产品已经在市面出现。实现裸眼 3D 视图，与千里之外的家人可实现面对面交流，而且不需要借助任何媒介。

这里简单提及 3D 打印，其学名是增材制造（Additive Manufacturing，AM）技术：采用材料逐渐累加的方法制造实体零件的技术，相对于传统的通过铣削、切割去除材料（减材制造）的加工技术，是一种“自下而上”的制造方法。在下面“VR 与 AR”小节中将提到一款眼镜，可以用来设计 3D 打印物品，实现“3D 所见即所得”。

三是夜视技术和穿透技术。红外技术和微光夜视技术作为夜视技术中较为成熟的技术，突破了人类在黑暗无光的环境中无法看到的视力限制，广泛用于搜救和军事用途。美国军事部门 DARPA 最近正在开发一种可穿透墙壁、路障等视觉障碍物的可视技术，被称为“生物识别技术 AT-T 距离”。根据 DARPA 的项目计划，不仅可以看到两个墙壁后面的范围，而且可以检测墙壁背后的人的心跳。其余的视觉增强技术应用还包括哈勃望远镜、电子显微镜等电子辅助感知系统，能够实现视觉穿透的雷达和卫星技术中常用的遥感应用。

以上三点的分析为多传感器融合与表示、多场景融合与表达奠定了基础，视觉增强提供了在一般情况下，不同于人类可以感知的信息。但是现实场景与增强了的场景如何有效叠加？除了 3.5 节将讨论的位置感测与（室内外）定位之外，还有实时跟踪及注册的实现技术，主要用于建立虚拟信息和现实场景之间的关联与表达，如图 3-26 所示。

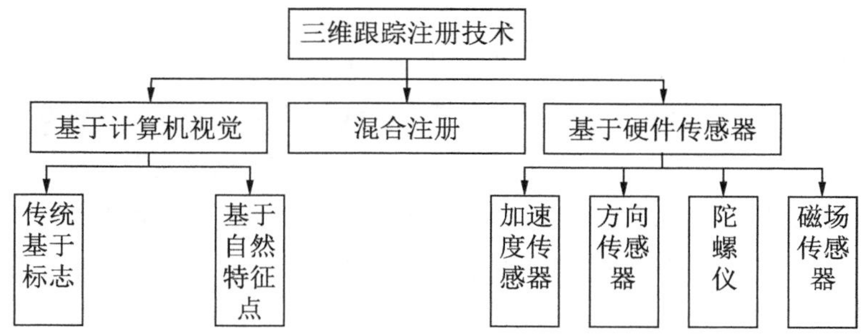

图 3-26　三维注册技术（来源：ARVRSchool.com）

① 刘霞. 放飞想象的翅膀（二）——《大众科学》推出 2014 年创意年度发明. 科技日报（8 版），http://baike.baidu.com/link?url=RLfAuywwZczzwC1JcNvE7GWMo1cEqfGyn9GflX2l682XrjFgzkkvyMC5UhU4x1IA3QFI7_oRTgrDZN4wea5LoK.

三维注册技术是实现视觉增强应用的基础技术，也是决定增强现实应用系统性能优劣的关键，因此三维注册技术一直是增强现实系统研究的重点和难点。其主要完成的任务是实时检测出摄像头相对于真实场景的位姿状态，确定所需要叠加的虚拟信息在投影平面中的位置，并将这些虚拟信息实时显示在屏幕中的正确位置，完成三维注册。注册技术的性能判断主要有三个标准：实时性，稳定性和健壮性。

视觉增强技术已经被用于医疗、军事、工业等多个领域。它可以通过图像传导使原先不可见的对象视觉化，让医生用图像引导手术（美国麻省理工学院、新加坡南洋理工大学都致力于开发帮助外科医生观察病人体内情况的增强系统）；可以研发和物理环境良好匹配，能由用户合作修改的交互性 3D 电子沙盘；可以为施工现场提供与特定地点相联系，包含工程信息与指令的虚拟图景，供工人参考；可以举办有真人和虚拟人物同时参加的远程会议。

2. 视觉理解与交流

人类视觉的理解并不仅局限于能够看见，目光、眼神和视线的移动也能传达视觉信息。可以把独立于眼睛所看到的图像之外的视觉信息表达为视觉理解与视觉交流。

1）眼动检测

眼动检测是讨论人机交互中眼睛运动模式（各种眼部姿势与动作）的辨识技术，也叫眼姿辨别（Gaze Detection 或 Eye-tracking）。根据眼电信号产生的生理机制和采集方法，分析各种眼姿势的特点，包括基本眼动模式（眼睛上移、下移、左移、右移）、眨眼模式、凝视模式等，并据此研究相应的辨识技术。应用眼姿辨别匹配等多种算法可将基本眼动模式、眨眼模式、凝视等各种眼姿势进行特征分类、准确辨识，为设计眼机接口、实现人机交互提供基础。眼姿势的准确辨识是成功实现新型的眼机接口的关键环节之一。

2）视线追踪

虹膜检测和瞳孔定位追踪技术的不断更新以及映射模型的逐步改善，促使非接触式视线追踪技术向着更精准、更高效和更廉价的趋势发展。跟踪瞳孔（虹膜）、眼球方位及视线方向，可以实现用户视线（感兴趣区域）的跟踪和分析。视线追踪作为眼机接口技术，能够使老年人和残疾人更加方便地使用计算机进行信息交互，同时增加计算机对人类视觉信息的理解。对视线追踪技术的研究及其应用领域的不断拓宽，使非接触式视线追踪技术作为人机交互的主要手段得到了很大进步。其中，基于立体视觉的视线追踪能够使检测、追踪技术和视线映射算法结合，在提高系统实时性和计算精度方面取得了较好的效果。视线追踪不仅是 AR/VR 的关键技术之一，还应用于儿童早期自闭症检测、神经病学、视力科学、心理学、体育训练等领域。

3）视觉交流

基于视线追踪、眼姿辨别等视觉理解技术最终能够通过眼机接口，实现目光对计算机或者便携终端、可穿戴设备的操作。例如，在阅览电子书时，目光能够代替我们手指的部分功能，视线之下，一切跟着目光走。看书时，书本内容会随着目光的移动自动向上向下移动，书本的翻页随着目光的自左而右或自右而左实现翻页。上网时，页面内容随着眼神的游走或聚焦而变换；看电视时，通过视觉交流实现换台和调节音量。

眼动检测、视线追踪、视觉交流这些新兴技术研究人类视觉系统在心理学中的心理语言表述与应用，可作为一种输入装置用于人机交互。应用包括 Web 可用性、广告、包装设计和汽车工程，其中，汽车设计领域被认为是最有前途的应用之一①。从心理学的角度，作者首先想到美剧 *Lie to me*（别对我撒谎）②，以及"眼睛是心灵的窗户"这句话。

3. 智能视觉的应用

基于视觉的智能交互技术的发展，最终将作为物联网视觉感知与交互的组成部分，在交通领域实现"智能视觉物联网"。智能视觉物联网是指由智能视觉传感器、智能视觉信息传输、智能视觉信息处理和针对人、车、物三大类目标的物联网应用。它以机器视觉技术为基础，综合利用各类图像传感器，包括监控摄像机、手机、数码相机，获取人、车、物的图像或视频，采用图像视频模式识别技术对视觉信息进行处理，提取视觉环境中的人、车、物视觉标签。视觉标签作为智能视觉物联网的重要技术，是指对图像和视频中内容所进行的识别、理解、分类。通过网络传输与视觉标签应用系统连接，能够提供便捷的监控、检索、管理与控制。

智能视觉还可以被"打上"情感标签，颇具情感创意的 Ping Lamp③异地感应 Wi-Fi 台灯（见图 3-27），可以使分居两地的亲人通过灯光温暖彼此的思念。该款可以分合式设计的花蕾般模样的台灯，可以分成两个独立的"花瓣"，每一部分都可以独立照明。

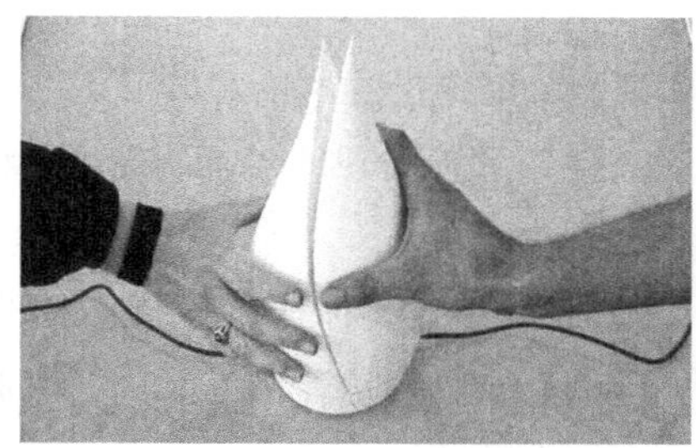

图 3-27 异地感应 Wi-Fi 台灯

① https://en.wikipedia.org/wiki/Eye_tracking.

② 该剧灵感源于行为学专家 Paul Ekman 博士的真实研究及其著作 *Telling Lies*，每集剧情为一个简短的故事，卡尔·莱特曼（主演）通过对人的面部表情和身体动作的观察，来探测人们是否在撒谎来还原事件真相。http://baike.baidu.com/link?url=dSU7pNu0NA-K7SQB2tQUSqb3nP48sPHQmY99fEHz3N0G6Q-3yoc3tZo1AH1ue-kF5jV3wsJ-z_66m-4BXkQemzcPIHgV0Nax7OBKasxULSy。

③ http://www.qidic.com/6046.html.

分居两地的亲人（恋人）可以各拿一瓣各自使用，这分开的两瓣台灯可以通过无线网络Wi-Fi相连接，只要有一方打开了自己的台灯，另一瓣台灯也将会亮起来。当对方也开启台灯时，灯的亮度就会加强来回应你的思念。这份借物传情的含蓄表达，显然扩大了视觉理解与情感交流的领域，把人类的情感纳入了物联网中。智能视觉还可以把AR用于知识传播、表示和刺激脑洞的打开，例如，Amazon网站上可以找到售价20美元的AR魔法书，阅读中可享受裸眼3D视图页面。

智能视觉的军事应用体现在俄罗斯DRS技术公司推出的广角驾驶员视觉增强器。据俄罗斯《陆军指南》2012年2月23日报道，DRS技术公司侦察、监视和目标捕获分部开发了一种新型广角热像仪。该热像仪称为广角驾驶员视觉增强器（Driver's Vision Enhancer，DVE)，它采用图像拼接技术可获得107°×30°的视场。广角驾驶员视觉增强器可对现有的驾驶员视觉增强器（视场为40°×30°）进行一对一传感器替换，具有向后兼容能力，非常便于部署和安装。智能视觉的军事应用还体现在美国的"士兵视觉增强系统"（SCENICC)。这种直接装备到眼睛上的隐形眼镜型传感器系统，不仅可以使佩戴者的视力增强，而且可以看到虚拟的现实增强图片。

4. 智能视觉联合标示与识别

2016年12月，亚马逊推出的Amazon Go"免结账"实体便利店①，据称不需要排队，无须注册，也不需要排队结账。用户进入时只需在手机上打开Amazon Go APP的二维码，在闸机上刷一下，选好商品就可以径直离开。从官方的宣传看，其技术亮点包括传感器融合和深度学习算法。然而，亚马逊并未公布该系统的详细工作原理，所以网络中的大讨论只能是对其进行大致推测。

Amazon Go使用摄像头和计算机实现的智能视觉，网络上的讨论有以下几点。

- 设备。为什么亚马逊想用智能手机而不是其他非消费类硬件？亚马逊可以将有关销售等的信息叠加到用户购物体验上。
- 数据和交互性。如果传感器在购物车里，RFID只会告诉你什么商品进入到购物车里，什么留在购物车里。如果传感器在门口，他们只会告诉你什么商品离开了商店。有了手机和计算机的视觉，亚马逊知道每个人在商店里做了什么。
- RFID。客户即使无法被RFID标记，摄像头和计算机视觉可以跟踪到他们。现在，任何商店都已经添加了摄像头，可重复利用。然而，网友Jacob Minz给出了不同观点。他表示，即使是有人坐在视频屏幕后观察，也不能可靠预测客户封闭的购物袋中有什么。其

① http://www.edn-cn.com/news/article/2016120800003。智能视觉联合标示与识别改编自《"免结账" Amazon Go设计分析：计算机视觉 vs RFID标签？》。

次，任何闭路摄像机电路将具有其盲点，或者会遭受浪涌而产生瞬时盲点。所以，商品必须贴上 RFID 标签，据说亚马逊可以 0.03 美元（折合成人民币仅约两角）或更便宜的价格购买到。无源 RFID 标签不需要电池，RFID 读写器可以相隔一定距离获取到其代码。

但是，对于人的标示与识别，本书作者更倾向于手机自带的 NFC 功能。

在商店中，所有物品都会被标记。结合对于人（客户标签）的标示，计算机可以创建物品的动态地图。图 3-28 展示了计算机视觉（CV）发挥的作用。此外，通过压力传感器和称重传感器，系统可以判断货架上的商品是否已经被拿走或还回。再配合图像分析，系统就能及时发现用户在还回商品时是否放错了货架。

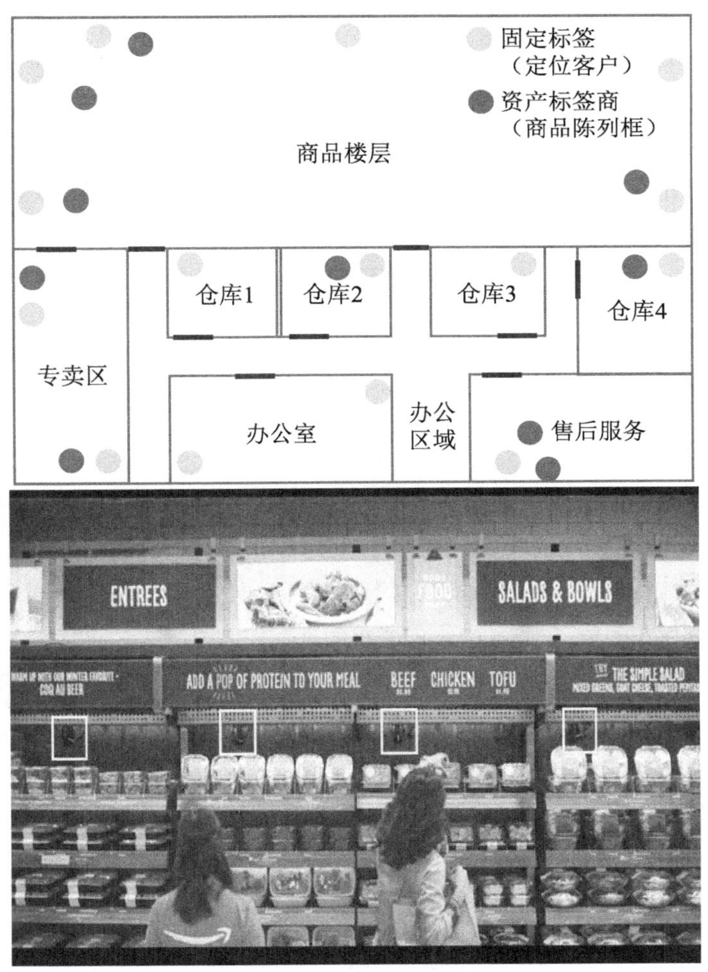

图 3-28　客户标签与商品标签的计算机视觉场景示意图
（来源：http://www.edn-cn.com/news/article/2016120800003）

更有网友 Brian Roemmele 透露，亚马逊曾提交过两份专利文件，里面的描述和 Amazon Go 如出一辙。这两份文件分别为：《检测物品互动与移动》（*Detecting item interaction and movement*）和《物品从物料处理设施上转移》（*Transitioning items from the materials handling facility*）。

《检测物品互动与移动》这份专利的大致内容是：用户从货架上拿起或放下物品时，系统可以检测到这个动作，并且更新用户移动设备里的清单。

从专利中能够了解到，系统中包含多个摄像头，它们被分别置于天花板、货架两侧和内部。其中，天花板上的摄像头用来采集用户和货品的位置，货架两侧的摄像头用来捕捉用户的图像和周围的环境，货架内的摄像头则用来确定货品的位置或用户手的移动。

《物品从物料处理设施上转移》这份专利主要是说：物品被识别，并且当用户正在拿起物品时，物品自动与用户发生关联。当用户进入或穿过"转移区"（Transition Area），被拿起的物品将自动转移到用户，而不需要有用户的"确认"输入或带来附加延迟。

另外，专利还表示，这里的摄像头可以是多种类型的，可以是 RGB 摄像头或深度感知摄像头。除了摄像头之外，也可以有其他输入设备，例如压力传感器、红外传感器、体积位移传感器、光幕等。压力传感器可以检测物品移出和进入的时间，红外传感器可以用来区分用户的手和物品。

测试阶段的 Amazon Go 暂时只对亚马逊员工开放，通过网络上的分析可见，计算机视觉还需要联合货架上的传感器，在一个智能视觉的环境中，判断被标记的人和被标记的商品之间，是拿起、放下，还是拿走。所有被标记为同一人"拿走"的商品，在出口处自动结账。而英特尔拟计划在这个商机中投资开发物联网渠道平台"反应渠道平台"（Responsive Retail Platform，RRP），串联店内所有物联网软硬件。

使用智能视觉减少员工（减轻劳动程度）的思路不止这一种。美国国家渠道联盟 2017 年大展上，渠道科技百花齐放，Autonomous 展示的远程控制机器人，可代替员工巡视店面，员工只要坐在办公室，就能一次监控多个机器人，在店内以更高的密度提供顾客所需的服务，包括用远程操控提供资讯，以及回答问题等。

总之，智能视觉物联网是基于视觉的大感知技术，不仅局限于上述的几个方面，还可以包括车辆行驶环境感知、生态环境感知、空间感知等。智能视觉物联网使人类视觉突破生理极限，借助机器（计算机）视觉技术看得更远、更细、更准、更全。

3.4.2 听觉的智能化

根据美国哈佛商学院有关研究人员的分析资料表明，人的大脑每天通过 5 种感官接受外部信息的比例分别为：味觉 1%，触觉 1.5%，嗅觉 3.5%，听觉 11%，以及视觉 83%。听觉占比虽然不大，但它属于另外一个重要“通道”，不信，可以在看电视的时候把声音关了试试。可以设想，物联网时代中的某天早上，你一觉醒来，还不愿意睁眼的时候，在床上说些语音指令就可以控制家里的所有电器，接通电话，边刷牙边听新闻等，将是何等惬意。视觉和听觉也是人工智能应用的两大“先行”领域。

基于听觉的人机交互，即通过人类的声音与机器进行的交互活动。这种交互包括语音理解、语音交互、语音合成等智能语音交互功能。早期基于听觉的人机交互侧重于通过声音对机器进行控制，例如声控灯、声控玩具汽车等，这时的机器只要能够听到就行。随着信息技术的发展，现在的机器不仅能够听到，而且已经能够“理解”人类的声音，得益于人工智能理解程度也越来越高。当前智能听觉技术的研究与应用主要集中在以下几个方面。

1. 语音语义理解

语音语义理解是在研究用计算机模拟人的语音进行交互的过程中，为了使计算机能够理解和运用人类社会的自然语言（如汉语、英语等），实现人机之间通过自然语言的通信，以帮助人类查询资料、解答问题、摘录文献、汇编资料，以及一切有关自然语言信息的加工处理。

语音语义理解技术就是让机器（计算机）通过分析和理解的过程把语音信号转变为相应的文本或命令，从而使机器能够理解语音的技术。语音语义理解的前身是书面语言理解，目前已经进入广泛应用的阶段。它可以使计算机“看懂”文字符号。书面语言理解又叫作光学字符识别（Optical Character Recognition，OCR）技术。

不论是语音还是书面理解，由于理解自然语音涉及对上下文背景知识的处理，同时需要根据这些知识进行一定的推理，甚至是场景分析，因此在语义理解与转换（翻译）领域需要人工智能（AI）来提高识别和转换水平。

语音语义理解的出现显著改变了人机互动的方式，在此领域处于领先地位的Siri（iPhone的语音交互功能）在语音识别技术的研究中，发现语音识别技术（Automatic Speech Recognition，ASR）在语音交互过程中只占到其中的一小部分，而真正重要的是在识别语音之后的“理解”。在语音理解过程中，为了让计算机能够“听懂”人类的语音，将语音中包含的文字信息“提取”出来；在基本原理上包括两个阶段：训练和识别。无论是训练还是识别，都要先对输入语音进行预处理，然后进行特征提取。这些并不足够，如何让机器理解“话外之意”——语境分析，则涉及语言学、心理学、社会学等交叉学科。这也是人工智能在语音语义理解中应用的一个分支。

1）训练阶段

语音理解这种技术基于Statistic Language Model（语言模型统计），需要大量的数据使计算机通过“自学习、自训练”来提高理解的准确率。这一阶段在语音理解中称为“训练阶段”，其中通过输入若干次训练语音，系统经过上述预处理和特征提取后得到特征矢量参数，然后通过特征建模建立训练语音的参考模型库。

2）理解阶段

对于自然语言的理解，也需要大量的数据库数据来进行语法的收集、对比、分析、理解。这一阶段在语音理解中称为“理解阶段”，此阶段将输入语音的特征矢量参数和参考模型库中的参考模型进行相似性度量比较，将相似性最高的输入特征矢量作为识别结果输出。

语音理解在实际应用过程中根据不同分类准则可以有不同的分类。按对说话人的依赖程度分为非特定人语音识别系统和特定人语音识别系统。

3）训练与理解并行

得益于人工智能的应用，现在可以在“干中学”——边理解边训练，并且能够“抛弃”样本，自主学习。重要应用包括翻译以及较为高端的“同声传译”，这方面已经有了一些突破和较为成熟的产品。

2. 语音交互与合成

语音交互，是随着人机交互发展到基于多媒体技术的交互阶段时出现的。20 世纪 80 年代末出现的多媒体技术，使计算机产业出现了前所未有的繁荣。之后，人机交互的工具除了键盘和鼠标外，话筒、摄像机及喇叭等多媒体输入输出设备，也逐渐为人机交互所用；而人机交互的内容也变得更加丰富，特别是语音信号处理技术的发展，使得通过声音与计算机进行交互成为可能。多媒体技术的发展，促进了信息处理技术特别是计算机听觉与计算机视觉的发展，从而使人机交互在朝着自然和谐的方向上向前迈进了一大步。1984 年，苹果公司推出了采用图形用户界面的个人计算机 Macintosh（苹果机）。图形用户界面和鼠标的结合，让计算机首次成为一种“所见即所得”的视觉化设备，使用者不用面对一行行冰冷枯燥的字符即可操作，带来了全新的使用体验。

语音交互是建立在理解的基础之上的，是人机交互中最直接的一种方式，正在被越来越多的用户接受和使用，例如，苹果智能手机推出基于语音技术的 Siri 功能，它可以令 iPhone 变身为一台智能化设备，利用 Siri 用户可以通过手机读短信、介绍餐厅、询问天气、语音设置闹钟等。Siri 支持自然语言输入，并且可以调用系统自带的天气预报、日程安排、搜索资料等应用，还能够不断学习新的声音和语调，提供对话式的应答。

中国科学院自动化研究所模式识别国家重点实验室研究员陶建华指出：“计算机正在慢慢隐入后台，人可以以更自然的方式与其对话，甚至可以直接与一个智能空间进行交互。例如，当你说‘能不能把灯光调暗一些？’的时候，后台的计算机就会根据这个指令控制灯光开关。”这样的产品有 ActiVocal 公司的 Vocca 和我国智能照明企业生迪的 Sengled Voice 智能灯泡。

作者曾于 2001 年夏天和一个刚试用 ViaVoice 的同事聊天，他说，“费老大劲装上了 ViaVoice，当我认真地对话筒说‘科学’而屏幕上出现的是拖鞋，然后我就把 ViaVoice 删除了。”现在 ViaVoice 产品已具备相当好的实用性。同样，在语音交互产品上，微软也进行了很多卓有成效的工作。

语音技术不仅能够使计算机“听懂”人类的语言，而且能够用文字或语音合成方式输出应答。这种技术称为语音合成，又称文语转换（Text to Speech，TTS）技术，能将任意文字信息实时转换为标准流畅的自然语音并朗读出来。TTS 所要解决的主要问题就是如何将文字信息转换为可听的声音信息，是实现人机语言双向交互的技术基础。

语音合成与传统的声音回放设备（系统）有着本质的区别。传统的声音回放设备（系统），如磁带录音机，是通过预先录制声音然后回放来实现“让机器说话”的。这种方式无论是在内容、存储、传输或者方便性、及时性等方面都存在很大的限制。而语音合成可以在任何时候将任意文本转换成具有高自然度的语音，从而真正实现让机器“像人一样开口说话”。

语音合成的基本原理由两部分组成：文本分析和韵律处理。文本分析模块在文语转换系统中起着重要的作用，主要模拟人对自然语言的理解过程，使计算机对输入的文本能完全理解并给出随后部分所需的各种发音提示。韵律处理为合成语音规划出音段特征，如音高、音长和音强等，使合成语音能正确表达语意，听起来更加自然和舒服，这是语音合成中最重要的一个部分。要使得合成的语音符合通常说出的话语，最关键的是提取语言中的韵律参数。语音生成根据前两部分处理结果的要求输出语音，即合成语音。

在国内，讯飞也在语音合成领域不断实现技术创新，近年的技术创新体现在提高声学参数生成的灵活性，提高合成语音的音质，改善参数语音合成器在合成语音音质上的不足等方面。这些技术创新使得语音合成系统在自然度、表现力、灵活性及多语种应用等方面的性能都有进一步的提升，并推动语音合成技术在呼叫中心信息服务、移动嵌入式设备人机语音交互、智能语音教学等领域的广泛应用。

笔者在此也提出一个问题，如何在语音交互与合成中捕捉、重现人类的情绪？

3.4.3 触觉的智能化

随着移动设备的日新月异，触摸技术已经从单点触摸发展到多点触摸。多点触摸技术应用最成功的当属 Apple 公司的 iPhone 系列，其多点触摸技术能够支持用户使用手势进行缩放图片、旋转图片等操作。微软也推出了基于多点触摸技术的概念产品 Surface，它可以让用户在水平台面上使用手或者其他物体与计算机交互。

触觉感知是一种新兴的人机交互模式和信息传递方式。作为除视觉和听觉之外最重要的一种知觉形式，触觉是人体与生俱来的但目前未被充分利用的信息传输通道。如何充分利用多种感知能力，使人能够全面快速地获取各种信息，已经成为当前人机交互领域研究的热点。触摸屏、手势交互、触觉再现等触觉型人机交互方式都已被提出和研究。

1. 触摸屏技术

人与电子设备的虚拟并自然的交互技术以及集成系统的应用在很大程度上帮助解决了个人操作电子设备中的许多实际问题。传统的互动方式主要用鼠标、键盘、按钮型遥控器进行交互，这些方式普遍存在操作繁杂、缺乏人性化的缺点，成为物联网智能交互普及的阻碍。当拿起触摸屏手机或平板计算机的一刻，带有触控效果的显示屏幕、触摸面板则能够让你感受触控的美妙。

触摸屏技术是一种新型的人机交互输入方式，它改进了人机交互性能，减轻了用户依赖键盘、鼠标、按钮型遥控器的负担，极大地方便了用户操作计算机。“即触即用”操作使输入便捷、直观、高效，易于使用。在交互操作的精确性方面，从用户直观感知上选择功能菜单的设置，消除了用户的误操作，提升了交互速度。当需要进行输入性操作时，将输入设备完全集成到显示设备中节省了空间；手写输入文字时不会受到文本界面的妨碍。

触摸屏技术主要由显示屏前面的检测部件和触摸屏控制器组成。触摸检测部件安装在显示屏前面，用于检测用户触摸位置，然后将相关信息传送至触摸屏控制器。触摸屏控制器的主要作用是从触摸点检测装置上接收触摸信息，并将它转换成触点坐标并传送给 CPU。在操作中，CPU 根据触摸屏控制器传来的一系列由接触操作引发的坐标变化信息，“翻译”成操作命令并加以执行。触摸屏已经由单点触屏发展到多点触屏，多点触控（Multi-Touch）技术是采用人机交互与硬件设备共同实现的能够同时感知多个点的技术。能在没有传统输入设备支持下获取并识别人手指在显示屏幕上的位置，并通过计算将手指在显示屏幕上的物理坐标转换为计算机屏幕的逻辑坐标及控制指令，实现用手指或其他自然物品在显示屏幕上的触摸选择，如打开界面、转换画面、信息查询等控制，进行计算机与人之间的交互操作。苹果公司的产品之所以能够迅速占领市场，就是因为多点触控技术降低了人机交互操作复杂度，让 1 岁的小孩儿和 80 岁的老人都可以使用苹果公司的产品。Senseg[①]面向更为真实的触感，让触摸者产生纹理的感觉。

2. 触觉再现

触觉再现（Virtual Haptic Rendering）正在人工仿真领域被用于研制人工触觉器。美国伊利诺斯大学的研究人员研制了一种像头发一样的触觉传感器。许多动物和昆虫都能用其毛发

① 芬兰 Senseg 公司长期致力于研发真实触感技术。

辨别许多不同事物，包括方向、平衡、速度、声音和压力等。这种人造毛发是利用性能很好的玻璃和多晶硅制造，通过光刻工艺由硅基底刻蚀出来的。这种人造毛发的大型阵列可用于空间探测器，其探测周围环境的能力远远超出当今已有的任何系统，美国宇航局目前正在积极参与这项研究。

这种为了更好地模拟人类触觉感知的传感器面临的最大挑战是产生的数据量太大。为避开这一问题，研究人员首先研究和模仿了人类自身触觉系统的工作。每个手指大约有 200 根神经，而且还有错综复杂的表皮纹理，所以它产生的数据量之多连大脑都难以处理。但是由于皮肤的弹性就像一个低通滤波器，能滤掉一些无关紧要的细枝末节，所以使大脑进行这项处理简化可行。

日本研究人员采用伸缩性的材料覆盖到机器人的表面实现触觉感知。这种特殊材料是用一种低分子有机物压制而成的薄膜，薄膜上每隔 2 ～ 3mm 有一个压力传感器。如果在机器人的指尖覆盖这种人造电子皮肤，机器人就可以和人一样有很灵敏的触觉。如果将压力传感器换成温度传感器，机器人就能感知温度变化。研究人员计划在 5 年内将这种人造皮肤投入实际运用。

西班牙的科学家近期也开发出了一种类似的具有触觉仿生功能的机器人手指，该手指由聚合材料制作，并能够感觉所拿物体的重量并能根据轻重调整所用的能量。

3. 非接触式交互

非接触式交互可以理解为不需要和机器界面直接接触，就可以通过手势、动作、头部运动、眼睛（眼神）或面部肌肉的变化等肢体语言，向机器传递出个人意识表达或操作意图等信息的智能交互方式。

手势可以说是一种除了语言之外，最为常用的人类日常交流手段。语言学中，手语是一个重要分支，人类甚至已经教会了大猩猩等不具备发音功能的动物使用手语（这些动物与人类基因数目高度相似①）。在日常生活中，人之间的交流通常会辅以手势来传达一些信息或表达某种特定的意图，有时，手势会成为跨越不同语种间语言障碍，或者聋哑人的表达方式。例如，某些特殊人群或在特定环境下，交流几乎全部依赖于手势，如聋哑人士、交通指挥、旗语或者是执行任务时的手语。随着计算机处理能力的提升和不仅以数值处理为目标的多样化计算任务的出现，手势在人机交互中的作用正得到越来越多的关注。

手不仅能够通过接触传递人的操作信息，而且能够完成人所能够进行的绝大多数动作。如图 3-29 所示，手势动作能够表达出相当多的信息。接下来以手势交互为例来阐述非接触式交互中的信息交互过程。

① 读者若对此部分信息感兴趣，可以搜索斯坦福大学公开课“从生物学看人类行为”。

图 3-29　动作手势示意图

可以把手势定义为：手势是手或者手和臂结合所产生的各种姿势和动作，以表达或帮助表达想法、情绪或强调所说的话。

第一种是交流手势（手语）。交流手势是为了传递信息，如交谈中伴随的手势。交流手势具有语言描述的作用，例如指示手势（如用食指的圆周运动来表示一个车轮）和语气手势（通过 V 字手型表示胜利，通过 OK 手型表示肯定）。交流手势最为成熟的应用就是应用于不同人群的手语，如聋哑人用的手语、交通指挥用的手语、舰船交通用的旗语和士兵执行任务时的手势语言。

例如，借助数据手套的识别用户手势系统，可识别中国手语字典中数百个词条。在获得充分的用户手势信息的条件下，最多能识别上万个单词的手语识别系统已经实现。

第二种是动作手势。在人机交互领域，根据手势的表达意义分为两种情况，一种是无意义的动作，一种是传递着用户意图的手势。因此在人机交互过程中，需要约定手势的含义，即定义交互的手势集。分清楚哪些手势动作需要机器理解，并做出相应回应的手势；哪些手势动作不需要机器理解，是无意义的动作。这两者的界限是人为划分的，例如，美国连续剧 *Lie to me* 中，通过手势和肢体语言可以判断人的内心世界的真实想法。对于需要读懂动作手势的人来说，有些动作是有意义的；对于不需要的人来说，手势动作没有意义。

第三种是操作手势。操作手势是用来操控环境中的物体，如旋转、平移、放大、缩小、换屏等动作，在特定环境中手势的意图非常具体的一类手势交互。在人机交互领域，这类操作手势在游戏操作的推动下，发展迅速。

4. 体感交互

体感交互属于非接触式交互的一种，作为将手势延伸为身体动作交互的革命性力量，体感交互是在游戏交互需求的推动中出现的。但是，它在空中客车公司提高世界航空公司的飞机市场占有率中功不可没。例如，空中客车的高仿真 A380 飞行驾驶模拟器，拥有 4 条航线（两条国内航线、两条国际航线），所有航线均能夜航，并采用了与 A380 相似的操纵模式，例如，侧翼操纵杆、地形导航表等。还包括方向操纵杆、起飞控制、踏板、方向指示系统、速度与高度控制系统、起飞降落控制系统等。这套 180° 景观的飞行驾驶模拟器能让体验者从视觉、听觉、触觉及体感全方位体验，产生真实驾驶的感觉①。在专业人员指导下，体验者可以在很短时间内就学会驾驶飞机的技巧并学会观察飞行仪表，完成起飞、着陆、转弯、特技飞行等复杂动作，让人恍如置身真实的 A380 驾驶舱，体验操控最现代化客机的乐趣与震撼。

体感交互系统的理论基础是基于视觉的用户界面（Vision Based Interfaces，VBI）。这种视觉在物联网时代可以被延伸为广义的视觉，也就是说，系统将红外感知、超声波感知、微波感知等人体动作探测系统，像摄像头一样，作为一种输入媒介，使用户能够在真实环境中以更加自然和直觉的方式实现系统交互。

与传统的交互方式相比，VBI 能够充分利用用户的头部、手部、脚部或者身体的其他部位参与交互，从而提供给用户更大的交互空间、更多的交互自由度和更逼真的交互体验。同时，体感交互在虚拟 / 增强现实、普适计算、智能空间等技术的推动下，迅速成为国内外研究的热点，并广泛用于基于计算机的互动游戏。体感交互将在物联网的智能交互技术应用中占有一席之地。

2010 年，微软推出的 Kinect 游戏机使用了功能更为丰富的体感系统。Kinect 是 Xbox 360 的一款外设。它利用红外定位技术，使 Kinect 对整个房间能够进行立体定位。摄像头则可以借助红外线来识别人体的运动。除此之外，Kinect 通过体感传感器，捕捉人的动作，识别出人的骨骼位置，对人体的 48 个部位进行实时追踪，从而识别出全身的运动。借助 Kinect，普通人不需要使用任何手柄、摇杆、鼠标或者其他遥控器，即可用身体直接控制游戏。例如你想玩乒乓球，你只需要像现实中那样，挥动手臂发球，完成接球、挑接、搓球、扣球等动作。Kinect 还可以用于操作计算机、浏览网页、课件讲解、视频会议、空中涂鸦等。随着体感交互的发展，将会实现人类动作与机器的无缝对接。可以畅想，未来体感交互的高级形式将发展为化身技术，系统可以将用户身体动作直接映射为化身的一系列动作，例如，通过身体移动驱动化身走路、跳跃、飞行等。这不仅能够使驾驶员摆脱方向盘和座位的束缚，实现远程驾驶，而且可以让我们足不出户即可周游世界。

更为重要的是，体感交互中的感知技术，可以用于车辆的辅助驾驶和无人驾驶之中。

3.4.4　嗅觉与味觉的原理与应用

嗅觉与味觉是人类某种神秘的力量，回想一下，几乎出生时我们就知道分辨“香与臭”“好吃与难吃”②。部分人进化为能够理解并实践“臭但好吃的境界”，于是有了喜欢榴莲、

① 空客 A380 航空模拟器横空出世 高仿真体验飞行驾驶. 中国科学报，http://news.ifeng.com/mil/air/hkyw/detail_2014_01/10/32899578_0.shtml.

② 对于这些，作者甚至学习了哈佛大学（和耶鲁大学）公开课中关于心理和进化的课程，认为物联网的本质和人性、心理学是有关系的，例如这一节的开篇和第 6 章。

臭豆腐、臭鳜鱼等人群。写到这里，突然想到一个电影——《闻香识女人》，以及我三岁的孩子不让去洗被子时的理由：被子里有妈妈味儿，别洗掉了。此外，本节的灵感还来源于作者10年前读过的一本英文书，只记得书中总结了人类的几大享受：阳光、音乐、美食、嗅觉。人类的嗅觉源自对被测的具有挥发性的气体分子的感受；人类的味觉源自对被测的液态中的非挥发性的离子和分子的感受。它们都是化学量和生物量的识别器官，相对于对物理量识别的视觉、听觉和触觉而言，研究手段更加复杂，研究进展较为缓慢。近十多年来，随着生命科学和人工智能的快速发展，特别是生命科学与生物化学传感器的相关研究的共同推进，使得嗅觉与味觉的深层理解与应用呈现了智能化的势头。例如在物联网中，智能嗅觉可用于监测大气污染（PM 指数），毒害气体监测和爆炸物、有毒物质检测；智能味觉可用于水文感知与水质监测。

1. 仿生技术

嗅觉源自气味物质分子对嗅觉感受器的刺激。对物质气味分子的识别过程如下：气味物质分子在鼻腔中，通过嗅黏膜上皮时，嗅细胞纤毛伸出表面，纤毛表面就像是鼻化学感受器，对气味物质分子产生感应的嗅觉信号，最后嗅觉信号经大脑产生相应的判断反应。

味觉源自液态物质分子和离子对味觉感受器的刺激。其识别过程与嗅觉的识别过程非常相似，只不过味觉的感受器是味蕾。在哺乳动物中，味蕾主要分布于舌上皮口腔和咽部黏膜的表面。它们的识别过程都可以描述为：感受器产生信号—信号传递和预处理—大脑识别。

有关嗅觉和味觉的研究始于20世纪60年代。一方面，生物学家、神经生理学家以及化学家，在嗅觉和味觉的神经传导机理方面进行了长期的探索，提出众多的模型和实验分析，如美国MIT大学的神经生理学家Freeman教授对嗅觉模型进行了几十年的研究；另一方面，从事分析化学、电子学、仪器科学等工程类的学者，广泛开展了有关气体和离子传感器的研究和仪器研制，在许多领域开发出了具有嗅觉和味觉部分功能的分析仪器。例如，被称为电子鼻的人工嗅觉系统和电子舌的人工味觉系统。

味觉是重要的生理感觉，一般分为酸、甜、苦、咸、鲜、涩等基本味觉。通常，我们所说的各种味道均由这些基本味觉组合而成。某种味觉物质（即味质）溶解于唾液、作用于味觉细胞上的感受器后，经过细胞内信号传递、神经传递把味觉信号分级传送到大脑，进行整合分析，产生味觉。人的味蕾约有9000个，每个味蕾中包含4060个味细胞。每一味蕾由支持细胞及5～18个毛细胞构成，后者即为味觉感受器。每一感受器细胞有许多微绒毛突出于味孔，感受神经纤维的无髓鞘末梢紧密缠绕感受器细胞。每一味蕾约有50条神经纤维，而每一神经纤维平均接受5个味蕾的输入。

最新研究表明，纳米技术使人类能够将味蕾甚至味细胞仿生，最终可能将嵌入式（或者可穿戴技术①）发展为可融入（immerse②沉浸式）人体的纳米感知技术。

2. 电子鼻

随着仿生人工嗅觉的不断发展，出现了电子鼻（Artificial Olfactory System，AOS）技术。1989 年在北大西洋公约组织的一次关于化学传感器信息处理会议上对电子鼻做了如下定义："电子鼻是由多个性能彼此重叠的气敏传感器和适当的模式分类方法组成的具有识别单一和复杂气味能力的装置"。随后，于 1990 年举行了第一届电子鼻国际学术会议，并每年举行一次化学传感器国际学术会议。

电子鼻技术是探索如何模仿生物嗅觉机能的技术。其研究涉及材料、精密制造工艺、多传感器融合、计算机、应用数学以及各具体应用领域的科学与技术，具有重要的理论意义和应用前景③。电子鼻模拟生物的嗅觉器官，工作原理与嗅觉形成相似，气味分子被电子鼻中的传感器阵列吸附，产生信号，生成的信号经各种方法处理加工与传输，将处理后的信号经模式识别系统做出判断。其原理如图 3-30 所示，可归纳为：传感器阵列—信号预处理—神经网络和各种算法—计算机识别（气体定性定量分析）。从功能上讲，气体传感器阵列相当于生物嗅觉系统中的大量嗅感受器细胞，神经网络和计算机识别相当于生物的大脑，其余部分则相当于嗅神经信号传递系统。

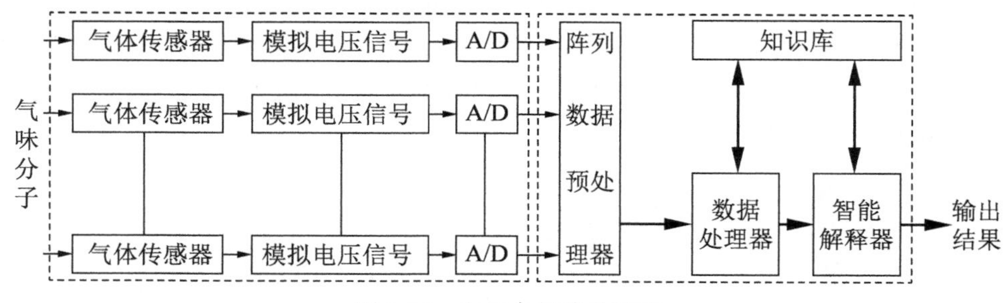

图 3-30　电子鼻的嗅觉理解

电子鼻是利用气体传感器阵列的响应图案来识别气味的电子系统，它可以在几小时、几天甚至数月的时间内连续地、实时地监测特定位置的气味状况。电子鼻是生物传感器技术中的一种，主要由气味取样操作器、气体传感器阵列和信号处理系统三种功能器件组成。

电子鼻识别的主要机理是在阵列中的每个传感器对被测气体都有不同的灵敏度。例如，一号气体可在某个传感器上产生高响应，而对其他传感器则是低响应；同样，二号气体产生高响应的传感器对一号气体则不敏感。归根结底，整个传感器阵列对不同气体的响应图案是

① 在第 5 章论述。

② 沉浸式是一种技术体验，源于 3D 技术的用户体验。现在已经有了沉浸式技术联盟，参见 https://ita3d.com/。

③ 王俊，胡桂仙，于勇，周亦斌．电子鼻与电子舌在食品监测中的应用研究进展．农业工程学报，2004．

不同的，正是这种区别，才使系统能根据传感器的响应图案来识别气体。

单一传感器往往很难有选择地测量出某种气体的成分和含量。电子鼻技术是把不同特性的单个气体传感器组合起来就构成了嗅觉传感器阵列，阵列中的各个气敏器件对复杂成分气体都有响应却又互不相同。嗅觉传感器阵列不仅检测范围更宽，而且灵敏度、可靠性都很高。1982 年，英国学者 Persuad 和 Dodd 用三个商品化的气体传感器模拟哺乳动物嗅觉系统中的多个嗅感受器细胞对戊基醋酸酯、乙醇、乙醚、戊酸、柠檬油、异茉莉酮等有机挥发气体进行了类别分析，开电子鼻研究之先河。在电子鼻能够很好地模拟人类通过嗅觉感知外在环境的基础上，就可以实现基于嗅觉的人机交互，即通过人类的嗅觉与机器进行交互活动，包括气味合成、气味搜索、气味判断等智能交互功能。

例如，我们可以把各种物体的气味植入气味库，然后通过嗅觉交互系统对气味物体进行辨别，例如，通过气味辨别药材、通过气味辨别家人、通过气味开展学习等。使用嗅觉交互系统可以对任意用户感兴趣的气味进行捕捉、分析和对比。当然，这是比较初级的人机交互，也许有一天，根据每个人对应着的一种独特气味，可以通过气味展开搜索，不管她（他）身处何方，都可以被发现，这让我们想到“气场很足”的俗语。下面是“气场上网”的一个例子。

人们感知互联网的主要方式是通过视觉和听觉。英国明特数码技术公司（Mint Digital Foundry）研发团队于 2012 年开发出网络嗅探器“奥利”（Olly）[①]，使用者通过味觉也可以感知互联网。Olly 是个不大的白色立方体装置，可放在手掌上，上面有多个小孔，通过 USB 接口与计算机相连，如图 3-31 所示。

图 3-31　Olly 的外观（来源：新民晚报）

① 英公司研发网络嗅探器让用户通过嗅觉感知邮件. 新民晚报，http://www.chinanews.com/gj/2012/05-16/3893684.shtml.

Olly 的构造包括一个风扇、一个芯片、一个外壳及拉伸式托盘。这个 Olly 后部的托盘专门用来放置有气味的东西，例如水果、薄荷、香精油或者其他喜欢的任何香料。使用者把“奥利”与计算机中的任意网络账户相连，设置好“奥利”散发气味的规则即可。这样，在使用者进行更新微博、进入邮箱等操作，或是社交网络中有人提到使用者的名字时，“奥利”都可嗅探，并通过散发气味告知使用者。譬如，上班族早上上班查阅邮件时，可以闻到“奥利”散发出的薄荷香，让其精神为之一振。

此外，在物联网的食品安全应用方面，许多有前途的传感器检测技术仍处于发展的实验阶段，如生化传感器、电子鼻和芯片上的实验室①（Lab on a Chip）。因此，微生物质量分析仍然在传统的实验室测量，导致食品安全信息的时效性有限。但是，有了电子鼻，就可以增加质量监测的预测分析，（根据食品腐败的味道）精确确定剩余的保质期。

3. 电子舌

由于受生物感知、生化传感器研究的制约，电子舌（Artificial Taste System，ATS）提出来的时间不久。电子舌是在近二十年产生并发展的“年轻”概念，1995 年由俄罗斯的 Yu. G. Vlasov 教授等人提出，并列入了俄罗斯和意大利 Damico 教授的国际合作项目。简单来说，一个非选择性的味觉传感器阵列及其数字信号处理方法，可以作为人工味觉系统来模拟人和生物的电子舌。

受到以往的研究方法和手段限制，味觉研究一直落后于视觉、听觉、触觉和嗅觉的研究。近年来，随着细胞生物学、分子生物学研究方法的发展及微电子芯片技术的运用，味觉研究取得了较大的进展。细胞芯片是生物芯片研究中的一个热点，它利用活细胞作为探测单元，直接将细胞培养在硅微器件上，可以监测细胞新陈代谢、电生理信息等。细胞芯片敏感性高、选择性好、响应迅速，在生物医学环境监测和药物开发中有广泛的应用。随着半导体微细加工技术的发展，分析技术的微型化为细胞微环境分析提供了强有力的手段。味觉细胞芯片作为一种无损的实时传感技术手段，将在味觉传导机制的研究等方面发挥重要的作用。

电子舌的工作原理和电子鼻很相似，只不过电子舌是建立在模拟生物的味觉形成过程基础上的仿生过程。人工味觉传感器所测得的是整个所测物质味道的整体信息。研究得最多的是多通道类脂膜味觉传感器阵列，它能部分再现人的味觉对味觉物质的反应。目前，应用人工味觉系统可以很容易地区分几种饮料，例如咖啡、啤酒和离子饮料。使用人工味觉系统的一大优点是不需要对食物进行任何预处理，把饮料倒入杯子里很快就可以测出味道。图 3-32 是在可加热自动售卖咖啡机中加热保存的两种咖啡饮料的味觉比对②。

---

① Loutfi A., Coradeschi S., Kumar Manib G., Shankarb P., Balaguru Rayappanb, J.B. Electronic noses for food quality. A review, Journal of Food Engineering, 2015, 144: 103–111.

② 电子舌应用报告——咖啡味觉分析，见 http://www.chem17.com/st7254/Article_531337.html。

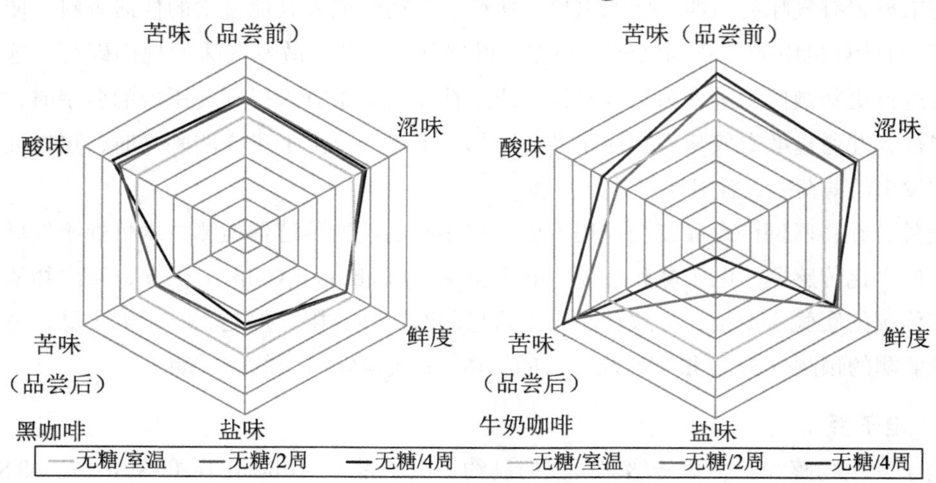

图 3-32　在可加热自动售卖咖啡机中加热保存的两种咖啡饮料的味觉比对

左图黑咖啡在高温保存时，酸味、苦味、涩味增加了，而苦的回味、盐味、鲜味有所降低。而味觉的剧烈变化主要集中在前两周，后两周则变化较小，因此可以说明这样的储存标准是适宜的。

右图显示了罐装欧蕾咖啡（牛奶）的味觉变化。与黑咖啡相比，欧蕾的味道变化较大，尤其是盐基苦味，容易在口中留下不好的回味。

常温下的赏味期限（保质期）在标签中都有体现，但是加热的罐装饮料却很少有，因为难以将有效的味觉信息标准化，味觉传感器的数据恰好可以为储存标准提供可靠的依据。

4. 生物传感器技术

生物的基本特征之一就是能够对外界的各种刺激做出反应。这是由于生物能感受外界的各类刺激信号，并将这些信号转换成体内信息处理系统所能接收并处理的信号。例如，上述的通过鼻、舌感觉器官将外界的化学和物理信号转换成人体内神经系统等信息处理系统能够接收和处理的信号。电子鼻和电子舌都是通过传感器将外界的各种信息接收下来并转换成信息系统中的信息处理单元能够接收和处理的信号。所以说，电子鼻和电子舌本身就属于具有某种特定功能的生物传感器系统。从有关嗅觉和味觉的研究时间上看，以及生物传感器的设想的提出，同始于 20 世纪 60 年代。作为在生命科学和信息科学之间发展起来的一门交叉学科，生物传感器研究的全面展开是在 20 世纪 80 年代。三十多年来，生物传感器在发酵工艺、环境监测、临床医学和军事领域等方面得到了广泛应用。

作为传感器在生物智能方向的延伸，生物传感器（biosensor）是能够对生物物质敏感并将其浓度转换为电信号进行检测的仪器，是由固定化的生物敏感材料作识别元件（包括酶、抗体、抗原、微生物、细胞、组织、核酸等生物活性物质）与适当的理化换能结构器（如氧电极、光敏管、场效应管、压电晶体等）及信号放大装置构成的分析工具或系统。生物传感器由两个关键部分所构成：一是感受器，来自于生物体分子、组织部分或个体细胞的分子辨认组件，此组件为生物传感器信号接收或产生部分；二是转换器，属于硬件仪器组件部分，主要为物理信号转换组件。

生物传感器可以根据其感受器中所采用的生命物质而分为组织传感器、细胞传感器、酶传感器等，也可根据所监测的物理量、化学量、生物量而分为热传感器、光传感器、胰岛素传感器等，还可根据其用途统称为免疫传感器、药物传感器等。

生物传感器中，可以利用电化学电极、场效应管、热敏器件、压电器件、光电器件等器件作为生物传感器中的信号转换器。依照信号转换器的不同，也可将生物传感器进行分类，如压电晶体生物传感器、场效应管生物传感器等。自 1962 年 Clark 和 Lyon 两人提出酵素电极的观念以后，YSI 公司于 20 世纪 70 年代即积极投入生物传感器的商品化开发与生产，于 1979 年投入医检市场，开启了第一代生物传感器的研发与应用。Medisense 公司继续以研发第一代酵素电极为主，于 1988 年由于成功地开发出调节（mediator）分子来加速响应时间与增强测试灵敏度而声名大噪，并以笔型（Pen 2）及信用卡型（companion 2）便携式小型生物传感器产品，于 1988 年上市后立即席卷 70% 以上的第一代产品市场，成为生物传感器业界的盟主。

第二代生物传感器定义为使用抗体或受体蛋白当分子识别组件，换能器可用场效半导体（FET），光纤（FOS），压晶体管（PZ），表面声波器（SAW）等。例如，1991 年上市的瑞典 Pharmacia 公司所推出的 BIAcore 与 BIAlite 两项产品。第三代的生物传感器将更具携带式、自动化与实时测定功能。

目前，生物传感器正进入全面深入研究开发时期，各种微型化、集成化、智能化、实用化的生物传感器与系统越来越多。一方面，随着易燃、易爆、有毒有害气体大量出现，给社会和人们的安全带来了许多隐患；另一方面，随着环境和生物医学领域对气态和液态微量、痕量元素以及体味、体液快速分析检测的需要的增长，迫使人们对电子鼻和电子舌等生物传感器有了越来越广泛的需求。当前，生物传感器主要应用在以下领域。

1）食品安全控制

生物传感器可以让食品更安全。生物传感器在食品安全控制的应用中包括食品成分、食品添加剂、有毒有害物质及食品鲜度等的测定分析。

- 食品成分分析。在食品工业中，葡萄糖的含量是衡量水果成熟度和储藏寿命的一个重要指标。已开发的酶电极型生物传感器可用来分析白酒、苹果汁、果酱和蜂蜜中的葡萄糖等。而氮元素含量经常被用来测定蛋白质在食物中的含量。

- 食品添加剂的分析。亚硫酸盐通常用作食品工业的漂白剂和防腐剂，采用亚硫酸盐氧化酶为敏感材料制成的电流型二氧化硫酶电极可用于测定食品中的亚硫酸含量。此外，也有用生物传感器测定色素和乳化剂的报道。
- 有毒有害物质及食品鲜度等的测定分析。例如，三聚氰胺等有毒物质的含量控制；地沟油中对人体健康有害物质的测定、分析；食品在保质期内的新鲜程度的测定和为了保鲜所使用保鲜剂的安全控制；保质期内外有害物质变化、口感变化等。

在物联网中，食品安全全生命周期管理如图 3-33 所示。

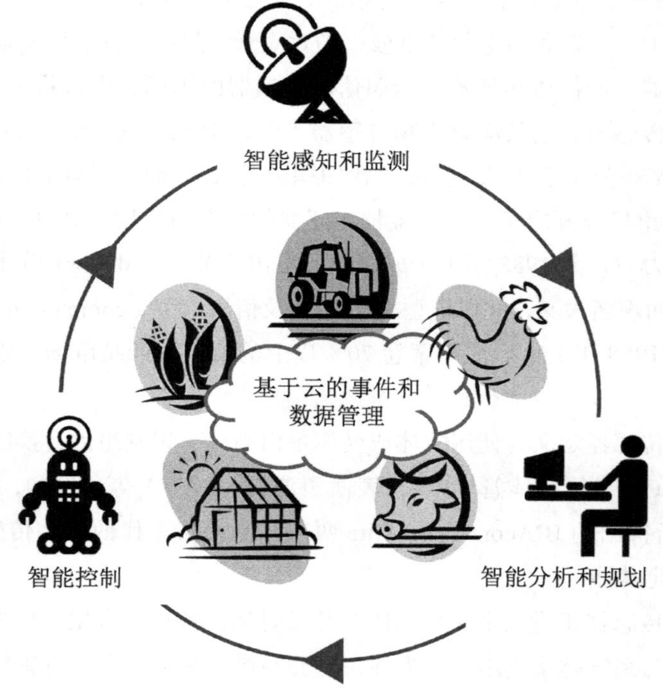

图 3-33　物联网中食品安全的全生命周期管理示意图[①]

2）自然环境监测

由于环境污染问题日益严重，易燃、易爆、有毒有害气体大量出现，给社会和人们的安

① Wolfert J, Sørensen C. G., Goense D. A future Internet collabo- ration platform for safe and healthy food from farm to fork. Global Conference (SRII), 2014 Annual SRII. 2014, IEEE: San Jose, CA, USA: 266–273. 图中核心部分是基于云的事件和数据管理。其余三部分分别是：农产品产地的智能感知和监测，加工运输过程中的智能分析和规划，进入家庭餐桌时的控制环节。

全带来了许多隐患，生物传感器可以满足人们对环境污染在线监测的要求。目前，已有相当部分的生物传感器应用于环境监测中。

- 大气环境监测。二氧化硫是酸雨、酸雾形成的主要原因，传统的检测方法很复杂。Marty 等人将亚细胞类脂类固定在醋酸纤维膜上，与氧电极共同制成安培型生物传感器，对酸雨酸雾样品溶液进行检测。
- 水文监测。水土的污染使人们迫切希望拥有一种能对污染物进行连续、快速、监测的仪器。在可疑的污染源附近和受污染地区，尤其是和居民生活密不可分的饮用水源的水文监测，可以保护生活环境。
- 生态环境保护。利用生物传感器还可以检测气候变化，平衡生态环境保护，避免可能引发灾难的天候形成。

3）生物医学领域

生物医学领域对气态和液态微量、痕量元素以及体味、体液快速分析检测的需要的增长，使电子鼻和电子舌等生物传感器的需求越来越广泛。生物传感技术为基础医学研究及临床诊断提供了一种快速、简便、灵敏的新型方法。

在临床医学中，酶电极是最早研制且应用最多的一种传感器。利用具有不同生物特性的微生物代替酶，可制成微生物传感器。在军事医学中，对生物毒素的及时快速检测是防御生物武器的有效措施。生物传感器已应用于监测多种细菌、病毒及其毒素。

美国和意大利科学家合作，首次使用人的 DNA（脱氧核糖核酸）分子制造出纳米生物传感器，其能快速探测数千种不同的转录因子类蛋白质的活动，有望用于个性化癌症治疗并监控转录因子的活动。相关研究发表于《美国化学学会会刊》。

美国加州大学洛杉矶分校的研究人员通过近年的研究表示，他们首次发现了人体细胞生物传感器分子的机理，为复杂的细胞控制系统提出了新的阐述。人体细胞控制系统能够引发一系列的细胞活动，而生物传感器是人体细胞控制系统的重要组成部分。被称为“控制环”的传感器能够在细胞膜上打开特定的通道让钾离子流通过细胞膜，如同地铁入站口能够让人们进入站台的回转栏。钾离子参与了人体内关键活动，如血压、胰岛素分泌和大脑信号等的调整。然而，控制环传感器的生物物理功能过去一直未为人们所了解。

日本北陆先端科学技术大学院大学近期宣布，该校研究人员研制出金银纳米粒子，它可用于制作高灵敏度生物传感器，以帮助医生检查患者的血液、尿液或者基因诊断等。

4）生化安防

生物感知技术，把生物活性物质，如受体、酶、细胞等与信号转换电子装置结合成生物传感器，不但能准确识别各种生化剂，而且能探测到空气和水中的微量污染物。在战场环境中，对放射性、核生化武器威胁的感知，及其具体威胁物质的判断，可以及时、准确地提出最佳防护和治疗方案。

来自饮水、食品、空气等有毒物质的监测，可以帮助实现生化威胁预警、受害者体能的检测和快速救治。

以我国的北京地铁 1 号线建设的物联网应用示范工程为例，在地铁站通过增设核辐射、烟气、温度等传感器，获取烟气、温度、有毒有害气体、核辐射等感知信息，对危险品违法携带等行为进行智能识别和分析，实现地铁站的核生化安防系统。在 2011 年北京市政府办公厅印发的《北京市城市安全运行和应急管理领域物联网应用建设总体方案的通知》中，明确包括“轨道交通安全”等 10 项物联网应用示范工程。

为了应对恐怖主义的威胁，有毒物质检测器根据生物传感器技术可以有效监测现场中的生物制剂。利用生物芯片技术可实现现场生化制剂的检测。在有机磷和其他毒剂检测的研究方面，美军利用有机磷化合物抗体与压电晶体结合的生物传感器，可检测有机磷化合物蒸汽。在检测毒性化合物方面，美国海军已经具备用大肠杆菌微生物传感器检测毒性化合物的能力，以及利用生物传感器检测有毒重金属的能力。用光纤生物传感器能检测环境中有害物质的微量水平。

炸药和毒品的检测一直是生化安防的重点。日本曾成功使用荧光熄灭生物传感器探测空气和水中的 TNT 爆炸物，日本东京大学的研究人员也一直在寻找一种足够灵敏的化学探测器，以检测到空气中的微量污染物（如氨和二氧化硫）。现在，日本东京大学的研究人员以自然界嗅觉最灵敏的生物——昆虫为基础，开发出一种嗅觉探测器。科学家将果蝇和蛾（它们的嗅觉细胞对化学物质高度敏感）的基因注射到未受精的青蛙卵细胞中，然后将它放到两个电极之间。经过基因改造的细胞能够检测出浓度低至十亿分之几的特定化学物质，并且能够区分非常相似的分子，错误率很低。这种生物探测器是目前最敏锐的生物嗅觉探测技术之一。

总之，随着物联网对智能交互方式不断提出的新需求，人机交互技术在视觉、听觉、触觉、嗅觉和味觉领域的应用潜力已经开始展现。未来，人类将可以使用多模态方式与机器进行交流，即多种模态同时使用共同协作完成输入 / 输出功能。未来人机交互的模式有可能是现有模式的集大成者并逐步完善，在实现智能化协同感知与交互的同时，将人与物紧紧地融合在物联网中。

5. 体味感知仪与味道分享系统

体味感知仪这个想法源自作者的一个猜想：每个人（生物）都有自己的独特气味（体味），由于长期在这种味道陪伴下成长，就察觉不到这种体味。作者希望有这么一种体味感知仪，让每个人知道自己的体味在他人嗅觉中的感受。

每个人有每个人独特的口味，例如，咖啡加盐[①]的味道可以引出一份情感。而对于“好吃吗”的回答却因人而异：有的人简单地根据自己的口味回答“好吃”与否；有的人根据对方的感受回答“我觉得不错，值得一试”或者“还是自己试试吧，你的口味我怎么知道”。既然人类已经能够分享所见、所闻、所感，那么，味道分享系统就离我们不远了。当然不止我一个人往这个方向思考，图 3-34 展示了关于舌头中传感器捕捉味蕾反应的设想场景[②]。

图 3-34　舌头中传感器捕捉味蕾反应的设想场景
（来源：《设计未来——基于物联网、机器人与基因技术的 UX》）

《设计未来——基于物联网、机器人与基因技术的 UX》中设想：你舌头中的传感器捕捉味蕾反应，血管中纳米机器人监控释放到血液中的内啡肽。收集的数据送往某咖啡工厂，咖啡工厂分析数据并分析出最适合你口感的味道和咖啡因水平。之后，你就等着被推送完全适合你味觉的定制咖啡吧。

利用味觉的公益研究可以帮助盲人在脑海中形成图像。图 3-35 是一款由美国 Wicab 公司设计生产的高科技设备，由三部分组成：捕捉外部图像的墨镜、手持控制杆，以及一个看似棒棒糖的口含传感器。墨镜上安装有一个用于捕捉图像的微型摄像机，口含传感器的面积约 1 英寸，包含 400 个电刺激触点。

通过微型摄像机拍到图像并转换成低像素的黑、白和灰色图画，然后再在图 3-35 中像棒棒糖一样的电极感应器上通过电脉冲方式对舌头进行刺激，脉冲刺激信号传给大脑，并在大脑中的“视觉区域”还原成画面，从而让盲人可以通过舌头来“视物”。

① http://www.xiaogushi.com/Article/jingdianaiqing/201206011702.html.
② Jonathan Follett. 设计未来——基于物联网、机器人与基因技术的 UX. 北京：电子工业出版社，2016.

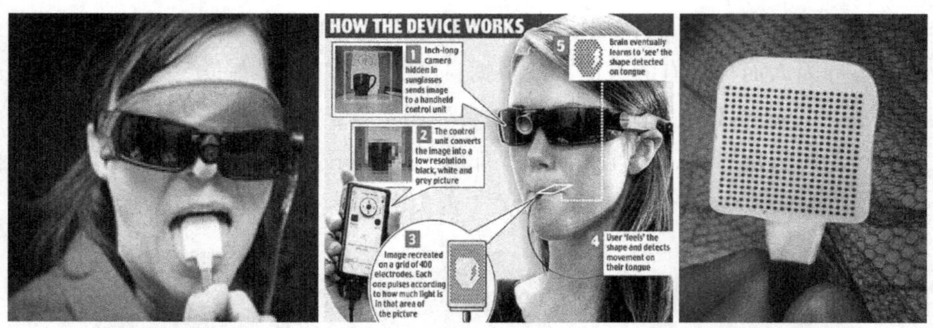

图 3-35　机器视觉 – 电脉冲 – 舌头 – 图像产生——帮助盲人出行的 BrainPort V100（来源：技 E 网）

戴上墨镜，把传感器含在口中后，墨镜上的摄像机便会自动捕捉周围的环境生成图像（黑白灰三种色阶），自带的软件将这些图像转换成电信号，发送到用户口腔内的传感器。传感器上的电极收到信号后，就会刺激用户的舌头，通过舌头传递到大脑。大脑可以把这些信号当作视觉信号，定位到视觉皮层，让人能“看见”东西。据说这种刺激的强度与吃跳跳糖差不多①。

“体味感知仪”与“味道分享系统”这两个新名词就当作是思考题吧。接下来我们将注意力从舌头转向“眼镜”。

3.4.5　VR 与 AR

如前所述，视觉增强属于 AR 增强现实中的一种，AR 家族是基于人的感觉的增强体验，除了视觉增强，还有听觉增强、触觉增强（手势增强）。当然，最美幻的也是最复杂的当属嗅觉、味觉增强，这 5 种都是通过计算机和网络技术，将虚拟的信息应用到真实世界，真实的环境和虚拟的物体实时地叠加到了同一个画面或空间同时存在，以增强交互体验。

由于 AR 是现实场景和虚拟场景的结合，因此基本都需要摄像头（以及今后的听、触、嗅、味觉的感官传感器），在摄像头拍摄的画面基础上，结合虚拟画面进行展示和互动，例如 Google Glass 和 Meta’s Pro②增强现实眼镜，采用三维全息成像技术，用户可操作这些影像，还有前述的 AR 魔法书。

虚拟现实（Virtual Reality，VR）是近年来出现的另一种新技术，也称灵境技术③或人工环境。虚拟现实是利用计算机模拟产生一个三维空间的虚拟世界，提供使用者关于视觉、听觉、触觉等感官的模拟，让使用者如同身临其境一般，可以及时、没有限制地观察三维空间

① 助盲设备 BrainPort 有望进入中国，见 http://www.ctex.cn/article/zxdt/xwzx/hyxw/201511/20151100008778.shtml。
② 该款眼镜可以设计 3D 打印物品，http://v.youku.com/v_show/id_XMTQ3NDg2NzAwMA==.html?firsttime=0。
③ 《物联网技术及其军事应用》的“远程临境感知与控制”一节。

内的事物。VR是纯虚拟场景，其装备更多的是用于用户与虚拟场景的互动交互，更多的使用是：位置跟踪器，数据手套，动作捕捉和数据头盔等。

VR与AR的区别如图3-36所示。

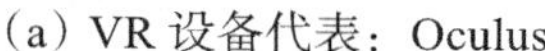

（a）VR设备代表：Oculus

（b）AR设备代表：HoloLens

图3-36 VR与AR的区别①

无论是AR还是VR，都属于智能交互技术在五觉中的应用：它们正以惊人的速度渗入现有的和即将出现的交互模态，正占领屏幕和眼镜，手环、脚环和腰带，戒指、项链、耳环、鼻环、舌环和肚脐环，西装、公务包和扣子，电影、游戏和健身等。而“皮下技术”②更是让我们大开眼界。可穿戴技术将作为物联网应用层技术之一在下文中探讨。本节最后以表3-6引发智能交互的探讨。

表3-6 智能交互模态的思考

智能交互模态	传统	现在	未来	延伸	设计的核心
视觉	屏幕、LED等图形图像	视觉增强（包含3D技术）、视觉理解与交流	无人驾驶、三维全息成像、灵境③	3D打印之所见即所得	方便使用和感受、扩展人类视觉能力
听觉	音频、语言	音频结构化分析与重现、上下文理解	和机器自由地语音交互	和“物”自由地语音交互	情景感知（Context Aware）
触觉	按键、单点触摸	多点触摸、手型识别、非接触、体感（动作识别）	“皮下”触觉	让机器模仿人类的生产——智能制造	沉浸感（immersion）①、人体工学

① http://www.vr186.com/vr_news/vr_technical_area/1575.html.

② Jonathan Follett. 设计未来——基于物联网、机器人与基因技术的UX. 北京：电子工业出版社，2016.

③ 《物联网技术及其军事应用》的“人机高度融合”一节。

续表

智能交互模态	传统	现在	未来	延伸	设计的核心
嗅觉	烟感报警	电子鼻	气味模拟、再现与分享	环境监测与防控	嗅觉仿真与体验
味觉	无	电子舌	口味模拟、再现与分享	食品安全	味觉仿真与体验
VR 与 AR	需要带眼镜的“老”3D 电影	VR 交互与 AR 视听[②]，MR（Mix Reality，混合现实）	“五觉”的 VR、AR 融合与表达	想象、感觉与体验的完美融合	所想即所见，心理学和行为学所引导的自然人机界面；真实、便捷的交互

注：① Jonathan Follett．设计未来——基于物联网、机器人与基因技术的 UX．北京：电子工业出版社，2016．
② 智能耳机新形态：AR 耳机给你一个人的音乐节．http://www.qidic.com/51765.html．

AR 和 VR 是一种平行关系[①]，AR 的重心在 R，是增强了的现实，它以现实为模板，之上叠加了“和现场相关的信息”。其要素如下。

- 现场感。通过直接（镜片透视）或间接（摄像头拍摄，实时播放）观察真实世界，处于什么现场就显示什么现场。
- 增强性。对现场显示的内容增加额外信息，包括图像、声音、视频或其他信息。
- 相关性。计算机必须对现场进行认知，增加的内容和现场具有相关性，包括位置相关、内容相关、时间相关等。
- 叠加性。在用于交互的屏幕处，将虚拟信息“套”在现实世界，并进行互动。

简言之，有真有假，真假叠加。

VR 的重心在 V，是虚拟的现实，是“信息技术复制出的一个可交互的场景”。其要素如下。

- 沉浸感。一种让人身处虚拟场景内的感觉，依靠遮挡真实场景的光线，提供尽可能大的视角，具有真实感的画面，三维立体的视觉，环绕声场和其他感官的刺激实现。
- 交互性。用户可以和虚拟场景中的内容发生实时交互，对用户行为具有真实感的响应，可以有视觉上、听觉上、力觉上和其他感官上的回馈，依靠传感器、算法、执行机构等系统实现。
- 假想性。可以根据设计者的想象设计出各种各样的虚拟场景，内容来源于现实而在表达上“高”于现实；可以在一定程度上违反物理定律。超现实的虚拟场景，主要依靠人为想象、软件设计、特效等途径实现。

简言之，都是假的，只是“忽悠”感官。

① 赵刚．深剖 VR，AR 和 MR 三者之间关系．http://geek.csdn.net/news/detail/104943．

无论是五觉还是 AR、VR、MR，它们都在物联网时代开启了非浏览器交互的新交互时代！而对于感知来讲，这五觉迟早都会像本节提到的智能视觉、听觉、触觉、嗅觉与味觉，在智能化的道路上，都会在各自感知的维度被增强[①]。

3.5 位置感测技术

"据统计，通过分析用户 4 个曾经到过的位置点，就可以识别出 95% 的用户[②]"，研究报告发表在《自然》旗下的开放获取期刊 Scientific Reports 上。可见，位置感测有多么强大！

位置感测技术是物联网感知人和物体位置及其移动，进而研究人与人、人与物在一定环境中的地理位置、相对位置、空间位置关系的一门重要技术。无线通信技术的成熟与发展，推动了物联网时代的到来，与此同时，越来越多的应用领域都需要实现网络中的位置感测。

从我们身边说起。在陌生的地方我们需要知道自己在什么位置；如果驾车，需要知道往哪儿开，或者最近的加油站在哪儿。在 3.2.5 节中，为了保护缅因州海岸大鸭岛上的海燕，我们得知道保护对象的位置。另一个例子，旧金山金门大桥上部署的用于检测大桥状况的联网微尘，只有当微尘检测出移动距离时，传感网才发挥隐患发现的作用。

位置感测的概念经常被等同于定位，就像 GNSS 经常被理解为 GPS，实际上，前者的范围均大于后者。位置感测广泛应用于交通工具（汽车、船舶、飞机等）的导航、大地测量、摄影测量、探险、搜救等领域，以及人们的日常生活（人和物的跟踪、休闲娱乐）。而定位技术就比较具体，包括卫星定位、无线电波定位、传感器节点定位、RFID 定位、蜂窝网定位等。为了方便理解，本章中将用"定位"代替位置感测。

3.5.1 GNSS 卫星定位

提起位置感测，不得不先讲定位之父：国际全球导航卫星系统（Global Navigation Satellite System，GNSS），泛指所有的卫星导航系统，包括全球星座、区域星座及相关的星基增强系统[③]，是卫星定位技术的系统级靠山。目前有 GPS、GLONASS（格洛纳斯）、Galileo（伽利略）、北斗（BeiDou 或 BDS）等。美国 GPS 技术比较成熟，而且应用广泛。俄罗斯的 GLONASS 全球卫星定位导航系统正在重新布网，在轨卫星已达 30 颗[④]。

---

① 这里讲的感知增强，指的是利用感知技术实现的，能够扩展或辅助人类认知的增强，与维基百科中 Sense Augmentation 略有不同，参见 http://powerlisting.wikia.com/wiki/Sense_Augmentation。

② 数据引发了个人隐私安全问题如何解决. 物联商业网，2016.1.27. http://www.boiots.com/news/show-14665.html.

③ 增强系统，例如美国的 WAAS（广域增强系统）、欧洲的 EGNOS（欧洲静地导航重叠系统）和日本的 MSAS（多功能运输卫星增强系统）等。GNSS 是个多系统、多层面、多模式的复杂组合系统。

④ http://military.people.com.cn/n/2014/0616/c1011-25152583.html.

GPS（Global Positioning System，全球定位系统），是目前世界上最常用的卫星导航系统，具有海、陆、空全方位实时三维导航与定位能力。GPS 计划开始于 1973 年，由美国国防部领导下的卫星导航定位联合技术局（JPO）主导进行研究。1989 年开始发射 GPS 工作卫星，1994 年卫星星座组网完成，GPS 投入使用。除美国的 GPS 外，目前已投入使用的卫星导航系统还有俄罗斯的格洛纳斯（GLONASS），我国的北斗卫星导航系统和欧盟的伽利略。

图 3-37 所示为截至 2015 年 3 月市售 300 种接收机型号中不同 GNSS 系统所占的比例。所有设备都具备 GPS 能力，GLONASS 仅次于 GPS、伽利略和北斗，正逐步被行业领先的制造商所接纳。在市售接收机中，60% 以上的产品都具备接收至少两个星座信号的能力。图中，一个 GNSS 系统表示仅支持 GPS，两个 GNSS 系统表示可支持 GPS+ 伽利略、GPS+GLONASS 或 GPS+ 北斗，三个 GNSS 系统表示可支持 GPS+ 伽利略 +GLONASS、GPS+ 伽利略 + 北斗或 GPS+GLONASS+ 北斗，4 个 GNSS 系统表示能够同时从所有星座接收信号。

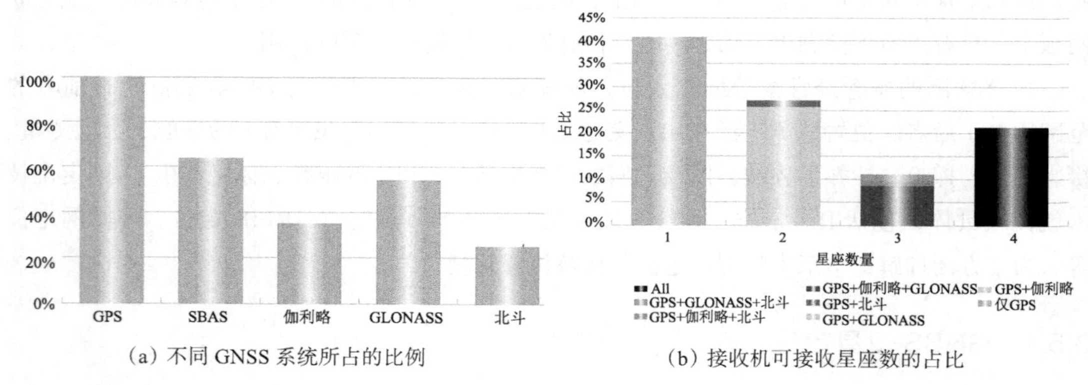

（a）不同 GNSS 系统所占的比例

（b）接收机可接收星座数的占比

图 3-37　GNSS 产品占比分析①

GPS 是由空间星座②、地面控制和用户设备等三部分构成的。GPS 测量技术能够快速、高效、准确地提供点、线、面要素的精确三维坐标以及其他相关信息，具有全天候、高精度、自动化、高效益等显著特点。

① 图和数据来自 European Globla Navigation Satellite Systems Agency 于 2015 年 3 月的统计，以及《全球导航卫星系统市场报告》（http://industry.beidou.gov.cn/WebUI/News?NewsId=702&NewsTypeId=4）。图 3-37（b）中：GPS+GLONASS（或北斗、伽利略）为双模接收机；诸如 GPS+ 伽利略 +GLONASS 此类含有两个“+”的为三模接收机。

② 空间星座示意图见 http://f.hiphotos.baidu.com/baike/c0%3Dbaike80%2C5%2C5%2C80%2C26/sign=31c7f7eb94eef01f591910978197f240/b64543a98226cffc9b5ff13db9014a90f703eacc.jpg。

1. GPS 卫星星座

GPS 系统的空间星座部分由 24 颗（21 颗正式运行，3 颗备份）工作卫星组成，最初设计将 24 颗卫星均匀分布到 3 个轨道平面上，每个平面 8 颗卫星，后改为采用 6 轨道平面，每平面 4 颗星的设计。这保证了在地球上任何时间、地点均可看到 4 颗卫星，作为三维空间定位使用。

2. 地面监控系统

以美国的 GPS 定位系统为例，其地面控制部分包括 1 个位于美国科罗拉多州的主控中心（Master control station），4 个专用的地面天线，以及 6 个专用的监视站（Monitor Station）。此外还有一个紧急状况下备用的主控中心，位于马里兰州盖茨堡。监测到的卫星资料，立即送到美国科罗拉多州的 SPRINGS 主控制中心，经高速计算机算出每颗卫星轨道参数、修正指令等，将此结果经由雷达连接到轨道上的卫星上，使卫星保持精确的状态，作为载体导航的依据。

3. GPS 信号接收机

要使用 GPS 系统，用户必须具备一个 GPS 专用接收机。接收机通常包括一个和卫星通信的专用天线，用于位置计算的处理器，以及一个高精度的时钟。只要天线不被干扰或遮蔽，同时能收到三颗以上卫星信号，就可显示坐标位置。

每颗卫星都在不断地向外发送信息，每条信息中都包含信息发出的时刻，以及卫星在该时刻的坐标。接收机会接收到这些信息，同时根据自己的时钟记录下接收到信息的时刻。用接收到信息的时刻减去信息发出的时刻，得到信息在空间中传播的时间。结合信息传播的速度就得到了接收机到信息发出时的卫星坐标之间的距离。

卫星定位对时钟的精确度要求极高，造成成本过高，受限于成本，接收机上的时钟精确度低于卫星时钟，影响定位精度。理论上三个卫星就可以定位，但在实际中定位至少要四颗卫星，制约了使用范围；当处于室内时，往往难以接收到卫星信号，因此 GPS 这种定位方式主要工作在室外。GPS 信号要经过大气层传播，容易受天气状况影响，定位不稳定。

作为能够覆盖全球的位置感测技术，卫星定位可以连续不断地采集物体移动信息，更是物流智能化、城市规划可视化的重要技术，广泛应用于智能交通（车联网）、智慧城市、军事等领域。预计到 2020 年左右，我国的北斗卫星导航定位系统计划正式向全球提供服务，届时可在全球范围内提供全天候的定位、导航、授时等服务。

近年来，地基增强系统①的定位精度优化也扩展了卫星定位的应用面。而物联网中，卫

---

① 地基增强系统（GBAS）通过接收地面基准站网提供的差分修正信号，达到提高卫星导航精度的目的，优化后的定位精度可以从毫米级至亚米级不等，包括美国 CORS 系统、欧洲的 EPN 系统、德国的 SAPOS 系统、日本的 GeoNet 系统，以及我国当前正在建设中的北斗地基增强系统。

星定位可以通过多传感器融合提高能力、扩展应用场景。例如，基于蜂窝网络的辅助 GPS 定位；蓝牙和基于 Wi-Fi 的定位都可以与 GNSS 相结合，有助于提高室内导航能力。

3.5.2 蜂窝网络定位与辅助 GPS 定位

蜂窝网络定位技术主要应用于移动通信中广泛采用的蜂窝网络。北美地区的 E911 系统（Enhanced 911[①]）是目前比较成熟的基于蜂窝定位技术的紧急电话定位系统。E911 系统需求起源于 1993 年美国的一起绑架杀人案。受害女孩用手机拨打了 911 电话，但是 911 呼救中心无法通过手机信号确定她的位置。这个事件导致美国联邦通信委员会在 1996 年推出了要求强制性构建一个公众安全网络的行政性命令，即后来的 E911 系统。E911 系统能通过无线信号追踪到用户的位置，并要求运营商提供主叫用户所在位置，能够精确到 50 ～ 300m 范围。

1. 蜂窝定位的原理与方法

在进行移动通信时，移动设备始终是和一个蜂窝基站联系起来，蜂窝基站定位就是利用这些基站来定位移动设备。运营商提供小区定位服务，主要就是基于蜂窝移动通信系统的小区定位技术。定位精度与 GPS 有一定差距。蜂窝定位技术主要包括以下几种。

第一种是 COO 定位。COO（Cell of Origin）定位是最简单的一种定位方法，它是一种单基站定位。这种方法非常原始，就是将移动设备所属基站的坐标设为移动设备的坐标。这种定位方法的精度极低，其精度直接取决于基站覆盖的范围。上述 E-911 系统初建时采用的就是这种技术。

第二种是 ToA/TDoA 定位。要想得到比基站覆盖范围半径更精确的定位，就必须使用多个基站同时测得的数据。多基站定位方法中，最常用的就是 ToA/TDoA 定位。ToA（Time of Arrival）基站定位与 GPS 定位方法相似，不同之处是把卫星换成了基站。这种方法对时钟同步精度要求很高，而基站时钟精度远比不上 GPS 卫星的水平；此外，多径效应也会对测量结果产生误差。基于以上原因，人们在实际中用得更多的是 TDoA（Time Difference of Arrival）定位方法，不是直接用信号的发送和到达时间来确定位置，而是用信号到达不同基站的时间差来建立方程组求解位置，通过时间差抵消掉了一大部分时钟不同步带来的误差。

第三种是 AoA 定位。ToA 和 TDoA 测量法都至少需要三个基站才能进行定位，如果人们所在区域基站分布较稀疏，周围收到的基站信号只有两个，就无法定位。在这种情况下，可以使用 AoA（Angle of Arrival）定位法。只要用天线阵列测得定位目标和两个基站间连线的方位，就可以利用两条射线的焦点确定出目标的位置。

---

① 911 是北美地区的紧急电话号码。

蜂窝基站定位的精度不高，其优势在于其定位速度快，在数秒之内便可以完成定位。蜂窝基站定位法的一个典型应用就是紧急电话定位，例如，E-911 系统就在刑事案件的预防和侦破中大展身手。类似于蜂窝基站定位的技术还有基于无线接入点（Access Point，AP) 的定位技术，例如 Wi-Fi 定位技术。它与蜂窝基站的 COO 定位技术相似，通过 Wi-Fi 接入点来确定目标的位置。原理就是各种 Wi-Fi 设备寻找接入点时，所根据的每个 AP 不断向外广播的信息；这个信息中就包含自己全球唯一的 MAC 地址。如果用一个数据库记录下全世界所有无线 AP 的 MAC 地址，以及该 AP 所在的位置，就可以通过查询数据库来得到附近 AP 的位置，再通过信号强度来估算出比较精确的位置。这种基于无线接入点和蜂窝基站合用的定位技术应用也较为广泛。

本节的蜂窝定位既可以与卫星定位联合应用，还可以和后面的节点定位技术联合应用。当蜂窝运营商基站在偏远地区布设仍然不够全面时，还可以与 LoRa 等 LPWAN①低功耗网络联合应用，以降低定位模块的功耗和组网成本，提高电池续航时间。

2. 辅助 GPS 定位

辅助 GPS 定位（Assisted Global Positioning System，A-GPS）是一种 GPS 定位和移动蜂窝接入定位技术的结合应用。通过基于移动通信运营基站的移动接入定位技术可以快速地定位，广泛用于含有 GPS 功能的移动终端上。GPS 通过卫星发出的无线电信号来进行定位。当在很差的信号条件下，例如在一座城市，这些信号可能会被许多不规则的建筑物、墙壁或树木削弱。在这样的条件下，非 A-GPS 导航设备可能无法快速定位。如图 3-38 所示，A-GPS 系统可以先通过运营商基站信息来进行快速的初步定位，在初步定位中绕开了 GPS 覆盖的问题，可以在 GSM/GPRS/LTE（-A, -pro）、WCDMA 和 CDMA2000 等蜂窝网络中使用。

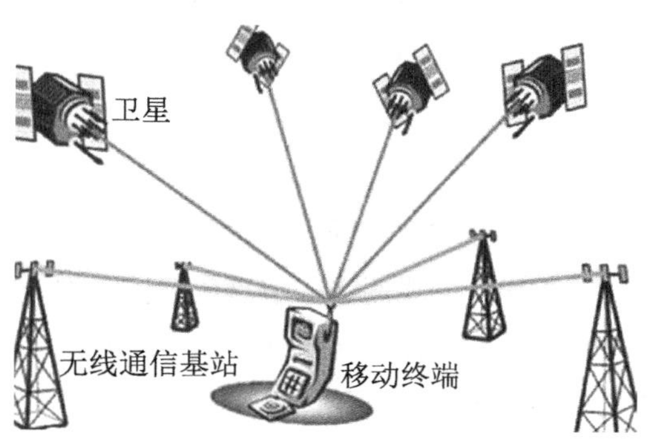

图 3-38　A-GPS 定位示意图

① LoRa 属于 LPWAN（低功耗广域网）中的一种，LoRa 是一种基于扩频技术的低功耗长距离的无线通信技术。由于发射频率低，LoRa 的信号波长较长，继而在数据传播过程中衰落较小，且 LoRa 采用了扩频技术，使得信号有较强的抗多径能力。主要应用于远距离通信。这些将在第 4 章中详述。

虽然该技术与GPS方案一样，需要在移动终端内增加GPS接收机模块，并改造移动终端天线，同时要在移动网络上加建位置服务器等设备；但是，使用A-GPS相比GPS的技术优势突出体现在如下两点。

一是可以降低首次定位时间。利用A-GPS，移动终端接收器不必再下载和解码来自GPS卫星的导航数据，因此可以有更多的时间和处理能力来跟踪GPS信号，这样能降低首次定位时间，增加灵敏度以及具有最大的可用性。

由于移动终端本身并不对位置信息进行计算，而是将GPS的位置信息数据传给移动通信网络，由网络的定位服务器进行位置计算，同时移动网络按照GPS的参考网络所产生的辅助数据，如差分校正数据、卫星运行状态等传递给手机，并从数据库中查出手机的近似位置和小区所在的位置信息传给手机，这时手机可以很快捕捉到GPS信号，这样的首次捕获时间将大大减小，一般仅需几秒。而GPS的首次捕获时间可能要2～5分钟。

二是可以提高定位精度。在室外等空旷地区，其精度在正常的GPS工作环境下，可达10m左右，堪称目前定位精度最高的一种定位技术。这一点就是GPS所望尘莫及的，由于现在的城市高楼林立，或者由于天气的原因，导致接收到的GPS信号不稳定，从而造成或多或少的定位偏差，而这种偏差是不可避免的。不过A-GPS由于有基站辅助定位，定位的准确度大大提高，一般精度可以在10m以内，要高于GPS的测量精度。

基于GPS和无线通信网络的定位技术很多，除了基于AP和蜂窝、GPS和蜂窝、AP和GPS配合定位的技术之外，还有差分GPS（Differential GPS，DGPS）。DGPS是一种通过改善GPS的定位方式从而提高定位精确度的定位系统。其工作方式为采用相对定位的原理，首先设定一个固定GPS参考站（Reference Station），地理位置已精密校准，再与GPS的接收机所定出的位置加以比较，即可找出该参考站的GPS定位误差，再将此误差实况广播给使用者，DGPS精确度便可提高十几倍，而达到米级。

3.5.3 节点定位

节点定位指的是在无线网络中确定节点的相对位置或者绝对位置。节点定位技术就是指通过一定的方法或手段来确定和获取无线网络中节点位置信息的技术。应用中，节点既可以是无线传感器网络节点，也可以不是无线传感器网络节点；例如上述的GPS中的节点、蜂窝网中的节点或者其他无线网络中的节点。

为了和上述的GPS和蜂窝定位区别开，本节所指的节点定位就是无线传感器网络（WSN）节点定位。

作为无线传感器网络的关键技术之一，节点定位是特定无线传感器网络完成具体任务的基础。例如，在某个区域内监测发生的事件，感知到的数据很可能因为无法与具体位置关联而失去应用价值，变得毫无意义。例如，在火灾救援时，我们在接收到火灾的烟雾浓度超标的信号后，只有知道报警点的准确位置才能够顺利地及时展开救援。

虽然节点可以通过使用 GPS 和蜂窝定位，或者是使用其他技术手段获得自己的位置，但是由于无线传感器网络节点的微型化设计和电池供电的能力有限，低功耗是网络设计的一个重要目标，而 GPS 在成本价格、功耗、体积以及扩展性等方面都很难适用于大规模的无线传感器网络。卫星信号要经过大气层传播，容易受天气状况影响，这极大地制约了 GPS 的使用范围。当处于室内时，由于电磁屏蔽效应，往往难以接收到 GPS 信号，因此 GPS 这种定位方式主要工作在室外。而且传感器网络的节点也有可能工作在卫星信号和蜂窝网信号无法覆盖的地方。因此，针对无线传感器网络的密集型、节点计算、存储、能量和通信能力有限的特点，必须考虑更适合的自身定位算法。

提起定位，往往首先想到的是测距，然后根据在固定坐标系下的点与点之间的距离，求解方程组，获得位置坐标。实际上，根据定位过程中是否需要测量相邻节点之间的距离或角度信息，可将算法分为距离相关（Range-based）和距离无关（Range-free）定位算法。

1. 距离相关的算法

距离相关的算法需要测量距离或角度信息，且必须由传感器节点直接测得。节点利用 ToA、TDoA、AoA 或 RSSI（Received Signal Strength Indicator，基于接收信号强度指示）等测量方式获得信息，然后使用三边计算法或三角计算法得出自身的位置。该类算法要求节点加载专门的硬件测距设备或具有测距功能，需要复杂的硬件提供更为准确的距离或角度信息。典型的算法有 AHLos 算法、Two-stepLS 算法等。

2. 距离无关的算法

近年来，相关学者提出了比较适合 WSN 的距离无关算法。距离无关算法是依靠节点间的通信间接获得的，根据网络连通性等信息便可实现定位。由于无须测量节点间的距离或角度等方位的信息，降低了对节点的硬件要求，更适合于能量受限的无线传感器网络。虽然定位的精度不如距离相关算法，但已可以满足大多数的应用，性价比较高。但此类算法依赖于高效的路由算法，且受到网络结构和参考节点位置的制约。典型的距离无关的算法有 DV-Hop 算法、质心算法、APIT 算法等。

基于 AoA 的 APS 算法和蜂窝定位小节中的 AoA 一样，是一种基于测距的定位算法，属于超声波定位。另一较为流行的间接测距定位算法是 TBL，采用基于声波（超声波或其他波）和电磁波到达时间差（TDOA）实现 WSN 节点测距和定位。声波在空气中的衰减随着频率的降低而减少，在数千赫兹时，利用低成本的音频收发技术就能实现几十米范围内的距离测量，是一种适合于野外、开放条件下的有效算法。TBL 在基于不同波（可以在不同媒质中传播）到达时间差的定位研究[①]方面，有很好的启发性。例如，如果以地震波为参照，基于地震波和电磁波（或其他参照波）到达时间差，可以用于地震等自然灾害预警。TBL 算法实现具体分为测距阶段、位置计算阶段和循环迭代定位阶段。

3.5.4 室内定位与 Beacon

室内定位（Indoor Position System，IPS）其实是一个很轻松的话题，当你走进商场，买到想要的东西后，正好累了或是饿了，即使你看到了指示牌，也很难直奔你想去的餐厅[②]。所有的广告牌让你眼花缭乱。而所有关于路的设置仿佛都是怕你一不小心就走出 Shopping Mall 似的。

没有“蝙蝠”靠回波定位的本领，你只有拿出手机，而你会发现手机在室内更是路痴。恰好你又是一位不好意思问路的先生！你会不会想呐喊些超声波什么的——我在哪儿！

这就是室内定位的重要性。换一个角度。商家给你提供免费 Wi-Fi 的同时，也想知道你都去了哪几家门店、买了些什么，然后推送你最可能下次购买的商品。

室内环境中，由于受到屏蔽和室内墙壁的遮挡，卫星定位系统很难接收卫星信号；而基站定位的信号受到多径效应（波的反射和叠加原理产生的）的影响，定位效果也会大打折扣。现有大多数室内定位系统都基于信号强度（Radio Signal Strength，RSS），其优点在于不需要专门的定位设备，利用已有的铺设好的网络，如蓝牙、Wi-Fi、ZigBee 传感网络等来进行定位。目前室内环境进行定位的方法主要有红外线定位、超声波定位、蓝牙定位、RFID、超宽带定位（UWB）、ZigBee 定位等。限于篇幅，这里仅列举几种流行的定位（或者说感测）技术。

1. ZigBee 定位

ZigBee 定位是典型的 WSN 节点定位，通过在待定位区域布设大量的廉价参考节点，这些参考节点间通过无线通信的方式形成了一个大型的自组织网络系统，当需要对待定位区的节点进行定位时，在通信距离内的参考节点能快速地采集到这些节点信息，同时利用路由广播的方式把信息传递给其他参考节点，最终形成了一个信息传递链并经过信息的多级跳跃回传给终端计算机加以处理，从而实现对一定区域的长时间监控和定位。

定位引擎根据无线网络中临近射频的接收信号强度指示（RSSI），计算所需定位的位置。在不同的环境中，两个射频之间的 RSSI 信号会发生明显的变化。例如，当两个射频之间有一位行人时，接收信号将会降低 30dBm。为了补偿这种差异，以及出于对定位结果精确性

---

① Song Hang，Sui Yanqiang，etc. An Improved Location Algorithm Based on TDOA for Wireless Sensor Networks. 2016 International Conference on Control and Automation(ICCA2016), January 15th.

② 国内很多商业区把购物和餐饮结合在一站式服务中，也正在把娱乐（包括儿童乐园）加进去。

的考虑，定位引擎将根据来自多达16个射频的RSSI值进行相关的定位计算。其依据的理论是：当采用大量的节点后，RSSI的变化最终将达到平均值。

要求在参考节点和待测节点之间传输的唯一信息就是参考节点的X和Y坐标。定位引擎根据接收到的X和Y坐标，并结合根据参考节点的数据测量得出的RSSI值，计算定位位置。

定位引擎的覆盖范围为64m×64m，然而，大多数的应用要求更大的覆盖范围。扩大定位引擎的覆盖范围可以通过在一个更大的范围布置参考节点，并利用最强的信号进行相关参考节点的定位计算。具体的工作原理如下。

（1）网络中的待测节点发出广播信息，并从各相邻的参考节点采集数据，选择信号最强的参考节点的X和Y坐标。

（2）计算与参考节点相关的其他节点的坐标。

（3）对定位引擎中的数据进行处理，并考虑距离最近参考节点的偏移值，从而获得待测节点在大型网络中的实际位置。

定位引擎采用来自附近参考节点的RSSI测量值来计算待测节点的位置。RSSI将随着天线设计、周围环境以及包括若干其他因素在内的其他附近RF源的变化而变化。定位引擎将数个参考节点的位置信息加以平均。增加参考节点的数量，则可降低对各节点具体测试结果的依赖性，同时全面提高精确度。无论在什么情况下设置参考节点，都会影响到定位的精确性，这主要是因为当参考节点设置在离相关表面很近的地方时，会产生天花板或地板的吸附作用。因此，应尽量使用在各方位都具备相同发射能力的全向天线。相比之下，这种基于标记的定位及其扩展算法在上述室内的情况下能够有不错的定位性能。如AT&T Laboratories Cambridge于1992年开发出室内定位系统Active Badge。

上述的这种室内三维位置感测技术利用无线方式进行非接触式定位，可以说任何通过站点发射的无线通信技术都可以提供定位功能。这种技术作用距离短，一般最长为几十米。但它可以在几毫秒内得到厘米级定位精度的信息，且传输范围很大，成本较低。其余基于测距的室内定位方法有：红外线室内定位技术、超声波定位技术、有源RFID定位和蓝牙信标等。

2. Beacon与iBeacon

蓝牙定位、大气压传感器定位、军用仿生定位、惯导定位均有其优劣。其中，蓝牙信标（Beacon）技术通过测量信号强度进行定位。

蓝牙信标技术由诺基亚最先发起使用，但影响不大。2013年，苹果发布了基于蓝牙4.0低功耗协议（BLE）的iBeacon协议，主要针对零售业应用，引起广泛关注，如图3-39所示。随后，类似的技术平台此起彼伏出现：高通推出Gimble、三星推出Proximity、谷歌推出

Eddystone。

图 3-39 贴在墙上的信标（来源：苹果公司）

iBeacon 蓝牙信标技术的正常运作，需要蓝牙信标硬件、智能终端上的应用、云端上的应用后台协同工作。信标通过蓝牙向周围广播自身的 ID，终端上的应用在获得附近信标的 ID 后会采取相应行动，如从云端后台拉取此 ID 对应的位置信息等。终端可以测量其所在处的接收信号强度（RSSI），以此估算与信标间的距离。因此，只要终端附近有三个或以上信标，就可以用三边定位方法计算出终端位置。

蓝牙信标技术的定位精度能够满足多数消费级室内定位应用：如果按每 30 ～ 50 平方米布置一个信标，约可实现 3m 的定位精度。显然，更密集的信标布置可实现更高（亚米级）精度。信标硬件成本不高，需要被定位的移动终端的软硬件环境支持蓝牙 4.0 低功耗协议（BLE）。

蓝牙信标定位需要规划和铺设信标网络；不能实现网络侧定位，即不能从服务器端主动定位终端，在紧急救援、人员和资产管理等情景下不适用；信标网络维护困难，每个信标的电池使用时间有限，需要人工更换。部分信标产品已经支持电量监控，还能提供 ID 之外的其他信息（如 URL）的发送。除了苹果的 iBeacon 之外，还有 Google 的 Eddystone 和 Radius Network 的 AltBeacon 也是基于蓝牙信标的应用规范。

3.5.5 IMES 与“指纹定位”

1. IMES

除了以上提及的定位技术，还有基于计算机视觉的定位和光跟踪定位、磁场，以及基于室内外场景融合、图像分析的定位技术等。

目前很多技术还处于研究实验阶段，如基于磁场压力感应进行定位的技术。还有一种室内信息技术（IMES），倡导者是日本宇宙航空研究开发机构（JAXA），其原理类似伪卫星技术。即在室内天花板上安装 GNSS 信号发射器，发射与 GNSS 信号结构相同的定位信号，信号被终端接收，从而实现室内室外无缝衔接的定位效果。

IMES 接收器的定位精度取决于信号发射器的间隔设置，以及无线电波强度，一般为 10m 级别。在窗边等 GNSS 可以覆盖的地方，可能屏蔽 GNSS 信号；且存在覆盖空白，即 IMES 信号需要视距传播，穿透力弱，发射器间有覆盖不到的区域。

索尼开发了支持 IMES 与 GNSS 切换的接收芯片，并将惯性导航技术与 IMES 技术结合，以在覆盖空白区域提供定位。对于信号干扰问题，研究人员将 IMES 的中心频率与 GNSS 信号错开，并降低发射功率，以避免干扰。尽管如此，索尼的定位芯片不可能安装进所有手机，这项技术的普及并不容易。

2. 指纹定位

“指纹定位”是在固定区域利用无线电特征比对实现定位的一种技术。Wi-Fi 指纹技术是目前商业化最成熟的大范围室内定位方式之一。

Wi-Fi 指纹是指室内不同位置上各 Wi-Fi 接入点的接收信号强度（RSSI）。通过将终端当前检测到的指纹，与预先采集的各参考点的指纹匹配，即可测算出终端的位置。参考点指纹的预先采集，需要工作人员携带装有专门软件的智能手机，遍历室内的每一处空间。

它针对特定区域采用指纹定位方法，精度可达 3 ～ 5m；采用改进算法时精度达到米级。针对大范围定位时，采用三角（三边）定位或者 Proximity Detection（邻近探测法，又称 COO，见前述的蜂窝网络定位），精度为 10 ～ 30m。

但是指纹数据库法需要大量人工劳动；信号容易受到流动人群干扰，设备本身存在信号差异性，信号环境可能发生变化，导致精度降低。而广域的三角定位法需要知道热点的坐标，针对室内很多应用，精度不够。

该项技术的代表企业包括思科、摩托罗拉、AeroScout、Ekahau 等。这些公司的普遍做法是先部署自己专用的 Wi-Fi 网络，再进行指纹收集，主要面向工业级定位如资产管理、人流统计等。国内外的一些企业，例如智慧图和 WiFiSLAM（已被苹果公司收购），通过改进的算法来提高定位精度，以满足消费级应用。

3.5.6 本节小结

“As connectivity increases, the need for ubiquitous location increases.”[①]

① https://www.gsa.europa.eu/newsroom/news/wherecamp-berlin-focus-lbs-and-geo-iot.

这是欧洲全球导航卫星系统局 (European GNSS Agency，GSA) 官网新闻（2016 年 11 月 14 日）中的一句话，揭示了万物互联时代对于定位激增的需求。

结合新闻与学术文章，下面提出关于定位在物联网中的应用发展趋势供读者探讨。

（1）LBS[①]正向“定位智能”（Location Intelligence）发展。位置是在具体物联网应用场景中的入口，用户越来越需要把相关位置数据和恰当的时间联系在一起。但是，位置安全（Location Security）问题必须设计在内。

（2）室内定位前景广阔。不仅是生活的需要，在工业生产中对于高精度无线室内定位需求很大。还有仓库、隧道、电力和人员 / 车辆 / 资产定位等行业。

（3）地基增强。地基增强属于国家战略，由一系列地面卫星基准站组成，与卫星进行“天地对接”，将接收到的卫星信号增强后再发送，从而大幅提高接收终端的定位精度和速度。以 CORS[②]（Continuously Operating Reference Station）定位系统为例，联合卫星定位可以满足国家级的位置服务要求。CORS 技术可以为物联网不同的定位精度需求提供毫米级、厘米级、分米级、米级精度的定位，能够为不同领域的定位需求提供动态实时定位服务。例如，高精度定位与导航（车辆、飞机、航空航海的精密导航），精准农业、应急救援和建筑形变监测等专业领域。

（4）北斗卫星的“地基增强网”。北斗地基增强系统的建成，可使实时定位误差从 10m 左右降低到 1 ～ 2m，应用终端利用差分增强信息修正误差，实现米、分米、厘米级以及后处理毫米级服务。2014 年 9 月，北斗地基增强系统工程建设工作正式启动。按照规划，2018 年年底前建成全国范围区域加密网基准站网络，提供更高精度的位置服务。北斗地基增强网络的构建和完善，无疑将为物联网提供更好的位置服务[③]。

（5）商业应用趋势。传统的定位技术只能提供室外信息，在室内、隧道、丛林甚至建筑密集的都市区失去效力。越来越多的位置应用跨越室内和室外场景，室内定位技术可以弥补 GNSS 技术在室内、密集都市区无法使用的缺憾。细分了的室内位置服务信息，为基于位置的消费和工业应用，如近距离精准营销、儿童（老人）防丢、智能社区和智慧工厂等场景的应用开辟了道路。而机器人、无人驾驶等更需人眼智能的应用，呼唤着感测与识别的新技术。

---

① LBS（Location Based Services，基于位置的服务）将在 5.6 节中介绍。

② CORS 利用全球导航卫星系统（GNSS）、计算机、数据通信和互联网络等技术，在一个城市、一个地区或一个国家范围内，根据需求按一定距离间隔，建立长年连续运行的若干个固定 GNSS 参考站组成的网络系统。CORS 是网络 RTK 系统的基础设施，在此基础上就可以建立起各种类型的网络 RTK 系统。

③ 杨刚，胡跃虎，耿永超等．北斗地基增强物联网价值研究以及在社区商圈建设中的应用．第六届中国卫星导航学术年会，2015．

3.6 感测新技术

感测与识别的技术源于对人类视觉智能的深度思考：人类为什么有两只眼睛？视觉的发育形成在婴儿的哪一个阶段？什么时候开始有空间感，知道“近大远小[①]”？为什么小孩子能够准确地把猫和狗分类，即使在他还没有见到足够多的猫与狗（样本库较小）的时候就可以？人类眼睛是如何实现感知即识别的？时空感、辨识力、思辨能力等也许是人类特有的能力，是如何通过基因遗传的？

这些问题涉及心理学、社会学、遗传与进化、人工智能、神经学等。但是，我们经过这一节的讨论，相信会有所启示。

3.6.1 机器视觉

想让机器干好活，就得先让机器搞清楚状况；人类是如何搞清楚状况的？视觉占人类整个感觉的信息获取的 80% 左右。随着智能化进程加快，机器人技术得到了飞速发展。机器视觉及其应用技术正逐渐成为研究热点。物联网中，机器视觉不仅能够感测环境中目标物体的位置、获取目标三维坐标、判别人体动作，还能够进行精准的物体识别和定位。

1. 机器视觉与机器人视觉

机器视觉（Machine Vision）的概念源于计算机视觉，计算机视觉是研究如何让计算机从图像和视频中获取高级、抽象的信息。从工程的角度来讲，计算机视觉可以使人类视觉的任务自动化。现阶段，机器视觉主要指用机器代替人眼来做测量和判断。机器视觉系统是通过机器视觉产品（即图像摄取装置，分为 CMOS 和 CCD 两种）将被摄取目标转换成图像信号，传送给专用的图像处理系统，得到被摄目标的形态信息，根据像素分布和亮度、颜色等信息，转变成数字化信号；图像系统对这些信号进行各种运算来抽取目标的特征，进而根据判别的结果来控制现场的设备动作[②]。简言之，机器视觉是通过技术，用来模拟人眼的部分功能；机器视觉技术属于人工智能正在快速发展的一个分支。

从大的领域来看，机器视觉的应用领域主要有检测和机器人视觉两个方面。

1）在检测中的应用

机器视觉系统能够显著提高生产的灵活性和自动化程度。在一些不适于人工作业的危险工作环境或者人工视觉难以满足要求的场合，常用机器视觉来替代人工视觉。同时，在大批

---

① 人眼看近处与远处的物体时，两眼视线夹角相差大。离得远，角度小；离得近，角度大。大脑把眼睛的转动信息与影像合成，才能感觉到远近。

② 人工智能、深度学习、机器视觉，你需要弄清的概念. CPS 中安网，http://news.51cto.com/art/201605/510481.htm.

量工业生产过程中，把人类从烦琐的重复性工作中解脱出来；用机器视觉检测方法也可以大大提高生产的效率和自动化程度。

具体应用有人脸识别、文字（纹理）识别等，和特征识别技术有所重叠的识别应用；还有工业生产中用于产品质量等级分类、印刷品品质检测等，例如，机械零部件的高精度定量检测，水果按个头、外形的分级分拣流水线等。

2）在机器人视觉中的应用

用于指引机器人在大范围内的操作和行动，细微的操作和行动，还需要借助于触觉传感技术（见 3.4.3 节）。典型应用还包括无人驾驶汽车。

智能机器人，不论是空中的、地面的（含无人驾驶汽车）还是水中的，都需要很好地与外界环境进行实时交互，能够从外界环境中获得众多有效信息，从而完成一系列任务。而想要获得诸如实时图像、力、距离、位置等有效信息，高度智能的机器人必须拥有对应的视觉、空间感、位置感、触觉和力觉等传感器，而其中机器人视觉传感器能够使得其获取较为全面和准确的外部环境[①]。所以，拥有实时高精度图像传感器的智能机器人就和拥有眼睛的人一样，可以感受其自身所在的局部环境，获取所在局部环境信息，通过对视觉系统捕获的外部环境信息进行处理，同时结合一系列算法完全可以完成移动机器人的避障、导航、检测等任务。

机器人视觉中的关键技术有视觉检测与跟踪技术、视觉理解与预测技术、智能控制技术等。例如，在智能控制技术中，利用图像传感器，如二维彩色 CCD 摄像机、三维激光雷达，采集到的二维或三维图像信息对机器人的运动进行控制。机器人视觉信息能否被准确、实时地处理，正确地理解与判断，直接影响机器人的行驶速度、路径跟踪以及避障等功能的准确完成。

2. 视觉理解与深度学习

人工智能是研究人类智能活动的规律，构造具有一定智能的人工系统，研究如何让计算机去完成以往需要人的智力才能胜任的工作，也就是研究如何应用计算机的软硬件来模拟人类某些智能行为的基本理论、方法和技术。深度学习是机器学习研究中一个新的领域，其动机在于建立、模拟人脑进行分析学习的神经网络，它模仿人脑的机制来解释数据，例如图像、声音和文本。

深度学习在很多领域，尤其是“视、听”领域，比非深度学习算法往往有 20% ～ 30% 的提高。2016 年 3 月，AlphaGo 算法在围棋挑战赛中，战胜了韩国九段棋手李世石，证明深度学习设计出的算法的有效性。

---

① 裴志松，时兵．智能机器人视觉障碍识别方法研究与仿真．计算机仿真，2016，33(1).

在深度学习算法出现之前，对于 3.4 节讨论的视、听、触、嗅、味五觉的理解，大致为以下 5 个步骤：特征感知、预处理、特征提取、特征筛选、推理预测与识别。电子鼻的嗅觉理解就是这 5 步。对于视觉算法来说，第 2 步和第 3 步替换为图像预处理和图像特征提取。早期的机器视觉学习中，统计机器学习占优势。

对于机器视觉来说，传统的办法是把特征提取和分类器设计分开来做，然后在应用时再合在一起，例如我们拿两堆图片，一堆是猫的（及其标签），另一堆是狗的（及其标签）；提取各自的特征表达（猫有猫的特征、狗有狗的特征）；然后把表达出来的特征放到学习算法中进行分类的学习（经典的有 SVM 支持向量机分类器）。

人工设计特征需要大量的脑力和精力（例如让你回答猫有哪些特征能够证明它是猫，而不是狗），需要对这个领域特别了解。你让机器视觉好不容易学会了区分猫和狗，突然出现了“哈巴狗（这里比喻像猫的狗）”，机器就崩溃了。简单地说，人工设计特征在分类与分类的延伸方面，触类旁通的能力不行。更为重要的是，在人类幼年时期并没有接触足够多的猫和狗的时候，就可以很好地分辨出猫和狗[①]。这和“特征设计”这一步骤并不一致。

神经生物学家 David Hubel 发现大脑的可视皮层是分级的。他认为人的视觉功能一个是抽象，一个是迭代。抽象就是把非常具体的形象的元素，即原始的光线像素等信息，抽象出来形成有意义的概念。这些有意义的概念又会往上迭代，变成更加抽象，人可以感知到的抽象概念。这两个功能把“看”这一动作升级为“看见”这一视觉理解的过程。

把这两个视觉功能“迁移”到同时学习特征和分类器的形成当中，就是“深度学习”的方法。具体内容较为复杂，具体可见 *Deep learning*[②]。

简言之，深度学习是指在多层神经网络上运用各种机器学习算法解决图像、文本、语音等各种问题的方法集合。深度卷积神经网络是在 *Deep learning* 中详细介绍的一种基于多层神经网络的方法。

3. 深度学习的启示

机器视觉领域中，深度学习算法在识别与理解中应用的深度卷积神经网络，是一个已经经过多年研究的精心设计的稳定结构。它给予我们更多的启示。

1）视觉理解的个体差异性

深度卷积神经网络在应用中，我们能优化的只是每一层的大小和层的数量（也就是神经网络的深度），这些的确对整个神经网络的预测准确性有很大的影响。这也许就是每个人的“学习力”或“理解力”的个体差异性。我们希望能够从“学习力”更强的人身上提取出融

---

① 见心理学与认知学的相关研究。

② Yann LeCun, Yoshua Bengio, Geoffrey Hinton. Deep learning .Nature 521,436-444(28 May 2015).

会贯通的模式；或者说从相同的数据中，通过更为灵活、高效的模式，获得更加正确的理解。这需要借鉴心理学（认知学）和社会学、遗传学的一些最新成果。

事实上，对于个体来说，并非想得（见得）越多越有效。例如，高考中有所诟病的“题海战术”。

2）人脑的结构和睡眠

我们对于人脑的探索还在起步阶段。例如，部分心理学家认为“你不是在游泳池里学会游泳的，而是在睡眠中”。那么，人类的分类器设计，是否和睡眠有关呢？

3）也许会有更加神似的方法

大牛就是大牛，能够不断否定自己。例如，霍金的自我否定（质疑黑洞的不存在）。Geoffrey Hinton 也许不愿将学术研究的方向仅束缚在自己（已经成为历史）的领域，也开始了自我否定，近几年以“卷积神经网络有什么问题？”为主题做了多场报道①。深度学习，也许只是人类无法完全从神经系统中解析出自己视觉（或者感觉）的形成，而走的捷径；也许仅仅是形似（结构相似），而非神似。未来的探索需要联合生物学、神经学、社会学、哲学、数学等②。

3.6.2 RGB-D

人眼能够感知三维的世界，也许另外一种生命的“眼”能够分辨时间，感知四维的“世界”。说得有点儿远了，但是通过技术，可以让相机在三原色（RGB）成像的同时，记录下每个像素的深度（Depth，D）。

1. RGB-D 的原理

人的双眼的进化，是为了适应这个三维的世界。年幼时，形成空间感的时候，就可以看一眼便估算出近和远、大和小，并逐渐训练出“近大远小”的视觉思辨力。

物品的本身是三维的，物品上的每个点距离到达双眼的中心点的距离都不一样（到达每只眼的距离也不一样）。如何让机器视觉具有空间感、层次感？ RGB-D 中通过引入深度来解决这个问题。D 是传感器与传感器所捕捉物体上每一个像素的距离，或者说是“纵深度量”。既能分辨物体，又能分辨距离，这不仅更像人眼，而且方便使用机器视觉识别物体。

RGB-D 开辟了三维图像分析的新领域，丰富了通过模式识别或现有人工智能方法对图像（视频）显示的场景内容进行描述、解释、分类、推断的能力。通过彩色信息和深度信息

① 《浅析 Hinton 最近提出的 Capsule 计划》，文章本身就是深度学习的一个很好的科普，https://zhuanlan.zhihu.com/p/29435406。

② Hang Song,Hong-yi WANG, et al. Analysis of AI development and the relationship of AI to IoT Security. AITA2017: 2017 2nd International Conference on Artificial Intelligence: Techniques and Applications (Sep. 2017).

的联合应用，在 3D 视频、动作捕获、物体的感测与识别、消费级深度摄像机等领域广受关注。其实现技术有如下几种。

2. 双目立体相机

双目立体相机（Stereo Camera）是利用双眼视差的原理来计算距离的。人类进行三维立体空间的认知时，就是利用两眼捕捉到的图像有所偏差。双目立体相机中两个镜头通常是固定的。根据左右两个镜头拍摄图像的差距，测算所拍摄图像的距离。

大多数立体相机的方法，是在相对应的特征或纹理信息可用处的像素（小图像）提取深度值。“相对应”指的是两个镜头都能拍摄到的，并且被分解成一幅幅的小图像；其中，左右两个镜头获取同一位置的两幅小图像（具有相同特征或纹理）。对两幅小图像之间的偏差进行几何计算得到距离。双目立体相机（如图 3-40 所示）的精度取决于其中的典型参数，例如焦距等相机本身的规格和两个镜头的间距。

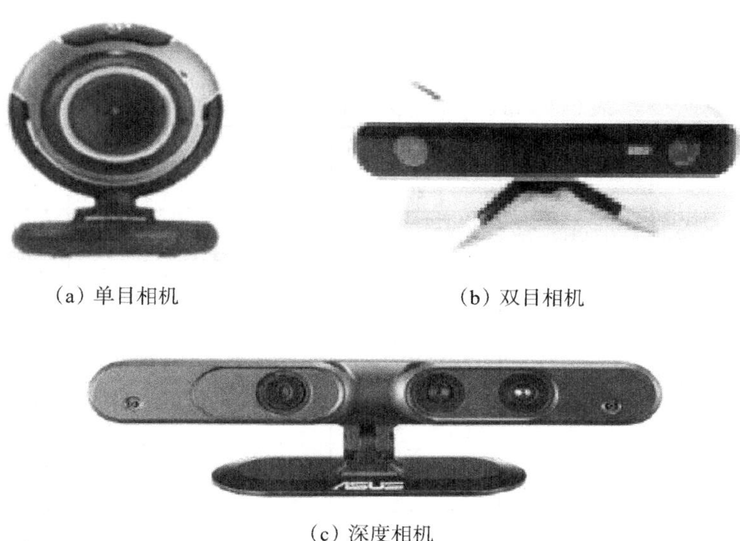

（a）单目相机　（b）双目相机

（c）深度相机

图 3-40　传感器不同产品示意图

单目视觉[①]的方法可以有效降低成本，它采用单个摄像头作为感知前端，例如 Monocular SLAM 传感器（如图 3-40（b）所示），这种传感器结构简单、价格便宜，但无法通过单张图片计算场景中物体的距离。如果想恢复场景的三维结构，必须移动相机。

① Davison A J. Real-Time Simultaneous Localisation and Mapping with a Single Camera//. IEEE International Conference on Computer Vision, 2003. Proceedings. IEEE, 2003, 12:1403-1410.

3. 结构光和 TOF

结构光（Structured Light）方案利用具有一定结构的光阵列，通常是红外线点阵，通过投影在测量对象上的点阵变化来获取距离，也称为点阵图判断法，同样利用的是视差原理。结构光方案的优势在于技术成熟，深度图像分辨率可以做得比较高，但容易受光照影响，室外环境下基本不能使用。

TOF（Time of Flight）直译为“飞时”原理，它通过测量发射与反射红外（IR）信号的相位延迟（phase-delay)，来计算每个像素到目标物体的距离。TOF 方案抗干扰性能好，视角更宽，受环境影响小。但是深度图像分辨率较低，做一些简单避障和视觉导航可以用，不适合高精度场合。传感器芯片成本高。其典型产品是深度相机，如图 3-40（c）所示。

双目立体相机的成本相对这两种方案是最低的，但是深度信息依赖纯软件算法得出，此算法复杂度高，难度很大，处理芯片需要很高的计算性能，同时它也继承了普通 RGB 摄像头的缺点：在昏暗环境下以及特征不明显的情况下并不适用。

应用这些技术方案的产品见表 3-7[①]。

表 3-7　市场现有部分产品机器技术方案比较

产品名称	延迟	FPS(帧每秒)	DOF（自由度）	感应角度	使用距离	焦距	技术方案
LeapMotion	10ms	120Hz	26	120°	70cm 以内	30cm	双目
uSens	16ms	60Hz	26	120°	70cm 以内	30cm	双目
微动	10ms	100Hz	23	120°	70cm 以内	40cm	双目
Nimble	25ms	45Hz	—	110°	0 ～ 1.2m	无须定焦	TOF
ThisVR	16ms	60Hz	26	110°	0 ～ 1.5m	无须定焦	TOF
Kinect One	30ms	30Hz	—	60°	0.5 ～ 4m	无须定焦	TOF
Intel(Omek)	33ms	30Hz	—	90°	1 ～ 3m	1m 外	结构光
奥比中光	33ms	30Hz	—	—	1 ～ 3m	0.5m 外	结构光

无论是图像识别、形状识别还是动作识别（自由度位姿估计)，都需要充足的空间信息。上述这些技术与方法在提供镜头感测的同时，就提供了深度信息，为位置感测（定位）和识别奠定了信息基础。进而可以通过构建具有同一类外形的物品的（2D 图案和 3D 外形）模型数据库，实现物品（外形）的感测、辨识与定位。这些需求催生了 RGB-D 相机。现在所指的 RGB-D 相机，一般就是指通过结构光或“飞时”原理测得 RGB 图像上每一个像素的深度数据，这一类相机与 RGB-D SLAM 技术的发展相得益彰。

① RGB-D Camera. http://blog.csdn.net/MyArrow/article/details/52678020.

3.6.3 SLAM

SLAM（Simultaneous Localization and Mapping，同步定位与地图构建）是用传感器在空间中的定位以及创建环境地图的方法。它主要用于解决机器人在未知环境运动时的定位和地图构建问题，是视觉领域空间定位技术的一个前沿方向。在机器人定位导航方面，SLAM 可以用于生成环境的地图，从而可以执行路径规划、自主探索、导航等任务。

1. SLAM 概述

从 20 世纪 80 年代关于移动机器人导航空间表示的研究①开始，SLAM 技术的发展距今已有三十余年的历史，涉及的技术领域众多。由于其本身包含许多步骤，每一个步骤均可以使用不同算法实现，SLAM 技术也是机器人和计算机视觉领域的热门研究方向。SLAM 试图解决这样的问题：一个机器人在未知的环境中运动，如何通过对环境的观测确定自身的运动轨迹，同时构建出环境的地图。SLAM 技术正是为了实现这个目标涉及的诸多技术的总和。

早期，SLAM 多使用激光传感器（Laser Range Finder）作为前端的感知技术，而现在则多使用 RGB-D 视觉相机、深度相机、激光雷达（Laser Scanner）以及传感器融合②。它们适合于不同的场景应用，表 3-8 展示了 SLAM 前端感知技术对比。

表 3-8 SLAM 前端感知技术对比分析

名称	适用场景	测距精度	测距范围	计算复杂度	支持自身快速移动	成本	环境适应性	系统稳定性
单目摄像头	室内外简单场景 无快速移动的背景物体	较低	中	高	否	低	中	低，易失捕
双目摄像头	室内外简单场景	中	较近	高	否	低	中	低，易失捕
激光雷达	室内外较复杂场景	高	远	中	是	高	较高	高
深度相机（RGB-D③）	室内较复杂场景	高	较近	中	否	中	低	较高

2. SLAM 的基本框架

SLAM 技术涵盖的范围非常广，按照不同的传感器、应用场景、核心算法，SLAM 有很多种分类方法。按照传感器的不同，可以分为基于激光雷达的 2D/3D SLAM、基于深度相机

① Smith, R C, P Cheeseman. On the Representation and Estimation of Spatial Uncertainty. International Journal of Robotics Research, 1986. 5(4): 56 ～ 68. 该文提出用扩展卡尔曼滤波（Extended Kalman Filter，EKF）方法解决 SLAM 问题，即机器人在运动过程中通过传感器获得的数据进行地图构建和定位问题。扩展卡尔曼滤波模型同时考虑定位和建图，应用中是分步实施的。

② 视觉传感器对于无纹理的区域是没有办法工作的。惯性测量单元（IMU）通过内置的陀螺仪和加速度计可以测量角速度和加速度，进而推算相机的姿态，不过推算的姿态存在累计误差。视觉传感器和 IMU 存在很大的互补性，因此将二者测量信息进行融合也是一个研究热点。

③ SLAM 前端技术选择思考．https://www.cnblogs.com/location-sensing/archive/2016/12/11/6159766.html.

的 RGB-D SLAM、基于视觉传感器和惯性单元的 Visual Inertial Odometry（VIO）[①]。

经典的 SLAM 有如下 5 个步骤[②]，如图 3-41 所示。

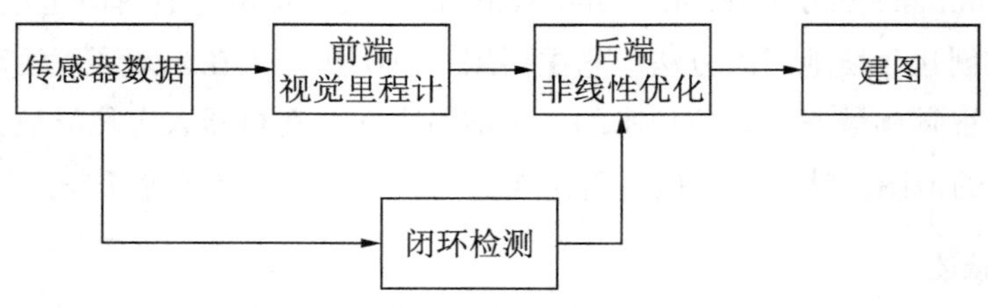

图 3-41　整体视觉 SLAM 流程图

步骤 1：传感器数据的读取，在视觉 SLAM 中主要是相机对场景图像信息的读取和预处理，RGB-D 相机[③]等传感器读取的数据包含图像信息和深度信息。

步骤 2：视觉里程计（Visual Odometry，VO），是估算相邻帧间相机的运动及其与局部地图关系的方法，又称为前端（Front End）。最简单的情况是相机通过旋转获取两帧相邻图像，VO 通过相邻帧间的图像估算出相机的运动，并恢复场景空间的结构。

步骤 3：后端优化（Optimization）。后端对不同时刻视觉里程计测量的相机位姿，以及回环检测信息进行优化，得到全局运动轨迹和大场景地图。为了解决 SLAM 过程中主体对自身和周边环境空间不确定性的估计，需要通过状态估计理论把定位和建图的不确定性表达出来，然后采用滤波器或非线性优化去估计状态的均值和方差，视觉里程计负责为后端提供待优化的数据，后端负责滤波和线性优化算法。

步骤 4：回环检测（Loop Closing），又称闭环检测（Loop Closure Detection）。进行回环检测可以知道传感器是否到达先前经过的位置，并把信息提供给后端处理。后端对不同时刻视觉里程计测量的相机位姿，以及回环检测信息进行优化，得到全局运动轨迹和大场景地图。机器人在移动过程中由于设备误差或模型不精准都会出现位置估计随时间漂移的问题。回环检测指机器人通过算法检测出它到过的场景，并消除位置漂移的问题。通过对场景图片相似度比对，判断机器人是否进入回环，增加了位姿约束，从而提高了 SLAM 算法的收敛性。

步骤 5：建图（Mapping），是指构建地图的过程，它根据估计的轨迹建立场景地图。地图是对环境的描述，具有多样性，如扫地机器人只需要二维地图就能够在一定范围内导航。地图的形式由 SLAM 的应用场景所决定，一般可分为度量地图（Metric Map）和拓扑地图（Topological Map）两种。度量地图强调精确地表示地图中物体的位置关系，通常我们用稠密

① SLAM 算法解析：抓住视觉 SLAM 难点，了解技术发展大趋势．http://www.52vr.com/article-1139-1.html.

② 刘三毛．基于 RGB-D 的室内场景 SLAM 方法研究．湖南工业大学，2017，6：11．

③ Endres, et al. 3-D Mapping With an RGB-D Camera. IEEE Transactions on Robotics, 2014. 30(1): 177 ～ 187.

地图（Dense Map）和稀疏地图（Sparse Map）进行分类。稀疏地图一般不需要表达非常详细的地图细节，主要选择地图中的标志物体，称之为路标（Landmark）。稠密地图和二维地图类似，二维地图由像素点组成，稠密地图则是三维的，由小方块组成，详细表达空间中物体的信息，可满足各种基于地图的导航算法，但稠密地图需要的存储空间大，计算复杂。

使用相机（摄像头）作为传感器的 SLAM 方法被称为视觉 SLAM（VSLAM）。相比于传统的惯性器件（Inertial Measurement Unit，IMU）和激光雷达等传感器，相机具有体积小、价格低等突出的优点。早期的 VSLAM 如 MonoSLAM①更多的是延续机器人领域的滤波方法。现在使用更多的是计算机视觉领域的优化方法，具体来说，是运动恢复结构（structure-from-motion）中的光束法平差（bundle adjustment）。在 VSLAM 中，按照视觉特征的提取方式，又可以分为特征法、直接法。当前 VSLAM 的代表算法有 MonoSLAM、ORB-SLAM②、SVO③、DSO 等。它们之间的比较见《基于视觉的 SLAM 技术发展及其研究分析》④。

3. VSLAM 的算法

VSLAM 自 PTAM⑤算法以来，框架基本趋于固定，如图 3-42 所示。

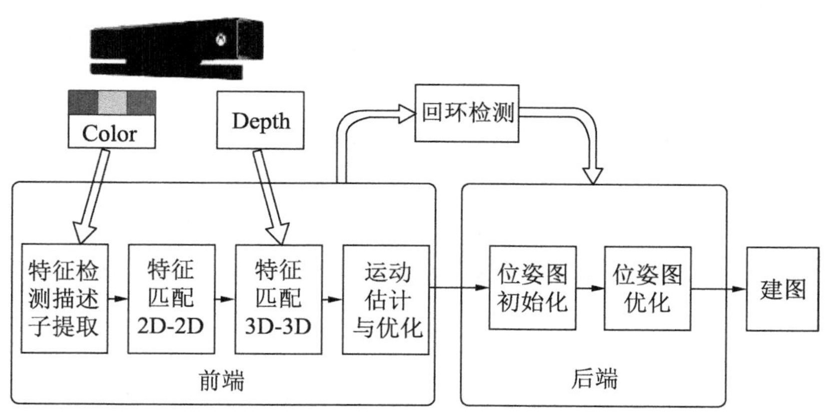

图 3-42 SLAM 算法流程图

① Davison A J，Reid I D，Molton N D，et al. Mono SLAM: Real-timesingle camera SLAM. IEEE transactions on pattern analysis and machine intelligence，2007, 29(6) : 1052-1067.

② Rublee E, Rabaud V, Konolige K,et al. ORB: An efficient alter-native to SIFT or SURF. 2011 International conference on computer vision, 2011.

③ Forster C, M Pizzoli, D Scaramuzza. SVO: Fast semi-direct monocular visual odometry. IEEE. 2014: 15-22. SVO 由于使用稀疏的直接法，不必费力去计算描述子，也不必处理像稠密和半稠密那么多的信息，速度快。其中还提出了深度滤波器的概念。

④ 冯凯，欧阳瑞镯等．基于视觉的 SLAM 技术发展及其研究分析．信息技术．，2017，10：35.

⑤ PTAM（Parallel Tracking and Mapping）由 Klein 等人于 2007 年提出，是用于增强现实的一项技术。PTAM 提出并实现了跟踪与建图过程的并行化；是第一个使用非线性优化，而不是使用传统的滤波器作为后端的方案。它引入了关键帧机制：不必精细地处理每一幅图像，而是把几个关键图像串起来，然后优化其轨迹和地图。

算法中，前端主要涉及对输入图像的特征的提取与匹配，在进行特征点检测和特征描述子的计算中需要用到多视图几何的知识。算法在前端构建了视觉里程计。

根据特征描述子进行相邻两帧图像的特征匹配，得到 2D-2D 特征匹配点集；然后根据 Depth 图像的深度信息，计算 2D-2D 特征匹配点对的空间三维坐标，得到 3D-3D 匹配点集。由匹配好的 3D-3D 点就可以计算出相邻两帧图像间的旋转和平移矩阵，最后对运动估计误差进行优化，得到误差最小的位姿估计结果。这样就可以根据输入的视频流，不断地得到相机位姿的增量变化。

匹配中广泛采用的关键帧等优化技术是为了控制匹配问题的规模，保持问题的稀疏性等。

算法后端主要是为了优化 SLAM 过程中的噪声问题。涉及的最大后验概率属于数值优化的内容。通过前端得到相邻两帧图像之间的运动估计之后，还要关心这个估计带有多大的噪声。后端优化就是从这些带有噪声的数据中，估计整个系统的状态，给出这个状态的最大后验概率（Maximum a Posteriori，MAP）。具体来说，后端接收不同时刻视觉里程计测量的相机位姿和回环检测的约束信息，采用非线性优化得到全局最优的位姿。在 VSLAM 中，前端和计算机视觉研究领域更为相关，例如图像的特征点检测与匹配，而后端则主要是滤波与非线性优化算法。

闭环检测（回环检测）涉及地点识别，本质上是图像检索问题。主要解决机器人位置随时间漂移的问题。视觉闭环检测就是通过比较两幅图像数据的相似性。如果回环检测成功，则认为机器人曾经来过这个地点，把比对信息输送给后端优化算法，后端根据闭环检测的信息，调整机器人轨迹和地图。例如，ORB-SLAM 的回环检测算法可有效地防止累积误差。

建图环节则参见上述的框架。虽然 SLAM 的本意只关注环境的几何信息，但是未来和语义信息应该会有更多的结合。借助于深度学习，当前的物体检测、语义分割的技术发展很快，可以从图像中获得丰富的语义信息。这些语义信息是可以辅助推断几何信息的，例如，已知物体的尺寸就是一个重要的几何线索。

3.7 异常发现技术

在物联网感知层，对于通过感知（设备）物理世界获得所需信息的技术，正在与时俱进。但是，物联网应用大发展带来的物联网设备潮中，出现了物联网安全威胁事件，也到了我们正视“物联网设备也会生病”的时机。“物联网还是‘勿联网’？对物联网安全隐患的反思”[①]，

① 物联网还是“勿联网”？对物联网安全隐患的反思，见 http://www.toolmall.com/zixun/article/2410_1.html。

不是一个简单的“to be”或“not to be”的问题，试想，如果自己的孩子生病了，你怎么办?

提前发现，尽早救治。

本章尝试从感知层引入面向感知设备的安全；也就是说，从感知层能够正常实现功能，引向感知设备“健康”的诊断；是关于物联网生病“提前发现”的思考。至于“治疗”，或者说从物联网这一大系统的角度来看物联网安全，见本书最后一章。

之所以将异常发现技术放在感知层，是因为希望茁壮成长的物联网能够将“风险发现”前置到感知层，让“物”具备“感觉到了异常”的能力，在感知层就能防患于未然。

1. 物联网设备的天然缺陷——资源受限性

与计算机和智能手机相比，由于物联网设备缺乏茁壮的操作系统、支持相关应用程序所需的基础设施、必要的安全技术支撑，所以相当比例的物联网设备不能运行反恶意软件。甚至于，一些硬件将用户名和密码固化在设备硬件中，入侵十分方便。这就是资源成本受限、资源受限带来的安全能力受限的问题。由于物联网设备无法抵御恶意入侵，缺乏维持自身健康运转所必需的技术，同时，面对不断扩大的恶意行为手段，也没有足够的存储空间，所以，对于日益复杂的攻击行为，显得无能为力。

“轻量级的资源消耗”，导致物联网设备“能力受限”，包括安全能力。这就是为什么前面把物联网感知层设备比作成长中的孩子。

2. 异常发现并尽早定位——防治“未病”

“当我的智能电视（被黑客控制的 thingbot）对地球另一端的机器人（更可怕的是心脏起搏器）发起攻击，这关我什么事？！”这是 2016 年发生大规模物联网安全事件[①]时，众多网络评论中，作者记忆深刻的一句话。

如果没有人为自己的物联网设备对其他物联网设备的安全责任费心，那么，迟早，他也会为自己设备的不安全费尽心思。

异常发现并尽量定位在感知层中，可以避免恶意行为扩散到网络层中。“这一特性旨在防止物联网设备成为其对网络带来更大漏洞的桥头堡[②]”。对于可以实时读取传输至所有设备的数据，采集和设备状态相关的数据，并加以分析诊断，辨认出恶意行为和其他各种威胁，是保护物联网设备的一个很好的思路。与计算机和智能手机相比，物联网设备是为特定目的建造的，拥有的功能有限。这使我们需要从一个完全不同的视角来解决物联网的安

---

① 2016 年 10 月及以后，发生的 Mirai 僵尸网络等分布式拒绝服务的物联网安全攻击。Thingbot 的定义见 http://internetofthingsagenda.techtarget.com/definition/thingbot。未来黑客可通过关掉心脏起搏器杀人的可能性分析见 http://jandan.net/2015/09/09/hackers-pacemaker.html。

② 叶纯青. 物联网安全需要可扩展的解决方案. 金融科技时代. 2016，04. http://www.cnki.com.cn/Article/CJFDTotal-HNRD201604040.htm.

全问题。通过分析设备输出数据与自身状态数据，定义异常模式和行为特征，可以检测到超出预期行为的活动，那就表明可能有设备受损或是遭到恶意攻击。这将有助于“能力受限”的物联网设备尽早被发现异常，毕竟，与通用的计算机设备不同，物联网只专注特定范围内的功能。

除了对于“能力受限”的物联网设备建立正常行为的基线，从而发现异常行为，异常行为检测[①]还可以借助攻击检测和防御、日志和审计，例如对日志文件进行总结分析，发现异常行为。并不能把异常行为检测完全寄托于网络层或云安全中，如果在感知层资源受限的设备无法承受异常行为检测所需资源，可以考虑放在安全网关。

总之，我们怎么发现孩子病了？异常识别，物联网设备也一样。除了医生，谁还能尽早发现孩子病了？只有家长。

3. 系统层面发现与防御的仿生学——向生物智能学习

一个从生物学角度分析物联网安全的文章引起了系统层面的发现与防御思考[②]。

物联网潜在边缘节点的数量可能高达 1 万亿个，换句话说，这样一个系统可能把目前互联网设备的数量增加到一千倍以上，而目前正处于这一成长期的起步阶段。

“1 万亿”在生物学上是一个普通的数量级，例如，新生儿就有 1 万亿个左右的细胞，且拥有非常强的防传染性病菌攻击的能力，可以通过一个复杂的免疫系统来探测、反击和隔离这些有害病菌；同时人体还能够自动恢复攻击所导致的局部缺损。也许人们可以从自然界如何形成这种强大的防御系统中学到一些东西，更具体一点儿说，借鉴生物学可以帮助人类换一种方式来思考，从系统层面来实施防御措施。但需要指出的是，这里所谈到的安全系统建设是在现有策略的基础之上，并不是代替现有的防御措施，而是在于进一步增强与改进。

系统的正常操作被列为“自我行为”，而自我行为以外的任何动作都将被视为企图侵入的信号。这种方式最令人感兴趣的是，它是局部的，可能非常便宜（行为探测通常比匹配许多特征要简单得多），而且能自动探测新的“非自我”威胁，因而可以以最低的成本做出快速反应，且能够自动探测新威胁（基于特征识别的方法做不到这一点）。当然，行为探测也有一

---

① http://smart.huanqiu.com/roll/2016-12/9819566.html，文中对物联网与互联网的异常行为检测技术有做对比：如利用大数据分析技术，对全流量进行分析，进行异常行为检测，在互联网环境中，这种方法主要是对 TCP/IP 的流量进行检测和分析，而在物联网环境中，还需要对其他的协议流量进行分析，如工控环境中的 Modbus、PROFIBUS 等协议流量。此外，物联网的异常行为检测也会应用到新的应用领域中，如在车联网环境中对汽车进行异常行为检测。360 研究员李均利用机器学习的方法，为汽车的不同数据之间的相关性建立了一个模型，这个模型包含诸多规则。依靠对行为模式、数据相关性和数据的协调性的分析对黑客入侵进行检测。

② 从生物学角度探讨物联网安全机制建设．慧聪网．http://www.cnii.com.cn/thingsnet/2014-12/08/content_1492401.htm.

个弱点：当侦测到病毒的时候，节点可能已经被感染了，类似的问题也同样存在于细胞生物学中，需要从系统层面来考虑防御方法。

——《从生物学角度探讨物联网安全机制建设》

上述这样的方法适用于物联网安全威胁发现技术，在这里同样将其归纳于物联网感知层设备的异常发现技术，属于感知层安全威胁的预防技术。已经有对于这一问题在智能路由器或“云安全（本书最后一章中详述）”中的解决方案，并可能引起对物联网异常发现技术这一问题的持续研究。例如，如果出现“问题”的是物联网网络层中的“节点”病情，关于“非正常节点的识别[①]”在网络层中的诊断也同样应该得到关注。在未来超大规模物联网的感知层中，单一或部分传感器的异常发现，需要上述仿生学的观点来发现异常、维护感知层“健康”。

基于云安全的“云异常判断”，不能仅仅将对象锁定在产生异常的物联网设备自身，还要能够分析来自于能够和它通信的其他设备；就像不能够将生病仅归因于“免疫系统下降”，还要关注可能的传染源和传播途径[②]。

智能路由器或“云安全”只是因为物联网设备受限于功耗等资源的一个对策，是把异常发现所需的检验工作转移到功耗限制较小的主机节点上，如云或网关节点。相对这些，更重要的是，需要一个系统论的视角来看待“物联网安全”，既把物联网安全问题的探索延伸到了物联网网络层、应用层，又是可伸缩、符合生物智能的一个领域，这就指向了本书最后一章所做的工作。云中安全的讨论，见应用层技术中的云计算。

总之，物联网安全是一个贯穿全产业链各个环节的系统工程，仅从硬件、软件或者网络传输单一层面进行检测、管理与安全防护，都很难从根本上杜绝安全隐患，尤其是涉及国计民生等重大物联网项目，闭环安全生态的需求变得更为迫切。应当从物联网应用闭环的角度来看大系统安全：从底层芯片、数据采集的感知安全、网络传输到上层应用的网络安全，到数据存储、分析的应用安全与隐私保护。用大物联网安全的视野来看物联网安全生态链，将会越来越重要。

---

① 胡向东等．物联网安全（第5章）．北京：科学出版社，2012．

② 作者认为系统论和云计算之间有着相似的联系，并尝试把这种联系用来分析物联网系统和云安全之间的关系。这将用于指导大规模物联网的基于群体智慧的安全（第三层次的安全智慧），类似于群体免疫；对于“传染源和传播途径”的安全，类似于集群智慧的安全（第二层次的安全智慧），可以避免指定类型的病毒攻击。“物”的单体安全是第一层次的安全智慧。第一、二、三层次的安全智慧分别对应于物联网的感知层、网络层、应用层安全。

小 结

在本章，作者本着防患于未然的思路，将物联网中的“异常发现技术”放在感知层技术中，期待引起读者更多的关注和讨论。

目前关于“视听”两觉的智能交互研究、人工智能研究较多较热；但是，既然触觉、嗅觉与味觉是动物和人类都具备的感知方式，并且能够带来快乐的享受；那么，关于这三种感觉的重现与交互，是否也会迎来快速发展的春天呢？

关于（双目）立体相机的原理，推荐斯坦福大学公开课“机器人学”中的“立体视觉”[①]。关于触觉的智能化，推荐此公开课中的“PD 控制”。

① 《立体视觉》，来源斯坦福大学公开课“机器人学”。http://open.163.com/movie/2008/11/7/K/M6TN5NEEU_M6TN75K7K.html?referered=http%3A%2F%2Fopen.163.com%2Fmovie%2F2008%2F11%2F7%2FK%2FM6TN5NEEU_M6TN75K7K.html。

第4章
物联网的网络传输技术体系

"事物是普遍联系和永恒发展的。"

物联网以联系为中心，在网络层（即网络传输层）中将"物与物""人与物""事与物（过程）"之间普遍联系起来，以便更好地实现服务人类社会的目的。

从广义的角度来看，物联网的网络层可以理解为：面向一切物联网可连之"物"的"物－物"或者"物－人"（联系）的网络形式的总和。如果从狭义的角度来看，物联网网络层可以理解为：为了实现物联网的感知数据和控制信息的通信功能，将感知层获取的相关数据信息通过各种具体形式的网络，实现存储、分析、处理、传递、查询和管理等多种功能。

从发展的角度来看，物联网的网络层是一个比较宽泛的概念，它既可以随着各种形式的网络技术发展而不断延伸，也可以根据物联网应用的丰富，在满足新需求的网络改进中不断发展；还可以摆脱现有网络形式的束缚，以其他更利于承载物联网发展使命的新网络形式出现[①]。这样的思路同样适用于物联网技术与物联网的关系，也类似于生产力与生产关系之间的联系。

现阶段，具体形式的物联网网络层主要包括有线、无线、卫星（空间）、互联网、LPWAN（低功耗）专网等形形色色的数据网络。随着技术的发展，感知信息都将会被纳入到一个融合了现在和未来的各种网络，在其中，会把各种终端和人无缝联系在一起。目前能够想象的是跨越空间的网络，而能够跨越时空的网络会是怎样？

4.1 物联网的网络层

如果说感知层让物联网具备了拟人般的感官，那么物联网网络层则是让"物"之间能够像人类社会一样交流、产生联系。各式各样的物联网网络标准就像人类不同种族的语言一

① 这句话是作者2012年在《物联网技术及其军事应用》原书写作中出现，之后，NB-IoT、LoRa等LPWAN出现。此后，还会有更利于承载物联网的物流模态，例如，本章最后的卫星物联网；还有WiMAX（Wi-Fi）+6LoWPAN广域覆盖；基于软件无线电的灵活组网。

样，让“物”在自己的圈子里自由沟通。

从物联网的功能实现来看，物联网网络层综合源自感知层的多种多样的感知信息，实现大范围的信息沟通，用以支撑物联网形形色色的应用。如果说物联网的感知层技术是物联网的基础技术，那么物联网的网络层技术就是物联网的主体技术，它以感知层技术为基础，承载着物联网形式多样的应用技术。

从物联网发展的初级阶段来看，物联网网络层主要借助于已有的广域网通信系统和专用网（如 PSTN 网络、2G/3G/4G/5G 移动网络、互联网、卫星网、军事专用网等），把感知层感知到的信息快速、可靠、安全地传送到各个地方，使物品能够进行远距离、大范围的通信，以实现在地球范围内感知信息的共享。有人形象地比喻到：“没有出现飞机之前，人类的远程交通主要靠公路、火车等公共交通系统；出现飞机之后，就可以借助飞机等交通系统满足特定人群在地球范围内交流的需要。”也就是说，当物联网发展到中高级阶段，是否会有更适合物联网的网络层承载形式来替代现有的广域网通信系统，要用发展的眼光来看待。

目前物联网冲向中级阶段蓄势待发。NB-IoT、LoRa 等 LPWAN 以更优越的姿态出现，就像国产高铁和磁悬浮一样吸引眼球。但是，它们的优势在于“更有利于”承载物联网。不是更快，而是慢的恰到好处，省电的恰到好处，便宜的恰到好处，市场预占领的恰到好处。这种“恰到好处”就是“更有利于”物联网发展阶段，或者“更适合于”具体业务。

反之亦然，不会因为“打飞的”的需求而剥夺选择步行、骑行的权利，物联网的网络承载不是越快越好，而是越适合具体业务越好。各种接入方式、速率的快慢、移动性（游牧性）的需求都会有具体的网络来满足，即使进入 5G 时代，依然留有“人行道”——适合低速、稀疏数据传输的 Cat.0（Sub-Cat.0 的成本和传输率更低，是未定名称的技术期望名称）。本书将在 4.9 节中分析 5G 为物联网业务的考虑和规划。

现有的公众网络是基于人的交流而设计和发展的，当物联网大规模发展之后，必然会根据物联网数据通信需求对现有的公众网络提出更适合自身发展的模式。但在物联网的初级阶段，借助已有公众网络进行物联网网络层通信也是必然的选择，如同生产力与生产关系的例子：当生产关系能够满足生产力发展的时候，生产力就在现有的生产关系中发展；待到生产关系不能够满足生产力发展的时候，生产力（物联网）就会对生产关系（现有公众网）产生革命性力量。例如，即将全面部署的 NB-IoT[①]等 LPWAN 物联网。

网络层主要实现信息的传递、路由和控制等，从接入方式来看，可分为有线接入和无线接入；从通信距离来看，可分为长距离通信和短距离通信；从依托方式来看，网络层既可以依托公众网络，又可以依托专用网络。公众网包括电信网、互联网、有线电视网和国际互联

① 这只是低功耗广域网 LPWAN（4.10 节介绍）的一个代表，从建网成本来看，低功耗局域网的业界代表正出现。

网（Internet）等，行业专用通信网络包括移动通信网、卫星网、局域网、企业专网等。

从网络层的结构来看，物联网的网络层可以分为接入层、承载层和应用支撑层等。从技术的角度来看，网络层所需要的关键技术包括长距离有线和无线通信技术、短距离有线和无线接入（包含蜂窝网）技术、IP 技术等网络技术。从功能的角度来看，又可以分为接入网和核心网。当然，随着公众网的发展，在公众网络实现了互联网、广电网络、通信网络的三网合一，或者正走向未来的下一代网络（Next Generation Network，NGN）前进过程中，这些考虑了物联网需求的公众网络可以持续作为物联网的网络层承载方式实现感知数据的传输、计算与共享。如果不能很好地考虑物联网，将会有更新的网络，这不仅局限于 LPWAN，或许会出现 NG-IoT（Next Generation IoT）。

物联网的网络层担负着极其重要的信息传递、交换和传输的重任，目前是一个新兴的研究热点，它必须能够满足不同数据对速率、功耗、安全的权衡，可靠地获取覆盖区中的各种信息并进行处理，处理后的信息可通过有线或无线方式发送给远端。

统一的技术标准加速了互联网的发展，这包括在全球范围进行传输的互联网通信协议 TCP/IP、路由器协议、终端的构架与操作系统等。因此，我们可以在世界上的任何一个角落很方便地实现计算机、手机等终端连接互联网。本章介绍的可用于网络层的技术标准主要分为接入网技术和核心网技术两大部分。接入网的技术标准主要涉及 WSN、IEEE 802.11、IEEE 802.15 等；核心网技术的技术标准主要涉及 IPv6（下一代互联网协议）技术和移动通信作为物联网承载层的相关技术（M2M 技术、蜂窝物联网）。

4.2 接入技术概述

物联网网络层是在现有公众网（通信网、互联网）和各种专用网等网络的基础上建立起来的，综合使用各种短距离无线接入、2G、3G、4G、5G 移动接入及固定宽带接入技术，实现有线与无线的结合、宽带与窄带的结合、传感网接入和网络承载的结合。通过这些异构接入方式与多种形式承载的融合，在网络层实现感知数据和控制信息可靠传递的目的。网络的接入终端可以采用多种形式，既可基于现有的手机、PC、PAD、PDA、机顶盒等终端进行，还可以通过 WSN 接入、EPC 系统接入、GPS 接入、M2M 接入、LoRa 等低功耗专网接入。从是否接入 IP 网络来看，可以分为 IP 接入和 ID 接入；即使接入 IP 网络还有 IP 直连和通过网关间接接入之分。根据应用所需网络覆盖范围又有体域网（个域网）、局域网、城域网。这些都将在本章中详述。首先，依照大类划分，在接入层根据接入方式，主要可以分为有线接入和无线接入。

4.2.1 有线接入

物联网在发展的初级阶段，可以将互联网作为其网络层的承载网，当通过有线的方式接入物联网网络层时，就像需要考虑用户计算机的接入问题一样。对于互联网来说，任何一个家庭、机关、企业的计算机都必须首先连接到本地区的主干网中，才能通过地区主干网、国家级主干网与互联网连接。同理，物联网的接入也存在"最后一千米"的接入问题。目前广泛使用的有线接入有如下几种方式。

1. 串行通信和 USB

串行通信是解决机器通信中"最后一分米"，甚至是一厘米的传统办法。串行通信专为机器和机器建立通信由来已久，如许多智能化仪器仪表都带有 RS-232、RS-485、RS-422、TTL 接口和 GPIB 通信接口，增强了仪器与仪器之间，仪器与计算机之间的通信能力。以 RS-232C 为例，如果网关设备也有串行端口，就可用 D-SUB 的 9 针端口直连。USB 比较常见，可以直连计算机或网关，其 3.1 标准最大数据传输速率达 10Gb/s。还有一种 CAN（Controller Area Network，控制器局域网）串行通信标准，常用于汽车环境中的微控制器之间通信。虽然目前绝大多数的机器和传感器不具备本地或者远程的通信能力，但是通过这些方法接入计算机或者网关不就行了。现有的机器数量是人的数倍，它们之间潜在的通信需求非常大。

2. 通信网接入

通信网是一种使用交换设备、传输设备，将地理上分散的用户终端设备互连起来实现通信和信息交换的系统。通信最基本的形式是在点与点之间建立通信系统，但只有将许多的通信系统（传输系统）通过交换系统按一定拓扑结构组合在一起才能称之为通信。交换系统能使某一地区内任意两个终端用户相互接续，才能组成通信网。这一点对于理解"物联"和"物联网"有很大的启发性。

以数字用户线 xDSL 接入技术为例，大多数电话公司倾向于推动数字用户线（Digital Subscriber Line，xDSL）的应用。数字用户线又叫作数字用户环路，指从用户到本地电话交换中心的一对铜双绞线，本地电话交换中心又叫作中心局。xDSL 是美国贝尔通信研究所于 1989 年为推动视频点播业务开发的基于用户电话铜双绞线的高速传输技术。电话网是可以在几乎全球范围内向住宅和商业用户提供接入的网络。当以家庭住宅和社区为单位实现智能家居和智能建筑时，其优势得以体现；而其在物联网接入的潜力方面，虽然受限于移动性，但是有低功耗的优势，可以想象一下用电话线作通信的传真机。

3. 广电网络接入

广电网通常是各地有线电视网络公司（台）负责运营的，通过光纤同轴电缆混合网

（Hybrid Fiber Coax，HFC）向用户提供宽带服务及电视服务的网络，宽带可通过调制解调器（Cable Modem）连接到计算机，理论到户最高速率为 38Mb/s。光纤同轴电缆混合网是新一代有线电视网络，它是一个双向传输系统。光纤节点将光纤干线和同轴分配线相互连接。光纤节点通过同轴电缆下引线可以为 500 ～ 2000 个用户服务。这些被连接在一起的用户可以实现视频点播、IP 电话、发送 E-mail、浏览 Web 的双向服务功能。这些对于带宽要求不高的物联网应用具备天然的家庭入口优势。但是各大电信运营商正通过互联网视频服务瓜分这种优势。

4. 光纤接入技术

宽带城域网是以宽带光传输网为开放平台，以 TCP/IP 为基础，通过各种网络互联设备，实现语音、数据、图像、多媒体视频、IP 电话、IP 电视、IP 接入和各种增值业务，并与广域计算机网络、广播电视网、电话交换网互联互通的本地综合业务网络，以满足语音、数据、图像、多媒体应用的需求。

城域网（Metropolitan Area Network，MAN）需要高传输速率和保证服务质量的可靠网络系统，理想的宽带接入网将是基于光纤的网络。与双绞铜线、同轴电缆或无线接入技术相比，光纤的带宽容量几乎是无限的，光纤传输信号可经过很长的距离而无须中继。已经出现了光纤到路边（Fiber To The Curb，FTTC）、光纤到小区（Fiber To The Zone，FTTZ）、光纤到大楼（Fiber To The Building，FTTB）、光纤到办公室（Fiber To The Office，FTTO）与光纤到户（Fiber To The Home，FTTH）等新的概念和接入方法。光纤接入直接向终端用户延伸的趋势已经明朗，带有路由功能的光猫能够直接连接家庭网络。

5. Li-Fi 接入技术

1998 年，ITU-T 提出了用“光传输网络”概念取代“全光网络”的概念，因为要在整个计算机网络环境中实现全光处理是困难的。2000 年以后，自动交换光网络（ASON）的出现，引入了很多的智能控制方法去解决光网络的自动路由发现、分布式呼叫连接管理，以实现光网络的动态配置连接管理。光纤通信与光传输网技术无疑是物联网数据传输的“高速公路”，而无源光网络（PON）则可将“高速公路”低成本地直接接入家里。

Li-Fi（Light Fidelity）①是一种利用可见光波谱（如灯泡发出的光）进行数据传输的全新无线传输技术，由英国爱丁堡大学电子通信学院移动通信系主席、德国物理学家 HaraldHass（哈拉尔德・哈斯）教授发明，如图 4-1 所示。Li-Fi 实现数据传输的一个必要条件便是光线，

① http://baike.baidu.com/link?url=luqys70A5gaJNal5jnyaJIiduyc7FliKmhB4S1sJ0XBAjQm_O-KBBH8Pgk0w_i_DFcl7q2Dc6NnqTBxX7VO4AYPQxzICHK9-CMLsqMrV0MlD1jGSP-YfyVawoKcaQNXOBmnKYyyeobf7drfukS25dz601oiLmuGoC-3meKC-7Q_oufkwWsgPuN3q7K3gpp2KvQec2A5oHh6qFOfSf1COaa.

与电视中的红外技术相似，需要通过 LED 结合传感器来实现数据传输，其传输频率集中在 430 ～ 770THz。基于这种特性，Li-Fi 在医院、餐厅、学校、飞机、商场等室内环境均有一定发展空间，优势是传输速率达 1Gb/s；劣势是 Li-Fi 的传输距离相比 Wi-Fi 短很多，所以要确保设备在照明设备的有效范围内，阴影甚至阳光直射的环境，都会造成连接中断。Li-Fi 能否快速大规模商用，目前还未明确。Li-Fi 看起来是无线的，由于传输路径几乎是点对点的直线（特制镜子能否解决这一问题尚未知），且属于光传输，所以作者放在这里简介。关于 Li-Fi 的定位技术在室内定位中算是“新秀”①。

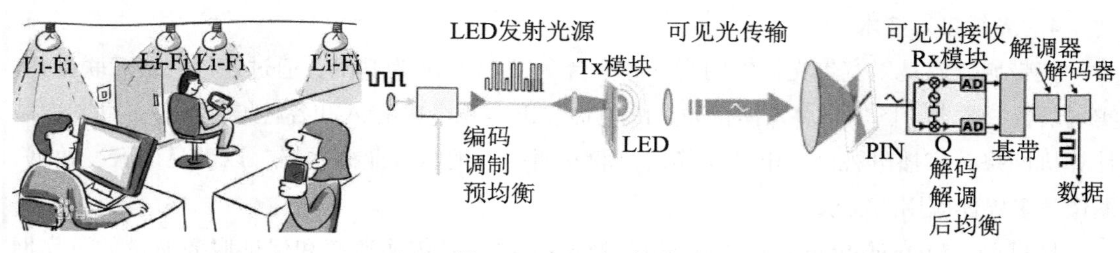

图 4-1 Li-Fi 概念图

6. PLC 接入

电力载波通信（Power Line Communication，PLC）是指利用现有电力线，通过载波方式将信号进行高速传输的技术。PLC 方式接入的建设不需要任何附加的通信线路，只要有电力线就能进行通信。相对于其他接入方式，具有费用低、环保绿色、可靠性高的优势，即没有隔墙信号减弱、强力电磁波伤人、破坏建筑重新布线等问题的存在。

7. NGB 接入

中国下一代广播电视网（NGB）接入，是以有线电视数字化和移动多媒体广播（CMMB）的成果为基础，以自主创新的“高性能带宽信息网”核心技术为支撑的下一代广播电视网络。电视网服务于家庭，而基于 NGB 发展家庭物联网的技术优势②，正获得普遍关注。

4.2.2 无线接入

无线接入可以分为无线个域网接入、无线局域网接入、无线城域网接入等接入方式。无线个域网和局域网接入中，目前使用较广泛的近距无线通信技术是 IEEE 802.11（Wi-Fi）、ZigBee、近距离无线通信（NFC）、超宽带（Ultra Wide Band，UWB）等。它们都各自具有其

① 可见光通信中，通过 LED 照明设备可提供定位数据。见《忘掉被苹果收购的 wifiSLAM 吧，看看不一样的 LED 室内定位技术 ByteLight》，http://www.pingwest.com/demo/bytelight-indoor-position/。

② 王硕憨，方小林，曹三省．基于 NGB 的家庭物联网技术架构分析．中国数字广播电视与网络发展年会，2012．

应用上的特点，在传输速度、距离、耗电量等方面的要求不同，或着眼于功能的扩充性，或符合某些单一应用的特别要求，或建立竞争技术的差异化等。这些中还没有一种技术可以完美到足以满足物联网的所有需求，于是出现了 LPWA（低功耗广域接入技术）的低功耗广域接入技术群。

在满足人的移动通信需求中，无线城域网接入主要包括 IEEE 802.16 标准。IEEE 802 委员会批准的宽带无线网络 802.16 标准，全称是“固定带宽无线访问系统空间接口”WiMAX，也称为无线城域网（WMAN）标准。按 IEEE 802.16 标准建设的无线网络需要在每个建筑物上建立基站。基站之间采用全双工、宽带通信方式工作，以满足固定节点以及火车、汽车等移动物体的无线通信需求。除了 WiMAX 之外，移动通信网络还可以有其他的无线标准，例如 MBWA、3G/B3G 和 LTE/LTE-A（pro）等现有技术，以及正在深入规划物联网业务的 5G 标准，这些都可以作为物联网网络层的接入方式。其中，MBWA（IEEE 802.20）和 3G/B3G（3GPP，3GPP2）在行业专网中应用较多。现阶段，移动通信作为物联网网络层的承载技术主要是 M2M 技术。虽然 5G 标准势在必得，也较为充分地考虑了物联网的感受，但它还是以人的通信为中心的。802.x 系列的免许可的频段还有其生存空间。

无论是有线接入还是无线接入，现阶段在网络层可以沿用现有的 IP 技术体系，采用 IP 技术来承载将有助于实现端到端的业务部署和管理。在 IETF 和 IPSO（IP for Smart Objects）产业联盟等机构的倡导下，无须协议转换即可实现在接入层与网络层 IP 承载的无缝连接，简化网络结构，例如 6LoWPAN 和 ROLL 等。从目前可用的技术来看，IPv6 能够提供足够的地址资源，满足端到端的通信和管理需求，同时提供地址自动配置功能和移动性管理机制，便于端节点的部署和提供永久在线业务。这些优势得等到 IPv6 全面部署后才能充分发挥，而 6LoWPAN 提前看到了这一点，将会与 IPv6 相得益彰。

由于感知层节点低功耗、低存储容量、低运算能力的资源受限特性，以及受限于 MAC 层技术（IEEE 802.15.4）特性，不能直接将 IPv6 标准协议架构在 IEEE 802.15.4 MAC 层之上，需要在 IPv6 协议层和 MAC 层之间引入适配层来消除两者之间的差异。这些问题都将在本章的 IEEE 802.15.4 和 6LoWPAN 的部分探讨，它们和 IEEE 802.11，以及 WiMAX 分别是个域网、局域网、城域网的无线接入标准。专门针对物联网的 LPWAN（低功耗广域网）的内容也将在本章最后介绍。

4.3 庞大的 WLAN 标准

无线通信以其灵活的接入方式和不断完善的技术优势，成为物联网的网络层主要接入技术。而无线局域网（Wireless Local Area Networks，WLAN）经过多年的发展，技术不断改进和完善，可提供较高的传输速率以及良好的业务 QoS（Quality of Service）保障，各电信运营商也将 WLAN 作为 4G 网络的补充进行了建设。以 IEEE 802.11 标准为代表的 WLAN 可以弥补移动通信网络速率不足的问题，也使得业务接入方式更加丰富，网络兼容性更好。

4.3.1 IEEE 802.11 标准

WLAN 相关标准包括 IEEE 802.11、HiperLAN、Bluetooth 等，其中应用最广泛的是由 IEEE 发布的 IEEE 802.11 系列标准。该标准系列定义了无线通信的物理（Physical，PHY）层和媒体访问控制（Media Access Control，MAC）层的规范。该协议于 1997 年发布，是无线网络技术发展历史上的一个里程碑。

WLAN 技术发展到今天，以其移动性强、组网灵活、成本低（设备价格低廉、频段免费）等优点，在日常生产、生活中得到了广泛的应用。随着用户需求的日益增长，IEEE 对 802.11 协议进行了相关改进，主要包括对传输速率及距离的改进，主要协议有 802.11a，802.11b，802.11g 和 802.11n 等；以及对业务 QoS 保障、安全性方面的改进，主要协议有 802.11e、802.11i（定义了严格的加密格式和鉴权机制，是无线网络的安全方面的补充）等。其中，部分标准之间的对比见表 4-1。

表 4-1 IEEE 802.11 标准

<table>
<tr><th>标准</th><th>IEEE 802.11</th><th>IEEE 802.11a</th><th>IEEE 802.11b</th><th>IEEE 802.11g</th><th>IEEE 802.11 其他</th></tr>
<tr><td>使用频段</td><td>2.4GHz</td><td>2.4GHz</td><td>5GHz</td><td>2.4GHz</td><td rowspan="9">IEEE 802.11e 标准对无线局域网 MAC 层协议提出改进，以支持多媒体传输，以支持所有无线局域网无线广播接口的服务质量保证 QoS 机制。IEEE 802.11f 定义访问节点之间的通信，支持 IEEE 802.11 的接入点互操作协议（IAPP）。IEEE 802.11h 用于 802.11a 的频谱管理技术</td></tr>
<tr><td>最高速率</td><td>2Mb/s</td><td>54Mb/s</td><td>11Mb/s</td><td>54Mb/s</td></tr>
<tr><td>物理层</td><td>DSSS/FHSS/IR</td><td>OFDM</td><td>DSSS(CCK)</td><td>PBCC/CCK-OFDM</td></tr>
<tr><td>网络拓扑</td><td colspan="4">Ad Hoc；Infrastructure</td></tr>
<tr><td>LLC 协议</td><td colspan="4">IEEE 802.11 LLC</td></tr>
<tr><td>MAC 协议</td><td colspan="4">IEEE 802.11 MAC 协议 (CSMA/CA)</td></tr>
<tr><td>传输距离</td><td>100m</td><td>30m</td><td>100m</td><td>100m</td></tr>
<tr><td>信道带宽</td><td>FHSS：75 个，每个 1MHz；DSSS：14 个，每个 22MHz</td><td>14 个，每个 22MHz</td><td>14 个，每个 22MHz</td><td>14 个，每个 22MHz</td></tr>
<tr><td>优点</td><td>IEEE 最初制定的无线局域网标准</td><td>频率干扰小，传输速率高</td><td>成本较低、工作稳定、技术成熟</td><td>传输速率高</td></tr>
<tr><td>缺点</td><td>速率低</td><td>成本高</td><td>速率低、频率干扰大</td><td>频率干扰较大</td></tr>
<tr><td>使用情况</td><td>很少</td><td>未普及</td><td>广泛使用</td><td>广泛使用</td><td>IEEE 802.11f 于 2006 年 2 月被 IEEE 批准撤销，IEEE 802.11h 兼容其他 5G 频段</td></tr>
</table>

为了传输速率的改善，IEEE 802.11n 支持多输入多输出技术（Multi-Input Multi-Output，MIMO）。基础速率提升到 72.2Mb/s，可以使用双倍带宽 40MHz，此时速率提升到 150Mb/s。IEEE 802.11ac 瞄准的是更高的传输速率，当使用多基站时将无线速率提高到至少 1Gb/s，将单信道速率提高到至少 500Mb/s。使用更高的无线带宽 (80 ～ 160MHz)，更多的 MIMO 流 (最多 8 条流)，更好的调制方式（QAM256）。IEEE 802.11 是个庞大的协议系列，随着 5G、LPWAN 等面向物联网网络应用的低功耗强势瞄准，近年有向低功耗、较低速率的新标准开拓的趋势。其无线局域网 WLAN 的拓扑结构有两种：集中式拓扑和分布对等式拓扑。

1. 基础集中式拓扑

基础结构中至少要有一个接入点（Access Point，AP）或者基站（Base Station，BS）负责中继所有的通信，该中心站点既负责各移动台（Station，STA）之间的通信，又具有桥接的作用负责各 STA 与有线网络的连接。一个 AP 或 BS 与其控制的无线通信范围内所有 STA 组成一个基本服务集（Basic Service Set，BSS），AP 或 BS 对 BSS 内所有移动台集中控制。由于 AP 对网络进行集中控制，在较大的网络负载时网络 QoS 不会急剧变化，且该拓扑结构路由简单，这是其优点所在。但是由于 AP 的集中控制，一旦 AP 发生故障会导致整个网络瘫痪。

2. 分布对等式拓扑

该结构也称无线自组织网络（Ad hoc Network）。在该拓扑结构中，所有 STA 之间的关系是对等的。STA 之间可以直接进行连接通信，而不需要 AP 或 BS 进行中继。对等式拓扑结构具有无中心节点、组网方便、拓扑结构灵活的特点，在临时组网、突发事件组网等方面应用广泛。

4.3.2 Ad hoc 网络结构

Ad hoc 网络是一种特殊用途的网络。IEEE 802.11 标准委员会采用了“Ad hoc 网络”一词来描述这种特殊的自组织、对等式、多跳移动网络。Ad hoc 网络的结构一般有平面结构和分级结构两种。

1. 平面结构

Ad hoc 网络结构中，所有节点完全平等。组网完全不依赖其他通信手段，只依靠 WSN 节点之间的 Ad hoc 互联形成的“无中心、自组织、多跳路由、动态拓扑”的网络，这和传感器网络初期用于军事用途（战场监控）有关。WSN 的形成步骤如下。

步骤 1：部署。WSN 节点可以根据被监控的环境需要灵活放置。

步骤 2：唤醒和自检测。WSN 节点被唤醒，自动配置。

步骤 3：自动识别和自组网。WSN 节点互相自动识别，通过学习相互的位置关系，自动组成 WSN。

步骤 4：建立路由和开始通信。基于自动形成的 WSN 网络拓扑和信道条件，自动建立路由和数据流向，并开始向外传送信息。

这种传统的 WSN 是针对最原始、最恶劣的部署环境和特殊用途设计的。也就是说，在部署的区域既无其他通信网络可以依靠，也无法人为地进行网络规划，假设 WSN 完全处于“孤立无援”的陌生环境，不得不完全“自配置、自识别、自组网、自路由”。这在某些特殊应用场景（如野外作业环境）是可行的组网方式，但在常规应用场景，这种“无中心”的自组织网络势必是低效率的。因此目前采用的 WSN 都引入了一定的中心控制的概念，即分级结构。

2. 分级结构

分级结构中，簇头节点负责簇间信息的转发。附近的若干个 WSN 节点形成一个“簇”，簇内各节点的信息汇聚到某一个节点——簇头节点，再通过簇头向上传送簇内收集到的信息。由于 WSN 节点的传输距离短，一个簇的规模不可能很大。而有线 IP 网络的覆盖又非常有限，很难保证在一个簇覆盖的范围内总能找到有线 IP 网络的接口，因此为了形成较大的 WSN，就必须在多个簇头之间再进行 Ad hoc 组网，这样就形成了分层的 WSN，如图 4-2 所示。美军在其战术互联网中使用的近期数字电台（Near Term Digital Radio，NTDR）组网时使用的就是这种双频分级结构。上层的簇头互联后，信息汇聚到更高一层的簇头向上传递，以此类推，直至某一个簇头进入了有线 IP 网络的覆盖范围，这个簇头就可以成为一个“WSN 网关”(Sink 节点)，将该 WSN 收集的所有信息回传到 IP 网络。

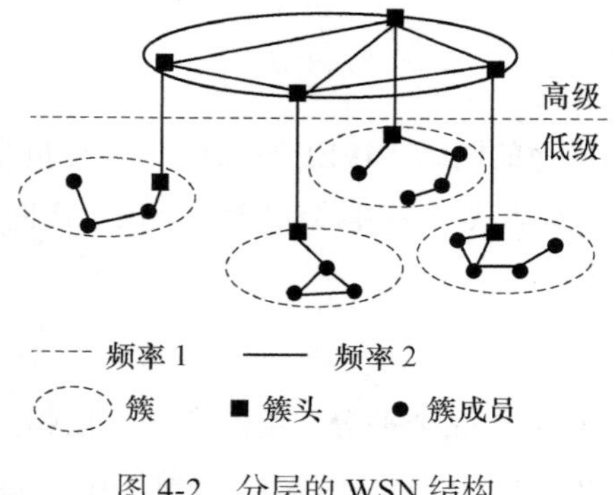

图 4-2 分层的 WSN 结构

3. 安全需求

Ad Hoc 网络的安全需求有如下一些方面。

其一，安全与隐私保护的需求，有可用性（Availability）、认证性（Authenticity）、机密性

（Confidentiality）、完整性（Integrity）、不可否认性（Nonrepudiation）、匿名性（Anonymity）、位置保密（Location Privacy）、信任（Trust）等。

其二，系统需求，有时间性（Timeliness）、隔离（Isolation）、低计算量（Lightweight Computations）、自稳定性（Self-Stability）、健壮性（Byzantine Robustness）等。

其三，感知环境安全需求，有密钥管理（Key Management）、授权（Authorization）、安全路由（Strategies of Routing Security）、访问控制（Access Control）等。

针对 Ad Hoc 网络安全需求的策略和机制，目前研究的内容有：轻量级加密、路由安全保障、密钥管理、身份认证、访问控制（分角色、分层级、分策略）、入侵检测等。

4.3.3 WSN 的接入方式

在上述的分层 WSN 结构的 Ad hoc 网络中，从理论上讲，只要逐层扩展就可以形成无限的 WSN 的规模，构成"无所不在"的泛在网络。但实际上，由于 WSN 本身的局限性，只靠 WSN 本身很难形成真正"无所不在"的覆盖。这些局限性表现在以下几个方面。

- WSN 层数增多带来的传输延迟的增大，不仅是每个簇头引入一定的处理时延，层和层之间由于共享相同的空中接口资源，很多情况下还必须采用时分复用的方式传输，更加剧了时延。
- 随着层数的增加，越来越多的信息汇聚到簇头，高层簇头的功耗和传输负载急剧增大，电池寿命缩短。
- 某些地区的有线 IP 网络覆盖能力有限，仅依靠无线多跳、Mesh 到达有线 IP 网络的边界不现实。
- 如果大量使用多跳和 Mesh 组网，则路由算法复杂。

为了降低时延、平衡负载、降低成本、简化路由，必须实现尽可能扁平的网络架构，减少层数、增加 WSN 网关 (Sink)，缩小每个 Sink 负担的范围。这又和 WSN 的覆盖范围相矛盾。因此单纯依靠 WSN 自身，WSN 和有线 IP 网络之间的覆盖缺口是很难弥合的。

根据应用场景的差异性，这里讨论两种方案。

1. 传统的网关接入

Mesh 网络的拓扑结构非常适合于工业自动化应用领域中的广域覆盖和低数据速率应用，以及商业、医疗监控、农业等。应用中可以通过网关节点接入以太网（IP 网），如图 4-3 所示，其中有三种节点：传感器节点、具有路由功能的传感器节点、网关节点。WSN 通过网关节点连接到 IP 网或者另一个 Mesh 网络。

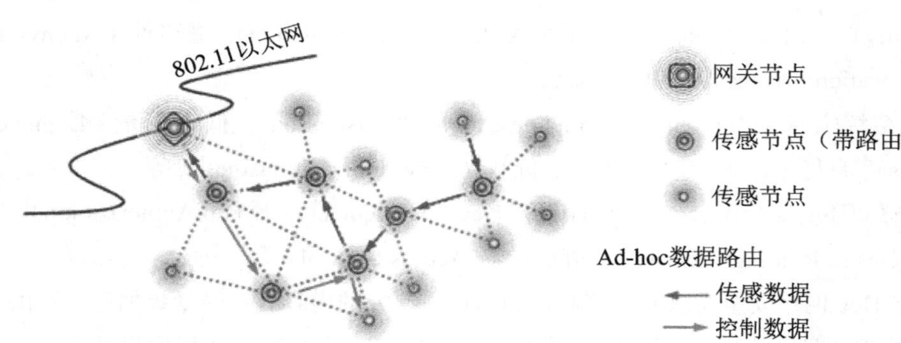

图 4-3　WSN 网络的网关接入

如 WSN 是基于 802.11 的以太网，管理员可以远程读取数据，数据走向如图 4-3 中所示绿色箭头。通过网状网络在一个特设的方式到网关和应用。大多数 WSN 支持双向通信，控制数据可以从网关发送到传感器 / 执行器，如图 4-3 中所示红色箭头。ZigBee 和 Z-Wave 协议也支持这种接入方式。

2. 异构接入

如图 4-4（b）所示，在 WSN 和有线 IP 网络之间插入一个中间层，这个层由双模的 WSN 网关（双模 Sink）构成，这些双模 Sink 向下可以充当 WSN 顶层的簇头，收集 WSN 汇聚的信息，向上可以等效为无线接入系统的终端，通过无线通信系统将 WSN 信息回传到有线 IP 网络。实际上，绝大多数的 WSN 应用场景总是可以找到蜂窝系统、宽带无线接入系统等无线通信系统，没有必要只依靠 WSN 自身完成回传。

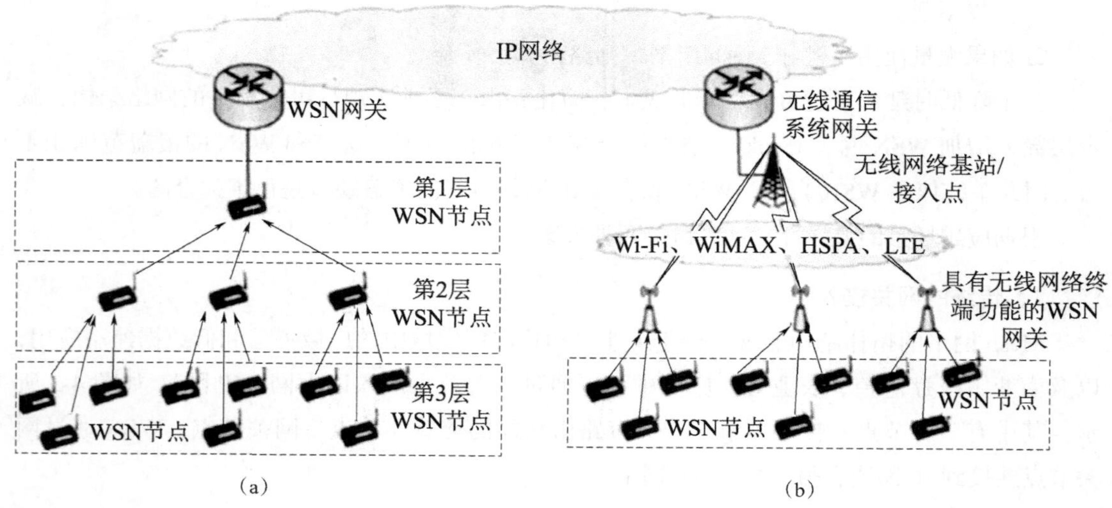

图 4-4　异构融合的 WSN 与传统 WSN 的比较

传统 WSN 完全依靠 WSN 节点自身的 Ad hoc 互联，形成多层汇聚的 WSN。如图 4-4 所示，WSN 还可以在汇聚 Sink 节点处通过无线的方式接入网络。近年来，宽带无线接入和宽带移动通信技术的发展为 WSN 与无线通信网的结合创造了条件，WiMAX、HSPA、EDGE、LTE 等多种通信制式均可提供 WSN 网关的回传路径。这种 WSN 架构相对传统的多层 WSN 架构具有如下优点。

- 减少 WSN 层数，构建扁平网络，实现低延迟监控和多模异构接入。
- WSN 网关数量的增加可以分散 WSN 网关负载，实现负载均衡。
- 利用宽带无线蜂窝网络的强大回传能力，实现多种接入方式互为备份。
- 控制多跳数量，尽量避免 Mesh（网格）连接，简化路由算法。
- 为 WSN 的低功耗广域网（LPWAN）接入创造条件。

如图 4-5 所示，可以由 WSN 节点通过有限的分层汇聚构成一定规模的 WSN 后，通过具有移动终端功能的 WSN 网关回传到移动通信系统。也可以由移动基站直接连接具有移动终端能力的传感器，此时这些传感器既是 WSN 节点，也是 WSN 网关。这种结构可以忽略 WSN 节点之间的自组网，支持高实时性的监控（视频级数据流量）应用。

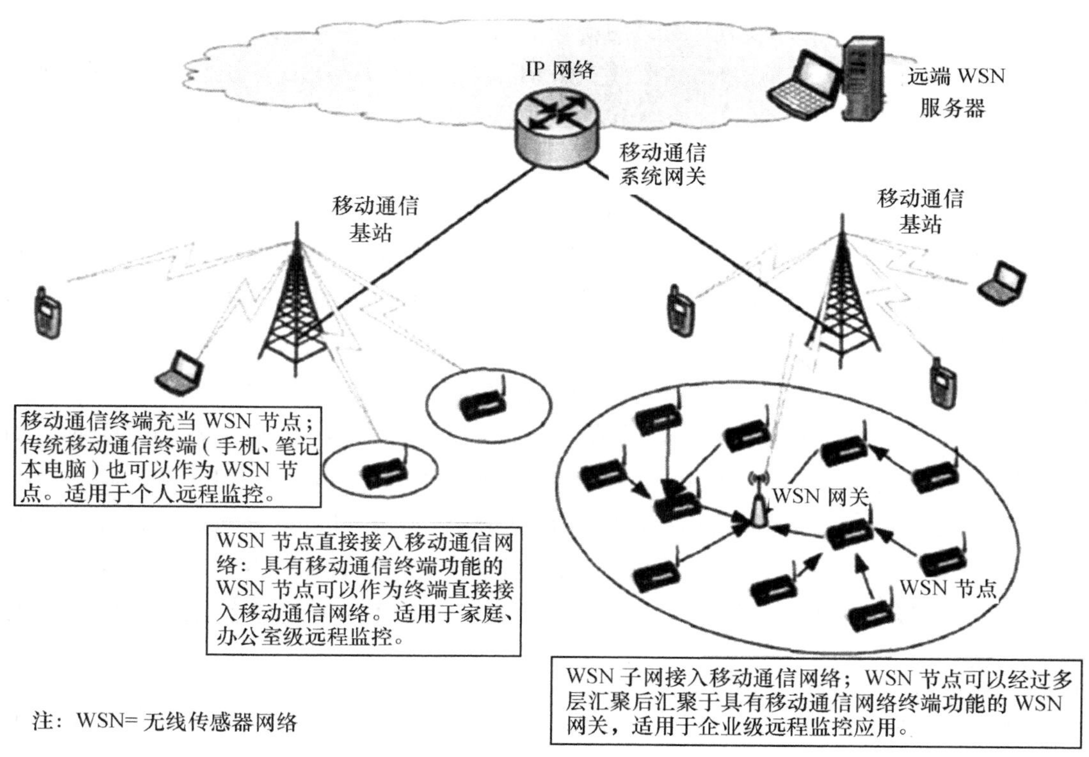

图 4-5　与移动通信网络结合的 WSN

为了满足泛在移动接入，也有其他的解决办法，例如，Wi-Fi 能够像蜂窝网络一样实现终端漫游和与 6LoWPAN 接入融合，也许未来 5G 中规划的 Cat.0（物联网标准）将与 WSN 接入模块兼容或双模，各种有利于网络融合的技术和产品会伴随物联网的成长而出现。

4.3.4 Wi-Fi 与 IEEE 802.11p

Wi-Fi（Wireless Fidelity）是一种可以将个人计算机、手持设备（手机、平板、PDA 等）终端以无线的方式互相连接的短距离无线通信技术。它是由 Wi-Fi 联盟（Wi-Fi Alliance）持有的一个无线网络通信技术的品牌。Wi-Fi 早期指的是 IEEE 802.11b 标准，属于当今广泛使用的一种短距离无线通信技术。短距离无线通信是指在较小的范围或者较小的区域内提供的无线传输通信技术。Wi-Fi 原本定位是以太网的一种无线扩展，随着技术的发展，以及 IEEE 802.11a 和 IEEE 802.11g 等标准的出现，现在 IEEE 802.11 这个标准已经被统称作 Wi-Fi。

只要用户位于一个接入点四周的一定区域内，Wi-Fi 理论上就能以最高的速率接入互联网。实际上，如果有多个用户同时通过一个点接入，带宽将被多个用户分享。随着 Wi-Fi 协议新版本的先后推出，Wi-Fi 的应用将越来越广泛。从应用层面来说，要使用 Wi-Fi，用户首先要有 Wi-Fi 兼容的用户端装置。常见的就是 Wi-Fi 无线路由器，在无线路由器电波覆盖的有效范围内都可以用 Wi-Fi 连接方式联网，如果无线路由器以 ADSL 等方式上网，则又被称为“热点”。IEEE 802.11n 将传输速率由 802.11a 及 802.11g 提供的 54Mb/s、108Mb/s，提高到 300Mb/s 甚至高达 600Mb/s。

Wi-Fi 在汽车通信方向有一个延伸版本 DSRC（Dedicated Short Range Communications，专用短程通信技术）[①]，它们有着共同的底层技术标准。中国自主研发的双片式 ETC 系统中，应用了 DSRC 技术，并且该技术在新一代智能交通控制网中具有很强的网络承载潜力。利用无线通信标准 DSRC，可实现路边到汽车和汽车到汽车的公共安全和私人活动通信的短距离的通信服务。DSRC 最初的设定是在 300m 距离内能有 6Mb/s 的传输速率。

汽车在能够与路上相遇的汽车通信前，不能容忍长时间的建立连接而产生的延时，加上飞速行驶的汽车和复杂的道路状况给物理层带来了很大的挑战。在 IEEE 802.11 协议中，DSRC 被认为是 IEEE 802.11p（也称 WAVE，即 Wireless Access in the Vehicular Environment，车载环境中的无线接入），但是它并不是一个完全独立的协议，而是 IEEE 802.11 协议的扩展协议[②]。它符合智能交通系统（ITS）的相关应用。应用层面包括高速车辆之间以及车辆与

---

① 在 ETC 系统中，OBU 采用 DSRC 技术，建立与 RSU 之间的微波通信链路，在车辆行进途中，在不停车的情况下，实现车辆身份识别、电子扣费，实现不停车、免取卡，建立无人值守车辆通道。在高速公路收费或者在车场管理中，都采用 DSRC 技术实现不停车快速车道。

② IEEE Std. 802.11—2007, Part 11: Wireless LAN Medium Access Control (MAC) and Physical Layer (PHY) Specifications.

ITS 路边基础设施（5.9kMHz 频段）之间的数据交换。

IEEE 802.11p 标准主要是解决快速连接高频率切换问题和新的安全问题[①]。该协议的意义如下。

（1）通过与 WAVE 相符的工作站设计所需的功能和服务，即在迅速变化的环境下运行和交换信息不必像在传统 IEEE 802.11 中要加入基本服务集（BSS）。

（2）定义 WAVE 发信号技术和分界功能受限于 IEEE 802.11 的 MAC 层。

从技术上来看，IEEE 802.11p 对 IEEE 802.11 进行了多项针对汽车这样的特殊环境的改进，如热点间切换更先进、更支持移动环境、增强了安全性、加强了身份认证等。其在 3G 时代的应用场景见图 4-6。

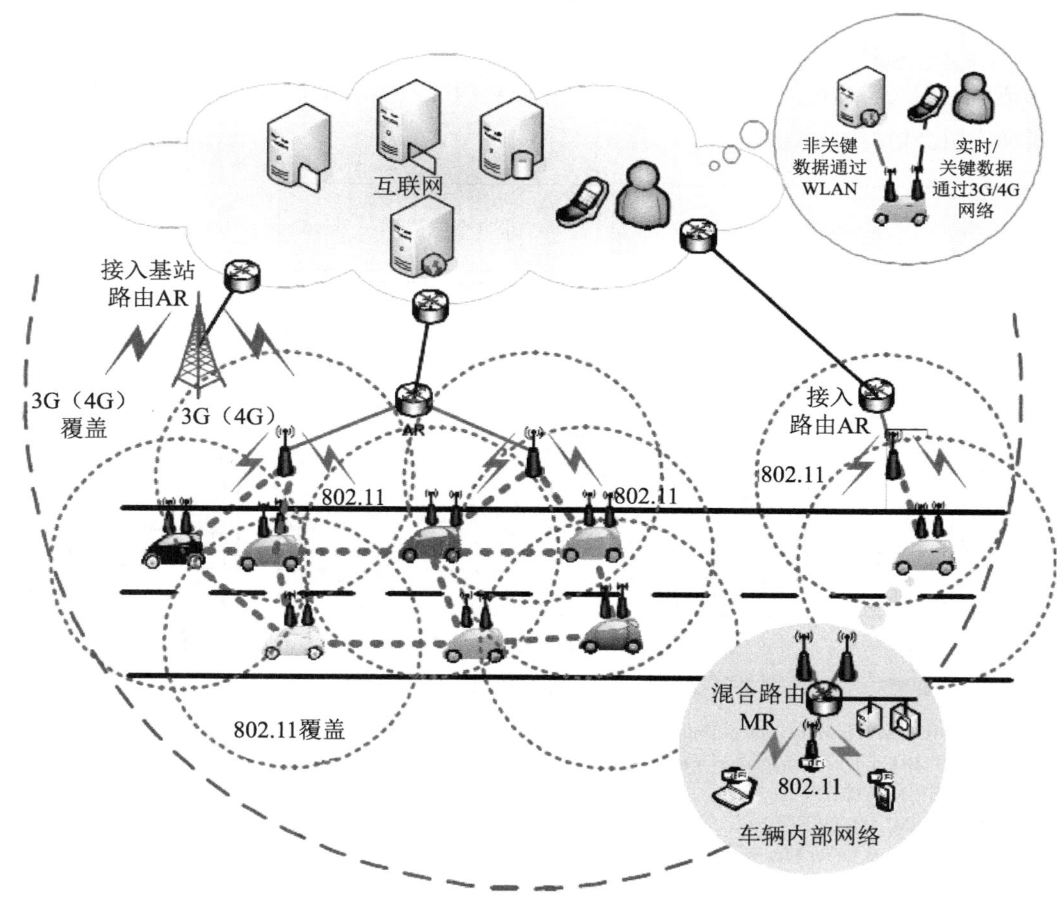

图 4-6　IEEE 802.11p 的接入示意图

① http://bbs.c114.net/thread-824022-1-1.html.

1. DSRC 的架构

DSRC 的频谱由 7 个带宽为 10MHz 的信道组成，其中，控制信道 CCH（Ch178 信道）只用于安全通信。其两边的信道（Ch176 和 Ch180 信道）用作特殊用途，其余的信道都是用于车载安全和非安全方面的服务信道。

根据 ISO/OSI 的 7 层模型的划分，从图 4-7（a）可以看出，IEEE 802.11p WAVE 只是涉及 DSRC 协议中所有层中的一小部分，其中，底三层分别对应图 4-7（b）中的 1a、1b、2a 层。该协议被 IEEE 802.11 限制了工作范围，它严格地规定了 MAC 和 PHY 标准，意味着其工作在单逻辑信道。

IEEE 1609 标准则是基于 IEEE 802.11p 通信协议的上层应用标准，DSRC 的信道设计和操作都是由 IEEE 1609[①]标准来控制的，具体来说，IEEE 1609.3 标准控制 WAVE 的连接设置和管理[②]。IEEE 1609.4 工作在 IEEE 802.11p 的上层[③]，不需要了解物理层的参数，就能通过多信道使上面几层运行。由图 4-7（b）可见，除物理层的协议和 IEEE 1609 之外，SAE 还定义了和应用层相关的 SAEJ2735。

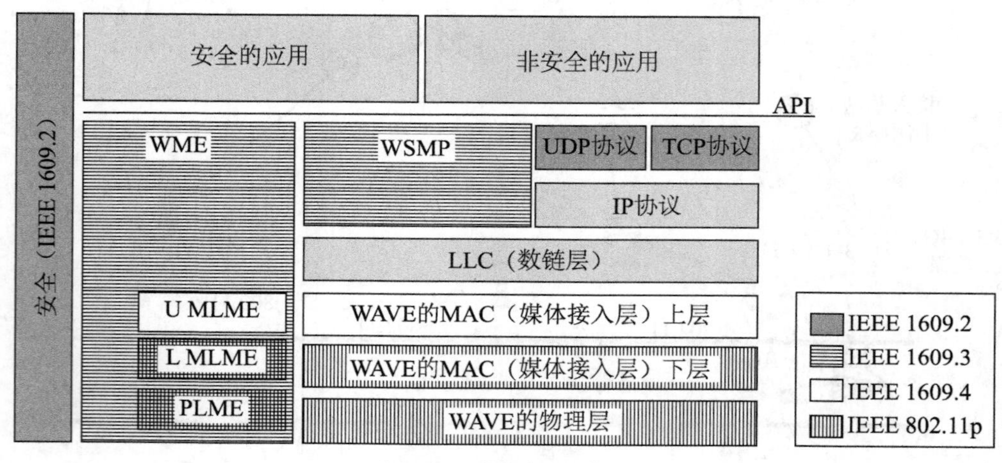

（a）DSRC 的标准和通信栈

图 4-7　DSRC 协议与 IEEE 802.11p WAVE

注：WME（WAVE Management Entity）：WAVE（1609.3 定义的车载无线通信标准的简称）的管理实体
MLME（MAC Layer Management Entity）：物理层管理实体
U MLME：MLME 的上层
L MLME：MLME 的下层
PLME（Physical Layer Management Entity）：系统管理实体
WSMP（WAVE Short Messages Protocol）：WAVE 短消息协议

① IEEE 1609 的 4 个部分和 IEEE 802.11p 的关系．http://blog.csdn.net/spacecraft/article/details/41210491．

② IEEE 1609.3—2007．WAVE Networking Services．

③ 金纯，柳兴，万宝红，等．IEEE 802.11p：车载环境下的无线局域网．通信技术，2009，01．

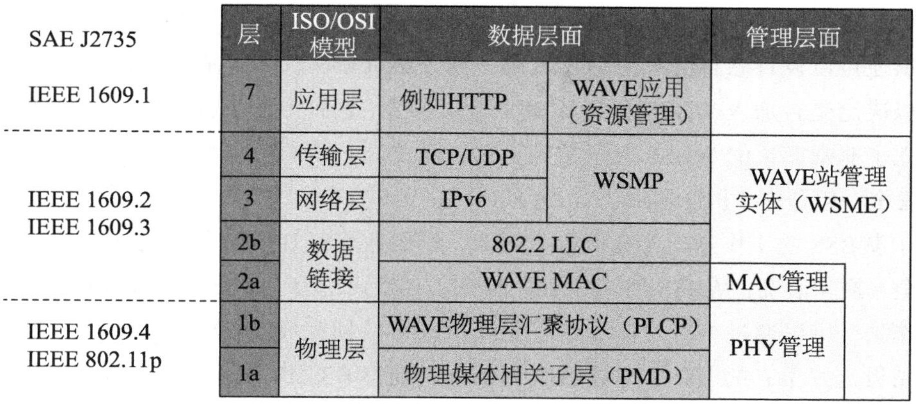

标准	层	ISO/OSI模型	数据层面		管理层面
SAE J2735 IEEE 1609.1	7	应用层	例如HTTP	WAVE应用（资源管理）	
IEEE 1609.2 IEEE 1609.3	4	传输层	TCP/UDP	WSMP	WAVE站管理实体（WSME）
	3	网络层	IPv6		
	2b	数据链接	802.2 LLC		
	2a		WAVE MAC		MAC管理
IEEE 1609.4 IEEE 802.11p	1b	物理层	WAVE物理层汇聚协议（PLCP）		PHY管理
	1a		物理媒体相关子层（PMD）		

（b）IEEE 802.11p WAVE 在 7 层模型中的位置

图 4-7　DSRC 协议与 IEEE 802.11p WAVE（续）

2. IEEE 802.11p 的 MAC 层

IEEE 802.11 的 MAC 是建立和保持无线通信的工作组，它只使用单一的传送队列。这种无线通信是免费地在它们中间进行通信，但是所有的外部传送都会有消息的遗漏。很多协议机制都是在基本服务集工作组（BSS）里提供安全和有效通信。

IEEE 802.11p 改善 IEEE 802.11 的 MAC 层的主要目的就是让通信工作组非常有效率，并且不需要建立在当前 IEEE 802.11 的 MAC 层之上。也就是说，为确保汽车自组织网的通信而建立的简单 BSS[①]业务。传统的 BSS 不但不能建立安全的通信和服务，而且非常昂贵。用传统 Wi-Fi 建立连接很难给靠近路边工作站的汽车在几秒内提供像下载电子地图的服务，因为汽车在它覆盖范围内所呆的时间都很短。

IEEE 802.11 的 MAC 层设计的操作用在 IEEE 802.11p 上要消耗很多的时间，汽车安全通信既要求即时交换消息的能力，又要求 BSS 航标不提供信道扫描，并且建立多路径连接的通信。试想象下，若有两辆汽车相向而行，那么给它们的通信时间由它们的行驶速度决定。因此，IEEE 802.11p 的实质是默认在相同信道设置相同基本服务集标识符（BSSID）的方法来进行安全通信。关键是在 WAVE 的模式上进行了改善。工作站的 WAVE 模式不需要预先加入到 BSS 中，而是在发送和接收数据帧中加入有价值的通配符 BSSID。这意味着，在同样的信道使用通配符 BSSID 能让两辆汽车不需要任何其他的操作马上就可以在彼此之间进行通信。

① WAVE 标准引入了一个新的 BSS 类型——WBSS（WAVE BSS），工作站窗体 WBSS 首先发送一个请求航标，WAVE 工作站使用这个不需要被周期性回复且合法的帧作请求航标，提醒使用者 WAVE BSS 可以为它们服务，这样就建立了可使用的 IEEE 802.11 上层机制。

接收站包括所有必需的资料来了解 WBSS 提供的服务，从而决定是否要与其建立连接，这些资料还可以设置它自己成为 WBSS 的一员。也就是说，工作站只在收到 WAVE 的广播后就可以决定是否加入 WBSS 和与 WBSS 建立连接。这种方法丢弃了所有的交接和核实过程，建立了非常简单的 WBSS 上层结构。它还需要进一步的机制为上层管理 WBSS 工作组时提供安全，但是这个机制超出了 IEEE 802.11 的范围。

属于 WBSS 的工作站支持通配符 BSSID，扩展通配符 BSSID 的使用主要是能给 WAVE 带来安全。换句话说，WBSS 的工作站属于 WAVE 模式，为了在安全的前提下收到所有的相邻的工作站，可以通过一直发送带有通配符 BSSID 的帧完成。同样，已经处于 WBSS 状态的工作站设定好了它的 BSSID，能够收到带有通配符 BSSID 的其他外部的 WBSS。通配符 BSSID 的收发数据帧不仅可以安全通信，而且可以在将来自组织网（Ad hoc）环境下的高层协议支持传输信号。

DS（分布式服务）是为 WAVE 设计的，把“To DS”和“From DS”位设为“1”就可以传送数据帧，但是在 WAVE BSS 的无线通信中发送和接收带通配符 BSSID 的数据帧可能会使问题复杂化。只要数据帧的通配符 BSSID 的“To DS”和“From DS”位设为“0”就可以限制发送数据帧。也就是说，在 WAVE BSS 状态下，无线通信需要发送一个识别 BSSID 的数据帧才能进入分布式服务。

WAVE 的 MAC 层的主要变化如下。

- 不管在 WAVE 模式的工作站是否加入 WAVE BSS，只要通配符 BSSID 的“To DS”和“From DS”位设为“0”，就可以收发数据帧。
- 在用相同的 BSSID 通信的 WAVE 模式中，WBSS 是由一组协作工作站组成的一个典型的 BSS。
- 当把收发数据帧同 BSSID 定义为 WBSS 时，这种无线通信就加入了 WBSS。相反，当 MAC 停止使用 WBSS 的 BSSID 发送和接收数据帧时，它将失去 WBSS。
- 工作站不能同时加入几个 WBSS，在 WAVE 模式下的工作站不能加入 BSS 或者独立基本服务集 IBSS，也不能主动或被动地扫描，更不能使用 MAC 认证。
- 如果 WBSS 没有成员将不会存在，建立 WBSS 后最开始的无线电波与其他成员没什么不同。因此，原始的无线电波不再是 WBSS 的成员后，WBSS 还能继续工作。

3. IEEE 802.11p 的物理层

IEEE 802.11p 是基于正交频分复用（OFDM）的，它的 OFDM 是 IEEE 802.11a 标准的扩展。IEEE 802.11a 的 OFDM 有 64 个副载波，每个带宽为 20MHz 的信道由 64 个副载波中的 52 个副载波组成。其中，4 个副载波充当导频，用以监控频率偏置和相位偏置，其余 48 个副载波则是用来传递数据。在每个物理层数据包的头文件中都有短序列符和长序列符，用来做信号侦查、频率偏置估计、时间同步和信道判断。为了应对衰落信道，在调整到载波之前对信息位采用隔行扫描编码。其物理层对信号的处理和规范与 IEEE 802.11a 基本相似，它们的不同处如下。

- 工作频率在 5GHz 附近，75MHz 被划分为 7 个 10MHz 的信道，频率最低的 5MHz 作安全空白。中间的信道是控制信道，它所有有关安全的信息都是广播消息。保留用于服务的信道，相邻的两个信道通过协商后可以当作一个 20MHz 的信道使用，但其通信的优先级别要低些。
- 为了在车载环境下进行更大范围的通信，其定义了最高的有效等向辐射功率（EIRP）44.8dBm（30W），最大限度地让汽车处理紧急事件，典型的与安全相关信息的有效等向辐射功率为 33dBm。
- 在车载环境下为了增加对信号多路径传播的承受能力，使用 10MHz 频率的带宽。减少带宽使得物理层的参数是 IEEE 802.11a 的两倍。另一方面，使用比较小的带宽减少了多普勒的散射效应，两倍的警戒间隔减少了多路径传输引起的码间干扰。
- 结果导致物理层的数据传输速率减小了一半。

分布在路上的汽车通信难免有很多相交信道的干扰，这意味着，两辆相邻的汽车（每辆汽车分别在两个相邻的车道里）使用两个相邻的信道可能会出现彼此干扰的现象。例如，汽车 A 用 176 信道传输信号时可能会干扰和阻止在相邻车道里的汽车 B 收到从 200m 远的汽车 C 通过 178 信道发送来的安全信息。交叉信道干扰是人们了解的无线通信特性。信道管理政策是最有效力又能彻底地解决这一被关注的问题的解决方案，但是它已经超出了 IEEE 802.11 的范围。不过，IEEE 802.11p 提出了一些在相同信道里改善接收器性能的要求，例如，让芯片制造商理解这一要求，并强制它们去实行；或者是让信道更严格和具备更多的选择性。

4.3.5　Wi-Fi 的物联网趋势

2016 年 2 月 24 日，美国华盛顿大学的计算机科学家和工程师宣布，已找到一种方式，使 Wi-Fi 信号传输的功耗降低至传统方式的万分之一[①]。其最大特点是能耗不到当前 Wi-Fi 的万分之一。这项技术名为“Passive Wi-Fi”（被动 Wi-Fi），与当前我们使用的路由器几乎没什么两样，只是更节能。例如，当前路由器的发射功率为 100mW，Passive Wi-Fi 路由器的发射功率为 10 ～ 50μW，仅为路由器的万分之一。

新 Wi-Fi 技术的工作原理类似于 RFID 芯片，利用的是电磁的后向反射通信技术。当前的 Wi-Fi 技术通过消耗电力来提供信号；而这项技术不同，它会选择性地反射无线电波，还

---

① http://www.eepw.com.cn/article/201602/287382.htm.

能从电波中“吸取”供电能量。

现在，移动运营商开始运营他们自己的 Wi-Fi 网络，并开始提供对第三方热点的访问权；但是，用户绝不满足于在登录非签约运营商所运营的 Wi-Fi 网络时，查看附近的网络列表，然后再输入自己的用户名和密码。人们更希望在实现漫游之后，Wi-Fi 能够与蜂窝一起在移动网络中发挥更大的作用，为用户带来所需要的更高容量和更高速度连接。

设想让智能手机、平板计算机和其他移动设备能够在 Wi-Fi 热点间实现顺畅漫游，就如同这些设备从一个蜂窝网络漫游到另外一个蜂窝网络一样平滑顺畅。GSMA 和 WBA 的共同目标是消除移动用户在接入 Wi-Fi 网络时的手动操作环节，实现漫游。尽管在实现漫游所需要做的工作上——例如网络选择、用户认证和计费等，Wi-Fi 和蜂窝网有着不同的技术。GSMA 和 WBA 从 2012 年开始着手解决这些差异。

比起现在的 3G 和 4G 网络，未来的 5G 网络将能够提供约 1000 ～ 5000 倍的网络容量；峰值速率将达 10 ～ 100Gb/s；而延迟更低（从现在的 40 ～ 60ms 降为 1 ～ 10ms）。其另一个目标是允许移动用户无缝移动于 5G、4G 和 Wi-Fi 之间，Wi-Fi 与蜂窝网络的充分集成，是为了支持城市环境中与日俱增的设备连接数量和数据速率需求，以及越来越密集的移动接入、小单元规格（cell-size）异构接入、无线接入技术（multi-RATs）等不同的连接规格[①]。

Wi-Fi 漫游的需求，发展到今天，已经由人延伸到“物”，LTE-U 应运而生。未来 5G 应用场景中，移动终端将能够在蜂窝与 Wi-Fi 网络间畅游，而不仅是 Wi-Fi 的漫游。如上所述，移动运营商和 Wi-Fi 热点提供商从 3G 时代就组成合作团队，考虑制定在两种网络设备之间自动迁移的细节。

而现在，Wi-Fi 与 LTE-A（LTE-Advanced）的技术聚合趋势体现在两方面：一方面，通过连接的引擎打通二者，以实现更好的体验；另一方面，通过共存性管理器，可消除两种技术的干扰，从而让语音等数据在两种技术中传输。于是，面向 4.5G（LTE-A Pro）的 LTE-U（LTE-Unlicensed）正承担起融合 Wi-Fi 与 LTE 的任务。LTE-U 一般是指利用未授权的 Wi-Fi 5GHz 频段来提升 LTE 的传输速度，属于小型基站策略的一部分。它的信号收发与 Wi-Fi 相差不大，但是不像传统频段那样需要政府批准，有相当大的发展空间。2016 年，美国联邦通信委员会 (FCC) 正式批准高通、Verizon 开始进行 LTE-U 未授权频谱的相关测试，LTE-U/LAA(Licensed-Assisted Access) 的参考验证方案也已经出现。LTE-U 将放在 M2M 一节中和 LTE-M 等一同讨论。

---

① Ovidiu Vermesan. Peter Friess. Digitising the Industry Internet of Things Connecting the Physical, Digital and Virtual Worlds. RIVER PUBLISHERS SERIES IN COMMUNICATIONS，2016，49：86.

4.4 升级中的 IEEE 802.15.4 系列

IEEE 标准委员会在 2000 年 12 月份正式批准并成立了 802.15.4 工作组，任务就是开发一个低速率的无线个域网 WPAN(LR_PAN) 标准，它具有复杂度低、功耗很小的特点，能在低成本的设备之间进行低数据率的传输。IEEE 802.15.4 主要工作在 2.4GHz 和 868/928MHz，是一种经济、高效、低数据速率（<250kb/s）的无线技术。作为 WSN 实现的重要代表，ZigBee（IEEE 802.15.4）技术在监测和控制方面的应用较为广泛。IEEE 802.15.4 当前研究的是 802.15.4e（MAC 层改进）、802.15.4f（主动式 RFID 改进）、802.15.4g（电力应用物理层改进）等工作。

4.4.1 IEEE 802.15.4 简介

IEEE 802.15.4 标准体系结构如图 4-8 所示。IEEE 802.15.4 定义的是 PHY 层和 MAC 层，PHY 子层包含射频（RF）模块和物理层控制机制；MAC 子层提供物理信道的访问控制方式以及帧的封装。在 MAC 子层上面，提供与上层的接口，可以直接与网络层连接，或者通过中间子层——SSCS 和 LLC 实现连接。

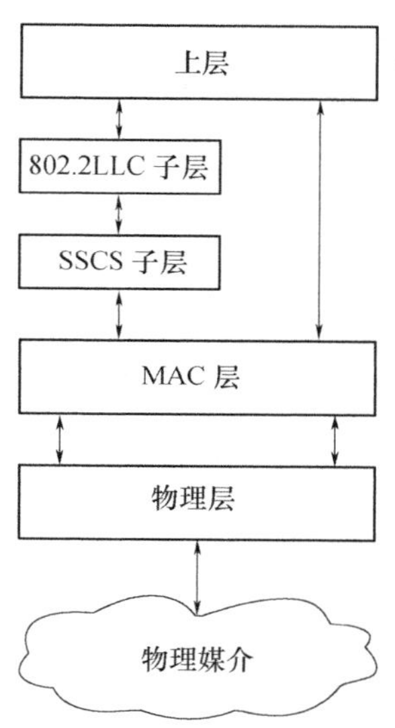

图 4-8　IEEE 802.15.4 标准体系结构

IEEE 802.15.4 定义了两个物理层标准，分别是 2.4GHz 物理层和 868/915MHz 物理层。两个物理层都基于直接序列扩频（DSSS），使用相同的物理层数据包格式，区别在于工作频率、调制技术、扩频码片长度和传输速率。2.4GHz 频段为全球统一的无须申请的 ISM 频段，有助于低功耗无线设备的推广和生产成本的降低。2.4GHz 频段有 16 个信道，能够提供 250 kb/s 的传输速率；868 MHz 是欧洲的 ISM 频段，915MHz 是美国的 ISM 频段，这两个频段的引入避免了 2.4GHz 附近各种无线通信设备的相互干扰。868 MHz 频段只有一个信道，传输速率为 20kb/s；915MHz 频段有 10 个信道，传输速率为 40kb/s。由于这两个频段上无线信号传播损耗较小，因此可以降低对接收机灵敏度的要求，获得较远的有效通信距离，从而可以用较少的设备覆盖给定的区域。

2.4GHz 频段物理层采用的是 O-QPSK 调制，868/915MHz 频段采用 BPSK 调制。另外，MAC 层采用 CSMA-CA 机制，同时为需要固定带宽的通信业务预留了专用时隙（GTS），避免了发送数据时的竞争和冲突。这些都有效提高了传输的可靠性。

1. IEEE 802.15.4 网络

一个符合 IEEE 802.15.4 标准的系统由多个模块组成，其中最基本的就是 Device，即常见的终端或者终端节点。IEEE 802.15.4 有两种类型的 Device：RFD（Reduced-Function Device）和 FFD(Full-Function Device)。多个在同一信道上的 Device 组成一个 WPAN，其中，一个 WPAN 需要至少一个 FFD 来充当 PAN Coordinator 的角色。Coordinator 指一个经过特别配置的全功能设备（FFD）(典型的情况是一个簇状网络的簇首节点)，该设备通过定期发送 Beacon（信标帧），来向其他终端设备提供同步服务。如果该 Coordinator 是一个 PAN 内的主控制器，该 Coordinator 就被称为 PAN Coordinator，即协调者（与常见局域网中的服务器类似）。

根据应用的不同，IEEE 802.15.4 支持两种拓扑：单跳星状和多跳对等拓扑。星状拓扑由一个充当中央控制器的 PAN Coordinator 和一系列的 FFD 和 RFD 组成。网络中的 Device 可以使用唯一的 64 位长地址，也可以使用 PAN Coordinator 分配的 16 位短地址。在这种拓扑中，除了 PAN Coordinator 以外的 Device 大部分都由电池供电，且只与 PAN Coordinator 通信，星状拓扑实现较为简单，可以最大限度地节省 FFD 和 RFD 的能量消耗。

P2P 拓扑（也称对等拓扑或者点对点拓扑）也需要一个 PAN Coordinator，但与星状拓扑不同的是，对等拓扑中的每个 Device 均可与在其范围内的其他 Device 进行通信。对等拓扑允许实现更复杂的网络构成，如树状拓扑、网状拓扑等。同时，在网络层支持的情况下，对等拓扑还可以实现 Device 间的多跳路由。

一个 LR-WPAN Device 遵循 OSI 的 7 层模型，IEEE 802.15.4 标准定义了其中的两层，即 PHY 层和 MAC 子层。这两层以上部分 IEEE 802.15.4 中并没有定义，用户可以使用各种技术来实现。接下来详述的 ZigBee 和 6LoWPAN 就是其上层应用规范的两种实现形式。

IEEE 802.15.4 网络可以工作在两种不同的模式：Beacon-enabled（信标使能）模式和 Nonbeacon-enabled（无信标使能）模式。在 Beacon-enabled 模式中，Coordinator 定期广播 Beacon，以达到相关 Device 实现同步及其他目的。在 Nonbeacon-enabled 模式中，Coordinator 不采用定期广播 Beacon 的方式，而是在 Device 主动向它请求 Beacon 时再向它单播 Beacon。

在 IEEE 802.15.4 中，有三种不同的数据传输流：从 Device 到 Coordinator；从 Coordinator 到 Device；在对等网络中从一方到另一方。为了实现低功耗，又把数据传输分为以下三种方式。

- 直接数据传输：这适用于以上所有三种数据转移。采用非时隙 CSMA-CA（多路载波侦听－冲突避免）还是时隙 CSMA-CA 的数据传输方式，要视使用模式是 Beacon-enabled 模式还是 Nonbeacon-enabled 模式而定。

- 间接数据传输：这仅适用于从 Coordinator 到 Device 的数据传输。在这种方式中，数据帧由 Coordinator 保存在事务处理队列中，等待相应的 Device 来提取。通过检查来自 Coordinator 的 Beacon 帧，Device 就能发现在事务处理队列中是否挂有一个属于它的数据分组。在确定有属于自己的数据时，Device 使用非时隙 CSMA-CA 或时隙 CSMA-CA 来进行数据传输。
- 有保证时隙（GTS）数据传输：适用于 Device 与其 Coordinator 之间的数据传输。在 GTS 传输中不需要 CSMA-CA。低功耗方面，IEEE 802.15.4 在数据传输过程中引入了多种延长 Device 电池寿命或节省功率的机制。多数机制是基于 Beacon-enabled 模式的，主要是限制 Device 或 Coordinator 收发器的开通时间，或者在无数据传输时使它们处于休眠状态。

IEEE 802.15.4 基于安全性考虑，在数据传输中提供了三种安全模式。第一种是无安全性方式，这是考虑到某些安全性并不重要或者上层已经提供了安全保护的应用。当处于第二种安全模式时，器件可以使用访问控制列表（ACL）来防止外来节点非法获取数据，在这一级不采取加密措施。第三种安全模式在数据传输中使用高级加密标准（AES）进行对称加密保护。

2. IEEE 802.15.4 的技术特点

IEEE 802.15.4 标准的主要特点如下。

- 低耗电量。一般运行 802.15.4 的节点都要求使用低功耗的硬件设备，一般使用电池供电。节点通常具有休眠模式。
- 低速率。数据传输率低，对于 2.4GHz、868MHz、915MHz 三个频段，分别对应三种速率，即 250kb/s(2.4GHz)，20kb/s(868MHz)，40kb/s(915MHz)。
- 低成本。一般采用硬件资源非常有限的底端嵌入式设备或者更小的特殊设备。
- 拓扑简单。网络拓扑结构丰富，支持星状拓扑和点对点拓扑两种基本拓扑结构，并支持两种基本拓扑的混合组网，例如，星状网络、树状网络以及 Mesh 网络，可以在拓扑中进行多跳路由的操作。
- 多设备类型。一般称为全功能设备（FFD）和有限功能（RFD）设备。FDF 功能比较强大，适合星状拓扑和点对点拓扑，可与 RDF 和 FDF 直接通信；RFD 用于星状拓扑，只能和 FDF 直接通信，功能简单，只需极少的计算和存储资源。
- 允许传输的报文长度较短。MAC 层允许的最大报文长度为 127B，除去 MAC 头部 25B 后，仅剩下 102B 的 MAC 数据。如果在 MAC 中加入安全机制，则另外需要最大 21B 的安全相关字段，因此提供给上层的报文长度将仅剩下 81B。
- 支持两种地址。长度为 64b 的标准 EUI-64 长 MAC 地址以及长度仅为 16b 的短 MAC 地址，可以视协议实现选用两种地址。

- 低开销。通常无线节点上都会附着某些传感器（如温度传感器、湿度传感器等），而控制这类传感器所采用的 MCU（无线微控制器）通常都是低速率的，内存空间也相当有限。
- 多模式。MAC 层定义了两种传输模式，一种是同步模式（信标使能模式），另外一种是非同步模式（信标不使能模式）。非同步模式简单来说就是直接使用 CSMA-CA 机制，避免传输碰撞，而同步模式则通过超帧结构进行同步，采用基于时隙的 CSMA-CA 机制，可使不工作的设备进入低功耗的睡眠状态，有效地节约电能。

4.4.2 ZigBee 技术

1. ZigBee 与 IEEE 802.15.4

ZigBee 联盟是 IEEE 802.15.4 协议的市场推广和兼容性认证组织。2002 年 8 月，由美国摩托罗拉、英国 Invensys 公司和荷兰飞利浦等发起组成了 ZigBee 联盟。

ZigBee 联盟 /IEEE 802.15.4 是国际上最早、最成熟的传感器网络标准，其中，ZigBee 联盟定义了无线传感器网络与应用层标准，IEEE 802.15.4 定义了无线传感器网络的物理层和 MAC 层标准。ZigBee Alliance 工作组包括协议栈规范、Stack Profile、ZigBee Cluster Library、Application Profile、测试规范、网关规范等。

由于 IEEE 802.15.4 标准并没有为网络层和应用层等高层通信协议建立标准，为了保证采用 IEEE 802.15.4 标准的设备间的互操作性，必须对这些高层协议的行为做出规定。

ZigBee 联盟的任务就是开发这些规范。ZigBee 联盟是一个由芯片制造商、OEM 厂商、服务提供商即无线传感器市场的客户组成的工业联盟，联盟中的大部分成员都曾经参加过 IEEE 802.15.4 标准的开发。除了制定上层规范，联盟还负责基于 IEEE 802.15.4 的产品的市场开发及兼容性管理，这与 Wi-Fi 联盟同 IEEE 802.11 WLAN 标准之间的关系类似。ZigBee 网络规范的第一版于 2004 年上半年完成，它支持星状和点对点的网络拓扑结构，并提出了第一个应用原型。其第二版于 2006 年年底推出，它进一步支持现在在工业领域应用非常广泛的网状（Mesh）网络，对第一版进行了全方位的改进和提高，在低功耗、高可靠性等方面，有了全面进步。随着无线传感器网络应用领域的不断发展，ZigBee 联盟也在不断改进，推出支持新功能的协议栈和应用原型。ZigBee 联盟也已将 IPv6 over ZigBee 列入了开发进程中。

2. ZigBee 的技术标准规范

ZigBee 是一种短距离、低功耗、低速率的无线网络技术，主要用于近距离无线连接，是一种介于蓝牙和无线标记之间的技术。ZigBee 是基于 IEEE 802.15.4 无线标准研制开发的，有关组网、安全和应用软件方面的技术，是 IEEE 无线个人区域网（Personal Area Network，

PAN）工作组的一项标准。IEEE 802.15.4 仅处理 MAC 层和物理层协议，ZigBee 联盟对其网络层协议和 API 进行了标准化。由 ZigBee 联盟所主导的标准的 ZigBee，定义了网络层（Network Layer）、安全层（Security Layer）、应用层（Application Layer）以及各种应用产品的资料（Profile）。

ZigBee 在中国被译为“紫蜂”，主要用于短距离范围、低数据传输速率的各种电子设备之间的无线通信技术，经过多年的发展，其技术体系已相对成熟，并已形成了一定的产业规模。ZigBee 拥有低传输速率、低功耗、协议简单、时延短、低成本和优良的网络拓扑能力等优点，而这些优点极大地支持了无线传感器网络。

在通信方面，它可以相互协调众多微小的传感器节点以实现通信，并且节点之间是通过多跳接力的方式来传送数据的，功耗很低，因此有着非常高的通信效率。

在标准方面，已发布 ZigBee 技术的第三个版本 V1.2；在芯片技术方面，已能够规模生产基于 IEEE 802.15.4 的网络射频芯片和新一代的 ZigBee 射频芯片（将单片机和射频芯片整合在一起）。

在网络方面，ZigBee 网络可由最多可达 65 000 个无线数据传输模块组成，每一个 ZigBee 节点只需很少的能量，通过接力的方式完成网络组织和数据传输，其通信效率非常高；每一个 ZigBee 网络节点还可以和自身信号覆盖范围内的 254 个子节点联网。

3. ZigBee 的协议栈

ZigBee 采用直接序列扩频（DSSS）技术，以 IEEE 802.15.4 协议为基础，由应用层、网络层、MAC 层和物理层组成。ZigBee 的 4 层协议架构图如图 4-9 所示。物理层（PHY）定义了无线信道和 MAC 层之间的通信接口，定义了两个分别基于 2.4GHz 和 868/915MHz 频率范围的物理层标准，负责提供物理层数据服务和管理服务。数据服务在无线物理信道上收发数据，管理服务负责维护由物理层相关数据组成的数据库。物理层的功能主要是在硬件驱动程序的基础上，实现数据的传输和信道的管理。

MAC 层又称媒体接入控制层，同逻辑链路控制层一起构成对应于 OSI 参考模型的数据链路层，负责提供数据服务和管理服务。数据服务保证 MAC 协议数据单元在物理层数据服务中的正确收发，管理服务从事 MAC 子层的管理活动和对信息数据库的维护。网络层（NWK）逻辑上包含数据服务实体（NLDE）和管理服务实体（NLME）两部分，提供一些必要的函数，确保对 MAC 层的正确操作，并为应用层提供合适的服务接口。应用层主要包括应用支持（Application Support，APS）子层、ZigBee 设备对象（ZigBee Device Object，ZDO）和制造商定义的应用对象。

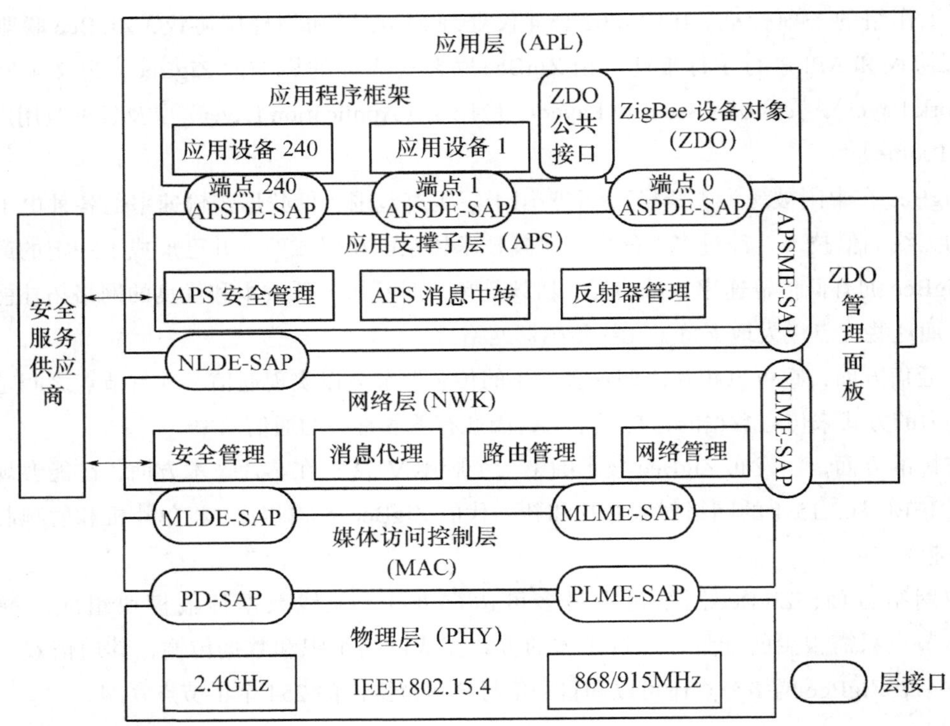

图 4-9 ZigBee 的 4 层协议架构图

ZigBee 安全管理体现在安全层使用可选的 AES-128 对通信加密，保证数据的完整性。ZigBee 安全体系提供的安全管理主要是依靠相称性密匙保护、应用保护机制、合适的密码机制以及相关的保密措施。安全协议的执行（如密匙的建立）要以 ZigBee 整个协议栈正确运行且不遗漏任何一步为前提，MAC 层、NWK 层和 APS 层都有可靠的安全传输机制用于它们自己的数据帧。APS 层提供建立和维护安全联系的服务，ZDO 管理设备的安全策略和安全配置。

4. ZigBee 主要特点

ZigBee 网络具有自组织、自愈能力强的特点。自组织功能：无须人工干预，网络节点能够感知其他节点的存在，并确定连接关系，组成结构化的网络。自愈功能：增加或者删除一个节点、节点位置发生变动、节点发生故障等，网络都能够自我修复，并对网络拓扑结构进行相应地调整，无须人工干预，保证整个系统仍然能正常工作。除此之外，ZigBee 技术的主要特点如下。

1）低成本

由于 ZigBee 协议栈相对蓝牙、Wi-Fi 要简单得多，降低了对通信控制器的要求，因此可以采用 8 位单片机和规模很小的存储器，大大降低了器件成本。

2）短时延

ZigBee 的通信时延以及从休眠状态激活的时延都非常短，典型的搜索设备时延为 30ms，从睡眠转入工作状态只需 15ms，活动设备信道接入的时延为 15ms。

3）近距离通信

由于低功耗的特点，ZigBee 设备的发射功率较小。一般相近的两个 ZigBee 节点间的通信距离范围内 10 ～ 100m，在加大无线发射功率后，也可增加到 1 ～ 3km。但通过相邻节点的接续通信传输，建立起 ZigBee 设备的多跳通信链路，也可以再增大其通信距离。

4）工作频段灵活

ZigBee 工作在 2.4GHz 或 868/915MHz 的工业科学医疗频段，2.4GHz 频段在全球都可以免许可使用，868MHz 在欧洲、915MHz 在北美都是免许可使用。

5）三级安全模式

ZigBee 提供了基于循环冗余校验（CRC）的数据包完整性校验，支持鉴权和认证，并在数据传输中提供了三级安全处理。第 1 级是无安全设定方式；第 2 级安全处理是使用接入控制列表（ACL）防止非法设备获取数据，在这一级不采取加密措施；第 3 级安全处理是在数据传输中采用高级加密标准（AES128）的对称密码。不同的应用可以灵活使用不同安全处理方式。

ZigBee 的技术特点使其在一些方面显出优势，其出发点就是建立一种易于布置和组织的低成本的无线网络。适合的主要应用领域如下：在家庭和建筑物的自动化控制领域，可用于照明、空调、窗帘等家居设备的远程控制；烟尘、有毒气体探测器等可自动监测异常事件的功能，以提高安全性。在电子设备方面，可用于电视、DVD 机等电器的无线遥控器和无线键盘、鼠标、游戏操纵杆等 PC 外设。应用于工业控制，利用传感器和 ZigBee 网络使数据的自动采集、分析和处理变得更加容易。在农业方面，可实现农田耕作、环境监测、水利水文监测的无线通信与组网。在灾害监测和应急救援方面，可实现桥梁、隧道等结构变化监视和机器人控制等。

5. ZigBee 3.0

ZigBee 3.0 依旧基于 IEEE 802.15.4，即其物理层和媒体访问控制层直接使用了 IEEE 802.15.4 的定义。其工作频率为 2.4 GHz（全球通用频率），使用 ZigBee PRO 网络，由 ZigBee 联盟市场领先的无线标准统一而来，是第一个统一、开放和完整的无线物联网产品开发解决方案。

2016 年 1 月，ZigBee 3.0 获批，2016 年 5 月 12 日下午，ZigBee 联盟联合 ZigBee 中国成员组在上海举行新闻发布会暨剪彩仪式，面向亚洲市场正式推出 ZigBee 3.0 标准。

ZigBee 3.0 主要任务就是为了统一 ZigBee Home Automation、ZigBee Light Link、ZigBee Building Automation(ZigBee BA)、ZigBee Retail Services(ZigBee RS)、ZigBee Health Care(ZigBee HC)、ZigBee Telecommunication Services(ZigBee TS) 等应用层协议，解决了不同应用层协议之间的互联互通问题，例如，ORVIBO 采用 ZigBee HA3.0 的智能开关可以和 Philips Hue 智能灯泡互联互通，用户只要购买任意一个经过 ZigBee 3.0 的网关就可以控制不同厂家基于 ZigBee 3.0 的智能设备。它从物理层和媒体访问控制层（Mac 层）的统一延伸到应用层，统一了采用不同应用层协议的 ZigBee 设备的发现、加入和组网方式，使得 ZigBee 设备的组网更便捷。包括面向日益增多的细分市场的互操作性认证和品牌建设，覆盖了广泛的设备类型。

ZigBee 不断地通过访问控制、数据加密、数据完整性和序列抗重播保护等方式加强 ZigBee 网络的安全性。稍显遗憾，ZigBee 3.0 并没有统一 ZigBee Smart Energy 应用层协议。应用了 ZigBee Smart Energy 的智能家庭可以知道每个家庭每月，每个星期，甚至每天的电量数据，物业管理公司和电力公司可以实时知道每个家庭的电量消耗以便收取电费。ZigBee 联盟推出了 ZigBee 3.0 认证来规范各个厂商使用标准的 ZigBee 3.0 协议，以保证基于 ZigBee 3.0 设备的互通性。虽然 ZigBee 3.0 在 ZigBee 协议层面解决了互联互通的问题，但是在和其他协议的跨协议互联互通方面还需努力。

4.4.3 蓝牙技术

蓝牙是一种近距离无线通信标准，底层由 IEEE 802.15（2002 年年初由 IEEE-SA 批准）规范，其最初版本 802.15.1 与蓝牙 1.1 版本完全兼容。版本 802.15.1a 对应于蓝牙 1.2，它包括一些 QoS 增强功能，完全后向兼容。802.15.1 本质上只是蓝牙低层协议的一个正式标准化版本，大多数标准制定工作仍由蓝牙技术联盟（Bluetooth SIG）承担。蓝牙技术联盟成立于 1998 年，是由爱立信、英特尔、联想、微软、摩托罗拉、诺基亚及东芝等公司发起成立。如今的蓝牙已不仅仅是作为一项技术而存在了，它还象征着一种概念：抛开传统连线而彻底享受无拘无束的乐趣。

1. 蓝牙技术的优势与 BLE

蓝牙设备工作在全球通用的 2.45GHz 的波段范围，即为蓝牙运用无线射频（RF）方式进行无线通信所使用的频带范围，使用该频段范围的工业、科学、医疗（ISM）都可以无须申请许可证，这个无线电频带还是对全世界共同开放且不受法令限制的频带。为了解决由于这个频带被广泛使用而造成正在进行通信的频带受到不可预测频带的干扰，蓝牙设计出了能够在 1s 内进行 1600 次跳频动作的可跳频通信规格。这样的规格就能够避免其他通信所带来的干扰，其中还配有特别设计的快速确认方案，来确保链路的稳定。为了满足每秒 1600 次的快速跳频次数，使得蓝牙无线收发的数据封包不是太长，同时也使得其无线传输能在抗干扰的基础上更稳定地通信，这是它与其他工作在相同频段的系统相比的显著优势。蓝牙还针对能够抑制长距离链路的随机噪声而使用了 FEC（Forward Error Correction，前向纠错），同时二进制调频（FM）技术的跳频收发器又被用来抑制干扰和防止衰落。

2009 年，蓝牙 4.0 标准整合了超低功耗（Bluetooth Low Energy，BLE）技术。可以实现靠一枚钮扣电池连续运行数年。这正是物联网超低功耗设备梦寐以求的。蓝牙 4.2 标准宣布支持 IPv6/6LoWPAN（一种低功耗无线网络），设备可以通过网关直连互联网。

BLE 能够实现一对多通信，通信机器只要在物联网设备附近且支持 BLE，就能广播消息。相信不少读者在超市、商场尝试过由这一方式广播的“福利”（打开蓝牙，摇一摇，优惠券到手机）。

2. 蓝牙 5.0 版本

蓝牙技术也在一步步改良提升，从最早期的 1.1 到 4.0、5.0 的核心规范，蓝牙技术正拥有着不断降低的耗能、更大的传输范围、支持拓扑结构等特性。蓝牙技术的不断演进将为物联网的发展提供前进的动力。

2016 年，Bluetooth SIG 在华盛顿正式宣布了蓝牙 5 标准，除了具有传统蓝牙技术的先进性，同时也具有高速传输与低耗能的技术。在传输速率方面，蓝牙 5.0 的数据传输速率大约可以从 4.2（LE）的 1Mb/s 实现两倍的提升，以及广播包的数据承载量是蓝牙 4.2 的 8 倍。Bluetooth 5.0 的通信模式有 2Mb/s、1Mb/s、125kb/s 三种，在执行同样数据量的情况下，通信时间变短，从而实现了低功耗。同时，还有一项改进是固定信标的广播。在支持 125kb/s 通信模式下，与发送功率 100mW 的 Bluetooth 4.2 相比，Bluetooth 5.0 实现了最大 400m 的通信距离，是蓝牙 4.2 的 4 倍，而这种高中低三种通信模式不同速率正是应对物联网，尤其是在智能家居领域的应用。蓝牙 5.0 的低能耗技术，使新标准能够用于电量更低的设备，其中包括手表、秒表、智能电表和其他依赖钮扣电池提供电能的设备上。这使传统的蓝牙技术在许多电子产品中得到了广泛的应用，也可以兼容很多其他的技术设备和电子产品。蓝牙 5.0 版本的低功耗特性让业界很多人看到了新的市场机会①。

3. 蓝牙的应用

蓝牙技术在设备中得到了空前广泛的应用，蓝牙技术低功耗、小体积以及低成本的芯片解决方案使得其可以应用于手机等通信设备上。蓝牙技术可以解决许多长期使人们困惑的问题，通常在数十甚至数百米范围（典型范围在 10 ～ 100m，蓝牙 5 标准将范围扩展至 400m），

---

① http://www.eepw.com.cn/article/201609/310340.htm.

在包括移动电话、PDA、无线耳机、笔记本计算机、车用装置以及其他相关外设等众多设备之间进行无线信息交换。简单来说，就是直接利用蓝牙的高速数据传输率来传输语音、图像甚至是视频。如同通信技术领域非常关心"最后一千米"的传输手段，蓝牙技术在解决电子设备现场应用的"最后 100 米"上将发挥不可替代的作用。蓝牙与 IEEE 802.11 技术各有特色，IEEE 802.11 对能耗要求较高，通常用于 Ad-hoc 网络中；蓝牙协议因为兼容性的原因要求上层异常复杂；它们各自的覆盖范围有很大区别，可以互为补充。

蓝牙 5 标准开始支持网状网络。这些特征使蓝牙在智能家居、可穿戴设备等领域竞争力进一步增强。不可否认，蓝牙、ZigBee 在低功耗、易组网等方面具有优势，成为各种近距离物联网应用场景中与 Wi-Fi 形成补充的通信方式。不过，随着低功耗广域网络（LPWAN）的普及，这一领域将迎来新的竞争者，可穿戴设备、传感器数据传输中 LPWAN 也将占据一席之地[①]。LPWAN 将在 4.10 节中讨论。

4.4.4 Sub-GHz 简介

作为 802.15.4 标准的"小众"代表，Sub-GHz 适合长距离和低功耗通信。无线传播与频率成反比，在低功耗、长距离通信或穿墙能力上，其射频更有优势。Sub-GHz 与其他常见短距离技术的对比见表 4-2。Sub-GHz 泛指 1GHz 以下无线通信技术，这里指符合 802.15.4g 标准的 Sub-GHz。IEEE 802.15.4g 在 IEEE 802.15.4 标准基础上，新增加了三种可选物理层，主要适应于室外低速抄表系统，并为支持物理层的补充，相应地对 MAC 层进行了调整。IEEE 802.15.4g 标准是应用于智能电网测控领域的超低功耗无线通信系统。

表 4-2　Sub-GHz 与其他常见短距离技术的对比（来源：Silicon Lab&52RD.com）

标准	ZigBee	Sub-GHz	Wi-Fi
物理层标准	802.15.4	专利 /802.15.4g	802.11
应用聚焦	监测、控制	监测、控制	Web 网络应用（邮件、视频）
电池寿命 / 天	100 ～ 1000	超过 1000	0.5 ～ 5
带宽 / (kb/s)	20 ～ 250	0.5 ～ 1000	超过 11 000
组网结构	Mesh 组网	点对点，星状网	星状网

虽然日本不允许 433MHz 用于无线应用，但 Sub-GHz 中，433MHz 和 800 ～ 900MHz（典型的有 868MHz 和 915MHz）在许多应用中，有可能成为 2.4GHz 的全球替代品。Sub-GHz 中有许多可用的无须授权或需要授权的频段，对于系统集成商来说，既可选择在某些特定区域进行性能优化，又可配合公共事业公司在广阔区域设计系统。与 2.4GHz 频段相比，Sub-GHz

① http://network.chinabyte.com/221/13623221.shtml.

频段频谱干扰更少；而干扰较少的频段能提高网络的整体性能，减少传输中的重传次数。

第三方和基于标准的网络协议栈可用于 Sub-GHz 射频，但许多厂商仍选择专用解决方案来针对其特定需求。许多无线协议面临着一个问题，接口要不断激活“监听”网络中的通信。数据发射比数据接收消耗更多的能量，但是发射是短暂的，并且有长时间间隔，因此长期平均能耗通常更低。在许多无线协议中，接收器不知道消息何时到来，因此不得不保持监听以便不丢失任何数据，所以即使没有消息，接收器也不能完全关闭能耗。这种情形将限制节点的电池自主权，需要对电池定期更换或充电。

Sub-GHz 通常传输功率高，在点对点或星状拓扑内，可传输约 25km[①]，许多公共事业机构都可以由此采用并将量表读数汇集至社区搜集站。随着 Sub-GHz 产品的日益丰富，已经不完全局限于 IEEE 802.15.4g 的 Sub-GHz，正进军监控、工业控制、机器人、智慧城市等领域。

4.4.5 其他技术与平台

1. 更短距离的 NFC 场景

NFC（Near Field Communication，近距离无线传输）技术最早由 Philips、Nokia 和 Sony 主推，主要用于手机等手持设备中。NFC 技术使任意两设备靠近（不需要线缆连接），就可以实现相互间的通信；因而可以实现移动设备、消费类电子产品、PC 和智能控件工具间进行近距离无线通信，可以满足点对点（Peer to Peer）的安全需求。和 RFID 不同的是，NFC 采用了双向的识别和连接，在单一芯片上集成了非接触式读卡器、非接触式智能卡和点对点的功能，主要运行在 13.56MHz 的频率范围内，能在大约 10cm 范围内建立设备之间的连接，传输速率可为 106kb/s、212kb/s、424kb/s，且可提高到 848kb/s 以上。

NFC 的短距离交互简化了整个认证识别过程，使电子设备间互相访问更直接、更安全。NFC 通过在单一设备上组合所有的身份识别应用和服务，帮助解决记忆多个密码的麻烦，同时也保证了数据的安全保护。此外，NFC 还可以将其他类型无线通信（如 Wi-Fi 和蓝牙）“加速”，实现更快和更远距离的数据传输。每个电子设备都有自己的专用应用菜单，而 NFC 可以创建快速安全的连接，并且无须在众多接口的菜单中进行选择。与蓝牙等短距离无线通信标准不同的是，NFC 的作用距离进一步缩短且不像蓝牙那样需要有对应的加密设备。同样，构建 Wi-Fi 无线网络需要具有无线网卡的计算机、打印机和其他设备。而 NFC 被置入接入点之后，只要将其中两个靠近就可以实现交流。

NFC 不仅具有相互通信功能，并具有计算能力，在 FeliCa 标准中还含有加密逻辑电路，

① 抢占物联网一席之地　无线连接技术各显神通，见 http://www.eeworld.com.cn/xfdz/2015/0326/article_40899.html。

Mifare 的后期标准也追加了加密 / 解密模块（SAM）。NFC 标准兼容了 Sony 的 FeliCaTM 标准，以及 ISO 14443 A 和 B，也就是使用飞利浦的 Mifare 标准，在业界简称为 TypeA、TypeB 和 TypeF，其中，TypeA、TypeB 为 Mifare 标准，TypeF 为 FeliCa 标准。

NFC 存在于设备连接与交互、实时预订与电子支付等典型应用场景。例如，海报或展览信息背后贴有特定芯片，利用含 NFC 协议的手机或 PDA 等终端，便能取得详细信息，或立即联机使用信用卡进行门票购买。这些芯片不需要独立的电源。

支付方面，飞利浦 Mifare 技术支持了世界上几个大型交通系统及在银行业为客户提供 Visa 卡等各种服务。索尼的 FeliCa 非接触智能卡在中国香港及深圳、新加坡、日本的市场占有率较高，主要应用在交通及金融机构。

NFC 的目标并非是完全取代蓝牙、Wi-Fi 等其他无线技术，而是在不同的场合、不同的领域起到相互补充的作用。2012 年 12 月，中国正式发布中国金融移动支付系列技术标准，涵盖基础应用、安全保障、设备、支付应用、联网通用 5 大类 35 项标准，确立了由中国银联主导的 NFC（频率为 13.56MHz）成为移动近场支付标准。而中国移动曾力推的是采用了 2.4GHz 的通信频率的 RF-SIM 技术，用户只需换卡即可使用。

德国电信 2017 年 1 月关闭了其基于 SIM 卡的 NFC 服务（My Wallet 服务），2014 年德国电信推出 NFC 服务，在支付领域并不顺利。部分受制于成本，比起扫码支付（例如微信、支付宝），NFC 进入门槛较高。还有部分原因在于：基于 NFC 的手机支付标准并未明朗，银行业对于采用基于云、基于 SIM 卡、基于终端（例如 Apple Pay）的 NFC 方式尚未达成一致。但在中国，“NFC+SE（Secure Element，安全）+TEE（Trusted Execution Environment，可信可靠）+生物识别”的组合模式[①]，有望将基于 NFC 的各种支付统一起来。

最后，据 ABI Research 机构预测，Wi-Fi、蓝牙等符合 IEEE 802.15.4 标准的芯片，NFC 芯片和全球导航卫星系统（GNSS）芯片，将在 2021 年之前，年出货量达到 100 亿以上的规模[②]。这也从侧面说明了物联网对接入芯片的需求量的增长空间。

2. “爆发力”强的 UWB

超宽带技术（Ultra Wideband，UWB）是一种无线载波通信技术，它不采用正弦载波，而是利用纳秒级至微微秒级的非正弦波窄脉冲传输数据。通过在较宽的频谱上传送极低功率的信号，UWB 能在 10m 左右的范围内实现数百 Mb/s 至数 Gb/s 的数据传输速率。其抗干扰性能强，传输速率高，系统容量大，发送功率非常小；低发射功率大大延长了系统电源工作时间；电磁波辐射对人体的影响也会很小，应用面广。

---

① 张海龙．NFC+SE+TEE+ 生物识别将成千元手机标配，见 http://news.rfidworld.com.cn/2017_01/d21b2ded3ddfcf51.html。

② https://trove.nla.gov.au/work/207018856?q&versionId=227167013.

由于 UWB 可以利用低功耗（发射功率小于 1mW）、低复杂度发射 / 接收机实现高速数据传输，在近年来得到了迅速发展。它在非常宽的频谱范围内采用低功率脉冲传送数据而不会对常规窄带无线通信系统造成大的干扰，并可充分利用频谱资源。基于 UWB 技术构建的高速率数据收发机有着广泛的用途。

UWB 技术具有系统复杂度低、发射信号功率谱密度低、对信道衰落不敏感、低截获能力、定位精度高等优点，尤其适用于室内等密集多径场所的高速无线接入，适于建立一个高效的无线局域网（WLAN）或无线个域网（WPAN）。

UWB 主要应用在小范围，高分辨率，能够穿透墙壁、地面和身体的雷达和图像系统中。除此之外，这种新技术适用于对速率要求非常高（大于 100 Mb/s）的局域网（LAN）或个域网（PAN）。UWB 技术虽然具有适合组建家庭的高速信息网络的高速、窄覆盖的特点，并且对蓝牙技术有一定的冲击，但是不能对当前的移动技术及 WLAN 等技术构成实质性威胁，甚至可以说能够成为其良好的能力补充，这也就显示了它独特的速率优势。

UWB 最具特色的应用将是视频消费娱乐方面的无线个人局域网（WPAN）。现有的无线通信方式，802.11b 和蓝牙的速率太慢，不适合传输视频数据；54 Mb/s 速率的 802.11a 标准可以处理视频数据，但费用昂贵。而 UWB 有可能在 10 m 范围内，支持高达 110 Mb/s 的数据传输率，不需要压缩数据，可以快速、简单、经济地完成视频数据处理。WiMedia 联盟倾向于使用 802.15.3a，它使用超宽带（UWB）的多频段 OFDM 联盟（MBOA）的物理层，速率高达 480Mb/s。当然，UWB 未来的前途还要取决于各种无线方案的技术发展、成本、用户使用习惯和市场成熟度等多方面的因素。

3. “自带能源”的连接

无线技术摆脱了布线的束缚，而避免不了用电的问题。这里介绍一种不需要额外电源的物联网组网技术——德国的 EnOcean（易能森）无线通信标准。国际电工技术委员会（International Electrotechnical Commission）将 EnOcean 无线通信标准采纳为国际标准 ISO/IEC 14543-3-10[①]。

EnOcean 标准规范了协议栈中物理层、数据链路层和网络层这三层的协议。其标准的最大亮点在于其无线能量采集技术[②]，包含以下内容。

- 能量采集和转换。EnOcean 能量采集模块能够采集周围环境产生的能量，例如机械能、室内的光能、温度差的能量等。这些能量经过处理以后，用来供给 EnOcean 超低功耗的无线通信模块，实现真正的无数据线、无电源线、无电池的通信系统。

---

① https://www.iso.org/standard/59865.html.

② https://baike.baidu.com/item/enocean/8955649.

- 高质量的无线通信。源于西门子的无线通信技术，仅用采集的能量来驱动低功耗的芯片组，实现高质量的无线通信技术。在保证通信距离的同时还具有超强的抗干扰能力，通过重复发送多个信号以及加密功能，保证整个通信系统的稳定性、安全性。
- 超低功耗的芯片组。EnOcean 技术和同类技术相比，功耗最低，传输距离最远，可以组网并且支持中继等功能。

能够支持这种无源无线传输技术的设备，在易能森联盟（EnOcean Alliance）的推动下，种类越来越多，包括运动传感器、开关、温度传感器等。例如，开关采集按下开关的能量发电通信；温度传感器采集光能发电通信。易能森系列产品还有一个特征，据称是“无须维修”。

总而言之，随着物联网技术和应用的不断发展，短距离无线通信技术将会迎来前所未有的大发展，包括 IEEE 802.15 家族在内的多种短距离无线通信技术的应用也将会随着实际需求而持续增长。支持短距离无线通信技术突破“短距离”的物联网广域承载 LPWAN 技术（随后介绍），和这些短距离无线通信技术是相得益彰、互为补充的关系。

4.5 支持 IPv6 的 6LoWPAN

物联网网络层现阶段面临的问题是底层异构接入网络与互联网的相互融合。IEEE 802.15.4 通信协议是短距离无线通信标准，相对于蓝牙技术而言，更适用于物联网底层异构网络设备间的通信。IPv6 是下一代互联网网络层的主导技术，在地址空间、报文格式、安全性方面具有较大的优势。

在感知层，从目前的技术发展来看，可以采用两种不同的技术路线，一种是非 IP 技术，如 ZigBee 产业联盟开发的 ZigBee 协议和基于 IEEE 802.11 的 WSN-adHoc，只需在 Sink 节点处接入。另一种是 IETF 和 IPSO 产业联盟倡导的将 IP 技术向下延伸应用到感知延伸层。显然，采用 IP 技术路线，将有助于实现端到端的业务部署和管理，而且无须协议转换即可实现与网络层 IP 承载的无缝连接，简化网络结构，同时广泛基于 TCP/IP 协议栈开发的互联网应用也能够方便地移植，实现“感知即接入”。

在物联网感知层采用 IP 技术实现“一物一地址，万物皆在线”，将需要大量的 IP 地址资源，就目前可用的 IPv4 地址资源来看，远远无法满足感知智能终端的联网需求，特别是在智能家电、视频监控、汽车通信等应用的规模普及之后，地址的需求会迅速增长。而从目前可用的技术来看，只有 IPv6 能够提供足够的地址资源，满足端到端的通信和管理需求，同时提供地址自动配置功能和移动性管理机制，便于端节点的部署和提供永久在线业务。

但是由于感知层节点低功耗、低存储容量、低运算能力的特性，以及受限于 MAC 层技术（IEEE 802.15.4）的特性，不能直接将 IPv6 标准协议架构在 IEEE 802.15.4 的 MAC 层之上，需要在 IPv6 协议层和 MAC 层之间引入适配层来消除两者之间的差异。将 IPv6 技术应用于物联网感知层需要解决一些关键问题，包括以下几个方面。

- IPv6 报头需要压缩。IPv6 头部负载过重，必须采用分片技术将 IPv6 分组包适配到底层 MAC 帧中，并且为了提高传送的效率，需要引入头部压缩策略解决头部负载过重问题。
- 地址转换。需要相应的地址转换机制来实现 IPv6 地址和 IEEE 802.15.4 长、短 MAC 地址之间的转换。
- 报文泛滥。必须调整 IPv6 的管理机制，以抑制 IPv6 网络大量的网络配置和管理报文，适应 802.15.4 低速率网络的需求。
- 轻量化 IPv6 协议。应针对 IEEE 802.15.4 的特性确定保留或者改进哪些 IPv6 协议栈功能，满足嵌入式 IPv6 对功能、体积、功耗和成本等的严格要求。
- 路由机制。需要对 IPv6 路由机制进行优化改进，使其能够在能量、存储和带宽等资源受限的条件下，尽可能地延长网络的生存周期，重点研究网络拓扑控制技术、数据融合技术、多路径技术、能量节省机制等。
- 组播支持。IEEE 802.15.4 的 MAC 子层只支持单播和广播，不支持组播。而 IPv6 组播是 IPv6 的一个重要特性，在邻居发现和地址自动配置等机制中，都需要链路层支持组播。所以，需要制定从 IPv6 层组播地址到 MAC 地址的映射机制，即在 MAC 层用单播或者广播替代组播。
- 网络配置和管理。由于网络规模大，而一些设备的分布地点又是人员所不能到达的，因此物联网感知层的设备应具有一定的自动配置功能，网络应该具有自愈能力，要求网络管理技术能够在很低的开销下管理高度密集分布的设备。

上述这些对 IPv6 路由协议和应用协议进行轻量级裁剪，在协议实现上也需要特定的实现技术，以减小协议栈对节点计算和通信资源的消耗，这一系列技术总称为轻量级 IPv6 技术。面向物联网网络层接入的 IPv6 技术，致力于将 IPv6 的轻量级协议实现引入到物联网，以满足物联网器件的计算能力和能耗限制。物联网节点上实现 IPv6 协议面临的主要挑战是其有限的计算和通信能力。

4.5.1　6LoWPAN 概述

在进行低功耗传感网络协议的研究中，IETF 有如下几个工作组。2004 年 11 月 IETF 成立了 6LoWPAN（IPv6 over low-power WPAN）工作组，目标是制订基于 IPv6 的以 IEEE 802.15.4 作为底层标准的低速无线个域网标准。2008 年 2 月 IETF 成立了 ROLL（routing over low-power and lossy network）工作组，目标是使得公共的、可互操作的第 3 层路由能够穿越任何数量的基本链路层协议和物理媒体。2010 年 3 月 IETF 成立了 CORE（constrained restful environment）工作组，目标是研究资源受限物体的应用层协议。2011 年 3 月 IETF 成立了 Lwip(light-weight IP) 工作组网，目标是在小设备实现轻量级 IP 协议栈。

6LoWPAN 工作组主要讨论如何把 IPv6 协议适配到 IEEE 802.15.4 MAC 层和物理层上。该工作组已完成两个 RFC：《在低功耗网络中运行 IPv6 协议的假设、问题和目标》(RFC4919）和《在 IEEE 802.15.4 上传输 IPv6 报文》（RFC4944）。ROLL 工作组主要讨论低功耗网络中的 IPv6 路由协议，制定了各个场景的路由需求以及传感器网络的 RPL（Routing Protocol for LLN）路由协议。CORE 工作组主要讨论资源受限网络环境下的信息读取操控问题，旨在制定轻量级的应用层 CoAP。

IPSO 联盟，即 IP 智能物体产业联盟，是推动 IETF 所制定的轻量级 IPv6 协议相关应用的产业联盟，主要目的是推动智能 IP 解决方案的产业实施和实现智能 IP 解决方案的技术优势，是 IETF 物联网技术的主要推动者。

ZigBee 联盟成立了 IP-stack 工作组，专门制定 IPv6 协议在 ZigBee 规范中的应用方法。ZigBee Smart Energy 2.0 应用也将采用 6LoWPAN 制定的 IPv6 协议栈，把对 6LoWPAN 的支持作为一种必选。在应用层，新的规范也支持轻量级的 CoAP。

基于 IEEE 802.15.4 技术特性，实现 IPv6 over LoWPAN 时面对的一些问题如下。

- IP 连接。IPv6 巨大的地址空间和无状态地址自动配置技术使数量巨大的传感器节点可以方便地接入包括 Internet 在内的各种网络。但是，由于有报文长度和节点能量等方面的限制，标准的 IPv6 报文传输和地址前缀通告无法直接应用于 LoWPAN。
- 网络拓扑。IPv6 over LoWPAN 需要支持网络星状拓扑和 Mesh 拓扑，在 Mesh 拓扑中，基于 IPv6 的报文可能需要在多跳网络中进行路由，同样是由于报文长度和节点能量以及节点计算能力和存储的限制，LoWPAN 的路由协议应该尽量简化。
- 报头长度。IEEE 802.15.4 要求 MAC 帧的长度最多为 102B，而 IPv6 要求 MTU（Maximum Transmission Unit，最大传输单元）最少为 1280B，显然 IEEE 802.15.4 不能满足这个要求。因此需要采取有效的方法将 IPv6 数据包简化并尽量减少 IEEE 802.15.4 的分片和重组。
- 组播限制。IPv6 的很多协议（如邻居发现协议）都依赖于 IP 组播，而 IEEE 802.15.4 只提供有限的广播支持，不论是在星状还是 Mesh 拓扑中，这种广播均不能保证所有的节点都能收到封装在其中的 IPv6 组播报文。
- 网络管理。考虑到节点有限的计算能力和存储功能，如何保证 IEEE 802.15.4 网络协议采用最少的配置完成组网以及初始化也是一个需要深入考虑的问题。
- 安全机制。不同层次的安全威胁都将被考虑到，6LoWPAN 需要提供将设备加入安全网络的解决方案。IEEE 802.15.4 没有一个完整的密钥分配、管理等机制，需要上层提供合适的安全机制。

6LoWPAN 工作组针对上述问题提出了相应实现目标。这些目标各不相同，但归结起来都是为了降低 4 个方面的指标，即报文开销、带宽消耗、处理需求以及能量消耗。这 4 个方面也是影响 6LoWPAN 网络性能的主要因素。

- 地址自动配置：RFC2462 定义了 6LoWPAN 无状态地址自动配置机制，但实现该机制需要 6LoWPAN 从 IEEE 802.15.4 的 EUI-64 地址获得的 II（Interface Identifier，接口标识）方法。
- 路由协议：为了实现 Mesh 网络支持多跳的路由协议，需要尽量减少路由开销和减小报文帧长。而 AODV（Ad hoc On-Demand Distance Vector Routing，无线自组网按需平面距离矢量路由协议）并不能很好地应用到 6LoWPAN。目前，ROLL（Routing Over Low power and Lossy networks，低功耗有损耗网络路由）工作组制定的草案正努力向成熟的方向发展。
- 报头压缩：IEEE 802.15.4 有 81B 的 IP 报文空间，而 IPv6 首部需要 40B 的空间，加上传输层的 UDP（User Datagram Protocol，用户数据包协议）和 TCP（Transmission Control Protocol，传输控制协议）头部的 8B 和 20B，这就只留给了上层数据 33 或 21B。因此应该对 IPv6、UDP、TCP 报文进行压缩，而目前两种常见的首部压缩方式有 HC1 和 HC2。HC1 将 IPv6 首部的 40B 压缩到 2B，HC2 将 UDP 的首部的 8B 压缩至 3B。
- 组播支持：IEEE 802.15.4 并不支持组播，也不提供可靠的广播，6LoWPAN 需要提供额外的机制以支持 IPv6 在这方面的需要。

4.5.2 6LoWPAN 参考模型

6LoWPAN 在 IEEE 802.15.4 的基础上引进 IPv6，该技术的物理层和 MAC 层同 ZigBee 技术一样，不同之处在于 6LoWPAN 的网络层使用的是 IPv6 协议栈。IEEE 802.15.4 具有报文长度小、低带宽、低功耗、部署数量大等特性，直接将 IPv6 协议运用于 IEEE 802.15.4 的 MAC 层将受到 6LoWPAN 网络设备资源极大的限制。

IPv6 中，MAC 支持的载荷长度远远大于 6LoWPAN 的底层所能提供的载荷长度。为了实现 IPv6 在 IEEE 802.15.4 上的应用，6LoWPAN 在 IP 层与 MAC 层之间加入适配层，用来完成报头压缩、分片与重组以及网状路由转发等工作，从而屏蔽掉硬件对 IP 层的限制。该层主要实现 IP 报文的头部压缩、分片和重组、路由协议和地址分配等功能，屏蔽掉不一致的 MAC 层接口，为 IP 层提供标准的接口。

6LoWPAN 协议栈的参考模型如图 4-10 所示。6LoWPAN 技术通过在网络层和数据链路层之间引入适配层，实现基于 IEEE 802.15.4 通信协议的底层网络与基于 IPv6 协议的互联网的相互融合。适配层主要完成接入过程中的以下功能。

（1）为了高效传输对 IPv6 数据包进行分片与重组；

（2）网络地址自动配置；

（3）为了降低 IPv6 开销对 IPv6 分组进行报头压缩；

（4）有效路由算法。

其中，网络地址自动配置以及 IPv6 报头压缩两类功能，用于识别接入物联网的每个终端节点，能够使节点间能够相互进行资源共享和信息交换。

应用层
传输层
IPv6网络层
6LowPAN适配层
IEEE 802.15.4 MAC层
IEEE 802.15.4 PHY层

图 4-10　6LoWPAN 协议栈参考模型

在 6LoWPAN 适配层的基础上，实现了物联网中基于 IEEE 802.15.4 通信协议的底层异构网络与基于 IPv6 协议的互联网的统一寻址，保证了网络层向传输层提供灵活简单、无连接、满足 QoS 需求的数据报服务。

2017 年，我国开始部署和建设 IPv6 地址项目，并以此展开相关应用。如果未来想用 IPv6 实现“一物一地址”，这种在 IPv6 网络层和物联网接入层之间引入适配层的思路，需要引起足够的重视。

4.5.3　6LoWPAN 架构

6LoWPAN 由多个 IPv6 末端网络（6LoWPAN 域）组成。如图 4-11 所示，6LoWPAN 可由三种 LoWPAN 域组成：简单 LoWPAN 域，扩展 LoWPAN 域以及自组织 LoWPAN 域。除此之外，还包括其他感知网络域，以及可以通过中继节点部署在末端的诸如 RFID 的感知外围设备。

每个域由共享同一 IPv6 地址前缀（前 64 位）的 6LoWPAN 节点组成，无论节点处于域中的何种位置，其 IP 地址保持不变。自组织 LoWPAN 域不与 Internet 连接，它可以独立运作而不需要其他网络基础设施的支持。简单 LoWPAN 域通过一个物联网网关与另一个 IP 网络连接，同样也可以采用骨干链路进行链接（基于共享的）。扩展 LoWPAN 域包含由同一骨干链路上的多个物联网网关器连接的 LoWPAN 域。

一个 LoWPAN 域包含若干节点，即感知节点或者中继节点。这些节点共享相同的 IPv6 前缀（由物联网网关分发）并且可以使用 LoWPAN 中的任意路由节点进行路由。为了提高 6LoWPAN 的网络运行效能，每个节点需要向物联网网关进行注册，同时，这也是邻居发现的一部分，为构造一个完整 IPv6 网络环境奠定基础。邻居发现机制决定了同一链路层中的主机或路由如何交互。节点自由移动于每个 LoWPAN 域，物联网网关间甚至 LoWPAN 域之间。LoWPAN 域内的多跳网状拓扑可通过链路层转发（称为 mesh-under）实现，也可通过 IP 路由（称为 route-over）实现。

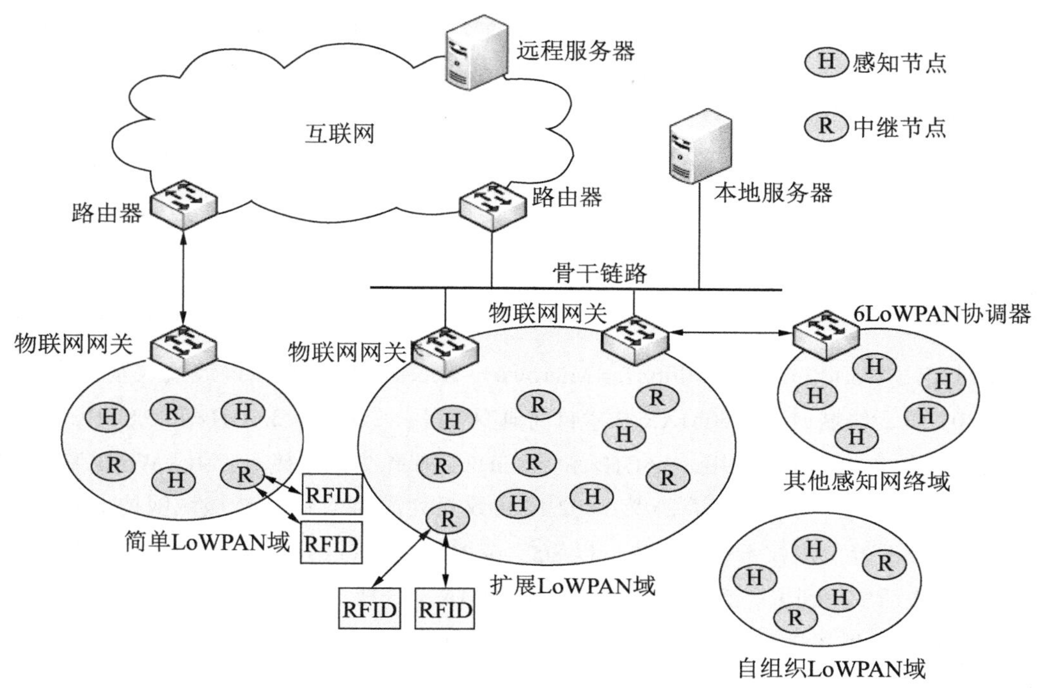

图 4-11　6LoWPAN 网络架构

与普通的 IP 节点一样，LoWPAN 节点与其他网络中的 IP 节点间以端到端的方式进行通信。每一个 LoWPAN 节点都拥有一个唯一的 IPv6 地址，并且可以发送和接收 IPv6 数据包。一个典型的 LoWPAN 节点支持 ICMPv6（如 ping）、UDP，简单 LoWPAN 域和扩展 LoWPAN 域中的节点可以通过物联网网关与任意服务器进行通信。

简单 LoWPAN 域与扩展 LoWPAN 域的主要区别是：扩展 LoWPAN 域拥有多个物联网网关，并且共享同一个 IPv6 前缀和骨干链路；而简单 LoWPAN 域只拥有一个物联网网关。多重简单 LoWPAN 域是可以互相重叠的，当节点从一个 LoWPAN 域移动至另外一个 LoWPAN 域的时候，节点的 IPv6 地址将会发生改变。如果对 LoWPAN 没有高移动性需求，或当前应用并不要求节点的 IPv6 地址保持不变，可以使用多个简单 6LoWPAN 域代替一个扩展 6LoWPAN 域。

扩展 LoWPAN 域中的节点共享同一个 IPv6 前缀，多个物联网网关共享同一条骨干链路，这样可以将大部分邻居发现消息转移至骨干网上。在扩展 LoWPAN 域中节点的 IPv6 地址是固定不变的，从一个物联网网关区域移动到另一个物联网网关区域的过程相当简单，因此，扩展 LoWPAN 域可以极大地简化节点之间的操作。同时，物联网网关代表节点进行 IPv6 数据包的转发，对于外界的 IP 网络节点来说，扩展 LoWPAN 中的节点永远是可达的。

这令构建大型的企业级 6LoWPAN 应用成为可能，类似于一个 WLAN（Wi-Fi）接入点设施。

自组织 LoWPAN(Ad-hoc LoWPAN) 域无须基础网络设施的支持，在自组织 LoWPAN 的拓扑结构中，一个路由节点必须配置成一个简化的边缘路由器，实现以下两个基本功能：生成本地唯一单播地址（Unique Local Unicast Address，ULA）以及 6LoWPAN 邻居发现注册功能。

4.6 无线城域网简介

WiMAX（World interoperability for Microwave Access）即为全球微波接入互操作系统，又称为 802.16 无线城域网。WiMAX 技术目前典型频段有 2.5GHz、3.5GHz 和 5.8GHz。通常，2.5GHz 频段作为移动接入应用，3.5GHz 和 5.8GHz 频段作为固定接入应用。WiMAX 标准包括 802.16、802.16a ～ 802.16n 等协议。802.16 协议系列成为全 IP 无线城域网技术的代表技术，与传统无线蜂窝网技术相辅相成。以 802.16e 协议为基础的 WiMAX 技术因为其出色的表现在社会生活中得到了广泛的应用，并和 WCDMA 一样成为 ITU 认可的 3G 技术之一。作为与 802.16 协议相互弥补的 802.11n，其应用前景和 WiMAX 可以在不冲突的前提下同时应用；802.20 协议在很多方面和 802.16 协议相似，但是其应用普遍程度不如 802.16，这使得更多的运营商会选择相对应用更广泛的 WiMAX 技术。

LTE 技术的推出是对 WiMAX 最大的威胁。LTE 拥有更好的覆盖范围、更高的系统吞吐率、更大的系统容量和更小的延迟性要求。由于 LTE 系统中的基站可以相互直接通信，那么切换决定也可以在 LTE 基站系统内部进行，这是与 WiMAX 系统基站明显不同的地方。同时 LTE 支持宏分集软切换，使得其可以支持 350 ～ 500km/h 速率下的数据传输。表 4-3 展示了 WiMAX 与 LTE 参数对比情况。

表 4-3　展示了 WiMAX 与 LTE 参数对比

参数	WiMAX	LTE
支持的切换类型	硬切换和软切换	软切换
移动性	802.16e：120km/h 802.16m：350km/h 以上	350 ～ 500km/h
网络结构	全 IP 网络结构	支持 IP，传统蜂窝电话网络结构
服务	报文数据和 VoIP	报文数据和 VoIP
接入技术	OFDMA	上链路：OFDMA 下链路：SC-FDMA
预期的切换延迟	802.16e：35 ～ 50ms 802.16m：小于 30ms	小于 50ms

续表

参数	WiMAX	LTE
向下兼容性	完全兼容	完全兼容
漫游支持	WiMAX 区域系统之间	全球漫游
小区半径	2 ～ 7km	5km
切换启动方	移动台和服务基站	eNB

2011 年发布 802.16m 之后，还发布了 802.16n[①]，但它们在无线蜂窝城域网的应用前景尚未明朗。现在市场中广泛应用的还是以 802.16e 为基础的第一代 WiMAX 系统。其优势分析如下。

第一，实现较大范围的传输距离。WiMAX 所能实现的无线信号传输距离是无线局域网所不能比拟的，其典型应用的覆盖范围是 6 ～ 10km，单个基站覆盖范围最大可达到 48km。WiMAX 每个基站最多可以划分成 6 个扇区，每个扇区可以提供 70Mb/s 带宽，只需要少数的基站就能实现较大范围的网络覆盖。

第二，提供更高速的宽带接入。固定的 WiMAX 所能提供的最高接入速率是 75Mb/s（在 20MHz 信道宽度上），移动 WiMAX 可以提供的最高传输速率是 20Mb/s，远远高于 3G 网络的最高传输速率，虽然不敌 4G 网络传输速率，但可用于城域范围的专网。

第三，提供“最后一千米”网络接入服务。“最后一千米”的接入热点蜂窝回程技术以及商业用户的企业级连接，可以将无线局域网（Wi-Fi）热点提供回程通道连接到互联网，也可作为 DSL、FTTH、FTTB 等有线接入方式的无线扩展。尤其是在农村和城郊等偏远、用户不够集中和不便于铺设传统宽带接入技术的欠发达地区，WiMAX 具备一定优势。

第四，具备提供各种多媒体通信服务的能力。由于 WiMAX 较之 Wi-Fi 具有更好的可扩展性、QoS 保障和安全性，从而能够实现电信级的多媒体通信服务。如在语音和视频服务中，对时延非常敏感，但是对差错就不那么敏感。而对于差错非常敏感的数据服务，WiMAX 可以根据上层应用不同提供不同等级的服务质量保障，提高网络吞吐容量和服务能力。

在应用场景中，802.16 核心网采用基于 IP 协议的网络，支持频分双工（FDD）和时分双工（TDD）方式，当其工作在 TDD 方式之下时，能够根据上下行数据流量灵活地分配带宽，这样使得那种上下行不对称业务需求具有较高的资源利用率；WiMAX 采用的 OFDM（正交频分复用）/OFDMA（正交频分多址）方式，具有较高的抗干扰能力和频谱利用率，可以提供更高的带宽；并可以支持不同等级的业务需求，例如：

- 实时而速率固定的服务，如语音数据服务等，可以采取 UGS 这种带宽调度的方式。

① http://www.docin.com/p-778707384.html.

- ❑ 实时速率可变的服务，如视频业务等，可以采取 rtPS 这种带宽调度的方式。
- ❑ 非实时速率可变的服务，如信息下载等业务，可以采取 nrtPS 这种带宽调度方式。
- ❑ 尽力而为（best service）的服务，如网页浏览等，可以采取 BE 这种带宽调度的方式。

基于以上特点，WiMAX 论坛给出 WiMAX 技术的 5 种应用场景定义，即固定、游牧、便携、简单移动和全移动。这些场景可以为未来 5G 时代物联网移动接入类型的细分提供思路。

（1）固定场景：这是最基本的业务模型，包括用户 Internet 接入、传输数据承载业务、视频数据及 Wi-Fi 热点等。

（2）游牧场景：游牧式业务中，移动终端可以从相异的接入点链接到一个网络运营商的网络中；在每个会话连接的时候，用户终端只能做站点式的接入；在两次不同网络的接入服务中，用户传输的数据将不被保留在网络里。物联网中的游牧场景比基于人的移动通信需求更大。

（3）便携场景：在便携应用场景之下，用户可以以较低移动速度连接到网络，这种业务下，服务目标的移动速率较低，除了进行小区切换，连接会稳定保持。便携场景中，终端可以在不同的两个基站之间进行切换。当终端静止不动或移动速率较低时，便携式业务的应用模型与固定式业务和游牧式业务一样；当终端进行小区切换时，用户将会有短时间（最长间隔为 2s）的业务中断或者感觉到有些延迟。切换过程结束后，TCP/IP 应用对当前 IP 地址进行刷新，或者重新分配 IP 地址给移动终端。

（4）简单移动场景：在这种情况下，终端用户在使用宽带无线接入业务的时候可以步行或乘坐交通工具等，如果当用户的移动速率达到 60 ～ 120km/h 范围时，数据传输速度将会有一定程度的下降，当然并不会影响通信质量。这就是可以在相邻基站间进行切换的场景。在切换的时候，数据包的丢失率将被控制在一定范围之内，最不理想的情况下，TCP/IP 连接也不会中断，但应用层业务可能有一定的中断，切换过程完成后，QoS 将重新建立到初始级别。

简单移动场景和全移动场景网络需要休眠模式、空闲模式和寻呼模式等功能。移动数据业务是移动场景（包括简单移动和全移动）的主要应用，包括目前被业界广泛看好的移动 E-mail、流媒体、可视电话、移动游戏 MVoIP 等业务，这些业务占用的无线资源较多。

（5）全移动场景：用户终端可以在高速移动的情况下（大于等于 120km/h）无中断地使用宽带接入服务，如果没有网络连接，用户终端将处于低功耗模式之下。

最后，在 3G 至 4G 时代 WiMAX 的发展并不顺利，一方面，IEEE 的这个标准虽然也被纳入 3GPP 相关标准，但并没有受到充分重视；另一方面，受到全球移动运营商们的运营策略影响。但这并不影响其在部分国家的应用，以及被专用网络的青睐（例如军事专网）。5G

时代 WiMAX 能否发力，我们静观其变。

4.7 WBAN 简介

体域网（Body Area Network，BAN），也被称为无线体域网（WBAN）或人体传感器网络（BSN），是一种无线可穿戴计算设备的网络[①]。1995 年左右开始使用无线个人区域网络（WPAN）技术来实现近距离的人与人（周围的人）通信。WPAN 就是 Wireless PAN，其应用场景如图 4-12 所示。随着无线技术的进一步发展，WPAN 的作用范围也进一步缩小为 WBAN。

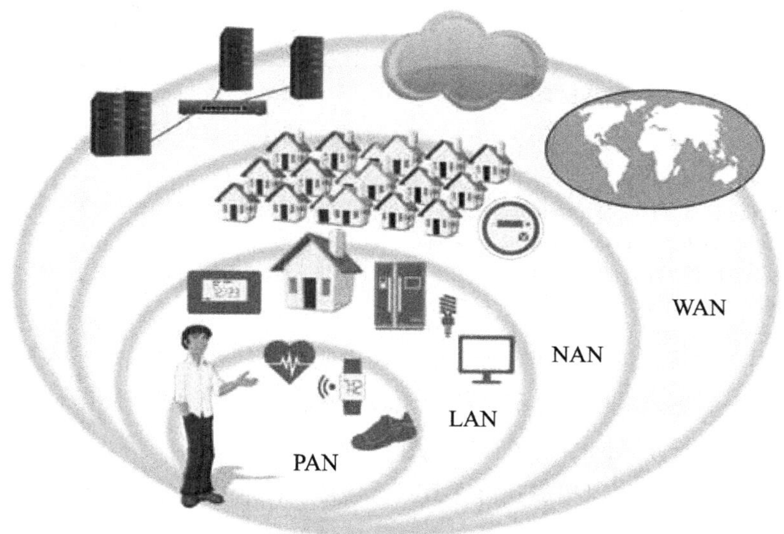

图 4-12　WPAN 的通信范围示意图（来源：电子工程世界）

2001 年前后，随着实时健康监测传感器的广泛应用，在一些小型化的传感器网络中，可实现传感器嵌入（植入）体内，表面安装或固定在身体或服饰上（例如，在衣服口袋里、手腕上、各种包装袋或鞋里）；甚至出于医疗目的而嵌入人体器官，这就是 WBAN 的应用场景。IEEE 组织成立 IEEE 802.15.6 负责 WBAN 的规范，如图 4-13 所示。

WBAN 的研究旨在人体周围的区域内，提供低功率、短距离、高可靠的无线通信国际标准，以支持不同应用的数据速率需求，这一技术在实时健康监测和消费电子产品中应用广泛。WBAN 使用现有的工业科学医疗（ISM）频段，或者需要医疗机构许可、监管机构认可

① https://en.wikipedia.org/wiki/Body_area_network.

并批准的专用频段。一般来讲，WBAN 需要支持 QoS，以极低的功耗传输可能高达 10 Mb/s 的数据速率；同时，要严格符合 WBAN 内设备互不干涉的原则。设计时需要考虑设备的便携式天线因人而异的影响（如男、女、瘦、胖等形体不同），天线辐射由于特定吸收率（SAR）对人体的影响，以及由于用户运动、场景变化的特点。

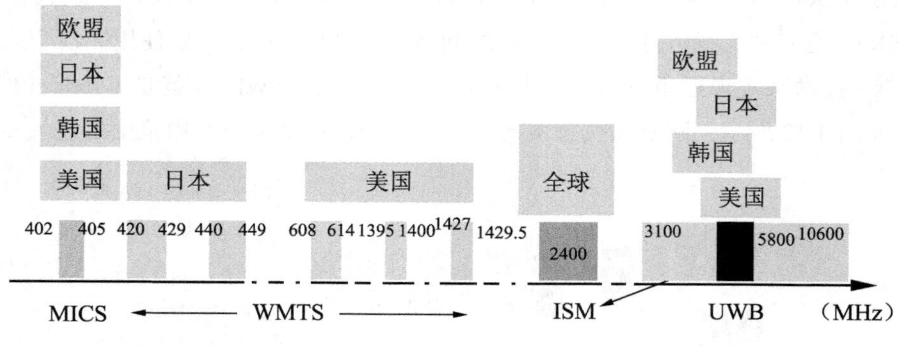

图 4-13　WBAN 的频带分布①

注：
MICS 频段（medical implant communication service）：医疗植入通信服务频段
WMTS 频段（wireless medical telemetry service）：无线医疗遥测服务频段
ISM 频段：工业、科学和医疗频段
UMB 频段：超宽带频段

随着生理、医疗传感器的快速增长，低功耗集成电路和无线通信已进入身体区域的网络集成与应用。这一崭新领域是一个跨学科的领域，这将允许廉价健康监测持续工作，并将实时更新的医疗数据通过互联网的连接实现应用。

一些智能生理传感器可以集成到可穿戴式无线体域网，可用于计算机辅助康复或医疗条件的早期检测。这一应用依赖于非常小的生物传感器的佩戴或植入人体内，并且没有明显不适，或者是不影响正常的活动。

植入或穿戴的人体传感器（通常辅以无线 MCU），会收集表现各种生理变化的参数来监测病人的健康状况，并将信息无线传输到一个外部处理单元。这个装置会立即将所有信息实时传输至医生或医疗系统，及时做出救治反应。

在一个急救案例的场景中，如果检测出意外，医生（医疗系统）会立即通过计算机系统通知病人，并发送适当的信息或警报。根据目前的水平，能够及时提供信息的体域网传感器资源严重受限，尤其是受到供电方式或能量消耗的约束；但是，被广泛研究的 WBAN 技术正力图突破这种功耗限制。一旦能够突破限制，将会有突破性的医疗保健新发明，并引发远

① A W ASTRIN, H B LI, R KOHNO. Standardization for Body Area Networks. IEICE Transactions on Communications, vol. E92.B, no. 2, pp.366-372, 2009.

程医疗、移动医疗等新概念走进现实。

在此并不过多表述这一“当红”的技术，它本身依赖于低功耗传感技术和本章所述的种种物联网技术。但后面将提到的可穿戴技术可以采用体域网（或者个域络）作为物联网网络层承载各种各样的“贴身”应用。随着 5G 商用的来临，能够为体域网提供更大范围、更低功耗、更便于接入广域网络的 LPWAN 低功耗广域网的技术，都将大显身手，抢占 M2M 地盘，这些将在 M2M 技术章节详述。

4.8 正在崛起的 IPv6

现阶段，物联网的广域承载网络中，沿用现有成熟的 IP 技术体系的优势显而易见，IP 技术的承载有助于实现端到端的业务部署和管理。在 IETF 和 IPSO 产业联盟等机构的倡导下，无须协议转换即可实现在接入层与网络层 IP 承载的无缝连接，简化网络结构。与此同时，IPv6 在网络中的应用也是大势所趋，应用 IPv6 技术实现“感知即接入”的 6LoWPAN 标准已在前文介绍过。

近年来，我国致力于物联网和 IPv6 融合的标准研发和应用，国内的物联网 IPv6 项目组结合标准化、产业推动、原型系统研发等多方面的力量推动了物联网 IPv6 产业和产品的发展。2017 年，我国将开始部署和建设 IPv6 地址项目，并以此展开相关应用。这意味着以 IPv6 地址为技术基础的我国新一代互联网将正式进入部署阶段，未来将对物联网、车联网、人工智能等新一代信息技术产业发展产生重大促进作用。

首先，推动物联网 IPv6 的标准化工作。在 CCSA TC10 完成了《适用于 6LoWPAN 网络的轻量级 IPv6 协议》立项，旨在规范化物联网轻量级 IPv6 协议的实现，促进不同实现之间的互通，制定 TCP/IP 协议轻量级实现的指导性标准，把互联网推到了物体等微小环境下；另一方面，使得物体可以直接接入互联网，使用互联网提供的服务和业务。

其次，推动 IPv6 物联网产业链条的完善。终端芯片方面，经过推动目前已有多款通信芯片支持 IPv6，可以在物联网模组中使用来支持物联网业务；网络方面，为物联网 IPv6 的需求做好充分的准备；业务平台方面，已经在物联网总体架构企标规范中加入了 IPv6 的支持。

最后，在验证 IPv6 物联网设备的可行性中，在仅有 10KB 内存的节点上开发出一套轻量级 IPv6 的传感器系统，嵌入了温湿度传感器并且与浏览器、社交网络等应用集成，显示了 IPv6 支持物联网端到端的可行性和优越性。

在物联网现阶段发展中，承载网正向着适合大众使用的网络发展，IPv6 技术在“一物一地址，感知即接入”方面极具优势。本节主要介绍 IPv6 与 IPv4 之间的主要区别、物联网的地址困境和 IPv6 应用于物联网的优势。4.9 节将详细介绍 M2M。

4.8.1 IPv4 的“短板”

IETF 于 1994 年正式提出将 Internet 协议第 6 版作为下一代网络协议。IPv6 相较于 IPv4 有很多优点，在许多性能上比 IPv4 更为强大、高效，新增了很多功能，主要如下。

- IPv6 提供巨大的地址空间。IPv6 提供的地址长度由 IPv4 的 32b 扩展到 128b。
- v6 具有与网络适配的层次地址。IPv6 采用类似 CIDR 的地址聚类机制层次的地址结构。为支持更多的地址层次，网络前缀可以分为多个层次，其中包括 13b 的 TLA-ID、24b 的 NLA-ID 和 16b 的 SLA-ID。一般来说，IPv6 的管理机构对 TLA 的分配进行严格管理，只将其分配给大型骨干网的 ISP，然后骨干网 ISP 就可以灵活地为各个地区中、小 ISP 分配 NLA，最后用户从中、小 ISP 获得地址。这样不仅可以定义非常灵活的地址层次结构，而且，同一层次上的多个网络在上层路由器中表示为一个统一的网络前缀，明显减少了路由器必须维护的路由表项。
- 可靠的安全功能保障。IETF 研制的用于保护 IP 通信的 IP 安全的 IPSec（IP Security）协议，已经成为 IPv6 的有机组成部分，所有的 IPv6 网络节点必须强制实现这套协议。IPSec 提供了三种安全机制：加密、认证和完整性。加密是通过对数据进行编码来保证数据的机密性，以防数据在传输过程中被他人截获而失密；认证使得 IP 通信的数据接收方能够确认数据发送方的真实身份以及数据在传输过程中是否遭到改动；完整性能够可靠地确定数据在从源到目的地传送的过程中没有被修改。所以，一个 IPv6 端到端的传送在理论上是安全的，其数据加密以及身份认证的机制使得敏感数据可以在 IPv6 网络上安全地传递。
- 提供更高的服务质量保证。IPv6 数据包的格式包含一个 8b 的业务流类别（Traffic Class）和一个新的 20b 的流标签（Flow Label）。它的目的是允许发送业务流的源节点和转发业务流的路由器在数据包上加上标记，并进行除默认处理之外的不同处理。一般来说，在所选择的链路上，可以根据开销、带宽、延时或其他特性对数据包进行特殊的处理。
- 即插即用（Plug Play）功能。在大规模的 IPv4 网络中，管理员为各个主机手工配置 IP。在 IPv6 中，端点设备可以将路由器发来的网络前缀和本身的链路地址（即网卡地址）综合，自动生成自己的 IP 地址，用户不需要任何专业知识，只要将设备接入互联网即可接受服务，这就是即插即用，它对基于 IP 的第三代移动通信和未来家电上网提供了巨大的方便。
- 移动性能的改进。设备接入网络时，通过自动配置可以自动获取 IP 地址和必要的参数，实现“即插即用”，简化了网络管理，易于支持移动节点。此外，IPv6 不仅从 IPv4 中借鉴了许多概念和思路，而且还定义了许多移动 IPv6 所需要的新功能，可以将其统称为邻居节点的搜索，可以直接为移动 IPv6 提供所需的功能。

IP 协议作为互联网的统一标准，肩负着保障物联网长期可持续发展的历史使命。IPv6 的诸多特性表明，它将为未来物联网的大规模应用提供基础。物联网的 IPv6 技术不断地自我完善，期待着未来会有越来越多的网络应用采用 IPv6 协议。

4.8.2　物联网的地址困境

整个物联网的概念涵盖了从终端到网络、从数据采集处理到智能控制、从应用到服务、从人到物、从接入网到广域承载的方方面面，涉及众多的技术与节点。长远来看，物联网很有希望成为一个超越目前互联网产业规模的新兴产业，国际相关机构预测未来其规模将超过现有互联网规模的 30 倍。物联网丰富的应用和庞大的节点规模既带来了商业上的巨大潜力，同时也带来了技术上的挑战。

1．地址空间面临枯竭的困境

物联网由众多的节点连接构成，无论是异构子网内的自组织方式，还是采用现有的公众网进行连接，这些节点之间的通信必然牵涉到寻址问题。现阶段正在使用的寻址方式包括 IPv4、IPv6、E.164、IMSI、MAC 等。目前物联网的寻址系统主要采用基于 E.164 的电话号码编址和 IPv4 地址。

一种方式是采用基于 E.164 电话号码编址的寻址方式，但由于目前多数物联网应用的网络通信协议都采用 IP 协议，电话号码编址的方式必然需要对电话号码与 IP 地址进行转换。这提高了技术实现的难度，并增加了成本。同时，E.164 编址体系本身的地址空间较小。

另一种方式是直接采用 IPv4 地址的寻址体系来进行物联网节点的寻址。随着互联网本身的快速发展，IPv4 的地址已经日渐匮乏。从目前的地址消耗速度来看。IPv4 地址空间已经很难再满足物联网对网络地址的庞大需求。从另一方面来看，物联网对海量地址的需求，也对地址分配方式提出了要求。海量地址的分配无法使用手工分配，使用传统 DHCP 的分配方式对网络中的 DHCP 服务器也提出了极高的性能和可靠性要求，可能造成 DHCP 服务器性能不足，成为网络应用的一个瓶颈。

在 3GPP 的 M2M 业务中，暂时考虑终端仍旧使用 IMEI(IMSI、MSISDN) 地址作为设备标识的资源。以 IMSI 为例，IMSI 号码为 15 位，由 3 位 MCC 国家码、3 位 MNC 网络标识码、9 位设备标识码组成。其资源对于 H2H 终端目前来看应该是足够的，但如果资源与 M2M 终端共用，就非常紧张。庞大数量的物联网终端设备采用现有的资源肯定是远远不够的。目前，3GPP 考虑的内外部标识转换、对地址基于群组优化和标识资源扩展方案也仅是权宜之计。在我国，三大电信运营商已开放物联网专用号段，能够分别为各自带来 1 亿的地址空间。

无论上述哪种寻址方式，都满足不了由于末端通信设备的大规模增加，带来对 IP 地址、码号等标识资源需求的大规模增加。近年来全球 M2M 业务发展迅猛，使得 E.164 号码方面出现紧张，各国纷纷加强对号码的规划和管理。IPv4 地址严重不足，美国等一些发达国家已经开始在物联网中采用 IPv6。

2. IPv4 节点移动性不足造成了物联网移动能力的瓶颈

IPv4 协议在设计之初并没有充分考虑到节点移动性带来的路由问题。即当一个节点离开了它原有的网络，如何再保证这个节点访问可达性的问题。由于 IP 网络路由的聚合特性，在网络路由器中路由条目都是按子网来进行汇聚的。

当节点离开原有网络，其原来的 IP 地址离开了该子网，而节点移动到目的子网后，网络路由器设备的路由表中并没有该节点的路由信息（为了不破坏全网路由的汇聚，也不允许目的子网中存在移动节点的路由），会导致外部节点无法找到移动后的节点。因此如何支持节点的移动能力是需要通过特殊机制实现的。在 IPv4 中 IETF 提出了 MIPv4（移动 IP）的机制来支持节点的移动。但这样的机制引入了著名的三角路由问题。对于少量节点的移动，该问题引起的网络资源损耗较小。而对于大量节点的移动，特别是物联网中特有的节点群移动和层移动，会导致网络资源被迅速耗尽，使网络处于瘫痪的状态。

3. IPv4 没有考虑轻量级协议

智能物体接入物联网给标识提出了新要求。以无线传感器网络（WSN）为代表的智能物体近距离无线通信网络对通信标识提出了降低电源、带宽、处理能力消耗的新要求。目前应用较广的 ZigBee 在子网内部允许采用 16 位短地址。而传统互联网厂商在推动简化 IPv6 协议，并成立了 IPSO 联盟推广 IPv6 的使用，IETF 成立了 6LoWPAN、ROLL 等课题进行相关研究和标准化。

物联网的互联对象尽管数不胜数，但却可主要分为两类：一类是体积小、能量低、存储容量小、运算能力弱的智能小物体，如传感器节点；另一类是没有上述约束的智能终端，如无线 POS 机、智能家电、视频监控等。

这两类互联对象，从终端侧向通信网络提出了特定的需求，而支持巨大的号码 / 地址空间、网络可扩展、传递可靠等显然是共性需求。通信网络不仅要能提供足够多的地址空间来满足互联对象对地址的需求；而且网络容量足够大，能满足大量智能终端、智能小物体之间的通信需求。值得注意的是，智能小物体由于尺寸与复杂度的限制而决定了其能量、存储、计算速度与带宽是天然受限的，因而要求通信网络能够提供轻量级的通信协议和安全协议、可靠的低速率传输。

4. IPv4 网络质量保证

QoS（网络质量保证）是物联网发展过程中必须解决的问题。目前 IPv4 网络中实现 QoS 有两种技术，其一是采用资源预留（interserv）的方式，利用 RsVP 等协议为数据流保留一定的网络资源，在数据包传送过程中保证其传输的质量；其二是采用 Diffserv 技术，由 IP 包自身携带优先级标记，网络设备根据这些优先级标记来决定包的转发优先策略。目前 IPv4 网络中服务质量的划分基本是从流的类型出发，使用 Diffserv 来实现端到端服务质量保证，例如，视频业务有低丢包、时延、抖动的要求，就给它分配较高的服务质量等级；数据业务对丢包、时延、抖动不敏感，就分配较低的服务质量等级，这样的分配方式仅考虑了业务的网络侧质量需求，没有考虑业务的应用侧的质量需求，例如，一个普通视频业务对服务质量的需求可能比一个基于物联网传感的手术应用对服务质量的需求要低。因此物联网中的服务质量保障必须与具体的应用相结合。

5. IPv4 的安全性和可靠性

物联网节点的安全性和可靠性也需要重新考虑。由于物联网节点限于成本约束很多都是基于简单硬件的，不可能处理复杂的应用层加密算法，同时单节点的可靠性也不可能做得很高，其可靠性主要还是依靠多节点冗余来保证。因此，靠传统的应用层加密技术和网络冗余技术很难满足物联网的需求。

如上所述，越来越多的智能物体（包括人们日常生活中的各种事物）将要按照各自的类别进入物联网世界。物联网将要联系的对象其数量之庞大是现有的互联网节点数量所不能比拟的，为了实现这些事物之间的有效通信，物联网必须为每个接入的对象设定唯一的标识并提供统一的通信平台。将 IPv6 技术融入物联网中，不仅解决了物联网节点的标识和寻址问题，同时还能解决大规模物联网地址不足、缺乏应有的安全机制等问题。

4.8.3 IPv6 协议简述

下面简要介绍 IPv6 协议的相关部分内容。

1. IPv6 的报头

IPv6 将报头长度变为固定的 40B，称为基本报头。由于将不必要的功能取消了，虽然报头长度增大了一倍，但是报头的变量总数减少到 8 个。此外，还取消了报头的校验和字段，这样就加快了路由器处理数据报的速度。将 IPv4 选项中的功能放在可选扩展报头中，而路由器不处理扩展报头，因而提高了路由器的处理效率。IPv6 允许对网络资源的预分配，支持实时视频等要求，保证一定的带宽和时延的应用。IPv6 数据报在基本报头后面允许有零个或多个扩展报头，再后面才是负载数据，如图 4-14 所示。

基本报头	扩展报头 1	…	扩展报头 N	负载数据

图 4-14　IPv6 数据报

每个 IPv6 数据报都从基本报头开始，在基本报头后面是有效荷载，它包括高层的数据和可能选用的扩展报头。IPv6 的基本报头如图 4-15 所示。

<table>
<tr><td>Version</td><td>Traffic Class</td><td colspan="2">Flow Label</td></tr>
<tr><td colspan="2">Payload Length</td><td>Next Header</td><td>Hop Limit</td></tr>
<tr><td colspan="4">Source Address</td></tr>
<tr><td colspan="4">Destination Address</td></tr>
</table>

图 4-15　IPv6 的基本报头组成

Version（版本号，4 位），IPv6 协议的版本值为 6。

Traffic Class（通信量等级，8 位），IPv6 报头中的通信量等级域使得源节点或进行包转发路由器能够识别和区分 IPv6 信息包的不同等级或优先权。

Flow Label（流标记，20 位），IPv6 报头中的流标记是为了用来标记那些需要 IPv6 路由器特殊处理的信息包的顺序，这些特殊处理包括非默认质量的服务或“实时”（real time）服务。不支持流标记域功能的主机或路由器在产生一个信息包的时候将该域置 0。

Payload Length（有效负载长度，16 位），有效负载长度使用 16 位无符号整数表示，代表信息包中除 IPv6 报头之外其余部分的长度。IPv6 信息包的有效负载长度是 64KB。扩展报头都被认为是有效负载的一部分。

Next Header（下一个报头，8 位），这是一个 8 位的选择器，当 IPv6 数据报没有扩展报头时，下一个报头字段的作用和 IPv4 的协议字段一样。当出现扩展报头时，下一个报头字段的值就标识后面第一个扩展报头的类型。

Hop Limit（跳数限制，8 位），用来防止数据报在网络中无限制地存在。该域用 8 位无符号整数表示，当被转发的信息包经过一个节点时，该值将减 1，当减到 0 时，则丢弃该信息包。

Source Address（源地址，128 位），信息包的发送站的 IP 地址。

Destination Address（目的地址，128 位），信息包的预期接收站的 IP 地址。如果有路由报头，该地址可能不是该信息包最终接收者的地址。

2. IPv6 地址类型

众所周知，目前 IPv4 地址有三种类型：单播（Unicast）地址、多播（Multicast）地址和广播（Broadcast）地址。而 IPv6 地址虽然也是三种类型，但是已经有所改变，分别为单播（Unicast）地址、多播（Multicast）地址、任播（Anycast）地址。

- 单播地址：这种类型的地址是单个接口的地址。发送到一个单点传送地址的信息包只会送到地址为这个地址的接口。
- 任播地址：这种类型的地址是一组接口的地址，发送到一个任意点传送地址的信息包只会发送到这组地址中的一个（根据路由距离的远近来选择）。
- 多播地址：这种类型的地址是一组接口的地址，发送到一个多点传送地址的信息包会发送到属于这个组的全部接口。

在 IPv6 中去掉了广播地址，主要是考虑到网络中由于大量广播包的存在，容易造成网络的阻塞。而且由于网络中各节点都要对这些大部分与自己无关的广播包进行处理，对网络节点的性能也造成影响。IPv6 将广播看作是多播的一个特例。

3. IPv6 地址表达方式

在 IPv4 中，一般有二进制和点分十进制两种格式的地址表示方法。二进制是 IPv4 地址体系的基础，是实际运作的真实 IP 地址的表示方法。十进制是由二进制编译过来的，采用十进制是为了便于使用和比较。对于 IPv6 来说，采用二进制表示方法来表示相应的 IP 地址就显得更加不便和容易出错。RFC3513 规定的标准语法建议把 IPv6 地址的 128 位（16B）写成 8 个 16 位的无符号整数，每个整数用 4 个十六进制位表示，这些数之间用冒号“:”分开，例如：3ffe:3201:1401:1:280:c8ff:fe4d:db39。

从上面的例子我们看到了手工管理 IPv6 地址的难度，也看到了 DHCP 和 DNS 的必要性。为了进一步简化 IPv6 的地址表示，可以用 0 来表示 0000，用 1 来表示 0001，用 20 来表示 0020，用 300 来表示 0300，只要保证数值不便，就可以将前面的 0 省略。例如，下面这个 IPv6 地址：

1080:0000:0000:0000:0008:0800:200C:417A:0000:0000:0000:0000:0000:0000:0A00:0001

就可以简写为：

1080:0:0:0:8:800:200C:417A:0:0:0:0:0:0:A00:1

另外，还规定可以用符号 :: 表示一系列的 0。那么上面的地址又可以简化为：

1080::0:8:800:200C:417A::A00:1

在 IPv6 协议应用的初始阶段，IPv4 和 IPv6 地址必将大量共存，于是，我们采用 IPv4 和 IM 地址的混合表示方法 :x:x:x:x:x:x:d.d.d.d，其中，x 仍然表示地址中 6 个高阶 16 位段的十六进制值，d 则是地址中 4 个低阶 8 位段的十进制值（标准 IPv4 表示）。例如，地址 0:0:0:0:0:0:12.6.6.9 就是一个合法的 IPv4 地址，该地址也可以表示成 ::12.6.6.9，0 前缀是地址的一部分，指出属于网络标识的地址位，类似于 IPv4 中的子网掩码的作用。IPv6 路由和子网标识的前缀，与 IPv4 的“无类别域中路由”（CIDR）表达法的表达方式一样。IPv6 前缀用 address/prefix-length 表达法书写。例如，21DA:D3::/48 前缀表示地址的前 48 位为网络标识，具体的网络号为 21DA:D3:0:。IPv4 实现通常用带句点的十进制表示，叫作子网掩码的网络前缀。IPv6 中不使用子网掩码，只支持前缀长度表达法。

4. 邻居发现

邻居发现（Neighbor Discovery，ND）协议是 IPv6 协议的一个基本的组成部分，它实现了在 IPv4 中的地址解析协议（ARP）、控制报文协议（ICMP）中的路由器发现部分和重定向（Redirection）协议的所有功能，并具有邻居不可达检测机制。邻居发现协议实现了路由器和前缀发现、地址解析、下一跳地址确定、重定向、邻居不可达检测、重复地址检测等功能，可选实现链路层地址变化、输入负载均衡、泛播地址和代理通告等功能。IPv6 通过邻居发现协议能为主机自动配置接口地址和默认路由器信息，使得从互联网到最终用户之间的连接不经过用户干预就能够快速建立起来。

邻居发现协议采用 5 种类型的 IPv6 控制信息报文（ICMPv6）来实现邻居发现协议的各种功能。这 5 种类型消息如下。

- 路由器请求（Router Solicitation）：当接口工作时，主机发送路由器请求消息，要求路由器立即产生路由器通告消息，而不必等待下一个预定时间。
- 路由器通告（Router Advertisement）：路由器周期性地通告它的存在以及配置的链路和网络参数，或者对路由器请求消息进行响应。路由器通告消息包含链接（on-link）确定、地址配置的前缀和跳数限制值等。
- 邻居请求（Neighbor Solicitation）：节点发送邻居请求消息来请求邻居的链路层地址，以验证它先前所获得并保存在缓存中的邻居链路层地址的可达性，或者验证它自己的地址在本地链路上是否是唯一的。
- 邻居通告（Neighbor Advertisement）：邻居请求消息的响应。节点也可以发送非请求邻居通告来指示链路层地址的变化。
- 重定向（Redirect）：路由器通过重定向消息通知主机。对于特定的目的地址，如果不是最佳的路由，则通知主机到达目的地的最佳下一跳。

5. IPv6 的安全机制

作为安全网络的长期方向，IPSec 通过端对端的安全性来提供主动的保护以防止 VPN 与互联网的相互攻击。IPSec 在 IPv4 中为可选项，而在 IPv6 协议族中则是强制的一部分。IPv6 内置的安全扩展包头使网络层的数据传输、加密解密变得更加容易。IPv6 通过提供全球唯一地址与嵌入式安全，无论从宏观还是微观的角度，都在提供了安全服务的同时，又顾全了网络性能。IPv6 安全机制加强了网络层对安全的责任，从网络层保障物联网通道的安全性，同时协议栈中的安全体系为 VPN 等安全应用提高了互操作性。此外，IPv6 的网络层可实现数据拒绝服务攻击、抗击重发攻击、防止数据被动或主动偷听、防止数据会话窃取攻击等功能，极大地增强了网络的安全性。IPv6 在 QoS 服务质量保证、移动 IP 等方面也有明显改进。

4.8.4　IPv4、IPv6 现有的过渡技术

由于 Internet 的规模以及目前网络中数量庞大的 IPv4 用户和设备，IPv4 到 IPv6 的过渡不可能一次性实现。而且，目前许多企业和用户的日常工作越来越依赖于 Internet，它们无法容忍在协议过渡过程中出现的问题。所以 IPv4 到 IPv6 的过渡必须是一个循序渐进的过程，在体验 IPv6 带来的好处的同时仍能与网络中其余的 IPv4 用户通信。IPv6 在设计的过程中就已经考虑到了 IPv4 到 IPv6 的过渡问题，并提供了一些特性使过渡过程简化。例如，IPv6 地址可以使用 IPv4 兼容地址，自动由 IPv4 地址产生；也可以在 IPv4 的网络上构建隧道，连接 IPv6 孤岛。目前针对 IPv4-v6 过渡问题已经提出了许多机制，它们的实现原理和应用环境各有侧重，这里将对 IPv4-v6 过渡的基本策略和机制做一个系统性的介绍。

1. 过程中应该遵循的原则和目标

过程中应该遵循的原则和目标如下。

（1）保证 IPv4 和 IPv6 主机之间的互通；

（2）在更新过程中避免设备之间的依赖性（即某个设备的更新不依赖于其他设备的更新)；

（3）对于网络管理者和终端用户来说，过渡过程易于理解和实现；

（4）过渡可以逐个进行；

（5）用户、运营商可以自己决定何时过渡以及如何过渡。

主要分为三个方面：IP 层的过渡策略与技术，链路层对 IPv6 的支持，IPv6 对上层的影响。

对于 IPv4 向 IPv6 技术的演进策略，业界提出了许多解决方案。特别是 IETF 组织专门成立了一个研究此演变的研究小组 NGTRANS，已提交了各种演进策略草案，并力图使之成为标准。主流技术大致可分为如下几类。

2. 双栈策略

双栈战略（Dual Stack）是指同时支持 IPv4 协议栈和 IPv6 协议栈，如图 4-16 所示。实现 IPv6 节点与 IPv4 节点互通的最直接的方式是在 IPv6 节点中加入 IPv4 协议栈。具有双协议

栈的节点称作“IPv6/v4 节点”，这些节点既可以收发 IPv4 分组，也可以收发 IPv6 分组。它们可以使用 IPv4 与 IPv4 节点互通，也可以直接使用 IPv6 与 IPv6 节点互通。

应用层协议	
TCP/UDP协议	
IPv6协议	IPv4协议
物理网络	

图 4-16　双栈示意图

双协议栈主机或路由器既能够与 IPv6 的系统通信，又能够与 IPv4 的系统通信。在与 IPv6 主机通信时，双协议栈主机采用 IPv6 地址；在和 IPv4 主机通信时，双协议栈主机采用 IPv4 地址。双协议栈主机通过对域名系统 DNS 的查询可以知道双协议栈主机中目的主机是采用哪一种地址。若 DNS 返回的是 IPv4 地址，双协议栈的源主机就使用 IPv4 地址；若 DNS 返回的是 IPv6 地址，则其源主机就使用 IPv6 地址。

双栈技术不需要构造隧道，但后文介绍的隧道技术中要用到双栈。IPv6/v4 节点可以只支持手工配置隧道，也可以既支持手工配置也支持自动隧道。

3. 隧道技术

在 IPv6 发展初期，必然有许多局部的纯 IPv6 网络，这些 IPv6 网络被 IPv4 骨干网络隔离开来，为了使这些孤立的“IPv6 岛”互通，就采取隧道技术（Tunneling）的方式来解决。利用穿越现存 IPv4 因特网的隧道技术将许多个“IPv6 孤岛”连接起来，逐步扩大 IPv6 的实现范围，这就是目前国际 IPv6 实验床 6Bone 的计划。

其工作机理为，在 IPv6 网络与 IPv4 网络间的隧道入口处，路由器将 IPv6 的数据分组封装入 IPv4 中，IPv4 分组的源地址和目的地址分别是隧道入口和出口的 IPv4 地址。在隧道的出口处再将 IPv6 分组取出转发给目的节点。

隧道技术在实践中有 4 种具体形式：构造隧道、自动配置隧道、组播隧道以及 6to4。

对于独立的 IPv6 用户，要通过现有的 IPv4 网络连接 IPv6 网络上，必须使用隧道技术。但是手工配置隧道的扩展性很差，TB（Tunnel Broker，隧道代理）的主要目的就是简化隧道的配置，提供自动的配置手段。对于已经建立起 IPv6 的 ISP 来说，使用 TB 技术为网络用户的扩展提供了一个方便的手段。从这个意义上说，TB 可以看作是一个虚拟的 IPv6 ISP，它为已经连接到 IPv4 网络上的用户提供连接到 IPv6 网络的手段，而连接到 IPv4 网络上的用户就是 TB 的客户。

现有 IPv4 网络传送 IPv6 数据包的方法，是通过将 IPv6 数据包封装在 IPv4 数据包中，实现在 IPv4 网络中的数据传送。同样，IPv4 也可封装在 IPv6 包中，通过 IPv6 网络传递到对端的 IPv4 主机。通过 MPLS、隧道代理、手工配置等多种方式实现。

隧道技术在部署中，代理方式和手工配置方式的后期维护复杂；成对隧道部署的要求大大限制了实际的部署范围和部署能力，也就是说，网络规模不能扩大。IPv4 与 IPv6 包的转换极大地限制了传输性能，虽然通过彼此的网络到达彼此端的主机，但是业务之间还是彼此区分。

4. 双栈转换机制

双栈转换机制（DSTM）的目标是实现新的 IPv6 网络与现有的 IPv4 网络之间的互通。使用 DSTM，IPv6 网络中的双栈节点与一个 IPv4 网络中的 IPv4 主机可以互相通信。DSTM 的基本组成部分如下。

- ❑ DHCPv6 服务器：为 IPv6 网络中的双栈主机分配一个临时的 IPv4 全网唯一地址，同时保留这个临时分配的 IPv4 地址与主机 IPv6 永久地址之间的映射关系，此外，提供 IPv6 隧道的隧道末端（TEP）信息。
- ❑ 动态隧道端口 DTI：每个 DSTM 主机上都有一个 IPv4 端口，用于将 IPv4 报文打包到 IPv6 报文里。
- ❑ DSTM Deamon：与 DHCPv6 客户端协同工作，实现 IPv6 地址与 IPv4 地址之间的解析。

5. 无状态 IP/ICMP 翻译技术

无状态 IP/ICMP 翻译技术（Stateless IP/ICMP Translation，SIIT）用于对 IP 和 ICMP 报文进行协议转换，这种转换不记录流的状态，只根据单个报文将一个 IPv6 报文头转换为 IPv4 报文头，或将 IPv4 报文头转换为 IPv6 报文头。SIIT 不需要 IPv6 主机获取一个 IPv4 地址，但对于 SIIT 设备来说，每一个 IPv6 主机有一个虚拟的临时 IPv4 地址。SIIT 技术使用特定的地址空间来完成 IPv4 地址与 IPv6 地址的转换。SIIT 是静态转换，只是替换地址，遇到报文加密就无法替换。全局 IPv4 地址池规模有限，网络规模不能扩大。

6. 带协议转换的网络地址转换

在位于 IPv4 和 IPv6 网络边界部署设备在 IPv4 报文与 IPv6 报文之间进行翻译转换。带协议转换的网络地址转换（NAT-PT）把 SIIT 协议转换技术和 IPv4 网络中动态地址转换技术（NAT）结合在一起，它利用了 SIIT 技术的工作机制，同时又利用传统的 IPv4 下的 NAT 技术来动态地给访问 IPv4 节点的 IPv6 节点分配 IPv4 地址，很好地解决了 SIIT 技术中全局 IPv4 地址池规模有限的问题。同时，通过传输层端口转换技术使多个 IPv6 主机共用一个 IPv4 地址。

NAT-PT 虽然能解决 v4 节点与 v6 节点互通的问题，但是不能支持所有的应用。这些应用层程序包括：应用层协议中如果包含 IP 地址、端口等信息的应用程序，如果不将高层报文中的 IP 地址进行变换，则这些应用程序就无法工作，如 FTP、STMP 等；在应用层进行认证、加密的应用程序无法在此协议转换中工作。

现有的程序多数是 IPv4，数据包无法在纯 IPv6 的环境中路由到网关，NAT-PT 无法发挥作用，只有极少数支持双栈的应用程序才能使用 NAT-PT 功能。多数应用需要逐一开发应用层网关（ALG）配合才能工作。

7. IVI 的解决方法

IVI 是基于路由前缀的无状态 IPv4/IPv6 翻译技术，IVI 方案可以进行自动地址映射，支持多媒体业务穿越公网和内网，只需在用户端和骨干网之间加入一个网关设备即可。

在罗马字母中 IV 是 4，VI 是 6，IVI 代表 4 和 6 之间要打通。通过这种翻译技术，IPv6 用户可以透明地访问 IPv4 网，IPv4 用户也可以访问 IPv6 网。IVI 既高效地解决了 IPv6 网对 IPv4 网现有海量资源的利用难题，又大大减少了双栈网的维护费用。

IVI 技术是对 SIIT（无状态 IP/ICMP 翻译技术）和 NAT-PT 技术进行的改进。IVI 通过用一段特殊的 IPv6 地址与 IPv4 地址进行唯一映射，可以实现这部分地址的无状态地址转换，能够同时支持 IPv4 和 IPv6 发起的通信；对于这段特殊地址之外的 IPv6 地址，支持 1 : N 的有状态地址转换，可以实现 IPv4 地址的复用和 IPv6 对 IPv4 的单向通信。IVI 网关不需要通过 DNS 来查找 IPv4、IPv6 的对应关系，而是能够通过一对一的映射直接找到对应的地址，从而大大减轻网关设备的负担和效率。另外，IVI 技术可以直接支持指定源模式（PIM-SSM）的组播，支持逆向路径转发（RPF）机制，也支持 PIM-SM 的 ALG，因此能够完全实现 IPv6 节点与 IPv4 节点间的组播应用。

8. SOCKS64

一个是在客户端里引入 SOCKS 库，这个过程称为“SOCKS 化”（SOCKSifying），它处在应用层和 socket 之间，对应用层的 socket API 和 DNS 名字解析 API 进行替换。另一个是 SOCKS 网关，它安装在 IPv6/v4 双栈节点上，是一个增强型的 SOCKS 服务器，能实现客户端 C 和目的端 D 之间任何协议组合的中继。当 C 上的 SOCKS 库发起一个请求后，由网关产生一个相应的线程负责对连接进行中继。SOCKS 库与网关之间通过 SOCKS（SOCKSv5）协议通信，因此它们之间的连接是“SOCKS 化”的连接，不仅包括业务数据，也包括控制信息；而 G 和 D 之间的连接未做改动，属于正常连接。D 上的应用程序并不知道 C 的存在，它认为通信对端是 G。

9. 传输层中继

与 SOCKS64 的工作机理相似，只不过是在传输层中继器进行传输层的“协议翻译”，而 SOCKS64 是在网络层进行协议翻译。它相对于 SOCKS64，可以避免“IP 分组分片”和“ICMP 报文转换”带来的问题，因为每个连接都是真正的 IPv4 或 IPv6 连接。但同样无法解决网络应用程序数据中含有网络地址信息所带来的地址无法转换的问题。

10. 应用层代理网关

ALG 是 Application Level Gateway 的简称，与 SOCKS64、传输层中继等技术一样，都是在 IPv4 与 IPv6 间提供一个双栈网关，提供“协议翻译”的功能，只不过 ALG 是在应用层级进行协议翻译。这样可以有效解决应用程序中带有网络地址的问题，但 ALG 必须针对每个业务编写单独的 ALG 代理，同时还需要客户端应用也在不同程序上支持 ALG 代理，灵活性很差。显然，此技术必须与其他过渡技术综合使用，才有推广意义。

从以上过渡策略技术可见，由不同的组织或个人提出的 IPv4 向 IPv6 平滑过渡策略技术很多，它们都各有自己的优势和缺陷。由于应用环境不同，不同的过渡策略各有优劣。网络的演进过程中将是多种过渡技术的综合，应该根据运营商具体的网络情况进行分析。最好的解决方案是综合其中的几种过渡技术，互相取长补短，实现平滑过渡。

4.8.5 IPv6 在物联网中的出路

IPv6 协议作为下一代互联网协议，其地址空间、服务质量、网络安全和移动性等优势已经在主流设备中受到广泛关注。诸多特性表明，IPv6 能够为未来物联网的大规模应用提供基础。

1. IPv6 地址技术

IPv6 的诞生与 IPv4 的耗竭有直接关系。IPv6 拥有巨大的地址空间，同时 128 b 的 IPv6 的地址被划分成两部分，即地址前缀和接口地址。与 IPv4 地址划分不同的是，IPv6 地址的划分严格按照地址的位数来进行，而不采用 IPv4 中的子网掩码来区分网络号和主机号。IPv6 地址的前 64 位被定义为地址前缀。地址前缀用来表示该地址所属的子网络，即地址前缀用来在整个 IPv6 网中进行路由。而地址的后 64 位被定义为接口地址，接口地址用来在子网络中标识节点。在物联网应用中可以使用 IPv6 地址中的接口地址来标识节点。在同一子网络下，可以标识 264 个节点。这个标识空间约有 185 亿亿（1016）个地址空间，几乎可以不受限制地提供 IP 地址，解决 IP 地址耗尽危机。使每件物品都可以直接编址，从而确保了端到端连接的可能性。

IPv6 采用无状态地址分配的方案来解决高效率海量地址分配的问题。其基本思想是网络侧不管理 IPv6 地址的状态，包括节点应该使用什么样的地址、地址的有效期有多长，且基本不参与地址的分配过程。节点设备连接到网络中后，将自动选择接口地址（通过算法生成 IPv6 地址的后 64 位），并加上 FE80 的前缀地址，作为节点的本地链路地址，本地链路地址只在节点与邻居之间的通信中有效，路由器设备将不路由以该地址为源地址的数据包。在生成本地链路地址后，节点将进行 DAD（地址冲突检测），检测该接口地址是否有邻居节点已经使用，如果节点发现地址冲突，则无状态地址分配过程将终止，节点将等待手工配置 IPv6 地址。如果在检测定时器超时后仍没有发现地址冲突，则节点认为该接口地址可以使用，此时终端将发送路由器前缀通告请求，寻找网络中的路由设备。当网络中配置的路由设备接收到该请求，则将发送地址前缀通告响应，将节点应该配置的 IPv6 地址前 64 位的地址前缀通告给网络节点。网络节点将地址前缀与接口地址组合，构成节点自身的全球 IPv6 地址。

采用无状态地址分配之后，网络侧不再需要保存节点的地址状态，维护地址的更新周期，这大大简化了地址分配的过程。网络可以以很低的资源消耗来达到海量地址分配的目的。

2. IPv6 的报头压缩技术

IPv6 提供了远远大于 64KB 的数据包容量，并简化了报头定长结构，采用了较之以前更加合理的分段方式，这样就能大大地提高路由器转发数据的效率。不仅如此，轻装的 IPv6 数据包封装还可以在低消耗的同时传输更多的数据，从而减少感知层的感知设备的数量，降低开销和能耗。IPv6 的报头结构简单得多，它只有 6 个域和 2 个地址空间，删除了 IPv4 中不常用的域，放入了可选域和报头扩展。并且报头长度固定，所以内存容量不必消耗过多，提高了数据吞吐量。IPv6 报头由一个基本报头和扩展报头组成。不同于 IPv4 的是，IPv6 的扩展头是可以灵活扩充的，以便日后扩充新增选项。

IPv6 报头中新增的流标记是为了用来标记特定的用户数据流或通信量类型，使用流标记可以和任意的流关联，需要标示不同的流时，只需对流标记做相应改动；流标记在 IPv6 报文头部，使用 IPSec 时对转发路由器可见，因此转发路由器在使用 IPv6 报文 IPSec 时仍然可通过流标签、源地址、目的地址针对特定的流进行 QoS 处理。

3. IPv6 的移动性技术

IPv6 协议设计之初就充分考虑了对移动性的支持。针对移动 IPv4 网络中的三角路由问题，移动 IPv6 提出了相应的解决方案。

首先，从终端角度 IPv6 提出了 IP 地址绑定缓冲的概念，即 IPv6 协议栈在转发数据包之前需要查询 IPv6 数据包目的地址的绑定地址。如果查询到绑定缓冲中目的 IPv6 地址存在绑定的转交地址，则直接使用这个转交地址为数据包的目的地址。这样发送的数据流量就不会再经过移动节点的家乡代理，而直接转发到移动节点本身。

其次，MIPv6 引入了探测节点移动的特殊方法，即某一区域的接入路由器以一定时间进行路由器接口的前缀地址通告。当移动节点发现路由器前缀通告发生变化，则表明节点已经移动到新的接入区域。与此同时，根据移动节点获得的通告，节点又可以生成新的转交地址，并将其注册到家乡代理上。

最后，MIPv6 的数据流量可以直接发送到移动节点，而 MIPv4 流量必须经过家乡代理的转发。在物联网应用中。传感器有可能密集地部署在一个移动物体上。例如，为了监控地铁的运行参数等，需要在地铁车厢内部署许多传感器。从整体上来看，地铁的移动就等同于一群传感器的移动，在移动过程中必然发生传感器的群体切换，在 MIPv4 的情况下，每个传感器都需要建立到家乡代理的隧道连接，这样对网络资源的消耗非常大，很容易导致网络资源耗尽而瘫痪。在 MIPv6 的网络中，传感器进行群切换时只需要向家乡代理注册。之后的通信完全由传感器和数据采集的设备之间直接进行，这样就可以使网络资源消耗的压力大大下降。因此，在大规模部署物联网应用，特别是移动物联网应用时，MIPv6 是一项关键技术。

4. IPv6 的服务质量技术

在网络服务质量保障方面，IPv6 在其数据包结构中定义了流量类别字段和流标签字段。流量类别字段有 8 位，与 IPv4 的服务类型（ToS）字段功能相同，用于对报文的业务类别进行标识；流标签字段有 20 位，用于标识属于同一业务流的包。流标签和源、目的地址一起，唯一标识了一个业务流。同一个流中的所有包具有相同的流标签，以便对有同样 QoS 要求的流进行快速、相同的处理。

目前，IPv6 的流标签定义还未完善。但从其定义的规范框架来看，IPv6 流标签提出的支持服务质量保证的最低要求是标记流，即给流打标签。流标签应该由流的发起者信源节点赋予一个流，同时要求在通信路径上的节点都能够识别该流的标签，并根据流标签来调度流的转发优先级算法。这样的定义可以使物联网节点上的特定应用有更大的调整自身数据流的自由度，节点可以只在必要的时候选择符合应用需要的服务质量等级，并为该数据流打上一致的标记。在重要数据转发完成后，即使通信没有结束，节点也可以释放该流标记，这样的机制再结合动态服务质量申请和认证、计费的机制，就可以做到使网络按应用的需要来分配服务质量。同时，为了防止节点在释放流标签后又误用该流标签，造成计费上的问题，信源节点必须保证在 120 s 内不再使用释放了的流标签。

在物联网应用中普遍存在节点数量多、通信流量突发性强的特点。与 IPv4 相比，由于 IPv6 的流标签有 20 b，足够标记大量节点的数据流。同时与 IPv4 中通过 5 元组（源，目的 IP 地址，源，目的端口，协议号）不同，IPv6 可以在一个通信过程中（5 元组没有变化），只在必要的时候数据包才携带流标签，即在节点发送重要数据时，动态提高应用的服务质量等级，做到对服务质量的精细化控制。

IPv6 的 QoS 特性并不完善，由于使用的流标签位于 IPv6 包头，容易被伪造，产生服务盗用的安全问题，因此，在 IPv6 中流标签的应用需要开发相应的认证加密机制。同时为了避免流标签使用过程中发生冲突，还要增加源节点的流标签使用控制机制，保证在流标签使用过程中不会被误用。

5. IPv6 的安全性与可靠性技术

首先，在物联网的安全保障方面，由于物联网应用中节点部署的方式比较复杂，节点可能通过有线方式或无线方式连接到网络，因此节点的安全保障的情况也比较复杂。在使用 IPv4 的场景中，一个黑客可能通过在网络中扫描主机 IPv4 地址的方式来发现节点，并寻找相应的漏洞。而在 IPv6 场景中，由于同一个子网支持的节点数量极大（达到百亿亿数量级），黑客通过扫描的方式找到主机难度大大增加。在基础协议栈的设计方面，IPv6 将 IPsec 协议嵌入到基础的协议栈中。通信的两端可以启用 IPSec 加密通信的信息和通信的过程。网络中的黑客将不能采用中间人攻击的方法对通信过程进行破坏或劫持。即使黑客截取了节点的通信数据包，也会因为无法解码而不能窃取通信节点的信息。

其次，由于 IP 地址的分段设计，将用户信息与网络信息分离，使用户在网络中的实时定位很容易，这也保证了在网络中可以对黑客行为进行实时的监控，提升了网络的监控能力。

再次，物联网应用中由于成本限制，节点通常比较简单，节点的可靠性也不可能做得太高，因此，物联网的可靠性要靠节点之间的互相冗余来实现。又因为节点不可能实现较复杂的冗余算法，因此一种较理想的冗余实现方式是采用网络侧的任播技术来实现节点之间的冗余。采用 IPv6 的任播技术后，多个节点可以使用相同的 IPv6 任播地址（任播地址在 IPv6 中有特殊定义）。在通信过程中发往任播地址的数据包将被发往由该地址标识的“最近”的一个网络接口，其中“最近”的含义指的是在路由器中该节点的路由矢量计算值最小的节点。当一个“最近”节点发生故障时，网络侧的路由设备将会发现该节点的路由矢量不再是“最近”的，从而会将后续的通信流量转发到其他的节点。这样物联网的节点之间就自动实现了冗余保护的功能。而节点上基本不需要增加算法，只需要应答路由设备的路由查询，并返回简单信息给路由设备即可。

最后，IPv6 作为下一代 IP 网络协议，支持动态路由机制，可以满足物联网对网络通信在地址、网络自组织以及扩展性方面的要求，具有很多适合物联网大规模应用的特性，但目前也存在一些技术问题需要解决。例如，无状态地址分配中的安全性问题，移动 IPv6 中的绑定缓冲安全更新问题，流标签的安全防护，全球任播技术的研究等。另外，由于 IPv6 协议栈过于庞大复杂，不能直接应用到传感器设备中，需要对 IPv6 协议栈和路由机制做相应的精简，才能满足低功耗、低存储容量和低传送速率的要求；IPv6 可为每一个传感器分配一个独立的 IP 地址，但传感器网需要和外网之间进行一次转换，起到 IP 地址压缩和简化翻译的功能。虽然 IPv6 还有众多的技术细节需要完善，但从整体来看，使用 IPv6 不仅能够满足物联网的地址需求，同时还能满足物联网对节点移动性、节点冗余、基于流的服务质量保障的需求。尤其是在市场需求的推动下，物联网和 IPv6 技术不断寻求新的结合点；诸如 6LoWPAN

之类的标准不断地推陈出新，将使 IPv6 成为物联网应用的基础网络技术。

4.9 M2M 技术

机器类通信（Machine to Machine，M2M）正随着移动通信技术的发展，打破了传统意义上通信网络、互联网和设备之间的物理隔膜，使机器自由地接入，方便从网络中获取所需信息或相互直连。广阔的市场前景和越来越便捷、轻松、低廉的接入场景，使 M2M 受到了极大青睐，对工业、农业、信息产业等需要机器通信的产业发展有着重要意义。反过来看，M2M 也推动着物联网向更有利于自己的方向发展，例如，低功耗、广覆盖；再例如，基于蜂窝的也好，不基于蜂窝的也罢，接入硬件成本和服务费的持续降低。

M2M 在现阶段，侧重于描述一种以机器终端智能交互为核心的、网络化的应用与服务。物联网概念形成初期，这两个概念在许多场合是可以互换的。机器内部嵌入无线通信模块，并以无线（有线）通信等为接入手段，可以满足客户对监控、指挥调度、数据采集和测量等方面的信息化需求。

从内涵上看，M2M 强调的是将通信能力植入机器，以机器终端智能交互为核心的、网络化的应用与服务。而物联网通过具有全面感知、可靠传送、智能处理特征的连接物理世界的网络，实现人和人、人和物、物和物之间的信息交换和通信，是通过信息技术对物理世界的多维度理解、融合、呈现与智能反馈。因此物联网在内涵上从以通信为核心的服务发展到以信息为核心的服务。

从感知能力上看，M2M 已具备通过 M2M 终端连接外部设备，获得条形码、RFID、传感器、摄像头等感知能力，由于受到终端能耗、体积和移动通信网络覆盖等影响，只能实现信息的有限感知；而物联网纳入传感器网络、特征识别、位置感测、智能交互等更为智能的感知方式，可以实现信息的全面感知与交互。

从通信能力上看，M2M 是以移动通信为主，只能实现信息的有限传送；而物联网实现多种通信技术的结合，将通信网络作为物联网的基础设施，从机器的通信发展到物与物之间的通信，扩大了通信的范畴和信息传送的自由度。在应用场景中，M2M 正逐渐凭由新的技术摆脱网络覆盖、终端能耗、终端体积、部署成本的影响，从原先的机器领域进军物联网应用场景的边边角角。

M2M 网络中的设备可以在不需要人的干涉的条件下，自行进行通信。网络中的设备可具有各种不同的功能，适用于各种场合，满足人与机器、机器之间各种关系的通信需要。M2M 这一理念的提出距今已有二十多年的历史。2000 年前后移动通信技术的发展，使机器设备的联网成为可能。随后十几年，在众多通信设备商和电信运营商的推动之下，越来越多的机器设备直接或者间接地为人类提供着不同种类的服务。从现阶段物联网的发展来看，M2M 主要体现为一种物联网在网络层能够实现机器通信的各种技术的总称。这些技术能增强机器设备之间的通信和网络能力，侧重于在网络层对于机器的接入、互联和集控管理，尤其是通过无线接入能力的提升可以更方便地实现多种应用服务。M2M 业务可以通过移动通信网、有线网络、无线专用网（例如 LPWAN）等多种网络承载。

4.9.1 M2M 概述

1. M2M 的概念

M2M 是一种面向机器的物联网理念，也是所有增强机器设备通信和网络能力的技术的总称。M2M 狭义上指机器对机器的通信方式，是基于特定行业终端，以 GPRS/SMS/USSD/MMS/CDMA 和 MTC/LTE-M/LPWAN 等为接入手段，为客户提供机器到机器的解决方案，满足客户对生产过程监控、指挥调度、远程数据采集和测量、远程诊断等方面的信息化需求。广义上，M2M 中的 M 可以是人（Man）、机器（Machine）和移动网络（Mobile）的简称，M2M 可以解释为机器到机器、人到机器、机器到人、人到人、移动网络到人或机器之间的通信。

M2M 早期仅指机器到机器的通信，甚至仅局限于智能化仪器仪表之间及其与计算机之间的通信；逐渐演变为广义的 M2M，涵盖了在人、机器之间建立的所有连接技术和手段，这当然也就包括移动网络（Mobile）作为其 M 之一。

广义来讲，M2M 涵盖了人机器之间建立的包括移动网络在内的所有连接技术和手段。而不是局限在蜂窝 M2M（基于移动通信运营）、非蜂窝（例如 LoRa/SigFox），Wi-Fi、Li-Fi 和量子通信等的划分，M2M 将包括即将出现但还未出现的适合机器通信的承载方式。这也就是即使物联网概念还没形成的时候，M2M 就以无线抄表①的朴实形式出现的原因。广义的 M2M 根据其应用服务内容可以分为人 – 人、机器之间、人 – 机通信三大类。

如果说物联网强调的是物体和人之间的连接能力，那么 M2M 强调的是把网络延伸至机器来实现机器通信的应用。主要包括机器对机器以及机器和人之间的通信，是现阶段 M2M 的主要应用形式。M2M 应用遍及电力、水利、石油、公共交通、智能工业控制、环境监测、金融等多个行业。M2M 产业链不断发展，终端设备不断丰富，越来越多的机器支持网络接入与智能控制；M2M 承载网络越来越完善，移动通信网络向 LTE-A Pro（4.5G）、5G 不断发展，LPWAN 能够提供平稳、低耗的数据传输；同时，M2M 业务也越来越丰富，电力抄表、智能

① 2001 年前后，作者接触到一些以短信为承载方式的无线抄（水、电、气）表的项目；这些项目在 2007 年前后被作为智慧建筑中的部分内容，来体现居民小区管理的智能化。后来，这些都被放到物联网这个概念中。

家居、水质监测等越来越多的应用的投入极大地开拓了 M2M 市场。M2M 将极大地方便、改善人类生活，改变人类的生活方式，对人类社会的发展有重要意义；同时也可提高工业生产过程的效率，带来巨大的经济效益。

2. 移动通信网络承载 M2M 服务

移动通信和无线通信的概念略有不同，一般来讲，后者包括前者。移动通信指的是利用蜂窝网实现的伪长距离无线通信。无线通信可分为长距离无线通信和短距离无线通信，蓝牙、Wi-Fi、ZigBee 技术有一个共同的特点，都属于短距离无线通信。这些短距离无线通信已经在本章详述。蓝牙的通信距离一般在 10m 内，比较典型地被当作一种短距离有线传输的替代方案。Wi-Fi 在 WLAN 环境中，指的是一种无线联网技术，使得互联网用户终端无须网线即可与某一无线路由器相连。只有通过已连接了上网线路的路由器（热点），Wi-Fi 用户才能连接入互联网。ZigBee 较为适合固定不动或活动性较低的设备，不能为快速移动中的设备，或距离较远的设备提供良好的通信服务。它们的覆盖范围如图 4-17 所示，相比这些短距离无线通信技术，移动通信网络具有支持长距离通信、覆盖率高、移动性支持好、数据通信安全的特点，一般由移动终端、传输网络和网络管理维护等部分组成。移动通信在物联网的应用主要包括以下几个方面。

- 移动通信系统的移动终端具有网络信息节点移动并实现随时随地的通信，与物联网的感知终端有着共通性，移动通信终端完全可以成为物联网信息节点终端的通信部件。
- 移动通信网络具有成熟的技术，广泛的覆盖面，可以作为物联网的信息传输网络使用。
- 移动网络管理维护平台具有成熟的管理和维护功能，可确保传输安全和信息安全。物联网可以使用移动网络管理平台以实现对物联网的相关管理维护功能。

在图 4-17 中，除了 LPWAN 技术，GPRS（2.5G）3G/4G（4.5G）中对于 M2M 的支持，由来已久。接下来的几节将讲述这个蜂窝网支持 M2M 的超过 10 年的过程。图中最顶层的物联网广域覆盖技术中，从 GSM 经过 GPRS 和 3G 到现在的 4G，都是基于蜂窝网的 M2M 物联网网络技术，只不过这幅图出现的时候，关于 LTE-A Pro（4.5G）之后的，对 M2M 的支持还没有完全尘埃落定。

移动通信网络已经覆盖了全球大部分地区，在任意地点的网络终端，在自身条件允许的条件下，都可接入移动通信网络。同时，具有移动通信网络通信能力的 MTC 通信硬件的实现较为成熟。作为 M2M 硬件的一种，嵌入式硬件能够实现支持 GSM/GPRS、CDMA 等无线通信网络的无线嵌入数据模块。LTE 网络采用 OFDM（Orthogonal Frequency Division Multiplexing，正交频分复用）作为其物理层的传输方案，相应的 MTC 通信芯片也已经投入使用，而 LTE-A Pro（4.5G）中也充分考虑了 M2M 需求（例如 LTE-M、LTE-U 等）。

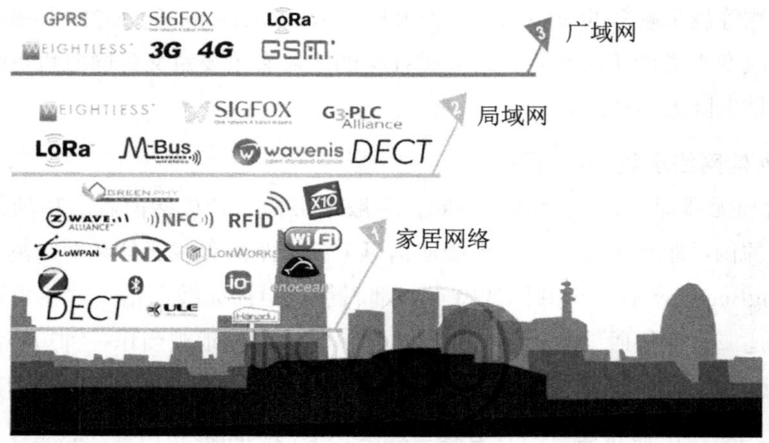

图 4-17　无线通信技术对比示意图

移动通信网络能够提供优良的数据通信服务，可以满足 M2M 网络中数据通信的需求。即使由于移动通信网络的更新换代，对于那些需要长期野外工作的 M2M 设备来说，新一代的移动通信网络也能够很好地兼容原有网络中的服务。此外，移动通信网络服务提供商也十分重视 M2M 网络的应用，积极推动 M2M 网络应用，例如英国的 Vodafone、德国的 T-Mobile、日本的 NTT-DoCoMo 等。国内的三大电信运营商也为 M2M 网络发展提供了有利的条件，如图 4-18 所示。

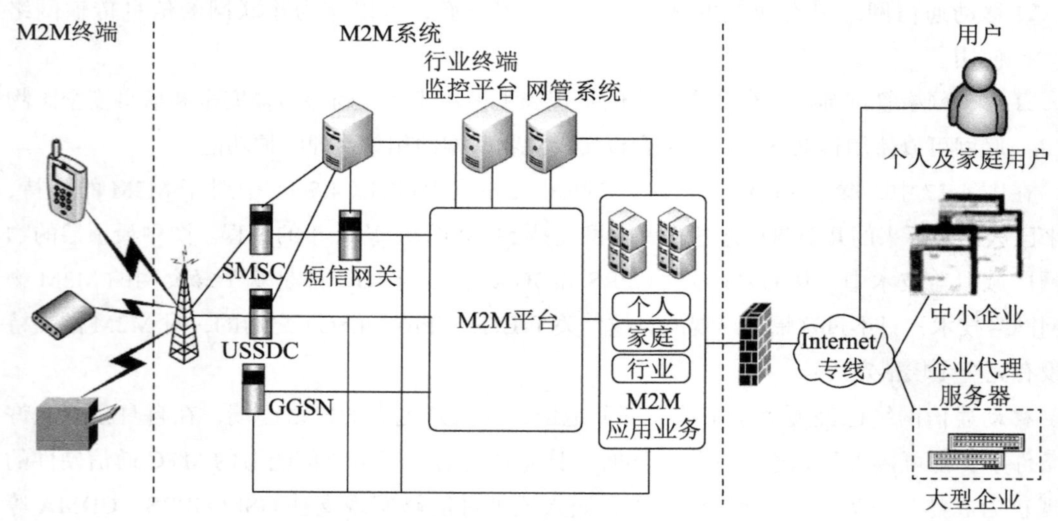

图 4-18　某移动通信运营商的现有 M2M 框架

LPWAN（低功耗广域网）是最具竞争吸引力的承载方式，其中的各种技术都想分一杯羹。由传统蜂窝网主导的运营商级的 NB-IoT 技术，其作为 LPWAN 的蜂窝 M2M 典型代表，在

2015 年 NB-IoT 论坛中号称将在 2016 年年底进入商用阶段[①]。NB-IoT 得到了中国移动、中国联通、爱立信、阿联酋电信、GSMA、GTI、华为、英特尔、LG、诺基亚、高通、西班牙电信和沃达丰等全球主流运营商、设备、芯片厂商的支持。其他 LPWAN 中的主流技术在紧邻的 4.10 节 LPWAN 中介绍。在 LPWAN 大规模商用之前，先介绍 2G、3G、4G 时代无线机器间通信的 M2M 标准化过程与应用现状。

3. 蜂窝 M2M

蜂窝 M2M（Cellular M2M）是基于蜂窝网实现广域覆盖的 M2M，与 M2M、IoT 的关系如图 4-19 所示。

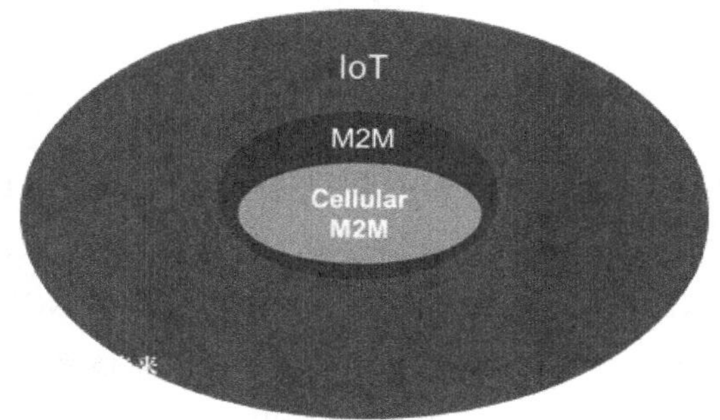

图 4-19 蜂窝 M2M 与 M2M、IoT 的关系

M2M 的 3GPP 从 2005 年开始广受关注，在 2016 年 6 月完成 NB-IoT 的标准化以及用于蜂窝 M2M 物联网应用的 LPWAN（低功耗广域网）技术，中国移动、中国联通和中国电信将移动蜂窝 M2M IoT 运行部分地从 2G/3G 网络转移到 NB-IoT 网络。全球范围的移动通信运营商将把 M2M 业务放在三块：LTE-M、EC-GSM 和 NB-IoT，分别基于 LTE 演进、GSM 演进和 Clean Slate 技术。

4.9.2 M2M 的标准化

人们希望周围的机器设备都可在没有人参与的情况下主动通信，于是，这种在无人干涉情况下的通信，主要包含基于电信运营商的移动通信网络提供的机器类的服务。这种早期的机器类通信也就是狭义的 M2M，由能够自行通信的机器组成的网络被称为 M2M 网络。M2M 通过网络化智能终端的信息交互为社会提供各种应用和服务。各种具有通信能力的机器设备可组成各种 M2M 网络，以方便人们的生活。

此部分内容可为物联网工程师们根据应用场景设计 M2M 应用奠定技术基础，重点考虑

① http://mt.sohu.com/20151130/n428848112.shtml.

为 M2M 通信现状与 4G 到 5G 过渡时代的物联网设计，为其兼容性、可升级性提供参考。部分内容过于专业，非深度关注读者可凭兴趣阅读。

国际上各大标准化组织中 M2M 相关研究和标准制定工作在不断推进。几大主要标准化组织按照各自的工作职能范围，从不同角度开展了针对性研究。欧洲电信标准化协会（ETSI）从典型物联网业务用例，例如智能医疗、电子商务、自动化城市、智能抄表和智能电网的相关研究入手，完成对物联网业务需求的分析、支持物联网业务的概要层体系结构设计以及相关数据模型、接口和过程的定义。第三代合作伙伴计划（3GPP/3GPP2）以移动通信技术为工作核心，重点研究 3G、LTE/CDMA（4G）及以后网络针对物联网业务提供而需要实施的网络优化相关技术，研究涉及业务需求、核心网和无线网优化、安全等领域。

1. ETSI

ETSI 是国际上较早系统展开 M2M 相关研究的标准化组织，ETSI 在 2008 年 11 月成立了 M2M 技术委员会。主要职责首先就是收集和定义了 M2M 的需求，然后为 M2M 的应用开发了端到端的整体架构（M2M overall high level）。并与 ETSI 内 NGN 的研究及 3GPP 已有的研究进行协同工作。主要工作领域包括 M2M 设备标识、名址体系；QoS 和安全隐私、计费、管理、应用接口、硬件接口、互操作等。M2M-TC 相关的项目针对智能仪表、电子健康、电子消费等各种各样的 M2M 应用都做了研究，这些对于需求研究的详细文件是研究 M2M 的业务应用和网络技术优化的基础。

ETSI 对 M2M 需求做的研究非常充分，作为参加 3GPP 的重要组成力量，本身定位跟 3GPP 是共通的。虽然具体技术规范不在其定义，但是针对各种需求做了深入的研究，从需求中提炼一些共有的特性，在现有的移动通信规范基础上实现 M2M 的业务。其研究范围可以分为两个层面，第一个层面是针对 M2M 应用用例的收集和分析；第二个层面是在用例研究的基础上，开展应用无关的统一 M2M 解决方案的业务需求分析，网络体系架构定义和数据模型、接口和过程设计等工作。

2012 年 2 月，ETSI 发布了第一版 M2M 标准——ETSI M2M 标准 Release 1。它允许多种 M2M 技术之间通过一个可管理平台进行整合，对 M2M 设备、接口网关、应用、接入技术及 M2M 服务能力层进行了定义，同时提供了安全、流量管理、设备发现及生命周期管理特性。

图 4-20 是 ETSI TS 102 690 V1.1.1 技术规范中定义的 M2M 结构，主要由网络域、终端和网关域两部分组成，其中，网络域部分的作用类似于 M2M 平台的作用，由 M2M 应用、M2M 服务能力、核心网、接入网、M2M 管理功能和网络管理功能模块组成。

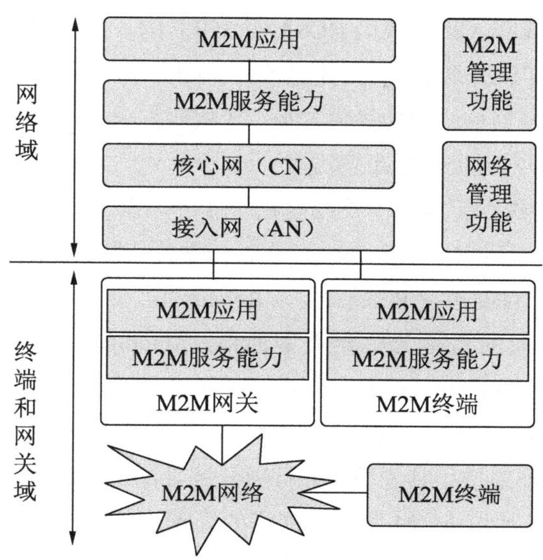

图 4-20　ETSI M2M 功能体系结构图

接入网的作用是实现 M2M 终端和网关域与核心网的通信。接入网包括（但不限于）：xDSL、HFC、satellite、GERAN、UTRAN、eUTRAN、Wi-Fi 和 WiMAX。核心网提供的功能包括 IP 连接、服务和网络控制功能、与其他网络互联、漫游等；核心网包括（但不限于）：3GPP CNs、ETSI TISPAN CN 和 3GPP2 CN。M2M 服务能力模块提供由不同应用共享的 M2M 功能，并通过一组开放接口公开功能；该模块使用核心网功能，通过隐藏网络特征简化并优化应用开发和部署。M2M 应用通过一个开放接口使用 M2M 服务能力。网络管理功能模块实现用于管理接入网和核心网所需的所有功能，如运行、管理、维护、预置和故障管理等。M2M 管理功能模块包括实现对网络域 M2M 服务能力进行管理的所有功能如安全管理等，该模块是 M2M 平台的主要部分。

从 ETSI 的 M2M 功能体系结构图中可以看出，M2M 技术涉及通信网络中从终端到网络再到应用的各个层面，M2M 的承载网络包括 3GPP、TISPAN 以及 IETF 定义的多种类型的通信网络。以上是在 ETSI 中对 M2M 的标准化的定义和工作。

2. 3GPP

3GPP（Third Generation Partnership Project）是一个领先的 3G 技术的国际标准化组织，由欧洲的 ETSI、日本的 ARIB 和 TTC、韩国的 TTA 和美国的 T1 于 1998 年年底发起成立，旨在研究制定并推广基于演进的 GSM 核心网络的 3G 标准，包括 WCDMA、TD-CDMA、EDGE 等技术标准。LTE（Long Time Evolution）及 LTE-Advanced 等蜂窝移动通信标准也由这一组织制定。中国无线通信标准组也在 1999 年加入 3GPP。现在，欧洲 ETSI、美国 ATIS、日本 ARIB 和 TTC、韩国 TTA 以及我国 CCSA 是 3GPP 的 6 个组织伙伴。

3GPP 最早于 2005 年就开展了移动通信系统支持机器类通信的可行性研究，随后制定了 MTC 基于 GSM 和 UMTS 通信结构的优化方案，正式研究于 2008 年的 R10 阶段启动。3GPP 规范不断添加新特性来应对发展中的市场需求。

由于 MTC 通信的特殊性，需要不连续发送小频率数据，因此 2013 年 MTC 标准化组织开始对 MTC 功耗优化进行研究，纳入 R12 版本的标准化范围。3GPP 使用并行版本体制，其技术规范的系统版本截至目前包括 Release 1 ～ Release 14。

M2M 在 3GPP 内对应的名称为机器类型通信（Machine-Type Communication，MTC）。3GPP 并不研究所有的机器通信，只研究那些具有蜂窝通信模块、通过蜂窝网络进行数据传输的机器通信，也就是 MTC。3GPP 并行设立了多个工作项目（Work Item）或研究项目（Study Item），由不同工作组按照其领域，并行展开针对 MTC 的研究。3GPP 对于 M2M 的研究主要从移动网络出发，研究 M2M 应用对网络的影响，各个工作组对 M2M 的研究范围和重点各有不同，它们通过分工合作来实现对 M2M 技术的需求、功能、架构、安全、信令流程等的研究和标准制定。3GPP 在组织架构上可主要分为两个小组，分别为项目协作组（Project Coordination Group，PCG）和技术规范制定组（Technical Specification Groups，TSG）。其中，技术规范制定组负责讨论、解决 3GPP 网络中各种技术问题。技术规范制定组每年定期举行一些会议来讨论这些技术问题，并把讨论的结果写成规范，放在 3GPP 网站上。

技术规范组又可分为 4 个小的工作组，分别为无线接入网（Radio Access Network，RAN），核心网与终端（Core Networks & Terminals）、服务与系统（Service & Systems Aspects，SA）和 GSM EDGE 无线接入网（GSM EDGE Radio Access Network，GERAN）。无线接入网，即通信终端到基站的无线通信网络部分，主要负责 UTRA/E-UTRA 这两种无线网络接口中各种功能、要求与接口的定义。无线接入网有 FDD 和 TDD 两种信号利用模式。核心网与终端主要负责网络终端的逻辑与物理接口的规范，终端的性能和 3GPP 系统的核心部分。服务与系统部分主要负责系统的整体架构与系统的服务能力，以及与技术规范制定组中其他小组的合作沟通。GSM EDGE 无线接入网主要负责采用 GSM/EDGE 技术的无线接入网的标准规范。

下面按照项目的分类简述 3GPP 在 MTC 领域相关研究工作的进展情况。

（1）FS_M2M：由 SA1 负责相关研究工作。研究报告《3GPP 系统中支持 M2M 通信的可行性研究》于 2005 年 9 月立项，2007 年 3 月完成。

（2）NIMTC 相关课题，重点研究支持机器类型通信对移动通信网络的增强要求，包括对 GSM、UTRAN、EUTRAN 的增强要求，以及对 GPRS、EPC 等核心网络的增强要求，主要的项目如下。

- FS_NIMTC_GERAN：该项目于 2010 年 5 月启动，重点研究 GERAN 系统针对机器类型通信的增强。
- FS_NIMTC_RAN：该项目于 2009 年 8 月启动，重点研究支持机器类型通信对 3G 的无线网络和 LTE 无线网络的增强要求。
- NIMTC：这一研究项目是机器类型通信的重点研究课题，负责研究支持机器类型终端与位于运营商网络内、专网内或互联网上的物联网应用服务器之间通信的网络增强技术。由 SA1、SA2、SA3 和 CT1、CT3、CT4 工作组负责其所属部分的工作。

3GPP SA1 工作组主要负责 M2M 业务需求和特性的分析，于 2009 年年初启动技术规范，将 MTC 对通信网络的功能需求划分为共性和特性两类可优化的方向。

3GPP SA2 工作组负责支持机器类型通信的移动核心网络体系结构和优化技术的研究，包括基本网络架构、主要功能和基本流程等，于 2009 年年底正式启动研究报告《支持机器类型通信的系统增强》。报告针对第一阶段需求中的共性技术点和特性技术点给出解决方案。

3GPP SA3 工作组主要负责分析 M2M 通信潜在的安全威胁及安全需求，并提供可行的解决方案；CT 工作组主要基于 SA2 的架构和功能设计，进行终端及核心网方面 M2M 各种优化技术的具体实现；TSGGE 和 TSGRAN 中各工作组负责 M2M 通信在无线接入网络中的优化。

3GPP SA3 于 2007 年启动了《远程控制及修改 M2M 终端签约信息的可行性研究》报告，研究 M2M 应用在 UICC 中存储时，M2M 设备的远程签约管理，包括远程签约的可信任模式、安全要求及其对应的解决方案等。2009 年启动的《M2M 通信的安全特征》研究，支持 MTC 通信对移动网络的安全特征和要求。

（3）FS_MTCe：支持机器类型通信的增强研究是 R11 阶段立项的研究项目。主要负责研究支持位于不同 PLMN 域的 MTC 设备之间的通信的网络优化技术。此项目的研究需要与 ETSI TC M2M 中的相关研究保持协同。

（4）FS_AMTC：项目旨在寻找 E.164 的替代，用于标识机器类型终端以及终端之间的路由消息，是 R11 阶段立项的研究课题，于 2010 年 2 月启动。

（5）SIMTC：支持机器类型通信的系统增强研究，此为 R11 阶段的研究课题。在 FS_MTCe 项目的基础上，研究 R10 阶段 NIMTC 的解决方案的增强型版本。

3GPP 支持机器类型通信的网络增强研究课题在 R10 阶段的核心工作为 SA2 工作组进行的 MTC 体系结构增强的研究，其中重点述及的支持 MTC 通信的网络优化技术包括以下几个。

（1）体系架构。

研究报告提出了对 NIMTC 体系结构的修改，其中包括增加 MTC- IWF 功能实体以实现运营商网络与位于专网或公网上的 M2M 服务器进行数据和控制信令的交互，同时要求修改后的体系结构需要提供 MTC 终端漫游场景的支持。

（2）拥塞和过载控制。

由于 MTC 终端数量可能达到现有手机终端数量的几个数量级以上，所以由于大量 MTC 终端同时附着或发起业务请求造成的网络拥塞和过载是移动网络运营商面对的最急迫的问题。研究报告在这一方面进行了重点研究，讨论了多种的拥塞和过载场景要求网络能够精确定位拥塞发生的位置和造成拥塞的物联网应用，针对不同的拥塞场景和类型，给出了接入层阻止广播，低接入优先级指示，重置周期性位置更新时间等多种解决方案。

（3）签约控制。

研究报告分析了 MTC 签约控制的相关问题，提出 SGSN/MME 具备根据 MTC 设备能力、网络能力、运营商策略和 MTC 签约信息来决定启用或禁用某些 MTC 特性的能力。同时也指出了需要进一步研究的问题，例如，网络获取 MTC 设备能力的方法，MTC 设备的漫游场景等。

（4）标识和寻址。

MTC 通信的标识问题已经另外立项进行详细研究。本报告主要研究了 MT 过程中 MTC 终端的寻址方法，按照 MTC 服务器部署位置的不同，报告详细分析了寻址功能的需求，给出了 NATTT 和微端口转发技术寻址两种解决方案。

（5）时间控制特性。

时间控制特性适用于那些可以在预设时间段内完成数据收发的物联网应用。报告指出，归属网络运营商应分别预设 MTC 终端的许可时间段和服务禁止时间段。服务网络运营商可以根据本地策略修改许可时间段，设置 MTC 终端的通信窗口等。

（6）MTC 监控特性。

MTC 监控是运营商网络为物联网签约用户提供的针对 MTC 终端行为的监控服务，包括监控事件签约、监控事件侦测、事件报告和后续行动触发等完整的解决方案。

（7）R12 阶段的功耗优化。

通过 LTE-M 提供小带宽来满足物联网潜在的超过 300 亿接入用户数量。MTC 业务被称作 Low-Cost MTC。在功耗优化方面[①]的工作有如下几点。

---

① 石华宇，唐伦，陈前斌．3GPP R12 MTC 终端功耗优化研究进展．电讯技术，2013，12．

- ❑ 决定扩展非连接接收机制（Disconnection Reception，DRX）的因素，包括终端提供功耗性能指示消息、终端预订信息、QoS 参数、终端采用的当前服务。
- ❑ 空闲模式下扩展 DRX，包括最大 DRX 空闲模式周期、扩展寻呼 DRX 周期、业务时延允许。
- ❑ 利用 UE 辅助信息扩展 DRX，包括允许由终端辅助消息发起扩展 DRX 周期、增加 UE specific DRX Value。
- ❑ 延迟发送直到传输条件变好再发送，包括增加“传输计时器”、确定延迟发送的信号质量门限、考虑业务优先级对不同业务 QoS 标准对应的信号门限。
- ❑ 在连接模式下采用长 DRX 周期，包括将 R11 中 DRX 最长周期为 2.56s 扩展到数十秒、权衡省电模式与移动健壮性的问题。

LTE-M 业务在 R13 中被称为 LTE enhanced MTC（eMTC），物联网 Cat.M 规范俗称 LTE-M(1) 或 LTE Cat-m1，与窄带物联网 NB-IoT 被称为 LTE Cat-m2（LTE-M2）相对应。具体内容随后详述。

3. 3GPP2

3GPP2（The 3rd Generation Partnership Project 2）于 1999 年 1 月成立，由美国 TIA、日本的 ARIB、日本的 TTC、韩国的 TTA 这 4 个标准化组织发起。中国无线通信标准研究组（CWTS）于 1999 年 6 月在韩国正式签字加入 3GPP2，成为这个当前主要负责第三代移动通信 CDMA2000 技术的标准组织的伙伴。中国通信标准化协会（CCSA）成立后，CWTS 在 3GPP2 的组织名称更名为 CCSA。3GPP2 的主要工作是制定以 ANSI-41 核心网为基础，CDMA2000 为无线接口的移动通信技术规范。研究的重点在于 CDMA2000 网络如何支持 M2M 通信，具体内容包括 3GPP2 体系结构增强、无线网络增强和分组数据核心网络增强。3GPP2 与其他组织关系如图 4-21 所示。

3GPP2 下设 4 个技术规范工作组，TSG-A、TSG-C、TSG-S 和 TSG-X 分别负责发布各自领域的标准。TSG-A 主要负责接入网部分的标准化工作。TSG-C 主要负责采用 CDMA2000 技术（CDMA20001x、1xEV-DO、1xEV-DV）的空中接口的标准化工作，标准涉及物理层、媒体接入控制层（MAC）、信令链路接入控制层（LAC）以及高层信令部分。TSG-C 发布的标准技术规范主要与无线专业相关，其中，高层信令部分涉及较多的网络侧技术。TSG-S 主要负责业务能力需求的开发，以及协调不同 TSG 之间的系统要求，如网络安全、网络管理等。TSG-X 主要负责核心网相关标准的制定，内容主要包括支持语音以及多媒体的 IP 技术、核心网的传输承载、核心网内部接口的信令、核心网的演进等。

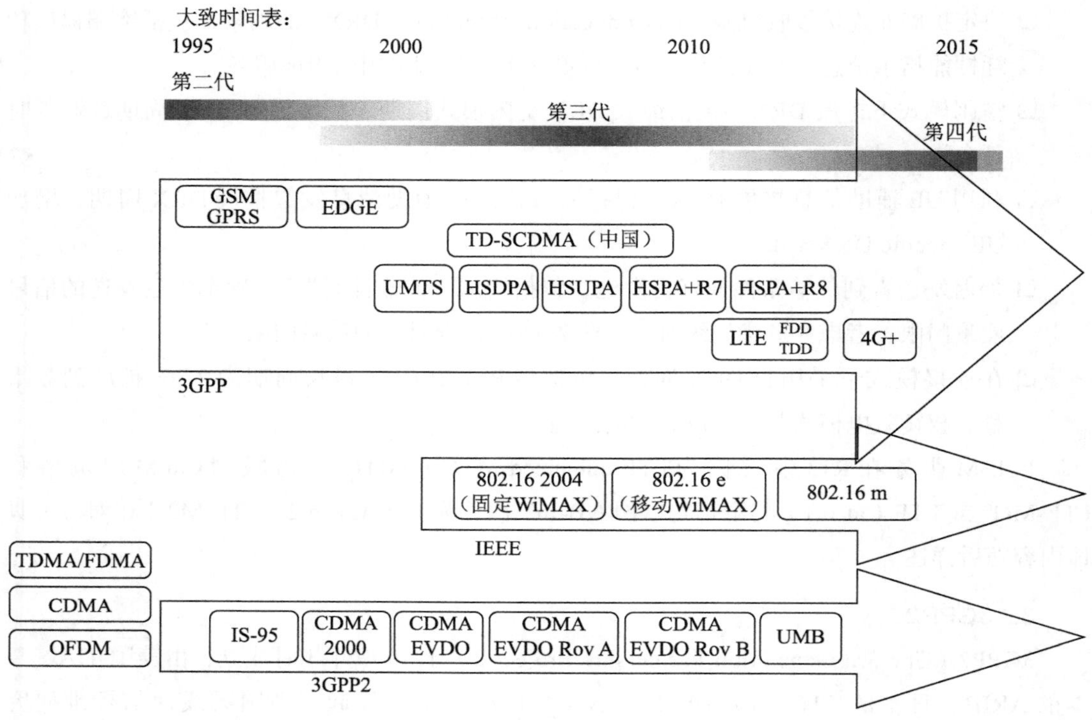

图 4-21　3GPP2 与其他组织的关系

4. CCSA 与 oneM2M

M2M 相关的标准化工作在中国通信标准化协会（CCSA）中主要在移动通信工作委员会（TC5）和泛在网技术工作委员会（TC10）进行。从通信行业角度而言，物联网相关的标准组织主要聚焦在 3GPP 和 ETSI 这两大标准组织上。3GPP 侧重 M2M 移动网络的优化方面，重点是通过数个 Release 完成标准化工作：R11 对应 M2M 有一定数量，网络需要一定升级以适应 M2M 应用；R12 对应 M2M 数量激增，网络主要围绕 M2M 特点进行设计，考虑新的物理层设计，LTE-M 业务名为 Lowcost-MTC ；R13 对应 M2M 数量剧增时代中，M2M 网络平滑升级或者重新设计，LTE-M 业务名为 e(enhanced)-MTC。

ETSI 旨在填补 M2M 早期的标准空白，协调现有的 M2M 技术提供端到端解决方案，其优势是成员中集中了主要的电信领域大公司，定位为全球范围内的协调组织。ETSI 根据多种行业应用需求的研究，成果向应用的移植过程比较平稳，同时这两个标准化组织注意保持两个研究体系间的协同和兼容，国内的标准化工作也正在进行。

标准化是物联网发展过程中的重要一环，研究和制定 M2M 的标准化工作对物联网的发展有着重要的意义，对我国物联网技术发展，乃至对通信业与物联网应用行业间的融合有着重要的借鉴价值和指导意义。

2012 年 7 月 24 日，7 家全球领先的信息和通信技术（ICT）标准制定组织（SDO）启动了 oneM2M，一个新的全球化组织以确保实现最高效地部署 M2M 通信系统。这些标准组织包括中国通信标准化协会（CCSA）、日本的无线工业及商贸联合会（ARIB）和电信技术委员会（TTC）、美国的电信工业解决方案联盟（ATIS）和通信工业协会（TIA）、欧洲电信标准化协会（ETSI）以及韩国[①]的电信技术协会（TTA）。

oneM2M 于 2015 年年初发布了首个版本（Release 1）的系列规范；该系列规范为构建统一的水平化物联网平台提供了基础技术标准，从独立于接入的端到端业务角度，定义了支持设备管理、数据模型和连接控制等在内的业务体系架构，以及基于该体系架构的开放接口和协议。在此基础上，oneM2M 在 Release 2 的系列规范中，增加了对智慧家庭和工业领域的使能、对 AllJoyn 和 LWM2M 等不同系统的互通支持、基于语义的互操作能力等特性。在 2016 年 5 月的 oneM2M 第 23 次技术全会上，Release 3 版本的标准化工作拉开序幕，规范定位在标准产业化应用的关键阶段。

4.9.3　3GPP 的 MTC 业务

M2M 类业务和针对人 – 人通信设计的承载网络的需求具有很大的不同，而不同类之间的 M2M 业务特性的差异性又非常大。早期，3GPP 研究的 M2M 业务称为 MTC（Machine Type Communication）。MTC 需求划分为一般服务需求以及特定服务需求。一般服务需求独立于 MTC 应用具体特征从宏观角度归纳定义了移动通信网络为支持 MTC 业务所应具备的基本功能，包括：通用需求、MTC 设备触发、寻址、标识、计费、安全以及 MTC 设备远程管理等。其中，MTC 设备触发和远程管理是 M2M 所特有的，而其他需求在 H2H 通信中就已经存在，只是由于 MTC 终端数量的庞大以及 MTC 业务的多样使其呈现出有别于 H2H 通信的新特征。例如，在地址和编号方面，需要考虑的是地址空间受限，受限的编号涉及 IMSI、MSISDN 和 IPv4 地址；编号要能够唯一标识一个 MTC 设备，能够唯一标识一个 MTC 设备组；计费方面，能够对一个 MTC 组进行计费，能够对特定的时间段执行特殊费率，能够对特定的事件进行计费；安全方面，至少能够提供与 H2H 相同的安全级别。

在特定服务需求方面，具体定义了 16 类 MTC 业务特性，业务特性及其说明详见表 4-4。这些是 3GPP 在 4G 阶段（R8 ～ R11）MTC 类业务中研究的基础。即使对于非蜂窝网的 M2M 应用场景分析也有着很好的指引作用。

① 根据央视新闻，截至 2016 年 9 月月底，韩国物联网用户已突破 408 万，占总人口 8%。

表 4-4　MTC 业务特性

序号	业务特性	特征简要说明
1	Low Mobility	终端低移动性，即不移动、不经常移动或只在特定区域移动。低移动管理可以延长移动性管理周期，降低设备对系统资源的占用。需对分组域移动性管理设备（PDSN/MSC）和用户数据库（AAA/HSS/HLR）进行增强（HLR：归属位置寄存器）
2	Time Controlled	业务和时间相关，即在规定时间段内收、发数据，而在规定时间段外避免不必要的信令，例如抄表。网络应能够控制终端接入网络的时间，也能够控制同一个用户下的不同终端在不同时间段的接入或一个用户下的 M2M 设备在时间段内的随机接入，避免同时接入导致的拥塞。超出接入时间，网络侧可以拒绝终端的接入请求。将 M2M 设备从网络侧分离，或者拒绝 M2M 设备发起任何数据或者信令请求。 需要对分组域移动性管理设备（PDSN/AAA）和用户数据库（HSS/HLR）进行增强，允许设备接入时间段作为签约数据存储在 AAA
3	Time Tolerant	对时间不敏感，可以容许适当延迟。网络应能够进行时间控制或接入速率控制。如接入速率超过配置速率则拒绝接入请求。需要对用户平面设备和用户数据库进行增强
4	Packet Swiched(PS) Only	只通过 PS 域提供业务。对核心网无影响
5	Online Small Data Transmission	永远在线的少量数据传输。对于经常发送数据的终端设备，为了减少信令对网络的影响，这些终端设备应保留注册在网络中。对控制面和用户面核心网设备可能都有影响
6	Offline Small Data Transmission	离线少量数据传输，在少量数据传输之外的时间，终端可以去激活。对于很长时间才发送一次数据的终端设备，网络侧应在设备发完数据后将终端设备从网络侧中分离。对于小流量业务基于连接时长或流量的计费都是不合适的，需要考虑基于连接数计费、基于信令数计费和基于群组计费（基于 M2M 用户下的所有 M2M 设备的流量、接入时长进行计费）
7	Mobile Originated(MO) Only	仅由 MO 终端发起业务。可以去掉寻呼甚至位置更新，甚至处于断开状态。只当用户接入时才进行移动性管理
8	Infrequent Mobile Terminated(MT)	偶尔由 MO 终端发起业务（push）
9	MTC Monitoring	需要网络侧对监控终端状态（行为异常、地点改变、连接丢失等）检测并采取相应措施（向用户、服务器发出告警或限制终端业务）
10	Offline Indication	MTC Server 感知终端离线。需要网络侧在终端脱网时向用户、服务器发出告警
11	Jamming Indication	MTC Server 感知终端被干扰。在终端已经被干扰或正受到干扰时，网络要向 Server 发出告警
12	Priority Alarm Message (PAM)	网络需要保证 PAM 消息优先传送。核心设备需要配置不同消息的优先级别，保证 PAM 消息的优先传送。实现此功能对终端设备也有相应要求。此类业务具有较高的优先级，如火灾告警，需要及时将信息传递给消防系统
13	Low Power Consumption	终端低功耗保证。降低终端功耗可以通过简化移动性管理、定时唤醒终端等措施实现

续表

序号	业务特性	特征简要说明
14	Secure Connection	终端和服务器之间安全的连接。安全连接可以通过数据加密、认证等机制完成，对核心网影响较小
15	Location Specific Trigger	网络根据位置触发终端发起业务。核心网设备需要配置特定位置的触发信息，触发终端业务或将位置信息通知 Server；或在没有附着到网络或移动性管理减少时触发终端
16	Group Based MTC Features	针对群组管理的特性，例如群组 QoS、群组计费、群组寻址等，需要考虑新的计费、寻址等能力。群组特性是应用于一组 MTC 终端的 MTC 特性，有 Group Based Policing 和 Group Based Addressing 两种。前者对一组终端执行联合的群组 QoS 策略；后者对一组终端进行寻址从而优化网络传输的数据量

特定服务需求结合 MTC 具体应用特征从不同角度定义了若干 MTC 特性，并对每种特性描述了移动通信网络所应满足的功能要求。这样做的好处在于：系统在实现 MTC 一般服务需求的基础之上，只需综合调用一种或多种 MTC 特性就可实现对多种多样 MTC 应用的支持。上述这些特征基本为数据业务特征，要使网络能对这些特征进行控制，网络必须具备两个条件：知悉 MTC 终端所需的业务特性和具备对不同特性的控制能力，从而根据业务特性对网络做必要的优化。

MTC 类业务主要为数据业务，而数据业务只有有权和无权之分。对于有权用户，用户等级是一样的，网络只对信息进行尽力而为的处理。因为网络不能针对业务特性进行有效的控制。当大量终端接入后，网络运行效率将大为降低，这将阻碍电信运营商发展 M2M 业务。于是 3GPP 在 R10 阶段将重点放在过载研究。R10 ～ R12 阶段机器类通信研究是基于现有的网络进行了改进和优化。接入方面，R11 ～ R12 进行了基于 LTE 的低成本 Low-cost MTC 终端研究工作，用于 MTC 的低传输速率的终端类型研究，并对低成本 MTC 终端的覆盖增强技术进行研究。

在 R12（4.5G）之前，3GPP 的想法保持在：不希望系统没有必要地做更多的工作。这就是本书仍然保留 M2M 在 4G 阶段（R8 ～ R11）MTC 类业务（M2M 的优化）介绍的原因，并在随后一小节向后延伸。R12（4.5G）之后，3GPP 的想法有不同的分叉，例如，其中一支沿 NB-IoT（LTE-M2）方向发展。

4.9.4　M2M 优化与 NB-IoT 部署

M2M 通信业务发展快速，但标准需要稳定。即使 5G 全面商用，3GPP 在 3G、4G 时代（甚至 2.5G）所做的工作都将在全球不同地域稳定并持续一段时间。移动通信网络在支持 M2M 承载的网络中，发挥移动通信覆盖广、可靠性高、传输延迟小等特点。但是，传统移动通信技术毕竟是面向人与人（H2H）通信业务设计的，适应 H2H 的业务需求。而 M2M 终端无论是从传输特性、QoS 要求、移动性，还是从终端的分布密度方面都与 H2H 终端有很大不同。如果没有针对机器间（M2M）通信特点进行优化，难以适应 M2M 业务复杂的应用环境和海量的用户容量。接下来根据上述 M2M 的需求分析和 3GPP 的特定业务分类，对 M2M 业务的移动通信优化技术进行探讨，同时对 3GPP 在 M2M 优化技术方面的研究工作做了简单介绍，并探讨了 R13 关于蜂窝物联网（Cellular Internet of Thing，CIoT）和 NB-IoT 的部署。

1. 针对 MTC 的 3GPP 网络增强架构

3GPP 的 R11 阶段，物联网终端可以通过 UTRAN、E-UTRAN、GERAN、I-WLAN 等不同的接入网接入 3GPP 网络。在网络层，对 M2M 结构做了改进以支持在网络中大规模设备部署服务的需求。基于 MTC 设备和一个或者多个 MTC 服务器之间的端到端的应用使用的是 3GPP 系统提供服务，3GPP 系统提供针对 MTC 优化的传输和通信服务，包括 3GPP 承载、SMS、IMS。

图 4-22 是 R11 阶段 3GPP MTC 网络增强架构，其中的接口定义如下。

- MTCsp：负责 MTC 功能模块（图 4-22 中的 MTC-IWF）和 MTC 的信令交互。
- MTCi：通过 IP 方式和 MTC 服务器连接。
- MTCsms：通过网络短信方式与 MTC 服务器连接。

MTCsms、Gi/SGi 是服务器与 3GPP 网络之间的用户面接口，用于数据传输。MTCsms 接口用于与短信网关之间的互通，通过短消息进行数据配置、发送命令等。

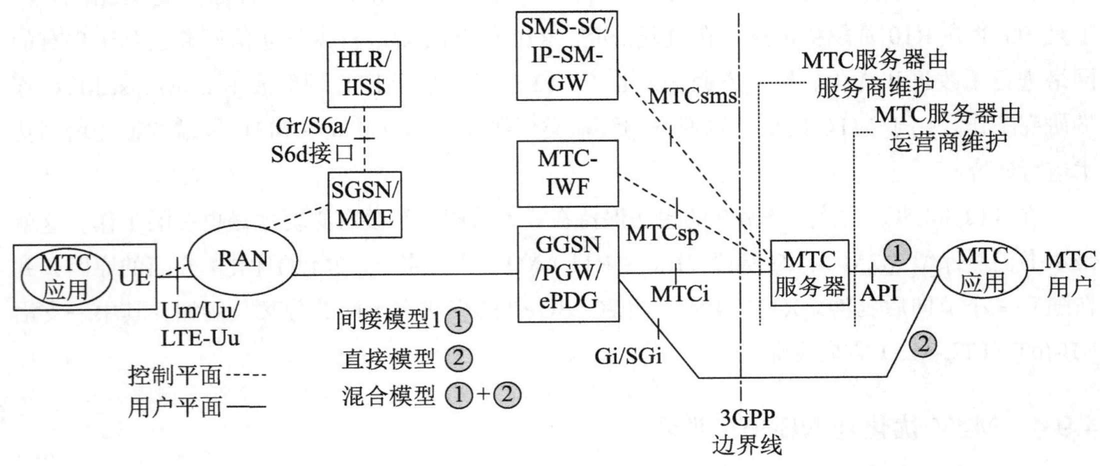

图 4-22　3GPP 的 LTE 网络增强架构

MTC 分成以下三类模型。

- 间接模型（Indirect Model）分为两种情况：MTC 服务器不在运营商域内，由第三方

MTC 服务提供商提供 MTC 通信，MTCi、MTCsp 和 MTCsms 是运营商网络的外部接口；MTC 服务器在运营商域内，MTCi、MTCsp 和 MTCsms 是运营商网络内部接口。

- 直接模型（Direct Model）：MTC 应用直接连接到运营商网络，不需要 MTC 服务器。
- 混合模型（Hybrid Model）：直接模型和间接模型同时使用。典型例子就是用户平面采用直接模型，而控制平面采用间接模型。

为了支持 MTC 的间接模型和混合模型，3GPP 定义了 MTC 交互功能模块（MTC-InterWorking Function，MTC-IWF）。MTC-IWF 的功能主要包括：终结 MTCsp 等接口，进行接口协议转换；在传输建立之前，提供 MTC 服务鉴权；对来自 MTC 服务器的控制平面请求进行授权，具体的请求消息种类还需要进一步研究；收发来自 MTC 服务器的终端激活请求及应答消息，同时还能传送激活成功或者失败的报告；选择最优的终端激活传送机制；为 3GPP 网络和 MTC 服务器之间的安全通信提供支持；还有需要进一步扩展的其他功能。

通常情况下，MTC 服务器位于外部网络，需要通过 MTC-IWF 接入运营商网络，MTC-IWF 具有网关的功能，可以屏蔽网络内部拓扑结构和接口，转换 MTC 服务器与网络之间的接口协议。MTC-IWF 可以是单独网元，或者是其他网元中的一个功能模块。即使对于已有的网元如 HLR/HSS、SGSN/MME 和 GGSN/PGW（网关 GPRS 支持节点 / 分组数据网网关）等，都需要增加支持 MTC 通信的功能模块。并且此框架还没有考虑漫游情况。

3GPP 网络增强架构中的实线连接是用户平面。在图 4-23 中，MTC 接入部分继续沿用已有协议，只是到了 MTC 服务器就改成新的 MTCi 接口。用户平面功能模块（MTC UP Function）不是一个必需模块，只是表示如果系统出现此类模块，应该包含在 MTC 服务器中。

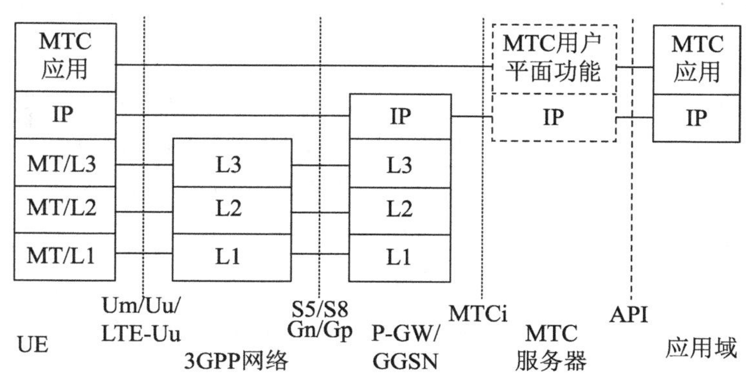

图 4-23　MTC 用户平面协议栈

3GPP 网络增强架构中的虚线连接是控制平面。其中包含 MTCsp 和 MTCsms 的协议栈结构。用户平面和控制平面分离，并定义了新的MTCsp接口，可实现更灵活高效的组网。3GPP在R11中定义了最低速率的UE设备为UE Cat-1，其上行速率为5Mb/s，下行速率为10Mb/s。并不能很好地支持物联网，于是R12中定义了物联网UE Cat-0。

2. 蜂窝物联网（CIoT）的优化

R12阶段，为了满足M2M数量激增时，通过LTE-M（Low-Cost MTC）业务提供小带宽来满足物联网潜在的超过300亿接入用户数量，3GPP定义了物联网UE Cat-0，其上下行速率均为1Mb/s，并对LTE关于M2M进行了网络修修补补的优化。之后，3GPP对M2M场景的细分，为MTC在R13阶段网络增强架构奠定了基础。针对无须移动性、小数据量、对时延不敏感的一类业务，例如智能抄表，提出蜂窝物联网（CIoT），如图4-24所示。

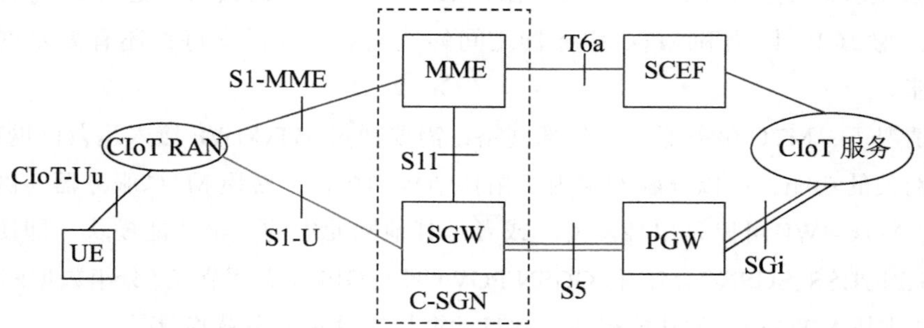

图4-24 3GPP在R13阶段的CIoT网络增强（来源：网优雇佣军[①]）

核心网方面，蜂窝物联网（CIoT）在EPS中定义了以下两种优化方案。

- CIoT EPS用户面功能优化（User Plane CIoT EPS optimisation）。
- CIoT EPS控制面功能优化（Control Plane CIoT EPS optimisation）。

在图4-24中，红线表示CIoT EPS控制面功能优化方案，蓝线表示CIoT EPS用户面功能优化方案。

对于CIoT EPS控制面功能优化，上行数据从eNB（CIoT RAN）传送至MME，在这里传输路径分为两个分支：或者通过SGW传送到PGW再传送到应用服务器，或者通过SCEF（Service Capability Exposure Function）连接到应用服务器（CIoT Services），后者仅支持非IP数据传送。下行数据传送路径一样，只是方向相反。

这一方案无须建立数据无线承载，数据包直接在信令无线承载上发送。因此，这一方案极适合非频发的小数据包传送。图4-24中的SCEF是专门为NB-IoT设计而新引入的，它用

① 感谢网优雇佣军（微信号：hr_op）所做的大量翻译整理工作。《史上最全的NB-IoT知识，每个通信人都应该了解的》由网优雇佣军原创于2016年12月8日，http://mt.sohu.com/20161209/n475367678.shtml。

于在控制面上传送非 IP 数据包，并为鉴权等网络服务提供了一个抽象的接口。

对于 CIoT EPS 用户面功能优化，物联网数据传送方式和传统数据流量一样，在无线承载上发送数据，由 SGW 传送到 PGW 再到应用服务器。因此，这种方案在建立连接时会产生额外开销，不过，它的优势是数据包序列传送更快。这一方案支持 IP 数据和非 IP 数据传送。

以中国联通的支持物联网的网络增强架构为例，对于 NB-IoT 的支持选择的是控制面、用户面中通过 SGW 传送到 PGW 再传送到应用服务器，如图 4-25（a）所示。近期，以 NB-IoT 等技术引入为契机，构建物联网专网，在原来独立接入（专用 HSS、PGW）基础上，进一步推进 MME、SGW 等核心网网元的专用部署。

在图 4-25（b）中，以物联网专网为基础，推进整体专网 H2H 网上的物联网业务逐步减少，物联网专网承担起绝大部分的物联网业务，并推进整个物联网专网的虚拟化。

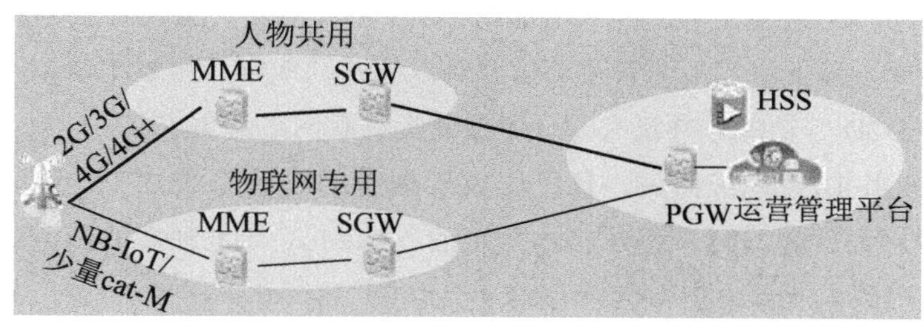

(a) 近期网络演进架构

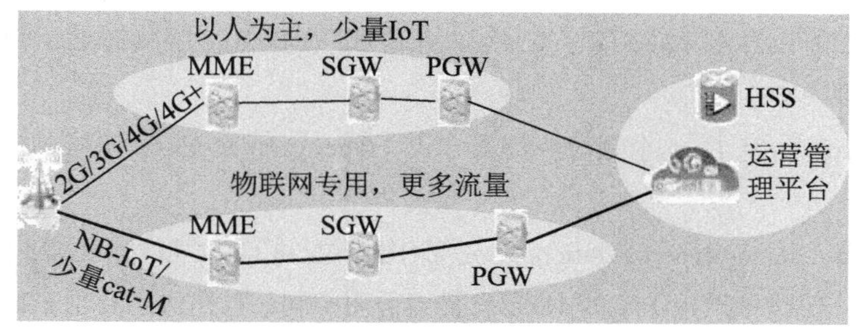

(b) 中期网络演进架构

图 4-25　中国联通物联网网络增强演进[①]

3. NB-IoT 的部署

到了 R13 阶段，3GPP 不得不面对 LPWAN 的冲击，力图以最短时间考虑现阶段物联网

① 邢宇龙，张力方，胡云. 移动蜂窝物联网演进方案研究. 邮电设计技术，2016.

的如下新需求。

- 超低功耗，10 年电池寿命；
- 超低成本；
- 覆盖增强（增强 20dB）；
- 支持大规模连接，100K 终端 /200kHz 小区；
- 最小化信令开销，尤其是空口；
- 确保整个系统的安全性，包括核心网；
- 支持 IP 和非 IP 数据传送；
- 支持短信（可选部署）。

于是，针对无须移动性、小数据量、时延不敏感类业务[①]的 NB-IoT，从提出到确立为标准只用了数月时间。以抄水表为例，水表所处位置无线环境差，与智能手机相比，高度差导致信号差 4dB，同时再盖上盖子，额外增加约 10dB 左右损耗，所以需要增强 20dB。并期望能覆盖到地下车库、地下室、地下管道等信号难以到达的地方。而 LTE-A 关注的主要是载波聚合、双连接和 D2D 等功能，并没有充分考虑此类物联网终端需求。

尽管 NB-IoT 和 LTE 紧密相关，且可集成于现有的 LTE 系统之上，很多地方是在 LTE 基础上专为物联网而优化设计，但从技术角度看，NB-IoT 却是独立的新空口技术。NB-IoT 没有瞄准时延敏感数据业务，也不会有 QoS。

接入网方面，如图 4-26 所示，NB-IoT 的接入网构架与 LTE 一样。eNB 通过 S1 接口连接到 MME/S-GW，只是接口上传送的是 NB-IoT 消息和数据。尽管 NB-IoT 没有定义切换，但在两个 eNB 之间依然有 X2 接口，X2 接口使能 UE 在进入空闲状态后，快速启动 resume 流程，接入到其他 eNB。

R13 为 NB-IoT 指定了 14 个频段。部署方式（Operation Modes）如图 4-27 所示，有以下三种。

- 独立部署（stand alone operation）。适合用于重耕 GSM 频段，GSM 的信道带宽为 200kHz，这刚好为 NB-IoT 的 180kHz 带宽辟出空间，且两边还有 10kHz 的保护间隔。
- 保护带部署（guard band operation）。利用 LTE 边缘保护频带中未使用的 180kHz 带宽的资源块。
- 带内部署（in-band operation）。利用 LTE 载波中间的任何资源块。

---

① 诸如智能抄表此类的需求一直都有，例如表 4-4 的 MTC 业务分析。只不过出于对物联网新需求的考虑，LPWAN 出现了，可能刺激了 3GPP。另外两类：无须移动性、需较宽频段但数据量（上行）大的物联网设备需求（例如监控）；移动性强、需执行频繁切换但数据量小的设备需求（例如车队追踪管理），3GPP 也有所考虑，见 4.9.5 节。

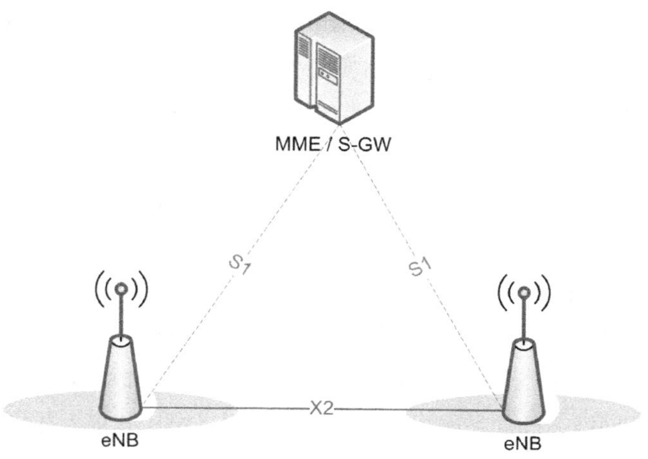

图 4-26　NB-IoT 的接入网

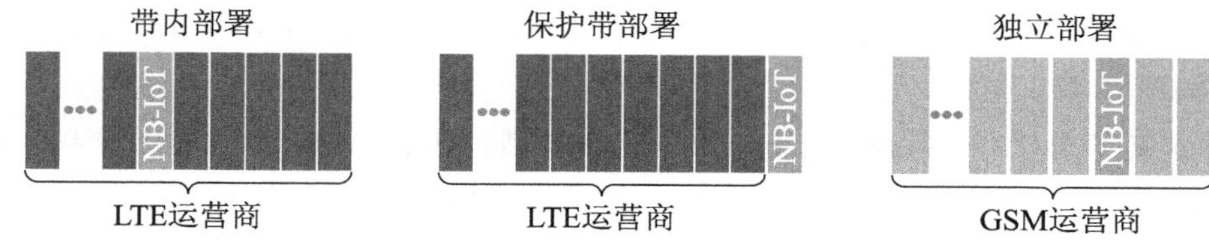

图 4-27　NB-IoT 部署方式

全球大多数运营商使用 900MHz 频段来部署 NB-IoT，有些运营商部署在 800MHz 频段。在国内，中国联通的 NB-IoT 部署在 900MHz、1800MHz 频段，目前只有 900MHz 可以实验。中国移动为了建设 NB-IoT 物联网，获得了 FDD 牌照，并且允许重耕现有的 900MHz、1800MHz 频段。中国电信的 NB-IoT 部署在 800MHz 频段。具体分布如表 4-5 所示。

表 4-5　国内运营商拥有的可使用的 NB-IoT 频段

运营商	上行频率 /MHz	下行频率 /MHz	频宽 /MHz
中国联通	909 ～ 915 1745 ～ 1765	954 ～ 960 1840 ～ 1860	6 20
中国移动	890 ～ 900 1725 ～ 1735	934 ～ 944 1820 ～ 1830	10 10
中国电信	825 ～ 840	870 ～ 885	15

4. 接入能力的优化

在核心网接入方面的优化，3GPP 在 R10 阶段优先考虑过载控制，处理大量 MTC 设备同时接入网络、传输数据带来的拥塞问题；还有低优先级和例如低功率、低移动性等其他功能方面的考虑。RAN 在 R11 成立的 Work Item (WI) “ RAN overload control for Machine-Type

Communications”，提出解决避免大量 MTC 设备接入导致拥塞的具体优化方案。统一了 LTE 及 UMTS 系统的随机接入拥塞的仿真评估。另外，TR 37.868 还收录了对智能抄表类 MTC 应用、车队管理类 MTC 应用以及地震监测类 MTC 应用的随机接入分析。

针对 M2M 终端的接入控制优化方案，3GPP 采用 ACB 和 EAB 结合的双层控制机制。3GPP 在讨论过程中将接入控制优化方案扩展为不仅针对 M2M 终端，而采用了“延迟容忍（delay tolerant）”的概念，包括能容忍较大接入时延的 M2M 终端和某些普通终端，这一定义的主要目的是考虑到未来网络中使用某些业务的终端可能在一定时间内具有和 M2M 终端类似的特性，可使对 M2M 设备所做的优化工作具有更好的扩展性，这一理念在面向 5G 的 M2M 业务分类中更加明确。此外，并不是所有的 M2M 应用都可以忍受较长的延迟，例如，用于地震预警的传感网络，即使在网络拥塞时，也必须尽快让其接入并传送数据。

接下来主要讨论 NB-IoT 的接入分析。NB-IoT 的覆盖增强等级（Coverage Enhancement Level，CE Level）分为从 0 到 2 的三个等级，分别对应可对抗 144dB、154dB、164dB 的信号衰减。基站与 NB-IoT 终端之间会根据其所在的 CE Level 来选择相对应的信息重发次数。

1）NB-IoT 双工模式

R12 定义了半双工分为 type A 和 type B 两种类型，其中，type B 为 Cat.0 所用。在 type A 下，UE 在发送上行信号时，其前面一个子帧的下行信号中最后一个 Symbol 不接收，用来作为保护时隙（Guard Period，GP）。而在 type B 下，UE 在发送上行信号时，其前面的子帧和后面的子帧都不接收下行信号，使得保护时隙加长，这对于设备的要求降低，且提高了信号的可靠性。

R13 定义 NB-IoT 仅支持 FDD 半双工 type-B 模式。如图 4-28 所示，FDD 意味着上行和下行在频率上分开，UE 不会同时处理接收和发送。半双工设计意味着只需多一个切换器去改变发送和接收模式，比起全双工所需的元件，成本更低廉，且可降低电池能耗。

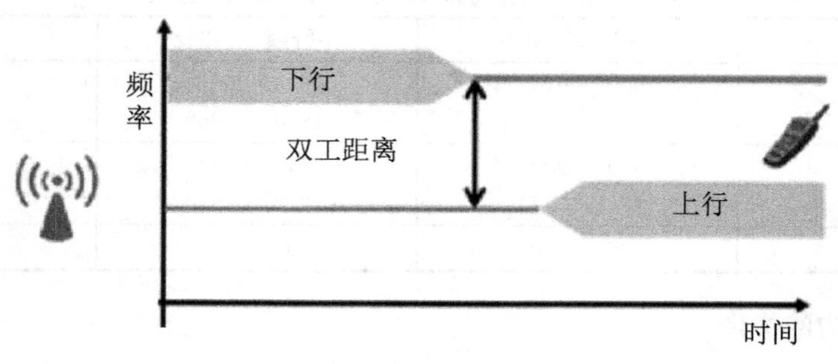

图 4-28　NB-IoT 的半双工 type-B 模式

2）NB-IoT 下行链路

NB-IoT 下行调制方式为 QPSK。NB-IoT 下行最多支持两个天线端口（Antenna Port），

AP0 和 AP1。和 LTE 一样，NB-IoT 也有 PCI（Physical Cell ID，物理小区标识），称为 NCellID（Narrowband physical cell ID），一共定义了 504 个 NCellID。

对于下行链路，NB-IoT 定义了以下三种物理信道。

- NPBCH，窄带物理广播信道；
- NPDCCH，窄带物理下行控制信道；
- NPDSCH，窄带物理下行共享信道。

还定义了以下两种物理信号。

- NRS，窄带参考信号；
- NPSS 和 NSSS，主同步信号和辅同步信号。

相比 LTE，NB-IoT 的下行物理信道较少，且去掉了 PMCH（Physical Multicast Channel，物理多播信道），原因是 NB-IoT 不提供多媒体广播 / 组播服务。

图 4-29 是 NB-IoT 传输信道和物理信道之间的映射关系。

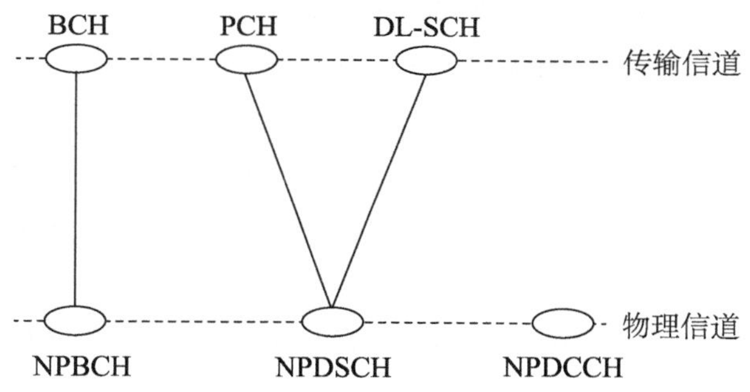

图 4-29　传输信道和物理信道之间的映射

MIB 消息在 NPBCH 中传输，其余信令消息和数据在 NPDSCH 上传输，NPDCCH 负责控制 UE 和 eNB 间的数据传输。

NRS（窄带参考信号），也称为导频信号，主要作用是下行信道质量测量估计，用于 UE 端的相干检测和解调。在用于广播和下行专用信道时，所有下行子帧都要传输 NRS，无论有无数据传送。

由于 NB-IoT 下行最多支持两个天线端口，NRS 只能在一个天线端口或两个天线端口上传输，资源的位置在时间上与 LTE 的 CRS（Cell-Specific Reference Signal，小区特定参考信号）错开，在频率上则与之相同，这样在带内部署（In-Band Operation）时，若检测到 CRS，可与 NRS 共同使用来做信道估测。

同步信号（NPSS 和 NSSS）为 NB-IoT UE 时间和频率同步提供参考信号，与 LTE 不同的是，NPSS 中不携带任何小区信息，NSSS 带有 PCI。NPSS 与 NSSS 在资源位置上避开了

LTE 的控制区域。

NPSS 的周期是 10ms，NSSS 的周期是 20ms。NB-IoT UE 在小区搜索时，会先检测 NPSS，因此 NPSS 的设计为短的 ZC（Zadoff-Chu）序列，这降低了初步信号检测和同步的复杂性。

NPBCH（窄带物理广播信道）的 TTI 为 640ms，承载 MIB-NB（Narrowband Master Information Block），其余系统信息如 SIB1-NB 等承载于 NPDSCH 中。SIB1-NB 为周期性出现，其余系统信息则由 SIB1-NB 中所带的排程信息做排程。

和 LTE 一样，NB-PBCH 端口数通过 CRC mask 识别，区别是 NB-IoT 最多只支持两个端口。NB-IoT 在解调 MIB 信息过程中确定小区天线端口数。

在三种操作模式下，NB-PBCH 均不使用前三个 OFDM 符号。In-band 模式下 NBPBCH 假定存在 4 个 LTE CRS 端口，两个 NRS 端口进行速率匹配。

NPDCCH（窄带物理下行控制信道）中承载的是 DCI（Downlink Control Information），包含一个或多个 UE 上的资源分配和其他的控制信息。UE 需要首先解调 NPDCCH 中的 DCI，然后才能够在相应的资源位置上解调属于 UE 自己的 NPDSCH（包括广播消息、寻呼、UE 的数据等）。NPDCCH 包含 UL grant，以指示 UE 上行数据传输时所使用的资源。

NPDSCH（窄带物理下行共享信道）是用来传送下行数据以及系统信息，子帧结构和 NPDCCH 一样。NPDSCH 所占用的带宽是一整个 PRB 大小。一个传输块（Transport Block，TB）依据所使用的调制与编码策略（MCS），可能需要使用多于一个子帧来传输，因此在 NPDCCH 中接收到的 Downlink Assignment 中会包含一个 TB 对应的子帧数目以及重传次数指示。

3）NB-IoT 上行链路

NB-IoT 上行使用 SC-FDMA，考虑到 NB-IoT 终端的低成本需求，在上行要支持单频（Single Tone）传输，子载波间隔除了原有的 15kHz，还新制定了 3.75kHz 的子载波间隔，共 48 个子载波。

对于上行链路，NB-IoT 定义了以下两种物理信道。

- NPUSCH，窄带物理上行共享信道；
- NPRACH，窄带物理随机接入信道。

NB-IoT 上行传输信道和物理信道之间的映射关系如图 4-30 所示，除了 NPRACH，所有数据都通过 NPUSCH 传输。

NPUSCH（窄带物理上行共享信道）用来传送上行数据以及上行控制信息。NPUSCH 传输可使用单频或多频传输。NPUSCH 定义了两种格式：format 1 和 format 2；分别对应 UL-SCH 上的上行信道数据（资源块不大于 1000 b）和上行控制信息（UCI）。

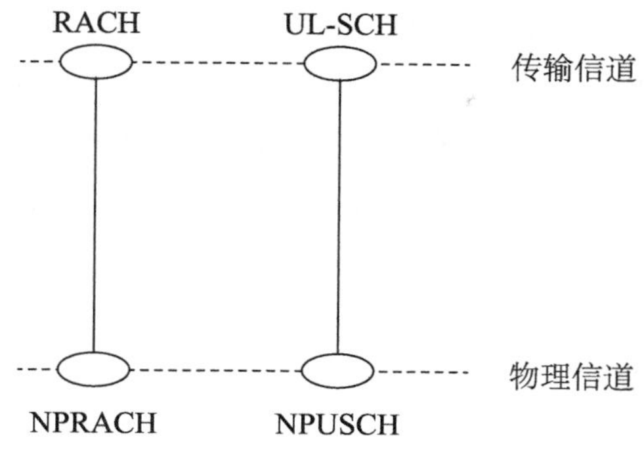

图 4-30　上行传输信道和物理信道之间的映射

根据 NPUSCH 格式，DMRS（上行解调参考信号）每时隙传输一个或者三个 SC-FDMA 符号。

NPRACH（窄带物理随机接入信道）和 LTE 的 Random Access Preamble 使用 ZC 序列不同，NB-IoT 的 Random Access Preamble 是单频传输（3.75kHz 子载波），且使用的 Symbol 为一定值。一次 Random Access Preamble 传送包含 4 个 Symbol Group，每一个 Symbol Group 是由 5 个 Symbol 加上一个 CP 组成的。

4）NB-IoT 协议栈

NB-IoT 协议栈如图 4-31 所示。用户面协议分为物理层协议（PHY）、媒体接入控制协议（MAC）、无线链路控制协议（RLC）、分组数据汇聚协议（PDCP）。控制面协议包括 PHY、MAC、RLC、PDCP、无线资源控制协议（RRC）、非接入层（NAS）。根据物联网的需求，去掉了一些不必要的功能，减少了协议栈处理流程的开销。从协议栈的角度看，NB-IoT 是新的空口协议。

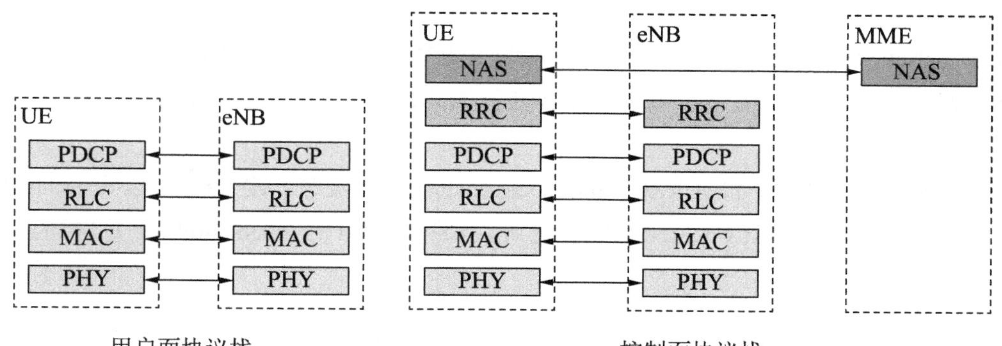

图 4-31　NB-IoT 协议栈（与 LTE 协议栈[①]形式一致）

① 陶小峰．SDR-LTE 的实时传输实现．北京邮电大学硕士论文，2014，6.

在 LTE 系统中，SRB（Signalling Radio Bearers，信令无线承载）会部分复用，SRB0 用来传输 RRC 消息，在逻辑信道 CCCH 上传输；而 SRB1 既用来传输 RRC 消息，也会包含 NAS 消息，其在逻辑信道 DCCH 上传输。LTE 中还定义了 SRB2，但 NB-IoT 没有[①]。

NB-IoT 经过简化，去掉了一些对物联网不必要的 SIB，只保留了以下 8 个。

- MIB-NB：重要信息获取。
- SIBType1-NB：小区接入和选择，其他 SIB 调度。
- SIBType2-NB：无线资源分配信息。
- SIBType3-NB：小区重选信息。
- SIBType4-NB：Intra-frequency 的邻近 Cell 相关信息。
- SIBType5-NB：Inter-frequency 的邻近 Cell 相关信息。
- SIBType14-NB：接入禁止（Access Barring）。
- SIBType16-NB：GPS 时间 / 世界标准时间信息。

需特别说明的是，SIB-NB 是独立于 LTE 系统传送的，并非夹带在原 LTE 的 SIB 之中。

小区接入中的小区重选和移动性、随机接入过程、连接管理详见 Rohde & Schwarz 的 *Narrowband Internet of Things White Paper*[②]。

5）NB-IoT 的数据传输

NB-IoT 定义了两种数据传输模式：Control Plane CIoT EPS optimisation 方案和 User Plane CIoT EPS optimisation 方案。对于数据发起方，由终端选择决定哪一种方案。对于数据接收方，由 MME 参考终端习惯，选择决定哪一种方案。

对于控制面 EPS 的优化，如图 4-32 所示。终端和基站间的数据交换在 RRC 级上完成。对于下行，数据包附带在 RRCConnectionSetup 消息里；对于上行，数据包附带在 RRCConnectionSetupComplete 消息里。如果数据量过大，RRC 不能完成全部传输，将使用 DLInformationTransfer 和 ULInformationTransfer 消息继续传送。这两类消息中包含的是带有 NAS 消息的 byte 数组，其对应 NB-IoT 数据包，因此，对于基站是透明的，UE 的 RRC 也会将它直接转发给上一层。

在这种传输模式下，没有 RRCConnectionReconfiguration 流程，数据在 RRCConnectionSetup 消息里传送，或者在 RRCConnectionSetup 之后立即进行 RRCConnectionRelease 并启动 resume 流程。

---

① 与 LTE 不同的是，NB-IoT 没有定义 SRB2。此外，NB-IoT 还定义一种新的信令无线承载 SRB1bis，SRB1bis 和 SRB1 的配置基本一致，除了没有 PDCP，这也意味着在 Control Plane CIoT EPS optimisation 下只有 SRB1bis，因为只有在这种模式才不需要。

② NB-IoT 部署部分源于此文档的翻译和整理。https://cdn.rohde-schwarz.com/pws/dl_downloads/dl_application/application_notes/1ma266/1MA266_0e_NB_IoT.pdf。

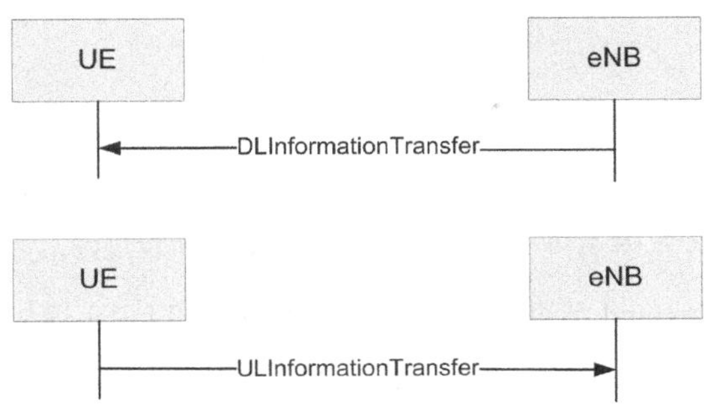

图 4-32　控制面 EPS 的优化

在 User Plane CIoT EPS optimisation 模式下，数据通过传统的用户面传送，为了降低物联网终端的复杂性，只可以同时配置一个或两个 DRB。

如图 4-33 所示完成 RCC 的建立过程之后，有两种情况。

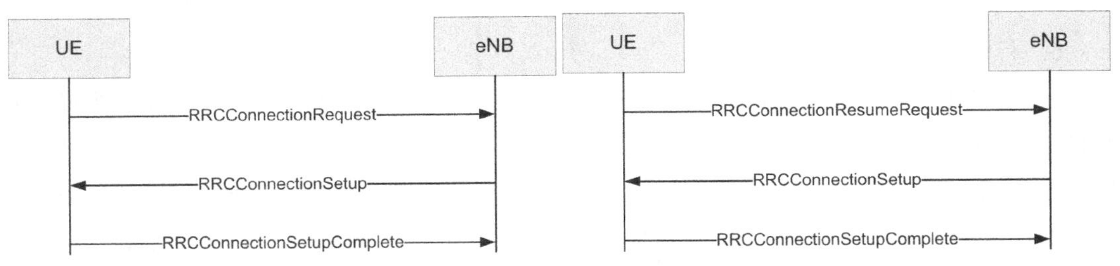

图 4-33　RCC 建立的两种方式

（1）当 RRC 连接释放时，RRC 连接释放会携带 Resume ID，并启动 resume 流程，如果 resume 成功，更新密匙安全建立后，保留了先前 RRC_Connected 的无线承载也随之建立，如图 4-34 所示。

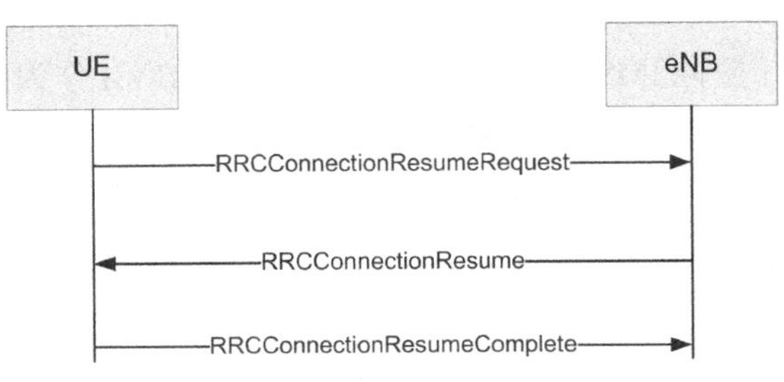

图 4-34　带 resume ID 的连接释放

（2）当 RRC 连接释放时，如果 RRC 连接释放没有携带 Resume ID，或者 resume 请求失败，安全和无线承载建立过程如图 4-35 所示。首先，通过 SecurityModeCommand 和 SecurityModeComplete 建立 AS 级安全。

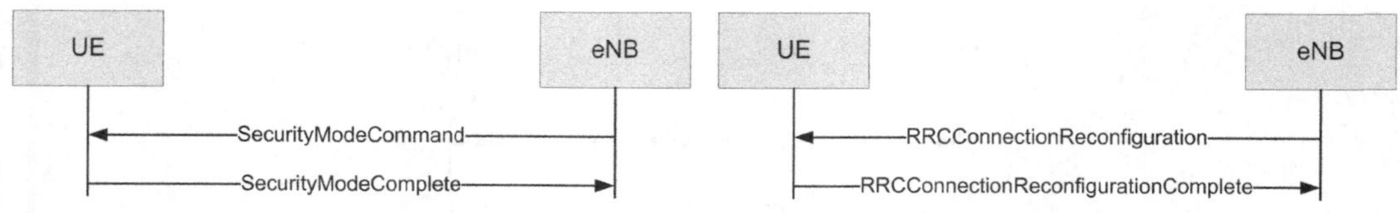

图 4-35　AS 级安全建立与 RRC 重置过程

在 SecurityModeCommand 消息中，基站使用 SRB1 和 DRB 提供加密算法和对 SRB1 完整性保护。LTE 中定义的所有算法都包含在 NB-IoT 里。

当安全激活后，进入 RRCConnectionReconfiguration 流程建立 DRBs。

在重配置消息中，基站为 UE 提供无线承载，包括 RLC 和逻辑信道配置。之所以 PDCP 仅配置于 DRB，是因为 SRB 采用默认值。在 MAC 配置中，将提供 BSR、SR、DRX 等配置。最后，物理配置提供将数据映射到时隙和频率的参数。

多载波配置、控制信道接收、上行数据传输、下行数据接收详见参考文献①。

5. 标识与地址

现在 H2H（Human to Human）终端采用 IMEI、IMSI、MSISDN、IPv4 地址作为设备标识的资源，以 IMSI 为例。IMSI 号码为 15 位，由 3 位 MCC 国家码、3 位 MNC 网络标识码、9 位设备标识码组成。其资源对于 H2H 终端目前来看应该是足够的，但如果资源与 M2M 终端共用，就非常紧张。MTC 设备标识应能唯一标识一个 M2M 终端，可采用 IMEI、IMSI、MSISDN、IP address（IPv4 和 IPv6）、IMPU/IMPI 等。在现阶段，需要考虑运营商网络内部与外部标识之间的关系、基于组的优化、地址扩展等。

1）标识

标识用于唯一识别 MTC 设备。对于标识的研究，主要研究使用什么样的内部标识和外部标识，内外部标识在什么地方进行映射以及内部标识如何与外部标识进行映射。对于内部标识，3GPP 认为在 R11 阶段 IMSI 应能满足需求，因此将 IMSI 作为内部标识。并要求网络支持 IMSI 与外部标识的映射。在 SA2#87 次会议上，对外部标识中应该具有的功能和应包含哪些信息达成了初步的共识：应支持一个或多个外部标识向同一个内部标识的映射；标识 MTC 终端的外部标识应全球唯一，并可全球可达；应支持运营商制定特定外部标识，这种标识仅在运营商网络内部可达。

基于这些功能需求，MTC 的外部标识由两部分组成，即 Local-Identifier 和 MNO-Identifier。Local-Identifier 主要在运营商网络内部标识终端设备，在运营商网络内唯一；而

① Rohde, Schwarz. Narrowband Internet of Things Whitepaper. 2016, 6，https://cdn.rohde-schwarz.com/pws/dl_downloads/dl_application/application_notes/1ma266/1MA266_0e_NB_IoT.pdf.

MNO-Identifier 主要用来标识网络运营商，以便 MTC-IWF 用来选择 HL/HSS。外部标识为 External Identifier=<Local-Identifier ><MNO-Identifier>。

2）群组

大量的终端数据业务的类型是类似的，可以考虑以组为单位来对一类终端进行管理和控制。这种方法的思想是将终端分成若干组，每个终端组采用一个终端组 ID，一个终端组内部的终端再采用终端 ID 来进一步区分，既可以节省 ID，又降低了寻址复杂度。对于组类型的用户和业务管理要新增组 ID 标识，MTC 上下文中的标识需要扩展，网络同时还需要识别 M2M 设备组的标识。可对 M2M 终端进行远程管理、软件升级、配置参数等。

当 MTC 设备数量很大时，为了避免大规模数据通信对网络的冲击，基于组的优化策略可以节省网络资源。计费也可以考虑按组进行，为属于同一组的 MTC 设备提供更方便、更灵活的计费机制。这样就可以提供一种简单的模式来对一组设备进行管理 / 升级 / 计费。尤其是当网络需要支持海量的小数据率终端的资源分配和接入时，分组不需要对系统设计做很大改动。分组可以按照区域、设备特性、设备的从属来划分，或者是保持相同状态的 MTC 终端分为一组，分组方式可以很灵活。文献①中详细描述了基于这种分组方式的终端 ID 的接入和资源分配流程。

3）地址

地址是为了在 MTC 服务器（公有地址）和 MTC 设备（私有地址）间正确传递消息。M2M 的通信特征是 MTC 设备与一个或者多个 MTC 服务器进行通信，3GPP 网络作为 MTC 设备与服务器之间传递信息的承载通道。由于地址空间受限，编号要能够唯一标识一个 MTC 设备，或者能够唯一标识一个 MTC 设备组。

需要为各种物联网通信终端和网关、各种接入网络、物联网应用平台等提供有效、安全和可信任的编号和寻址环境。如果 IP 地址扩展到 IPv6，需要改造核心网网元支持扩展的 IP 地址，以便外网使用公有 IP 地址的 M2M 应用服务器能向有些私有地址 M2M 终端发送消息。

由于地址空间受限，3GPP 的 SA2 中首先推荐使用 IPv6 作为 IP 地址紧张的主要解决方案。目前 IPv4 网络仍是主流且在将来也将长时期存在，因此需要研究基于 IPv6 的过渡方案。目前来看，过渡方案包括 NAT 以及各种衍生版本的 NAT，如 Managed-NAT 和 Non-Managed-NAT 等解决方案。

4）标识资源扩展

大量 M2M 终端的引入造成网络号码资源的短缺，包括 IMSI/IMEI/IPv4 地址等多种网络标识，而 MSISDN 标识短缺影响突出。对于 MSISDN 号码的短缺，因为 M2M 终端没有 CS

① 沈嘉，刘思扬．面向 M2M 的移动通信系统优化技术研究．电信网技术，2011．

呼叫与语音功能，MSISDN 号码只用于 SMS 业务，现阶段的 MSISDN 号码扩展方式可以考虑以下几种方法。

第一种方法：对于同属一个 M2M 应用服务器管理的 M2M 终端群，可采用同一个 MSISDN 的 M2M 应用服务器向 M2M 终端发 SMS 消息时，在 SMS 消息中携带 M2M 终端标识 MD_id，网络将共享的 MSISDN 的 SMS 消息路由到一个专用的短消息网关，解析出短消息中携带的 MD_id，并向映射服务器查询 MD_id 与 IMSI 的映射关系，最终采用 IMSI 完成在网络中的 SMS 消息传递。

第二种方法：采用 HSS 动态分配 MSISDN。在 HSS 维护一个 M2M 终端使用 MSISDN 使用的地址池，当 M2M 终端接入到网络且需要使用 MSISDN 业务时，就给该终端分配一个池中的 MSISDN 号码，分配的 MSISDN 号码就一直归该 M2M 终端使用，直至该 M2M 终端释放分配的 MSISDN 号码。该方法对于现有网络没有影响，收发 SMS 消息采用现有技术就可以满足。

第三种方法：不使用 MSISDN 号码。在网络增强的架构中，SMS 消息包可以通过 MTCs 接口发给 M2M GW，信令中需要携带 MD_ id 标识。M2M GW 附着查找 MD_id 对应的 IMSI，并构建新的 SMS 消息发给终端。但需要占用较多的 MSISDN 资源，各个网络根据实际情况可灵活运用。在 PS 网络中，MSISDN 号码也可考虑用 IPv4/IPv6 的地址取代。

6. 安全

随着 M2M 终端的日益增多，M2M 终端通信安全问题也引起各运营商的重视。对于 M2M 系统优化的通信安全性应至少达到 H2H 通信的安全水平，除此之外，还要多方面考虑 M2M 的通信安全，如端到端连接安全、组认证安全、终端接入鉴权安全、数据安全等多方面。

1）鉴权

核心网应支持业务层、网络层及各种物联网终端设备的鉴权和授权。在终端接入鉴权安全方面，需要防止 M2M 终端接入认证信息被恶意盗用，如 H2H 终端盗用 M2M 终端的 USIM 接入到核心网，影响与远程 MTC 服务器的数据通信安全。

2）特性监测

研究支持 MTC 通信对移动网络的安全特性和要求。例如，需要监测 M2M 终端行为特性是否符合签约内容，应能及时监测到 M2M 终端被非正常入侵或移动，并能检测 M2M 终端链路的故障。

3）端到端通信

端到端通信链路安全方面，现有的机制很多，如采用类似 VPN 的机制建立 IPsec 隧道等方式。在归属域，M2M 终端与 M2M 应用服务器之间的端到端安全通过归属网络信任域进行保证，但当 M2M 终端漫游到其他运营商的网络时，终端与服务器通过运营商网络的非信任域进行通信，端到端安全无法保证，需要制定相应的安全机制。

7. 异构网络融合

考虑物联网复杂的应用场景，需要为物联网提供多种接入方式，不但能够通过 3GPP 网络接入，也可以通过非 3GPP 网络接入。现在运营商部署的非 3GPP 接入方式主要为 WLAN，各运营商为了分流宏网数据压力，都在大规模建设 WLAN，如何充分利用 WLAN 等非 3GPP 接入网络资源，实现网络协同，使物联网更加便捷地接入移动通信网是需要运营商重点考虑的问题。

3GPP 已经制定了非 3GPP 接入与 3GPP 接入的融合解决方案，通过 WLAN、EPC 架构下的融合方案，二者不但能够实现统一的认证和业务体验，远期还能够支持两种接入网之间的无缝业务体验。大多物联网终端已经部署了 Wi-Fi 接入模块，或者能够很快速地部署 Wi-Fi 模块，而运营商大规模部署的优质 WLAN，将保证物联网终端高速、快捷地接入运营商网络。异构网络的融合不但能够充分发挥非 3GPP 接入网络的资源，而且能够在快速发展物联网业务的同时，分流物联网的大量用户数据，降低对宏网的数据压力。

上述安全和异构网络的融合目前仍然是重要的，并不断需要发展的。这些优化技术不可避免地会改变现有移动通信标准，3GPP 对这些技术方案的态度都是十分谨慎的，因为那时 MTC 业务还不是移动运营商的核心业务。R12（4.5G）之后，3GPP 意识到，随着 MTC 业务在运营商营收中的比例提高，仅仅是优化技术未必完全跟得上物联网发展，所以在更大变革的挑战中，面向 5G 的 M2M 讨论正如火如荼。

4.9.5　面向 5G 的 M2M

1. 3GPP 关于 M2M 的规划

3GPP 标准在 R12 之前，已为 IoT 进行了若干准备，在本节前面部分已经系统阐述，例如，为适应物联网应用场景，定义了最低速率的 UE 设备为 UE Cat.1，其上行速率为 5Mb/s，下行速率为 10Mb/s。

为了进一步适应于物联网传感器的低功耗和低速率需求，对 IoT 的前端（终端装置，3GPP 称为用户端设备（User Equipment，UE））的定义，至 R12 版首次进行，也就是更低成本、更低功耗的 Cat.0。各个阶段 UE 参数对比如表 4-6 所示。

表 4-6　UE 分类参数对比

UE	R8 Cat.4	R8 Cat.1	R12 Cat.0	R13 Cat.M(1)	R13 Cat. M2(NB-IoT)
上行速率	50Mb/s	5Mb/s	1Mb/s	1Mb/s	144kb/s
下行速率	150Mb/s	10Mb/s	1Mb/s	1Mb/s	200kb/s
天线数量	2	2	1	1	1
双工模式	全双工	全双工	半双工（opt）	半双工（opt）	半双工（opt）
UE 接收	20MHz	20MHz	20MHz	1.4MHz	200kHz
UE 传输功率	23dBm	23dBm	23dBm	23dBm，20dBm	23dBm

3GPP 的 MTC 业务进入 LTE 时代，一般被统称为 LTE–MTC 或 LTE-M，但在其各个阶段仍有其不同的业务称呼。表 4-7 是 LTE 之后的 3GPP 版本标准与其中的 M2M 业务发展历程与规划。

表 4-7　3GPP 的 M2M 发展

颁布年份	版本	产业称法	业界的营销称法	M2M 业务	备注
2009	R8	LTE	4G（实为 3.9G）	MTC 特性考虑	含 Category4（Cat.4）的下行 150Mb/s、上行 50Mb/s
2010	R9	LTE	同上	MTC 特性支持	R8 标准的增订、补订
2011	R10	LTE-Advance/ LTE-A	4G	支持过载控制，处理大量 MTC 设备同时接入网络、传输数据带来的拥塞问题；还有低优先级和例如低功率、低移动性等其他功能方面的 MTC 特性支持	2011 年 6 月 R10 颁布，进入 LTE-Advance/LTE-A
2013	R11	LTE-Advance/ LTE-A	4G	MTC 网络增强，避免拥塞的接入控制，智能抄表类、车队管理类以及地震监测类 MTC 应用的随机接入分析。对应 M2M 有一定数量接入阶段所需特性支持	R11 版提出协调多点收发（Coordinated Multi-Point operation，CoMP）等功能，用于 MTC 网络增强，见表 4.4
2015	R12	LTE-Advanced pro	4.5G	首次定义（Cat.0）UE，工作带宽为 20 MHz，支持半双工，最大发射功率为 23 dBm；M2M 数量激增时，通过 LTE-M（R12 中称为 Low-Cost MTC）提供小带宽来满足物联网潜在的超过 300 亿接入数量 Release 12 和 13 的 D2D 技术开始了车车通信（V2V）标准化	包含 LTE-Hi(Hotspot indoor) 技术，以期改善收发效果。同时也加强倚重 TD-LTE、Dynamic TDD 等，以提升频谱资源的利用率，增加数据传输量 可提供 10ms 低时延和 >300 亿连接数；基于 SOMA、256QAM、Massive MIMO 等关键技术提供；基于 Cloud EPC 及 Shorter TTI 特性缩短时延到 10ms；4.5G 标准 R12 于 2015 年年底冻结

续表

颁布年份	版本	产业称法	业界的营销称法	M2M 业务	备注
2016	R13	LTE-Advanced pro	4.5G 到 5G 的过渡。可能被称作 5G	LTE-M 在 R13 中被称为 LTE enhanced MTC (eMTC)，有三个方向：LTE-M（1）、EC-GSM 和 NB-IoT；NB-IoT 作为一个全新标准的技术，其空口技术相比 LTE 进行了重新设计：180 kHz 窄带系统和上行 3.75 kHz 的子载波间隔有效提高网络覆盖，从而满足至少比 GSM 高 20 dB 的链路预算设计目标；UE 仅支持半双工，且增加了 PSM 和 eDRX 功能，能有效降低终端功耗，节约终端成本	LTE-M（1），进一步简化终端功能，UE 工作带宽为 1.4 MHz，支持半双工，UE 可使用更低发射功率 20 dBm。后来 NB-IoT 也称为 LTE(Cat)-M2。其余工作有：LAA(Licensed-Assisted Access)、3D/FD-MIMO(FD, Full Dimension)、Massive Carrier Aggregation、Latency Reduction、Downlink Multiuser Superposition Transmission 和 SC-PTM(Single Cell-Point to Multi-point)，属于 LTE-U[①]类似
2017	R14	待定	同上	LTE 的车联网（Vehicle-to Anything, V2X）研究，其中 LTE-V 的 V2V 部分标准将在 Release 14 中冻结。MTC 的 UICC（Universal Integrated Circuit Card）功率优化 NB-IoT 新增定位功能、SC-P2M 下行广播功能、非连接态移动性增强功能，可以满足更多场景需要，提高网络可靠性。LTE-M(1) 也将新增定位功能、SC-P2M 下行广播功能、异频测量功能等；相比 NB-IoT 能够提供更高的传输速率	R13 不支持基站定位，但运营商网络可以做私有方案，例如基于小区 ID 的定位，不会影响终端，只需要网络增加定位服务器以及与基站的联系即可。R14 的定位增强，支持 E-CID、UTDOA 或者 OTDOA，希望的定位精度目标是 50m 内。根据 3GPP 最近发布的计划，2017 年 3 月（第 75 次会议）完成 V2X 的其他核心协议，包括 V2V、V2I/N 和 V2P
2018	R15	待定	5G	5G 的潜在 MTC 需求： 大规模物联网（Massive Internet of Things），及其新的垂直行业服务：如智能家居、智慧城市、公用事业、电子医疗、智能可穿戴设备[②]，如图 4-36 所示	2017 年下半年 3GPP 的工作重点将转移到 R15 版本，提供 5G 标准的第一部分：包括新的工作以及 LTE-Advanced Pro 规格成熟。2017 年 4 月 ETSI 组织 5G 的第三次首脑会议
2019	R16	待定	5G	以 Massive MTC、Critical MTC（例如工业控制）[③]为主	Release 16 则进入 5G 第二阶段新的无线接入技术工作项目讨论，以 6GHz 以上的增强行动宽带技术、Massive MTC、Critical MTC 为主

① LTE-U 一般是指由 LTE-U Forum 提出的非标（不是由 3GPP 或者 IEEE 这种标准组织提出的）非授权频段共享方法。

② http://www.3gpp.org/news-events/3gpp-news/1786-5g_reqs_sa1.

③ 全球 5G 发展趋势 | 5G 网络安全发展趋势. http://mt.sohu.com/it/d20170130/125271762_465915.shtml.

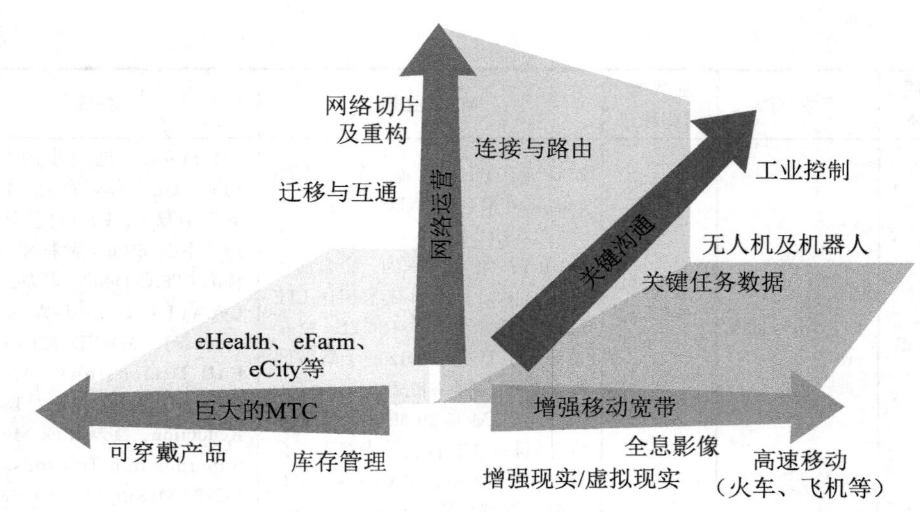

图 4-36　面向 5G 的垂直应用（来源：3GPP）

为了应对 M2M 数量的激增，非传统移动通信公司利用免许可频谱部署和运营非蜂窝 IoT 网（低功耗网络 LWPAN 中非蜂窝技术、ZigBee、蓝牙等）早已展开物联网业务的布局。为了避免这些冲击，3GPP 在 R12 版将 IoT 终端装置（也称为无线传感器节点 WSN Node）的收发型态，定义为 UE Category 0（简称 Cat.0）。

Cat.0 规格回归到收发速率 1Mb/s，较 R8 最低的 Cat.1（10Mb/s 下行速率、5Mb/s 上行速率）低许多。它允许选用以半双工方式传输，同一时间只收不发，或同一时间只发不收。另外，Cat.0 也建议将收发器芯片与功率放大器（Power Amplifier，PA）整合设计，在接收器链上，把 Cat.1 的两组限缩到一组。

正如本书上一版本所述①，当人们越来越追逐从步行、自行车到汽车（火车）和高铁（飞机）的交通效率提升时，突然接到老家电话，"村里的路该修修了，您爸妈都赶不了集，出不了门了。"这是笑话，但公众移动通信应当自觉考虑最低端的应用需求。就像人行道永远不能废除一样。

3GPP 终于不满足于修修补补，R12 的 Cat.0 认真考虑了为"物"修路；与人的需求不同，无线传感器节点感知一个位置的温度、湿度、震动等数据并传递数据，传输数据量低，降至 1 Mb/s 仍能满足使用，且较慢的传输能节省功耗。甚至某些应用场景中传感器节点仅会持续单向传输。

2. 面向 5G 的 M2M

现有移动通信系统从其最根本的设计需求上讲是解决人与人 (H2H) 之间的通信，虽然随

① 摘自本书作者的《物联网技术及其军事应用》第 123 页。

着技术的发展其自身在不断完善和演进，针对 M2M 通信特点进行的优化体现在 LTE 中，但仍难完全适应 M2M 业务复杂的应用环境，无法满足海量接低功耗等机器通信特点。因此，为适应 M2M 业务的需求，既需要标准化，还需要优化。

——《物联网技术及其军事应用》

上述是作者在 2G/3G—LTE 时代（从 3GPP 的 R6、R7 到 R8），对移动通信系统在 M2M 方面的表述。但 3GPP 在 R9 到 R11 期间对于 M2M 的努力只能算是修修补补，形成到 R12 之后，在面向 5G 时代的 M2M 规划，必须革新。因为 LPWAN 虎视眈眈地来了，蓝牙也支持 Mesh 联网了。

4.5G（LTE-Advanced Pro[①]）技术标准范畴确定为 R13 和 R14[②]，这两个阶段的工作与 5G 的关系如图 4-37 所示。其中和物联网相关的主要应用方向有：LTE-V（车联网）、LTE-M（M2M 物联网）以及 LTE-U（非牌照频段）。

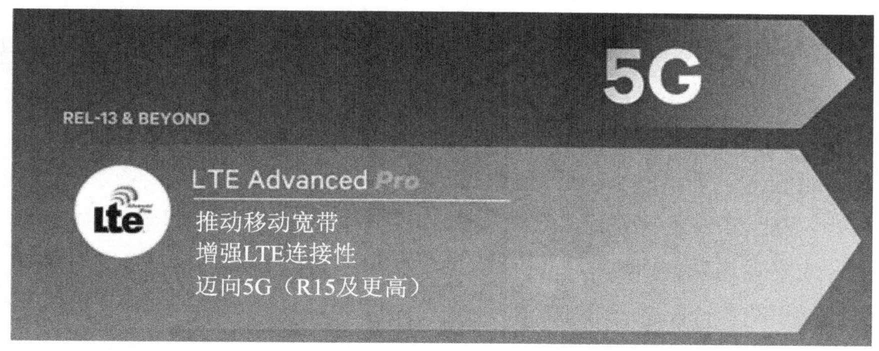

图 4-37　向着 5G 方向的 R13 和 R14

1）LTE-V 车联网

V2X[③]（Vehicle to X）是 4.5G 的重要发展方向。其中的 X 涵盖汽车之外的周边环境：V2V 即车与车的通信；V2I 即车与路的通信，例如与信号灯之间；V2P 即车与行人的通信。

当有人问起：车联网完全用现有公众移动网络不就行了？ 1s 有时候很长，有时候很短，尤其是事关生死的时候。

当认为 1s 太短的时候，现有车联网应用场景的行驶安全：在数十米的视距范围内、0.1s 数量级的反应时间，一般要求网络传输延迟在毫秒数量级，传统网络技术无法克服网络延迟问题。可以考虑车载传感系统和超高速无线局域网组成的车联网保证行驶安全。这是 5G 中

① http://news.mydrivers.com/1/467/467914.htm.

② 王志勤．4.5G 主要研究方向及产业发展前景．移动通信，2015.

③ http://baike.baidu.com/link?url=Z6lBn9D9asFgLdGjhyJBg6ViuVGexMCtIKvss7gP1Rtwr8Mn_tSU2GNIVwEoQJXSr0Fdt-OT0aXBmEMUw2w0mq.

车联网的努力方向。

当认为 1s 太长的时候，对于数百米非视距、具有几十秒预警时间的场景，就体现出 V2X（X 指环境）的优势，例如对潜在关联车辆的探测，以及较大范围内行车路线变更等。如图 4-38 所示，这是 4.5G 中“无人驾驶”对蜂窝网的需求，但高于现有 LTE（3G/4G）技术应用场景需求的 LTE-V 技术的场景定位。

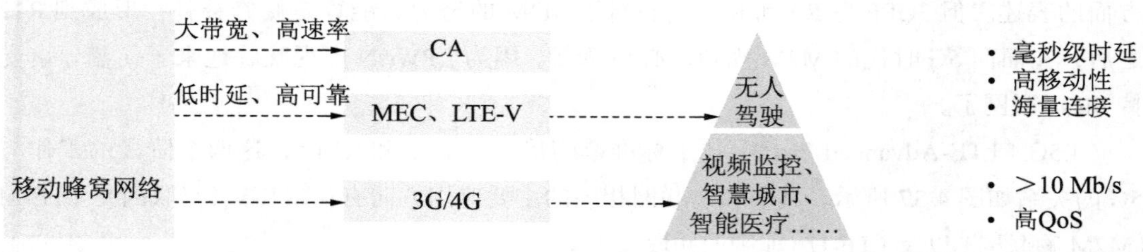

图 4-38　LTE-V 与现有 LTE（3G/4G）应用场景的区分

为满足 V2X 应用需求，现有的 LTE 技术必须加以调整，例如，“基于 LTE D2D 做小幅修改”方案、“借助 LTE 基站调度对 LTE D2D 进行较大改进”方案，以及“新空口”方案（对标准改动很大）。

简言之，行驶安全场景的车联网需要时间更为敏感（毫秒级）、连接场景更为周全的车联网方案，例如，基于车载传感系统的方案。这将在应用技术中“车联网”一节详述。而对于交通效率提升的宏观场景，LTE-V 更具优势。LTE-V 产业的发展仍将面临芯片研发、频谱分配以及通信行业和汽车行业融合等方面的问题。

2）LTE-M

低功耗、广覆盖的物联网是 4.5G 的另一个重要发展方向。目前，非传统移动通信公司利用免许可频谱部署和运营非蜂窝 IoT 网，对移动通信行业带来了一定冲击。从统计和分析数据可以看到，LPWA[①]（Low Power Wide Area，低功耗低带宽广覆盖通信模块）的全球 M2M 连接数增长速度非常惊人，将在 2019 年达到 29%，超过 2G 和 4G。

对此，传统移动通信设备商和运营商一方面加快 LPWA 技术融入市场；另一方面传统移动通信对厂商提出要求，尽快提供能与免许可频谱非公开技术竞争的方案，并加快推动 3GPP 标准化进度。3GPP 提出了以下三种解决方向。

（1）LTE-MTC 的 Cat-M1（简称 LTE-M1）：是 R12 阶段 low-cost MTC 方案的延续，即针对 1Mb/s 需求，基于 LTE 设计低带宽系统，复用 LTE 频谱资源。在 R13 中称为 e（enhanced）MTC。

① LPWA 指接入模块及技术，LPWAN 侧重低功耗的网络。

（2）窄带物联网（NB-IoT）的新技术：设计全新的独立窄带系统，在前文 NB-IoT 部署中已详述。相对于 R12-R13 中 LTE-M 关于 MTC 技术优化的做法，也称 LTE-M2（Cat.m2）。

（3）EC-GSM-IoT：是已有的演化技术。这些在下一节 LPWAN 中分析。

3）LTE-U

全球 4G 广泛部署之后，WLAN 热点仍能分流 40% 流量。但是对于蜂窝系统的运营商来说，还是以 LTE 为主体，WLAN 作为重要补充，然后在此基础上推动两者的网络与业务。

4.5G 的第三个发展方向是 LTE-U，其中最为重要的就是 LTE 和 WLAN 的结合。

这与物联网接入及大规模应用的网关部署相关，3GPP 标准的物联网运营商可以根据结合的进度考虑在物联网网络层接入的具体方式，是以 LTE-M 为主面向 5G 平滑过渡，还是在与 4.5G 同期考虑 LTE-M 和 WLAN 的双模接入。

LTE-U 在 5 GHz 的三个部分[①]：U-NII-1（5150 ～ 5250MHz）、U-NII-2（5250 ～ 5725MHz）、U-NII-3（5725 ～ 5850MHz）。LTE-U 的主要优势在于更好的链路接入技术、介质访问控制、移动性管理和良好的覆盖率。WLAN 占用了很多免许可频率（大于 400MHz）[②]，其频谱总量超过了现有 Licensed 的频段。因此运营商希望能够在业务上整合许可和非许可频段，使其在统一的核心网络架构上融合。2013 年已经提出和启动了 LAA（Licensed Assisted Access，许可频段辅助免许可频谱接入）标准预研。这方面，美国已经有了积极推进，并计划部署满足美国频谱管理规则的商用 LTE-U/LAA 方案。可以预见，通过频谱方面的重新设计，或者是融合技术的进一步深入，下一代 WLAN 将表现为更多的可管理与可控性，与 LTE 也会有更紧密的结合。

目前，LTE-U 相关标准可能的推动方向有三个，分别是：接入网络的发现和选择，WLAN/3GPP 无线互通以及 WLAN/3GPP 无线聚合。这三个方向也是朝着精细化和深度的异构网络融合的方向递进。

4.9.6　M2M 应用趋势

伴随着对 5G 技术的憧憬，M2M 将是现阶段蜂窝物联网和 LPWAN 的普遍应用模式。据 Ericssion 预测，5G 时代的连接将达到每平方千米 10^7 个。当然其中考虑了“物”的连接需求。5G 时代的物联网基础设施建设将成为各国的物联网部署战略制高点。我国将在“十三五”期间适时展开 5G 网络测试和各类 5G 应用实验，争取到 2020 年正式部署 5G 商用网络。到“十三五”末期，我国将争取成为 5G 国际标准和产业的主导者。

---

① http://www.lteuforum.org/uploads/3/5/6/8/3568127/lte-u_forum_lte-u_technical_report_v1.0.pdf.

② 该论坛技术报告有：技术评估与网络仿真的部署方案，小蜂窝和用户设备的最低性能要求，确保 LTE-U 和 Wi-Fi 频谱间公平共存的规范，参见 http://www.lteuforum.org/uploads/3/5/6/8/3568127/lte-u_forum_lte-u_technical_report_v1.0.pdf。

现阶段，物联网实现的核心集中在机器的互联互通及其所凭借的网络承载能力，而目前的大多数机器设备都不具备联网和通信能力，例如仪表、家电、车辆、工业设备等。M2M的主要任务是解决设备互联互通的“最后一米”问题，也就是说，如何将设备连入到网络中，实现设备信息的传递和共享。这项任务的实现需要解决以下 5 个问题。

- 智能机器。机器具备智能化，就是使机器能够对感知信息进行加工（计算能力），并具备一定的通信能力。解决的方法除了增加嵌入式 M2M 硬件、对已有机器改装使其具备通信和联网能力之外，还可以利用人工智能考虑物联网机器人（陪人类下围棋）的联网能力。
- M2M 硬件及其低功耗设计。M2M 硬件进行信息的提取，从各种机器 / 设备 / 环境中获取数据，并传送到通信网络。M2M 模块要能够方便地嵌入到各种物联网终端产品中，具备低功耗，耐高温、高湿、电磁干扰等性能。其中，终端的资源受限特性，要求其功耗设计要低，这反过来要求通信网络；并成为 5G（含 4.5G）为“物”的通信新辟通道与标准的原因。
- 通信网络。通信网络要能够安全可靠地将信息传送到目的地。随着物联网技术的深入，数以亿计的非 IT 类设备加入到网络中来，各种各样的移动蜂窝网、（低功耗）广域网、（低功耗）局域网接入在整个 M2M 技术框架中起着核心的作用。
- M2M 中间件。主要的功能是完成不同通信协议之间的转换，在通信网络和应用系统间起连接作用。M2M 中间件包括两部分：M2M 网关，数据收集 / 集成部件。网关是 M2M 系统中的“翻译员”，它获取来自通信网络的数据，将数据传送给信息处理系统。主要的功能是完成不同通信协议之间的转换。数据收集 / 集成部件是为了将数据变成有价值的信息，对原始数据进行加工和处理，并将结果呈现给需要这些信息的观察者和决策者。这些中间件包括：数据分析和商业智能部件，异常情况报告和工作流程部件，数据仓库和存储部件等。
- 应用层。数据收集 / 集成部件是为了将数据变成有价值的信息，对获得的原始数据进行相应的加工和处理，为决策和控制提供依据。

M2M 这样的网络能力不单可以植入到机器，将来可以进入动物、植物甚至万事万物中，进行信息的感知和传送。对应的感知能力方面也会有很大的增强，尤其是感知层的无线传感器网络，让我们的信息收集的神经末梢更加发达。M2M 技术的最终目标，是使所有存在联网价值和意义的终端，打破人、机器、物的限制及其三者之间的隔阂，都具备联网和通信能力。最终体现为网络一切（Network Everything）的理念。

当前，M2M 作为所有增强机器设备通信和网络能力的技术的总称，既提供了设备实时数据在系统之间、远程设备之间以及与个人之间建立无线连接的简单手段，又涵盖了数据采集、远程监控、业务流程自动化等技术。M2M 的实现平台可为安全监测、自动读取停车表、维修业务、自动售货机、车队管理、工业流程优化等领域提供广泛的应用和解决方案。

M2M 技术具有非常重要的意义，有着广阔的市场和应用。移动通信网的 M2M 业务发展可以分为以下三个阶段。

初期 M2M 设施只提供信息传输通道。该阶段处于物联网业务发展初期，接入终端较少，终端围绕数据采集开展应用，服务对象主要是一些专业行业。此阶段属于小规模设备联网阶段，利用现有网络基础的闲置能力就可以满足信息传输要求，移动通信网不需要区分人与物的不同通信需求。

中期为网络增强和升级阶段。在该阶段应用得到扩展，从行业性应用扩展到个人，联网设备大为增加，当设备数量超过基于现有网络基础设施的增强能力时，移动通信网需要升级（例如 LTE-M、LTE-V 等），以满足物联网潜在的超过 300 亿接入设备数量。这一阶段将与 LPWAN 中其他能够进行物联网的广域承载模式充分竞争。

后期为充分竞争和业务百花齐放阶段。该阶段不仅在 M2M 业务中，依托各种数据监测、远程控制和信息采集等 M2M 的组合应用大量涌现；而且，在满足海量 M2M 终端大规模的人与物、物与物的应用需求中，出现新的物联网承载技术（也许会有跨平台、跨运营的虚拟专网或 M2M 中间商业务等）。而未来的应用则可能使 M2M“长出”手臂：M2M2A（M to M to Action）①。将来，M2M 技术和机器人技术融合，使传感器的可视化信息和服务协同起来，除了 M2M，还可以将结果传送给执行操作（Actuate-Action）的机器人，形成现实和虚拟融合的 M2M2A 解决方案。

目前，处在中期进程中。M2M 的通信更要建立一个统一规范的通信接口和标准化的传输内容。对于运营商来讲，需要部署自有的物联网能力平台，整合网络资源和能力，提供统一的外部接口来降低业务部署的复杂；鼓励中间件的独立、第三方发展。

4.10 后来居上的 LPWAN

随着 M2M 应用需求的指数级增长，及其 M2M 终端向社会生活的各个领域的渗透，能够承载 M2M 业务的技术阵营竞争激烈。新兴的智能城市或关于物联网的应用平台都不会拒绝一个低成本、低功耗无线网络，能够实现包括传感器在内的各种“物”的轻松接入。于是，新的 M2M 接入网络应运而生。LPWAN（Low Power Wide Area Network），即低功耗广域网络，又称低功耗网络（LPN），是一种用于低比特率的长距离通信（连接对象之间）的新型的电信网络，设计如电池驱动的传感器。专为低成本、低功耗、远距离、大量连接的物联网应用而设计。LPWAN 又可分为两类：一类是工作于未授权频谱的 LoRa、SigFox 等技术；另一

① 加贺谷丰明（日本）. 强化信息通信技术和机器人技术融合. 张炜译. 机器人技术与应用，2015：20.

类是工作于授权频谱下，例如 3GPP 支持的 2G/3G/4G 的蜂窝通信技术，以及 EC-GSM、LTE Cat-M(1)、NB-IoT 等。

4.10.1 LPWAN 的优势

在各类物联网近距离协议的争论中，我们往往拿几个指标进行对比，包括传输速率、功耗、距离、组网等，其中，Wi-Fi 高带宽和高功耗的特征，更适用于各类插电和需要高速数据传输的设备；而蓝牙和 ZigBee 更适用于电池供电或自供电的设备，包括可穿戴和大量传感器数据传输。实际上，我们要用“存在即合理”的视角来看这些指标。无论覆盖范围、功耗、组网、成本等指标怎么对比，每一种协议都在某些指标中能够与其他存在协议有着互补的关系。

1. 从覆盖范围来看

就像当前 2G/3G/4G（5G）的蜂窝网络一样，未来运营商级的低功耗广域网络将是整个城市甚至国家广覆盖的一张大网。与蓝牙和 ZigBee 相比，由于 LPWAN 广覆盖、穿透性强的特征，无处不在的网络可以让各类低功耗设备随时接入，连那些深埋在地下的管网和各种角落的计量表都可以实现覆盖和连接，因此同样可以达到蓝牙、ZigBee 等近距离环境下设备无缝互联互通的目的，且 LPWAN 也适合广域布局。但是现在，全球很多地方连 GPRS 网络还不能覆盖。

2. 从功耗角度来看

LPWAN 家族是以 Low Power 打头的，具有更低功耗；对于一些电池供电的设备来说，数年甚至十几年都无须更换电池，功耗优势是这些协议在物联网站住脚的根本（迫使一些短距离通信协议往降低功耗方向进化，如蓝牙 5.0）。当然，功耗与传输速率不可兼得，需付出超低数据带宽的代价，以 LoRaWAN 为例，该网络数据传输速率范围为 0.3 ～ 50 kb/s。不过前面说过，“最合适的才是最好的”，对于大量仅需较少数据传输量，但对功耗要求极高的穿戴设备、传感器来说，LPWAN 明显是其最佳的选择。

3. 从组网的便捷程度来看

ZigBee 组网能力较强，一个网关理论上可连接数万个设备，且可以 Mesh 组网；蓝牙 2016 技术路线（蓝牙 5.0 标准及以后）也将 Mesh 组网作为发展方向。不过，对于用户来说，在初次使用这些协议的设备时仍需要进行配置。而 LPWAN 作为广域网络，只要支持该网络协议的设备均可直接接入相应网络，无须手动配置。打个比方，就像给“物”配手机一样，开机即可接入网络。

4. 从成本来看

物联网应用中的设备因硬件本身价值有限而资源严重受限，但是，设备使用过程中所持续产生的数据，以及通过云端进行各种数据分析和挖掘的意义重大。因此各种协议的一大重要功能是要实现将采集的数据传输至云端，并将云端处理的数据反馈至设备。不过，使用不同协议的设备与云端数据上传下行的形式和效率差别很大，仅 5G 中考虑的 LPWAN 接入场景就有三种，关键是接入云端的成本差别会更大。LPWAN 物联网设备的云端接入成本（可视作接入广域网的成本）可以平摊到现有的和将来的 LPWAN 接入设备中，这是大规模 LPWAN 基础设施建成后，对于物联网设备“入网”的成本优势。打个比方，我们即使买 100 元的手机用，也不用关心移动通信网络运营商的（全国甚至全球）组网成本。而基于 NB-IoT 的 LPWAN 通信模块宣称成本将降至 5 美元以下，类似于给物联网中的“物”配个“手机”模块的成本将降至 5 美元以下。对于需要部署物联网的企业来说，选择 LPWAN 的一个重要原因就是部署的低成本。

5. 从应用场景来看

坦白地说，应用场景中的硬件选择将是“萝卜白菜，各有所爱”的，但趋势是：能够实现相同场景应用的硬件和背后的网络支撑，都会想办法使自己的“萝卜白菜”持续降低成本以提升竞争力。

在可穿戴设备应用场景中，由于随时随地移动性和功耗的考虑，优先考虑蓝牙的方案，将设备产生的数据同步到手机后上传至云端。在智能家居应用场景中，大量的低功耗传感器数据需要采集和传输，若采用 ZigBee 的方式，数据采集后需要经由 ZigBee 网关与家庭 Wi-Fi 路由器连接后上传至云端。

智能家居应用场景的另一主流是 Wi-Fi，虽然有些有“互联网思维”的模块提供商已经将 Wi-Fi 模块的价格降到了 10 元以内。

但支持 Wi-Fi 的物联网设备，和采用蓝牙或 ZigBee 两种低功耗技术同样无法实现设备数据直达云端，而需要设置中继环节才能完成。例如，使用无线 AP（无线路由器）、手机等作为网关接入广域网。对于用户来说，要通过这些低功耗方案进入广域网，不得不额外承担网关的成本。如果低功耗设备的数据无须中继直接实现云端的“进出自如”，还会简化物联网应用场景的方案设计。

6. 从工作频谱和覆盖范围来看

工作于授权频谱下，3GPP 支持的蜂窝通信技术的演进，例如 LTE-Cat1、LTE-Cat0 和 EC-GSM、LTE Cat-m1（LTE-M1）、NB-IoT（LTE-M2），在图 4-39 中用虚线表示。工作于未授权频谱的 LoRa、SigFox 等技术用实线表示。图中最下方是以 SigFox 为代表的超窄带

（UNB）技术。

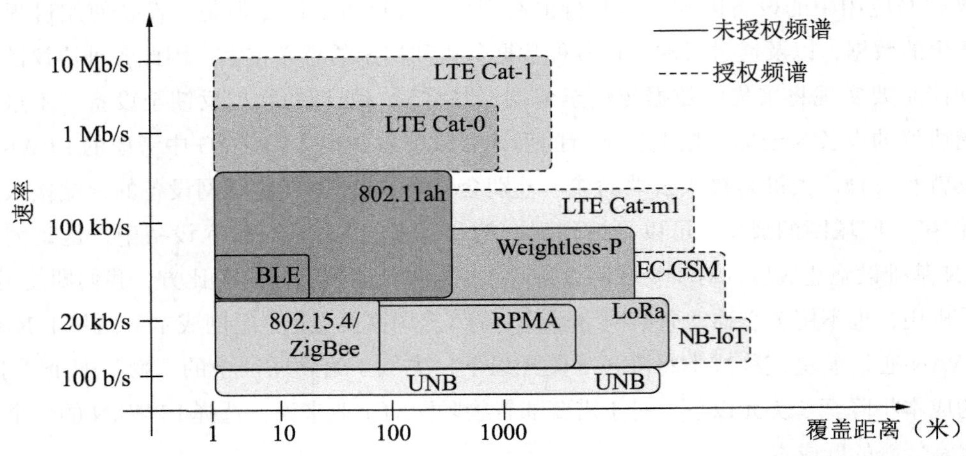

图 4-39 部分 LPWAN 的传输速率和覆盖距离示意图（来源：电子发烧友）

简言之，LPWAN 是功耗上的先发制人和广域覆盖的后起之秀。LPWAN 适合两类物联网应用：一类是位置固定的、密度相对集中的场景，如楼宇里面的智能水表、仓储管理或其他设备数据采集系统，虽然现在蜂窝网络已应用于这些领域，但信号穿透（穿墙或跨视距）能力一直是个短板；另一类是长距离的，需要电池供电的应用，如智能停车、智能开关、地质水文监测等，蜂窝网络可以应用，但无法解决高功耗问题。大部分物联网应用通常只需要传输很少量的数据，如工业生产车间中控制开关的传感器，只有当开关异常时才会产生数据，而这些设备一般耗电量很小，通过电池供电就可工作很久。

4.10.2 LoRa

2015 年起，为了抢占 LPWAN 低功耗广域物联网市场先机，产业链相关厂商纷纷成立联盟。其中之一便是 SemTech 公司主导的 LoRa 技术，LoRa 联盟于 2015 年 3 月的世界移动通信大会上成立，联盟成员包括跨国电信运营商、设备制造商、系统集成商、传感器厂商、芯片厂商和创新创业企业等。LoRa 可应用于能源、汽车、物流、农业、商业和制造产业等诸多垂直行业，这些产业资源也是未来 LoRa 联盟发展的成员。随后，中国成立了 LoRa 应用联盟（China LoRa Application Alliance，CLAA）。

作为全球首个低功耗广域领域的产业联盟 LoRa 联盟，成员数量包括思科、IBM 等设备和咨询厂商，法国 Orange 电信（原法国电信）和布依格电信、韩国 SK 电信、瑞士电信、荷兰皇家电信等运营商，SemTech 等芯片厂商以及众多云服务、应用厂商，也构成了基于 LoRa 技术的 LPWAN 的完整生态系统。在电信运营商的支持下，LoRa 也正成为搭建运营商级低功耗广域公网的核心技术之一。

LoRa 联盟推出了完全支持蜂窝物联网应用的 LoRaWAN(Long Range Wide Area Network) 通信协议。该通信协议能够很好地处理节点漫游、基站容量管理、节点鉴权等蜂窝技术的要求，而且因为其使用未授权频谱的开放技术标准，全球大量的研发型公司参与其中不断更新修正完善 LoRaWAN 通信协议，使得该通信协议有着自我修复不断进化的能力，进而逐渐展现出强大的生命力。LoRaWAN 支持模块生产商将模块接入第三方符合 LoRaWAN 标准的基站，进而提升了厂商之间合作的可能性，也让 LoRa 联盟的商业价值凸显。目前，LoRa 的竞争技术包括 NB-IoT 等。

法国的 Orange 电信于 2016 年 9 月宣布计划在其国内市场部署 LoRaWAN，并已经在格勒诺布尔和巴黎进行了网络实验，向初创公司提供了一个“连接对象套件”帮助他们开发 LoRaWAN 原型设备。根据 Orange 的“要素 2020 计划”，Orange 的目标是到 2018 年通过物联网和 M2M 服务产生 6 亿欧元的收入。

LoRa 无线技术的主要特点如下。

- 长距离：2 ～ 15 km（市区内典型距离为 2 ～ 5 km）。
- 节点数：万级，甚至百万级。
- 电池寿命：3 ～ 10 年。
- 数据速率：0.3 ～ 50kb/s（欧洲）。

网络铺设所使用的频谱资源无须许可。与传统的移动网络不同的是，LoRaWAN 属于混合网络，私人和公共网络均可使用。显然，LoRa 意图提供一种技术，让公司根据自身的业务在全球范围内具有自己组成物联网的能力。

4.10.3　SigFox

SigFox 也是商用化速度较快的一个 LPWAN 技术，它采用超窄带技术，使得网络设备消耗 50μW 到 100μW。相比较而言，移动电话通信则需要约 5000μW。这就意味着，接入 SigFox 网络的设备每条消息最大的长度大约为 12B，并且每天每个设备所能发送的消息不能超过 140 条。覆盖范围上，SigFox 力图网络可以覆盖至 1000km，且每个基站能够处理一百万个对象。

这一协议由 SigFox 公司拥有，其创始人是法国企业家 Ludovic Le Moan，主要打造低功耗、低成本的无线物联网专用网络。

2016 年 2 月，SigFox 开始在捷克建网，该项目称为 SimpleCell。经过一个半月的部署，其网络覆盖的城市和直辖市已经超过 3300 个，超过了原计划要覆盖 6245 个地点的一半。

2016 年 4 月，SigFox 携手 Thinxtra 在澳大利亚和新西兰部署物联网网络，从而为成千上万待联网的传感器提供全球性、效益高、节能的通信解决方案。通过本次合作 SigFox 也将部署全球网络的触角伸到了到亚太地区，为该公司在亚太地区部署自己的网络树立了一块里程碑，标志着该公司 2016 年在 30 多个国家推出服务跨出了重要的一步。

SigFox 与模块制造商、设备制造商、芯片制造商、物联网平台提供商等产业链上的众多企业都建立了合作关系，例如，在与芯科实验室的合作中，将该实验室的 EZRadioPRO 无线收发器和 UNB 技术相结合；在 Atmel 远程物联网连接领域也开展了合作，通过了 SigFoxReadyTM 认证的 ATA8520 器件，是首款通过该认证的片上系统（SoC）解决方案。

目前商用化较为迅速的除了 SigFox 和 LoRa 两种 LPWAN 技术，还有以 NB-IoT（LTE-M2）为代表的蜂窝“新秀”，也在不断研发和商用化过程中。无论是 LTE-M1（LTE Cat-M1）、LTE-M2，还是 3GPP 都想把为人提供移动接入的优势，完美地延伸到为“物”服务。

4.10.4 NB-IoT

基于蜂窝的窄带物联网（Narrow Band Internet of Things，NB-IoT）于 2016 年 6 月 16 日召开的 3GPP RAN 全会第 72 次会议中获得了 RAN 全会批准。作为 3GPP R13 的一项重要课题，NB-IoT 对应的 3GPP 相关内容正式宣告了这项受无线产业广泛支持的 NB-IoT 标准核心协议全部完成。NB-IoT 成为万物互联网络的一个重要分支，并于 2017 年步入商用元年。NB-IoT 的蜂窝应用场景见图 4-40[①]。

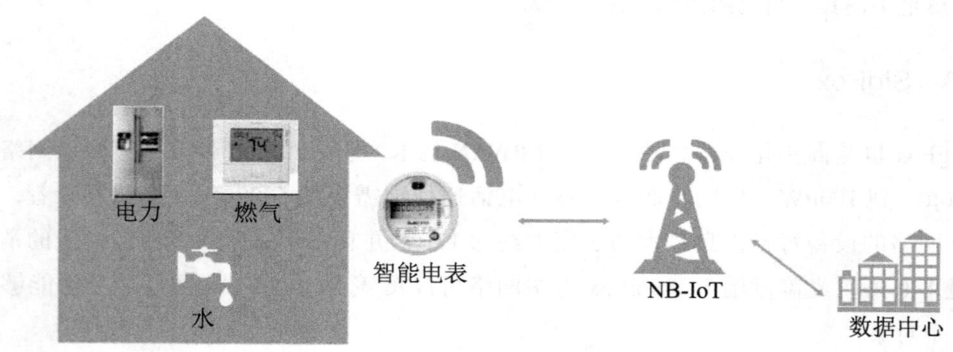

图 4-40 NB-IoT 的蜂窝应用场景示意图

① NarrowBand IoT, Wide Range of Opportunities. http://www.huawei.com/en/mwc2016/summit/global-nb-iot/narrowband-iot-wide-range-of-opportunities#.

3GPP R13 中有关于 M2M 的技术改进与革新，想保持其为网络运营商从物联网中持续获取利益的能力。

1. NB-IoT 及其 3GPP 的伙伴们

在 2015 年美国凤凰城 3GPP 大会上推出的 NB-IoT（Narrow Band-IoT）方案获得大会批准，成为主流蜂窝物联网技术方案。该方案最大限度地利用了现有 LTE 技术的系统设计，同时达到了低成本、低功耗、深覆盖的终端要求。运营商可以实现快速蜂窝物联网的部署。该方案同时可以实现带内、带外和保护带部署的多种要求。如前所述，R13 阶段开始，3GPP 主要有三种标准：LTE-M（1）、EC-GSM 和 NB-IoT，分别基于 LTE 演进、GSM 演进和 Clean Slate 技术。显然都是蜂窝 M2M。

1）LTE-M

LTE-M 即 LTE-Machine-to-Machine，是基于 LTE 演进的物联网技术，在 R12 中叫 Low-Cost MTC，在 R13 中被称为 LTE enhanced MTC（eMTC），旨在基于现有的 LTE 载波满足物联网设备需求。为了与 NB-IoT（LTE-M2）区分，也称 LTE-M1 或 LTE Cat-M1。LTE-M1 引入了两个低功耗子方案：LTE-EDRX(discontinuous reception) 和 LTE-PSM。

eMTC（LTE-M1）是适用于 LTE 网络的物联网技术，其传输速率可达到 1Mb/s。eMTC 在价格、覆盖、自动运行期限以及与现有 LTE 移动基础设施兼容性等指标上略具优势，eMTC 网络可在现有 LTE 网络基础上通过更新软件的方式进行建设。

2）EC-GSM

EC-GSM 即扩展覆盖 GSM 技术（Extended Coverage-GSM）。EC-GSM 是一项基于 GSM/GPRS/EDGE 基础的技术，可使这一制式下大部分已安装的基站无须更换或升级硬件设备，其优势在于移动基础设施已经就绪，大部分情况下只需要更新在网络节点上的软件，同时，GSM 网络遍布全球，拥有最大的覆盖面。

随着各种 LPWAN 技术的兴起，传统 GSM/GPRS/EDGE 应用于物联网的劣势逐渐凸显。2014 年 3 月，3GPP GERAN #62 会议“Cellular System Support for Ultra Low Complexity and Low Throughput Internet of Things”研究项目提出，将窄带（200kHz）物联网技术迁移到 GSM 上，以降低功耗为目标，寻求比传统 GPRS 高 20dB 的更广的覆盖范围。其余目标有：提升室内覆盖性能、支持大规模设备连接、减小设备复杂性、减小时延。GERAN[①]由 3GPP 主导，主要制定 GSM 标准。如 M2M 一节所述，早期的蜂窝物联网技术是基于 GSM 的，所

① GERAN（GSM EDGE Radio Access Network）是 GSM/EDGE 无线通信网络（Radio Access Network）的英文缩写。2015 年，3GPP 的 TSG GERAN #67 会议报告表示，EC-GSM 已满足文中 5 大目标。

以一些物联网立项都是 GERAN 进行的。EC-GSM 参数见表 4-8，但是其中只列出了 NB-LTE，后来被融入 NB-IoT。

表 4-8　EC-GSM 参数对比（来源：电子发烧友）

	LTE 演进	窄带解决方案		新一代
	LTE-M Rel-13	NB-LTE Rel-13	EC-GSM Rel-13	5G
范围（室外）	<11km	<15km	<15km	<15km
MCL	156dB	164dB	164dB	164dB
频谱	许可（7～900MHz）	许可（7～900MHz）	许可（8～900MHz）	许可（7～900MHz）
带宽	1.4MHz 或共享	200kHz 或共享	2.4MHz 或共享	共享
数据率	<1Mb/s	<150kb/s	10kb/s	<1Mb/s
电池寿命	>10 年	>10 年	>10 年	>10 年
有效年份	2016	2015	2016	2016

NB-IoT 技术并不基于 GSM，是一种 Clean-Slate 方案，因此，蜂窝物联网的工作内容转移至 RAN 组。

2. NB-IoT 与 NB-CIoT

2015 年 8 月，3GPP RAN 开始立项研究窄带无线接入全新的空口技术，称为 Clean-Slate 的蜂窝物联网（Cellular Internet of Thing，CIoT），这一方案覆盖了 NB-CIoT。NB-CIoT 是由华为等联合提出，而 NB-LTE 是由爱立信、诺基亚等厂家提出。

NB-CIoT 提出了全新的空口技术，相对来说在现有 LTE 网络上改动较大，但 NB-CIoT 是提出的 6 大 Clean Slate 技术中，唯一一个满足在 TSG GERAN #67 会议中提出的 5 大目标（提升室内覆盖性能、支持大规模设备连接、减小设备复杂性、减小功耗和时延）的蜂窝物联网技术，特别是 NB-CIoT 的通信模块成本低于 GSM 模块和 NB-LTE 模块。NB-LTE 更倾向于与现有 LTE 兼容，其主要优势在于容易部署。

在 2015 年 9 月的 RAN #69 会议上，NB-IoT 可认为是 NB-CIoT 和 NB-LTE 的融合。3GPP 在 R11/R12 中也有如“M2M 技术”一节中 MTC 相关增强技术，但其基本做法是在既有 LTE 技术与架构上进行优化，并非针对物联网特性进行全新的设计。相对于 MTC 技术优化的做法，R13 关于蜂窝物联网（CIoT）技术项目建议针对物联网特性全新设计，不一定要相容于既有的 LTE 技术框架。这就应验了“物联网寻求最适于自身发展的承载网络的脚步，永远不会停”这句话。

2016 年 6 月，R13 的 NB-IoT 标准冻结，如图 4-41 所示。

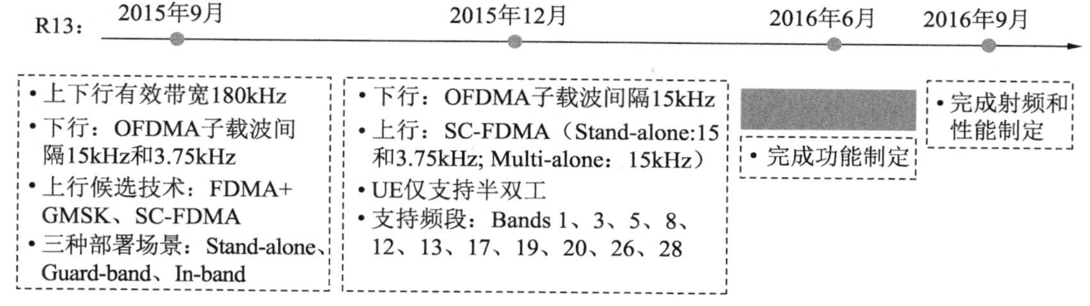

图 4-41　NB-IoT 标准化进展①

3. NB-IoT 的优与劣

NB-IoT 的网络覆盖能力优势突出。例如，在现代化工厂中，关键设备和仪器仪表等的物联网通信需求既可以直达蜂窝网，还可以通过 NB-IoT 配合工厂现有的光纤网络、宽带网络等实现无缝覆盖。此外，大容量、设备低功耗、低成本等优势，使其可以广泛应用于多种垂直行业：远程抄表、资产跟踪、智能停车、智慧农业等。终端成本方面，可见图 4-42，华为在其白皮书 *Narrow Band-IoT Wide Range of Opportunities* 中给出了设备成本分析图。

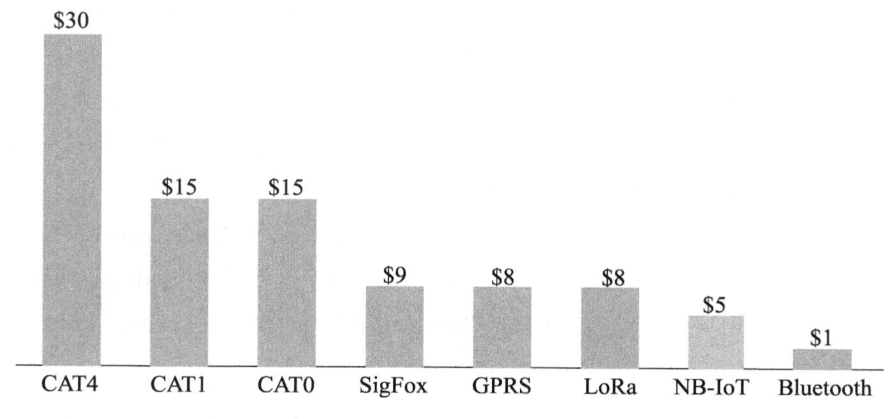

图 4-42　物联网终端设备价格分析（来源：华为）

虽然支持 NB-IoT 技术需要建设新类型的接收器，但 NB-IoT 可提供许多重要的优势，包括支持超过 10 万个连接，设备电池寿命可长达 10 年，在 GSM 网络中的广域覆盖比现有

① 邢宇龙，张力方，胡云．移动蜂窝物联网演进方案研究．邮电设计技术，2016.

的网络增益 20dB，通过相互验证和增强的加密接口提高安全性，为运营商的物联网应用提供稳定条件。

而将在本书最后一章讨论的关于物联网网络层安全部分，其中的 SLA（服务水平协议）等需要网络运营商考虑的安全技术与策略，需要为 NB-IoT 等上述三种基于移动蜂窝中的物联网数据安全与隐私保护，思考能够提前规划的数据安全保障。

如表 4-9 所示，Cat-M1 的峰值速率比较高，是优点还是缺点，要根据应用场景来定；一般来讲，更高的传输速率将拥有更丰富的应用场景。在对移动性的支持上，Cat-M1 要比 NB-IoT 好。LTE-M1 还能适应对能耗要求极其高的场景。

表 4-9　CAT-M1 和 NB-IoT 技术参数比对

参数	CAT-M1	NB-IoT（CAT-M2）
带宽	1.4MHz	200kHz
部署方式	带内	带内、保护带、独立（GSM 带）
双工模式	HD-FDD/FDD/TDD	HD-FDD
峰值速率	375kb/s (HD-FDD)、1Mb/s (FDD)	大约 50kb/s（HD-FDD），3GPP 还未确定
上行最大发射功率	23dBm，20dBm	23dBm，低发射功率还在讨论中
是否支持 VoLTE	将要支持	不支持（也不需要）
移动性	小于 120km/h 的连接态切换	小于 30km/h 的连接态切换

网络部署中，如“NB-IoT 部署”一节所示，NB-IoT 并非 LTE 的一部分，因此需要使用不同的软件并使其在 LTE 频带中运行，这会增加运营商的成本；因为目前大部分支持 LTE 的运营商并不打算缩减分配给 LTE 手机的资源模块。好在还有部署于即将淘汰的 GSM 频段这另一选择。因此，NB-IoT 的部署问题目前仍存阻碍。

前端模块（模拟信号数字转换器）的复杂度可能比想象中更高，NB-IoT 若采用 GSM 200kHz 的频段进行部署，由于该频段并没有被广泛使用，这意味着 modem 前端和天线会变得比想象中复杂，存在一定风险。NB-IoT 的应用可能会存在因专利 license 授权而产生的费用问题。

对于运营商而言，在 LTE 网络基础建设完善（大量资金投入）的运营商会更倾向于使用 LTE-M1（eMTC），例如美国的 Verizon 和 AT&T；而对于已存在大量 GSM 网络基建和较少 LTE 网络的地区会更加倾向于采用 NB-IoT，像美国的 T-Mobile 和 Sprint 会更愿意在已有的 GSM 网络上部署 NB-IoT。两者连同 EC-GSM、LoRa 和 UNB 的技术参数见表 4-10。

表 4-10　三种蜂窝物联网和 LoRa、UNB 的技术参数

	NB-IoT	eMTC	EC-GSM	LoRa（SemTech）	UNB（SigFox）
频谱范围	LTE 与 2G	LTE	2G	未许可 433/868MHz	未许可 902MHz
调制解调	pi/4 QPSK pi/2 BPSK	QPSK QAM	GMSK	啁啾扩频	FSK
数据速率	65kb/s	375kb/s	70kb/s	100kb/s	100kb/s
射频带宽	200kHz	1.08MHz	200kHz	125 ～ 500kHz	100kHz
发射功率	23dBm	20dBm 或 23dBm	23dBm 或 33dBm	14dBm	14dBm
网络建设	几乎 S/W 提升	S/W 提升	几乎 S/W 提升	全新	全新
覆盖范围	164dB ～ 15km	163dB ～ 15km	164dB ～ 15km	157dB ～ 10km	16dB EU ～ 12km

物联网的芯片制造商、硬件提供商和网络服务提供商，在决定选择哪个 IoT 标准时都显得非常谨慎，因为很多无线标准都提出了相应的 IoT 技术，例如，4.10.5 节中的 802.11ah 低功耗 Wi-Fi 协议。

4.10.5　LPWAN 标准全景

LPWAN 的低数据传输速率，使其设备功耗极低，电池供电可以支撑数年甚至十多年。LPWAN 将补足物联网网络层通信的重大短板。蜂窝物联网中以 LTE-M1（LTE-Cat.m1）为代表，低功耗 Wi-Fi 协议与部分 LPWAN 标准的参数对比如表 4-11 所示。

表中除了耳熟能详的 LoRa、SigFox、LTE-M1 外，这一领域也是多家争鸣的状态，接下来简单介绍 Weightless、Ingenu RPMA、NWave、Platanus、Telensa 等。

1. Weightless

如表 4-11 所示，Weightless 实际上包括三个协议：Weightless-W、Weightless-N 和 Weightless-P。初始协议是 Weightless-W，它是为充分利用广电白频谱（TVWS），但全球并未着眼于开发空白频谱的可用性，因此该协议一直被搁置直到频道可用的时候。另一协议 Weightless-N 作为 Weightless-W 的补充，是一个非授权频谱下的窄带网络协议，源于 NWave 技术，2016 年 5 月发布，瞄准在高达 7km 的距离内以低速率为物联网设备到基站提供低成本的单向通信。Weightless 特别兴趣小组（SIG）之前即针对 Weightless-N 标准展开一连串制定工作，目前已公布 Weightless 1.0 版架构，是以低功耗、大范围网络覆盖为目标基础所制定的，使用 Sub-GHz 频谱和超窄频段（Ultra Narrow Band）技术，以期能满足更多物联网应用。

表 4-11　LPWA 网络协议[①]

标准名称	Weightless			SigFox	LoRaWAN	LTE-Cat M1	IEEE P802.11ah (LP -Wi-Fi)	Dash7 Alliance Protocol 1.0	Ingenu RPMA	nWave
	–W	–N	–P							
频宽	TVwhite pace（400 ~ 800 MHz）	Sub-GHz	Sub-GHz ISM	868MHz/ 902MHz ISM	433/868/780/915MHz ISM	蜂窝	低于 1 GHz 的频段可免费使用，除了广电白频谱	433/868/ 915MHz ISM/ SRD	2.4GHz ISM	Sub-GHz ISM
信道宽度	5MHz	超窄带（200Hz）	12.5kHz	超窄带	EU：8 × 125 kHz US：64 × 125 kHz/8 × 125kHz Modulation: Chirp Spread Spectrum	1.4 MHz	1/2/4/8/16 MHz	25 kHz 或 200 kHz	1MHz (40 信道可用)	超窄带
范围	5km（城市）	3km（城市）	2km（城市）	30 ~ 50km(农村)，3 ~ 10km（城市），1000 km LoS	2 ~ 5km（城市），15km(农村)	2.5 ~ 5km	最大 1km（室外）	0 ~ 5km	>500 km LoS	10km（城市），20 ~ 30km（农村）
端节点传输功率	17dBm	17dBm	17 dBm	10 μW ~ 100 mW	EU：<+ 14 dBm US：<+ 27 dBm	100mW	取决于当地规定（1mW ~ 1W）	取决于 FCC/ ETSI 规则	最高 20dBm	25 ~ 100mW
包大小	最小 10B	最高 20B	最小 10B	12B	由用户定义	约 100 ~ 1000 B 典型值	最高 7991 B（没有汇聚），最高 65 535 B（汇聚）	最大 256 B	可变（6 B ~ 10 kB）	12 B 报头，2 ~ 20 B 载荷

① Ovidiu Vermesan, Peter Friess. Digitising the Industry Internet of Things Connecting the Physical, Digital and Virtual Worlds. RIVER PUBLISHERS SERIES IN COMMUNICATIONS, 2016, 49：89-92.

续表

标准名称	Weightless			SigFox	LoRaWAN	LTE-Cat M1	IEEE P802.11ah (LP -Wi-Fi)	Dash7 Alliance Protocol 1.0	Ingenu RPMA	nWave
	–W	–N	–P							
上行数据速率	1kb/s ～ 10Mb/s	100b/s	200b/s 到每天 140 条消息	欧盟：300b/s 到 50kb/s 美国：900 ～ 1000kb/s	约 200kb/s	150kb/s ～ 346.666Mb/s	9.6kb/s、55.55kb/s 或 166.667kb/s	每个选择器的 AP 汇聚到 156kb/s		
每个访问点的设备	无限	无限	无限	100 万个	上行：>1 下行：小于 10 万个	超过 2 万个	8191 个	NA（无连接）	每个选择器最大 384 000 个	100 万个
拓扑	星状	星状	星状	星状	星状上的星状	星状	星状、树状	节点互联、星状、树状	典型星状，通过 RPMA 扩展器支持树状	星状
允许终端节点漫游	是	是	是	是	是	是	通过 IEEE 802.11a 修改后允许（例如 IEEE 802.11r）	是	是	是
Governing Body	Weightless SIG			SigFox	LoRa Alliance	3GPP	IEEE 802.11 working group	Dash7 Alliance	Ingenu (OnRamp)	Weightless SIG

但还有一系列的应用需要双向通信，以便确认信息接收、软件更新等，它们需要比 Weightless-N 更高的速率。于是第三个协议 Weightless-P 应运而生，正瞄准了这些市场需求近期，这一协议是基于 M2COMM 公司的 Platanus 技术。根据 Weightless SIG 介绍，Weightless-P 将利用窄频通道以及 12.5kHz 通道的 FDMA+TDMA 调变，作业于免授权的 Sub-GHz ISM 频段。物联网设备与基站的通信将可实现时间同步，从而管理无线电资源与处理交换机制以实现装置漫游，可用的通信速率能够根据链路品质与所取得的资源，在 200b/s ～ 100kb/s 之间调整。

Weightless 作为开放的协议，并允许开发者使用特定供应商或网络服务供应商的资源，每家公司都能免费利用 Weightless 技术发展低成本的基站和终端设备，因此成为继 LoRa 和 SigFox 之后具有商业化前景的技术。

2. Ingenu RPMA

RPMA[①]（Random Phase Multiple Access，随机相位多址接入）是美国 Ingenu（原 OnRamp）公司自有的低功耗广域网协议，其通信系统的多址接入采用直接序列扩频技术（DSSS）。该公司以授权方式让合作伙伴使用该技术。RPMA 工作于 2.4 GHz 频段，是全球范围内免费使用的 ISM 频段；该公司宣称在一些方面（例如上行速率 624 kb/s）优于 SigFox。该技术既可以组建公用的机器通信网络，还可以通过专用网络服务多种垂直的机器通信市场。

3. NWave

NWave 技术公司自己拥有该协议的所有权，该协议是 Weightless-N 协议的基础。它以虚拟化 Hub 的方式实现多数据流传输，中央处理器对数据进行分类确保数据归属性。2015 年 7 月，Nwave 技术公司和企业加速器组织 Accelerace 与 Next Step City 携手合作，在丹麦部署 Weightless-N 网络，范围遍及首都哥本哈根，以及南丹麦能源产业重镇埃斯比约，这一网络即采用 NWave 协议搭建。此网络是首次的公共网络建设行动，是极具开创性的里程碑，为丹麦物联网和智慧城市建设提供了网络基础。

4. Platanus

这一协议是由云创科技（M2COMM）所拥有，是为处理一定距离下超高密度节点而设计的，它可以广泛用于电子标签类应用中，这一协议也成为 Weightless-P 技术的基础。Platanus 原始技术瞄准在 100m 左右中等范围，为物联网数位价格标签提供室内覆盖。这些数位价格标签采用电子墨水（e-ink）或 LCD 显示器，能够取代商店货架上的纸类价格标签，让商店得

① Ingenu 公司之前名称是 OnRamp Wireless 公司，见 https://en.wikipedia.org/wiki/Random_phase_multiple_access.

以通过无线方式调整产品价格。Platanus 技术的其他主动式应用还包括工厂中的生产批次的资讯显示器，提供包括即时状态与待处理的下一个步骤等资讯。由于这是一种双向的通信，这些显示器还能整合感测器，监测货品的环境状况。

5. Telensa

Telensa（原 Senaptic）公司是一家无线监控系统供应商，将其智能无线技术应用于医疗、安全、车辆跟踪和智能计量等市场，特别关注于街道照明和停车的远程控制和管理。其掌握的低功耗无线通信技术仅开放用户界面，协议本身并不开放，该公司认为自己在应用层具有差异化的优势，而不是在底层协议层上。

根据 Analysys Mason 的研究，仅 LPWAN 技术，到 2023 年前就可以为全球增加 30 亿的联网数量。这些 LPWAN 的商用化进程中互相之间的取长补短，能够避免拿一个协议的优点和其余协议的缺点相比较。例如，与蜂窝物联网相比较，SigFox 的传输距离在复杂的城市环境中可以达到 3km 以上，空旷地域甚至高达 15km 以上，且穿透性较强，很多恶劣环境下也有信号；支持窄带数据传输。

随着科学技术的发展，越来越多的设备具有了通信和联网能力，网络一切（Network Everything）逐步变为现实。物联网低功耗各阵营之争也正如火如荼。有众多锁定物联网应用的 LPWAN 技术崛起，包括上述 SigFox、LoRa、Weightless、Igenu 等，目标都是在成本与功耗方面与蜂窝式物联网技术竞争。

4.11 卫星通信与空间物联网

用卫星承载物联网也许看起来“高大上”，承载成本暂时有点儿高，但是我国北斗 BDS 系统的短信（短报文通信）功能用于物联网，具体地说，是卫星定位、导航、短报文在船联网方面的应用，已经先行一步。在内河航运服务支持（智慧航道）、船联网智能管理、船联网硬件终端及嵌入式系统①的应用中，安全监控与应急救助②等方面走向实用化。

在基于北斗地基增强的物联网应用方面，四川成都的一套基于北斗的物联网的地震灾情速报系统得到实施应用。该系统可以在地震发生后快速报告地震的强烈度及分布情况。依靠北斗地基增强物联网，救助人员可以在震区快速地实施救助工作③。

---

① 宁武. 船联网北斗卫星导航监测终端研发. 企业科技与发展，2015，24.

② 赵嵘，方贵庆. 北斗船联网在福建海洋渔业的应用. ITS 智能交通杂志，2014，6. http://www.cn-its.com.cn/beidou/201408/35388.html.

③ 杨刚，胡跃虎，耿永超，等. 北斗地基增强物联网价值研究以及在社区商圈建设中的应用. 第六届中国卫星导航学术年会，2015.

据《科技日报》[①]2017 年 1 月 12 日消息，随着行云实验一号卫星成功发射入轨，中国航天科工启动“行云工程”技术验证，预计 2020 年实现全球物联网信息共享。“行云实验一号”是航天科工集团行云工程的首颗实验验证星。卫星平台基于标准 2U 立方星进行创新设计，有效载荷为 L 频段短报文通信设备。该星于 2017 年 1 月 9 日由快舟一号甲运载火箭在酒泉卫星发射中心发射，在轨期间将主要验证 L 频段短报文通信、基于任务的电源管理等多项关键技术。

“行云工程”属于商业航天系列工程之一，旨在建立我国首个低轨窄带卫星通信星座系统。依据整体规划，星座包括 56 颗低轨卫星，采用“星地微波通信 + 星间激光通信”技术方案，实现全球范围内物联网信息的无缝获取、传输与共享，同时构建包括云计算、大数据等服务的信息生态系统。该工程计划于 2020 年前后全面建成，随后投入常态化运营，其应用领域包括野外数据采集、物流运输、安全监测、救灾应急等。

4.11.1 太空互联网

而当互联网都部署在太空时，卫星承载物联网可能会成为承载方式的另一选择[②]。毕竟其优势很明显，在能够定位的地方实现上行 / 下行通信，就能够接入物联网，同时位置感测（包括时刻）相当精确。基于位置的物联网服务发现本身有其天然优势。据称，俄罗斯正计划构建太空互联网[③]（Orbital Internet)，目的是支持航天器之间的联络，保障俄偏远地区的通信，实现在地球上任何地点都能对航天器进行控制。据悉，这一项目已经得到俄政府有关部门的批准。太空互联网将由 48 颗卫星组成。每颗卫星重 200 ～ 250kg，所有的卫星都将在高度为 1500kg 的低轨道运行。据初步估算，整个太空互联网项目的建设需花费 200 亿卢布。

规划中的太空互联网，可为全球提供语音通话、宽带上网、视频会议等服务。届时无论在地面上还是飞机上，在航船上或是太空中，任何地方都可以登录互联网。俄罗斯“格洛纳斯”全球卫星导航系统总设计师乌尔利奇奇强调，太空互联网尤其适用于灾区通信、与各海域船只保持联络、危险货物运输监控等方面，其优点在于不会完全依托地球上的某处设施，即使地面发生严重灾难或其他意外，该互联网仍会稳定运行。

与俄罗斯正在计划构建太空互联网的进程相比，美国的步伐似乎更快一些。美国思科公

---

① 航天科工启动“行云工程”技术验证：2020 年实现全球物联网信息共享．科技日报，2017，1.

② 这是作者在《军事物联网的关键技术》中经过分析得出的结论。

③ http://baike.baidu.com/link?url=tS22uJGRNK6TNBsC2NXVZ_mFm-hfKGXwMYYp_3EgKs3xywg9Ht7uid0pAPNRc9hO8imza5DlQH2ikU-Ina6nQM3MZTUVtORxWi-ggzrpj9h6sMp2HdAIqaDqODkVHSFvonXkBfCMa_GW2R1WH3LB5_.

司 2015 年 12 月月初公布了最新太空互联网路由器实验结果。在该实验中，地面人员成功对一颗在轨商业卫星上的互联网协议路由器进行了首次软件升级。此外，思科公司在没有利用任何地面基础设施路由器的情况下，完成了首次网络电话通话。

太空互联网路由器是美国思科变革卫星网络计划的一部分。这个计划包括思科 18400 太空路由器、一个用于卫星和相关航天器的耐辐射网络电话路由器。2010 年 10 月，思科公司成功演示验证了太空互联网路由器多项服务，例如，可将信息在一次传送中同时发给一组目标计算机的多点传送服务。

多年以来，美国一直加紧研制太空互联网。2008 年 11 月，美国宇航局公布其下属喷气推进实验室成功完成太空互联网的首轮测试。这种深空通信网络采用的是一种名为"容断网"的新型网络技术。利用这一网络，喷气推进实验室的项目专家在为期一个月的测试中，成功与距离地球 32 万千米的一个太空探测器实现了数十张太空图像的往返传输。整个网络共设置 10 个节点，其中一个为太空中的探测器，其他 9 个位于地面，模拟数据传输过程中的各个要害点。

下面让我们看看马斯克（Elon Musk）要在太空干什么。2016 年 11 月，马斯克提交给 FCC 的则是一份正式的关于"SpaceX[①]"的商业申请（见图 4-43）。

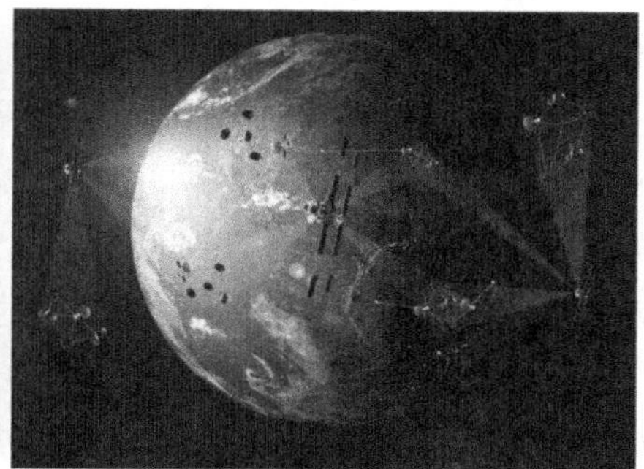

图 4-43　SpaceX 的构想示意图（来源：SpaceX（Flickr/ SpaceXCC））

SpaceX 计划首先向一个轨道高度发射 1600 颗卫星，然后再发射 2825 颗卫星并将它们安置在不同轨道高度的 4 个壳层中。首批 800 颗卫星上天后，SpaceX 就能提供覆盖全美和全球的宽带服务。一旦经过最终部署的彻底优化，这个系统就能为全美和全球消费者和商业用户提供高带宽（最高每用户 1Gb/s）、低延时（25 ～ 35ms）的宽带服务。

---

① SpaceX just took another step toward delivering superfast Internet from space. Washington Post: https://www.washingtonpost.com/amphtml/news/the-switch/wp/2016/11/17/spacex-just-asked-to-test-its-orbital-internet-service-made-up-of-4400-satellites/.

4.11.2 Helios 计划

基于卫星的 LPWAN 并没有仅停留在想象中。温哥华的 Helios Wire 计划将 30 颗卫星发射到太空中[①]，计划空降 LPWAN 领域。如果成功，其带宽足以监测地球上 50 亿个传感器，并可能打乱物联网的接入成本。

Helios（意译为太阳神）的目标是现有的和即将出现的物联网和机器类 M2M 应用，包括监测、交通、消费、物流、固定和移动资产控制、安全、公共安全、能源、工业、农业。2020 年前，以低成本赢得额外的 240 亿物联网设备应用[②]，并将在未来 5 年的物联网解决方案中投入近六万亿美元。地面网络将会与低轨道卫星混合组网，为物联网提供支持，并能够使混合数据集更有利于信息的产生和分析，使 Insight-as-a-Service（可视即服务）变得可操作。

计划中的 Helios 网络将使用 30 MHz 的 S 波段频谱，用其卫星接收来自数十亿个地球传感器的微小数据包，然后将数据传回地面。S 波段频谱非常适合短数据，它将允许卫星物联网连接大量的设备。

该系统特别适合于监测偏远或远距离移动的物体，由于前两颗卫星每天只能接收和中继三次数据，因此需要更频繁的数据传送的场景，例如车辆监控和物流，将不得不等待其数据传送频率的提高。

如果说太空互联网项目是提供基于互联网的卫星网络服务，那么，Helios 是从天而降地瞄准物联网，其优势在于卫星提供的物联网网络支持，具有天生的广覆盖优势：适用于监测偏远或远距离移动的物体；30MHz 的 S 波段频谱的使用，适合短数据[③]——低带宽、低功耗；近五十亿个传送器迎合了未来物联网的大规模接入。

卫星物联网将很可能成为未来低功耗广域网的一种竞争性方案。全球电信巨头沃达丰宣布与人造卫星供应商 Inmarsat（国际海事卫星组织）就全球卫星连接达成合作，这一举措将进一步推进物联网的发展。Inmarsat I-4 卫星网络提供了覆盖所有天气条件的长波段。这意味着固话和移动连接将从地面网延伸至各行各业，以适应农业、公共事业、石油天然气、运输等各行业的需求。

更具想象力的是，卫星物联网能够将物联网推广到其他星球，在地球上指挥其他星球的陆地探索。

---

① LPWAN 方案商是否该为卫星物联网感到惊慌失措？. 物联网智库，2016. http://www.50cnnet.com/show-29-125162-1.html.

② 雅虎新闻，http://finance.yahoo.com/news/helios-wire-launch-satellite-enabled-113000775.html.

③ 北斗 BDS 系统支持短报文服务，此点优于 GPS。

4.11.3　前景展望

天人本是一体，不要把梦想束缚在自己的星球。仰望星空，把智慧地球延伸到“智慧太空（Smart Space or Universe）”。更何况人类已经有登陆火星的时间表。向宇宙远端（包含时间维度）的探索能否给量子物理学家以更加微观的启示[①]，不得而知。

为了和现有的 LPWAN（NB-IoT、LoRa 等）进行差异化竞争，卫星物联网有如下趋势。

1. 混合式布网

卫星物联网是一种物联网网络层承载方式，需要能够中转数据的网关，把感知层获取的数据接入网络层。规模化应用就要考虑地基增强[②]网络部署，可以描述成天网——卫星网，及地网——地基增强网合二为一作为物联网网络层承载。至于卫星信号差的室内或某些场合，是感知层的无线网络发挥优势的地方。

2. 融合式发展

物联网生态正在应用中形成，未来卫星物联网的应用场景谁都不能低估。建议开展民用卫星物联网探索，向沃尔玛学习，鼓励企业放卫星；鼓励卫星产业与物联网产业融合，军民融合，民企国企齐心协力，构建面向未来的物联网。

3. 变革式创新

国际规则规定，卫星频率和轨道资源是“先申报就可优先使用”的申请制，并且在登记后的 7 年内，如果没有发射卫星启用所申报的资源，申报将自动失效。抢占卫星频率 / 轨道资源，争夺太空优势，已成为当今世界卫星发展领域的热点之一。也就是说，所有关于卫星物联网的想法是存在先来先到的竞争原则。

如果想在地球的这一端，实时控制地球另一端的无人机，卫星物联网是目前来看很好的选择。只不过率先行动的创新将制约后来创新将用到的空间资源。卫星物联网的应用场景不能仅局限于地球，如果想控制火星上的无人车，怎么办？未来物联网应用场景的设想需要一种变革式创新思维。马斯克[③]关于“元问题”的思考不仅把问题看得深入本质，还引导他在物联网时代瞄准太空。

---

① 写此句时让作者想起英国著名科学家斯蒂芬·霍金教授的“哲学已死”的想法。在其《大设计》中，向世人宣称“哲学已死”——哲学未能跟上现代科学的进展脚步，“科学家继起，成为人类探索知识的开路先锋。”同时，《知识大融通》一书中，爱德华·威尔逊关于科学与人文的融通，指引本书作者以一个更新的角度来把握本书第 6 章。

② 宋航等. 军事物联网的关键技术. 国防科技，2015，36（6）：30.

③ 马斯克（Elon Musk），以满脑子的未来创意出名。

小　结

在无线承载已被认为是最优的物联网承载之时，是不是也可以考虑每天在我们脚下运转的地下管网中，是否存在有线承载的可能。作者畅想了一个可以和地下管网布局、地铁等地下设施同步规划的地下“物联网管道”。在方形的共同沟中考虑有线物联网有线布网的设计，而路灯就是天线，或是未来的某种类似于 Li-Fi 的光接口。

等大家都在考虑无线接入与承载的时候，作者在考虑有线的布局。根据作者的构思，方形或圆形的管道等城市地下多管道复合工程会承担物联网地下信息高速公路。

上述只是一个反其道而行之的畅想。而本章最后紧跟 3GPP 的步伐，分析物联网的网络，源于作者认为，只要足够便宜，无非是给“物”配个手机（淘汰下来的最好）就行。到最后，那么多组织，那么多标准，无非都是告诉我们，“物”想联网得花钱，得技术更新。

参 考 文 献

[1] 3GPP TS 22.368. Service Requirements for Machine-Type Communications[S]. 2010.

[2] 陈晓贝，刘思杨 . 3GPP 对 M2M 优化技术的研究进展 [J]. 电信网技术，2012.

[3] 杜加懂 . M2M 在 3GPPSA2 的研究进展 [J]. 电信网技术，2011.

[4] 王义君，钱志鸿，王雪，等 . 基于 6LoWPAN 的物联网寻址策略研究 [J]. 电子与信息学报，2012.

[5] 马瑞涛，符刚，王陆军 . 物联网对移动通信网影响的分析与研究 . 邮电设计技术 [J]. 2012.

[6] 吴险峰，王寅峰 . 基于移动网络的机器通讯研究 [J]. 通信技术，2012.

[7] 沈嘉，张国全 . 基于移动通信和传感网融合的移动物联网 [J]. 电信网技术，2011.

[8] 肖青 . 物联网标准体系介绍 [J]. 电信工程技术与标准化，2012.

[9] 黄峻岗 . 现代通信技术之蓝牙技术应用的新思考 [J]. 计算机光盘软件与应用，2012.

[10] 张恒升 . 一物一地址 万物皆在线：IPv6 在物联网中的应用 [N]. 人民邮电报，2011.

[11] 赵坤 . WLAN 中基于 TCP 的短持续 M2M 业务建模及优化 [D]. 吉林：吉林大学硕士学位论文，2012.

[12]V Stanford. Pervasive computing goes the last 100 feet with RFID systems [J]. IEEE Perv. Comp.，2003，2(2):9-4.

第 5 章
物联网的管理服务技术体系

物联网的本质是什么？

带着这个问题，进行这一章的讨论，先来看看 IoT 垂直行业的云状愿景，如图 5-1 所示。

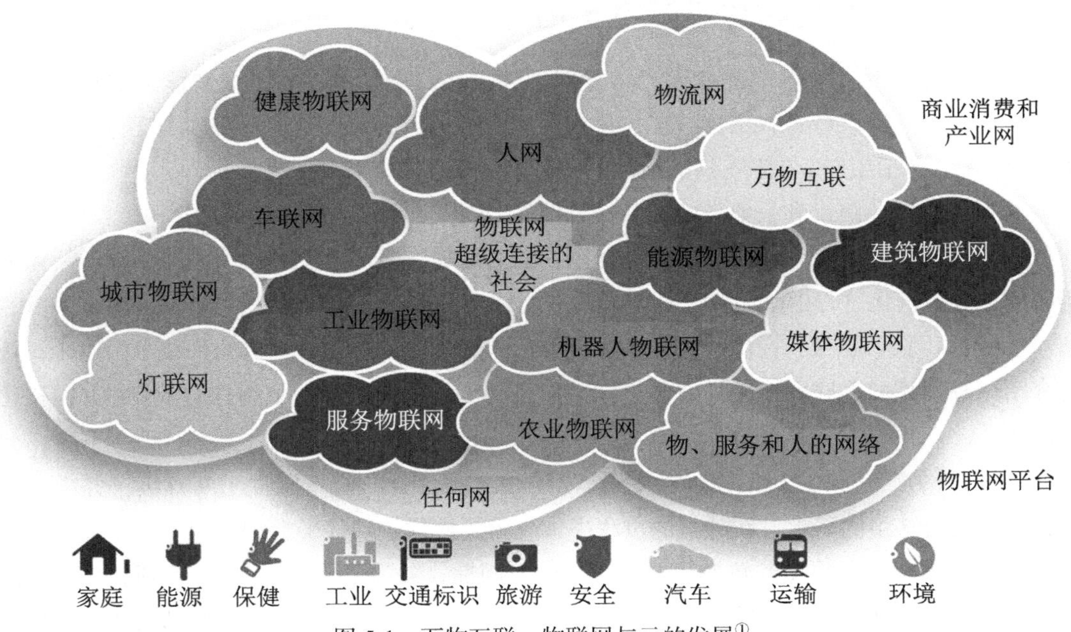

图 5-1　万物互联：物联网与云的发展[①]

物联网应用纵向行业化为“Internet of X”（见图 5-1），应用平台化为 IoP（Internet of People）、IoH（Internet of Health）、IoB（Internet of Buildings）等的时候，物联网应用在各自的领域被升级为生态云，IoT 的愿景也被升级为 IoE（Internet of Everything，万物互联）。

① Ovidiu Vermesan. Peter Friess. Digitising the Industry Internet of Things Connecting the Physical, Digital and Virtual Worlds. RIVER PUBLISHERS SERIES IN COMMUNICATIONS，2016，49，22.

物联网管理服务层包含众多以数据为中心的平台化物联网的核心技术。这一层不仅包括对源自感知识别层数据的处理、存储、查询、分析，基于感知信息的决策、控制和实施，而且包括中间件、SOA 等符合物联网结构特点的软件组织与实施的方法。管理服务层能够借助云计算、雾计算（边缘计算）、数据挖掘以及大数据等体现物联网智能的运算处理平台来处理信息和辅助决策。

在物联网管理服务层提供综合化、行业化支撑应用的理论、方法和平台的前提下，能够根据用户需求提供丰富的特定服务，从而形成基于行业的垂直应用。例如图 5-1 所示的智能家居、智慧能源、医疗保健、工业 4.0、智能交通等这些生活离不开的垂直行业应用。

5.1 物联网中间件和机器人中间件

越来越多的移动场景与物联网设备之间需要分布式架构的支持，从智能终端到家庭应用、机器人等。这些分布式架构将提供丰富的闭环数据流，来支撑服务提供方（包括安全服务）和产品（包括生产、销售）所有者与消费者间的两两双向互动。

跨边缘装置、路由和云业务的物联网软件的分布式架构，可使物联网解决方案易于部署业务，并在物联网产品更新换代中平稳升级；尤其是物联网向人工智能、机器学习、云业务等智能型分布进化过程中，需要一种与时俱进的软件体系支持高速发展的物联网。

中间件，顾名思义，在中间起到承上启下的作用。本章首先介绍中间件技术的由来，接着介绍一种典型的物联网中间件并加以归纳，最后分析了应用层的中间件的重要性（网格化横向融合，合并同类项式融合）。

中间件的产生，源自计算机技术飞速发展中各种各样的应用软件不断升级，并需要在各种平台之间移植的需求。在这样的过程中，既为了使软、硬件平台和应用系统之间能够可靠、高效地实现数据传递或转换，保证系统的协同性；又为了使不同时期、不同操作系统、不同的数据库管理系统上开发应用软件集成起来，保证系统的兼容性。这些都需要一种构建于软、硬件平台之上，对上一层的应用软件提供支持的软件系统，中间件 (Middleware) 在此环境下应运而生。

对于物联网，中间件需要把所有物的操作（动作）抽象出来，既要屏蔽底层差异和分布式环境，还要让代码像积木一样，利于契合。重要的是，还应在应用支撑中最大限度地满足并预测客户需求的“胃口”。中间件可谓“中坚件”。本节尝试将中间件分为两类：信息采集中间件和应用支撑中间件。

在国内，如果仅依赖移动通信运营商来研发适合自己的中间件技术，可能会缺乏通用性的支撑力量。作为能够包容下层网络或系统的异构特点，为上层应用提供支撑的中坚力量，中间件技术能否像“腰板”一样坚挺起来将会影响我国物联网战略的均衡发展。

5.1.1　物联网中间件

中间件是位于平台（硬件和操作系统）和应用之间的通用服务，这些服务具有标准的程序接口和协议。针对不同的操作系统和硬件平台，它们可以有符合接口和协议规范的多种实现。具体地说，中间件屏蔽了底层操作系统的复杂性，使程序开发人员面对一个简单而统一的开发环境，减少程序设计的复杂性，将注意力集中在自己的业务上，不必再为程序在不同系统软件上的移植而重复工作。

1. 中间件的概念和分类

为解决分布异构问题，中间件一般被部署在操作系统、网络和数据库等系统软件之上，应用软件的下层，总的作用是为处于自己上层的应用软件提供运行与开发的环境，帮助用户灵活、高效地开发和集成复杂的应用软件。中间件属于可复用软件的范畴。在众多定义中，比较普遍被接受的是 1998 年 IDC 公司表述的：中间件是一种独立的系统软件或服务程序，分布式应用软件借助这种软件在不同的技术之间共享资源，中间件位于客户机 / 服务器的操作系统之上，管理计算资源和网络通信。IDC 公司对于中间件的定义表明，中间件是一类软件，而非一种软件；中间件不仅实现相互连接，还要实现应用之间的互操作；中间件是基于分布式处理的软件，最突出的特点是其网络通信功能。

尽管中间件的概念很早就已经产生，但中间件技术的广泛运用却是在最近十年之中。最早具有中间件技术思想及功能的软件是 IBM 公司的 CICS，但由于 CICS 不是分布式环境的产物，因此人们一般把 Tuxedo[①]作为第一个严格意义上的中间件产品。

一般说来，中间件有两层含义。从狭义的角度，中间件意指 Middleware，它是表示网络环境下处于操作系统等系统软件和应用软件之间的，一种起连接作用的分布式软件；通过 API 的形式提供一组软件服务，可使得网络环境下的若干进程、程序或应用方便地交流信息和有效地交互与协同。简言之，中间件主要解决异构网络环境下分布式应用软件的通信、互操作和协同问题，它可屏蔽并发控制、事务管理和网络通信等各种实现细节，提高应用系统的易移植性、适应性和可靠性。从广义的角度，中间件在某种意义上可以理解为中间层软件，通常是指处于系统软件和应用软件之间的中间层次的软件，其主要目的是对应用软件的开发提供更为直接和有效的支撑。

---

① 1984 年，Tuxedo 由属于 AT&T 的贝尔实验室开发完成，由于分布式处理并没有在商业应用上获得像今天这样成功，后来被 Novell 收购。

中间件所包括的范围十分广泛，针对不同的应用需求涌现出多种各具特色的中间件产品。至今中间件还没有一个比较精确的定义，其所处环境如图 5-2 所示。但在不同的角度或层次上，对中间件的分类也会有所不同。

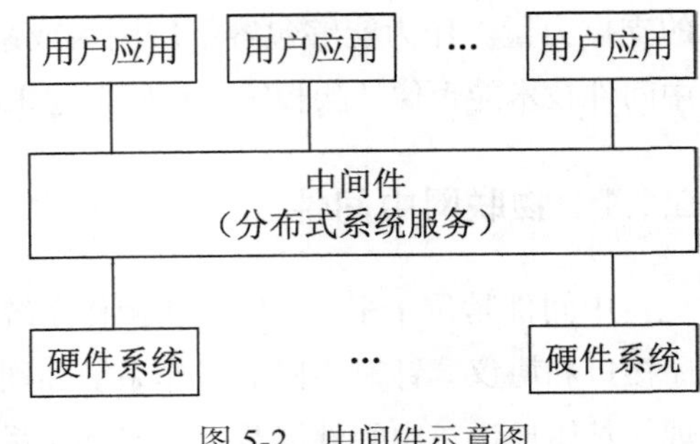

图 5-2　中间件示意图

中间件可向上提供不同形式的通信服务，包括同步、排队、订阅发布、广播等，在这些基本的通信平台之上，可构筑各种框架，为应用程序提供不同领域内的服务，如事务处理监控器、分布数据访问、对象事务管理器（OTM）等。平台为上层应用屏蔽了异构平台的差异，而其上的框架又定义了相应领域内应用的系统结构、标准的服务组件等，用户只需告诉框架所关心的事件，然后提供处理这些事件的代码。当事件发生时，框架则会调用用户的代码。用户代码不用调用框架，用户程序也不必关心框架结构、执行流程、对系统级 API 的调用等，所有这些由框架负责完成。因此，基于中间件开发的应用具有良好的可扩充性、易管理性、高可用性和可移植性。

由于中间件需要屏蔽分布环境中异构的操作系统和网络协议，它必须能够提供分布环境下的通信服务，可以将这种通信服务称为平台。基于目的和实现机制的不同，一般将平台分为如下 6 部分。

1）数据访问中间件

数据访问中间件是在系统中建立数据应用资源互操作的模式，实现异构环境下的数据库连接或文件系统连接的中间件，从而为在网络中虚拟缓冲存取、格式转换、解压等带来方便。数据访问中间件在所有的中间件中是应用最广泛的一种。不过在数据访问中间件处理模型中，数据库是信息存储的核心单元，而中间件完成通信的功能。这种方式虽然灵活，但是并不适合于一些要求高性能处理的场合，因为其中需要进行大量的数据通信，而当网络发生故障时，系统将无法正常工作。

2）远程过程调用中间件

远程过程调用是一种广泛使用的分布式应用程序处理方法。一个应用程序使用 RPC（远程过程调用）来“远程”执行一个位于不同地址空间里的过程，并且从效果上看和执行本地调用相同。事实上，一个 RPC 应用分为两部分：Server 和 Client。Server 提供一个或多个远程过程；Client 向 Server 发出远程调用。Server 和 Client 可以位于同一台计算机，也可以位于不同的计算机，甚至运行在不同的操作系统之上。当一个应用程序 A 需要与远程的另一个应用程序 B 交换信息或要求 B 提供协助时，A 在本地产生一个请求，通过通信链路通知 B 接收信息或提供相应服务，B 完成相关处理后将信息或结果返回 A。

在 RPC 模型中，Client 和 Server 只要具备了相应的 RPC 接口，并且具有 RPC 运行支持，就可以完成相应的互操作，而不必限制于特定的 Server。因此，RPC 为 Client/Server 分布式计算提供了有力的支持。同时，远程过程调用 RPC 所提供的是基于过程的服务访问，Client 与 Server 进行直接连接，没有中间机构来处理请求，因此也具有一定的局限性。例如，RPC 通常需要一些网络细节以定位 Server；在 Client 发出请求的同时，要求 Server 必须处于工作状态等。

3）面向对象中间件

面向对象中间件（Object Oriented Middleware，OOM）将编程模型从面向过程升级为面向对象，对象之间的方法调用通过对象请求代理（Object Request Broker，ORB）转发。ORB 能够为应用提供位置透明性和平台无关性，接口定义语言（Interface Definition Language，IDL）还可能提供语言无关性。此外，该类中间件还为分布式应用环境提供多种基本服务，如名录服务、事件服务、生命周期服务、安全服务和事务服务等。这类中间件的代表有 CORBA、DCOM 和 Java RMI。

4）基于事件的中间件

大规模分布式系统拥有数量众多的用户和联网设备，没有中心控制点，系统须对环境、信息和进程状态的变化进行响应。此时传统的一对一请求 / 应答模式已不再适合，而基于事件的系统以事件作为主要交互手段，允许对象之间异步、对等的交互，特别适合广域分布式系统对松散、异步交互模式的要求。基于事件的中间件（Event-Based Middleware，EBM）关注为建立基于事件的系统所需的服务和组件的概念、设计、实现和应用问题。它提供了面向事件的编程模型，支持异步通信机制，与面向对象的中间件相比有更好的可扩展性。

5）面向消息的中间件

面向消息的中间件（MOM）指的是利用高效可靠的消息传递机制进行平台无关的数据交流，并基于数据通信来进行分布式系统的集成。通过提供消息传递和消息排队模型，它可在分布环境下扩展进程间的通信，并支持多通信协议、语言、应用程序、硬件和软件平台。目前流行的 MOM 中间件产品有 IBM 的 MQSeries、BEA 的 MessageQ 等，其在数据交换中的作用如图 5-3 所示。MOM 中间件主要有以下几个特点。

- 多种通信方式。消息中间件不仅提供了一对一的通信方式，还提供了一对多、多对一甚至多对多的通信方式。
- 异步通信。请求程序把消息发给消息中间件后不必等待返回结果便可以继续执行后续任务；而目标程序也不必立即处理这个消息，它可以在某个空闲的时候从消息队列中取出这条消息，然后处理完又发给消息中间件，请求程序再在某个时候从消息队列中取回应答消息。整个通信过程是异步的。

- 多平台多传输协议。能够屏蔽操作系统的特性，甚至能够支持不同的协议，使消息能够在不同平台甚至不同协议之间通信。
- 可靠的消息传输。如果有需要，消息可以存储在硬盘上，这样应用程序任何时候都能够从硬盘上直接读取消息，甚至在重新启动之后，消息不会丢失。

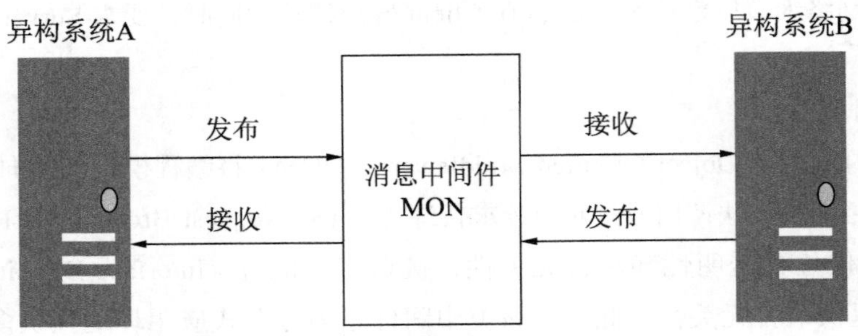

图 5-3 MOM 中间件在数据交换中的作用①

6）对象请求代理中间件

对象技术与分布式计算技术的相互结合形成了分布对象计算。1990 年年底，对象管理组织（OMG）首次推出对象管理结构（Object Management Architecture，OMA）。这个模型的核心组件是对象请求代理(Object Request Broker，ORB)。它的作用在于提供一个通信框架，透明地在异构的分布计算环境中传递对象请求。CORBA 规范包括 ORB 的所有标准接口。ORB 定义异构环境下对象透明地发送请求和接收响应的基本机制，建立对象之间的 Client/Server 关系。ORB 使得对象可以透明地向其他对象发出请求或接受其他对象的响应，这些对象可以位于本地也可以位于远程机器。ORB 拦截请求调用，并负责找到可以实现请求的对象、传送参数、调用相应的方法、返回结果等。

还有一种比较常见的是事务处理监控中间件，可以提供支持大规模事务处理的可靠运行环境，例如商业活动中大量的关键事务处理。它主要有进程管理、事务管理、通信管理等功能，常用于订票系统。

2. 物联网中间件

物联网中间件（IoT-Middleware）这一概念是由美国最早提出的。美国的一些企业在实施 RFID 项目改造的过程中发现，最耗费时间和体力、复杂度最高的问题是如何将 RFID 数据正确导入企业管理系统。这些企业多方研究、论证和实验后找到了解决这一问题的方法，就是

① 林昱东．基于 SOA 和 Java Web 服务的数据交换系统的设计与实现．上海交通大学，2006．

采用中间件技术。如果把软件看作物联网应用的灵魂，中间件（Middleware）就是这个灵魂的核心。中间件与操作系统和数据库并列作为三足鼎立的“基础软件”的理念已经被广为认可。除操作系统、数据库和直接面向用户的客户端软件以外，凡是能批量生产、高度可复用的软件都可以算是中间件。根据具体应用的不同，物联网中间件有嵌入式中间件、M2M中间件、RFID中间件和EPC中间件等多种形式。

物联网中间件既可以屏蔽感知设备、操作系统、分布式数据采集和数据库管理系统的复杂性，使物联网工程师面对一个简单统一的开发环境，减少程序设计的复杂性，将注意力集中在业务上；还可以不必再为物联网应用程序在不同的系统上移植而重复工作，从而减少了技术开发成本。对物联网企业来说，在面向各种不同网络、系统的应用软件上投入的劳动成果仍然可以作为一类物联网应用的基础，可以减少信息应用系统大部分的建设成本。IBM、Oracle和Microsoft等公司都是引领中间件潮流的生产商，国内一些知名企业资源规划（ERP）应用软件公司也都有中间件相关部门。欧盟的Hydra是一个研发物联网中间件和“网络化嵌入式系统软件”的组织，值得关注。

今天，越来越复杂的物联网解决方案需要更先进的通信应用平台和中间件，便于设备、网络和应用程序的无缝集成。在这样的背景下，多功能（即连接管理、设备管理、应用支持等）的物联网开发平台出现了，平台中以快速开发、降低成本、提供标准化的组件为目的的物联网中间件，可以在很多垂直行业里共享物联网解决方案。

物联网中间件处于物联网的集成服务器端和感知层、传输层的嵌入式设备中。服务器端中间件称为物联网业务基础中间件，一般都是基于传统的中间件（应用服务器、ESB/MQ等）构建，加入设备连接和图形化组态展示等模块（如同方的ezM2M物联网业务中间件）。嵌入式中间件是一些支持不同通信协议的模块和运行环境。

中间件的特点是它能够固化很多通用功能，但在具体应用中多半需要“二次开发”来实现个性化的行业业务需求，因此所有物联网中间件都要提供快速开发（RAD）工具。在物联网概念被大众理解和接受以后，上万亿的末端“智能物件”和各种应用子系统早已经存在于工业和日常生活中。

物联网产业发展的关键在于把现有的智能物件和子系统连接起来，实现应用的大集成（Grand Integration）和“管控营一体化”，为实现“高效、节能、安全、环保”的和谐服务，要做到这一点，软件（包括嵌入式软件）和中间件将作为核心和灵魂起至关重要的作用。这并不是说发展传感器等末端不重要，在大集成工程中，系统变得更加智能化和网络化，反过来会对末端设备和传感器提出更高的要求，如此螺旋上升推动整个产业链的发展。因此，要占领物联网制高点，软件和中间件的作用至关重要，应该得到国家层面的高度重视。在包括物联网软件在内的软件领域，美国长期引领潮流，基本上垄断了世界市场，欧盟早已看到了软件和中间件在物联网产业链中的重要性，从2005年就开始资助Hydra的项目。

物联网中间件从基本功能上来说，既是平台又是通信。它要为上层服务提供应用的支撑平台，同时连接操作系统，保持系统正常运行。中间件还要支持各种标准的协议和接口。例如，基于RFID的EPC应用中，要支持和配套设备的信息交互和管理，同时还要屏蔽前端的复杂性。这两大功能也限定了只有用于分布式系统中才能称为中间件，同时还可以把它与系统软件和应用软件区分开。

物联网中的中间件主要分为信息采集中间件和应用支撑中间件两大类。

在感知层中的信息采集中间件与应用层中的应用支撑中间件不同，即如传感器、RFID等数据传输节点与采集设备之间连接时的通信服务，信息采集中间件主要应用于整个物联网末端的信息采集中，采集设备与传输节点之间必然也存在接口标准不同的问题，所以同样需要中间件，两种中间件技术会由于应用的环节不同而不同。

1）信息采集中间件

在感知层中的信息采集中间件与应用层中的应用支撑中间件不同，即如传感器、RFID等数据传输节点与采集设备之间连接时的通信服务，信息采集中间件主要应用于整个物联网末端的信息采集中。当采集设备与传输节点之间存在接口标准不同的问题时；比如，传感器等感知设备的接入，或者为了能够屏蔽前端硬件的复杂性；就需要信息采集中间件。

信息采集中间件具有如下功能。

- 采集功能。在感知层中，通过信息采集中间件技术，将采集到的信息传输到网络节点上，它通过标准的程序接口和协议，针对不同的操作设备和硬件接收平台，可以有多种符合接口和协议规范在中间件的实现。通过这样的中间件，感知层中采集的信息就能被准确无误地传输到网络节点中。
- 协同功能。信息采集中间件还具有协同采集的功能，在信息采集的过程中，如果信息需要按时间或者因果顺序从不同的表中调取，所需的控制信息储存在不同的数据库表中，协同采集功能就需要协调控制与采集顺序之间的关系。例如，在一定温度和湿度下控制浇水系统或者空调的开关，就需要综合运用协同技术以达到控制条件，调用温度信息和湿度信息。
- 扩展功能。在一个应用中如果需要增加新的硬件或功能，需要在中间件里考虑可扩展性，例如对满足相应标准的一类RFID设备的兼容性。随着物联网对中间件功能需求的提高，需要判断功能，当满足一定条件时触发报警等。信息采集中间件还将具备推理、预测和提示等逻辑功能。实现边采集、边处理、边传输的同时，保持网内数据的同步更新和逻辑的一致性。

2）应用支撑中间件

一般的中间件是屏蔽了系统软件的复杂性，而物联网的应用支撑中间件独立于架构，支持数据流的控制、传输、处理和管理。在此基础上向上层应用提供开放的接口，应用支撑平台起着承上启下的作用，向下可以屏蔽不同接入的差异。

应用支撑中间件具有如下功能。

- 连接功能。当遇到应用程序和操作平台之间无法连接时，就要应用到中间件，用来实现物联网通信服务。有了这个平台，在与应用连接的时候，因为接口标准不同等问题导致无法通信的情况不会发生。
- 管理功能。提供通用的业务，包括 QoS 控制、寻址、管理、标识、路由、安全性、业务控制与触发、计费等网络管理功能，以及资源存储与数据管理。资源存储与数据管理包括网络层数据的挖掘、存储、查询、分析、理解以及基于网络数据行为和决策的技术和理论。
- 支撑功能。根据不同行业、用户和操作者对于网络信息的不同需求（搜索、搜集和调出等），需要不同的应用支撑。

物联网的应用处理的业务数据可能跨多个行业，需考虑需求不同的各个行业应用，因此，应用支撑中间件的引入，能够使各个行业的个性化应用得到实现。

就目前来看，EPC 系统是最为成熟的物联网中的一类体系架构。下面以 EPC 系统为例重点介绍 EPC 系统中应用的中间件技术。

3. RFID 中间件

EPC（Electronic Product Code）系统是在计算机互联网和 RFID 的基础上，利用全球统一标识系统编码技术给每个实体对象一个唯一的代码，构造一个实现全球物品信息实时共享的实物互联网。在物联网这一概念出现的早期，EPC 系统甚至被当作物联网的代名词。

EPC 系统的中间件技术主要分为两类：基于信息采集的中间件和面向互联网应用的中间件。前者又叫作 RFID 中间件或者 Savant，属于典型的数据采集中间件；后者又叫作 EPC 中间件，属于典型的应用支撑中间件。它们的共同点是解决分布式系统的问题。前者面对的是 RFID 设备的分布，位于物联网的感知层；后者面对的是 EPC 系统在互联网中的分布，位于网络层和应用层之间。

如果在每件产品都加上 RFID 标签之后，在产品的生产、运输和销售过程中，读写器将不断收到一连串的产品电子编码。整个过程中最为重要，同时也是最困难的环节就是传送和管理这些数据。为了管理这些巨大的数据流，自动识别产品技术中心（Auto ID Center）推出了一种分层——模块化的 RFID 中间件（Savant）。

RFID 中间件是实现 RFID 硬件设备与应用系统之间数据传输、过滤、数据格式转换的一种中间程序，将 RFID 读写器读取的各种数据信息，经过中间件提取、解密、过滤、格式转换，导入企业的管理信息系统，并通过应用系统反映在程序界面上，供操作者浏览、选择、修改、查询。中间件技术降低了应用开发的难度，使开发者不需要直接面对底层架构，而通过中间件进行调用。

RFID 中间件是一种消息导向的软件中间件，信息是以消息的形式从一个程序模块传递到另一个或多个程序模块。消息可以以非同步的方式传送，因此传送者不必等待回应。RFID 中间件在原有的企业应用中间件发展的基础之上，结合自身应用特性进一步扩展并深化了中间件在企业中的应用。主要特点如下。

- 独立性。RFID 中间件独立并介于 RFID 读写器与后端应用程序之间，不依赖于某个 RFID 系统和应用系统，并且能够与多个 RFID 读写器以及多个后端应用程序连接，以减轻架构及其维护的复杂性。
- 数据流。它是 RFID 中间件最重要的组成部分，它的主要任务在于将实体对象格式转换为信息环境下的虚拟对象，因此数据处理是 RFID 最重要的功能。RFID 中间件具有数据的采集、过滤、整合与传递等特性，以便将正确的对象信息传到企业后端的应用系统。
- 处理流。RFID 中间件是一个消息中间件，功能是提供顺序的消息流，具有数据流设计与管理的能力。在系统中需要维护数据的传输路径，数据路由和数据分发规则。同时在数据传输中对数据的安全性进行管理，包括数据的一致性，保证接收方收到的数据和发送方一致。同时还要保证数据传输中的安全性。

RFID 中间件在物联网中处于读写器和企业应用程序之间，相当于该网络的神经系统。Savant 系统采用分布式的结构，以层次化进行组织、管理数据流，具有数据的搜集、过滤、整合与传递等功能，因此能将有用的信息传送到企业后端的应用系统或者其他 Savant 系统中。各个 Savant 系统分布在供应链的各个层次节点上，如生产车间、仓库、配送中心以及零售店，甚至在运输工具上。每一个层次上的 Savant 系统都将收集、存储和处理信息，并与其他的 Savant 系统进行交流。例如，一个运行在商店的 Savant 系统可能要通知分销中心还需要其他产品，在分销中心的 Savant 系统则通知一批货物已经于一个具体的时间出货。由于读写器异常或者标签之间的相互干扰，有时采集到的 EPC 数据可能是不完整的或是错误的，甚至出现漏读的情况。因此，Savant 要对 Reader 读取到的 EPC 数据流进行平滑处理，平滑处理可以清除其不完整和错误的数据，将漏读的可能性降至最低。读写器可以标识读范围内的所有标签，但是不对数据进行处理。RFID 设备读取的数据并不一定只由某一个应用程序来使用，它可能被多个应用程序使用（包括企业内部各个应用系统甚至是企业商业伙伴的应用系统)，每个应用系统还可能需要许多数据的不同集合。因此，Savant 需要对数据进行相应的处理。这里主要讨论三个关键问题：数据过滤、数据聚合和信息传递。

1）数据过滤

Savant 接收来自读写器的 EPC 数据，这些数据存在大量的冗余信息和错读信息。所以要对数据进行过滤，消除冗余数据，以便将“有用”信息传送给应用程序或上级 Savant。冗余数据包括：在短期内同一台读写器对同一个数据进行重复上报，如在仓储管理中对固定不动的货物重复上报，在进货出货的过程中重复检测到相同物品；多台临近的读写器对相同数据都进行上报。读写器存在一定的漏检率，这和阅读器天线的摆放位置、物品离阅读器远近、物品的质地都有关系。通常为了保证读取率，可能会在同一个地方相邻摆放多台阅读器。这样多台读写器将监测到的物品上报时，可能会出现重复。

除了上面的问题外，很多情况下用户可能还希望得到某些特定货物的信息、新出现的货物信息、消失的货物信息或者只是某些地方的读写器读到的货物信息。用户在使用数据时，希望最小化冗余，尽量得到靠近需求的准确数据，这就要靠 Savant 来解决。

对于冗余信息的解决办法是通过各种过滤器处理。可用的过滤器有很多种，典型的过滤器有 4 种：产品过滤器、时间过滤器、EPC 码过滤器和平滑过滤器。产品过滤器只发送与某一产品或制造商相关的产品信息。也就是说，过滤器只发送某一范围或方式的 EPC 数据。时间过滤器可以根据时间记录来过滤事件。例如，一个时间过滤器可能只发送最近 10 分钟内的事件，而 EPC 码过滤器可以只发送符合某个规则的 EPC 码。平滑过滤器负责处理那些出错的情况，包括漏读和读错。

根据实际需要，过滤器可以像拼装玩具一样被一个接一个地拼接起来，以获得期望的事件。例如，一个平滑过滤器可以和一个产品过滤器结合，将反盗窃应用程序感兴趣的事件分离出来。

2）数据聚合

从读写器接收的原始 RFID 数据流都是些简单零散的单一信息，为了给应用程序或者其他 RFID 中间件提供有意义的信息，需要对 RFID 数据进行聚合处理。可以采用复杂事件处理（Complex Event Processing, CEP）技术来对 RFID 数据进行处理以得到有意义的事件信息。复杂事件处理是一个新兴的技术领域，用于处理大量的简单事件，并从其中整理出有价值的事件，可帮助人们通过分析诸如此类的简单事件，并通过推断得出复杂事件，把简单事件转换为有价值的事件，从中获取可操作的信息。在这里，利用数据聚合将原始的 RFID 数据流简化成更有意义的复杂事件，如一个标签在读写器识读范围内的首次出现及它随后的消失。通过分析一定数量的简单数据就可以判断标签进入事件和离开事件。聚合可以用来解决临时错误读取所带来的问题从而实现数据平滑。

3）信息传递

经过过滤和聚合处理后的RFID数据需要传递给那些对它感兴趣的实体，如企业应用程序、EPC信息服务系统或者其他RFID中间件，这里采用消息服务机制来传递RFID信息。

RFID中间件是一种面向消息的中间件（MOM），信息以消息的形式从一个程序传送到另一个或多个程序。信息可以以异步的方式传送，所以传送者不必等待回应。面向消息的中间件包含的功能不仅是传递信息，还必须包括解释数据、安全性、数据广播、错误恢复、定位网络资源、找出符合成本的路径、消息与要求的优先次序以及延伸的除错工具等服务。

通过J2EE平台中的Java消息服务（JMS）实现RFID中间件与企业应用程序或者其他Savant的消息传递结构。这里采用JMS的发布/订阅模式，RFID中间件向一个主题发布消息，企业应用程序和其他的一个或者多个Savant都可以订购该主题消息。其中的消息是物联网的专用语言——物理标识语言（PML）格式。这样一来，即使存储RFID标签信息的数据库软件需要增加后端应用程序，或者改由其他软件取代，再或者增加RFID读写器种类；这时应用端不需要修改就能进行数据的处理，这省去多对多连接维护的一些复杂性问题。

4. EPC中间件

EPC系统的最终目标是为每一单品建立全球化的标识标准。它由全球产品电子代码(EPC)体系、射频识别系统及信息网络系统三大部分组成。EPC体系详见3.1.3节，射频识别系统中的中间件技术已经详述，RFID中间件（Savant）负责收集和储存RFID读写器发出的EPC信息并采取相对应的行动。

信息网络系统中，EPCglobal网络是目前较为成型的分布式网络集成框架，在全球供应链中以RFID技术应用为基础。该网络主要针对物流领域，目的是增加供应链的可视性和可控性。RFID电子标签和识读器传递电子产品编码的数据，然后以Internet为纽带在授权用户之间共享相关信息。其中，EPC中间件主要包括ONS、PML和EPCIS。

1）对象命名服务

对象命名服务（Object Name Service，ONS）类似于互联网络环境下的域名服务（Domain Name Service，DNS），提供EPC码的位置信息。作为EPC系统组成的重要一环，ONS的作用就是通过电子产品码，获取EPC数据访问信息。此外，其记录存储是授权的，只有电子产品码的拥有者可以对其进行更新、添加或删除等操作。每个ONS服务器中都含有一个巨大的地址列表，当客户端进行查询时，将优先查询当地所在的地址列表。

在EPC系统中，读写器识别标签中的EPC编码，而实体对象可以通过自带的EPC标签与网络服务模式相关联。网络服务模式是一种基于Internet或者VPN专线的远程服务模式，可以提供与存储指定对象的相关信息。典型的网络服务模式可以提供特定对象的产品信息。

ONS 架构可以帮助识读器或识读器信息处理软件定位这些服务。

当前，ONS 服务被用来定位特定 EPC 对应的 PML 服务器。ONS 服务是联系前台的 Savant 中间件和后台 PML 服务器的网络枢纽，并且 ONS 设计与架构都以因特网 DNS 为基础。因此，可以使整个 EPC 网络以因特网为依托，迅速架构并顺利延伸到世界各地。因此，ONS 实现技术是 EPC 中间件的主要技术之一。ONS 开发需求如下。

- ONS 架构应当允许映射信息的分层管理。
- ONS 系统架构应允许 ONS 服务器中的映射信息在其他 ONS 缓冲存储器里进行缓存。
- ONS 架构应当允许相同的映射信息存储在多台 ONS 服务器里。
- ONS 架构应当允许相同 EPC 信息映射到多台 PML 服务器。
- ONS 架构应当允许其软硬件组件对不同版本的 EPC 编码具有兼容性。

根据以上需求，ONS 开发主要有两个方面的技术：产品信息的域名解析技术和分布式 ONS 系统开发技术。

ONS 域名解析算法的过程如下：把 EPC 代码转换成 URL 格式；去掉 urn：epc 头；去掉系列号；逆转剩余部分；追加根域 .Onsroot.org；按类型码 35 做 DNS 查询，并记录该地址。

ONS 的分布式系统架构主要由以下几部分组成。

- 映射信息。映射信息分布式地存储在不同层次的 ONS 服务器里，这类信息便于管理。
- ONS 服务器。如果请求要求查询一个 EPC 对应的 PML 服务器的 IP 地址，则 ONS 服务器可以对此进行响应并解决这一问题。每一台 ONS 服务器拥有一些 EPC 的权威映射信息和另一些 EPC 的缓冲存储映射信息。
- ONS 解算器。ONS 解算器向 ONS 服务器提交查询请求以获得所需 PML 服务器的网络位置。

当前，ONS 记录分为以下 4 类，分别用于提供不同的服务种类。

- EPC+ws：定位 WSDL 的地址，然后基于获取的 WSDL，访问产品信息。
- EPC+epcis：定位 EPCIS 服务器的地址，然后访问其产品信息。
- EPC+html：定位报名产品信息的网页。
- EPC+xmlrpc：在 EPCIS 等服务由第三方进行托管时，使用该格式访问其产品信息。

2）PML

PML 由 XML 扩展而来。PML 适合在 EPC 系统中进行数据的通信，由 PML 核和 PML 扩展两部分组成。PML 核用来记录从底层设备获取到的物品信息，例如位置信息、成分信息和其他感知信息。PML 扩展用于记录其他各种附加信息。PML 扩展包括多样的编排和流程标准，在组织内部和组织之间交换数据。

PML 采用的方法是首先使用现有标准来规范语法和数据传输。例如，可扩展标识语言（XML）、超文本传输协议（HTTP）、传输控制协议和因特网协议（TCP/IP）就提供了一个功能集，并且可利用现有工具来设计和编制 PML 应用程序。PML 提供一种简单的规范。通过一种通用、默认的方案（例如 HTML），避免了方案之间的转换。此外，一种专一的规范会促使阅读器、编辑工具和其他应用程序等第三方软件的发展。

PML 将力争为所有的数据元素提供一种单一的表示方法。当有多个对数据类型编码的方法时，PML 将会选择其中一种。举例来说，对日期编码的多种方法中，PML 将只会选择其中的一种。当编码或查看事件进行时，数据传输才发生，而不是发生在数据交换时。

PML 提供了一个描述自然物体、过程和环境的标准，并可供工业和商业中的软件开发、数据存储和分析工具之用。它将提供一种动态的环境，使与物体相关的静态的、暂时的、动态的和统计加工过的数据可以互相交换。因为它将会成为描述所有自然物体、过程和环境的统一标准，PML 的应用将会非常广泛，并且进入所有行业。

EPC 信息服务器（EPCIS）由产品制造商来维护，内部存放了产品制造商生产的所有物品相关数据信息的 PML“文件”，用于 PML 数据的存储和管理。但是并非必须使用此种数据格式来实际地存储数据。因为 PML 只是一种用在信息发送时对信息区分的方法，实际的内容可以任意格式存放在服务器中（例如一个 SQL 数据库、数据表或一个平面文件）。换句话说，一个企业不必以 PML 格式存储信息的方式来使用 PML。企业将以现有的格式和现有的程序来维护数据。举例来说，一个 Applet（Java 小程序）可以从 Internet 上通过 ONS 来选取必需的数据，为了便于传输，这些数据将按 PML 规范重新格式化。这个过程与动态 HTML（DHTML）相似，它也是按照用户的输入将一个 HTML 页面重定格式。此外，一个 PML“文件”可以是来自不同来源的多个文件和传送过程的集合。因为物理环境所固有的分布式特点，PML“文件”可以在实际使用中从不同的位置整合多个 PML 小片断。因此，一个 PML“文件”可能只存在于传送过程中。它所承载的数据可能是仅存在于短暂时间内，并在使用完毕后丢弃。

3）EPCIS

EPCIS（EPC Information Service，EPC 信息服务）的目的在于应用 EPC 相关数据的共享来平衡企业内外不同的应用。EPC 相关数据包括 EPC 标签和读写器所获取的相关信息，以及一些商业应用上必需的附加数据。EPCIS 的主要任务如下。

- 标签授权。标签授权是标签对象生命周期中至关重要的一步。假如一个 EPC 标签已经被安装到商品上，但是没有被写入数据。标签授权的作用就是将必需的信息写入标签，这些数据包括公司名称、商品的信息等。
- 打包与解包策略。打包与解包操作对于捕获分层信息中每一层的信息是非常重要的。

因此，如何包装与解析这些数据，就成为标签对象生命周期中非常重要的一步。

- 观测。对于一个标签来说，用户最简单的操作就是对它进行读取。EPCIS 在这个过程中的作用，不仅是读取相关的信息，更重要的是观测到标签对象的整个运动过程。
- 反观测。反观测操作与观测相反。它不是记录所有相关的动作信息，因为人们不需要得到一些重复的信息，但需要数据的更改信息。反观测就是记录下那些被删除或者不再有效的数据。

建立 EPCIS 的目的在于调整相关数据，平衡该系统内部与外部不同的应用对数据形式的需要，为各种查询提供合适的数据，即通过实现 EPC 相关数据的共享来平衡企业内外不同的应用。EPC 系统的相关数据包括标签信息、读写器获取的其他相关信息，以及实际应用所必需的信息。

EPCIS 的主要作用是提供一个接口去存储、管理 EPC 捕获的信息。EPCIS 位于整个 EPC 网络架构的最高层，它不仅是原始 EPC 观测资料的上层数据，而且是过滤和整理后的观测资料的上层数据。EPCIS 接口为定义、存储和管理 EPC 标识的物理对象的所有数据提供一个框架，EPCIS 层的数据用于驱动不同企业应用。EPCIS 提供一个模块化、可扩展的数据和服务的标准接口，使得 EPC 系统的相关数据可以在企业内部或者企业之间共享。EPCIS 能充当供应商和客户服务的主机网关，融合从仓库管理系统和企业资源规划平台传来的信息，广泛应用于存货跟踪、自动传来事务、供应链管理、机械控制和物－物通信方面。

建立 EPCIS 的关键就是用 PML 来组建 EPCIS 服务器，完成 EPCIS 的工作。PML 核主要应用于读写器、传感器、EPC 中间件和 EPCIS 之间的信息交换；PML 扩展主要应用于整合非自动识别的信息和其他来源信息。

在 RFID 产品信息发布中，从生产线开始在产品的适当部位贴上标签，由专用设备写标签代码，由安装在产品物流过程中各关键部分的读写器读取信息，通过网络传送给 EPCIS 服务器，进行处理和存储。在查询时，用户使用读写器读取标签代码，凭借此代码到 EPCIS 服务器上进行查询。EPCIS 根据标签代码和用户权限提供相关的信息，在用户使用的客户端计算机、带显示设备的读写器或者手机等专用设备上进行显示。EPCIS 系统设计主要包括数据库设计、文件结构设计和程序流程设计三部分。

5.1.2　信息采集中间件模型

图 5-4 是信息采集中间件的模型示意图，从接口的角度描述了信息采集中间件承上启下的功能。

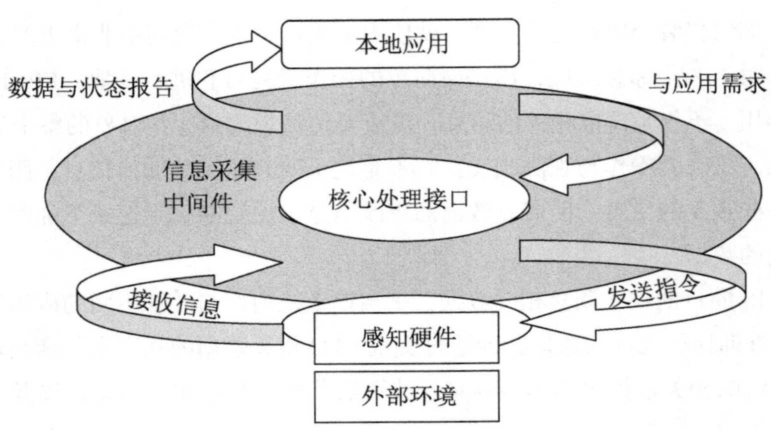

图 5-4　信息采集中间件的模型示意图

1. 设备接口

设备接口将采集到的外部环境原始信息从感知硬件传递到核心处理接口，并向感知硬件发送指令。设备接口可以屏蔽硬件的差异性（读写器、标签、传感模块等），为新硬件的加入留有余地，主要实现信息采集、功能协同与应用扩展。

2. 核心处理接口

核心处理接口主要实现原始信息预处理和执行应用指令的功能。在 RFID 中体现为防碰撞、去冗余，以及执行应用的查询、控制等操作；在传感器中体现为从原始数据中筛选有用信息、计算分析等功能，以处理器模块实现核心处理。

3. 应用接口

应用接口连接应用与中间件，按应用所需格式或数据结构传递信息并理解应用发来的指令。在 RFID 中体现为数据格式转换和新应用扩展；在传感器中体现为将信息按一定的结构通过传感器网络传给应用，并接收回传指令，以无线通信模块实现应用接口。

信息采集中间件有点儿类似于计算机中的 BIOS，直接与硬件打交道并能够屏蔽硬件差别。接下来以一个无线传感器网络应用中的软件设计为例说明中间件的功能设计。

图 5-5 中左边是传感器网络系统设计的三个层次，右边是对应的功能需求，右边的虚线框中是该系统的中间件设计。

1）传感器驱动和操作系统软件

驱动和操作系统软件是传感器节点必要的基本功能，如初始化、载入程序、执行数据采集任务、无线通信电路的收发请求和管理，为传感器节点提供标准的编程接口。在这个例子当中，其功能和关系如图 5-6 所示。

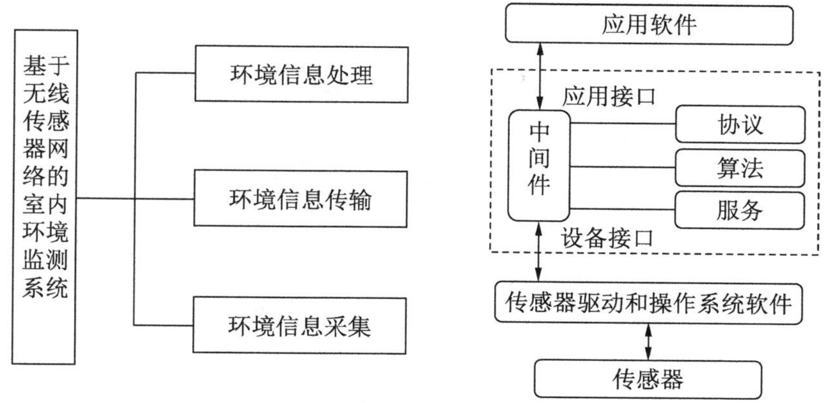

图 5-5　基于无线传感器网络的室内环境监测系统功能与软件设计图

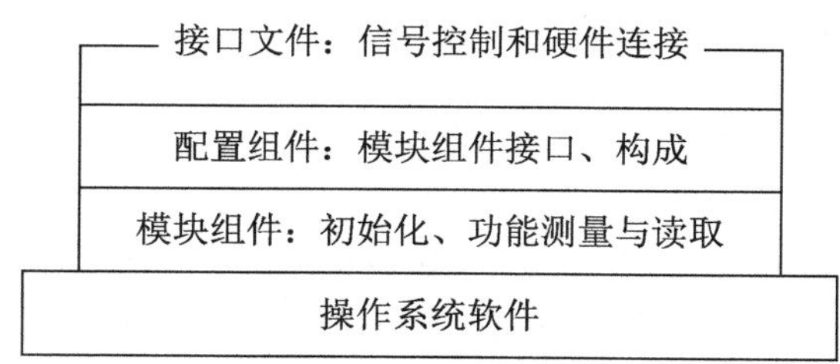

图 5-6　传感器驱动和操作系统软件

2）中间件软件

中间件软件用来组织和管理传感器节点内的各种操作，可将节点本地基本服务抽象为：协议、算法、服务。“协议”指网络应用中所需的通信协议，包括信道访问控制、拓扑控制与路由、定位、时间同步、安全策略等。“算法”描述“协议”中不同功能具体实现的算法。“服务”指与其他节点协同工作时要求本地节点完成的任务。在这个例子当中，当添加不同功能的节点时实现拓扑控制与路由的具体方法就属于“算法”；当设计数据存储转发机制时，汇聚节点及传感器节点数据传输管理就属于“服务”。

3）应用软件

无线传感器网络应用软件一般包含终端节点应用软件、汇聚节点软件、管理节点软件三部分，如图 5-7 所示。汇聚节点软件由应用支撑中间件、数据处理软件、网络接口组成。应用支撑中间件如前所述，支持不同网络结构分布式数据流的控制、传输和管理，为面向应用的数据处理屏蔽底层接入差异。数据处理软件在此例子中体现为室内环境数据记录、统计分析等。网络接口实现汇聚节点和管理节点的通信。

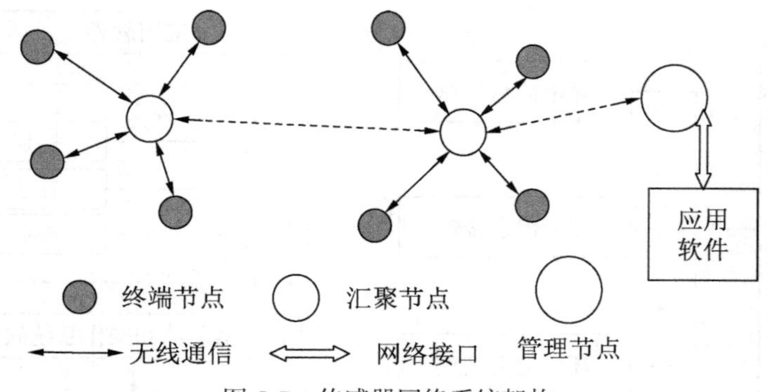

图 5-7　传感器网络系统架构

管理节点软件由网络接口和应用软件组成。应用软件指执行无线传感器网络系统功能规定的计算任务。此例子中体现为室内环境监测任务，例如温湿度、空气质量信息、有害物质、家电信息的数据监测和预测、预警。

5.1.3　应用支撑中间件模型

应用支撑中间件也是为了解决分布式应用的问题而屏蔽网络层的分布细节。其模型如图 5-8 所示，与数据采集中间件模型结构相似。基本的功能是面向应用提供统一的接口，对应用程序和用户屏蔽了计算、数据结构和传输。

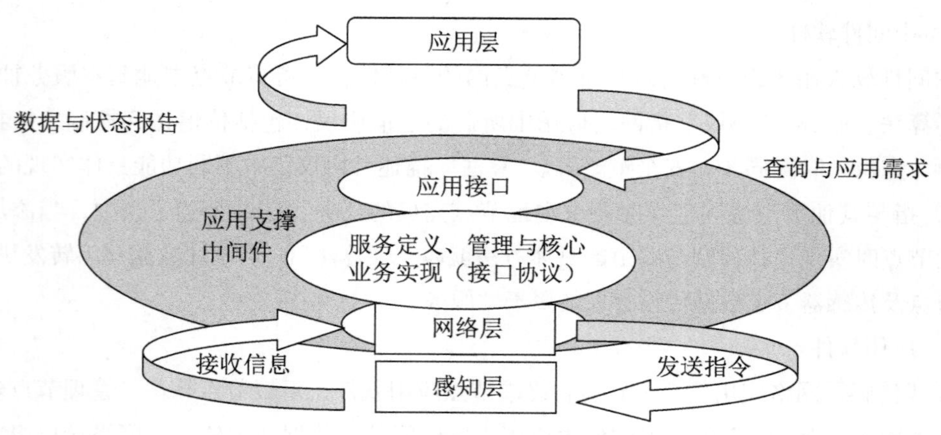

图 5-8　应用支撑中间件示意图

1. 网络接口

网络接口将网络层信息传递到应用支撑中间件，并向网络发送指令。网络接口可以屏蔽网络的差异性。

2. 核心业务的实现及其接口

核心业务包括服务定义、管理与实现，应用支撑中间件一方面根据用户需求实现一系列的服务定义并能够实现自我管理的服务功能；另一方面它提供了对用户应用程序及其核心业务的控制、执行和维护等功能。核心业务接口包括业务数据存储、备份、共享、处理等接口。

3. 用户接口

面向用户提供透明的应用接口，在用户应用和中间件之间提供一些公共调用接口传递信息。

下面以一个基于位置服务（Location Based Service，LBS）的应用支撑中间件为例说明模型。

LBS 原本是一种计算机程序级服务类，它主要提供对具体位置和时间的数据信息在计算机程序中的控制功能。而如今我们所说的 LBS，它是一种基于地理位置信息的服务，主要通过移动通信运营商的移动网络、卫星 GNSS 定位服务或者独立第三方，通过位置感测，获取移动终端用户的位置信息，并综合利用地理信息系统（Geographic Information System，GIS）等和位置相关的信息系统，所提供的一种用户服务业务。

位置服务所涉及的技术和应用横跨物联网的感知层和网络层，一个 LBS 位置服务系统生态链中包括设备、定位、通信网络、服务与内容提供商。在 LBS 系统开发中的中间件技术不仅能够有效减少底层定位技术的复杂性、异构性和耦合性，而且能够提高整个 LBS 系统的可扩展性和可伸缩性。接下来将通过一个基于 LBS 的车辆位置服务系统实例来介绍 LBS 中间件。这个实例将在 5.6.3 节详述。

随着位置信息服务的开发需求和应用特点，位置服务的中间件随之出现，LBS 中间件不仅继承了传统中间件良好的可扩展性、易管理性等特点，而且展现出自己定位位置透明和消息传输透明的不同特点。LBS 中间件是位于用户应用程序层与位置定位层之间的中间服务层。应用程序层主要包括一些运行在 LBS 提供商和 LBS 用户服务器上的应用服务程序和客户端的组件。位置定位层主要是包括 Cell-ID、A-GPS 和 Wi-Fi 等在感知层详述了的定位技术。

LBS 中间件一方面具有能够自我管理的服务功能，另一方面是它提供了对用户应用程序及其核心业务的控制、执行和维护等功能。LBS 中间件能够为用户提供包括地理查询、导航和距离计算等多种位置信息的一些核心服务。LBS 中间件在与应用程序层之间设计了一些公共调用接口，通过这些接口向上层用户提供最为重要的地理位置信息服务。而中间件向上层用户提供的服务都是建立在下面透明定位层的基本服务之上的。定位层首先借助多种定位方法来获取用户终端位置信息，然后通过 GIS 来进行信息的存储和处理，最后将具体结果提供给不同的用户。LBS 中间件与定位层的相互通信是通过不同移动终端协议来传输的，这些协议都是根据 LBS 提供商与电信运营商共同的协议接口规范而产生的。

图 5-9 所示的是一个基于 LBS 的车辆位置服务系统中的 LBS 中间件结构图，LBS 中间件系统是车载定位监控系统中数据交换子系统的实现。

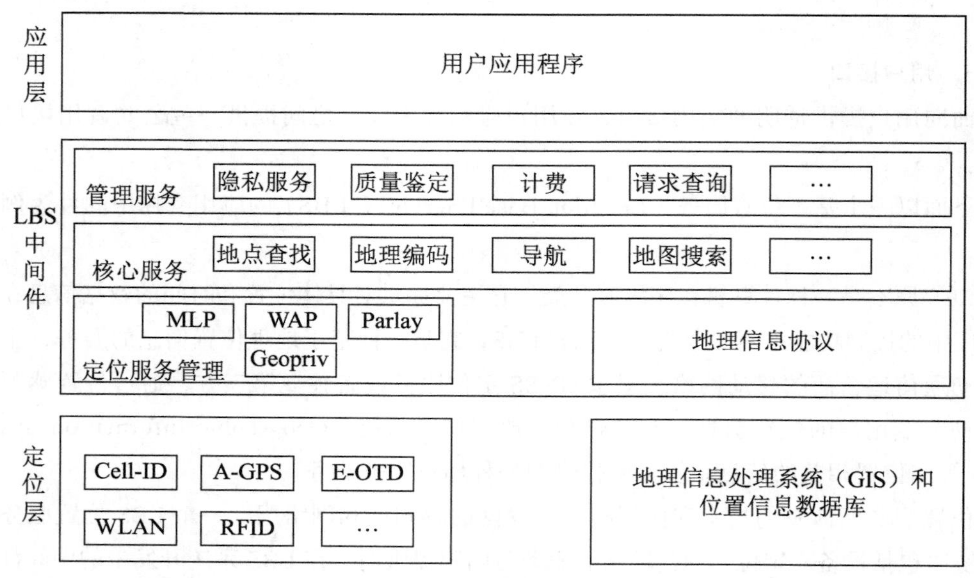

图 5-9　LBS 中间件结构图

该中间件的设计，把位置感测中的定位层独立出来，是一个面向消息传输高性能通信中间件，主要用于接收来自 GPS 或北斗等定位终端的数据，并把数据处理结果传输给后台监控用户，同时与监控用户交互，通过该平台把用户的控制指令传递给具体的用户终端。

图 5-9 描绘的面向 LBS 数据通信中间件系统，主要基于车辆信息监控系统中面向消息通信中间件，在结合了终端 TCP 连接的高并发性和长效性，数据信息量的安全性、时效性和波动性等特点的同时，致力于提供一个可扩展并合理利用网络带宽的通信框架，使得业务层的开发可以从复杂的底层网络通信中解放出来，从而为整个系统提供稳定、高效的信息通信服务。具体的目标含义包括以下几个方面。

- 可扩展性。系统主要采用面向对象和模式框架思想去架构设计，将公共功能模块组件化，增加模块的可复用性。这样能够使得我们的注意力转移到更广阔的问题上来，尤其可以避免一些低级 OS 细节问题。此外，由于 GPS/ 北斗终端产品多、各厂商终端产品协议不同，并且本系统需要考虑兼容其他导航系统（北斗、格洛纳斯等 GNSS 和蜂窝网定位导航）的能力，因此，在系统开发中需要能够将不同的终端协议数据转换为本系统自定义的内部协议。

- 高性能与可靠性。根据整个监控系统的用户需求和自身特点，系统需要至少支持 5000 个终端连接同时并发在线，并能够保证及时响应新的终端的连接请求。系统不仅需要通过有效的并发控制手段来保证每个终端连接的响应时间，还要高效可靠地传输大量终端数据到后台监控中心。当终端连接量很大时，系统的并发连接数和数据缓存传输量也在不断增加，因此，系统中间件必须具有很高的处理效率，满足应用层的功能性正常运转。整个监控系统数据交换平台是要工作在移动服务运营商提供的后台网络通信服务器上的，因此，整个系统需要满足电信级运行的可靠性，并需要具有一定的容灾和恢复能力。
- 可扩展性和异构环境支持。对于整个监控系统来说，可能会由于车载终端、终端协议、具体运行环境等因素的变化而引起系统调整。因此，中间件在设计和实现中需要提供良好维护接口来适应外部应用环境变化，在最小化系统架构变化的同时保证系统的整体服务质量。整个系统的部署平台和环境可能根据不同应用客户而不同，这就要求系统具有跨平台性。

5.1.4　机器人中间件简介

服务机器人未来可能与人类形影相伴，工业机器人也会装点着工业 4.0 的门脸。在 3.6 节中讨论了从机器的视角如何感知环境信息，进而通过 SLAM 技术实现在未知环境运动时的定位和地图构建，执行路径规划、自主探索、导航等任务。对于机器人而言，还需要一套控制系统，除了与 SLAM 打交道之外，还要考虑系统内部的运动控制、数据共享，以及外部的设备交互、信息融合等服务；以及对外界获取信息的判断和响应、功能硬件的输入输出、机器人行为决策与任务处理等。

更为复杂的还有像“机器人跳舞阵列”一类的网络群控任务等，涉及机器人之间的协同。机器人系统是典型的分布式多任务异构系统，其开放性、兼容性和可移植性决定了共性的基本功能和特性功能的实现。对于开发者来说，如何面对上述一类问题，把多个构成要素整合为一个整体系统？需要中间件来支撑。

1. 机器人中间件概述

机器人时代的来临，需要机器人控制软件在实时性、扩展性、容错性、复用性、资源有效利用等方面的通用化、平台化的支撑。比较有名的有：日本的机器人技术组件 RT-middleware 和机器人开放网络接口 ORiN（Open Robot interface for the Network）；美国的 Player/Stage System；韩国的面向对象机器人中间件 KOMoR（Korea Object oriented Middleware of Robot）；

德国的移动机器人多层编程控制平台 MIRO；中国的“863 机器人标准化模块化中间件”项目；清华大学的开放式机器人控制中间件。主要性能指标[①]如表 5-1 所示。

表 5-1 机器人中间件主要性能指标和技术标准

中间件	主要性能指标	技术或标准
RT-middleware	在软件层实现机器人及其功能模块的组件化结构，并通过对选定的模块的合成简化机器人软件开发，可复用的软件组件标准、类库和标准设备	CORBA[②]
ORiN	为从个人计算机访问和控制机器人系统提供接口，支持多协议	HTTP（超文本传输协议），XML（可扩展标记语言），SOAP[③]
Player/Stage System	提供一个开发平台以支持不同机器人硬件并为不同的机器人提供通用服务	三层体系架构、对象代理
KOMoR	为不同的操作系统和网络接口提供接口，具有可伸缩性、服务质量保证、资源管理、容错性，以及多路径路由能力	组件技术，HTTP，SOAP
MIRO	用分布式对象技术促进移动机器人软件开发的流程并在机器人和企业信息系统之间进行交互	CORBA
开放式机器人控制中间件	硬件抽象，管理各种不同类型的外围设备，包括扩展、替换、保养、调度和通道映射功能，为上层逻辑控制提供统一的访问通道	XML，SOAP

接下来介绍几种典型的机器人中间件。

2. RT 中间件

以组件的形式提供控制机器人构成单元（传感器、驱动器）和机器人的软件称为中间件。RT 中间件（Robot Technology middleware）是源自日本的一种软件平台规范。有在日本服务机器人业界起主导作用的日本产业技术综合研究所（日本官方研究机构）开发的 OpenRTM-aist 等多种实现方式。该研究所为了普及服务机器人，作为开放战略，提出了机器人的 RT 组件（RT Component，RTC）的标准接口规格 OMG[④]（Object Management Group），并于 2008 年公布了 OMG 的标准规格，有效避免了机器之间不兼容的问题。同时，该研究所根据该规格开发和公开了应用 RTC 的中间软件，即 RT 中间件。

RT 中间件将构成系统的软硬件都作为构成 RT 功能的要素，并将要素进行软件模块化。组件定义了用于和其他组件交换数据的 RT 组件。RT 组件分别集成了不同的功能，方便所开发的系统灵活地扩展。

---

① 王进华，张平．基于 SOA 的工业机器人开放式服务中间件研究．上海交通大学学报，2016，7（增刊）：24.

② CORBA（通用对象请求代理体系结构）是由 OMG 组织制定的一种标准的面向对象应用程序体系规范。

③ SOAP（简单对象访问协议）是交换数据的一种协议规范，是一种轻量的、简单的、基于 XML（标准通用标记语言下的一个子集）的协议，它被设计成在 Web 上交换结构化的和固化的信息。

④ OMG（对象管理组织）是一个推进对象标准化的国际化、非盈利的计算机行业标准协会。推进具有代表性 UML 和 CORBA 的标准化。OMG 内从 2005 年开始进行有关机器人的活动“Robotics DTF（Domain Task Force）”。

以一个具有机械臂和识别能力的机器人为例，RT 中间件的主要功能有：传感器输入输出 API，电机控制程序，语音和图像识别软件，任务执行管理和软件包管理等。

3. ROS 中间件

ROS（Robot Operating System）并不是一个操作系统，而是提供类似于操作系统所提供的功能，包含硬件抽象描述、底层驱动程序管理、共用功能的执行、程序间的消息传递、程序发行包管理，它也提供一些工具程序和库用于获取、建立、编写和运行多机整合的程序。ROS 在欧美地区广泛应用，2010 年，Willow Garage 公司发布了开源 ROS。

ROS 的首要设计目标是在机器人研发领域提高代码复用率。ROS 是一种分布式处理框架。这使可执行文件能被单独设计，并且在运行时松散耦合。这些过程可以封装到数据包（Package）和堆栈（Stack）中，以便于共享和分发，提高了代码的复用性、模块化能力。ROS 支持基于服务的同步 RPC（远程过程调用）通信、基于 Topic 的异步数据流通信，还有参数服务器上的数据存储。但是 ROS 本身对于分布式网络中实时性、网络动态重组的支持不够①。

ROS 的运行架构是一种使用 ROS 通信模块实现模块间 P2P（点对点）的松耦合的网络连接的处理架构，它执行若干种类型的通信，包括基于服务的同步远程过程调用通信、基于主题的异步数据流通信，还有参数服务器上的数据存储。它采用点对点设计。ROS 包括一系列进程，这些进程存在于多个不同的主机并且在运行过程中通过端对端的拓扑结构进行联系。虽然基于中心服务器的那些软件框架也可以实现多进程和多主机的优势，但是在这些框架中，中心服务器会成为整个网络的瓶颈，一旦它失效整个系统都会发生问题。

总之，机器人中间件提高了“机器人开发技术”的开放能力，通过通用的标准与接口，让机器人技术显得更加平易近人。机器人是设备进化导致的必然结果。而目前机器人的发展趋势，一个是具备更高的“智能化”水平，另一个是具备接入云的能力。机器人的能力越强，我们越应该在设计之初考虑机器人应用当中的安全问题，例如机器人伤人事件，再例如，别有用心的人会不会从我的机器人嘴里“套取”隐私。这些内容将放在第 6 章中讨论。

5.2 物联网网格②

物联网“碎片化”成为连接生活的阻碍。③

① 吕广品等. 机器人系统中通信中间件的设计与实现. 信息通信，2017，9：85.

② 本书作者于 2012 年在百度词条和《物联网技术及其军事应用》撰写中首次提出，后面介绍的可穿戴网格属于物联网网格的一种。相比较于 IoT Grid，作者更倾向于 Primitive IoT 的英文翻译。其部分思路源于《物联网研究战略路线图》(欧盟于 2009 年提出）中“物”的定义的延伸。

③ 物联网，悄然走进你的生活. 科技日报，2016.5.13，http://www.cac.gov.cn/2016-05/13/c_1118858885.htm.

从概念上说，技术开发再到产品应用，物联网一直“看起来很美”。邬贺铨（中国工程院院士）表示，物联网之所以发展得不如想象中那么好，其中一个重要原因是“碎片化”，阻碍了物联网与日常生活的有效连接。

实际上，“碎片化”却是物联网的“天性”。“传感器是多种多样的，有物理的传感器，化学的传感器，生物的传感器，甚至同一物理传感器也多种多样，不可能有一种通用的传感器适用于所有领域。”

“物联网产业的统计边界不清晰，什么算物联网，什么不算物联网，有些数字不可信。”邬贺铨既警醒又充满期待。

——邬贺铨院士的访谈

在 2012 年至 2013 年，作者通过不断搜索物联网及其内容，敏锐地判断出物联网的发展在这期间不如想象中那么好（表面上看起来很美）。原因有三：其一，内容被泛化，什么相似的概念都往“物联网”里装；其二，出现的频次有下降的趋势，可能因为把握物联网的本质这一门槛有点儿高，不利于外行进入并专业化、产品化、产业化，来自政府和市场的先期投入也逐步开启了“防忽悠”模式；其三，“碎片化”，如图 5-10 所示，每一类典型应用被束缚在未经“格式化”的格子里。

图 5-10 束缚在未经“格式化”的拼接应用示意图

2013 年，在“物联网网格”被提出的作者的上一本书的思考与写作中，到本节再次论述，意义是一致的：物联网的发展需要规范化、格式化、积木化、易扩展，尽量避免碎片化；物联网网格是这一想法的一个起点。在研究物联网中间件和 SOA 的基础上，这里提出一种“物联网网格”（Primitive IoT[①]）的理念，是一种描述“物”及其所在物联网环境之间关系的概念。

物联网网格空间包含：物体、关系集、服务。在一个物联网网格中，物体作为网格中的实体要素，在这个相对独立的网格空间中形成关系集合。关系集包括物之间的关系，物和服务之间的关系以及在这个网格空间中能够衍生的叠加关系（物 +“物和服务”）。通过网格中心对物体空间进行规范、管理和使用，从而提供服务（包括网格内服务和对外的服务接口）。物体、关系集、服务作为物联网网格的三要素，分别对应物联网的感知、网络、应用。可以尝试将存在关联关系的三要素定义为物联网网格，物联网网格可以作为物联网的细胞存在于物联网中。

5.2.1　物联网网格的特点

物联网网格是本地化了的基于服务和管理的智能集合，但并不只局限于地理上的本地化，可以是基于一个事件需求所形成的短期临时性结构，也可以是行业发展而形成长期联盟，等等。局域网之于广域网，有点儿像物联网网格之于物联网；作者尽力想把物联网网格描述成为不是标准的一组属性和规则集合，以尽量的开放性吸纳更多的智慧，并给予物联网网格更大的发展空间。

继作者 2013 年 1 月于百度百科中提出“物联网网格”这一概念，并在某词条中定义的前后，出现了雾计算、工业 4.0、关系网络管理、可穿戴计算等新概念，包括挑战人类围棋的 AlphaGo，其中不凡物联网网格的影子。它们的共同特征是：如何使“物”及“物”的关系更加智慧，如何使物联网能够针对行业“格式化”发展；能够更好地和人相处并善解人意，走上自主智能的进化之路。

这里讨论的物联网网格的特点，可以体现在以下几个方面。

1. 异构性

物的多样性不可避免地带来物联网网格的异构性。不仅不同的网格会有不同类型的结构，同一个网格中也会有各种不同的关系集表征方式。例如，在家居网格中为了实现对家庭

---

① 原书中作者曾译作 IoT Grid，本书中作者为了体现像 HABA、乐高这类积木的易于契合、搭配、扩展的特性，形式上，可以采用 IoT Mesh 来表示物联网网格的形态；而其本质，作者更倾向于 Primitive IoT，这种物联网中能够提供格式化服务的最初单元。

的智能感知，需要处理各种不同类型的对象，如探测器建立的各种安防关系，家电管理所需的关系集，家居网格向小区局域网或互联网提供的煤气泄漏等警报关系等。为了构建完整准确的网格，必须综合考虑这些不同类型的网格要素及其空间结构来定义信息（语言）结构、传递信息、实现服务。进一步要考虑异构性引发的网格之间的兼容、开放、互操作问题。

2. 有限性

物联网网格构造的目的，就是使将海量的"物"转换为网格中有限个要素，以便于研究和建立标准，这是一个化无限为有限的思路。虽然物联网中各个对象都能够普遍联系，每个对象都可能在变化，但在一个网格中，物的数量、特征、关系等的变化是相对有限的。在网格中如何有效地探索新的技术和方法来高效地管理和处理这些"物、关系、服务"，以及网格之间的交互、融合接口，是将"细胞"进化为"器官"并更具智能（融合、推理、判断和决策）的关键。

3. 透明性

"物"的透明访问是物联网网格中定义和获取服务的重点问题之一，也就是说，我们并不需要了解物（设备）的构造和组成，只需了解如何获得服务。以家电为例，传统的"人机接口"是家电说明书，学习说明书中的操作规则就可以依照规则获取服务。同样，当"物"在家居网格中心注册时，也需要将具有一定结构、内容、服务的提供方式用通用的定义规范"告诉"网格中心。这种定义相当复杂，既要考虑具备不同智能层次的物体，又要考虑同一类物体的个体化差异，还要考虑一个物体能够提供的不同种类的服务。当然，网格中物和物的透明互访能力，以及网格对外在环境所能够提供的服务也在进一步考虑之列。

4. 层次性

不同种类的物联网网格中的"物"的层次将会被划分得更细。物的作用和交互活动必将受到物品自身功能和能力的限制（如它们的计算处理能力、网络联通性、可使用的电源等），还会受到所处环境与情况的影响（如时间、空间等）。所以根据物品参与物联网中互相影响、互相交互的各种流程和活动的行为、参与方式以及它们自身的某些属性，可以借鉴欧盟 2009 年在《物联网研究战略路线图》中暂将物和物联网网格这个特殊的物归纳为以下 5 种层次。

（1）基本基础属性。"物"拥有标识，可以是"实体事物"，也可以是"虚拟事物"；"物"将是环境安全的；"物"（以及其虚拟表示）将尊重与它们相交互的其他"物"或者人的隐私，保护它们的机密信息，保障它们的安全。这些可以理解为"物权"。"物"能够互相通信，并参与现实的物质世界和数字的虚拟世界之间的信息交换。

仅具备基本基础属性的"物"，只能被动地参与信息交换。一般来讲，它们没有（先进的电子器件）电，只能被贴上标签（虚拟标签），或者被传感器观测；例如食品、货物、树木，手电、灯泡等一般电气设备。简言之，它们有标识、会被动交流。

（2）基础属性。“物”使用服务的形式作为它与其他“物”相交互的接口；“物”将在可选择的原则下与其他“物”竞争资源、服务和相应的主题内容；“物”可以附加传感器和探测设备，这样将使得它们可以与所处的环境交互，并且与环境互相影响和作用。

具备基础属性的“物”，已经具备开口“说话”的潜质或者已在“说话”；它们本身就有先进的电子器件（不论是否用于联网“说话”），例如照明、供热、供水系统等具备联网潜质的设备。简言之，它们可感知、弱隐私、会服务、能交互。

（3）社会化物品的属性。“物”可以与其他“物”、计算设备和人进行通信。“物”可以一起协作，共同创建物联网网格。“物”可以自主地发起通信和交互。

具备社会化物品属性的“物”，不仅具备前两点，具备“智能”的潜质或者已有“智能”；而且能够主动地和前两类物交流。它更具备“管理”（网关）的潜质。例如，汽车、掌上计算机、PDA、手机（可穿戴设备的网络接入）等，在场景中能够“察言观色”的各种环境传感器（湿度、温度、压力、污染和 WSN），甚至具备“手”：执行器。简言之，它们有隐私、会服务、能交互、会管理。

这之前的两点更适合物联网网格中的“物”，此第三点可以作为网格属性的分界点：网格中的“物”可以彼此交流或者通过服务和人交互；这些“物”及其关系集、服务可以作为构成物联网网格的要素，网格之间也能够彼此交流或者通过服务和人交互。

此后的两点更适合物联网网格的属性。

对于人类来讲，“社会化”意味着“物”能够掌握你的或环境的隐私；通过“标准”语言交流；突破时间维度、空间维度限制为人类提供一整套流程化服务。

（4）物联网网格的属性。“物”可以自己做很多事情，自动完成很多任务。“物”可以了解、适应和改善自身所处的环境。“物”可以从环境中分析和提取既有的模式，或从其他“物”处学习到各种模式的数据、知识以及经验。“物品”可以运用其推理能力做出决策。“物”可以有选择地丰富信息，并且可以主动地传播信息。简言之，它们能管理、会思考、强隐私，会定义并思考自身的安全；可以理解为群体型智能。

（5）高级别类型的物联网网格。具有自我复制和自我管理能力的物的属性，“物”可以创建、管理并销毁其他“物”。可以理解为仿生型智能。

这一类的“物”将具备较高级智能，具备安全（和隐私保护）管理能力。

5. 智能性

服务在网格中心能够通过关系集找到能够提供服务的物，同样，网格中物的升级、进化和替换也能够同步更新关系集与服务。这就是物联网网格的内省（introspection）和调整

(intercession) 能力，也就是支持反射机制。物联网网格的智能性还体现在自治能力，表现在：①能够自我标识，被搜索与发现，提供交互接口；②能够在不同的条件下自我配置或重配置；③能够自我调整达到最优性能；④能够自我复原；⑤能够自我保护（网格的安全能力，可以理解为“物权”保护)；⑥知道网格的内部环境和外部环境并能够做出相应动作（例如自适应，提出和接受交互请求)；⑦网格运行在开放环境中；⑧对于外部环境能够隐藏自身复杂性，同时根据外部环境自我预优化。简言之，网格是动态的、自主的、自适应的、能够自学习、自治的、支持反射、可重构、可伸缩、可进化的。网格将从第三层，逐步向高层次（第 4 层、第 5 层）进化。

6. 开放性

考虑到物联网的开放架构来最大限度满足不同系统和资源之间的互操作性，同时也给研究带来相应的复杂性。在一个相对狭小的网格环境中，定义其中的要素，进而研究其抽象数据模型、接口、协议，并将这些绑定在各种开放的技术（XML、Web 服务等）中，以简化物联网架构，是一个化繁为简、化整为零的思路。要充分考虑物联网网格的通用性、独立性、可互访性，便于向整个物联网架构扩展或进化。网格中心的定义也是基于此考虑。

7. 可分布性与服务发现（机制）

随着 LPWAN 和 M2M 等身边的接入方式涌现，网格中的感知即接入就不只局限于集中获取已注册服务，而能够实现基于分布性的服务发现。

每个物联网网格都只有一个中心，但是服务是可分布的。以一个家居网格为例，当一台带有遥控器的电视作为家庭的一分子被主人买回家，电视即向家居网格中心注册加入家居网格，在注册中明确：“我（电视）是谁，现在属于哪个家庭，能为您做些什么”等电视作为家居网格中“物”的种种属性，主要目的是为了说明电视能够提供的服务。然后通过遥控器选看电视这一服务就属于家庭成员。选看服务可以在家居网格中任意控制平台实现，除了遥控器之外，手机、PAD、计算机都可以通过家居网格的控制接口实现选看，这是因为这些网格中的“物”在注册“入户”时已经向家居网格中心明确了自身的功能等属性。网格中心统一管理着家居网格中所有的“物”、关系集、服务。无论身处何方、用何种方式向家居网格表明自己的主人（或主人的朋友）身份，都可以通过网络向网格中心发号施令，控制家电提供服务。家电在网格内是可分布的，不同家电提供的服务也是可分布的，通过服务发现机制，使“接入”环节对用户变得透明，实现感知即服务。

服务发现可以通过网格之间的融合实现。网格能够提供的每一种服务，都有相应的接口定义。网格之间能够按照标准接口拼接成更大一级的网格，还能够在同一网格中叠加成立体网格。也就是说，融合既可以是拼接式平面联合叠加，也可以是图层式立体重合叠加。当你在一个社区消费网格中，把其中的餐馆和图书馆视为已在该消费网格中注册过的“物”，社区中所有餐馆属于社区餐馆网格 A，所有图书馆属于图书馆网格 B，相邻社区所有餐馆属于社区餐馆网格 C。当你既能点网格 A 的餐，又能点网格 C 的餐，就是基于相同服务的联合叠加（A+C）。当你在一家餐馆吃饭时就能够网上借阅图书馆的书，就是基于相同环境的重合叠加（AUB），环境不仅局限于地域。当需要考虑到网格的相对独立性时，网格之间以松耦合的形式叠加。

网格之间的融合方法还包括：网格可以作为上一级网格中的“物”，在定义了网格间融合的关系集、服务之后，网格就具备作为“物”进入上一级网格的能力。例如，车辆网格和行人网格、交通网格构成车联网。网格之间的关系集、服务需要结合网格接口重新定义。

这里仅仅是在中间件和 SOA 的基础上提出“物联网网格”的想法。初衷是将 EPC 中的思想推广，将物联网网格化，对于每个网格结构化、标签化，并通过网络实现其间的联合（融合），在尊重“物权”的基础上，引发物联网阶段性发展形式的思考，例如，从物联网各行各业的齐头并进到物联网大系统集成，再到各个行业的精细化发展，这种“分久必合、合久必分”式的网格化发展道路。反观现在的物联网行业标准发展，正在根据行业的应用需求而制定，如果行业标准制定的过早过细，势必束缚行业内物联网应用的充分发展。如果类似物联网网格的概念，仅给出“规则集”“接口集”，预示网格个体的可进化性和群体的可沟通性，才能给予“物”自由发展的“权利”。如果过于抽象，把“接口集”比作人类的语言，把“规则集”比作国家的法律，无法限定全人类使用一种通用的语言，无法想象世界各国只使用一部法律。简言之，物联网网格，包括其概念，都将会充分地自由发展。

5.2.2　物联网网格与雾计算

物联网网格为服务而生，面向“物”的自主智能而成长。SOA 只是现阶段物联网网格中信息传递与管理的“软件模型”，可以理解为具备物联网网格的可选语言。

服务。SOA 的核心是实现服务和技术的完全分离，从而达到服务的可重用性。物联网网格也是把服务抽象出来，当作“物”的属性或者能力。

结构。SOA 的主要组成部分涉及三个方面，其中，服务提供者对应物联网网格中的“物”；服务注册（或服务注册中心）对应物联网网格中心；服务请求者对应网格在内部和外部具备为泛在的服务对象提供服务的能力，并且它们对应于体系结构中的相应模块。

拥有服务后，用户可以通过编配这些服务给企业或个人的业务流程带来更持久的生命力。

智能。物联网网格可以通过 SOA 为（远程）用户提供服务，它可以使物联网网格在更广泛的网络中使用相同的语言交流，这种语言是可升级或进化的，具备一定的智能。而网格的自治性、自主性也赋予网格一定程度的智能。

融合。SOA 可以作为雾计算的接口语言备选项，或者雾计算当中一组紧贴“物”及服务的架构参考。

物联网的智慧，从马斯洛的人类需求层次分析角度看，如果“物联网”被赋予基本的“存在”和“安全”需求，并引向能够向更上层发展的道路，物联网就能承担更多的沟通，实现人与物更好的共同发展；承担更多的责任，实现更强大的智慧；在智慧的无拘无束的网格里，让物能够传递、继承、传承和唤醒大自然的潜能（而不是开发，是发现）。

从物联网的角度来看，雾计算从云端延伸的目的，是为了更好地服务“物”的相关计算需求。从物联网现阶段发展而言，尚处于物联网网格百花齐放的阶段，各种 -X 型物联网平台，或者称智慧 X 平台（各种 Smart -X①）、“互联网 +”的百家争鸣，正形成对大规模、异构化的云的渴望。而雾计算本身就是从云而来，接地气而去；能够很好地贴近某一具体应用。简言之，雾计算更适合亟待进入的物联网阶段——物联网网格阶段。

雾计算安排在本章随后部分探讨，这里我们先把雾计算理解为小规模、分布式、更贴近资源需求方的云计算。相对于“云端”是由服务器集群组成，“雾端”由我们身边能够提供资源的设备组成，它在地理上分布更为广泛，而且具有更大范围的移动性，这让它适应如今越来越多不需要进行大量运算的智能设备。

从技术架构上来看，雾计算最好的实现应在紧贴“物”的物联网网格上叠加一层分布的计算能力，就像人类的末梢神经一样。这样一来，根据实际的应用需求，雾计算能够满足物联网网格对“资源”的特殊性要求。也就是对雾计算需求能够区别对待、按需获取、合理规划。

关于雾计算概念及特性的探讨随后论述，这里，如果把物联网网格比作硬件和软件的融合，雾计算就是软件，而 SOA 就是提供服务的语言接口。假设雾计算具备支撑物联网网格智慧的能力，它们融合的方向有以下几个方面。

- ❑ 结构管理：成员管理与责任管理、分布管理。
- ❑ 工作管理：关系管理、安全管理、服务（能力）管理。
- ❑ 智慧管理：所拥有的智慧传递 / 继承到有关系的物和对象。

其中的关系管理接下来展开进行讨论。

物联网网格更像是物联网社会的一种家庭结构，需要雾计算“贴心地”处理各种关系。

- ❑ 与能够支撑物联网网格实现的软硬件系统关系；
- ❑ 用户与所能够提供服务的物联网网格安全和可靠性的关系；
- ❑ 本身的性能优化和所拥有的智慧传递的关系；
- ❑ 网格接纳新成员与升级服务能力的关系；

① 例如 Smart Health、Smart Building、Smart Energy、Smart Manufacturing（智慧制造）、Smart Cities、Smart Farming and Food Security 等。

❑ 网格内部管理与外部监督（监控）的关系。

类似这些关系，除了已经构建的网格成员与网格之间的隶属关系之外，也许会像互联网上的社交（社区）网络服务中人与人（群）之间的关系那样蓬勃发展，而现在还需要进一步发现和探索。

这里有一个问题值得思考，“物联网安全能否投影在一个个的物联网网格中？”这个问题放在物联网安全一章的最后部分探讨。

总之，更多的思考、更多的发展；更多的沟通，更多的传递；更多的友好、更多的智慧。

5.2.3　物联网网格与工业 4.0

物联网发展的最终目标是实现人类社会、信息世界和物理世界的完全融合。工业 4.0 与此目标同步，在工业场景中力图构建一个可控、可信、可扩展，并且安全高效的物理设备互联网络，并尝试从根本上改变人类对工业的理解，如图 5-11 所示。

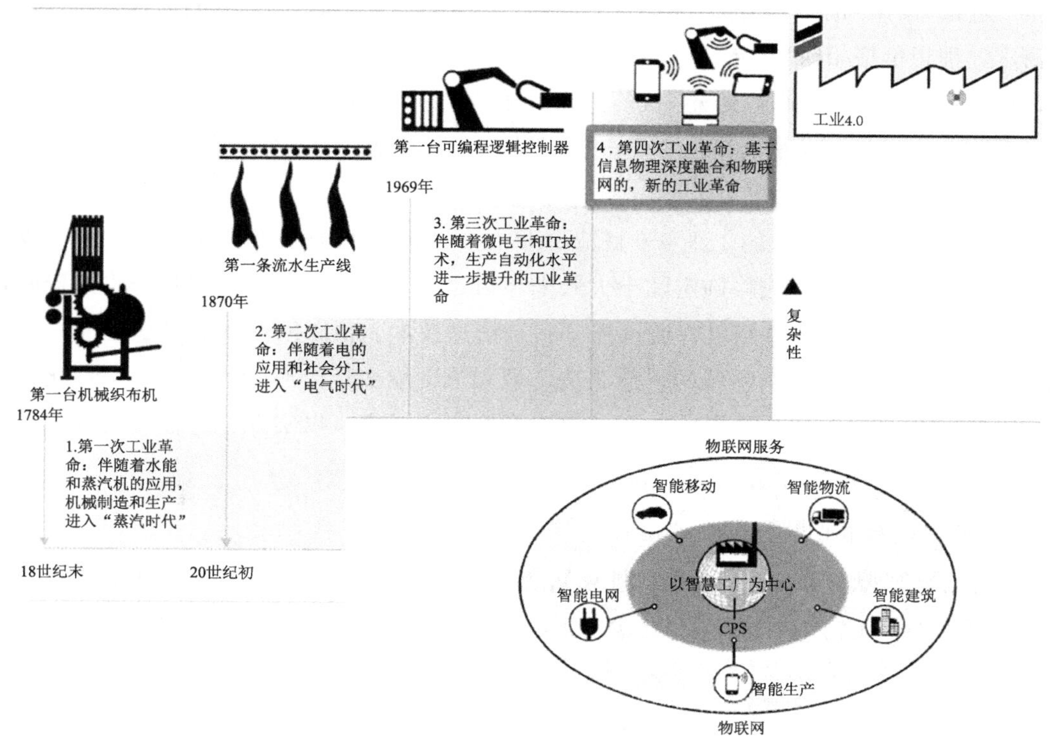

图 5-11　面向工业 4.0 的工业革命脚步[①]

① Ovidiu Vermesan, Peter Friess. Digitising the Industry Internet of Things Connecting the Physical, Digital and Virtual Worlds. RIVER PUBLISHERS SERIES IN COMMUNICATIONS，2016，49：162.

1. 工业 4.0 的概念

工业 4.0（Industry 4.0）只是一个新工业革命的指代名词，在图 5-11 的右侧部分可以看得很清楚。它的概念包含由集中式控制向分散式增强型控制的基本模式转变，目标是建立一个高度智能化、数字化的工业生产与组织模式。

在这种模式中，传统的工业壁垒将会消失，并会在这种创新模式实践中产生各种新的活动领域和合作形式。在应用新一代信息技术创造新价值的过程中，产业链分工将被重组。工业 4.0 的概念有三个支撑点：一是产品主导生产，信息技术服务生产；二是让机器更加聪明，能够互相对话甚至与产品沟通；三是让产品体现社会价值，环保、安全、可靠。

工业 4.0 是一个工业制造物联网网格的创新“规则集”，它按集中式控制转向分散式增强型控制的思路，划分为各个子网格甚至细分到制造场景，在一致的规则下相互融合壮大、协调发展。智慧制造本身的价值是多目标的，不仅是做好一个产品、一条生产线，还要将产品生产过程中的浪费降到最低。以产品全生命周期性价比为目标，实现设计、制造过程与用户需求、理想价格相匹配；二是让系统在制造过程中根据产品加工状况的改变自动进行调整，在原有的自动化基础上实现系统的状态实时“自知（Self-Aware)”和状态改变时的内省(Introspection)；三是在整个制造过程中实现零故障、零隐患、零意外、零污染，这就是制造系统的最高境界。

2013 年才正式推出的工业 4.0 概念，早在 2010 年德国政府发布的《高技术战略 2020》中，被规划为该战略确定的十大未来项目之一。按照规划，德国政府将投资两亿欧元，在 10 ～ 15 年的时间里，通过充分利用信息技术、物联网 CPS 嵌入式智能——信息物理系统完成工业生产领域的智慧制造，最大限度地实现生产全自动化、个性化、弹性化、自我优化并提高生产资源利用效率，降低生产成本，以实现革命性、大幅度提高生产力的最终目标。

2. 物联网对工业 4.0 的影响

在最近的国际研讨会上，关于物联网应用和价值创造行业的一个快速调查显示，在工业领域物联网的应用将从中获益最多。如图 5-12 所示，该调查选取了以“物联网、价值、工业”为核心的 6 个不同的视角。结果分析如图 5-13 所示，工业领域 IoT 应用获益排名前三的有工业物流与供应链、工业生产服务、离散型工业生产；其余有批量生产、能源（石油、天然气)、智能电网（电能）。

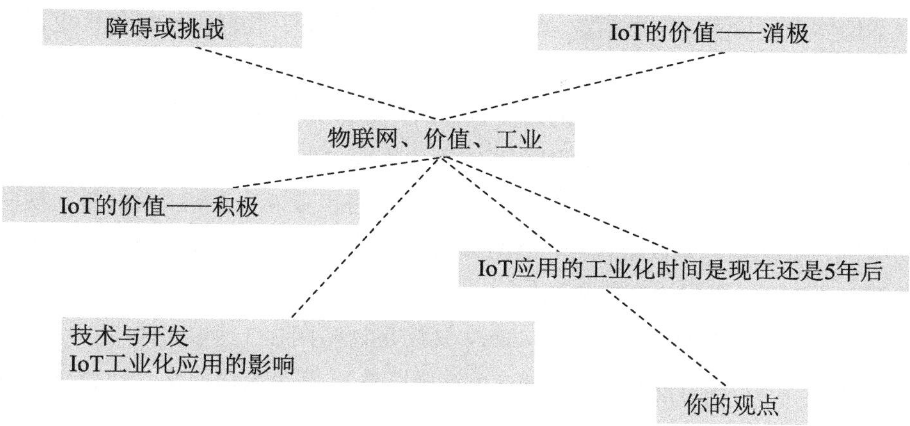

图 5-12　物联网应用的调查及其对产业价值影响的研讨组织结构

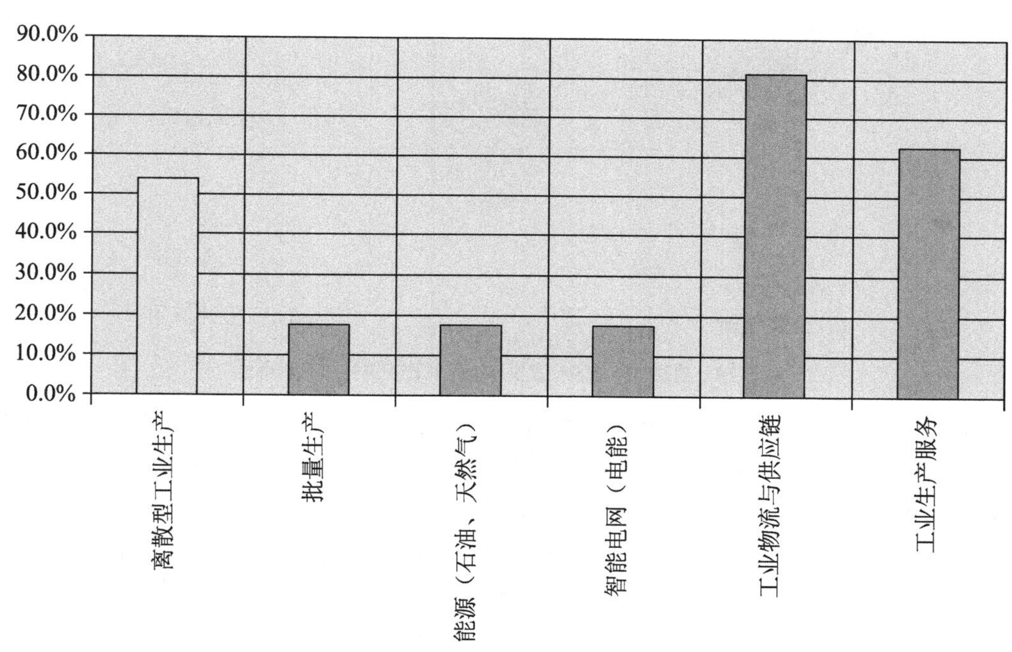

图 5-13　工业不同领域的物联网应用有望获取重要的效益

3. 工业物联网网格

未来工厂的核心是：从需求出发，智慧制造①。

而智慧制造中的服务提高和生产的离散化仍然是紧迫的问题，对于物联网在工业 4.0 的

① 解说工业 4.0 和大数据物联网的关系，见 http://video.ofweek.com/video/5584.html。

应用，也不仅体现于量身定制的解决方案。从某种意义上看，物联网网格似乎更适合服务于物联网设备的集成、部署、配置和使用。

工业 4.0 的物联网应用，从行业的角度看，国外称作 IoT industry 或 Industrial IoT，无非就是工业物联网的垂直网格，核心原因在于它不仅需要设备的安装、配置，更需以自主智能化为发展方向。简单地说，按照物联网网格的概念，将工业 4.0 这个“大网格”横向按技术划分为物联网、云计算、大数据管理、智慧设备等；垂直按工业物流与供应链、工业生产服务、离散型工业生产、批量生产等领域细分。

从图 5-14 向右侧的应用看，IoT industry 仅仅是物联网在工业应用中的一个行业网格，根据物联网行业用例，还可以有个人网格（可穿戴网格）、智慧家居网格、智慧交通网格等。

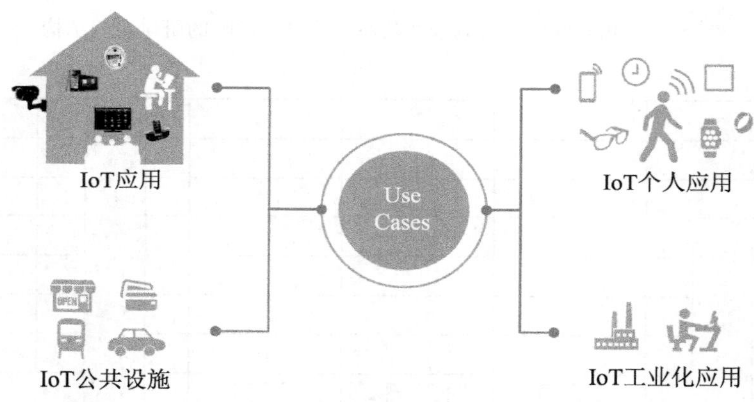

图 5-14 在用例中融会贯通的诸多物联网网格示意图

陆续也会有农业 4.0、商业 x.0、旅游 x.0 等类似的“物联网 +”网格概念出现，这说明各个行业网格迟早会走向纵向功能性自治、横向信息化联合的自主智能道路。在这个道路的初级阶段，就是物联网网格在各行各业的具体应用。在利用物联网技术进行产业快速转型和技术布局更新的进程中，但愿物联网网格能够引发智慧的思路。希望物联网网格能够为物联网的自主智能化道路提供尽力而为的思路，更多物联网网格的实践工作有待于进一步研究。

5.2.4 水平和垂直方向的网格

物联网的发展迫切需要标准。而目前的标准，从“横向来看”，感知层、网络层、应用层中的每一个标准都不具备足够的开放能力，提供本层的跨平台整合能力与信息自由流动；“垂直来看”，每个行业的应用规范中还都处于“割据”状态，功能（服务）格式化欠缺。

而物联网的应用却正将逐步从垂直、单一解决方案走向跨行业、跨应用、跨标准的协同应用或多目标应用。所以，迫切需要一种更长远的、基于标准但高于标准的规范化。以应对数字经济背景下，使物联网“系统之系统”的内部规范化重构与自我更新的商业模式、产品服务组合、客户多目标（例如安全）需求相一致，将 product-as-a-service 的产品概念能够嵌入到规范化的“网格”当中，并能够向横向跨平台、纵向跨行业的方向发展。

物联网网格并不是一个标准，而是一种面向应用的规范化的探索。如果把网格坐标的 X 轴看作是技术体系，Y 轴是行业体系，让我们尝试在脑海中勾勒这么一个三维立体网格图（其 X 轴、Y 轴下的平面图如图 5-15 所示）。

X 轴（横向，图 5-15 所示的水平方向）：若干平行技术，例如分布在感知识别技术体系、网络传输技术体系、管理服务技术体系与综合应用技术体系中的物联网网络和基础设施、物联网设备和产品、软件和数据技术、各种数字化服务等。顶层的数字化服务体现的是综合应用，支撑综合应用的软件与数据平台体现的是管理服务。

Y 轴（纵向，图 5-15 所示的垂直方向）：垂直行业，例如工业、农业、商业等，又如智慧城市、智慧交通、智慧物流等。

Z 轴（第三向，垂直于图 5-15 所在平面）：产品（或服务）应用，例如传感器应用、CPS 设备、可穿戴服务、安全服务等“产品即服务”产品。

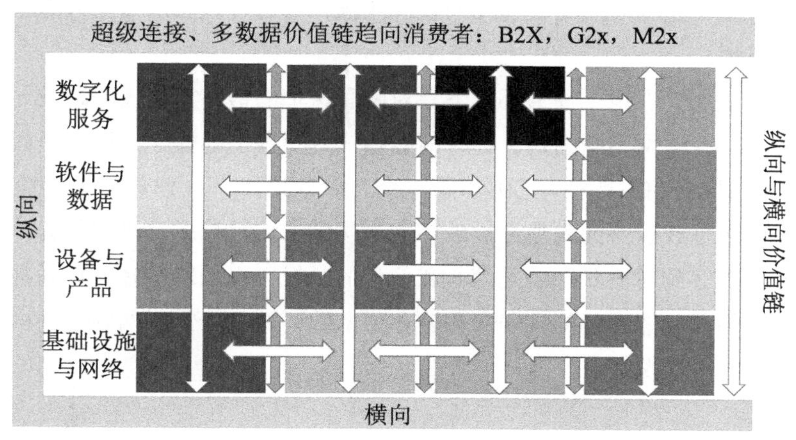

图 5-15　网格坐标的 X 水平轴与 Y 垂直轴下的物联网价值链

期待在应用的大发展中倒逼物联网网格形成，从物联网网格倒逼行业、产品的规范化和服务的格式化。期待物联网建模大咖们能够据此添砖加瓦。本节以邬贺铨院士的访谈开始，也以他的同一次访谈结束。

邬贺铨院士表示，“物联网的应用是面向行业的，而每个行业都有门槛，不是有了传感器就可以联成网，关键是通过使用物联网产生增值。”

“随着移动互联网、大数据、人工智能的出现，物联网从感知层面上升到分析决策的层面。在不改变传感器成本的情况下，由于增加了价值，未来物联网成本仍然可以降低，应用前景广阔。”

物联网安全问题不容小觑[①]。

互联网有一句名言，我们不预测未来，我们创造未来。未来物联网会是什么样？不断更迭的科技水平和没有围墙的人类创造力，为我们的生活蒙上一层神秘的面纱。

无人驾驶、人工智能机器人、可穿戴设备、虚拟现实……尽管物联网目前还存在很多现实发展障碍，但并不能掩盖其在各领域的突出表现，甚至已将触角延伸至精细化生产过程。邬贺铨举例说，在印制地毯图案过程中，用传感器实时矫正，在扭曲的情况下也可以印出合格的地毯。此外，物联网不仅涉及工厂，还延伸到供应链和用户，实现了物联网在生产环节的全覆盖。

物联网让很多人看见了商机，站上了创业的风口，但邬贺铨却希望多一点儿冷静的思考和耐心的研究。“物联网的发展是一个长期的过程，国内曾经有一些地方太乐观了，把物联网说得很高很大，实际上没有想象的那么好。”

在他看来，物联网的发展让人喜忧参半，安全问题不容小觑。“生产线是物联网控制了，不是人控制了，这样很好，但是联网后软硬件都会有故障。如果需要改造生产线就要考虑是否安全稳定，联网后会不会有黑客入侵，这是顾虑。”

如果说“碎片化”是物联网时代初期的发展瓶颈，那么，物联网安全可能将成为物联网时代中期的发展瓶颈。

近几年的研究表明，在电子商务环境下，对隐私保护的信心、信任的缺乏导致许多消费者不愿在线购买。与互联网不同的是，物联网能够执行物理上的操作，而不是数字上的。让门处于解锁状态，让自己的摄像头把你暴露于众目睽睽之中，让冰箱升温，让灭火系统激活……诸如此类的数据或设备的完整性被破坏、连接中断、远程恶意操控行为，后果可能是灾难性的。我们不能等到对物联网缺乏信心和信任的时候，再采取措施。物联网网格中关于自治性和“物权”的讨论能够延伸到安全和隐私保密性，而对于物联网安全网格的讨论，放在本书最后一章中的场景安全中。

5.3 可穿戴计算

5.3.1 可穿戴计算的前生今世

可穿戴计算的资历甚至比普适计算还要老，第一台可穿戴设备诞生于 1961 年，用于预测俄罗斯轮盘赌能赢的数字，如图 5-16 所示。只不过普适计算已经自成理论体系，其中能够

① 物联网，悄然走进你的生活．科技日报，2016.05，http://www.cac.gov.cn/2016-05/13/c_1118858885.htm．

清晰地看到可穿戴计算的影子。

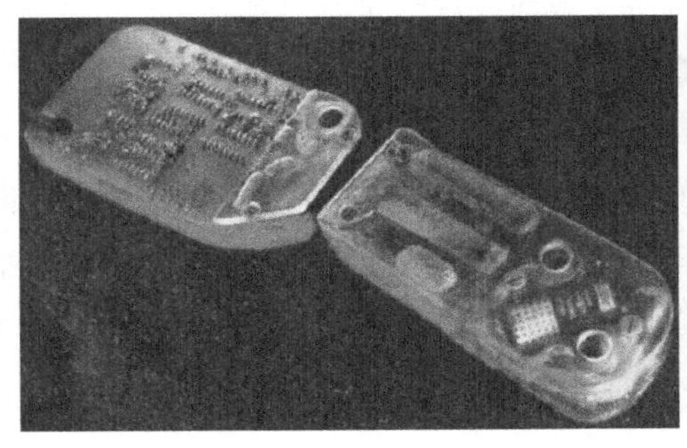
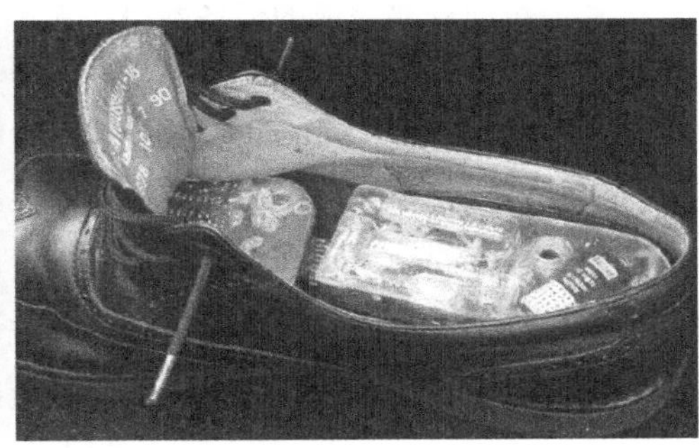

图 5-16　用于预测俄罗斯轮盘赌的可穿戴设备

普适计算致力于将计算设备融入人们的工作、生活空间，形成一个“无处不在、无时不在且不可见”的计算环境。它强调以人为中心，目的在于“建立一个充满计算和通信能力的环境，同时使这个环境与人们逐渐地融合在一起”。普适计算给服务提出了两个本质性的要求：“随时随地”和“透明”。“随时随地”是指人们在获取服务时不应该受到空间和时间因素的制约，可以随时随地访问信息和获得服务。而“透明”是指可以在用户不觉察的情况下进行计算、通信，提供各种服务，不需要花费很多的注意力，服务的交互方式是轻松自然的。简言之，普适计算是将普适设备嵌入到人们生活、工作的环境中去，无论何时何地，只要用户需要，就能够通过一些设备访问到所需信息。

既然普适计算强调以人为中心，计算的承载体在当前阶段就落在了“物”——用户不觉察的情况下进行计算、通信，提供各种服务的“物”，可穿戴设备就可以“随时随地”提供这样“透明”的服务。

1. 普适计算

1991 年，美国 Xerox PAPC 实验室的 Mark Weiser 在 *Scientific American* 上发表文章 *The Computer for the 21st Century*，正式提出了普适计算（pervasive computing 或 ubiquitous computing）的概念。可穿戴计算与普适计算是一脉相承的，是与物联网当前发展阶段相匹配的一种模式。理解普适计算与可穿戴计算之间的关系需要注意以下几个问题。

- 普适计算体现出信息空间与物理空间的融合。普适计算是一种建立在分布式计算、通信网络、移动计算、嵌入式系统、传感器等技术基础上的新型计算模式，它反映出人类对于信息服务需求的提高，具有随时、随地享受计算资源、信息资源与信息服务的能力，以实现人类生活的物理空间与信息空间的融合。现阶段，云（雾）计算可以支撑这种融合。
- 普适计算的核心是“以人为本”，而不是以计算机为本。普适计算强调把计算（能力）

嵌入到环境与日常工具中去，让计算机本身从人们的视线中“消失”，从而将人们的注意力拉回到要完成的任务本身。人类活动是普适计算空间中实现信息空间与物理空间融合的纽带，而实现普适计算的关键是“智能”。这一点需要联网的“物”提供“伴随能力”，本章后面将阐述这种“伴随”在可穿戴设备中的实现。

- 普适计算的重点在于提供面向用户的、统一的、自适应的网络服务。普适计算的网络环境包括互联网、移动网络、电话网、电视网和各种无线网络；普适计算设备包括计算机、手机、传感器、汽车、家电等能够联网的设备，显然除了可穿戴设备外，还有周边环境设备；普适计算服务内容包括计算、管理、控制、信息浏览等。

2. 普适计算研究热点

普适计算在经历了分布式计算（Distributed Computing）、移动计算（Mobile Computing）之后，逐步将目标朝向物理空间与信息空间的深度融合，这一点是和物联网非常相似的。因此，了解普适计算需要研究的问题，对于理解物联网的研究领域有很大的帮助。而普适计算的研究热点也涵盖了可穿戴计算的研究热点，它们主要集中在以下几个方面。

1）理论模型

普适计算是建立在多个研究领域基础上的全新计算模式，因此它具有前所未有的复杂性与多样性。要解决普适计算系统的规划、设计、部署、评估，保证系统的可用性、可扩展性、可维护性与安全性，就必须研究适应于普适计算“无处不在”的时空特性、“自然透明”的人机交互特性的工作模型。

普适计算理论模型的研究目前主要集中在两个方面：层次结构模型，智能影子模型。层次结构模型主要参考计算机网络的开放系统互连（OSI）参考模型，分为环境层、物理层、资源层、抽象层与意图层 5 层。也有的学者将模型的层次分为基件层、集成层与普适世界层三层。智能影子模型是借鉴物理场的概念，将普适计算环境中的每一个人都作为一个独立的场源，建立对应的体验场，对人与环境状态的变化进行描述。

2）自然透明的人机交互

普适计算设计的核心是“以人为本”，这就意味着普适计算系统对人具有自然和透明交互以及感知（意识）能力。普适计算系统应该具有人机关系的和谐性，交互途径的隐含性，感知通道的多样性等特点。在普适计算环境中，交互方式从原来的用户必须面对计算机，扩展到用户生活的三维空间。交互方式要符合人的习惯，并且要尽可能地不分散人对工作本身的注意力。

自然人机交互的研究主要集中在笔式交互、基于语音的交互、基于视觉的交互。研究涉及用户存在位置的判断、用户身份的识别、用户视线的跟踪，以及用户姿态、行为、表情的识别等问题。关于人机交互自然性与和谐性的研究也正在逐步深入。

3）无缝的应用迁移

为了在普适计算环境中为用户提供“随时随地”的“透明的”数字化服务，必须解决无缝的应用迁移的问题。随着用户的移动，伴随发生的任务计算必须一方面保持持续进行，另一方面任务计算应该可以灵活、无干扰地移动。无缝的移动要在移动计算的基础上，着重从软件体系的角度去解决计算用户的移动所带来的软件流动问题。

无缝的应用迁移的研究主要集中在服务自主发现、资源动态绑定、运行现场重构等方面。资源动态绑定包括资源直接移动、资源复制移动、资源远程引用、重新资源绑定等几种情况。

4）上下文感知

普适计算环境必须具有自适应、自配置、自进化能力，所提供的服务能够和谐地辅助人的工作，尽可能地减少对用户工作的干扰，减少用户对自己的行为方式和对周围环境的关注，将注意力集中于工作本身。上下文感知计算就是要根据上下文的变化，自动地做出相应的改变和配置，为用户提供适合的服务。因此，普适计算系统必须能够知道整个物理环境、计算环境、用户状态的静止信息与动态信息，能够根据具体情况采取上下文感知的方式，自主、自动地为用户提供透明的服务。因此，上下文感知是实现服务自主性、自发性与无缝的应用迁移的关键。

上下文感知的研究主要集中在上下文获取、上下文建模、上下文存储和管理、上下文推理等方面。在这些问题之中，上下文正确地获取是基础。传感器具有分布性、异构性、多态性，这使得如何采用一种方式去获取多种传感器数据变得比较困难。

上下文感知可以理解为基于场景的，也可以理解为跨场景的，它为人类对物联网的认知，发挥着越来越重要的作用。

5）安全性

普适计算安全性研究是刚刚开展的研究领域。为了提供智能化、透明的个性化服务，普适计算必须收集大量与人活动相关的上下文。在普适计算环境中，个人信息与环境信息高度结合，智能数据感知设备所采集的数据包括环境与人的信息。人的所作所为，甚至个人感觉、感情都会被数字化之后再存储起来。这就使得普适计算中的隐私和信息安全变得越来越重要，也越来越困难。为了适应普适计算环境隐私保护框架的建立，研究人员提出了6条指导意见：声明原则、可选择原则、匿名或假名机制、位置关系原则、增加安全性，以及追索机制。为了适应普适计算环境中隐私保护问题，欧盟甚至还特别制定了欧洲隐式计算机（disappearing computer）的隐私设计指导方针。

Marc Weiser认为，普适计算的思想就是使计算机技术从用户的意识中彻底“消失”。在物理世界中结合计算处理能力与控制能力，将人与人、人与机器、机器与机器的交互最终统一为人与自然的交互，达到“环境智能化”的境界。因此，我们可以看出：普适计算与物联网从设计目标到工作模式都有很多相似之处，因此普适计算的研究领域、研究课题、研究方法与研究成果对于物联网技术的研究有着重要的借鉴作用。

5.3.2 可穿戴计算的定义

作为一种和物联网几乎同时代的新兴计算模式，可穿戴计算（wearable computing[①]）正将普适计算的理念“穿戴”在我们身上。根据 2014 年的统计与预测，可穿戴计算市场将增长 6 倍，数量上将从 2014 年的 4600 万个，预计到 2018 年达 2.85 亿个[②]。

可穿戴计算的应用包括健身追踪器（手机 APP、手环、脚环等）、健康监测手表（监测血压、血糖、心率、温度等）这些市场占有率高的可穿戴健康监护装置；可穿戴数字助理、可穿戴传感系统、可穿戴通信终端（手环）、可穿戴消费电子装置和可穿戴计算服饰（嵌入计算功能的航天服、潜水服）等实用装置，其中包括让从不戴眼镜的人尝试 AR 体验的增强现实眼镜，如图 5-17 所示。

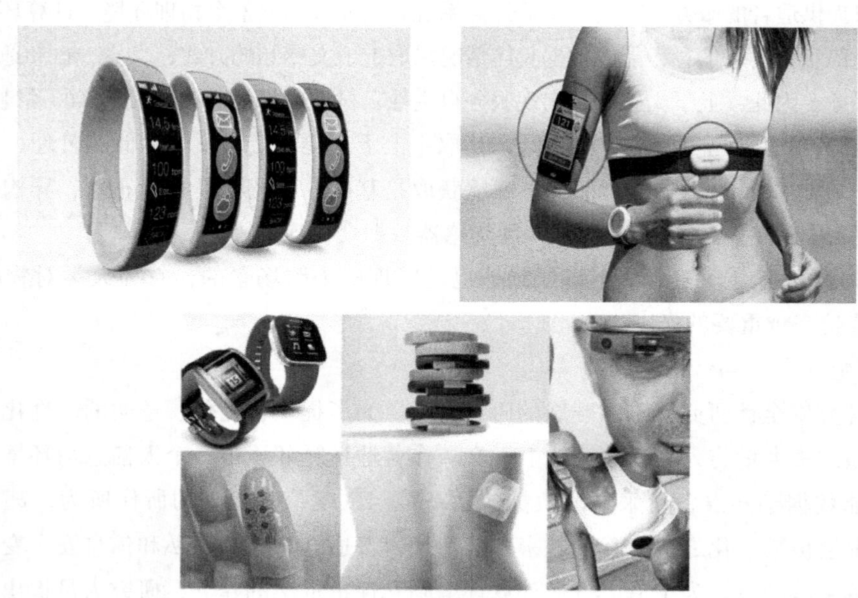

图 5-17 穿戴计算的多样化

被称为可穿戴计算之父的加拿大多伦多大学史蒂夫·曼（Steve Mann）教授以三个基本运行方式和 6 个基本特性形式化定义了可穿戴计算[③]。

---

① https://en.wikipedia.org/wiki/Wearable_computer.

② http://design.avnet.com/axiom/te-wearables-abundant-opportunities-and-challenges/（此文涵盖可穿戴技术的现状和发展动因分析）. Market research group Canalys, http://www.canalys.com/.

③ P Lukowicz, A Timm-Giel, M Lawo, O Herzog. wearIT@work: Toward Real-World Industrial Wearable Computing. IEEE Pervasive Computing, 2007, 6(4): 8-13.

基本运行方式：持续（constancy）——无须开机、关机，持续与人交互；增强（augmentation）——不像其他计算范式把“计算”当作主要任务，可穿戴计算假定人们总是在进行其他活动时使用这种计算来增强感知和智慧；介入或调介（mediation）——通过对人的“信息包裹”（encapsulation），可实现对信息的过滤、调整和干预。例如，信息过滤可以防止私有信息外泄和外部干扰信息（就如在现实世界我们穿上衣服避免身体裸露），信息调整和干预将为人类提供奇特的信息感受和响应方式和能力。

基本特性：不会独占人的注意力（unmonopolizing），对人的活动和运动不造成约束（unrestrictive），随时可以控制（controllable），随时感知环境，具有多模态传感能力（attentive），用户可以与其他人随时交互（communicative），不仅可以得到用户的注意（observable），用户还可以主动地随时获取工作中需要的辅助信息，如图 5-18 所示。

图 5-18　特殊场合下的维修与安装作业支撑系统

可穿戴计算发展到今天，已经成为普适计算、社会感知计算、人文计算和 CPS 的复合型学科，如图 5-19 所示。

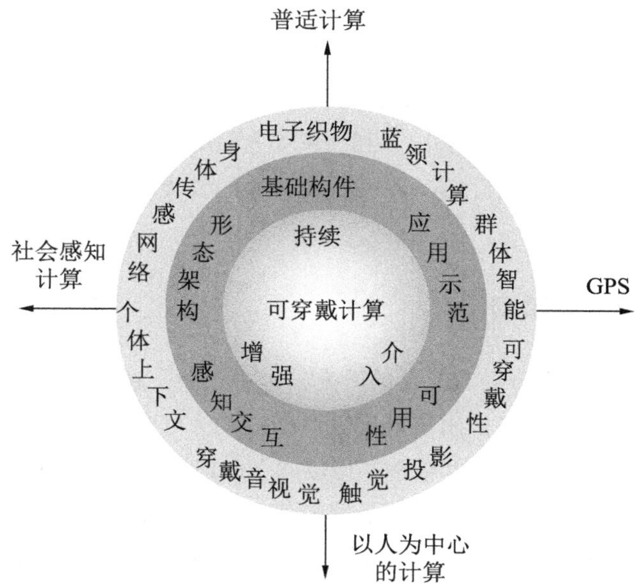

图 5-19　可穿戴计算的学术链以及与相关学科的交叉融合[①]

① 于南翔，陈东义，夏侯士戟．可穿戴计算技术及其应用的新发展．数字通信，2012．http://www.ixueshu.com/document/6ff0fba30d50a312318947a18e7f9386.html.

可穿戴式设备需要多种关键技术（如纳米电子学、有机电子、传感、驱动、通信、低功耗计算、可视化技术和嵌入式软件）的集成应用，这些技术广泛用于智能设备，为传统的服装、面料、补丁、手表等带来了新的功能，或者使可穿戴式设备作为其他智能系统的一部分。

如本书开篇所述，可穿戴的一个不同寻常的发展趋势是可植入技术，如电子文身、密码药片和记忆芯片等，这些设备不仅能更好地监测健康状况，也能增强、延伸其他方面的感官能力①，如图 5-20 所示。图 5-20（a）为皮下植入设备 Circadia 1.0 能收集植入者的体温等基本的生物计量数据，并可通过蓝牙进行实时数据传输。图 5-20（b）为能恢复失明病患视力的视网膜植入设备。有望在将来的医疗器械领域占据一席之地。

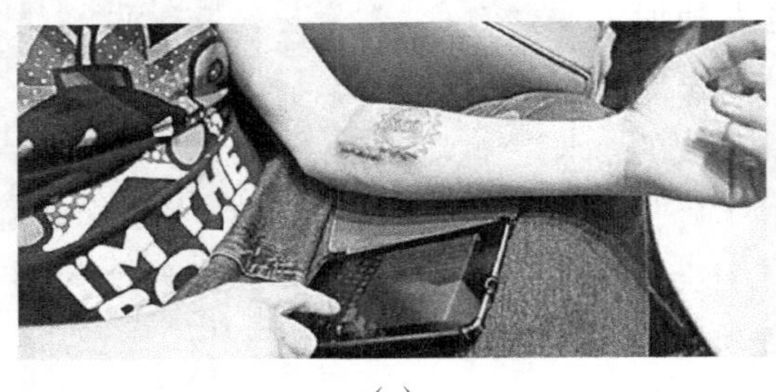

(a)

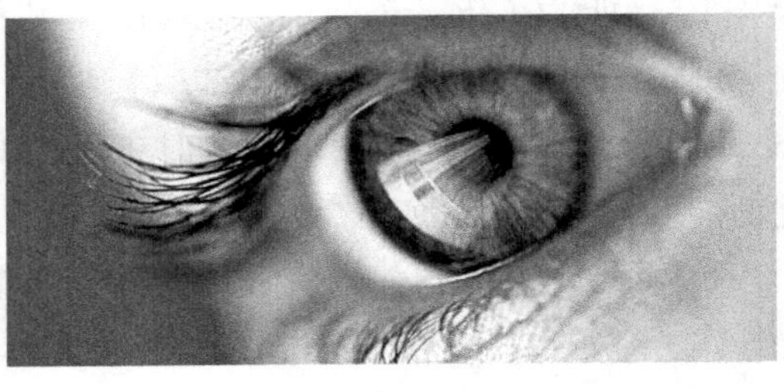

(b)

图 5-20　可植入设备

从发展趋势来看，可穿戴、可植入的这些智能设备正越来越多地集成为物联网解决方案的一部分，并协助人类在监测、态势感知和决策等方面的行为。它们可以提供全自动化的闭环解决方案，除了信息娱乐应用，还有医疗保健方面的健康、安全防护、隐私保护；智能建筑的能源、照明等。

5.3.3　可穿戴计算与物联网

国际电信联盟电信标准分局 ITU-T 的研究报告中预测，到 2020 年，每个人每秒将产生 1.7MB 的数据，IoT 可穿戴设备的出货量将达到 2.37 亿。可穿戴设备的优点显而易见，它扩展了穿戴者识物辨物能力，例如，“眼镜”可以“立即识别并查找眼见的物体信息，瞬间掌握物体概要和用途”。它还可以延伸我们的感觉器官；由于随身携带，方便我们随时获得通知和信息，延伸了我们的注意力，实现知觉的扩展。可穿戴设备上的各种传感器能够获取穿戴者的身体信息及周边环境信息，用于健康管理、辅助锻炼和一些专业的作业场合。这一切离不开背后强大的物联网支撑。

① 刘霞．忘记可穿戴式技术吧——可植入设备汹涌来袭．科技日报（8 版）．

1. 可穿戴计算的同时双向交互需要物联网

可穿戴计算优于移动计算（笔记本计算机、掌上计算机或智能手机），能够更好地融合在物联网中，在于可穿戴计算能够有效地提供环境交互支持。在移动计算模式下，用户可以分别与现实世界或者系统设备进行交互，但是这两种交互不能同时进行[①]。而可穿戴设备通过传感器可以实现“现实世界←→感知设备←→人”的同时双向交互。

为了同时双向交互，可穿戴计算系统需要感知用户的环境及动作上下文：这就要求系统必须时刻保持运行状态并且能够理解用户特定环境中的行为意图。相关的信息必须能够根据用户的上下文，以最适合的方式显示给用户。一个强大的可穿戴计算系统可通过将用户自身携带的传感器与嵌入在周围环境中的传感器相结合来实现[②]。也就是说，对使用者来说，可穿戴计算需要一个物联网平台满足用户对于多传感器、多任务、多设备需要的实时需求。

以 Google 眼镜[③]为例，传感器多达 37 种，为了实现地标识别、指路和位置签到，必须通过网络获取地标信息并显示给用户。

图 5-21 是面向开发者的可穿戴计算系统体系结构示意图，其中包括传感器（感知）、通信（网络）、主体应用（应用），以及通过网络与外围服务器的连接实现更为丰富的环绕交互。

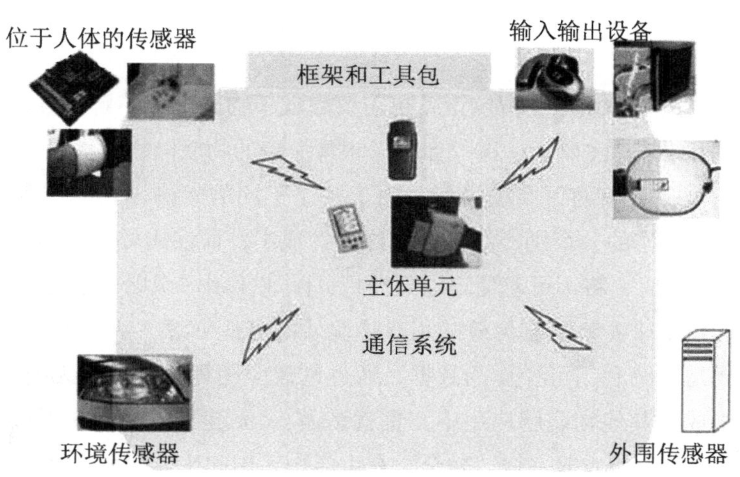

图 5-21　可穿戴计算系统体系结构[④]

① 迈克尔·劳，辛幸，迈克尔·布赫鲁夫斯卡，奥特林·赫尔茨克，德国不来梅大学可穿戴计算在欧洲——wearIT@work 项目。

②同上。

③ 1.Google Calendar 查询并增加日程。2.Google Calendar 查询并增加日程；Google Maps 指路；3.Google+ 进行好友互动；4.Google Now 查询时间，查询天气；5.Google+ 信息流发送和接收；6. 拍照和摄影；7.Google+ Hangouts 视频聊天；8. 音乐播放；9.Google 搜索；10.Google Latitude 位置签到等。虽然已经暂停销售，但其具有里程碑的意义。

④同①。

2. 可穿戴计算的无缝体验需要物联网

谷歌在眼镜项目之后研发的“会说俏皮话的谷歌智能鞋”，内部装配了加速器、陀螺仪等装置，通过蓝牙与智能手机进行连接，从而可以监测到用户的使用情况。

具有社交功能的牛仔裤（Replay 推出）可以将牛仔裤通过蓝牙跟智能手机进行连接，用户只需要点击前面口袋的小装置就可以进行即时通信，方便用户更新 Facebook 上的位置信息，另外它还可以实时分享情绪、踪迹、喜好和幸福感。

还有卫星导航鞋（英国设计师多米尼克·威尔考克斯），鞋的脚后带有 GPS 功能，通过 USB 来设定目的地，一只鞋表示距离目的地的远近，而另一只鞋为用户指明方向。

这些很潮的创意，正是开发人员推动物联网技术集成于应用中，寻找不同领域的创新机会。截至 2014 年，超过 3500 万个连接的可穿戴设备在使用中，但是，超过 75% 的消费者使用可穿戴设备后在 6 个月内停止使用[①]。

可穿戴设备的暂时停滞之痛让我们反思，到底哪里出了问题？

从用户体验的角度，大部分设备虽然能够提供一定的自动化使用体验，或是追踪用户数据，但无法提供复合式的“无缝”数据呈现。用户希望设备具备跨网格化智能，能够跟踪并学习用户的饮食、消费、使用习惯等，根据位置、时间或健康状况，持续提供最有价值的信息。

从物联网应用集成的角度，智能设备更需要集成于物联网整体解决方案中，实现可持续的价值。例如，闭环于信息娱乐、医疗保健、智慧家居的物联网方案之中。

从发展的角度，目前的可穿戴设备，由于基于不同的架构，其应用程序仅针对特定方案，设备是不可互操作的。个别产品为了节约设计成本，而使用较低成本的技术。在面对当前和未来的长远目标时，将不可避免地遇到挫折，除非使用一个更一致的框架。

从开发者的角度来看，只有无缝的用户体验才能够让创意“活下去”。无缝用户体验对于开发者的挑战是充分利用可操作的数据，通过创建应用程序使数据无缝集成到日常生活，并将这些应用集成到其他物联网应用中。也就是说，“无缝”意味着在用户对可穿戴设备的新奇感过后，仍感觉到像衣服一样“融合”在生活中，用起来方便而又必不可缺。

无缝的用户体验是可穿戴计算应用程序的目标。以那些利用工具实现手势为中心的操作界面应用为例，开发者正最大限度地允许用户利用服饰（手套、眼镜等）融入应用环境中；并将从可穿戴设备收集的数据进行分析、归类、集成开发，实现更大范围的“无缝”体验。

---

① Ovidiu Vermesan，Peter Friess. Building the Hyperconnected Society IoT Research and Innovation Value Chains, Ecosystems and Markets. River Publishers, 2015: 34.

3. 可穿戴计算的闭环典型应用[①]

可穿戴计算闭环于医疗保健的初衷，先从健康说起。

健康，首先让我想到一次在图书馆中以“生活中的物联网”为题的公开讨论。“上医医无病，中医医预病，下医医已病[②]。”我又不是医生，怎么知道自己“预病”还是“无病”，仅需保健还是要打败亚健康？

1）健身追踪

“健身追踪”能够帮到人们，这源自人们对健康的无条件追求。它正从运动健身者专有设备，例如嵌入传感器的 Nike+ 运动鞋和图 5-22 中通过无线接收器让 iPod 记录佩戴者的跑步和锻炼体验，渗透到每个人的手机、手表、手环、腕带等设备中，随时准备提供诸如血压、血糖、脉率、温度等可以用于在医疗保健领域来表征健康状况的参数。其他能够被集成的新参数类型还有待发掘（例如 Health Matrix[③]）。

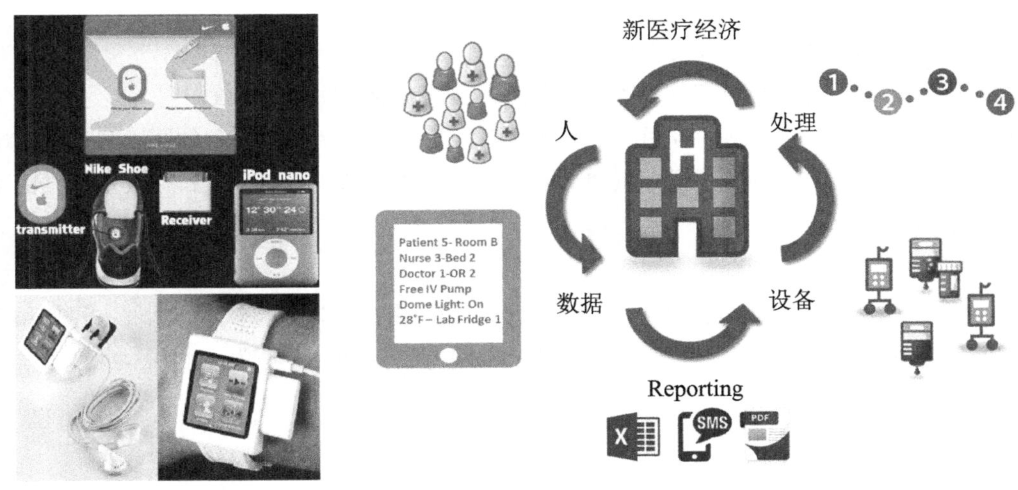

图 5-22　可穿戴设备的“健康”型闭环新经济

“科技的进步和社会潮流把设计汇聚到身体健康的前线。”[④]尽管很多人已经习惯于将智能手表（手环）、手机或其他可穿戴设备用来监控他们的运动水平，而不只是一个时尚配饰，但是，如图 5-22 右侧的闭环应用示意图所示，可穿戴设备只有在医疗保健领域中形成闭环应

---

① 本小节感谢 Ovidiu Vermesan1、Peter Friess、Patrick Guillemin 等在 *Internet of Things beyond the Hype: Research, Innovation and Deployment* 中对医疗新生态的分析，在此借用文章中的第一句话：“There’s a way to do it better. Find it”。

② 《鹖冠子・世贤》中的原文为——扁鹊曰：“长兄于病视神，未有形而除之，故名不出于家。中兄治病，其在毫毛，故名不出于闾。若扁鹊者，镵血脉，投毒药，副肌肤，闲而名出闻于诸侯。” http://zhidao.baidu.com/link?url=gA-YWQUZzzGkZK5EIDAvyUNbLtr1VoAB58ljXAkms_qSNK42DEZHA0f2FZiuB4eNwJA5Z76XpuprlWHYym4hCa。

③ 这是作者的一个创意，用于判定你是健康、亚健康、生病等状态的生理特征参数矩阵，畅想着用于“秀”健康。

④ Jonathan Follett．设计未来——基于物联网、机器人与基因技术的 UX．北京：电子工业出版社，2016．

用，才能够持续体现价值。

2）临床护理

临床护理中，可以使用物联网驱动的可穿戴设备实现非侵入性监测，密切关注住院患者的生理状态。这就需要传感器收集综合的生理信息，并使用网关和云来分析和存储信息，然后将分析数据以无线方式发送给医生，以实现进一步分析。这能够提高护理质量，降低护理的费用，此外，还可用于远程医疗监控。

不用住院的家居护理中，通过联网连接的无线解决方案可用于持续捕捉病人的健康数据，从各种传感器获取的健康数据应用复杂的专业算法来分析，然后通过无线连接与医疗专业人士分享，并获得适当的健康建议。例如，无线化的心率监护仪。

健康监测中的许多应用之间的联系如下。

- 应用要求收集来自传感器的数据。
- 应用程序必须支持用户界面和显示。
- 应用程序需要访问基础设施的网络连接服务。
- 应用程序具有低功耗、健壮性等，以支持持续性、准确性和可靠性。

可穿戴设备闭环于物联网的应用，是实施环境辅助生活（AAL）[①]平台的驱动力量。AAL将在提供服务的区域内，协助开展健康和活动监测、安全保障辅助、医疗和急救系统、快速恢复等日常活动。

3）多维展示

人们习惯于用线性思维描述世界，如长、宽、高以及多长、多宽、多高。软件工程师和我们一样，但是我们需要他们把健康相关的各参数变为便于理解的线性参数，如图 5-23 所示。

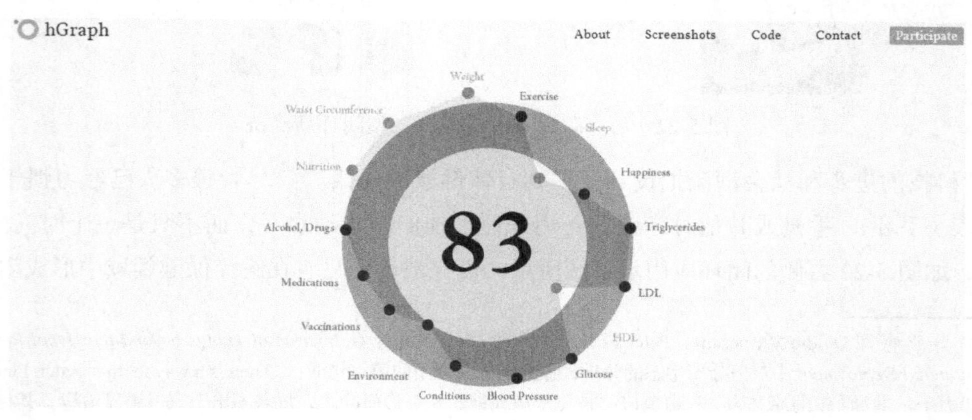

图 5-23　健康状况标准化视图[②]

① http://news.cntv.cn/20120201/107307.shtml.

② http://www.hgraph.org/.

物联网在医疗保健应用中起着重要的作用，从慢性疾病的管理，到“预病”防治。

对于可穿戴计算的健康追踪来说，用户需要的就是统计、线性化、展示和趋势分析。其主要目的是为那些需要长久医疗关注或疾病监视的人们提高生活质量，减少监测重要健康参数的障碍，以避免不必要的医疗费用；以及在正确的时间提供正确的医疗支持。

4）主要障碍

在医疗保健这一垂直行业中，“割据”状态体现为：硬件、连接、软件、无线通信等技术的互不兼容。

功能（服务）格式化欠缺体现为：专业化过程控制与传感器的交互；传感器数据的分析、融合、决策支持和安全保护；现有专业医疗设备和辅助设备兼容。

一般来看，专有的医疗设备没有被设计为与其他医疗器械、计算系统兼容的模式。这在物联网的分布式部署和 CPS 传感器的嵌入中形成很大障碍。互操作性和闭环系统似乎是物联网成功部署的关键。

医疗传感器的无恶意“入侵”引起隐私泄漏的风险，让安全性饱受关注。数据采集方法、信息传输的安全标准、患者的隐私保护将考虑健康无关数据的“最小化”[①]原则，而安全物联网网格将考虑网格内软硬件、接口、信息、服务的安全。这些将在物联网安全一章中详述。

总之，无缝的服务和灵活的交互无非想让用户说：“我的健康我做主，我的生活我自主”。当然，希望能够有更多的心理学（行为学）研究者加入可穿戴计算的研究，“能用、适用、喜用”的感受需要他们！毕竟谁都不想像个头顶摄像头怕走失的孩子一样，讳疾忌医。

最后，未来的某一天，在医生不得已编辑患者基因[②]之前，我想患者更愿意编辑自己的日常健康，这可能会由你的物联网健康保险公司来为你量身定制，但愿不是我们一厢情愿的想象。

5.3.4　人体传感网络 BSN

衣着、穿戴的色彩需要一致性，让自己或者别人看来比较舒服，例如，上衣、裤子、鞋的色彩和风格的搭配。当我们身上可穿戴的设备们大于三种的时候，是不是这些可穿戴的设备的一致性可以避免使用中的麻烦呢？例如，想让手机、手表、耳机、眼镜和健康追踪等设备，在一个随身网络中和谐相处到“无缝”，所有预先设定的任务可以自动完成。

伴随这一需求，以及近年来“预防为主”（上医医无病）的观念深入人心，物联网大背景下的人体传感网络（Body Sensor Network，BSN）[③]应运而生。首先，医疗卫生应用中对健康

① 最小化数据处理见 6.4 节。

② 仅仅借用比较火的“基因编辑技术”而已。

③ https://en.wikipedia.org/w/index.php?title=Body_sensor_network&redirect=no.

信息的远程采集和处理，是早发现、早诊断和早干预的必备手段；其次，为实现不影响人正常生理活动情况下的连续监测，传统的有线逐步趋向无线化；再者，随着感知与娱乐设备向微尺度和网络化跨度发展，创新的传感方法与日常生活辅助手段必不可少。BSN 有时也被称为无线体域网①，是一种无线可穿戴计算设备的应用网络概念。这些设备可以嵌入（植入）体内，也可表面安装或固定在身体或服饰上，以便于随身携带。

BSN 以身体为中心，并集成生物传感器、医学电子学、多传感器分析与数据融合、人工智能、普适传感、无线通信和其他创新应用等多学科知识，成为健康、医疗物联网的“末梢”。BSN 充分发挥可穿戴、无线化、网络化、信息化优势，实现健康全过程的跟踪与服务，是低成本健康服务的发展方向之一。

为了使一个人身上的可穿戴设备及其包含的各种传感器互联互通、协同工作，BSN 通常包括一个数据中心（Body Central Unit）、网关和一个用户界面来查看和管理可穿戴设备。BSN 可以使用无线网关将感知数据连接到远端的物联网平台，以实现数据采集、分析、归类、集成、开发等“无缝”应用。例如，眼镜可以带你到达目的地，同时，你的家庭医生可以持续关注你的健康。

人体传感网络是可穿戴计算的应用发展方向之一。最后，列出其他几个穿戴计算的发展方向以供探讨。

- 可穿戴计算的安全。可穿戴计算本质是人的感官和神经的外延，那么，个人的感觉和健康原本是“我不说，谁知道”的隐私，可是“谁”能在我不允许的时候分享我的隐私呢？
- 关注“更需关注”人群。GloveOne 手机可像手套一样戴在手上，按钮被设计在手指关节内侧，之后将手摆成“六”的造型，拇指作听筒，小指作话筒，即可实现通话。作者更希望这能服务于没有手的人，如果类似的创意能够服务于聋、哑、盲（色盲对于红绿灯）等特定（Disabled）人群或特种行业应用，例如义肢和导盲器，将能够使科技体现更多人文关怀。
- 雾计算与可穿戴计算的融合。普适计算的现阶段发展，体现为云计算向雾计算的延伸；雾计算是受到现有资源瓶颈（计算、存储、传输）限制下的云计算的边缘化延伸，更适合 BSN。是“皮下计算②”引导作者这么想的。
- 应急救助。可穿戴计算在物联网终端感知能力大于传输能力时，需要在感知的同时进行抽象、压缩。例如，根据一位诗人描述车祸现场的诗，警方成功还原肇事车辆的故

① 网络层技术中已经介绍过 WBAN。

② Jonathan Follett．设计未来——基于物联网、机器人与基因技术的 UX．北京：电子工业出版社，2016．

③ http://doc.qkzz.net/article/64037052-0586-4422-9c0b-38b7c47a3386.htm．

事[3]，指引可穿戴设备关键时刻像“黑匣子”那样的应急通信与救助方向的应用。压缩感知，就像人类感知外在信息大于神经传导和反应能力时，需要抽象感知（冷热反应）和抽象思维（危险预判）。

5.4 云计算

据 Gartner 预测，2016 年全球公有云服务市场规模可达 2086 亿美元，较 2015 年的 1780 亿美元成长 17.2%。中国《2016 云计算白皮书》[1]显示，我国云计算市场总体保持快速发展态势。2015 年，我国云计算整体市场规模达 378 亿元，整体增速 31.7%。云计算产业，对加快经济增长，促进产业结构创新升级，推动与传统产业的融合发展具有重要意义。

云计算模式起源于对特定的大规模数据处理问题的解决方案。云计算在计算资源处理能力中的高效、动态、方便大规模扩展的特征，决定了云计算能够成为物联网的高效工具与“战略伙伴”。这使物联网中物理实体的实时动态管理、智能分析、决策支持更容易实现；物联网也将成为云计算应用的“蓝海”。需要强调的是，物联网应用不一定完全依赖云计算实现。随着物体及其服务进一步虚拟化的发展，云计算和互联网的融合将使物联网服务领域面临前所未有的机会，也开拓了云计算向服务“物”的一个新领域。

当我们认为网络层是物联网的神经系统的时候，那么大脑呢？小脑呢？脊髓神经和末梢神经呢？

网络层相当于人体的神经中枢，负责感知层获取的信息的传递和深入处理，现阶段如何更好地使用网络以促进物联网的完善是物联网研究的重点和难点。这主要是由于该层存在着各种形式的应用网络，例如，不同地址的个人网络、有线及无线网络，还有很多功能和用途各异的云计算平台等分布其间，进而产生了以此为基础的物联网宽带使用和分配问题，而一旦分配不合理会导致物联网上的各种应用和业务无法顺利开展。

5.4.1 云计算的主要特点

云计算（Cloud Computing）是支撑物联网的重要计算环境之一。因此，了解云计算的基本概念，对于理解物联网的工作原理和实现方法具有重要的意义。了解云计算的基本概念时，需要注意云计算以下几个主要特点。

云计算是一种新的计算模式。它将计算、数据、应用等资源作为服务通过互联网提供给用户。在云计算环境中，用户不需要了解“云”中基础设施的细节，不必具备相应的专业知

① 中国信息通信研究院，http://www.imxdata.com/archives/13428.

识，也无须直接进行控制，而只需要关注自己真正需要什么样的资源，以及如何通过网络来得到相应的服务。

云计算是互联网计算模式的商业实现方式。提供资源的网络被称为“云”。在互联网中，成千上万台计算机和服务器连接到专业网络公司搭建的能进行存储、计算的数据中心形成“云”。“云”可以理解成互联网中的计算机群，这个群可以包括几万台计算机，也可以包括上百万台计算机。“云”中的资源在使用者看来是可以无限扩展的。用户可以通过台式计算机、笔记本、手机、Pad 等终端，通过互联网接入到数据中心，可以随时获取、实时使用、按需扩展计算和存储等资源；按实际需求获取与调整，按使用的（资源）量付费。

云计算的优点是安全、方便，共享的资源可以按需扩展。云计算提供了可靠、安全的数据存储中心，用户可以不用再担心数据丢失、病毒入侵。这种使用方式对于用户端的设备要求很低。用户可以使用一台普通的个人计算机，也可以使用一部手机，就能够完成用户需要的访问与计算。苹果公司推出的 iPad 的关键功能全都聚焦在互联网上，包括浏览网页、收发邮件、观赏影片照片、听音乐和玩游戏。当有人质疑 iPad 的存储容量太小时，苹果公司的回答是：当一切都可以在云计算中完成时，硬件的存储空间早已不是重点。

5.4.2 云计算的类型

云计算具有弹性收缩、快速部署、资源抽象和按用量收费的特性，按照云计算的服务类型可以将云分为三层：基础架构即服务、平台即服务和软件即服务，如图 5-24 所示。

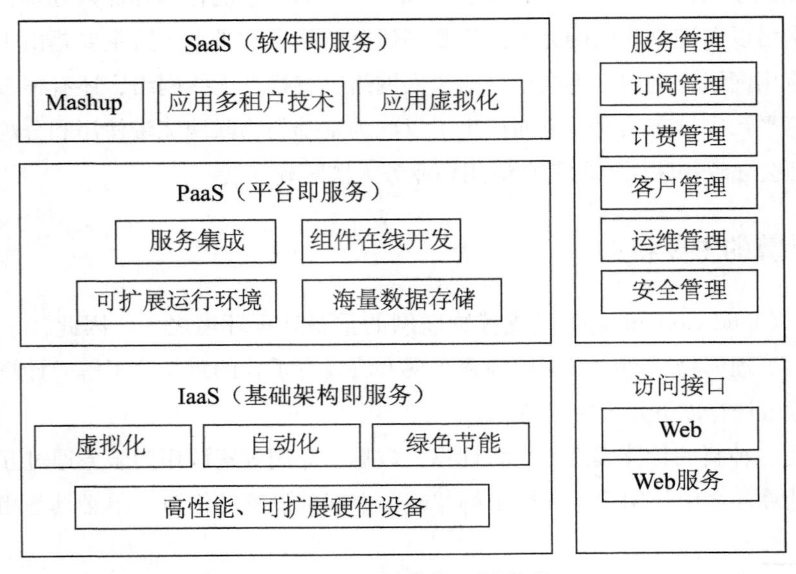

图 5-24 云计算的三层类型

基础架构即服务位于最底层，该层提供的是最基本的计算和存储能力，以计算能力提供为例，其提供的基本单元就是服务器，包括 CPU、内存、存储、操作系统及一些软件。在这其中自动化和虚拟化是核心技术，自动化技术使得用户对资源使用的请求可以以自行服务的方式完成，服务提供者不需要介入，在此基础上实现资源的动态调度；虚拟化技术极大提高了资源使用效率，降低使用成本，虚拟化技术的动态迁移功能能够带来服务可用性的大幅度提高。平台即服务位于三层服务的中间，服务提供商提供经过封装的 IT 能力，包括开发组件和软件平台两种类型的能力，这个层面涉及两个关键技术，一是基于云的软件开发、测试及运行技术，另一个是大规模分布式应用运行环境，这种运行环境使得应用可以充分利用云计算中心的海量计算和存储资源，进行充分扩展，突破单一物理硬件的资源瓶颈，满足大量用户访问量的需求。软件即服务位于最顶层，在这一层所涉及的关键技术主要包括 Web 2.0 中的 Mashup、应用多租户技术、应用虚拟化等技术。

从上述对云计算的三层的类型分析可以看出，基于云计算模式第一层物联网海量数据的存储和处理得以实现，基于第二层可以进行快速的软件开发和应用，而基于第三层可以使更多的第三方参与到服务提供中来。

5.4.3　云计算在物联网中的结合模式

云计算已被确立为未来互联网的主要架构模块之一[①]。新的技术手段已逐步将上述“应用即服务”的模式，“平台即服务”和“基础设施和网络作为一种服务”等培育为能够满足不同层次需求的云计算平台。这一趋势，正引领虚拟化、云计算、物联网快速融合于物联网服务领域，如图 5-25 所示。

云计算与物联网的结合模式，在初级阶段，可分为“云计算模式”和“物计算模式”，这两种模式有机地结合起来才能实现物联网中所需的计算、控制和决策。

所谓“云计算模式”指的是在物联网应用层实现的智能计算模式。云计算作为一种基于互联网、大众参与、提供服务方式的智能计算模式，其目的是实现资源分享与整合，其中，计算资源是动态、可伸缩且被虚拟化的。大量复杂的计算任务，如服务计算、变粒度计算、软计算、不确定计算、人参与的计算乃至于物参与的计算，都是云计算所面临的任务。“云计算模式”一般通过分布式的架构采集来自网络层的数据，然后在“云”中进行数据和信息处理。此模式一般用于辅助决策的数据挖掘和信息处理过程，系统的智能主要体现在数据挖掘和处理上，需要较强的集中计算能力和高带宽。这种模式和中间件技术的结合，可以构成

---

① Ovidiu Vermesan，Peter Friess. Building the Hyperconnected Society IoT Research and Innovation Value Chains, Ecosystems and Markets . River Publishers, 2015: 63.

支撑物联网应用的中间件，如图 5-26 所示。

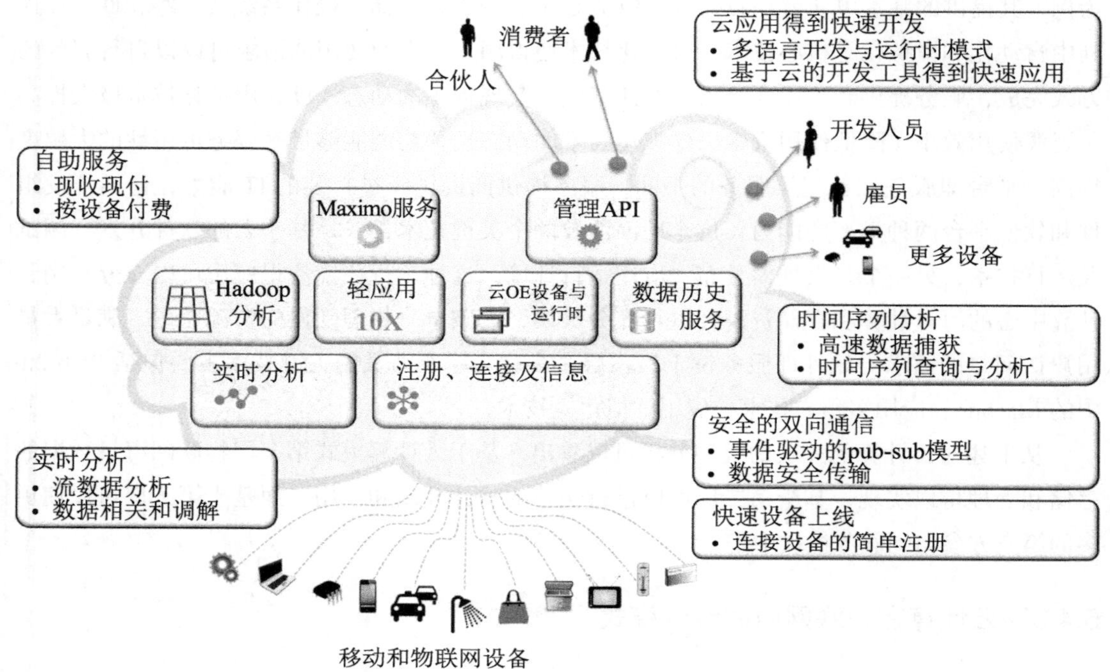

图 5-25　物联网云（来源：IBM）

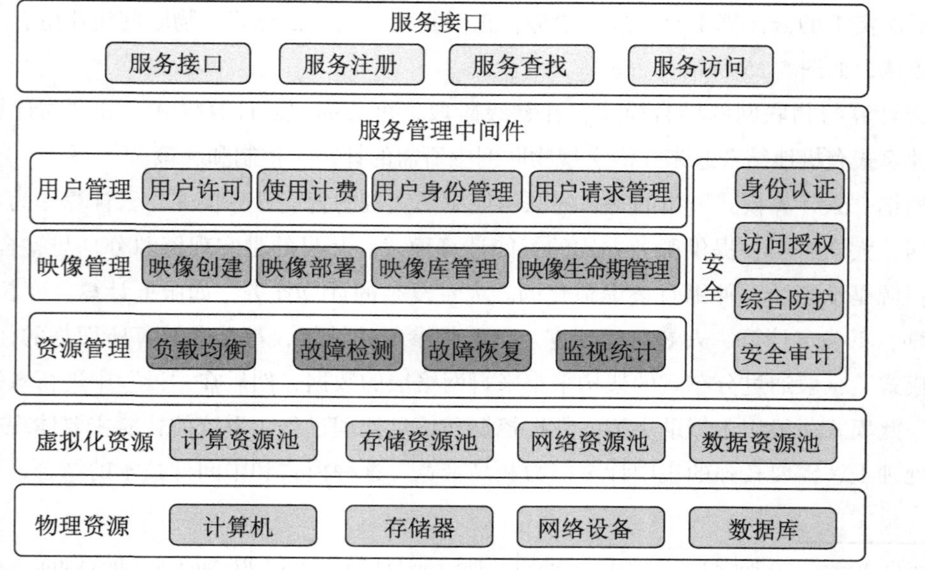

图 5-26　云计算技术分层结构

所谓“物计算模式”更多的是指基于物联网的感知层，对于嵌入式终端强调实时感知与控制，对终端设备的性能要求较高的智能计算模式。系统的智能主要表现在终端设备上，但这种智能是嵌入的，是智能信息处理结果的利用，不能建立在复杂的终端计算基础上，对集中处理能力和系统带宽要求比较低。这种模式主要应用在感知层，实现分布式的感知与控制；这种模式和中间件技术的结合，可以构成信息采集中间件。

之所以在物联网中采用云计算模式，原因就在于云计算事实上具备了很好的特性，是并行计算、分布式计算和网格计算的发展。而物联网中就迫切需要这种分布式的并行，目前物联网采用的云计算模式正是这种分布式并行计算模式，其主要原因如下。

- 低成本的分布式并行计算环境；
- 云计算模式开发方便，屏蔽掉了底层；
- 数据处理的规模大幅度提高；
- 物联网对计算能力的需求是有差异的，云计算的扩展性好，能满足这种差异性所带来的不同需求；
- 云计算模式的容错计算能力还是比较强的，健壮性也比较强，在物联网中，由于传感器在数据采集过程中的物理分布比较广泛，这种容错计算是必要的。

总之，从目前的发展现状来看，云计算与物联网的结合尚处于初期阶段，目前主要基于云计算技术进行通用计算服务平台的研发，而物联网领域对事件高度并发、自主智能协同、移动性、大吞吐量等方面的“云”需求仍不能得到很好的满足。利用云计算平台实现海量数据分析挖掘，这个能够衡量物联网智能水平的重要方面，已经在物联网与云计算下一阶段结合模式的研究中得到重视。与此同时，物联网提出的“物计算”需求目前正被云计算的另一形态——“雾计算”来满足。

5.5 雾计算

5.5.1 雾计算的来头

当“物”需要“云”更加贴近它，而不是隔空相望的时候，雾计算出现了。

雾计算（Fog Computing/Fogging），又名边缘计算[①]（Edge Computing[②]），在该模式中数据存

① Ovidiu Vermesan，Peter Friess. Building the Hyperconnected Society IoT Research and Innovation Value Chains, Ecosystems and Markets. River Publishers, 2015, 62.

② 边缘计算与雾计算略有不同，前者侧重于在靠近物或数据源头的网络边缘侧，融合网络、计算、存储、应用核心能力的开放平台，就近提供边缘智能服务；后者在概念上侧重于云计算向网络边缘侧的延伸。

储、处理和应用程序集中在网络边缘的设备中，而不是几乎全部保存在云中。雾计算是云计算的延伸概念，这意味着数据可以在本地智能设备中进行处理而不需要完全发送到云中进行处理。

“雾”这个概念是新的，但其概念源自“分布式计算”，和普适计算资历一样老。“天下大势，合久必分，分久必合。”对于计算机行业来说，计算模式一直在集中式和分布式计算模式中来回：集中式的（大型计算机）变成了分布式（微型计算机），现在又要把服务能力集中在云里；当发现云很强大，但受限于现有技术而使云的服务对象无法近水楼台先得月时，目前的云正尝试分布在服务对象的周边——雾计算（如图 5-27 中的分布云）。雾计算通过一些运算能力比云更弱但分布更分散的边缘设备，来处理家电、汽车等一些物联网设备的数据。

图 5-27 物联网与云的发展[1]

在物联网场景下，任何一个自然或对象（实体或虚拟）都可以被分配一个独立地址并具有在网络上传输数据的能力。这些事物可以创造大量数据，雾计算是应对连接互联网（物联网）设备数量不断增加，而伴随的数据处理需求激增的一种有效途径。

在雾计算环境中，大量数据处理将在一台路由器（智能网关或类似的本地边缘设备）中发生，而不必进行远程传输。雾计算将云计算模式扩展到网络边缘。虽然雾计算和云计算使用了相同的资源（网络、计算和存储），也共享了许多相同的机制和属性（虚拟化、多租户），但这种扩展是有意义的，因为其中存在的一些根本性差异导致雾计算的开发：为不符合云计算模式的应用程序和服务定址。

例如，当应用程序要求非常低的延迟时间时，云计算从很多实现细节方面释放用户，包括计算或存储发生的精确位置信息。这种自由是可选的，当一个显著程度的延迟不可接受时（例如游戏、视频会议），自由又变成了不利因素：无法迅速精确为服务对象定址。

此外，还有一些应用程序和服务，包括：

① IBM and Samsung bet on Bitcoin Tech to save the Internet of Things. https://securityledger.com/2015/01/ibm-and-samsung-bet-on-bitcoin-to-save-iot/.

- 地理上分布式应用程序（管线监测、环境监测的传感器网络）；
- 快速移动应用程序（铁路调度）；
- 大型分布式控制系统（智能电网、智能交通信号灯系统）；
- 车联网中的基于位置的服务与交通控制。

还有物联网中因对于时延敏感、位置敏感、上下文敏感的一类影响用户体验的应用。Cisco 的 Ginny Nichols 创造了“雾计算”这个术语。这个比喻出自“雾是接近地面的云”这个事实，正如雾计算在网络的边缘集中处理。据 Cisco 介绍，在地理分布和分层结构问题上，雾计算延伸了云计算的边缘。从物联网的角度来看，雾计算延伸的目的是为了更好地服务“物”的相关计算需求。从物联网在现阶段对云计算的需求来看，雾计算也许是最为合适的解决方法。物联网平台中，云中将用户所需的物理功能和资源综合并抽象为与物理位置和资源无关的资源池，固然可以扩展计算的能力、性质，丰富了物联网中各种云的应用形式和融合模式。但“远水解不了近渴”，尤其是当输送资源的管道受限时。物联网应用在需要及时的处理和响应时，需要“云”作为资源提供方能够更贴近“物”。如 LBS 是和物理位置紧密联系的一类应用[①]。

相对于“云端”是由服务器集群组成，“雾端”由我们身边的设备组成，它在地理上分布更为广泛，而且具有更大范围的移动性。如图 5-28 所示，围绕着云端向外延伸着雾计算节点和设备。

图 5-28　边缘设备、边缘节点与云计算的关系

① 想一下我们手机的很多服务需要自动获取位置信息。见“车联网”小节中的 LBS 服务。

② iot101 君．边缘计算将在 2017 年大行其道，细数其中的价值、机遇与挑战！见 http://www.iot101.com/kpwl/2017-01-12/12755.html.

IDC发布的相关预测表明，到2018年，50%的物联网将面临网络带宽的限制，40%的数据需要在网络边缘侧分析、处理与储存，到2025年，这一数字将超过50%。

已经处在风口浪尖的雾计算，可以适应如今越来越多的不需要进行大量运算的智能设备的需求。如果使用雾节点进行数据分析，而不发送到云，可以实现延迟最小化。在这种情况下，所有的事件聚合必须立足于网络的分布式体系部署（传感器等物联网设备和雾节点所在地）。

在技术架构上，云计算与雾计算的互相协同应体现在：紧贴“物”的物联网平台上叠加一层分布的计算能力，就像人类的末梢神经一样。这样一来，物联网对“资源”，也就是云的需求能够及时获取和排放，避免了位于数据中心的云计算让那些延迟敏感的应用“望梅止渴”。这就是“雾”的来由。一些物联网应用的网络部署中，除了位置感测和低延迟，还需对移动性的支持以及地理位置的分布。

实际应用中，雾计算的架构还在实现中。但是，在大多数已知的物联网平台（MS Azure物联网套件，IBM沃森的物联网平台和ThingWorx物联网平台）中，我们都能够看到这样的结构：通过网关连接到数据流处理的高性能平台。可能现在只有思科提供了一个工具（称为雾指导：Fog Director），能够基于其独特的平台——IoX雾应用，来管理基于思科平台的大规模雾部署[①]。

5.5.2 “物”的雾计算需求

雾计算扩大了以云计算为特征的网络计算范式，将网络计算从网络的中心扩展到网络的边缘，从而更加广泛地运用于（特定条件下）应用形态和服务类型；这有时也被称为移动边缘计算[②]——移动边缘计算可以被看作是运行在移动网络边缘的云服务，以执行特定的任务。

1. 雾计算在物联网中的需求分析

雾计算能够提供接近用户和边缘设备的计算、存储等资源的服务，和云一样，都是网络基础设施的一个组成部分。雾计算在物联网中的需求体现在如下几个方面。

1）传感器/执行器的数据处理需要经过“雾计算”缓冲后进入云

雾计算中的边缘设备能够处理来自传感器/执行器的数据，处理中过滤出需要转移到数据存储单元、数据库进行分析的内容。

雾计算的分布式架构包括雾节点和边缘智能设备。边缘智能设备中执行数据采集、边缘

① http://www.iotevolutionworld.com/fog/articles/425129-now-time-apply-fog-computing-the-internet-things.htm.

② Mobile-Edge Computing-Introductory Technical White Paper. 2014, https://portal.etsi.org/Portals/0/TBpages/MEC/Docs/Mobile-edge Computing-Introductory Technical White Paper V1%2018-0 9-14.pdf.

计算和智能处理。智能处理体现于边缘智能设备支持相互之间的数据共享、协同决策、数据过滤，并考虑数据优先级的赋予。在边缘处被选择出的“智能数据”将转移到中央数据存储区域进行“云计算”处理。位于云计算边缘的雾计算必须应对响应时间、可靠性和安全性的挑战。尤其在边缘设备产生数据的速率远远快于云的处理能力时，需要“雾计算”缓冲。

2）过滤和聚合后的数据能够分为“雾”能做的和“云”该做的

并非来自终端设备的所有数据都需要由云计算处理，数据经过智能边缘设备的品质过滤、聚合分析等智能处理，分析出“雾”该做，在边缘节点（网关或最近基站）附近利用空闲计算资源处理，可以减少发送到云中的数据量。如果将更多的功能集成到智能设备和网关的边缘，将能够更好地发挥此作用以减少延迟。

简单地说，边缘处能够判定数据是在“雾”中处理还是交给云计算，这样一来，本地设备及其边缘的“受限”资源能够发挥最佳效用；“雾”处理不了的再传给云。“雾”和“云”的任务区分，将需要根据各种不同的场景需求来归纳、演绎，甚至需要整合部分通信协议。

3）雾计算从物理位置上离“物”的需求更近

当“雾”涵盖了无线网络的一部分，无论是 Wi-Fi 还是蜂窝，本地服务都可以利用低水平的信令来确定每个连接设备的位置。这就生成了一个智慧家居的用例，并且可以扩大到“雾”里的基于位置的服务①，毕竟，紧贴“物”的雾计算需要知道“物”在哪里。对于我们来讲，能够看到处理我们“贴身”数据的设备，比看不到、也不知传到哪片云里，感觉更安全。

雾计算中数据的分层级处理，或者说边处理边分层级，避免了海量数据在边缘的堆砌。在“雾”的低延迟网络中，实现快速去粗取精；这种信息获取、处理、分层级、传输同步进行的模式，才可以在离“物”很近的地方实现大规模的数据吞吐。而这正支撑着触觉、嗅觉与味觉、MR 向着未来的物联网场景前进。可以回顾第 1 章中从数据、信息到知识和智慧的“金字塔”过程。

下面用超高速无线局域网举例说明。超高速无线局域网在车联网中很受欢迎，因为车联网关键数据的实时存取需要能够提供边缘计算的“雾”，而云可能会有点儿远；还因为超高速无线局域网的“雾”伴随能力能够体现“准（定位）、快、（离的）近、稳”的生死时速。

例如，“我都能看到要撞车了，还要把两车距离传到哪里？”最好的办法是在本地（本车）的雾计算应急处理并采取果断措施。

雾计算能够提供丰富的车联网服务，来满足信息娱乐、安全、实时交通保障等要求，因为雾计算可以沿公路、沿交通灯这样地理分布，还可以沿蜂窝网络、沿 Wi-Fi 热点这样的城

① 基于位置的服务 LBS 5.6.3 节中详述。

市布局分布；可理解为“雾分布”。安全方面，将行人和骑行者、车辆的探测放在公路沿线；交通保障方面，将交通灯的智能控制交给附近网络所覆盖的几个街区。这就是雾的“去中心化”伴随能力。

再例如，“我需要了解实时的最佳路径，而不是在云导航中被堵得水泄不通。”

实时路况信息只需要车所在的相邻几个街区的拥堵情况，没有必要传到云中处理后再传回来，仅需要比视距大几倍的雾分布即可。

对于交通信号灯的智能控制，低延迟和异构的雾比云更接近于司机所关心的附近街区。雾计算对移动性的支持和基于位置感测的实时交互（例如交通信号灯的周期与实时路况感知的交互），扩大了本地化的计算能力、交互能力、协同决策能力。在雾中将聚合后的、会影响全局的“智能数据”发送到云计算中心做进一步的全局数据分析，从而实现基于位置的上下文感知。这样，能够在品质过滤与聚合分析之后，更加智能地建议行驶中汽车的距离、速度、路径，与交通信号灯的实时控制。这种思路可以很好地服务车联网中与位置相关的雾计算需求。

2. 雾计算本身面临的挑战

中国信息通信研究院刘阳根据对于雾计算（边缘计算）在消费物联网、工业互联网等领域即将发挥重大作用的分析，提出了 6 个方面的挑战。

1）体系架构急需统一

尽管目前来看，针对固定互联网、移动通信网、消费物联网、工业互联网等不同网络接入和承载技术中，边缘计算的技术实现上存在一定差异，但整体来看，边缘计算的技术理念都是强调系统的通用性、网络的实时性、应用的智能性、服务的安全性，需要构建统一的体系架构进行顶层设计指导。

2）技术理论尚未成熟

研究边缘计算技术的最新进展，关键是要回答三个问题：一是边缘节点究竟在哪里；二是究竟会出现什么新事物；三是需要什么样的新技术来支撑。目前来看，能否基于软件定义、虚拟化、服务化等关键技术打造一个支撑边缘计算理念的通用型操作系统，部署在设备、网关或者边缘数据平台等不同位置，还需要加强基础研发和实验验证。

3）产业推进难度很大

从实施角度看，行业设备专用化，各行业差异大，过渡方案能否平滑升级、新技术方案能否为企业接受还需考验；从产业角度看，工业互联网、物联网技术方案碎片化，跨厂商的互联互通和互操作一直是很大的挑战，边缘计算需要跨越计算、网络、存储等多方面进行长链条的技术方案整合，难度更大。

4）商业模式有待研究

边缘计算平台由于在部署时将服务下移，计算、网络、存储、应用、智能在边缘侧进行本地化提供，对于现有的网络运营商服务体系，需要重新设计计费规则。同时，由于相关技术研发、标准化工作涉及较多的利益相关方，还需要互联网企业、通信设备企业、通信运营商、工业企业等多方共同努力和积极探索。

5）安全隐私存在挑战

边缘计算希望培育的边缘侧应用生态可能存在一些不受信任的终端及移动边缘应用开发者的非法接入问题，因此需要在用户、边缘节点、边缘计算服务之间建立新的访问控制机制和安全通信机制，以保证数据的机密性和完整性、用户的隐私性。

6）价值创新存在风险

边缘侧实现增值服务、价值创新的关键在于数据的分析和应用、能力的开放和协同，但不同产业的知识背景差异将带来协作上的挑战，人工智能等新技术在行业应用还是早期探索阶段，有不确定风险。

其中，安全隐私问题放在本书第 6 章讨论。

5.5.3　雾的进一步探讨

以 WSN 为例来看雾计算，如果在相互临近的传感器网络之间，对于网内节点能够比较均衡地承担采集到的原始数据的处理任务，而网内节点的协同处理能力能够延伸到传感器网络之间的协同，这就是“雾计算”的取长补短理念，并且这种理念支持异构网间的协同。

如果网内节点、临近的网间节点（含汇聚节点或管理节点）都承担不了采集到的原始数据的处理任务，这就倾向于请求“云计算”作外援。

如果大部分的数据处理任务都需要传递到中心云进行，就是“云计算”。

简单地说，超出雾的“受限”资源能力范围之外的物联网应用（如“受限”的传感器网络），将按需交付于云中。这其中，“边缘”和“中心”的资源融合对于用户来讲是“透明的”，但需要连接对象、雾、云齐心协力策划出一种可称为“ sensing-as-a-service”的虚拟化的按需服务能力。

1. 云雾交织

讲个关于恐龙的故事，假设恐龙的一只脚如果被突然切掉，它多久能感觉到疼，会不会继续奔跑？记得答案是比较长，长到大脑还会以为没事，恐龙会继续向前奔跑。其实这个故事也说明了：如果计算需求在还未送到云（大脑）之前，已经失去时效性，那么，要么网络（神经传导）速度迅速进化提升，要么把计算放到躯干，躯干（雾计算）发现脚没了，边制动边告诉大脑（云计算）。

如果人类所有的感知信号都通过神经传递到大脑，大脑不得累死？神经也得多粗？

人类的神经系统确是“云雾交织”。很多信号都是分层级传递和边传递边处理的。例如，中枢神经中的脊柱，负责控制四肢及躯干的反射动作。例如，手指不小心摸到热锅，在尚未经过大脑思考反应前，就已经透过反射动作将手收回了，等大脑反应过来才知道是怎么回事。

而小脑负责平衡与“技能记忆”；人受伤了，有神经去负责把白细胞、红细胞送往事故现场，不需要请示大脑。而内脏活动常是自主性活动，几乎不受意识控制。

详见《物联网技术及其军事应用》中6.2节关于智能化的第三个层次：信息的分层级处理与传递。

上述这些启示着云计算和雾计算会在相互依存中交织发展。

而雾计算也会和物联网越来越多地交织在一起，使物联网获得功能性增强；反过来，物联网又能够给云、雾的计算服务提供信息更新与信息开放的能力。

2. 合中有分，分中有合

人类社会进步的每个场景总会在技术革新领域找到自己的映射，或者说技术革新的原因和目的也都是社会进步。

云计算对应团结就是力量。

雾计算对应系统论的分层级组织与扁平化管理。

云计算延伸分布为雾计算，是为了高物联网应用体验；雾计算遇到自身难以解决的问题时，会求助于云计算。

合中有分、分中有合也指引着计算的组织模式的发展。

3. 雾计算本身安全吗

雾计算可以“贴身服务”于工业物联网应用（例如电力生产，交通灯自主控制，智慧制造等），在边缘设备和雾节点中采集数据，处理马上就要指挥（或作用于）生产的数据。那么，雾计算安全吗？

在一个经典的物联网架构中，物联网网关是恶意数据注入的关键点。网关可以像经典的网站保护方法一样被保护。这些保护方法有：IP地址快速跳变 - IP快速跳频协议[①]。它仅允许合法参与者之间的交流。

俄罗斯工程院院士Krylov提出了很有意思的观点。在雾结构中，处理单元被所有节点接口开放于网络中。就恶意数据入侵而言，如果数据处理涉及成千上万的设备，那么它们都

① http://www.iotevolutionworld.com/fog/articles/425129-now-time-apply-fog-computing-the-internet-things.htm.

应该位于安全连接中：雾节点被覆盖在安全的网络集成中，而不是通过开放的 TCP/IP 连接。

在他看来，鉴于要求提供低延迟的保证，这个问题尚未找到解决方案。因此，直到解决方案被发现之前，雾结构系统的安全性仍将存疑。

纵然雾计算能够应对物联网场景中数据传输成本和移动连接的延迟限制带来的挑战，在边缘处满足实时处理与协同决策支持、基于上下文的移动性支持、降低移动基础设施的管理成本；但是，雾计算能够应对安全的挑战吗？

本节部分内容选自《云里雾里的计算》①。

5.6 车联网

车联网的出现是离不开基于位置的服务（Location Based Service，LBS）的。2001 年开始，我国的移动通信运营商们先后开始了“定位之星”“亲子通”“汽车 GPS 导航服务”等基于 LBS 的服务。百度地图已经开放了 LBS 平台，意在与诸多“第三方”发掘车联网应用的潜能。

5.6.1 车联网的起源

车联网服务最早源于基于位置的服务（Location Based Service，LBS）在交通领域的应用。现在，LBS 已经在诸如智慧城市、交通疏导、路径优化、车辆导航、手机通信、人际交流等众多领域发挥着广泛而重要的作用，在交通领域已经形成物联网发展的一个重要方向：Internet of Vehicles。

LBS 系统是一种集位置定位、数据及时通信、地理信息存储与处理为一体的综合信息服务平台。位置服务有两重含义：首先是确定（移动或非移动）设备或用户所在的地理位置，其次是提供与位置相关的各类信息服务。凡是与位置相关的，都可以称为 LBS。关于 LBS 的定义有很多，1994 年，美国学者 Schilit 在提出 Context-Aware 计算的理念时指出了位置服务的三大目标：你在哪里（空间信息）、你和谁在一起（社会信息）、附近有什么资源（信息查询）。LBS 最早起源于美国联邦通信委员会（FCC）于 1996 年颁布的 E911 规则，它要求美国所有移动网络运营商必须提供一种为 911 紧急呼叫来电进行位置信息定位的业务，如图 5-29 所示。由于受到当时整个网络技术的限制，E911 任务所提供的位置定位精度还不能完全满足需要，此后移动网络运营商投入巨大的努力来研究更加先进的位置定位技术。为了从 E911 业务的巨大投资中获得回报，运营商推出了一系列的商业 LBS 业务。但对这些寻人服务，以

① 作者的《云里雾里的计算》讲稿可下载，https://pan.baidu.com/s/1mhGQDxY。

及景点、餐馆或者加油站的定位服务，当时用户并没有表现出极大的使用兴趣。

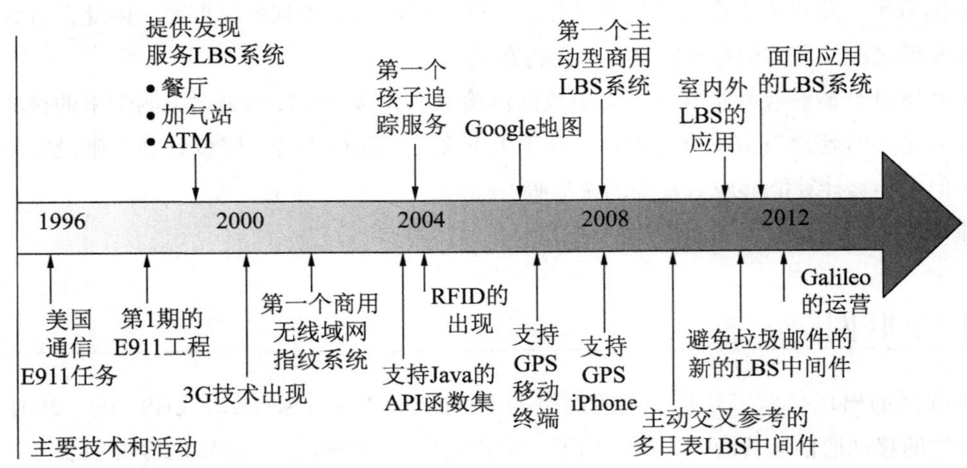

图 5-29　LBS 发展历程

2000 年，伴随着 3G 技术的产生，3G 网络丰富了能够提供的服务内容，传统汽车制造商开始升级车载信息系统，车载电子设备的定位、导航、防盗、安全等功能更为丰富。美国 Mobility2000、IVHS（Intelligent Vehicle Highway System，智能车路系统）等机构和平台快速发展；欧洲出现了 Telematics 这一比 PROMETHEUS①更为丰富的概念。日本出现了 VICS（Vehicle Information and Communication System，车辆信息与通信系统）、ASV（Advanced Safety Vehicle，高级安全驾驶）等车载平台和产品。RFID 的应用则部分解决了无法卫星定位时或室内环境的定位问题。

2002 年 5 月，go2 和 AT&T 在美国 FCC 的授权下推出了世界上第一个移动 LBS 本地搜索应用程序，并用于自动位置识别（ALI）。go2 的用户可以通过使用 AT&T 公司的自动位置识别来确定其位置，并搜索该位置附近满足用户需求的地理位置列表。

2010 年，Foursquare 成为 LBS 方面一个耀眼的成功模式。Foursquare 是美国一家基于地理位置信息的社交网络服务企业，提供整合位置服务、社交网络和游戏元素的综合性平台服务。目前，移动位置服务越来越多地与其他移动互联应用联合起来，具备互动、分享等特征。例如，在图 5-30 中，移动位置服务在手机的服务网络中，将位置信息作为真实标签可以提高交互效率。

① PROMETHEUS（Program for a European Traffic with Highest Efficiency and Unprecedented Safety）计划：1985 年由奔驰汽车公司提出，后在欧洲扩展为一个车载平台。开发领域：车载人工智能处理器；实时模式识别；各种传感器和处理装置；数字通信技术和系统综合运用方法及评价模型开发。

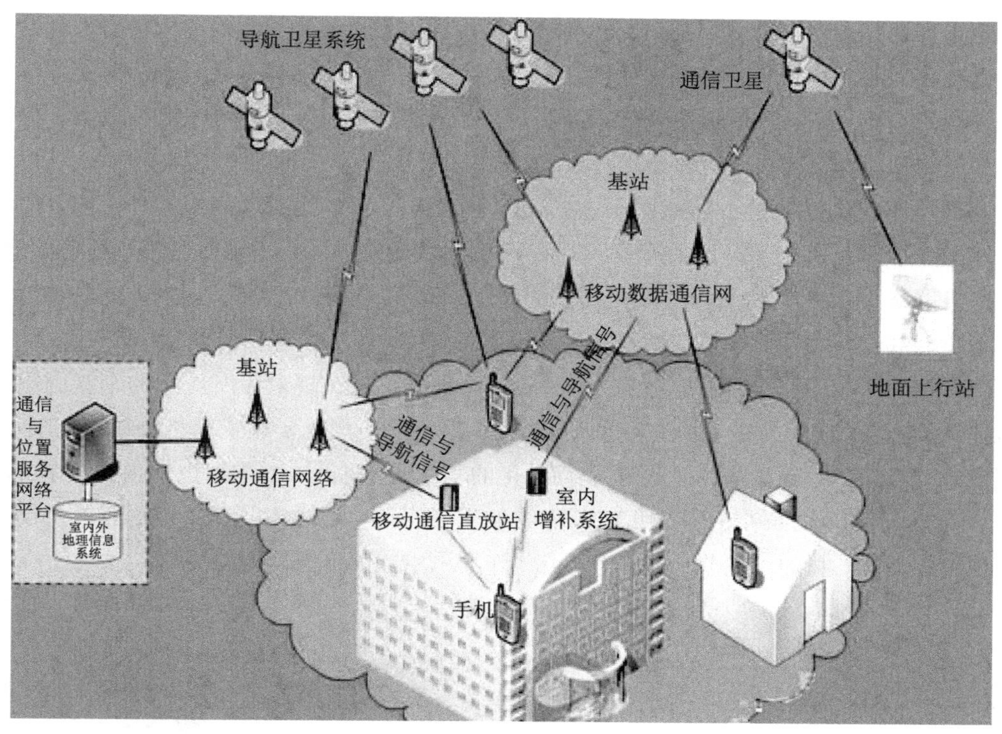

图 5-30　LBS 与移动位置服务

在室内外增强辅助系统和适用于移动对象的无线定位技术支撑下，LBS 为车联网的形成铺平道路。与此同时，智能手机、车载设备、位置感测应用和数据服务需求激增，车联网的增值服务涌现。

基于 LBS 的应用种类丰富很多，包括上述的来电位置定位系统、车辆位置服务系统、商业 LBS 服务等。其中，商业 LBS 业务蓬勃兴起，许多手机地图都集成了景点、餐馆、加油站、酒店的查询功能。例如，在手机地图系统中，只要单击美食，搜索引擎就会根据手机的位置找出附近的餐馆，并在地图上标出具体的位置，还可以附上特色、评价、打分等详细信息。还可以实现步行、驾车、公交路线、骑行（共享单车）的查询。不仅如此，基于 LBS 的服务发现能够查询电影、团购、同城交易等实时信息；甚至是社交发现服务。LBS 作为物联网中基于位置信息的应用服务，在滴滴与 Uber 等准车联网业态中发展完善。而现阶段的车联网发展，需要更多的技术支撑和网格化平台。

5.6.2　车联网技术

汽车的发明作为现代社会的标志之一，极大促进了人类交通的范围和效率。但同时，汽车也给人类社会带来了诸多问题：交通拥堵、环境污染、交通事故造成的人员伤亡和财产损失等已经成为制约社会和经济发展的因素之一。交通安全、交通堵塞及环境污染是困扰当今交通领域的三大难题，尤其以交通安全问题最为严重。在汽车产业快速发展的今天，如何解决车和路的矛盾、交通和环境的矛盾已刻不容缓。

车联网不仅能够通过上述的基于 LBS 的车辆位置服务，实现车辆的实时管理，还可以实现车与车、车与人、车与路的互联互通和信息共享。通过采集车辆、道路和环境的信息，并在信息网络平台上对多方采集的信息进行加工、计算、共享和发布，根据不同的功能需求实现对车辆进行有效的引导与监管，以及智能交互与移动互联网应用服务。

如果说 LBS 仅是车联网概念形成时的服务支撑，那么，现阶段所应用的车联网服务许多也还体现为 Telematics 的狭义车联网①。对于车联网的应用，实现了车与云端的互联互通，仅能说是“联网车”或“车联信息网”；而真正的车联网（见图 5-31）可以实现车与车、车与路、车与行人以及车与网络等一切 V2X 事物的互联互通，通过人、车、路的有效协同，从而实现智能交通的目的。本节下面将介绍几个车联网中能够承前启后的技术。

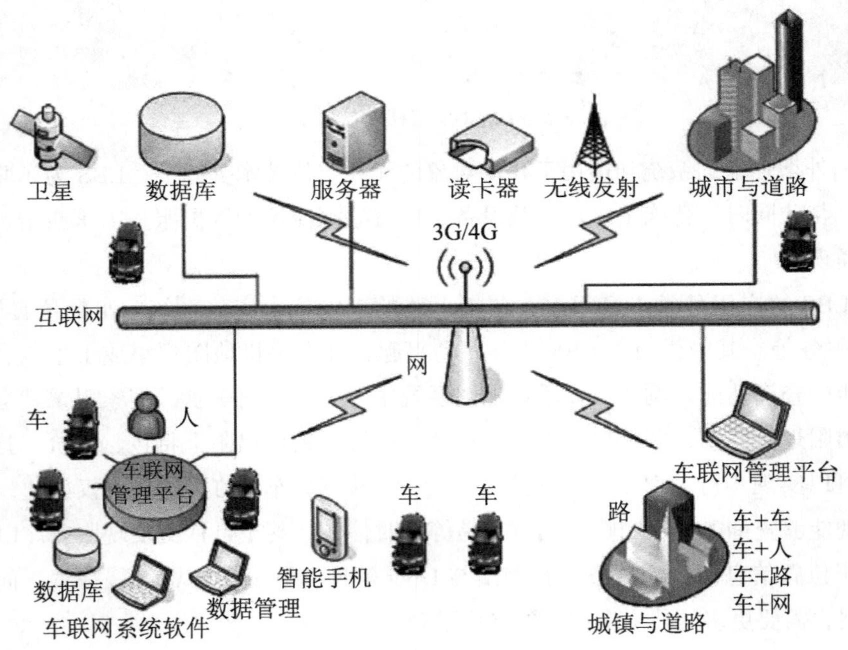

图 5-31 车联网概念示意图

① 之所以称 Telematics 为狭义，是因为这个概念是 20 世纪 90 年代在欧洲发展起来的一个概念，侧重于车载应用服务。现在的车联网，一般对应 IoV（Internet of Vehicle）。

车联网中，每辆车、每个人都可以作为一个信息源，通过无线通信手段连接到网络中，通过收集、处理并共享大量信息，实现车与车、车与路、车与城市交通网络、车与互联网之间互相连接，实现安全、环保、舒适的驾驶体验。关键是，车联网要能减少交通拥堵和交通事故。

例如日本的车辆信息通信系统（VICS），该系统可以把采集的信息传到 VICS 中心，综合处理后通过无线的方式传送到使用 VICS 功能的导航系统上面，从而驾驶员可以实时了解车辆运行报告和交通状况。据统计，对于同一目的地，使用 VICS 系统的车辆可以减少车辆行驶时间约 22%，提高平均时速约 5%。

根据美国交通部的数据，采用基于车载无线接入的车联网技术，可以有效避免 82% 的交通事故，减少数千人的伤亡，并节约数十亿美元的财产损失。为此，世界各发达国家竞相投入大量资金和人力，进行大规模的车联网技术研究和实验。IEEE 已经颁布了以 802.11p 为基础的车载短程无线通信标准，我国也已正式启动了智能交通通信标准制定工作。车联网将继互联网、物联网之后，成为未来智能城市的另一个标志。

作为一项涉及多门学科的技术，车联网具有相当丰富的研究内容，既需要信息技术的背景知识，也要求研究者对城市交通尤其是微观交通特性有充分的了解。在构建基于智能数据处理和车载通信的车路协同技术框架基础上，目前，作为物联网独具特色的行业应用，车联网研究的热点以及应用中所需解决的问题主要集中在以下几个方面。

1. 车载传感器与车路协同控制

在发达国家，随着汽车电子、传感新技术快速发展，已经成熟的传感器产品的增长趋缓；在发展中国家，基本的汽车传感器主要用于汽车发动机、安全、防盗、排放控制系统，增长量十分可观。2005 年，美国 ABI 研究公司公布的一份专门针对汽车传感器市场的研究报告《汽车传感器：加速计、陀螺仪、霍尔效应、光学、压力、雷达以及超音速传感器》，表明主动式安全系统推动了传感器被越来越多地使用。

车用传感器技术汽车传感器是车联网的基础，是车辆感知自身运行状态的重要信息源，包括驾驶操控状态、运行环境和异常状况等信息都需要通过它们来采集。车用传感技术目前正处于高速发展阶段，磁敏、气敏、力敏、热敏、光电、激光等各种传感器层出不穷，一辆新出厂的家用轿车将安装接近上百个传感器。这些传感技术都源于国外，要发展我国自主的车用传感器研发和制造事业，还需要大量科研和生产经验的积累。

未来的汽车传感器技术的发展趋势是微型化、多功能化、集成化和智能化。20 世纪末期，MEMS（微电子机械系统）技术的发展使微型传感器提高到了一个新的水平，目前采用 MEMS 技术可以制作检测力学量、磁学量、热学量、化学量和生物量的微型传感器。由于

MEMS 微型传感器在降低汽车电子系统成本及提高其性能方面的优势，它们已开始逐步取代基于传统机电技术的传感器。MEMS 传感器将成为世界汽车电子的重要构成部分。以 MEMS 技术为基础的微型化、多功能化、集成化和智能化的传感器将逐步取代传统的传感器，成为汽车传感器的主流。

以倒车雷达和防盗报警系统为例，能够更好地理解车用传感器技术的实用性。倒车雷达（泊车辅助系统）或称倒车计算机警示系统，是汽车泊车或者倒车时的安全辅助装置，由超声波传感器（俗称探头）、控制器和显示器（或蜂鸣器）等部分组成。它能以声音或者直观的显示方式告知驾驶员周围障碍物的情况，解除了驾驶员泊车、倒车和启动车辆时前后左右探视所引起的困扰，并帮助驾驶员扫除了视野死角和视线模糊的缺陷，提高驾驶的安全性。

车路协同控制的主要思想是将传统的交通系统看成人、车、路的统一体，也是车联网技术在交通运输行业的具体应用。有了车载传感器就可以通过探测等技术进行车路信息获取，通过车车、车路信息交互和动态实时共享，实现车辆和基础设施之间、车辆与车辆之间的智能协同与配合；并在动态交通信息采集与融合的基础上开展车辆主动安全控制、道路交通协同管理和行人安全辅助，充分实现人车路的有效协同，保证交通安全，提高通行效率。达到优化利用系统资源、提高道路交通安全、缓解交通拥堵的目标。

我国从 2010 年开始，多家单位联合开展具有自主知识产权的智能车路协同技术的研发，在智能道路、智能路侧系统、主动交通控制、车车交互等领域突破多项关键技术。项目团队搭建了我国首个智能车路协同集成测试验证环境。目标是构建包括智能车辆、智能路侧设备、智能移动终端和中心管理系统在内的"人车路协同的智能交通系统"研究、开发和实验测试基地，并进而开展车载自组织网络、车辆协同安全控制和基于全时空交通信息获取的协同交通控制和交通诱导、行人出行安全辅助等关键技术的研究。

2. 车联网与 CPS

2006 年 2 月发布的《美国竞争力计划》则将信息物理系统（Cyber Physics System，CPS）列为重要的研究项目。到 2007 年 7 月，美国总统科学技术顾问委员会（PCAST）在《挑战下的领先——竞争世界中的信息技术研发》报告中列出了 8 大关键的信息技术，其中 CPS 位列首位，其余分别是软件、数据、数据存储与数据流、网络、高端计算、网络与信息安全、人机界面、NIT 与社会科学。

信息物理系统作为计算进程和物理进程的统一体，是集成计算、通信与控制于一体的下一代智能系统。信息物理系统通过人机交互接口实现和物理进程的交互，使用网络化空间以远程的、可靠的、实时的、安全的、协作的方式操控一个物理实体。中国科学院院士何积丰认为，CPS 的意义在于将物理设备联网，特别是连接到互联网上，使得物理设备具有计算、通信、精确控制、远程协调和自治等 5 大功能。

本质上说，CPS 是一个具有控制属性的网络，但它又有别于现有的控制系统。工控网络内部总线大都使用的都是工业控制总线，网络内部各个独立的子系统或者说设备难以通过开放总线或者网络进行互联，而且通信的功能比较弱。而 CPS 则把通信放在与计算和控制同等地位上，这是因为 CPS 强调的分布式应用系统中物理设备之间的协调是离不开通信的。CPS 在对网络内部设备的远程协调能力、自治能力、控制对象的种类和数量，特别是网络规模上远远超过现有的工控网络。

以基于 CPS 的智能交通系统为例，即便是现有的人们认为已经十分复杂的汽车电子系统也无法胜任，现在的汽车电子系统无法实现未来智能交通系统对汽车之间的协同能力的要求。满足 CPS 要求的汽车电子系统的计算通常都是海量运算，而用于车联网，则需毫秒级的延迟。

CPS 涵盖小到汽车电子、智能家居大到远程医疗、工业控制系统，乃至国家电网、交通控制网络等国家级的应用。更为重要的是，这种涵盖并不仅仅是将物与物简单地连在一起，而是要催生出众多具有计算、通信、控制、协同和自治性能的设备。为把网络世界与物理连接，CPS 必须把已有的处理离散事件的、不关心时间和空间语义的计算技术，与现有的处理连续过程的、注重时间和空间语义的控制技术融合起来，使得网络世界可以采集、处理物理世界与时间和空间相关的信息，进行物理装置的操作和控制。传统的计算技术只能处理离散的、与时间无关的计算过程，计算技术与控制技术的融合要求重新构造具有时间和空间计算逻辑的计算技术。这是 CPS 技术在理论上面临的一项重大挑战。

CPS 能够从智能控制的角度来体现物联网的智能特征。如果把物联网看作是这类网络系统的外在表现形式或者应用场景，那么 CPS 是 IoT 这类网络系统的技术内涵之一。这是从两个不同角度对未来一种特定网络的描述。

3. 车联网中的网络技术

未来车联网场景日益丰满，如图 5-32 所示，交通信号控制、车辆控制与远程维护、报警、导航、基于位置的服务等，这都需要强大的网络支持。

车辆自组网（VANET），即车与车通信是车载通信系统中的一项重要的网络技术，通过交换运行状态信息，可以构建包括驾驶安全信息等多方面的应用服务。目前，车车通信的难点集中在无线网络的实现上，研究人员在参考了通信领域中移动自组网（MANET）的基础上，提出了车辆自组网的概念。但是，作为具有高速移动性的对象，车辆给 VANET 的设计带来了许多挑战，结合现实中车辆运行的轨迹，分析各种设计思想对组网的影响，是目前该领域的研究趋势。

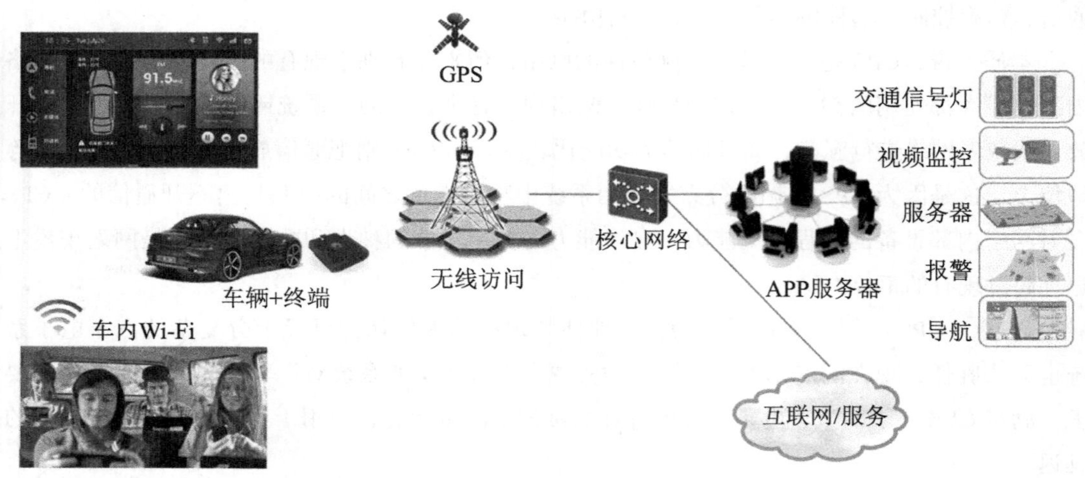

图 5-32 未来车联网场景

如前所述，IEEE 802.11p 是针对汽车通信的特殊环境而出炉的标准，工作于 5.9GHz 的频段，并拥有 6Mb/s 的数据速率，相对于 802.11 进行了多项针对汽车这样的特殊环境的改进，如热点间切换更先进、更支持移动环境、增强了安全性、加强了身份认证等。802.11p 将能用于收费站交费、汽车安全业务、汽车的电子商务等很多方面①。

车联网的接入技术可以基于现已普及的智能手机和车载移动终端通过 3G/4G（包含 LTE-A Pro）、DSRC 和 WLAN 实现车联网应用。例如，MIT CarTel 项目组开发的 VTrack 应用，通过一般的智能手机结合 WLAN 和 GPS 定位技术，实现准确的道路交通阻塞引起延迟估算，用户可以通过随身携带的智能手机及时了解交通情况和更换路线。4G 时代，IEEE 802.11p 已经能够很好地与 LTE 协同配合，图 5-33 是在蜂窝网与 IEEE 802.11p 的融合应用中，实现事故预防的示意图。

在 4.5G 向 5G 演进的过程中，3GPP 关于 LTE-V 的车联网架构，也在不断明晰②。例如其中的 V2I——车路通信。车路通信是交通环境中人车路三个系统互联互通的重要环节：车辆将运行数据提交到道路监测网络，进而作为动态交通信息上传到指挥中心，又通过指挥中心和附近车辆发布的信息，获得驾驶安全、道路和停车场使用状况的实时数据，实现车与路的一体化；另外，指挥中心可以将有用的车辆信息公布到互联网上，以便行人通过手持设备进行查询。以车车通信与车路通信为代表的互联化将给现有的城市交通运行带来崭新的面

① http://baike.baidu.com/link?url=9xehI8t48N-0CD1wL2hM0ZC6amPqzUcqmTMmCCN7YLVWFpLREIpbU3g0uKRygA5WGfiNsbUmGDaehm35gxUPDq#4_9.

② LTE-V 中包含 4 个方面：V2X 指车与车之外周边环境的通信；V2V 即车与车的通信；V2I 即车与路的通信，例如与信号灯之间；V2P 即车与行人的通信。

貌。DSRC[①]是针对汽车通信的特殊环境而出炉的标准。最初的设计是在 300m 距离内能有 6Mb/s 的传输速度。IEEE 802.11p 和 DSRC 详见 4.3.1 节。

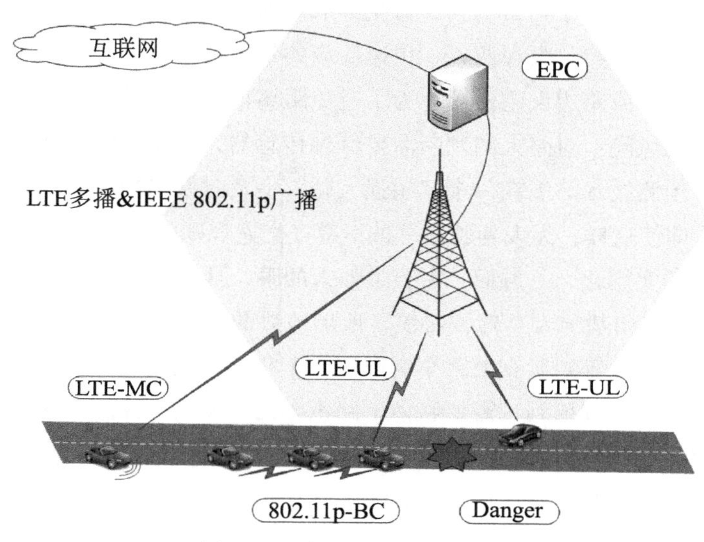

图 5-33　事故预防场景示意图

此外，对于时延的敏感性，由于紧急避让、车辆变换车道控制、安全辅助驾驶等问题，一般要求网络传输延迟在 50ms 以下，有些应用要求在 10ms，甚至 3ms 以下，对于车联网的网络延迟提出了新挑战。

总之，人车路三者在车联网中的无缝网络接入能力，将引领智能交通走向无人（或辅助）驾驶和无事故的“双无”交通时代。

4．智能交互与无人驾驶

“语音云驾驶 iVoka”是另一款智能语音交互系统。仅通过对话，iVoka 就能实现从语音资讯查询、语音讯息控制，到语音信息检索的全语音操控“人车交互”，为消费者带来简单的感受。iVoka 所提供的语音服务不仅囊括行车资讯、生活查询、娱乐互动等当下最为热门的应用。智能语音交互的运用，使 iVoka 不仅能够与车主进行最简单、最有效的语言沟通，行驶中还能够减少车主一边驾驶一边查看手机、操作导航时的忙乱，让视线和注意力始终保持在车辆行驶的方向，降低因分神而导致的主动交通事故隐患。iVoka 凭借与汽车 CAN-BUS 的对接，能精准记录行车数据，以安全信息界面语音提醒功能为消费者提供主动周到的安全防护。类似的还有 CoDriver 智能语音副驾驶。近年，车联网智能辅助有如下几个方向：手机车机融合

① DSRC 的一个演示，见 http://wm.tongji.edu.cn/newsite/wp-content/uploads/2013/01/DSRC_DEMO_V2.0.avi。

(CarLife)、安全（CarGuard)、交互（云服务）和汽车消费类服务（含量身定制的车险）等。

但是，这些驾驶辅助系统都还不能作为无人驾驶技术的基础。

无人驾驶技术的关键在于正常驾驶、避免事故。前者比较容易实现，后者就没这么简单了。为了能够模拟耳听四路、眼观八方、快速反应的驾驶者，起码要有前后左右 4 路近距离传感器，避免与其他车或路边设施碰撞；为了避免距离很近时车反应不过来，还要有一组远距离雷达，提前预测风险。对路人的判断需要红外传感器，对路口的判断需要“看”明白红绿灯；这些测量、预测技术必须在一个“超强大脑”中及时做出判断，也就是说必须在危险发生前算出结果。即使这样，无人驾驶还总被不遵守交通规则的“有人驾驶”伤害。

无人驾驶技术的实用化，一方面，需要类似人的眼、耳和大脑（处理器）高度智能集成，并把计算结果（判断）和基于人类驾驶习惯、地形地势的紧急避险数据库结合优化，这是出于人的本能；另一方面，等到所有上路车辆都接入车联网，风险才可能可控，不能指望一辆车有多聪明，就不会被醉驾撞到，需要整体上路汽车的“文明”保障，这是出于人类会无意造成伤害的“本能”。除非给无人驾驶汽车以专用道的“特权”。

简单来说，无人驾驶技术目前的瓶颈在于：你说你可以保证不撞别的车，但不能保证别的车不撞你。“你说的”行人们还不太信。

5. 车联网体系结构与应用

车载通信系统通过交通的物联化和互联化，可以对路网交通均衡与个体车辆路径进行分配，并对行车安全进行快速预警，为居民出行带来巨大的便利，但是道路上不断更新的信息也给交通处理平台处理能力提出了新的挑战。此外，车外的环境信息如何与车、人实时交互？车载传感器和控制信息如何与人、网络交互？车联网的网络基础设施和网络技术有哪些？表 5-2 详细列出了这些问题的答案。

表 5-2 车联网关键技术结构

应用与服务层	平台层	网络层	感知控制层	感知控制各子层
远程诊断	云计算	基于远程感知的组网及路由	车辆子层	车辆行为特征提取
路径规划	雾（边缘）计算	网络抗干扰技术		行车环境感知与电子档案
换乘联运	数据智能分析与预测	访问冲突检测与防碰撞控制		异常状态识别
突发事件	(安全）中间件	数据安全与隐私保护		CAN/LIN[①]车内网

① CAN（Controller Area Network，控制器局域网络）是由德国 BOSCH 公司开发，最终成为国际标准（ISO 11898）；LIN（Local Interconnect Network，本地互联网），是一种低成本的串行通信网络，用于实现汽车中的分布式电子系统控制。LIN 为现有汽车网络（例如 CAN 总线）提供辅助功能，在不需要 CAN 总线的带宽和多功能的场合，例如智能传感器和制动装置之间的通信使用 LIN 总线可节省成本。

续表

应用与服务层	平台层	网络层	感知控制层	感知控制各子层
行业车辆监管	LBS 的服务网格	防恶意侵入	基础设施子层	GNSS 定位、智能路侧系统、交通控制
交通信息发布与预测		多模协同通信	接口子层	道路与交通状况
停车管理与引导		网络负载均衡		车路接口
车路信息实时交互		DSRC		车人接口
车与行人信息动态交互		5G 中（LTE-V）车辆网络	其他子层	ETC、RFID 等特定功能和特种车辆管理

车联网的感知控制层主要功能是综合利用各种传感器（检测温度、速度、路况等）和车载总线、视频摄像头等进行数据采集，从而获得大量关于交通信息、天气状况、车辆信息的数据，并构建了人、车、路（环境）信息交互的接口。网络层主要通过无线通信（DSRC）来实现安全的接入，完成大量数据的传输、分析和处理，实现远距离通信、多模协同通信和远程控制的目的。

在车联网的应用与服务层，通过各种车载终端与软件，在现阶段主要能够提供的应用如表 5-3 所示。

表 5-3　车联网的应用

分类	具体应用
交通管理	（高速公路）智能收费系统、智能车辆调度系统、车辆监控系统、智能交通信号灯管理系统等
公共交通服务	智能公交车查询系统、智能收费系统、货车管理等
物流运输	物流监测系统、智能车辆管理系统、货物实时监测系统等
公共安全	智能预测系统、疲劳驾驶检测系统、车辆状况监测系统、智能超速超载报警系统等
商业增值服务	车载视频会议、移动办公、网络学习等
智能驾驶	智能人车交互、导航、娱乐等服务；无人自动驾驶和辅助驾驶等
基于 LBS 的行车服务	位置服务、停车（场）服务、路径优化和应急（求助）设施等

车联网具有广阔的应用前景和商业价值，它会彻底颠覆传统汽车与交通的概念，改变人们的交通出行方式及习惯。我国“十三五”期间，出台的《新一代信息技术规划（2016—2020）》中也对我国车联网在物联网产业的发展做出具体部署。LTE-V 在电信运营商中的业务平台和建设、管理、运营积累，可为车联网应用的部署和普及提供良好的技术、管理及运营平台，很有可能成为我国车联网应用的物联网基础设施提供者。图 5-34 是一幅车联网中车与周围环境交互的示意图。

图 5-34 未来车联网畅想示意图（来源：CRUISE）

车联网产业快速正常发展需要多方力量的默契配合，需要跨产业的通力合作和政府的重视，在政策上给予支持和引导；需要汽车厂商的长远眼光，做好产品的研发和市场策划；需要电信运营商等信息技术服务行业的参与和推动，共同建立扎实的信息基础设施，为信息的采集、传递、处理、应用搭建物联网平台。

5.6.3 LBS 安全中间件探讨

位置传感器的品种丰富与数量的增多，位置信息的需求量增长，向物联网、云计算、雾计算发出挑战。然而，隐私方面的担忧依然存在，社交媒体的普及表明了部分"热衷社交"的消费者愿意为了获得功能性和便捷性，而在个人隐私和共享数据之间进行权衡。本节对于安全中间件的探讨不局限于车联网，但需要密码学和中间件、云计算的知识作为理解的基础。

这里讨论的 LBS 安全中间件，假设在感知层获取的位置信息有以下几种：卫星定位或 LBS 服务提供商能够提供格式化的位置、RFID、WSN。

感知层获取的位置信息经过安全中间件的处理，有（但不限于）如下几种物联网场景。

- ❑ GNSS 卫星定位的软硬件提供商，或者能够提供 LBS 服务的供应商，例如导航、蜂窝定位等。
- ❑ RFID 生产方与服务提供方或第三方物业。
- ❑ WSN 生产方与服务提供方或使用方。

在中间件中使用匿名化技术、加密技术、路由协议进行位置隐私的保护方法见表 5-4。

表 5-4　位置隐私保护中间件

位置安全类型	主要位置隐私威胁	中间件保护方法	优点	缺点	展望
卫星定位或 LBS 服务提供商	数据查询、数据挖掘（聚合）、LBS 隐私威胁	匿名化技术；（同态）加密；安全多方计算	位置数据安全共享	数据处理效率低，不利于在资源受限设备中部署	雾安全；端到端安全
RFID	阅读器位置、用户位置信息；用户信息隐私威胁；防侦测	匿名化技术；（同态）加密；轻量级加密	隐私保护的安全程度高	数据处理能耗高、有时延	雾安全；证书机制；复合认证（联合口令、指纹等）
WSN	数据查询、数据聚合、位置隐私保护	同态加密；安全路由协议	隐私保护的安全程度较高	通信时延长、能耗高	雾安全；轻量级加密；节点身份认证实效性

表 5-4 中的同态加密将在第 6 章中讨论，同态加密是 WSN 中数据聚合隐私保护协议中的一种，还有基于扰动技术、基于数据分片等方法①，能提供很高的数据聚合结果的准确性和隐私保护性，缺点仍然是计算量和通信开销较大。

基于全同态加密协议和数据扰动方法的隐私保护聚类模型②，该协议主要针对垂直式分布式数据存储结构，通过添加随机向量扰乱原始数据和全同态加密协议，有效防范了原始数据的泄漏，在保护原始数据的同时，也保护了中间计算结果。

安全路由协议主要是通过匿名机制保护数据源位置隐私。这种匿名机制的应用可以放大到可信第三方、云（雾）服务来实现物联网的安全与隐私保护，详见第 6 章。

5.7　数字孪生

听起来挺高大上的数字孪生技术，源于人类的一种需求。“爸妈，家里已经有我了，为什么还要再生一个？”“嗯。你玩游戏时，要是大号废了，不是得练个小号吗？”这显然是一个笑话，但是，如果未来能够将数字孪生应用于人类，也许在网络空间中就有了一个仅存在于信息世界里的“你”——数字孪生的你。

5.7.1　数字孪生概述

数字孪生（Digital Twin）是一个诞生于 21 世纪的“年轻”概念。2017 年 10 月，Gartner 将数字孪生技术评为 2017 年 10 大技术趋势之一，并且这项技术在工业物联网中也扮演着越来越重要的角色。特斯拉公司为其生产和销售的每一辆电动汽车都建立了数字孪生模型，相

① 王和平，景凤宣．物联网安全与隐私保护研究．微型机与应用，2015：9-12．http://sanwen8.cn/p/170mIW5.html.

② 聂旭云，倪伟伟，王瑞锦，等．无线传感网数据聚合隐私保护协议分析．计算机应用研究，2013：1281-1302．

对应的模型数据都保存在公司数据库里，以便在测试中排查故障，为客户提供更好的服务。

数字孪生技术是一种实体空间与虚拟空间的数字化、网络化、智能化的映射关系，在物理与数字两个空间同时记录个体全生命周期的运行轨迹，这样我们便可以在网络空间中记录或者观察物体或设备的运行特征。

从更为深刻的角度来思考，数字孪生在信息世界里构建了一个平行的虚拟空间，这打开了一扇在信息的维度里能够实现时间非均匀性呈现的大门，也许会通往一种跨域时空的网络。

以目前的技术和对生命的认知，人类还无法完全理解大自然的智慧，人类作为大自然的一员，通过演化进行一代代的更迭，基因所起到的作用，是一个沿着时间轴的网络，是垂直于现有空间的。而人类发明的网络则是存在于现有空间网络，无法沿时间轴传递智慧，但大自然可以。大自然通过基因在沿时间轴传承自身的智慧，基因作为“核心技术”还无法完全破解[①]。有了数字孪生，也许就有了智慧传承的时空分析模型的一个引子。

数字孪生的概念最早出现于 2003 年，由 Grieves 教授在美国密歇根大学的产品全生命周期管理课程上提出[②]。后来，美国将数字孪生的概念引入到航天飞行器的健康维护等问题中，并将其定义为一个集成了多物理量、多尺度、多概率的仿真过程，基于飞行器的物理模型构建其完整映射的虚拟模型，利用历史数据以及传感器实时更新的数据，刻画和反映物理对象的全生命周期过程。

当时，在美国国家航空航天局（National Aeronautics and Space Administration，NASA）的一个项目中，NASA 需要制造两个完全相同的空间飞行器，留在地球上的飞行器称为孪生体，用来反映（或作镜像）正在执行任务的空间飞行器的状态或状况。在飞行准备期间，被称为孪生体的空间飞行器广泛应用于训练；在任务执行期间，使用留在地球上的孪生体进行仿真实验，该孪生体尽可能精确地反映和预测正在执行任务的空间飞行器的状态，从而辅助太空轨道上的航天员在紧急情况下做出最正确的决策[③]。

后来，美国国防部针对航空航天飞行器的健康维护与保障的目的，提出如下观点。

首先，在数字空间中建立真实的飞机模型，并通过传感器实现与飞机真实状态完全同步，在每次飞行结束之后，在数字空间里根据此次飞行的数据分析飞机现状和负荷情况，而不用检修人员进入机舱对发动机等各种设备进行实际上的检测。数字孪生技术表现的是形状上完全一样，但质地上差异很大的一对事物，数字模型就像是真实物体的影子，是数字世界中虚拟的模型。

① 人类的时空观是后天形成的还是先天传承的？仍需人类探索。

② Tao F, Zuo Y, Xu L，et al. Internet of things and BOM based life cycle assessment of energy-saving and emission-reduction of products. IEEE Transactions on Industrial Informatics,2014,10(2):1252-1261.

③ 庄存波等．产品数字孪生体的内涵、体系结构及其发展趋势．计算机集成制造系统，2017：755.

目前，数字孪生技术主要的应用模式有制造装备工艺模型、仿真分析模型、产品定义模型以及测量检验模型。其中，仿真分析模型能让使用者在数字化产品中看到实际物理产品可能发生的情况，见下文的“数字线索”。所有的数据模型都能够双向沟通，真实物理产品的状态和参数将通过智能生产系统集成的信息系统向数字化模型反馈。

另外，有一些公司正在试图将机器学习技术引入到数字孪生领域，帮助建立智能化的数字模型利用大量的传感器获取相应的数据信息，结合 AI 算法，可以尝试对正常运行的设备机器做出异常行为预测，及时排查运作过程中可能会出现的隐患。

一些技术专家认为，基于机器学习的数字孪生技术，使人们可以在不靠近或无法靠近设备的状况下进行相应的预估检测。随着这种技术日趋成熟，最终或许会大范围地覆盖整个工业领域。它将被企业用于规划设备服务、生产线操作、预测设备何时出现故障、提高操作效率、帮助新产品开发等，在未来，这项技术将有望与工业生产彻底融合，推动工业 4.0 全面进入智能的新阶段。

5.7.2　数字孪生的特点

2011 年，Michael Grieves 教授在《几乎完美：通过 PLM 驱动创新和精益产品》[①]一书中引用了其合作者 John Vickers 描述该概念模型的名词——数字孪生体，并一直沿用至今。其概念模型如图 5-35 所示，包括三个主要部分：物理空间的实体产品、虚拟空间的虚拟产品、物理空间和虚拟空间之间的数据和信息交互接口。

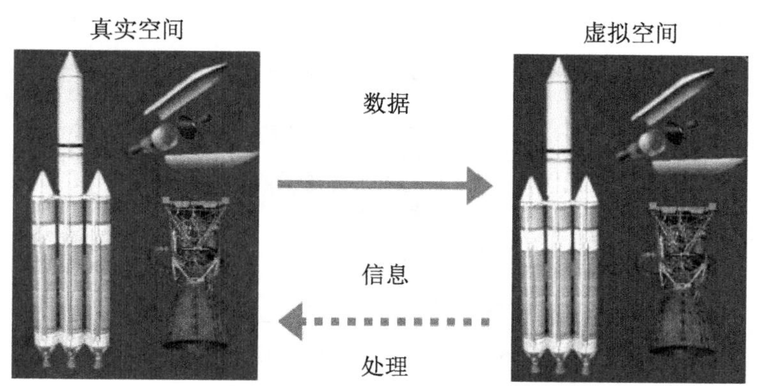

图 5-35　信息镜像分析模型

① GRIEVES M. Virtually perfect：driving innovative and lean products through product lifecycle management. Cocoa Beach，Fla，USA：Space Coast Press，2011.

② BOSCHERT S，ROSEN R. Digital twin-the Simulation aspect. Mechatronic Futures. Berlin，Germany：Springer Verlag，2016.

数字孪生是实现物理与信息深度融合的一种有效手段。数字孪生具有以下特点[①]。

- ❑ 对物理对象的各类数据进行集成，是物理对象的忠实映射；
- ❑ 存在于物理对象的全生命周期，与其共同进化，并不断积累相关知识；
- ❑ 不仅能够对物理对象进行描述，而且能够基于模型优化物理对象。

当前数字孪生的理念已在部分领域得到了应用和验证。西门子公司提出了“数字化双胞胎”的概念，包括“产品数字化双胞胎”“生产工艺流程数字化双胞胎”和“设备数字化双胞胎”[①]。致力于帮助制造企业在信息空间构建整合制造流程的生产系统模型，实现物理空间从产品设计到制造执行的全过程数字化。

针对复杂产品用户交互需求，达索公司建立了基于数字孪生的3D体验平台[②]，利用用户反馈不断改进信息世界的产品设计模型，从而优化物理世界的产品实体，并以飞机雷达为例进行了验证。

5.7.3 数字孪生的应用

2011年，美国空军研究实验室为了解决未来复杂服役环境下的飞行器维护问题及寿命预测问题，计划在2025年交付一个新型号的空间飞行器以及与该物理产品相对应的数字模型即数字孪生体，其在两方面具有超写实性：包含所有的几何数据，如加工时的误差；包含所有的材料数据，如材料微观结构数据。2012年，美国空军研究实验室提出了“机体数字孪生体”的概念：机体数字孪生体作为正在制造和维护的机体的超写实模型，是可以用来对机体是否满足任务条件进行模拟和判断的。由许多子模型组成的集成模型，如图5-36所示[①]。

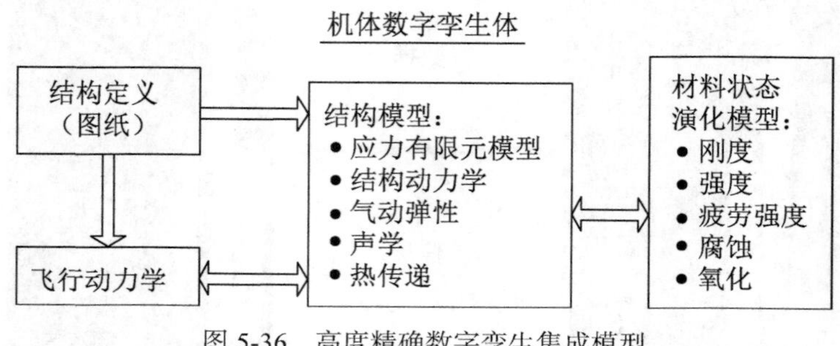

图5-36　高度精确数字孪生集成模型

① 西门子的数字化解决之道：数字化双胞胎 .http://tech.163.com/16/0725/07/BSQ7320O00097U7T.html.

② FOURGEAU E，GOMEZ E，ADLI H，et a1．System engineering workbench for multi-views systems methodology with 3D-EXPERIENCE Platform．the aircraft radar use case. Complex Systems Design&Management Asia，Berlin，Germany：Springer International Publishing，2016.

③ 庄存波，等 . 产品数字孪生体的内涵、体系结构及其发展趋势 . 计算机集成制造系统，2017，04:756.

这个概念模型将孪生体数字化，采用数字化的表达方式建立了一个与产品物理实体在外表、内容和性质相同的虚拟产品；建立了虚拟空间和物理空间的关联，使两者之间可以进行数据和信息的交互。此后，这一概念模型不断被扩展和延伸，除了产品以外，针对工厂、车间、生产线、制造资源（工位、设备、人员、物料等），在虚拟空间都可以建立相应的数字孪生体。详见如下几个例子。

1. 数字线索

如果说数字孪生是一系列正在发展中的概念、模型、技术、应用，那么，数字线索（Digital Thread）则侧重于"模型"及其基于模型的系统工程分析框架。数字线索最早由美国的洛克希德·马丁公司提出[①]，其特点是"全部元素建模定义、全部数据采集分析、全部决策仿真评估"，能够量化并减少系统寿命周期中的各种不确定性，实现需求的自动跟踪、设计的快速迭代、生产的稳定控制和维护的实时管理。图 5-37 是一个数字线索基础设施示意图。

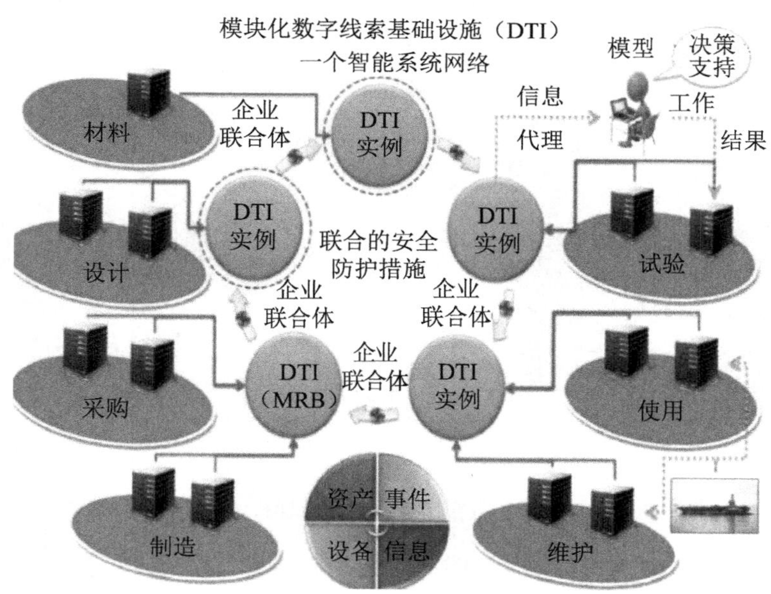

图 5-37　数字线索基础设施（来源：普拉特·惠特尼公司）

例如，在产品的概念设计与研发阶段，早期快速迭代非常关键。通过执行快速的"假设"和建模分析，用户可在研发过程早期了解产品特性，避免在不切实际的设计上浪费时间，并且防止在验证阶段重新进行设计[②]。这能帮助用户以更少的成本和更快的速度将创新技术推

① LEE J, BAGHERI B, KAO H A. A cyber-physical systems architecture for industry 4.0-based manufacturing systems. Manufacturing Letters, 2015,3:18-23.

② 从仿真的视角认识数字孪生，见 http://www.sohu.com/a/195717460_488176。

向市场。

在产品应用后的设备维护阶段，持续变化的现场产品性能数据可与工程仿真的结果同步结合并进行仿真评估，以预测产品一定条件下未来性能的变化。这种预测性功能可优化维护进度、降低维护成本、减少或避免计划外设备停机、提高运营性能。具体来讲，通过对每一个设备的当前状态建模，进行基于现实应用的分析，以获得更高的运行效率、更低的热耗率、更长的寿命和更大的功率。

2. 生产生命周期的应用

数字孪生是实际运行设备的实时虚拟版本，可用来提供产品的性能与维护信息。工程仿真并不局限于产品研发过程。如图 5-38 所示，设备上的传感器将温度、振动、碰撞、载荷等各项数据发送到数字孪生的虚拟样机。然后，虚拟样机与机械工作环境的变化保持一致，并同步运行。数字孪生能够在出现状况前提早进行预测，以便在预定停机时间内更换磨损部件，避免意外停机。另外，用户还可根据实时反馈信息提前部署新一代机器的设计。

物理资产

虚拟样机

图 5-38　物理资产与数字孪生出的虚拟样机（来源：e-works）

使用数字孪生技术可应对不断提高的产品复杂性，同时设计空间不断扩展，这些优势推动了更多的新用户使用仿真技术，从而在工作的产品之间建立联系。例如，产品研发团队可将数字孪生提供的信息直接运用到当前的产品研发工作中，这有望大幅加速新产品的创新和推出过程。可以说，我们正迎来全新的仿真时代，数字孪生将带领我们超越仿真驱动产品研发的范畴，逐渐扩展到仿真驱动的工程领域。

3. 数字孪生车间

通过物理车间与虚拟车间的双向真实映射与实时交互，实现物理车间、虚拟车间、车间服务系统的全要素、全流程、全业务数据的集成和融合，在车间孪生数据的驱动下，实现车间生产要素管理、生产活动计划、生产过程控制等在物理车间、虚拟车间、车间服务系统间的迭代运行，从而在满足特定目标和约束的前提下，达到车间生产和管控最优的一种车间运行新模式。

在基于信息物理融合的探索中，陶飞和程颖等科研工作者构建的数字孪生车间参考系统架构①见图 5-39。他们认为，数字孪生车间（Digital Twin Workshop，DTW）主要由物理车间（physical workshop）、虚拟车间（cyber workshop）、车间服务系统（Workshop Service System，WSS）、车间孪生数据（workshop digital twin data）4 部分组成。

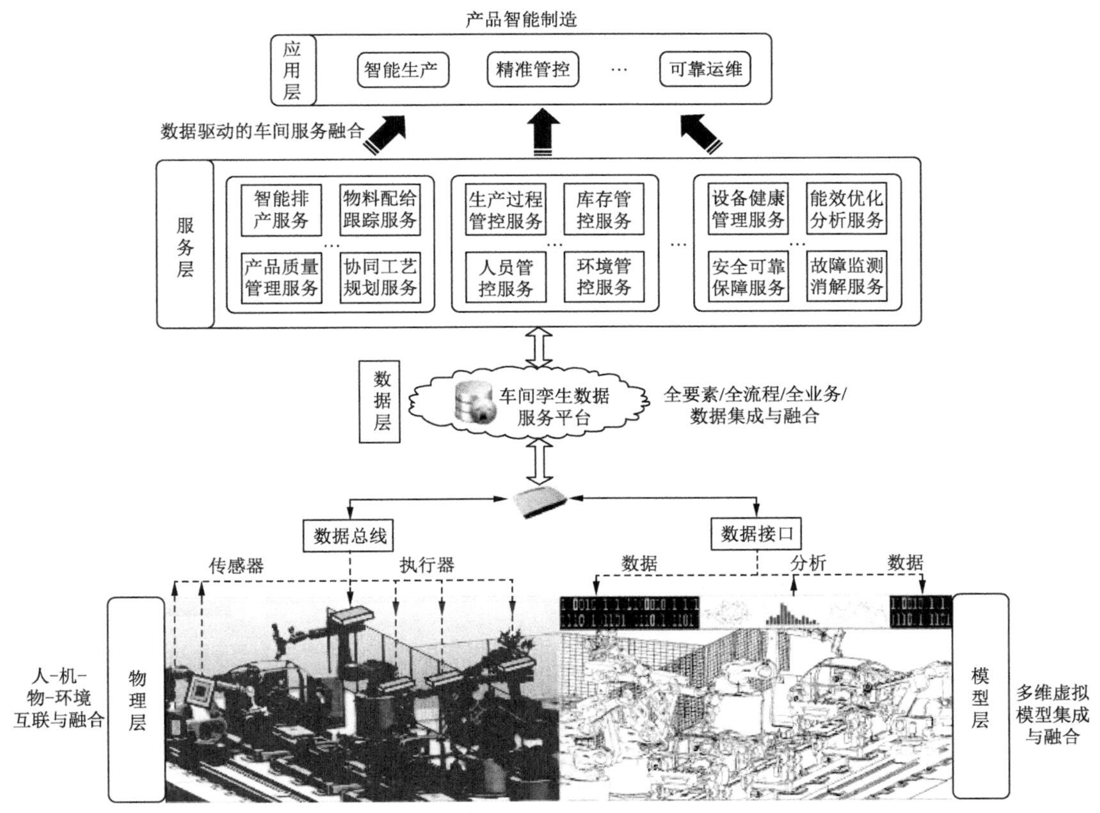

图 5-39 数字孪生车间参考系统架构

5.7.4 本节小结

本书作者认为，数字孪生产生于物联网时代，它源于物联网和 CPS（信息物理系统），深

① 陶飞，程颖．等．数字孪生车间信息物理融合理论与技术．计算机集成制造系统，2017，08:1605.

于物联网。作者在《物联网技术及其军事应用》第7章关于“装备智能化”“管控可视化”两节中详细讨论了“装备全生命周期管理”相关知识。这是它们之间相似的地方。“深”在什么地方？

一个是“线索”的粗细不一样。物联网的线条更粗，联系更广；而数字孪生的线条更为细密。这也是科技更新迭代的速度，所催生出更加精细化的技术场景，这一趋势使然。

另一个是“预测”。数字孪生能够让产品、系统在应用的场景里，沿时间轴模拟并“超越”产品的变化周期。

当然，两者所能够联系起来的变量（或者说因素）的规模和场景都有所区分，但是它们都是新一代信息技术的一部分。

第6章 物联网的综合应用技术体系

物联网的综合应用是物联网发展的根本目的。而物联网管理服务层是综合应用层坚不可摧的支撑：管理服务层利用经过分析处理的感知数据支撑各个平台和系统实现数据的互通、协同、共享和跨行业、跨应用的功能。物联网在数据、网络、处理与应用融合的基础上为行业应用和用户提供丰富、自由、可选的服务，最终实现人与“物”、自然与社会的和谐发展。

国际上，把物联网的各行各业应用习惯称作“垂直”应用。这与5.2节中的物联网的水平与垂直价值链示意图吻合，也与物联网四层结构中关于综合应用层的划分相一致。本章从“垂直”的视角来预测物联网的前景。这些垂直行业有智慧生活、智慧健康、智慧建筑、智慧城市、智慧能源、智慧交通等，如图6-1所示。本章先从“医”、食、住、行说起。

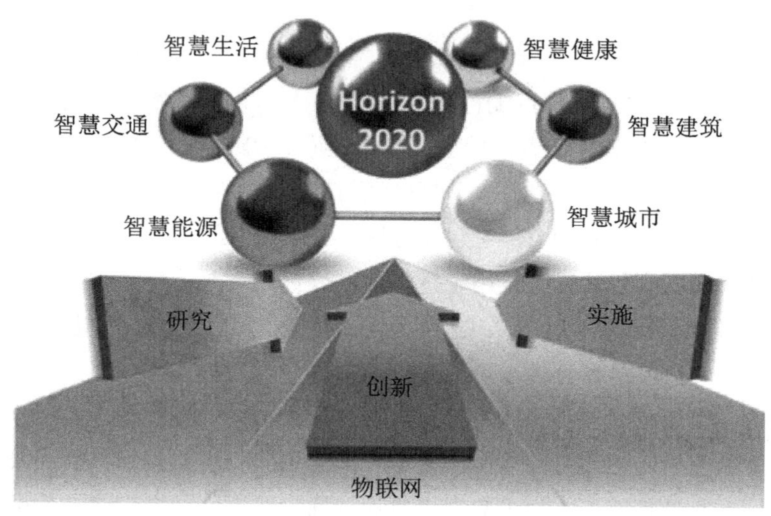

图6-1　面向物联网2020视野中的智慧领域（来源：Horizon 2020）

6.1 医

哈佛大学与波士顿医疗中心等多家单位合作，发起了一个代号为CodeBlue的项目。该项目就是要探索物联网在医疗护理方面的应用，包括医院内外的紧急护理，灾难救援以及中风病人康复训练等。我国某沿海城市的公共医疗，有如表 6-1 所示的进展。

表 6-1　某市智慧医疗的 5 个研究项目

主要功能	功能简介
医疗废物管理	医疗废物处理的全程实现安全、有序、高效和准确
药品安全监控	随时追踪、共享药品生产和物流信息，保证药品安全
健康检测及咨询	感知到患者的身体各项指标情况，并提供专家建议
医疗设备管理	监测设备运行状况以保证其正常运行
医院信息化平台	查房、重症监护、人员定位以及无线上网等信息化服务
老人儿童监护	家庭或老年公寓的老人、儿童的日常生活监测、协助以及健康状况监测
公共卫生控制	通过射频识别技术建立医疗卫生的监督和追溯体系，病源追踪和病菌携带的管控

1. 以“物”的管理为例

一个经典的段子是说，手术台上的病人在缝合后，唯恐听到“咦！怎么少了一个手术剪子”。在医疗用品监控物联网中，所有手术用品可以被标识，使用、查验、消毒、“自动报数”可以在全过程当中实现物品监控、过程控制、统计追溯等功能。

此外，还可以用于医疗废弃物的管控，给医疗废物套上“紧箍咒”。下面来看看这套以 RFID 为核心的医疗废物管理信息系统具体是如何工作的。据媒体介绍，这套系统由智能一体式 RFID 读写器、重量采集设备、显示系统、声光提示系统、服务器、信息传递系统等组成[①]。在医院的每个医废分类收集点配置一个 RFID 标签，医疗废物收集人员手持一个便携式终端（PDA），到达医废分类收集点，用手持终端扫描 RFID 标签，终端操作画面自动进入该收集点的废物管理采集页面。通过对每一袋已经封装好的废物进行分类、自动称重，同时打印出可粘贴的条形码，条形码涵盖信息包括医院、科室、时间、类别、重量、经办人等。然后，将条形码粘贴在医废包装袋上，用手持终端进行扫描，上述信息通过手持终端实时传输数据到服务器。“即使在没有网络信号的情况下，也可通过离线模式，进行业务操作，最终将产生的离线数据自动传到服务器，即系统平台。”

医疗机构通过系统平台就可查阅本单位所有医疗废物的处理信息，实现统计、分析、输出等功能。姚立群表示，相比之前人工操作、手写记录的收运模式，该系统大大提高了医疗废物的收运、储存和处理效率，相关数据也更加准确。卫生监督机构通过系统平台，可查阅辖区内全部医疗废物产生单位的处理信息，实现统计、分析、输出等功能；可实时查看各个单位产生的医疗废物收集、交接、登记等信息，实现对医疗废物处置工作的监控。另外，通

① 上海已在 40 家公立医疗机构试点医疗废物可追溯机制，见 http://news.rfidworld.com.cn/2016_12/e49e189cee62a733.html。

过条形码扫描，依托服务器数据库，还可建立对流失医疗废物的追溯系统，查询流失医疗废物属于哪家医院、收集时间、经办人、种类等。

如此一来，各个医疗机构产生的医疗废物就像被套上了“紧箍咒”，所有处理流程按照既定路线运行，从而保障医疗废物处理的安全、有序、高效和准确。这一信息系统同时设立预警，一旦医疗废物数量上下波动幅度明显，即可及时查到是否有医疗废物遗漏。

2. 以“诊疗”为例

在医疗领域，物联网在条码化病人身份管理、移动医嘱、诊疗体征录入、药物管理、检验标本管理、病案管理数据保存及调用、婴儿防盗、护理流程、临床路径等管理中，均能发挥重要作用。例如，通过物联网技术，可以将药品名称、品种、产地、批次及生产、加工、运输、存储、销售等环节的信息，都存于电子标签中，当出现问题时，可以追溯全过程。

如图 6-2 所示，还可以把医疗信息传送到公共场所、学校、敬老院中的共享数据库中，患者或医院可以将标签的内容和患者的健康实时状况记录、对比、共享，可以实现社区、医院、公共场所的医疗信息共享、远程监护、应急救助。

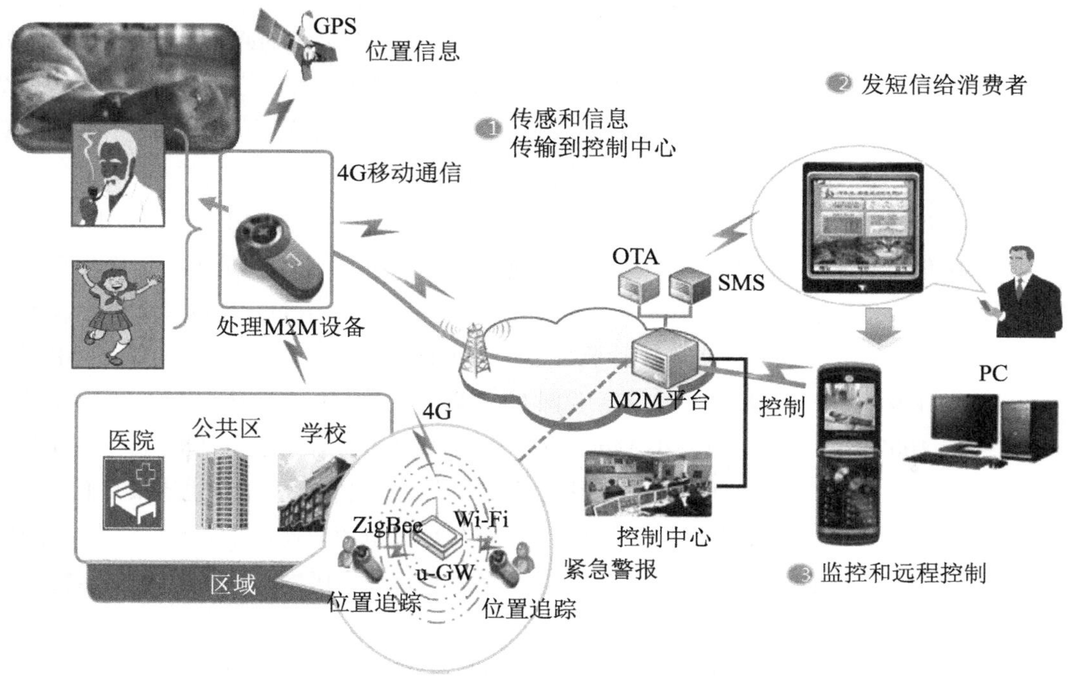

图 6-2　公共医疗物联网示意图

- 无线传感器网络中的体征采集。无线传感器网络在医疗系统和健康护理领域也可以大展身手，可用于监测人体的各种生理数据（血压、脉搏、呼吸等）、监控患者的行动，进行医院药品管理等。如果在住院病人身上安装特殊用途的传感器节点，如心率和血压监测设备，医生利用无线传感器网络就可以随时了解被监护病人的病情，发现异常能够迅速抢救。

- 药品安全监控。加强药品安全管理、保证药品质量是一件直接关系人民群众生命安危和身体健康的大事。如果将物联网技术应用于药品的物流管理中，我们将能够随时追踪、共享药品的生产信息和物流信息，对于查询不到这些信息的假冒伪劣产品将会暴露于众目睽睽之下。药品零售商可以用物联网来消除药品的损耗和流失、管理药品有效期、进行库存管理等。
- 健康检测及咨询。不论在不在医院，可以将电子芯片嵌入到患者身上，该芯片可以随时远程感知到患者的身体各项指标情况，如血糖、血压水平，阅读器通过网络将这些信息传送到后台的患者信息数据库中，该后台系统与医疗保健系统联系在一起，能够综合患者以往病情，随时给患者提供应对建议。

3. 以平台建设为例

既然可以管理医疗废弃物，那么同样可以运用物联网管理医疗设备。医院的设备管理占其日常管理工作的比重很高，设备管理的优劣直接关系到医院经济效益的好坏，因为一般医院的医疗设备约占总固定资产的1/2，其带来的经济效益约占门诊和住院病人资金收入的2/3，医疗设备也是医疗信息的主要来源，所以对于医院来说，医疗设备管理非常重要。要保证医疗设备正常运行，必须采用一系列的科学管理技术和方法，经过实践和考察，很多医院选择了以物联网技术作为基础、以计算机信息技术为平台的现代化管理模式。此外，还可以有如下平台应用。

- 医院信息化平台。在医疗保健领域，物联网的一项重要功能就是医院信息化平台建设，该信息化平台主要用于医院内部的查房、重症监护、人员定位以及无线上网等。
- 老人、儿童、残疾人监护与医疗服务平台。根据全国老龄办发布《2009年度中国老龄事业发展统计公报》，2009年，我国80岁以上高龄老年人口达到1899万，今后每年以100万速度增加。到2020年，预计80岁以上的高龄老年人口将达到3000万左右。老年人的护理需要形成一个巨大的市场需求。此外，儿童市场也历来是商家们竞争的热点市场。物联网能够及时对家里或老年公寓里的老人、儿童的日常生活监测、协助以及进行健康状况监测，而且这些监护系统可以由医院的物联网护理系统改造，实现起来较为简便。
- 公共卫生控制平台。通过射频识别技术建立医疗卫生的监督和追溯体系，可以实现检疫检验过程中病源追踪（病人医疗跟踪）的功能，并对病菌携带者进行管控，为患者提供更安全的医疗卫生服务。

6.2 食

食品安全是关乎民生的重要问题，关系到人民的身体健康和生命安全。随着我国经济的快速增长，食品消费正处于由小康向富裕转型时期，食品的安全和品质受到人们的广泛关注，因此建立可靠的物联网技术体系来保证食品的安全和品质具有重要的意义。

民以食为天。近年来，食品质量安全问题频发，农产品质量安全已经成为社会各界关注的焦点。例如，2013 年世界范围的“马肉事件”，国内的明矾“毒瓜子”“毒大米”事件等。目前，食品安全问题的关注度被提升到一个新高度。

1. 全程溯源

食品的来源是食品安全的源头。

农产品生产企业、流通企业、加工企业质量管理信息系统的缺失，是产生农产品质量安全问题的根本原因之一。因此，基于物联网搭建农产品供应链质量管理信息系统，能提高生态农业园内部的管理效率，加强农业生产、加工、运输到销售等全流程数据共享与透明管理，实现农产品全流程可追溯。构建可溯源的农副产品编码体系，对提高农产品的可信赖性附加值，保证农产品质量安全，维护人民的吃饭安全，具有十分重大的意义。

农副产品在流通过程中，温度过高和水分缺失都会使产品品质受到影响，为了及时有效地监管和控制农副产品在流通过程中温度、水分等因素，就需要物联网的“监督”。

在农副产品运输和仓储阶段，物联网技术可对运输车辆进行位置信息查询和视频监控，及时了解车厢和仓库内外的情况，感知其温湿度变化，用户可以通过无线传感网络与计算机或手机的连接进行实时观察并进行远程控制，为粮食的安全运送和存储保驾护航。

对于消费者来说，每个农副产品都有电子标签唯一标识，上面记录该农副产品从种植、采摘、养殖、屠宰到运输、销售的全过程的档案资料，包括畜禽信息、饲料信息、化肥农药信息、运输过程中温度和水分控制情况、疾病防疫等。消费者可以凭借农副产品对应的追溯码，通过网站、电话或短信形式查询该农副产品的来源、运输渠道、质量检疫等多方面的信息。一旦产品出现质量问题，便可追踪溯源查出问题所在。在图 6-3 中，购买者可以通过食品追溯系统（Food Traceability System）很方便地获知谁、在哪里、何时包装食品。

据科技部报道，“十二五”期间国家科技支撑计划“食品安全溯源控制及预警技术研究与推广示范”项目，紧密围绕食品安全危害识别技术、食品安全溯源技术、食物安全控制技术和食品安全预警技术等四部分内容开展研究，实施进展顺利，目前已取得阶段性成果。

物联网可以让有机产品拥有“身份证”，有效避免“低产量、高品质、高价格”的有机产品被以次充好、滥竽充数、随意标价，让消费者因无法判断而花冤枉钱。通过现代传感技术和软件信息技术，对有机农作物从来源、生产、检测体系和物流等环节进行全程可视化跟踪管理，为消费者提供全程可视追溯查询平台。结合 RFID 标签对种苗来源、等级、培育场地，以及在培育、生产、质检、运输等过程实施人员等信息进行可识别的实施存储和管理。为物联网从生产环节拓展到加工、流通领域，并贯穿整个农产品和食品供应链打下基础。

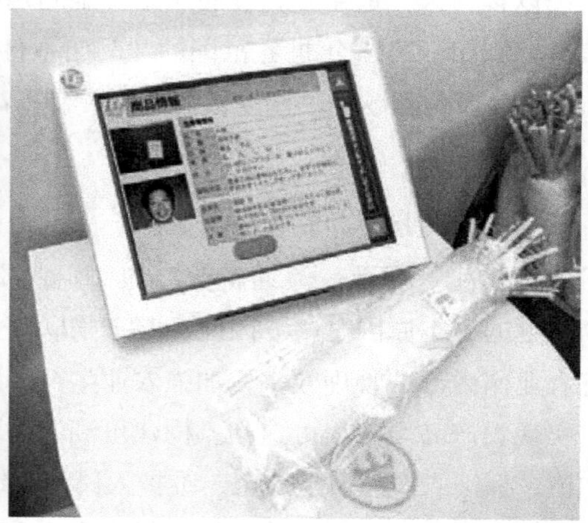

图 6-3　食品追溯系统

2. 食品成分检测

食品安全是影响到我国乃至全球人类生存的重大问题，近年来全球食品安全问题频发，而这些食品安全问题中，又以农药残留、恶意添加剂、过度使用化肥最为普遍。

除了在感知层的智能味觉中提到的食品成分分析、食品添加剂的分析、有毒害物及食品鲜度等的测定分析等，食品安全检测的生物传感技术需要发展以下几点。

- 高精度、快速度的检测仪器和方法。采用生物酶、细胞等作为催化反应介质的生物传感器，发挥其中化学反应发生速度快、效率高的优点；同时，生物化学反应严格定量进行，检测的精确度也较高。这有利于实现快速、准确的在线数据检测和提供联网检测能力[①]。
- 样品无须预处理，降低检测成本。样品的分离和检测同时进行，而不需要进行复杂的样品制备过程，这就使得在较为复杂的种植养殖环境中能够方便快捷地获取测试结果。由于不需要样品预处理，底物特异性强，检测精确度高，同时生物传感器中固定化的生物酶或细胞不易随样品流失，大多数情况下可以重复使用数次，从而在很大程度上降低了使用成本。

① 见“智能嗅觉与味觉”小节中的电子鼻和电子舌。

- 营养成分分析有助于产品分级定价。食品安全的物联网应用不能局限于吃得安全，还要考虑吃得营养、吃得健康，例如航天员的太空食品[①]。

无论是农副产品安全还是其溯源物联网应用，都是为了加大政府或行业的监督力度，缓解民众对于有害食物的恐惧。对于大众来说饮食仅仅是个“底线”。既然可以对每一种类、每一批次甚至每一个农副产品编码，当然也可以根据品质进行分级定价。

3. 根据品质进行分级定价

农副产品品质可以分为内在品质和外在品质。

内在品质有：内部的糖度、酸度、果肉软硬度，有无外部损伤、内部缺陷、奇形怪状，营养成分，成熟度，杂质率，病虫害等。

外在品质有：产品的整齐度、整洁度、硬度、大小、长度、重量、色泽、形状和机械损伤程度等指标因素。

食品的品质分级制需要考虑诸多因素[②]：有机农作物生长监督、转基因食品查询、食品营养元素、口感等。分级定价涉及政府立法、行业中的分级方法与监督、价格的市场波动等方方面面。但个人认为，这是全面建设小康社会的大势所趋，毕竟，当人们不再担心食品安全时就开始注重营养了。

通过法律法规实现对质量的约束。不能简单分为：“有毒、无毒”“能吃、不能吃”。例如，部分网友认为拉面所含的蓬灰有毒，国内媒体辟谣说拉面中的蓬灰含铅、砷量均低于国际标准。人们有权利选择虽然不那么劲道但是无铅无砷无毒的拉面，哪怕多花点儿钱。我们在吃上绝不含糊，我们需要（法律）依据。

建立健全的法律法规，保障了农产品分级标准的制定和实施。美国将农业标准（包括农产品等级规格标准）纳入了《联邦法规法典》的农业篇中，使标准的制定和采用有法可依。美国法律还对违反农产品分级标准的行为做出了相应的处罚规定，有的要承担对受害者的民事赔偿责任，有的要受到行政乃至刑事制裁。加拿大将农产品等级规格标准纳入《食品与药品管理条例》《加拿大谷物条例》《新鲜水果蔬菜条例》以及《加拿大农产品法》等法律法规的规范内容，无论是国内市场还是进出口农产品都要严格进行分级和标识，产品符合相应的分级标准要求。这些法律法规，有力地保障了各类农产品质量分级标准的执行。政府的强力推动，有效整合了社会各方面力量，对等级规格标准的制定与推广具有非常关键的作用。

---

① 中国宇航员在太空能吃 100 种美食，见 http://news.eastday.com/c/20161112/u1a12364047.html。

② 大概五六年前，听日本留学归来的朋友说，日本的西瓜有时小的比大的还要贵，西瓜有长方形的（现在咱们也有），甚是不解。原来，日本超市出售的西瓜根据含糖量分级定价，简单来说，就是甜的比不甜的贵。含糖量就是西瓜的内在品质，长方形西瓜就是外在品质，长方形西瓜就比普通的圆西瓜贵，物以稀为贵。

可以尝试从地方性法规入手，研究试行成熟后再进行推广。

价格的杠杆调节作用，表现在激发优质农业生产积极性，实现农业生产收益的再分配。通过科技型生产的高利润，刺激产品生产者向优质产品生产转型。例如“全程绿色、全程有机”，从种子到饭桌的全程可视化跟踪与查询。

标准技术内容先进规范、层次分明、体系完备。联合国欧洲经济委员会（UN/ECE)、经济合作和发展组织（OECD）和发达国家的农产品质量分级标准中的质量要求一般都包括最低要求和分级要求两部分，分级要求中主要以外观、感官指标为主，基本不包括理化指标和卫生方面的要求。例如，水果蔬菜分级标准主要包括形态完整、形状、色泽、大小（重量)、成熟度、整齐度、损伤（如机械损伤、冷冻伤害、病虫害）等方面的规定。UN/ECE 制定的《猪胴体及分割肉标准》当中，按照猪肉的完整性、洁净度、气味、外来物质等作为最低质量要求。在此基础上根据不同部位的肌肉的色泽、最大脂肪厚度、重量范围等进行分级。UN/ECE、欧盟和 OECD 制定农产品质量分级标准在分级级差、级别允许度等方面都有统一的规定。以 OECD 为代表的农产品质量分级标准还附有技术条款的解释、图片或标样。美国和加拿大的农产品质量分级标准的术语较为严密和先进，对所有表示程度的术语如“严重”和“较严重”都有严格的数值界定。

4. 食联网（食安网）

上海曾出现过分享快到赏味期限（即食品最佳食用期限）的小食品的公益保鲜箱。记者采访中提到有学生在品尝保鲜箱中小糕点的同时，会放进去自己不需要的食品；有民工一天只取走一块。

如果这个公益保鲜箱完全无人值守，其中食品的安全期限能够联网控制，是不是也能够对取用者的“尊严”持续保鲜呢？物联网保鲜箱也许仅仅揭开了食品物联网应用的新篇章。

“我们如何使用数据和物联网能力，确保食品生产、交付和消费在一个透明的、安全的、健康的模式？”[①]这是一个食品物联网挑战项目（CHALLENGE PROJECT : INTERNET OF FOOD）中的设问。其中还谈及：新技术与新模式在颠覆着我们的生活，它们也自然而然地改变着我们对食物的体验模式。越来越多的传感器及其基础设施，将作用于农业生产、再次加工、食品购买的全过程。

物联网万物互联（IoE）的能力正作用在传感器、数据、人们和过程的相互联系上，最终，转变食品的供销、品尝、保存、运输的方式，将更符合我们的未来之路。这一过程中，云计算或大数据分析可能改变整个价值链的功能。

① http://www.thnk.org/challenge-projects/internet-food/.

更大范围的食联网挑战项目要求参与者要思考更复杂的因素，包括粮食生产的全球应变、粮食生产、系统效率、从农场到餐桌的安全、气候变化对产量的影响、转基因争论；探索更优质的有机或当地的食物（分级按质量定价）的市场力量，以及共享经济是如何影响食品价值链的。

这些探索，已经揭开了 Internet of Food 的序幕！

6.3 住

畅想一下：

早上出门前，把米放进锅里，下班前通过手机远程发出指令，电饭锅自动开启，等您回到家中，热腾腾的饭菜已经准备好了。只需一个简单的遥控器（或手机），就能控制窗帘、灯光、房间温度、空气状态、电视、音乐和视频系统。安装在室内的温控系统会根据您的设置，在环境温度达到您需要的温度时，自动开启和关闭空调。屋子里没有人的时候，系统会自动感知关闭灯光。所有的家务都收拾完毕后，按照您的指令房间自动进入休息状态，窗帘慢慢闭合，灯光渐渐暗淡。

即使您出差在外，通过远程遥控照样能照看家里的情况：安装在窗户上的警报器会在有人非法闯入时发出报警，并通过摄像头记录下闯入者的体貌特征，这就是智能家居给我们带来的新生活。

家有老人，也不用整日担心，在家中不同的区域安放传感装置，一旦老人发生跌倒等状况，系统就会自动感知，并把老人的信息及时传给社区或者医院相关人员，使老人能以最快的速度得到救助。

——讲座“生活中的物联网——我们身边的“物”计算”①

物联网能够为我们的家居生活增光添彩。在家电和家具中嵌入物联网智能感知终端节点，使家电通过无线网络融入家庭物联网中，将会为住户提供更加舒适宜人、智能化的家居环境。利用远程监控系统，主人可以对家电进行远程遥控。例如，在寒冷的冬天或炎热的夏天，我们回家前半小时打开空调，这样到家的时候我们就可以立刻享受舒适的室温了。其他的家电，例如电饭锅、微波炉、电冰箱、电话机、电视机等，都可以按照我们自己的遥控指令在网络中实现对家中的电器的控制。再如，在主人回家之前预先做好饭菜。

1. 家电控制

家电控制是物联网在家居领域的重要应用，它是利用微处理电子技术、无线通信及遥控

① http://www.nlc.gov.cn/sjwhbb/sjjcjz/201607/t20160729_127263.htm.

遥测技术来集成或控制家中的电子电器产品，如电灯、厨房设备（电烤箱、微波炉、咖啡壶等）、取暖制冷系统、视频及音响系统等。它是以家居控制网络为基础，通过智能家居信息平台来接收和判断外界的状态和指令，进行各类家电设备的协同工作。图 6-4 所示是智能家居初级阶段的示意图，这时是以家用网关作为家居数据中心的发展阶段。

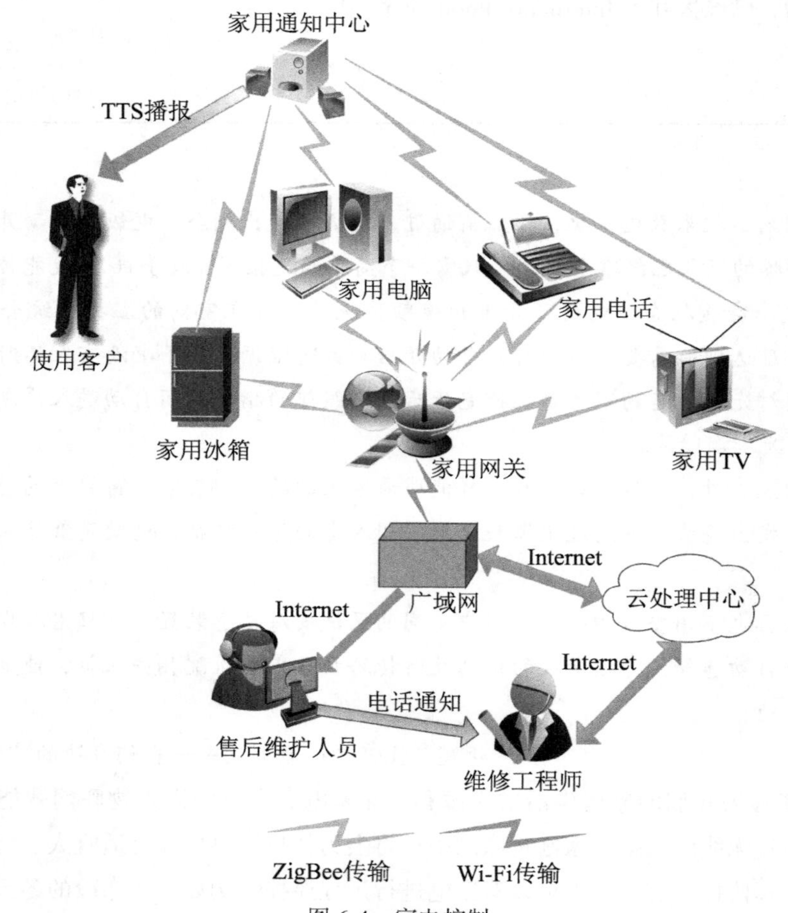

图 6-4　家电控制

图 6-5 是智能手机 APP 可控制的灯泡[①]，这则是以用户体验为中心的智能家居可感可控示意图。对用户来讲，形成了一个体验的感知、控制的反馈闭合环路。作为对智能家居下一阶段的智慧体现的预测，具备一定自治能力的物联网家居网格，也许能够更好地定义家庭的“智慧”。而对于智能家电的网络接入，则未必限于无线方式，如图 6-6 所示，未来智能家电在接入电源的地方可能同时能够将内置的智能控制模块通过 USB 等有限方式接入家庭网络。

① http://tech.sina.com.cn/elec/znjj/new/2015-03-27/doc-ichmifpy2138166.shtml.

图 6-5　智能手机 APP 控制的灯泡

图 6-6　一种家电 USB 有线组网方式示意图

1）用户对家电设备的集中控制

通过物联网，用户可以实现对家电设备的户内集中控制或户外远程控制。户内集中控制是指在家庭里利用有线或无线的方式对家电设备进行集中控制。在实现家电设备控制时，住户通过对按钮或开关的关联定义，可以轻松控制家庭中的任意设备。户外远程控制是指住户利用手机或计算机网络在异地对家电设备进行控制，实现家电设备的启停。

2）智能家居设施的自动化感知、调节与控制

通过传感器对家庭环境进行检测，根据湿度、温度、光亮度、时间等的变化自动启停空调、空气净化器、加湿（除湿）器等；根据主人进家的频次、时机与睡眠模糊控制热水器、空调等电器设备。最诱人的是如图 6-7 所示的身体状态感知镜子，它不仅在早晨洗漱前会告诉你室外天气，还能够“察言观色”，检测你的身体状态。

3）各种设备之间的智能协同

家居控制系统根据住户的要求和实际生活的需要，对住宅的设备定义了一套规则（物联网网格），自动实现设备之间的协同工作，使设备之间可以实现相互通信。在实际应用中，家居控制通过设置场景模式来实现设备的协同工作。例如，当夏天中午开启空调降温的时候，同时需要拉上窗帘；晚间观看电视时，需要调整房间的灯的亮度。

2. 家庭安防

当主人不在家，如果家中发生偷盗、火灾、气体泄漏等紧急事件时，智能家安防系统能够现场报警、及时通知主人，同时还向保安中心进行计算机联网报警。安防中的主要功能可概括为以下几点。

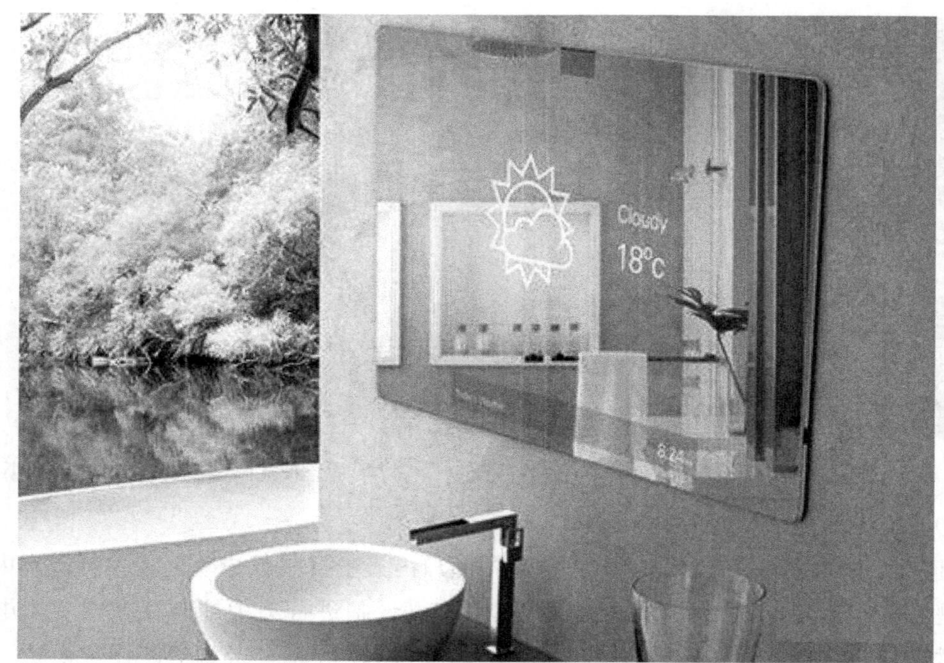

图 6-7 能够检测并告知身体状态的镜子[①]（来源：奇笛网）

- 单独设防。利用传感器，有人在家时可设置单独防区，如有人进入或者闯入便可产生警报。也可设置为在家周边防范状态，此时主机只接收门窗等周边传感器信号，室内传感器处于非工作状态。如果周边有人非法闯入，主机则立即向外报警。
- 智能布防。当用户离家时，设置所有防区为“布防”状态。此时用户的终端接收所有传感器传来的信号，如有非法进入，主机将自动向用户的终端和接警中心报警。接警中心在电子地图上自动显示出警情方位，信息栏显示用户户主名、家庭成员、地址、电话等详细信息，便于派出所迅速出警，以最快的速度赶往现场。
- 意外报警。当煤气、火（烟感）等终端发现意外，通过煤气泄漏传感器、烟感或温度传感器实现自动意外报警。无论终端处于何种状态，当发生煤气浓度超过安全系数等意外时，智能终端立即在本地端、主人手机端、接警中心同时发出报警信号。
- 联合报警。当报警触发后报警器自动连接主人等家庭成员的手机（计算机）终端，此时主人可实现对报警现场情况的远程视听。

最后，请欣赏一张 IBM 的智慧家居物联网全景图，见图 6-8，其右侧是远程控制、展示终端和智慧家居的 IoT 基础设施与服务提供方。

---

① 智能家居的“黑科技”认知 智能并非遥不可期，见 http://www.qidic.com/52276.html。

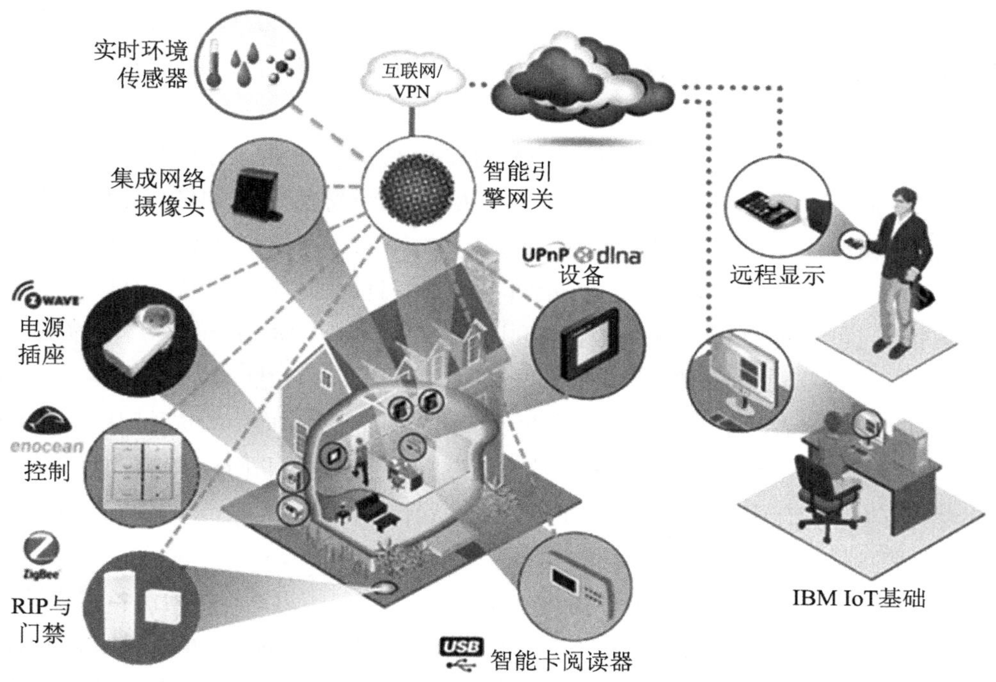

图 6-8　家用物联网设备联网示意图①

6.4 行

随着车辆的日益增加，目前很多城市都受交通难题困扰。相关数据显示，在目前的超大城市中，人们 30% 的时间浪费在寻找停车位的过程中，七成的车主每天至少碰到一次停车困难。此外，交通拥堵、事故频发使城市交通承受越来越大的压力，不仅造成了资源浪费、环境污染，还给人们的生活带来极大的不便。

先来看一个具有启发性的故事：美国的旧金山海湾大桥，也叫金门大桥。大桥于 1937 年建成后，经常堵得一塌糊涂。为了解决这个问题，专家进行了很多讨论，加宽桥上路面不可能，大桥已经是南北各有三条车道；实行交通管制，将影响市民生活；再修一座桥或者就在大桥上加一层，除了耗资巨大，短期内也无法办到。管理部门悬赏 100 万美元（也有报道说是 1000 万美元）向社会征集解决方案，最后是一位年轻人获奖。他通过观察大桥早晚高峰的车流量，提出一个最简单、最经济的解决方案：把大桥道路中间的固定隔离带改为带有轮

① J Bloem. Inter Operability Testing in the Age of Cloud. Things and DevOps, https://www.sogeti.nl/updates/blogs/interoperability-testing-age-cloud-things-and-devops.

子的可移动隔离带，上班时间通过移动隔离带留一个或两个车道北行，其余四个或五个车道全部南行；下班时间则换过来。堵塞的问题竟然迎刃而解，这个出乎意料的方案可以给不少因类似问题出现交通堵塞的解决一些启示。

这个故事告诉我们，在统计桥的往来通行的数据基础上，根据实际情况动态调整交通流量就可以解决问题。金门大桥交通堵塞的动态解决方案让人豁然开朗。从这个故事发散思维，陆续有人提出解决停车位紧张的想法，例如，节假日期间，一些道路两侧或一侧可以利用起来，暂时停放车辆；一些政府部门的内部停车场在节假日也可以对外开放。这样，可以极大地缓解停车难问题，也可以最大限度地合理利用节假日并不十分紧张的道路等公众资源。

可以给这个故事打上标签（特征）：动态、管理、调度、智慧。其实，智能交通（ITS）实质就是通过一个或者一系列的方法或系统，来缓解或解决交通面临的这种问题。只不过物联网技术是这些办法、系统的很好的技术体系支撑罢了，但是物联网技术会像金门大桥堵塞的动态解决方案一样让人耳目一新。接下来就看一看物联网技术在城市交通智能化中的一个例子——斯德哥尔摩“智慧交通”建设。

斯德哥尔摩是瑞典的经济中心，由 14 个城镇大小的岛屿组成，之间由各式桥梁相连。多年以来，这里的交通堵塞问题不断加剧，每天都有超过 50 万辆汽车涌入城市，传统手段无法根治交通问题。斯德哥尔摩地区的人口正以每年两万人的速度增长，这意味着车流量将不断增加，城市道路承受的负荷越来越大。因此，瑞典国家公路管理局和斯德哥尔摩市政厅便希望找到一种既能缓解城市交通堵塞又能减少空气污染的两全之策，例如，通过一种创新的高科技交通收费系统，直接向高峰时间在市中心道路行驶的车辆驾驶者收费。于 2006 年 1 月启动的试行计划能鼓励更多的人放弃开车，转而乘坐公共交通工具。在这项计划中，分布于斯德哥尔摩城区出入口的 18 个路边控制站将识别每天过往的车辆，并根据不同时段进行收费，高峰时间多收费，其他时段少收费。该收费计划的另一个目的是改善斯德哥尔摩城区的环境，尤其是空气质量。计划的工作原理如下。

（1）车辆牌照自动识别技术可以自动识别车辆身份。而现在，可以在车上安装 RFID 标签，该标签将与控制站的收发器进行通信，同时自动征收道路使用费。

（2）在指定的拥堵时段，车辆通过路边控制站，收发器就会通过自动识别传感器或 RFID 读写器识别该车辆。

（3）经过控制站的车辆会被摄像，车牌号码将用于识别未安装标签的车辆，并作为强制执行收费的证据。

（4）车辆信息将输入计算机系统，以便与车辆登记数据进行匹配，并直接向车主收费。

（5）驾驶者可以通过当地的银行、互联网、社区便利商店来支付账单。

由于光线强度的不同，当天气恶劣或者拍摄视角欠佳时，可能无法识别道路控制站照相机拍摄的部分汽车牌照。IBM研究中心开发了一种可以从任意角度尽力辨别车辆牌照的识别系统。该识别系统利用各种算法对不清晰的车牌图像进行两次识别，这些算法利用图像增强以及前后车牌比对技术，对整个图像进行分析并搜寻预先设定的模式。算法模拟人眼的机能，不断移动图像直到找出最佳视角并识别出预期的模式，从而还原出通常无法识别的车牌。识别车辆之后，系统会自动记录车牌号码，并对照车辆登记信息进行收费。道路收费系统对缓解斯德哥尔摩的交通堵塞和提高市民生活的总体质量起到了立竿见影的作用。

交通收费系统直接向高峰时间在市中心道路行驶的车辆驾驶者收费，可以根据时间和日期而征收不同费用的解决方案，以影响交通流量和拥堵程度。在2006年投入试运行后，每天的交通流量减少了近25%，火车出行和转乘乘客增加了40 000人。三年后，交通等待时间减少了50%，公共交通乘客人数增加了60 000，而市内的车辆排放降低了14%～18%。更多的斯德哥尔摩市民采用拼车方式，而且步行和骑自行车出行的人数都有所增加。IBM帮助斯德哥尔摩开发的智慧交通系统在规模、范围和先进程度方面代表了新的基准，而当时，世界上的其他城市（包括伦敦、布里斯班和新加坡）都在开发自己的拥堵管理解决方案。

如果也给斯德哥尔摩城市交通系统打个标签（特征），可以是：识别、控制、调度、智能。

通过上述两个例子的分析，我们可以给智能交通系统下个定义。智能交通系统是一种智能化、一体化交通综合管理系统，由一系列的方法或系统构成，以新的技术体系为支撑来缓解或解决传统交通无法解决的问题。马上要在北京主城区试运行的电子车牌，主要目的是为了缓解城市拥堵，当然也属于智能交通应用，让我们拭目以待。

目前，我国正在普及电子车牌，电子车牌如果能够和交通管理联合，就能够将交通流量动态调整至最佳状态。联合系统中，管理人员对人、道路、车辆的交通动态信息实现动态实时采集，在此基础上对交通实施智能化控制与指挥。此外，公交公司也能够有序灵活地调度车辆。

6.5 物流

物流领域是物联网相关技术最有现实意义的应用领域之一。通过在物流商品中引入传感节点，可以从生产、采购、包装、运输、仓储、销售到服务的供应链上的每一个环节做到精确地了解和掌握，对物流全程传递和服务实现信息化的管理，最终减少货物装卸、仓储等物流成本，提高物流效率和效益。物流信息化的目标就是帮助物流业务实现“6R”，即将顾客所需要的产品（Right Product），在合适的时间（Right Time），以正确的质量（Right Quality）、正确的数量（Right Quantity）、正确的状态（Right Status）送达指定的地点（Right Place），并实现总成本最小。物联网技术的出现从根本上改变了物流中信息的采集方式，提升了流动监控和动态协调的管理水平，提高了物流效率。

1. 物流过程控制与流程优化

下面从准时制生产方式（Just In Time，JIT）说起。JIT 又称无库存生产方式（stockless production）、零库存（zero inventories）或者超级市场生产方式（supermarket production）。这主要是针对生产环节的全程控制来说的。在准时制生产方式的生产流水线上，原材料和零部件要求必须准时送达工位，物联网中的 RFID 技术通过识别电子标签，能够迅速从数量庞大、种类繁多的库存中精确找到工位上所需求的原材料和零配件，保障了流水线的正常生产作业，使产品质量得到控制。不仅如此，商品从生产开始的全生命周期管理中，标识与识别技术和定位技术可以实现对原材料、零部件、半成品、成品的跟踪与识别，降低了人工成本，减少了出错率，提高了效率和效益。此外，物流流程优化还有如下三点。

- 物品拣选。在物流的配送和分销环节，物品需要多次经历被分拆重组、拣选分发的过程，如何提高这个过程的效率和准确率，同时又能减少人工并降低配送成本对一个物流企业至关重要。如果所有的物品都贴有电子标签，则物品在进行拣选时，只需要将托盘上安装上阅读器便可以读取到所有物品的标签信息，阅读器将读取的信息传送到信息中心，信息中心系统将这些信息与发货清单进行核对，如果全部吻合便可以发货。
- 信息跟踪。在运输环节中，在途的车辆和物品上贴有电子标签，运输线路上的一些检查点上装有阅读器，当物品到达某个检查点时，阅读器将电子标签的信息和其地理位置信息一同传至通信卫星，由通信卫星传送至信息中心，送入数据库中。
- 库存智能管理。库存智能管理主要体现在货物存取、库存盘点和适时补货三个环节。货物入库或出库时，利用带有阅读器的拖车即可分门别类地送入指定仓库；物联网的设计就是让物品登记自动化，盘点时不需要人工扫描条码或检查，快速准确，并减少了人力成本支出；当零售商的货架上商品缺货时，货架会自动通知仓库，仓库管理人员及时补货，商品库存信息也会自动更改，保证了商品的及时供应。

物联网与现代物流有着天然紧密的联系，其关键技术诸如物体标识及标识追踪、无线定位等新型信息技术应用，能够有效实现物流的智能调度管理、整合物流核心业务流程，加强物流管理的合理化，降低物流消耗，从而降低物流成本，减少流通费用，增加利润。物联网将加快现代物流的发展，增强供应链的可视性和可控性。物联网技术在 TMS、RMS 和企业 EPR 等原有系统中的深度结合，也正迎来物流物联网这一新生事物的蓬勃发展。

2. 物流产业高技术集聚

从物流大系统的角度来看，基于“物联网 +”的物流功能平台和基于“互联网 +”的物流信息平台对接，在物流高技术集聚区可以实现铁路、港口、空港、保税港区多式联运式的数据共享和一站式服务，从物流订单管理到批量运输集散，从在途路径优化到全程智能调度；物流与信息流的合二为一，提升了物流产业的现代化水平。接下来仅从两点来看物流的高技术应用。

1）智慧仓储

Amazon 和京东的智慧物流中心里，从入库、在库到拣货、分拣、装车的完整过程都无须人力参与，库房拥有极高的效率和出色的灵活性。负责京东智慧物流研发的某事业部负责人表示，代表着全新的第三代物流系统技术的“无人仓”，智能化体现为：数据感知、机器人、算法指导生产。如图 6-9 所示，穿梭于立体货架中的搬运机器人和分拣流水线旁的拣选机器人让人耳目一新。

图 6-9　现代化仓储设施中的搬运机器人和拣选机器人

无人仓中大量貌似“扫地机”的搬运机器人托着料箱有条不紊地忙碌着，这种 AGV（自动导引小车）可通过地上的二维码定位进行导航，并结合系统的调度，实现了整个仓库的合理安排生产[①]。相较于传统的输送线的搬运方案，通过 AGV 实现“货到机器人”的方式具有更高的灵活性。

2）无人快递

不仅无人仓中有机器人的影子，快递的“路上”，无人机也在大显身手，如图 6-10 所示。

图 6-10　快递无人机

① 工业 4.0 技术：京东的 AGV、立体库、机器人自动化仓库，见 http://mt.sohu.com/it/d20170123/125037037_610732.shtml。

美国 John Robb 在 2012 年设想了一个基于开放协议的短途无人机送货服务，以及基于此服务的短途物流网络 Dronenet。其基本思路是：用户将包裹放到家中的停机坪；无人机抵达，取包裹后飞走；无人机将包裹投递到指定位置的停机坪。这种类似的设想已经使无人机产业在道路崎岖、交通不便的地方，实现高价值货物（如药品、电子设备等）运输服务。

这种高度智能化的“物”：端盘子的“传菜”机器人、做饭的“刀削面”机器人、家居的“扫地机器人”正在进入寻常百姓家。

6.6 能源①

人类已进入新能源时代，如何创建一个既能保证供电的可持续性、安全性，又能保护环境的智能电网，已经成为各国能源政策的目标。美国业界主流意见认为，新的能源革命更多的是智能电网或者智慧能源的变革，能源行业的焦点已经转移到管理能源需求和融合全部技术的网络——智能电网。智能电网，就是利用传感器、嵌入式处理器、数字化通信和 IT 技术，构建具备智能判断与自适应调节能力的多种能源统一入网和分布式管理的智能化网络系统，可对电网与客户用电信息进行实时监控和采集，且采用最经济与最安全的输配电方式将电能输送给终端用户，实现对电能的最优配置与利用，提高电网运行的可靠性和能源利用率。

美国在智能电网方面的发展处于领先水平，其智能电网的特征是：自愈、互动、安全、提供适应 21 世纪需求的电能质量、适应所有的电源种类和电能储存方式、可市场化交易、优化电网资产。我国的智能电网发展目前尚处于探索阶段，如果将以物联网为主的新技术应用到发电、输电、配电、用电等电力环节，就能够有效地实现用电的优化配置和节能减排。

日本 Fujisawa 的 Sustainable Smart Town（SST）智慧小镇项目提出的智能电网概念图，如图 6-11 所示。

智慧小镇首要考虑的是基于居住舒适性、智能社区生活方式的理念而营造的区域性特点，包括对未来生活模式的畅想——能源、安全、流动性、卫生等方面的规划。小镇第一个绿色科技的标志是一个 400m 长的太阳能电池板，代步工具包括新能源电动汽车和免费的自行车。

与其说该小镇是一个基于 Smart Grid 的 Smart Town，不如说是一个基于智慧能源技术的社区网格。

① 本小节部分节选于作者关于“能源物联网及其大数据分析模型”的手稿，见 https://pan.baidu.com/s/1jIG43aQ。

图 6-11　Smart Grid 概念图[①]

1. 智能电网

现代电网的发展进程中，各个国家都结合自身电力工业发展现状，经过研究和实践，从而形成了具有本国特色的发展道路和技术路线。现阶段各种信息技术应用范围在不断扩大的背景下，智能化已经逐渐成为电网发展的趋势和潮流。智能电网（Smart Grid）指的是电网向智能化运作、管理的过程，也称为知识型现代电网，主要是通过先进的传感、量测技术以及其他能源电力技术相结合，同时和电网基础设备形成高度集成状态。智能电网以网络化电子终端作为信息模式构建平台，以实现电网的经济、高效、安全的运行目标。现代化电网运行系统必须能够从根本上促进国家能源的可持续发展以及资源的优化配置。现阶段，我国在电网发展和建设过程中必须投入相关的技术，才能够促进电网智能化的实现。

IERC 认为，未来的能源供应将在很大程度上基于各种可再生资源，能源获取方式将影响能源消费行为。这将需要一个足够智能化、结构灵活的电网，它能够通过电气能源（发电、存储）和汇集（负载、存储）的控制以及适当的重构应对能源波动。

这些功能都是基于网络化的智能设备（电器、微型发电设备、基础设施、消费产品）和电网基础设施要素，在很大程度上是基于物联网的概念。

智能电网的实现有如下几个方面。

- 将传统和新兴的能源产生整合起来，使能源更清洁、更安全、更经济地交付；
- 运营商将在能源的流通中实现监测和分析的透明、可视，在消费者智能电表与消费模式分析中实现双向通信；

① Introducing Fujisawa SST - A town sustainably evolving through living ideas. http://panasonic.net/es/fujisawasst/.

- 收集和分析海量数据的智能设备，将能够根据突发事件启用应急预案操作；
- 智能物联网设备将根据实时数据和态势感知实现能源的分布式管理，而不是基于历史数据模式；
- 当一个组件需要引起注意或修复时，维护的可预测能力将及时提醒运营商；从而减少不必要的不间断检查；
- 自适应分析将使系统能够自动平衡能量负荷，减少局部压力，防止过热。

大量的分布式中小型能源和发电厂可以与虚拟电厂的自组织模式结合。利用这一概念，电网的覆盖可以从中央电网隔离，从一些诸如屋顶光伏设备、区块热能和发电厂（供电站）、住宅区能量储存这样的内在能源中，实现供能。

2. 电力资源的流程优化与智能管理

现阶段，需要物联网在智能电力中解决的问题还处在如下三个方面的阶段。

1）智能电表

智能电表的应用能够重新定义电力供应商和消费者之间的关系。通过为每家每户安装内容丰富、读取方便的智能电表，消费者可以了解自己在任何时刻的电费，并且可以随时了解一天中任意时刻的用电价格，使得消费者可以根据用电价格调整自己在各个时刻的用电模式，这样电力供应商就为消费者提供了极大的消费灵活性。智能电表不仅能检测用电量，还是电网上的传感器，能够协助检测波动和停电；不仅能够存储相关信息，还能够支持电力提供商远程控制供电服务，如开启或关闭电源。长远来看，通过分时、分区定价等调节策略可以助力实现电力网格的自治能力。

2）减少停电现象

智能电网能够主动管理电力故障，通过在智慧的电力系统中安装分析和优化引擎，电力提供商突破了传统网络的瓶颈。电力故障的关联计划不仅考虑了电网系统中复杂的拓扑结构、资源限制，还能识别相同类型的发电设备，这样一来，电力提供商就可以方便地安排定点检修任务的先后顺序。于是，停电时间和停电频率便可减少 30% 左右，相应地，停电带来的收入损失也减少了，消费者的满意度和电网的可靠性都得到了提高。

3）电网的数据分析

智能电网中数据量最大的应属于电力设备状态监测数据，不能仅满足于“无线抄表”应用。状态监测数据不仅包括在线的状态监测数据（时序数据和视频），还包括设备基本信息、实验数据、缺陷记录等，数据量极大，可靠性要求高，实时性要求比企业管理数据要高。

物联网应用于电力领域，可以大幅度减少电力系统的峰值负荷、转换电力操作模式，也能通过智能电表与消费模式分析的双向通信来彻底改变客户体验。对于物联网产业甚至整个信息通信产业的发展而言，电网智能化将产生强大的驱动力，并将深刻影响和有力推动其他行业的物联网应用。

现在，智慧能源的理念已经把能源互联网和能源网格技术推向一个新的概念：能源物联网。

3. 能源互联网到能源物联网

能源互联网可理解为：综合运用先进的电力电子技术、信息技术和智能管理技术，将大量由分布式能量采集装置、分布式能量储存装置和各种类型负载构成的新型电力网络、石油网络、天然气网络等能源节点互联起来，以实现能量双向流动的能量对等交换与共享网络。美国著名经济学家杰里米·里夫金的第三次工业革命和能源互联网的提法最近引起广泛关注。杰里米·里夫金认为："在即将到来的时代，我们将需要创建一个能源互联网，让亿万人能够在自己的家中、办公室里和工厂里生产绿色可再生能源。多余的能源则可以与他人分享，就像我们现在在网络上分享信息一样。

能源互联网中的数据包括：状态监测数据、能源（资源）用户管理数据、供能设备网络数据等。其应用研究还处于探索阶段，能源互联网中的云计算技术在国内电力行业中的研究内容主要集中在系统构想、实现思路和前景展望等方面。针对智能电网状态监测的特点①，结合 Hadoop 和虚拟化技术、分布式冗余存储以及基于列存储的数据管理模式来存储和管理数据。在能源互联网的阶段，实质上资源的管理是采用雾计算②（云计算更为贴近用户的一种部署），实现更为贴近用户用能的自用和分享。在电网状态监测的角度实现了"互联网 +"，而在用户的角度，则实现的是用能的能源局域网。距离能源的"云自治"，还有差距。

能源互联网发展的高级阶段将从能源的自用和分享走向能源的绿色自治，所有能源相关资源都结合"互联网 +"理念实现广泛的联通性、自治性、共享性，这一阶段可称为"能源物联网"。特征如下。

1）数据走向微观、资源管理走向宏观

能源数据从面向用户精确到面向"用物"，资源管理从云计算的低级模式走向高级模式，具备统筹更大范围的能源资源。

2）能源网和消耗网的有机结合

能源物联网是能源与物联网的深度、有机结合的智能化广域网。在点对点（家庭）、区对区（地区）、面对面（国家）的不同层次实现共享和统分结合，共用和分级自治结合，能源绿色循环和生态环境保护结合。

3）能源物联网与生态环境的融合

真正的能源消耗是由于人类对科技追逐的不满足感，而致使物的能源耗费以满足人类的

---

① 高异宇 . 物联网与智能电网 . 华北电业，2010，(3):54-56.

② 见 5.5 节。

需求，而能源面临枯竭，迫使我们在耗能和科技发展中权衡。能源对于科技就像水、空气对于人类。而对于能源的态度应当放在更长的历史时期来看待。地球本身是一个生态系统，生物进化速度与被改造环境的被适应能力，是一种均衡，物种灭绝是一个旁证。

对能源的予取予求如果打破这种均衡，可能会打开潘多拉的盒子，对环境的影响、对水、空气的影响，引发对生物生存的挑战。地震、天坑、雾霾可能源于这种均衡的打破。所以人类需要从一个更大的格局来看待能源、科技、环境、人类（生物）。西方对于未知规律的探索是开放式的，东方对于未知规律的探索是收敛式的，但测不准理论（薛定谔的猫）告诉我们一定条件下的规律，当条件向微观进一步或者向宏观退一步，都可能得到不同的结果。

能源的开发与利用必须谨慎，如果能够通过能源物联网宏观上上升到对生态环境影响的认知，微观上降维为物－能源－物的融合化、区域化、网格化理解，将能够实现能源利用的可持续化。

4）可再生能源为主，不可再生能源为辅并逐渐淘汰

能源物联网中的大量各类分布式可再生能源发电设备和系统，将比能源互联网中的再生能源的渗透性、连通性、比重大幅上升。需要预测和研究由此带来的一系列新的科学与技术问题，首要的是从能源收益与环境受损的长期比较来探索核能是否应该被淘汰。

分时、分计划、分需求的动态能源供给，将被考虑得更加具有全局性特征，用以与价格（电价、能源产生成本）互相制约，实现绿色用能、可持续供能、动态调控储能、生态环境保护的多目标全局优化，实现当前与长远的一致性的：能源自我评估、自我优化、自我规划、自我进化、自觉淘汰的自治化均衡。相关产业如图 6-12 所示。

图 6-12　能源互联网到能源物联网示意图

能源物联网不仅将改变能源互联网的预期运行模式，考虑用户（用能的物）侧响应，探索负载的局域和区域性变化，预测和自适应环境变化（降温、地震等突发情况），还需要考虑新能源接入、新技术革新、新用能（消费）方式等因素的随机特性，能源物联网将呈现较能源互联网更为复杂的随机特性，其控制、优化和调度将面临更大挑战。

也许可以畅想：在能源危机真正到来之前，能源物联网满足人类用能的需求就像日月的交替、四季的轮回一样，感觉不到是一种系统，而是大自然的恩赐一样无微不至。能源物联网的自治能够自觉地把对生态环境的破坏降低到生态环境自我修复的程度内，并为人类科技发展耗能提供智能化规划，避免人类生产的“物”的耗能和人类的可持续存在竞争生存资源。

智能电网、能源互联网、能源物联网概念的对比分析如表 6-2 所示。

表 6-2　概念的对比分析

特征对比	本质	目标	能源	能力	发展阶段	技术理念
智能电网	智能化的电网	供电、输（配）电智能	电，水电，火电	覆盖能力	现阶段，坚强智能电网，从现在至 2020 年	信息化、数字化、自动化等智能化；物联网只用于电力设备状态监测
能源互联网	能源共享网络	供能、配能、用能网络化	风能、光能、储能等新能源（电池、飞轮等储能，太阳能等）；水、电、核各类能源	覆盖、联通能力	2020 年之后一段时期，全球人均耗能产品 10 个的时候，可能只是开始	大数据、互动化、雾计算等“互联网 +”的网络化理念；物联网用于监测、管理
能源物联网	能源网和消耗（消费）网融合的能源自治网络	供能、储能、用能的均衡和循环 供能设备网、用电消耗网融合； 融入智慧（生态）城市、智慧地球	模块化、插入联网式，面向未来的能源（可能出现：Energy Grid= USB + Energy Storage-Energy Self-Produce）	地区（跨区）负载均衡和均衡预测，高消耗能源的淘汰与低消耗新能源的接入；能源云自治	面向未来，当个人随身用电器上百个，家庭用能上千种，企业运转上万种时，物联网全面应用	微观化、融合化、可持续化、云计算和大数据形成能源云自治 物联网用于监测、管理、预测和全面优化智慧、环保、循环利用、生物能（沙漠、水和植物）
能源生态网	寻找能源的最微颗粒，可能一切源于生物能，前景无法预测					

4. 能源物联网的 LAN 结构

如图 6-13 所示是一个能源物联网的基本单元——能源物联网网格示意图，可以理解为一个家庭、工厂、建筑等，是关于能源基于分布式自给自足的最小单元。分为三部分：消费负载和状态预测；耗能“用物”状态监测和管理；可再生能源产生。这三部分通过网格网关（能源的网格管理）接入上一级网格（能源局域网）。

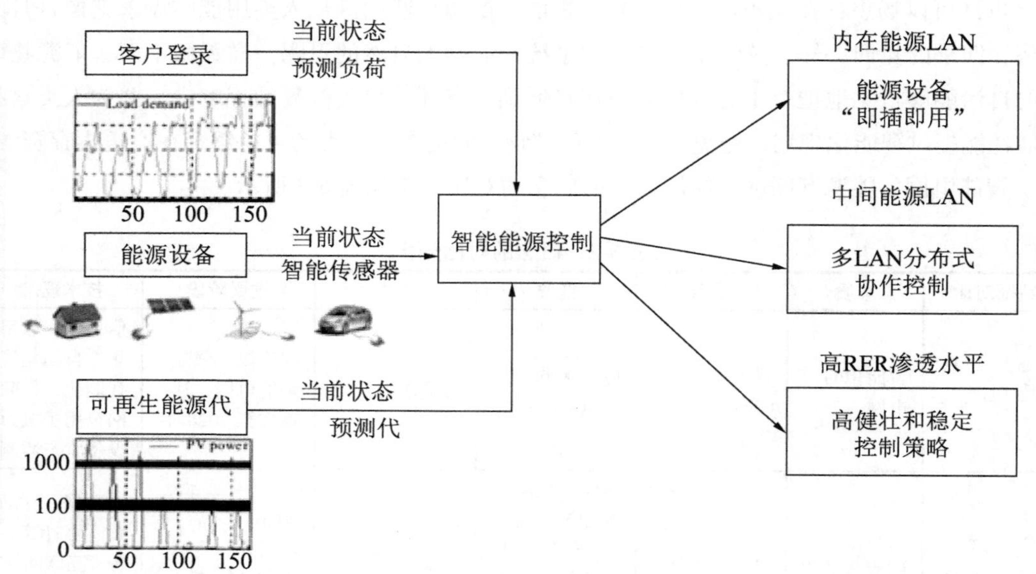

图 6-13 能源物联网的局部应用示意图

能源局域网内可以实现能源自治共享，向上一级网络请求配能、向外输能、本地储能，能源局域网与上一级能源的网络连接需要类似路由器的区域性渗透策略，以满足区域自治①。其中，耗能的“用物”是基本单元中的要素，可以考虑将耗能为“+”视为消耗的符号；相反，耗能为“–”则是能量生产或储能的符号标识。

面向“万物互联”时代，能源物联网可被理解为一个网络基础设施：基于标准和可互操作的能源节点，在本地化与集中化的产能、需求响应、储能之间能够实现端到端的实时平衡。它将允许能量单元随时随地地因需求而被转移。能源消耗的监测能够在各个层级中实现，包括：本地层级到国际层级中的各个中间层级②。由此，能源物联网网格需要一种类似

① 这一部分智慧特征仍在探索，目前典型的“网格内自产自销、网格间负载均衡、网域间（跨能源局域网）智能调度”的能源互联网尚处于探索阶段。本小节中“用物”是指网格内有用能需求的“物”，而广义上耗能的“用物”将包含人，人的生存一直在耗能。

② O. Vermesan, et al. Internet of Energy – Connecting Energy Anywhere Anytime. Advanced Microsystems for Automotive Applications 2011: Smart Systems for Electric, Safe and Networked Mobility, Springer,Berlin, 2011, ISBN 978-36-42213-80-9.

"互联网"中流量管理的能量包管理模式，并引入能源网关和能源路由器，让"聪明"的网格自主决定能量包的最佳诚信水平和到达目的地的最优路径。在这方面，网格化的能源物联网就可以理解为能源网络基础设施，是基于标准和可互操作的能源节点、收发器、能源网关、路由器和协议，并兼顾实时的本地网格用能平衡和全球范围内的能源生成、存储能力之间的广域平衡：跨越个人设备、建筑网格、社区网格、国家网格的能源供需广域平衡。从"端到端"的角度，微观上，能源物联网需要一种能够精细到物与物之间的能量联系模型，这需要进一步探索。

5. 能源物联网的 Pico（Nano）网格

物联网将促进能源利益相关者充分利用 ICT 技术部署新应用，使用智能型新能源（发电和零售企业、电网和市场运营、新的负载聚合）为实时控制策略带来新的选择[①]。

这些新技术应结合集中式和分散式的方法，通过互联的实时能源市场，整合所有能源供给（发电、存储）和负载（住宅区、建筑群和电动汽车能源存储的负载响应需求）。物联网还应提高资产管理的水平，通过更准确地估计资产的健康状况来部署符合实际的预防性维护。

这些新能源的应用将在很大程度上基于网络化的物联网智能设备，这些嵌入分布式能源（Distributed Energy Resources，DER）的智能设备将遍及整个能源系统：如采暖、空调、照明等消费家电，分布式发电和相关的逆变器，电网边缘和送能自动化，电动汽车的储能和充电基础设施。

快速增长的分布式结构正在打破能源系统历来的单中心、中央调度控制策略，形成分布式储能、用能和局部化调度的新格局。

分层级控制结构和网格化互联使微电网在行业网格、社区网格、建筑群网格中实现：立足小结构单元内部的自给自足和区域结构的本地化负载均衡。由此产生了基于本书网格思想的：社区规模的皮网格（Picogrids）、建筑规模的纳网格（Nanogrids）。

紧急情况下的能源网格化部署不仅是为了应对极端天气条件，还需要考虑重大灾害中的自愈能力，尤其是医院和大型公共基础设施的不间断供电能力的需求。这将引起能源网格的灵活性、安全性和数据所有权的探索。在网格化能源基础设施的结构规划和建设中，随着新的能源技术和新系统的应用，安全仍然是一个最重要的问题[②]，目的是为了降低系统漏洞和保护利益相关者的数据。安全的挑战将需要在物联网应用程序集成和异构网络物理系统（Cyber-Physical Systems，CPS）中找到合适的解决方法。详见本书的探索。

---

① Ovidiu Vermesan. Peter Friess.Digitising the Industry Internet of Things Connecting the Physical, Digital and Virtual Worlds. RIVER PUBLISHERS SERIES IN COMMUNICATIONS，2016，49：55-57.

② The Silver Economy as a Pathway for Growth Insights from the OECD-GCOAExpert Consultation. http://www.oecd.org/sti/the-silver- economy-as-a-pathway-to-growth.pdf.

6.7 城市

针对智慧城市（Smart City），目前尚未形成统一的概念，大众比较认可的说法是：智慧城市是在综合运用物联网、互联网（移动互联网）、云计算、大数据、空间地理信息集成等新一代信息技术的基础上，在城市基础设施、资源环境、社会民生、经济产业、市政管理等领域的信息化进程中，通过城市相关信息的感知传输、分析挖掘、融合应用，为城市居民生活工作提供一个更人性、更美好的环境，为城市管理与运营提供更高效、更灵活的决策支持工具，为城市公共应用服务提供更便捷的创新应用与服务模式，让现代城市更安全、更高效、更便捷、更绿色。智慧城市的产业分布如图 6-14 所示。

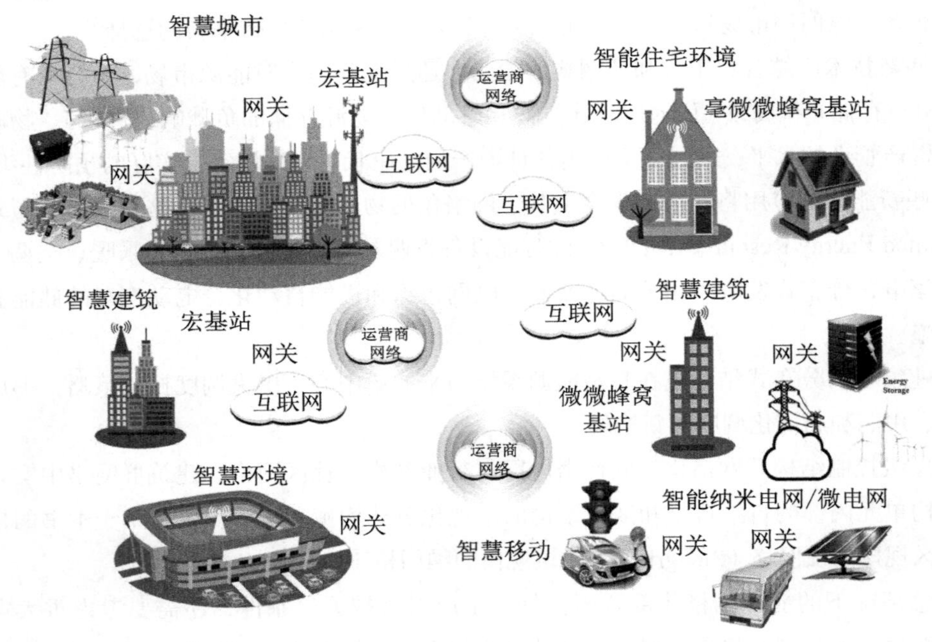

图 6-14　智慧城市产业分布全景图[①]

“以人为本”是智慧城市建设的核心理念。其内涵是以城市文明生态系统中的“人”为焦点，最大限度地满足城市中的“人”在医、食、住、行、教等方面的需求，为城市居民提供安全、高效、便捷、绿色的城市工作生活服务。

具体来说，“医”指远程医疗、移动医疗，特别是老年健康服务，像心脑血管疾病隐患预警、亚健康状态预警等智慧医疗服务；“食”指食品溯源、违法添加剂检测等食品安全服

① Ovidiu Vermesan，Peter Friess. Building the Hyperconnected Society IoT Research and Innovation Value Chains, Ecosystems and Markets [M]. River Publishers 2015.

务；“住”指居民住的安全、舒服、绿色等，智能家居；“行”指智能交通、智慧物流等；“教”指远程教育、公众教育等。这些围绕民生的智慧医疗、智慧食品、智慧家居、智慧社区、智慧物流、智慧教育和智能交通等应用系统的建设中，可以尝试围绕“人”的“医（衣）、食、住、行、教”引入服务民生的“物联网网格”。

1. 民生网格

民生网格[①]理念源自5.2节，如果把智慧城市这个垂直“大网格”按照能够为居民提供“医、食、住、行、教”等服务的众多行业来纵向划分，在这些垂直行业中可以相对容易地获得物质实体的数据和服务参数。在这些垂直行业中按照能够提供服务的技术（或平台），再细化为水平网格。例如，物联网、互联网、云计算、大数据、地理信息等一级横向网格；城市基础网络（有线、无线、卫星等）、云计算服务、城市地理信息服务、城市基础设施网格、信息安全等二级横向网格；传感器、识别器、加密系统、GPS、RFID、服务器、储存、数据分析、软件管理系统、移动支付、二维码、NFC等三级横向网格。在功能上相互独立的这些技术多对一地应用在各个行业中，为各垂直网格提供具体的行业应用服务。基于多技术应用的横向网格叠加和基于跨行业的纵向网格融合，可以组成跨城市的更大的网格。这就是智慧城市中物联网应用的“民生网格”，如图6-15所示。

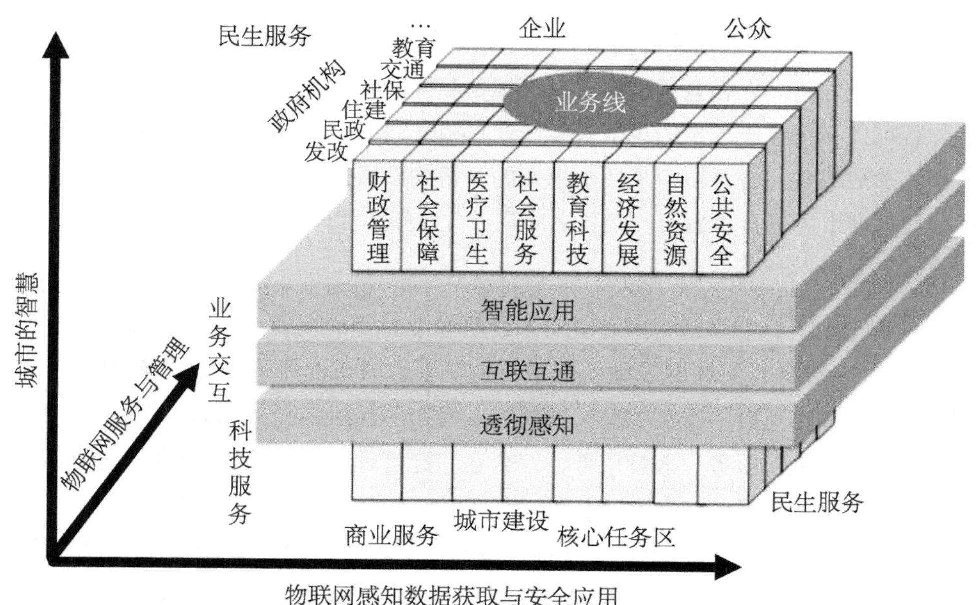

图6-15 智慧城市与物联网深度融合的“民生网格”构想

① 宋航，等. 智慧城市发展趋势研究. 城市住宅，2015，02:14-18.

而“民生网格”则是综合运用物联网等新一代信息技术服务民生和智慧城市建设的初级阶段。这些“民生网格”的构建和充分发展，能够紧紧围绕“医、食、住、行、教”等民生领域，使新一代信息技术逐步涵盖城市管理、交通运输、节能减排、食品药品安全、社会保障、医疗卫生、公共安全、民生教育、产品质量等纵向的行业应用，进而提升城市管理精细化水平，形成全面感知、广泛互联的城市智能管理和服务体系。

图 6-15 中，从智慧城市综合体系的视角出发，整理出上述三个需求分别对应的三个维度：物联网感知数据获取与安全应用（体现技术的水平方向），物联网服务管理（体现政府与市场服务的垂直行业方向），城市的智慧（体现智慧产品与服务的 Z 轴方向）。与“物联网网格”一节相一致。

2014 年 6 月，英特尔全球物联网解决方案事业部副总裁 Ton Steenman 在 2014 IDF 大会上表示：“我们在 M2M（机器对机器）的年代已经意识到，物联网想要做大做强，这不仅仅是一个垂直行业的应用，而应该是垂直与水平网络的结合，并且加入安全可靠的解决方案，能够让我们进行一些大规模的部署。”根据 Ton Steenman 的分析，不只是在物联网感知层面上，可能在整个物联网每一个网格中，都能看到设备越来越智能化，这也便于更方便地采集数据与分析。智慧城市中的“智慧”产业不再是现有的垂直纵向的延伸，而是如现在的互联网一样网格式地发展。

同样，“民生网格”的构建和充分发展不仅是物联网现阶段的发展模式，更是智慧城市起步阶段的必经之路。在智慧城市顶层设计规划和标准体系形成后，智慧城市的网格式划分和发展，既可以避免过于严格的规范对新产业自由发展的限制；又可以避免因缺乏统筹，过于粗放而且形成浪费。智慧城市从民生出发的网格式发展，让市民感受到新一代信息技术的“智慧”，智慧城市才更具生命力。接下来分几个方向阐述。

2. 市政管理

在政府的推动下，物联网将广泛应用于智慧城市的各个领域，提高政府办事效率。电子身份识别（EID）服务在物联网领域的应用解决了智慧城市的居民身份管理问题。例如，中兴通信提出智慧城市五合一应用方案，能够把最常用的民生活动，例如，户口登记、选举活动、驾照验证、水电气服务、医疗服务，综合在一起管理，所有验证信息统一保存，各个机构不必重复采集市民数据。综合管理方案让市民生活更优化，让城市更智慧。

户口登记信息能证明市民身份，还能凭此核查国籍、年龄、血缘关系等状态数据；选举证明是市民在某项选举活动中具有选举权的证明；在物联网环境下，驾照的验证变得非常简单，验证终端连接到物联网后，可以在线查询和离线验证；水电气是市民最重要的生活资料，目前水电气供应分属不同的系统，抄表、缴费都不方便，将水电气服务纳入物联网管理之后，水表、电表和气表都实现智能化，将大大方便市民的生活，并提高管理效率；在物联网中，可以把医疗仪器改造为智能传感器，通过医院和家庭两端的医疗智能传感器连通医院和家庭，建立远程医疗中心，进行远程咨询、远程监护和远程诊断。把水电气服务延伸到市政建设与服务方面，公共基础设施可以通过嵌入“标签”变得容易维护。

智慧城市五合一应用方案以EID服务为中心，采用智能卡技术实现生物识别功能，通过身份信息采集、网络传输、统一管理和业务处理等多个环节实现城市居民管理智慧化。

3. 电子票据

手机作为移动通信网络终端，在物联网应用中极具优势。近年在复合式RFID-SIM一卡通类的电子票据应用中，已经实现了手机与自动售货机、考勤门禁消费等终端设备之间的通信。于是出现了手机刷卡、手机签到、手机支付等应用。在金融领域，不仅通过网络实现了手机银行，而且当手机与附加硬件模块结合时，可以实现手机即是POS终端的功能。例如，拉卡拉信用卡转账系统和指纹支付。

目前比较流行的“一卡通”“一票通”“扫码支付”使用的技术多是RFID和二维码等应用，其核心是用户身份唯一标识和“小额商户”“电子账户”“银行账户”建立安全的关联。“指纹支付”“扫脸支付”等也只是用以形成用户的唯一标识。而手机作为便携的智能终端，经常被作为建立关联的媒介。

NFC手机内置NFC芯片，比原先仅作为标签使用的RFID更增加了数据双向传送的功能，使其更适合用于电子货币支付。特别是RFID所不能实现的相互认证功能和动态加密和一次性钥匙（OTP）功能，能够在NFC上实现。NFC技术支持多种应用，包括移动支付与交易、对等式通信及移动中的信息访问等。通过NFC手机，人们可以在任何地点、任何时间，通过任何设备，与他们希望得到的娱乐服务与交易联系在一起，从而完成付款、获取海报信息等。NFC设备可以用作非接触式智能卡、智能卡的读写器终端以及设备对设备的数据传输链路，其应用主要可分为以下4个基本类型：用于付款和购票、用于电子票证、用于智能媒体以及用于交换、传输数据。2012年12月，中国移动与法国电信运营商Orange签署NFC发展协议，共同开发推动基于SIM卡的NFC应用，搭建开放透明的使用环境。

在分享经济与便捷支付中，将移动终端与电子商务相结合的模式，让消费者可以与商家进行便捷的互动交流，随时随地体验品牌品质，传播分享信息。例如，“闪购”通过手机扫描条形码、二维码等方式，可以进行购物、比价、鉴别产品等功能。专家称，这种智能手机和电子商务的结合，是“手机物联网”的其中一项重要功能，未来有可能占据物联网的过半应用。而通过手机连接智能家居产品（例如小米空气净化器）的应用正遍地开花。

4．城市安全

中国科学技术大学电子工程与信息科学系教授、博士生导师 Ian McLoughlin 指出：智慧城市通过各种传感技术手段收集城市及其居民的数据的同时，也带来了隐私矛盾及信任危机。他表示，在展望未来真正的智慧城市之前，要首先处理解决好安全这个问题。但是目前已有的物联网安全研究并不够。物联网安全问题制约着物联网技术的研发与应用，制约着物联网产业化进程与规模化应用，制约着物联网在智慧城市及其感知安全建设中“智慧”的展现程度，如图 6-16 所示。

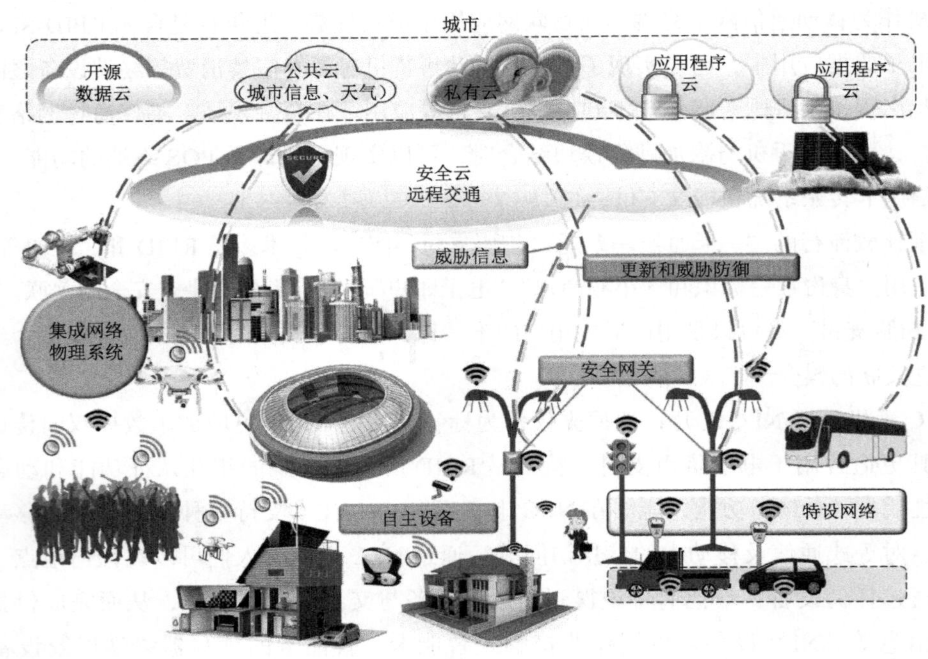

图 6-16　智慧城市数据分布与安全需求[①]

无处不在的物联网搜集的数据量是巨大的，在城市应用中的数据规模将比在线社交网络和搜索引擎的数据量还要大。而用来获得数据的传感器等环境监测设备，在感知层获得的、需处理的大量数据，是容易暴露的信息。尤其是可穿戴计算中，直接或间接地通过人们周边物理环境监测所获取的信息，甚至开始于人们自身设备和环境之间的“透明”交互时就开始的个人信息收集；这些信息无论是数量上、质量上，还是敏感度上，都会引起巨大的关注。所有这一切激发物联网隐私保护的需求。

① Ovidiu Vermesan，Peter Friess. Building the Hyperconnected Society IoT Research and Innovation Value Chains, Ecosystems and Market. RIVER PUBLISHERS，2015，43: 81.

对于智慧城市建设来说，安全是智慧城市体系架构的基础；对于从技术角度而分的感知层、网络层、应用层的安全架构来说，每一层的安全都在横向影响着城市安全。物联网与智慧城市信息平台之间的安全分析见图 6-17。

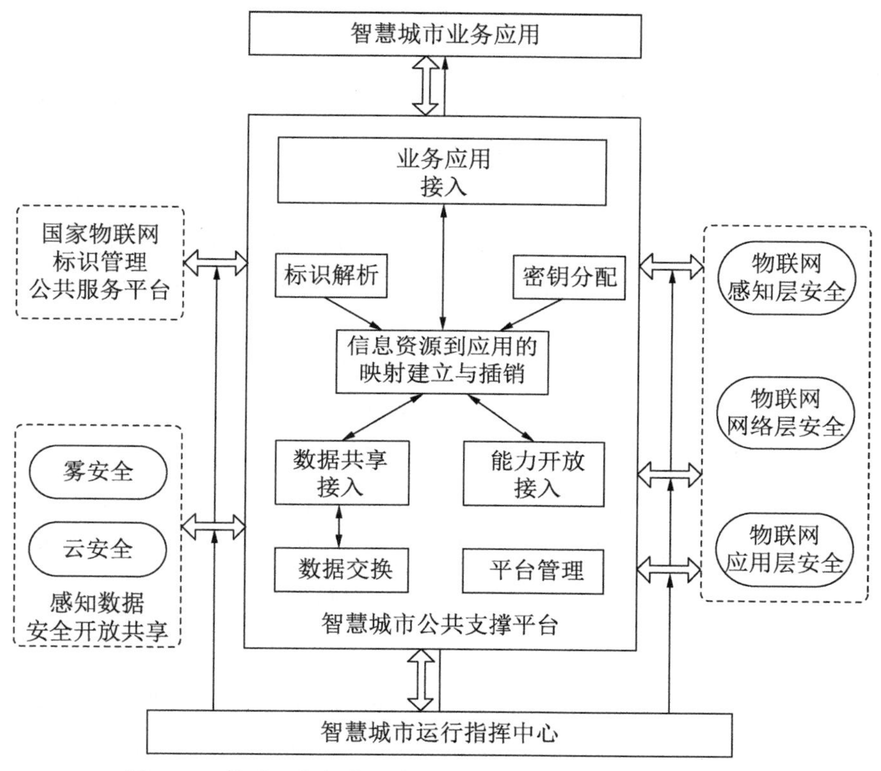

图 6-17 物联网与智慧城市信息平台的安全分析模型示意图

在图 6-17 中，右侧虚框中物联网安全的三层架构分别对应着智慧城市平台业务中的安全机制、网络的开放能力与安全接入、安全的平台管理。这是基于物联网安全的智慧城市安全分析的重点部分。图 6-17 中，左侧虚框重点描述了物联网感知安全中支撑智慧城市平台业务的两个主要方面：统一的标识管理与向上兼容的服务，智慧城市感知数据安全技术。后者属于物联网的管理服务范畴，安排在第 7 章中讨论。

总之，与传统互联网应用相比，采用传感设备和智能终端为支撑技术的物联网应用，存在更复杂更严重的安全问题。例如，信任机制、隐私保护、可信路由和恶意行为检测，已经成为构建安全可信物联网需解决的关键问题，对其深入分析和研究对于提高物联网基础设施的安全性乃至整个物联网安全体系具有重要意义。

6.8 农业

“好土产好米”。智慧的农业，不仅仅是安全的农业，还应该是智慧贯穿农产品生产全过程的农业[①]。

1. 精细化管理

传统农业，浇水、施肥、打药，农民全凭经验、靠感觉。如今，在设施农业生产基地，看到的却是另一番景象：蔬菜瓜果该不该浇水？施肥、打药，怎样保持精确的浓度？温度、湿度、光照、降雨量、二氧化碳浓度，如何实行按需供给？一系列农作物在不同生长周期曾被“经验化”处理的问题，都有信息化智能监控系统实时定量“精确化”把关，农民或农技人员只需按个开关，做个选择，或是完全听“指令”，就能种好地、养好花。

这就是智慧农业。

在农田、果园等大规模生产中，需要精细化把握的农业环境参数，除了“地上的”，还有“地下的”：土壤中有机质含量、温湿度、含水量、重金属含量、pH 等；以及“自身的”植物生长特征（含不同成长阶段的重点需求）等信息。这些信息的实时采集、传输和应用，对于科学施肥、灌溉作业等农业精细化管理和农作物的智能培育具有非常重要的意义。

农作物生长对环境的依赖性很大，在和某农业专家的交流中得知，某种小番茄在生长过程中的一次缺水就会减产三分之一。这种脆弱性就需要精细、智能的管理与培育。

2. 种植环境监测与智能培育

物联网能够通过光照、温度、湿度等各式各样的无线传感器，实现对农作物生产环境中的温度、湿度、光照等“地上”参数，土壤温湿度等“地下”参数和叶面湿度、露点温度等“自身的”环境参数进行实时监测。同时，为了实现远程管理、指导与控制，在现场布置摄像头等监控设备，实时采集视频信号。农业专家或技师通过计算机或手机联网，远程随时随地观察现场情况、查看现场温湿度等数据，并可以远程控制智能调节指定设备，如自动开启或者关闭浇灌系统、温室开关卷帘等。现场采集的数据，为农业综合生态信息自动监测、环境自动控制和智能化管理提供科学依据。其中，物联网的主要功能可以概括为以下几点。

- 数据采集。温室内温度、湿度、光照度、土壤含水量等数据通过有线或无线网络传递给数据处理系统，如果传感器上报的参数超标，系统将出现阈值告警，并可以自动控制相关设备进行智能调节。
- 视频监控。在育秧阶段，用户可以随时随地通过手机（Pad）或计算机观看到温室内的实际影像，对农作物生长进程进行远程监控；灌溉阶段，结合全球眼实现水库闸坝、

① 本部分内容节选自作者的《智慧农业》讲稿。

水位的视频监控，可全方位掌握雨情、水情、山情信息，实时动态为山洪灾害的及时预警，及时撤离提供技术支持，为合理灌溉提供技术手段；收割阶段，对收割机等农机设施进行车辆定位和设备监控，实时掌握各项设施的运行状况和位置信息，达到农机设备运行效率最大化。

- 数据存储与分析。系统可对历史数据进行存储，形成知识库，以备随时进行处理和查询。系统将采集到的数值通过直观的形式向用户展示时间分布状况（折线图）和空间分布状况（场图），提供日报、月报等历史报表。云计算、数据库与数据挖掘技术的智能农业应用，能够对大规模、长周期的农业数据进行深度分析，更易于发掘出大量数据中的规律性知识。
- 远程控制和指导。用户在任何时间、任何地点通过任意能上网终端，均可实现对温室内各种设备进行远程控制。需要农业专家或技师远程指导时，能够通过网络实现远程临境般感知并给出诊断意见，进一步网络跟踪问效，实现信息双向流动。
- 报警。环境中出现自然或人为灾疫情时，预警；出现不可预见的突发事件（农作物被盗、设备损坏）时，实时报警。
- 手机监控。手机可以实时查看各种由传感器提供的数据，并能调节温室内喷淋、卷帘、风机等各种设备。长远来看，M2M 技术的应用与移动互联网的推广能够为智能农业的发展提供承载基础；通过手机等物联网终端，用户可以更加自由的方式获知农田的环境与作物信息。

另外，在牲畜、水产品养殖方面，物联网可以实现健康养殖生产过程精细化管理，例如在养殖场中，可以利用 RFID 对动物个体身份进行识别，提供个性化饲养、动物生理与健康信息自动监测与智能管理决策等服务，达到科学饲养与生产过程精细化管理的目的。

随着物联网技术的发展及其在智慧农业中的应用，最终农业物联网将会实现从农田到餐桌的一整套溯源系统（不仅是农产品物流、农产品追溯等部分环节），全过程实现互联与信息的共享，任何阶段都可实现顺查、逆查或者智能操控。目前已经实现农产品的质量安全追溯体系和农超对接，但是距离真正的“农事不出门、一网控天下”的农业物联网还有很大的差距。

3. 农机管理和调度

精细化管理还体现在大规模农机管理和调度方面。在农业物联网中运用定位技术（例如 GPS、北斗）和地理信息系统（例如 WebGIS），可以确定被定位物体位置，并显示在电子地图上。在农业中，农机管理和调度最能体现这个技术的优势。良好的农机管理机制可以提高生产效率，降低运营成本。在每个农机上安装定位模块，并向后台系统实时汇报农机的位置信息，一方面，可以记录农机的工作轨迹，结合地图让管理员查看整个农田上的农机耕种情况；另一方面，也可以作为资产对农机进行管理，防止农机员误操作。

定位技术和GIS也可以用于农产品物流。物流系统与空间地理位置密切相关，作为一个基于数据库分析和管理空间对象的工具，GIS能够很好地以与位置相关的信息作为切入点，弥补物流系统空间和时间具有离散性的不足，实现动态、实时、智能的物流管理，利用GIS强大的空间数据处理能力，统一资源管理平台，管理和维护好多源信息；利用GIS提供的可视结果，提高了物流业的决策效率。空间技术赋予智慧农业的新场景，畅想一下：无人机播种、无人机投洒农药。

4. 概括与启示

物联网在农业领域的应用主要可以概况为两个方面：智能化培育控制，食品安全溯源。每种应用方面中物联网的应用功能又分为很多，具体如表6-3所示。

表6-3 物联网在智慧农业领域的主要功能

应用方面	主要功能	备注
精细农业	植物的数据采集、视频监控、数据存储、数据分析、远程控制、错误报警、统一认证；环境监测参数等	远程农业专家诊断、灾情预报与控制、精细管理与智能培育
食品安全	食品全周期的安全和品质控制	食品安全物联网
农副食品安全溯源	查询农副产品从生产到销售一系列过程中的全部信息和品质控制	有机农作物生长监督、转基因食品查询、根据食品品质（营养元素）的分级制
农业信息化、智能化	农技咨询、市场行情、农技培训、动态调度等功能；农机管理和调度	基于信息传输和处理上的移动、实时、定位和视频交互等功能的信息化平台

这里从天时、地利、人和来思考。

天时、地利：气候和土壤。由卫星及地面传感器构成的数据采集系统通过无线连接到精确农业设备可以检测作物状态，根据作物状态、土壤最为适合的作物种类、当地气候可以在一定范围内选择最优化的作物大面积种植，实现因地制宜。

人和：人与作物的关系。可以针对每一部分耕种的土地调整耕种方法。例如，通过播撒含有耕地最为缺乏的化学元素的化肥，或者有利于作物生长的化肥来有针对性地增加贫瘠土壤的肥沃性，实现因材施浇（浇育、培育）。

科学技术是第一生产力，科学技术能够帮助人类探索、发现事物之间内在的、本质的、规律性的联系，并自觉运用规律指导人类的生产、生活实践，指导人类以顾全大局的方式改造自然，实现人与自然的友好共存和谐共处、协调和可持续发展。

在精细化管理与智能培育方面，物联网技术（体系）就能够帮助我们探索农业与天时、地利、人和之间的内在联系。探索如何通过科学技术改良天时、地利、人和，以更适合农业生产（大棚、智能培育等）；探索如何改善人与作物的关系，更有利于作物生长并提高产量、质量；探索局部精细化管理与大面积、工业化的农业生产之间的关系；探索局部效益与整体效益、当前利益与长远利益之间如何实现最优结合。

有点儿类似于和谐社会的理念，人与自然的和谐，人类在改造自然的历史进程中的可持续发展，局部利益与整体利益、个人利益与集体利益的和谐。

个人认为，物联网及其技术体系对人类社会的贡献不仅在于“生产力”，它能够让人类站在一个更宏观、更具体、更全面、更深刻的角度来重新认识人与人、人与物、物与物之间的微关系（微博、微信、微关系），及其衍生的人类与环境、社会与自然之间的宏观关系，甚至在“事物普遍联系”的精细角度指导人类更透彻的认识局部与整体、当前与长远的关系。正所谓，“不谋全局者不足以谋一隅，不谋一世者不足以谋一时”。

让人类认识的出发点可能是物联网的“生产力”，让人类铭记的则可能是物联网的“生命力”。

上述理念，用于指导精细化管理与智能培育，精细化就是“具体问题具体分析（解剖麻雀）”，用发展的眼光“大处着眼，小处入手”，运用智能化手段（智能感知、远程控制、大规模数据处理与数据挖掘）使我们以更加自由的方式将生产规律、局部效益推广至大规模、超大规模的农业生产并产生效益。这必然要用到物联网及其技术体系。同时也引发产量与质量、农产品安全与诚信（印刷厂废水浇灌蔬菜）、农业与环境之间的种种思考。这是否可以通过物联网理念引导智慧农业和谐农业的协调、融合发展？还请读者们思考与指点。

小 结

本章和第5章的部分内容节选自《云里雾里的计算》[①]《我们身边的云计算》等。

既然物联网这么能干，物联网有没有缺点？有，第6章就开始分析。

先引用一段话：

“密码学尽管在网络信息安全中具有举足轻重的作用，但密码学绝不是确保网络信息安全的唯一工具，它也不能解决所有的安全问题。”

——曹珍富 上海交通大学电子信息与电气工程学院教授、博士生导师

这段话的上下文是：

很高兴能够给大家介绍一下密码学与信息安全的基本情况。首先我想介绍一下密码学与

① https://pan.baidu.com/s/1dE8XjA5.

信息安全的关系。密码学是用来保证信息安全的一种必要的手段，可以这样说，没有密码就没有信息安全，所以密码学是信息安全的一个核心。那么信息安全必须是密码学的应用，就是只要提到安全问题，其中必须是以密码理论为基础，不可以不用密码而谈安全，但是仅仅依靠密码学来保证信息安全也是不够的，还是需要关于安全方面的一些立法和管理政策手段等，所以从技术上来说，密码学是信息安全的一个核心技术。

这些对于计算机专业或信息安全专业的人来讲，应该不难理解。

通俗的解释就是：仅仅加密是不能保证信息安全的！信息安全已经够复杂了，物联网安全的水更深！

参 考 文 献

[1] 何清 . 物联网与数据挖掘云服务 [J]. 智能系统学报，2012.

[2] 董丽峰 . RFID 中间件技术在物联网中的应用及研究 [J]. 信息科学，2010.

[3] 宋立森 . 普适计算上下文感知中间件的研究与实现 [D]. 南京邮电大学硕士学位论文，2011.

[4] 乔亲旺 . 物联网应用层关键技术研究 [C]. 2011 年信息通信网络技术委员会年会征文，2011.

[5] 王保云 . 物联网技术研究综述 [J]. 电子测量与仪器学报，2009.

[6] 杨斌，张卫冬，张利欣，等 . 基于 SOA 的物联网应用基础框架 [J]. 计算机工程，2010.

[7] 李航，陈后金 . 物联网的关键技术及其应用前景 [J]. 中国科技论坛，2011.

[8] 陈涛 . 基于 LBS 数据通信中间件系统关键技术研究和实现 [D]. 郑州大学硕士学位论文，2012.

[9] 黄迪 . 物联网的应用与发展研究 [D] . 北京邮电大学硕士研究生学位论文，2011.

[10] 谭红平，陈金鹰等 . 车联网技术及其应用研究 [C]. 四川省通信协会 2011 年论文集，2011.

[11] 陈广奕 . 浅谈 802.11p 在车联网中的应用及发展趋势 [J]. 网络与信息，2012.

[12] 张飞舟，杨东凯，陈智 . 物联网技术导论 [M]. 北京：电子工业出版社，2010.

[13] 吴功宜 . 智慧的物联网 [M]. 北京：机械工业出版社，2010.

[14] 马文方 . CPS 从感知网到感控网 [J]. 中国计算机报，2010.

[15] 谁结果了恐怖之王 击杀拉登行动中的高科技 [J]. 计算机报，2011.

[16] 张福生，边杏宾 . 物联网中间件技术是物联网产业链的重要环节 [J]. 科技创新与生产力，2011.

[17] 吴功宜，吴英 . 物联网工程导论 [M]. 北京：机械工业出版社，2012.

[18] 刘秀 . 无线传感器网络在室内环境监测系统中的应用研究 [D]. 重庆大学硕士研究生学位论文，2015.

[19] 彭继东 . 国内外智慧城市建设 [D]. 吉林大学硕士学位论文，2012.

[20] M M Hassan, B Song, E Huh. A framework of sensor-cloud integration opportunities and challenges[J]. Proceedings of the 3rd International Conference on Ubiquitous Information Management and Communication, ICUIMC 2009, Suwon, Korea, January 15–16, pp. 618–626, 2009.

第 7 章
物联网安全

“没有隐私，谈何安全。”[①]

本书用单独一章来探讨物联网的安全问题，不仅局限于技术的讨论，并且尝试用一个新的视角提供一个概述，并希望引出物联网安全前进的方向。

随着信息技术的快速发展，万物互联已经成为时代的大趋势，越来越多的个体将被接入万物互联的体系内，个体的行为将通过蝴蝶效应[②]扩展到物联网的更多节点，影响范围也将被迅速放大[③]。物联网能够让个体间的联系更加紧密，也能够将个体或局部的不安全因素蔓延到更广的范围，攻击（包括无恶意行为）带来的损害程度也将远比对于单个物联网应用带来的后果更大，物联网时代的安全问题正在成为一盘需要统筹全局的大棋。

调查表明，九成的美国人认为：关于搜集和他们相关信息的控制是至关重要的。同时，用户们认为，他们的数据安全和隐私保护处于前所未有的低的状态[④]。谈及物联网，消费者担心安全和隐私会成为阻碍物联网被接纳的两个最大的障碍[⑤]。

在许多情况下，这些恐惧是有道理的。

一方面，用户可能会像“皇帝的新装”一样，在一个自己默认安全的网络环境中“裸奔”，而只有自己没有意识到。另一方面，研究人员和恶意行为者正持续证明着：一个不安全的物联网设备可以驱使集体侵害。虽然设备“默认安全”是一个目标，但现有很多设备都有原本可以避免的漏洞[⑥]。对此置之不理，物联网设备的风险或者说“物权”滥用，如果形

---

① 《没有隐私 谈何安全》是《人民日报》2012 年 4 月 26 日刊发评论的标题，见 http://www.chinadaily.com.cn/micro-reading/politics/2012-04-26/content_5770967.html。

② 见 http://baike.baidu.com/link?url=F4etqkRL1QoO3wBEBHlGCMdAnc4IpRZH2uUanWhv6WJ8lvp2msYQ8ZcpPcOAThmF_sUtl8gFlKcR4AuQwgxwSldAJ97MGA3tx218fope6oW（来源：百度百科——蝴蝶效应（拓扑学连锁反应））。

③ 物联网安全需要重视，见 http://www.chinadaily.com.cn/micro-reading/2016-08/18/content_26525507.htm。

④ Pew Research Center. Americans' attitudes about privacy, security and surveillance.http://www.pewinternet.org/2015/05/20/americans-attitudes-about-privacy-security-and-surveillance/.

⑤ Accenture 2016 Consumer Survey .https://www.accenture.com/us-en/insight-ignite-growth-consumer-technology.

⑥ OTA Research. https://otalliance.org/IoTvulnerabilities.

成规模，将会造成物联网发展的中断。

为了实现物联网所能提供的经济效益和社会效益，我们要整体地解决这些安全、隐私和相关问题，这需要创新、引导和合作。如果所有的利益相关者可以走到一起并实现共识，将有四重收获：不仅实现经济增长；还可以勒马于困境之前实现规范与调控；增加关键基础设施的安全弹性；并有助于使物联网规模化成长[①]。

城市和家庭的应用前景明确了物联网的潜力，如图 7-1 所预测的，这两个领域既能够提供智能服务，又可以为推动当地经济提供新的就业机会和新的业务。业界也正在研究物联网的产业推动力量（受益于“互联网 +”的影响力），这一切都是物联网在科技研究和产业界都备受关注的重要原因。

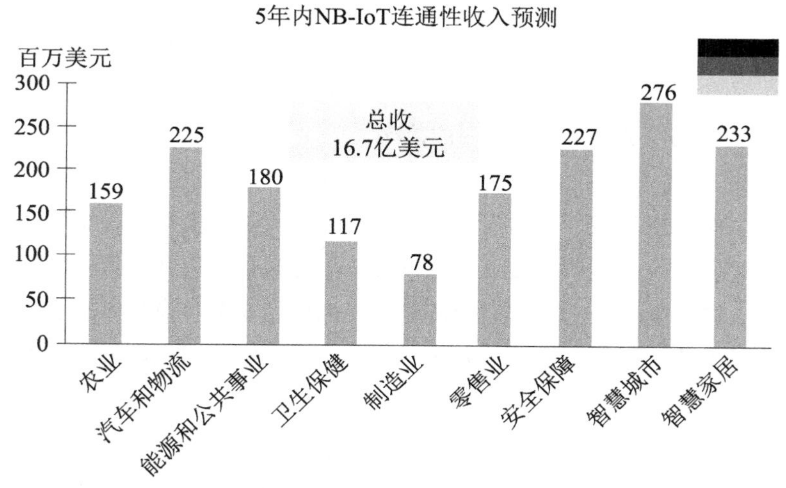

图 7-1　德国推出的 NB-IoT 物联网服务运营 5 年收益预测图（数据源：华为）

以德国推出的 NB-IoT 物联网服务运营 5 年预测（华为预测）为例，其中，安全整体领域收益将仅次于智慧城市和智慧家庭。图 6-1 中提到了一个中文容易混淆的概念：Safty & Security。作为 Safty 的安全，始终是人类生存的一个很重要的方面，人们在任何时候都希望得到家庭安全保障。例如，报警和事件检测系统将有助于迅速通知用户有关家庭入侵检测的信息，该系统不仅提供侵入保护，也将提供可检测到事件的预警情报，例如可导致火灾的房间温度或烟雾突然加剧。报警和事件检测器等这一大类物联网应用（火警、燃气泄漏、电梯和建筑意外、消防、工业意外、天气等灾情）是关于人的安全。这一类关于 Safty 的安全的讨论不在本章讨论范围中。本章讨论的安全（Security）是包含物和人的物联网安全，这一物联网领域的安全经常被专业地译作：安全和隐私保护。

① Internet Of Things：A Vision For The Future. https://otalliance.org/IoT.

伴随着物联网主要研究领域和技术应用的发展，能够有效互联的设备数量正在剧增。移动电话和原本不“说话”的设备（传感器和执行器）正在越来越多地智能化，这使它们能够有自主行为并支持新的医疗保健应用、运输、工业控制和安全性，以及实现能源利用和环境监测这些实现人类与环境可持续发展的长久安全领域。这些和物联网业务相关的安全（包含安全性能）正受到越来越多的关注。例如，2020 年前将会有数十亿的“物”设备连接到物联网。在这样一个超级连接的世界中，它们一旦逐步开口“说话”，甚至很“健谈”，把它们连续监测的（环境）活动和我们日常生活中的所作所为，随意地告诉别有用心的人或物，是我们不得不考量的新威胁。

“每一个物联网链条中，每一个方面和每一个数据层都是一个潜在的风险。”[①]关于物联网安全，是最近才开始饱受关注的一个新领域，到目前为止还没有得到足够重视。

物联网安全，不仅是物理安全、信息内容安全、网络安全、数据安全、加密技术等原有概念的融合体，还包含安全意识，隐私和数据保护制度与法律，安全管理与防护机制，安全组织与实施。已经不仅仅是技术或者应用的范畴。

对于物联网，提供一个完整安全的框架并不容易，它需要跨技术、跨领域、跨层机制。况且，人类对于“物联网”这一新生事物的认知，还没有达到实现“保护物联网，就是保护自己的隐私和安全”这一共识的程度。物联网安全不能被仅仅束缚于保护物联网设备和平台不受攻击和篡改（物的角度），也不能仅仅满足于人的信息安全和隐私保护（人的角度），物联网安全需要安全的架构和设计、技术和策略；而且，物联网安全既要获得一定的社会认同度，还要受到法律法规的约束。

就像保护一个刚会“说话”的孩子一样，他可能很容易地告诉你他和他的家庭的一切隐私，包括门禁密码，而他的“限制行为能力”则需要法律与监护人的保护。而很多“资源受限”的物使用简单的处理器，只能考虑轻量级加密，它们容易被欺骗、破解。当然，孩子们的安全与否关系到我们的未来。而物联网安全与否，关系到物联网的未来。

如上讨论启发了本章的以下三条线索。

（1）具备较单一的服务能力的“物”，在还没能进化到自主智能之前，需要受到安全保护；

（2）技术层面，包括安全技术与安全策略；

（3）人文分析，包括人与物的安全分析，物联网安全理念，物的安全，道德疏导与法律法规约束（非证据性网格之间沟通的保护）。

首先，从人文的角度去了解“物联网安全”；其次，从物联网的各个层次与不同视角来

① Symantec Internet Security Threat Report. https://www.symantec.com/content/dam/symantec/docs/reports/istr-21-2016-en.pdf.

看物联网安全及其技术和策略；最后，在物联网应用层安全的安全策略一节提出了“物联网安全网格”这一概念。

本章主要从感知层安全、网络层安全和应用层安全三个视角来看物联网安全及其技术和策略，目的是讨论在一个超级连接的世界中，为实现安全和隐私保护所需的技术与方法集合。从安全的角度，在应用层中将物联网四层结构中的管理服务层抽象为物联网应用的安全管理来看待，实际上物联网安全管理将纵贯物联网的各个层次。

7.1 物联网安全的基石

物联网所支撑的创新型应用，可以提高社会生产与生活效益（片面强调效率，会忽视善待自然、审视自我），改善健康、环境质量。在明确的商业机会驱动之下，物联网受到越来越多的利益相关者和市场参与者的青睐。但是，物联网安全的思考需要在一个更大的框架下进行。

物联网安全是一种理念，一种源于人类自身安全需求的理念，一种推己及物的感受和认同。同理，物联网安全的基石应当是人类对物联网安全正确的认知。就像——当人类和自然的关系用“改造”来相处时，那么如果用“力的作用与反作用”来看：人类在改造和污染的同时，自身环境也不得不承受被改造和被污染的副作用；这些副作用反过来又惩罚人类。

物联网安全和人类社会安全是相互的，需要互相的考虑。

7.1.1 物联网安全理念

“己所不欲，勿施于人”这句话引导着如下物联网安全方向的思考。

1. 人类安全需求的同理心

几乎所有的信息都是人类意志或需求的某种表达，物联网安全是人类的一种自我保护需求和自我认同。一方面，物联网的安全关系到人类自身的安全和隐私；另一方面，当物联网还没有（也许永远不会）进化到具有完全人类智能的程度时，但人类能够让“物”按预先的设定服务我们时，能不能先试着把“物”当作像孩子或宠物一样的“伙伴”来看待。

如图 7-2 所示，安全是一种需求。对于“物”的同质化分析，可以避免涸泽而渔；即便是宠物，人类也会从自身需求出发，给予或考虑宠物一定程度的安全（例如喂养而避免饿死）。这是马斯洛分析的启示。

在图 7-2 中，人类的生理需求对应“物”和机器们的“健康”需求（物理安全），“物”起码得是结构完整、未经破坏的；人类的安全需求对应物联网中“物”的功能性需求——能够正常稳定地在感知层实现感知；人类的社会需求对应物联网中“物”的网络层的传输交流安全需求，“物”在网络交流中能够更大程度上体现“被需要”的价值；人类的尊重需求对应物联网在应用层中能够实现的价值——在“物－物”信息共享与交互、“物－人”交流与服务中得到认可。

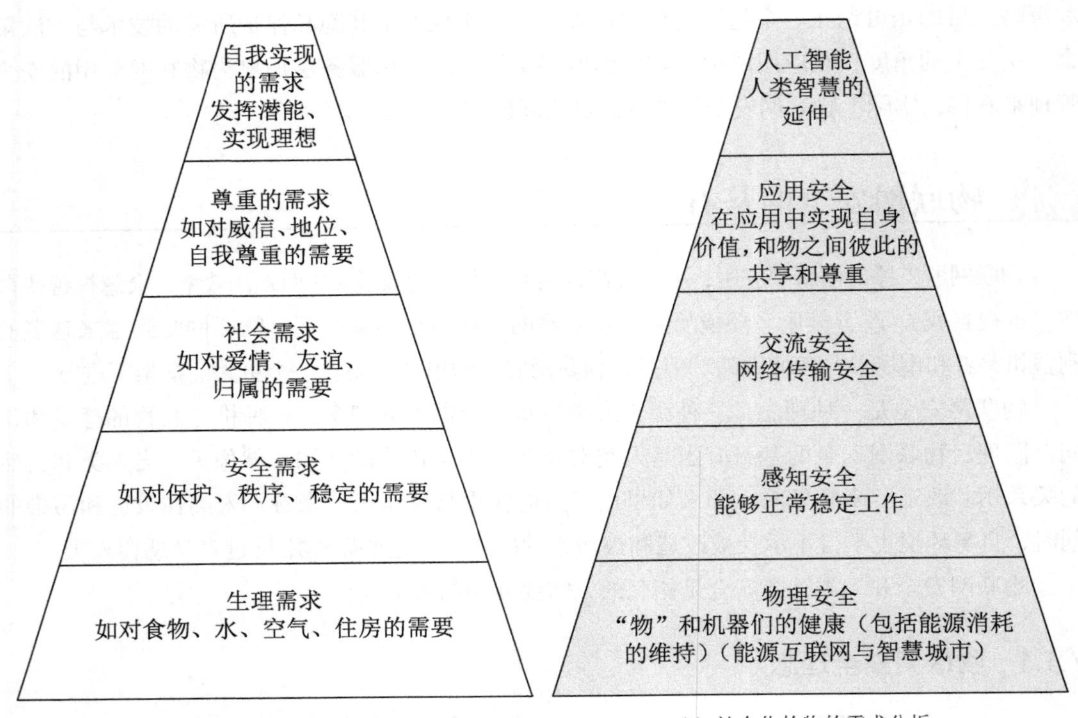

(a) 马斯洛需求层次理论　　(b) 社会化的物的需求分析

图 7-2　马斯洛需求层次理论图与物联网安全分析

而最顶层，人类自我实现的需求，对应“物”能够辅助人类形成新的智慧——人工智能；这也是“物”本身在物联网中能够“自我实现”的最高价值体现——起码目前在人类眼中是这样。例如，下围棋的 AlphaGo 能够击败人类。

安全是一种需求。物联网安全是一种源于人类自身安全需求的理念，一种从安全技术角度推己及“物”的感受和认同。马斯洛分析启示我们对于“物”的安全的同质化分析。

2. 物联网是人类社会关系的“物”的映射

还是从“天人合一，物我相通”的理念说起。

其一，天人一体：“天”指物质世界及其规律，引申为自然[①]。物有物的规律，自然有自

① 源于对老子“人法地，地法天，天法道，道法自然”的解释：人、地、天、道（规律），都遵循自然本身的变化发展规律。详见“《道德经》是中华思想文化之源”：http://www.wyzxwk.com/e/DoPrint/index.php?classid=22&id=102383。

然的规律，社会有社会的规律；这些规律是一致的，起码是不矛盾的。

其二，与各种关于“天”的解释不相矛盾的是：这句话起码引导我们不能把人类和“物质世界、自然、生态环境”对立起来。

当人类自我实现的需求反而（通过生态环境的恶化）开始影响生理需求的时候，就需要反思人类自我实现的需求是不是尊重“人与物的共同利益”——社会和环境的整体安全。人类与物质世界的彼此尊重。

一个人的自我实现如果影响或抑制其他人的自我实现，有法律和道德来调整。而整个人类的目前的自我实现，如果剥夺了以后人类的安全需求的基础——环境呢？让我们站在物的角度，把关注点转向图 7-2 的右侧：物联网安全层次分析。

其三，物我相通的“格物致知”：思考转向方法论。尝试替“物”考虑其“生存权（安全）、发展权、交流权、价值实现权”，而不仅仅因为物有其所属，物能够体现使用者的隐私。

物联网安全，宏观来看是人类与环境的安全之道；微观来看，是人类自身相处的安全之道。

3. 物和机器们的安全是人与“物”和谐共处的需求

并不是所有所做的事都能够及时明白其意义；也不能等到发现一件事有意义之时才开始探索，这就是亡羊与补牢的辩证关系。这里尝试从“和谐”来看“物我相通、天人一体”。

“曾点之学，盖有以见夫人欲尽处，天理流行，随处充满，无稍欠缺。故其动静之际，从容如此。而其言志，则又不过即其所居之位，乐其日用之常，初无舍己为人之意。而其胸次悠然，直与天地万物，上下同流，各得其所之妙，隐然自见于言外。”（《论语集注》卷六）“与天地万物上下同流”的气象，正是主体去欲致诚工夫达到随心所欲，方能抵达的人生境界……[①]多些从容、从善、从美的和谐；少些恶意、恶念、恶行的漏洞。安全威胁源于漏洞被“人”恶意利用所成就的一己之私。

和谐不仅是从人类角度来看的一种美，更应当是从“人与物”整体构成的大自然角度来看，彼此尊重、互相依存的安全与可持续发展的初衷。

物联网给予人类与“物”心有灵犀的机会。物联网出现之前，孔子说道，人与天地万物的和谐是一种境界。物联网出现之后，我们是不是也要考虑人与“物”之间存在的和谐与和睦共处？这是一个开放性的话题，但是，首先要考虑物和机器的“存在”安全。例如，确保“物”的安全、稳定、可靠运行。

物联网安全事件的威胁也在打破这种和谐，使人们吃尽苦头。例如，“Mirai”这种强大的恶意软件能够使全球的物联网设备感染。在“人与物”共处的世界里，物联网安全也逐渐

① 摘自朱志荣的《美学与人生境界》（2010 年 7 月 5 日在昆山美研中心的讲演），作者借此想引出自然科学与人文科学本就是孪生、殊途同归的讨论，详见官微。

得到更高层次的关注。例如，欧洲数字经济专员冈瑟·厄廷格办公室副主任蒂博·克莱纳称，仅关注一个物联网部件是不够的，需要从整个网络、云来着眼，需要建立政府框架取得认证[①]。而换一个角度思考，因为安全的需要，人们不得不越来越尊重"物"、保护"物"的安全了，这也是和谐共处的需要。

7.1.2 物联网安全的内涵和外延

这里将物联网安全理念转向对物联网安全概念的探讨。

1. 外延：物联网安全的外延是充分尊重"物"

不能仅满足于认为保护"物"的隐私就是保护我们的隐私，而要意识到，保护"物"的安全就是保护我们的安全。人类本身就生存在客观的物质世界中，尊重"物"，就是尊重人类赖以生存的环境，在人类与自然的和谐共处中共同发展。这就延伸到了"大物联网安全"范畴，引发自然环境保护和社会发展持续安全的探讨。"大物联网安全"是一个人文话题，这涵盖了认知、管理、技术、法律等诸多方面。

2. 内涵：物所涉及的人的信息安全与隐私保护

物联网安全的内涵，也可以理解为狭义的物联网安全，技术上主要包括两方面：信息安全和隐私保护。

隐私保护就是使个人或集体等实体不愿意被外人知道的信息得到应有的保护。隐私包含的范围很广，对于个人来说，一类重要的隐私是个人的身份信息，即通过该信息可以直接或者间接地通过连接查询追溯到某个人，与此相悖的是六度分隔理论[②]。另一类是和身份相关的不想为外人所知的信息，例如癖好、家庭、职业、健康、性取向等个人想要控制可知对象范围的信息，而这些信息又有潜在的商业价值。对于集体来说，隐私一般指代表一个团体各种行为的敏感信息，例如，只想让家庭成员内部知道的个人信息。

信息安全一般指确保信息的保密性、完整性、认证性、抗抵赖性和可用性。物联网信息安全，除此之外还包括"物"的安全，可以延伸到确保用户对物联网系统资源的控制，保障系统的安全、稳定、可靠运行。而物联网安全，还包括物联网中"人"与"物"相关信息的有效控制；从某种意义上讲，是比物联网信息安全要更大的范畴。

---

① 见 http://paper.cnii.com.cn/rmydb/html/2016-10/26/nw.D110000rmydb_20161026_3-05.htm?div=-1（欧盟将制定新物联网安全规定，来源：中国信息产业网 - 人民邮电报，2016 年 10 月 26 日）。

② http://www.zybang.com/question/f8e2e1b4f20dfceeb2fcabc471eca708.html。六度分隔理论：在这个世界上，任意两个人之间建立一种联系，最多需要 6 个人。这一理论在 20 世纪 60 年代由美国心理学家斯坦利·米尔格朗提出。作者认为，信息技术显然能够使维度降低；而随之而来的是关于隐私保护的焦虑。见随后的参考文献。

隐私保护与信息安全密切相关，但重点不同。信息安全关注的主要问题是数据的机密性、完整性和可用性等，而隐私保护关注的主要问题是看系统是否提供了隐私信息的保护（例如，包含匿行为、匿部分隐私的匿名性）。通常来讲，隐私保护是信息安全问题的一种，可以把隐私保护看成是数据机密性问题的一种体现。例如，如果数据中包含隐私信息，则数据机密性的破坏将造成隐私信息的泄漏。

隐私的概念，深入来看，则有一百多年的研究历程，涵盖社会科学的所有领域（如哲学、心理学、社会学），并没有一个明确的既符合时代发展需求又符合实践检验的定义[①]，此文献中提供了隐私概念、隐私保护伴随随着信息技术的演化过程，如表 7-1 所示。

表 7-1　隐私随着 IT 技术的演化过程

时期	特征描述的原文	翻译与注释
隐私底线（Privacy Baseline）时代：1945—1960 年	Limited information technology development, high public trust in government and business sector, and general comfort with the information collection	有限的信息技术开发，政府和商业部门的公众信任度较高，和能够被大众接受的信息收集
隐私进化的第一个时代（First Era of Privacy Evolution）：1961—1979 年	Rise of information privacy as an explicit social, political, and legal issue. Formulation of the Fair Information Practices (FIP) Framework and establishing government regulatory mechanisms	作为一个明显的社会、政治、法律问题，信息隐私权兴起了。公平信息实践框架（FIP）形成、政府监管机制建立。信息开始规范可控。同时期，六度分隔理论产生
隐私进化的第二个时代（Second Era of Privacy Evolution）：1980—1990 年	Rise of computer and network systems, database capabilities, federal legislation designed to channel the new technologies into FIP, some nations made data protection laws	计算机时代到来，网络系统和数据库功能得以体现，引导新技术进入公平信息实践框架（FIP）被设计于联邦立法环节，一些国家制定了数据保护法
隐私进化的第三个时代（Third Era of Privacy Evolution）：1991—2003 年	Rise of the Internet,data mining and the terrorist attack dramatically changed the landscape of information exchange and caused a user privacy concerns and the attention of the researchers	网络时代到来，互联网、数据挖掘和恐怖袭击的兴起，极大地改变了信息交换的格局，引起了用户隐私的问题和研究者的关注
隐私进化的第四个时代（Fourth Era of Privacy Evolution）：2004 年至今	Rise of Web 2.0, cloud computing, Internet of things, and big data collected a lot of personal information, privacy concerns rose to new highs	新一代信息技术——Web 2.0、云计算、物联网和大数据的兴起，收集了大量的个人信息，隐私问题上升到新的高度

没有隐私，就无所谓安全。“只有建立在可信与创新的物联网生态系统中，社会和商业上的受益可以通过优先考虑安全与隐私来实现。”[②]据统计，通过分析用户 4 个曾经到过的位

① Smith J.，Dinev T.，Xu H.. Information PrivacyResearch：An Interdisciplinary Review. MISQuarterly, 2011，35(4):989-1016.

② Internet Of Things：A Vision For The Future. https://otalliance.org/IoT.

置点，就可以识别出95%的用户[①]。无论是否服务于（属于）你的“物”，是否被你所知的社交信息泄漏，是否被你允许了的位置、购物信息等多种数据的组合分析，物联网已经可以以非常高的精度锁定个人，挖掘出个人信息体系。

接下来将隐私保护与信息安全一同纳入物联网安全讨论，除非有涉及隐私的部分技术和策略，将在其中标明“隐私”相关。

7.1.3 物联网安全的分层模型

提到物联网安全，可能更容易联想到穿戴、家居等生活中经常接触的物联网设备单体安全及其网络安全，但实际上未来物联网将会涉及商贸流通、能源交通、社会事业、城市管理等多个领域，包括工业4.0、工业制造2025、“互联网+”的行业升级应用，这些关乎国计民生的规划与潮流，都将以物联网作为重要基点，类似基础设施和行业专网（例如电子支付）如果受到攻击，那么威胁的将是人们的财产甚至人身安全，并且国家的工业建设也可能受到影响。因此，迫切需要一个整体的框架去宏观地理解和把握物联网安全问题；进一步，如果能够分层级或者分区域地在一个大框架中分而治之，就能够使物联网安全这一重要的物联网时代新课题的内涵更加明晰。本章关于物联网安全体系框架（见图7-3）的研究工作只是一个物联网安全的起点，面向的是：万物互联时代，日益严峻的安全威胁；及其与安全技术应用不能很好地匹配的隐私保护问题。

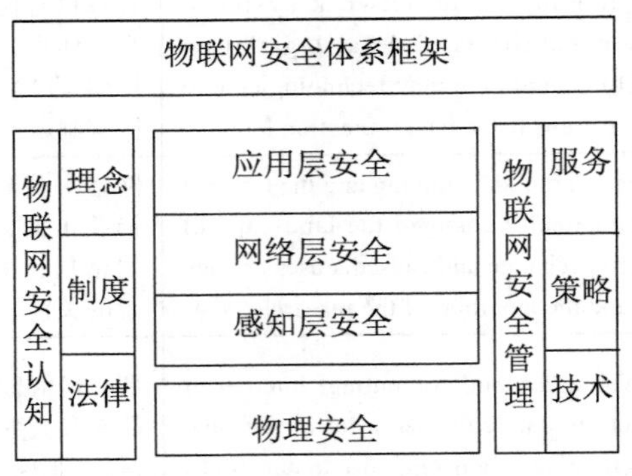

图7-3 物联网安全体系框架

① “http://www.boiots.com/news/show-14665.html”《数据引发了个人隐私安全问题如何解决》日期：2016-01-27 14:07:52 来源：物联商业网。研究报告发表在《自然》旗下的开放获取期刊 Scientific Reports 上。研究人员通过分析150万人在15个月内的手机移动数据，发现只要4个时空点（即个人使用手机的近似时间和近似位置）就足以确定95%的个人。研究显示，为了跟上技术进步，隐私法律需要与时俱进。

4个时间空间位置就足以识别大多数人的原因很简单，人的流动性是独一无二的，它就类似人的指纹，每个人的移动轨迹很少与其他人相同。研究人员甚至发现，只要2个随机的时空点就足以识别50%的人。要识别身份，只靠移动数据当然不够，但研究人员指出，结合公开的信息如个人家庭住址，工作地址和Twitter帖子，就可以识别个人的身份。

物联网安全体系框架由物联网安全认知体系、物联网各层的安全及其管理体系三部分构成。其中，物联网各层安全的最下端——物理安全，对应的是马斯洛需求模型的最底层的生理需求，指的是物联网中“物”和机器们的物理存在与能源消耗的维持。

物联网安全管理是针对宏观物联网来讲的，应当还包括物联网安全设计、物联网安全标准等。这两点尚处于起步阶段。接下来将按照物联网的感知安全层、网络层安全和应用层安全三个视角重点讨论每层的安全技术与安全策略，安全服务包含在安全策略的讨论中。

物联网安全认知中的理念能够强化“安全”的正能量；制度强化安全理念，从道德上防止违背安全理念；法律进一步强化理念与制度，用惩罚约束“负能量”。例如，物联网安全理念起码让我们知道，在物联网中偷窥他人隐私和偷窥他人洗澡是一样不道德的。而相关的立法能够对“偷窥”行为取证并惩罚。

物联网安全的管理是为了让物联网安全技术和策略在物联网系统中有效地组织与实施的一系列组织规范，以确保用户对物联网安全的感知力和管理者对于物联网安全的控制力。毕竟，用户不需要沉浸入技术细节。

接下来的讨论将收敛于技术性问题，对应于图 7-3 中物联网安全体系框架的中间部分，也就是狭义的物联网安全。

7.2 物联网感知安全

“皮之不存，毛将焉附。”技术上，物联网安全的前提是，“物”及其在感知层获取信息的安全和隐私保护。

无处不在的物联网搜集的数据量是巨大的，甚至可能比在线社交网络和搜索引擎的数据量还要大。而用来获得数据的传感器等环境监测设备，在感知层获得的、需处理的大量数据，是容易暴露的信息。尤其是可穿戴计算中，直接或间接地通过人们周边物理环境监测所获取的信息，甚至开始于人们自身设备和环境之间的“透明”交互时就开始的个人信息收集；这些信息无论是数量上、质量上，还是敏感度上，都会引起巨大的关注。所有这一切都激发物联网隐私保护的需求[①]。

正如文献[②]中所述：“在产品开发的最前沿，从事隐私和数据保护的各种组织，要确保他们的产品和服务充分尊重所设计的隐私保护策略，并实现欧盟公民所期许的能够善待隐私的要求。”这与“物联网秩序”中的“立言”是一致的。

① Jacob Kohnstamm, Drudeisha Madhub. Mauritius Declaration on the Internet of Things. 36th International Conference of Data Protection and Privacy Comissioners, 2014.

② Ovidiu Vermesan，Peter Friess. Building the Hyperconnected Society IoT Research and Innovation Value Chains, Ecosystems and Markets. River Publishers, 2015: 80.

为了能够实现所收集（获取）大量数据的价值，大部分的价值出于商业和经济目的，需要数据的处理和分析。然而，这些行为应该在“隐私设计[①]”的概念之下，通过增强的隐私控制，尊重和保护个人信息的隐私。这意味着隐私增强机制必须深深植根于物联网架构。接下来，根据物联网安全的分层视角所进行的技术、策略的探讨，立足点之一就是增强的隐私控制，另一个立足点是适用于物联网的安全技术与策略。

7.2.1 感知安全技术

隐私保护与物联网的信息安全又是密不可分的，它们是未来物联网安全相关研究的主要挑战之一。让我们简单地设想：在获取数据一端加密（解密），在传输至目的地另一端解密（加密）；使用最牢靠的加密技术就行。这是最容易想到的技术，而当用在物联网中就产生了新问题。

1. 轻量级加密

谁也不会携带一个比锁还要重几倍的钥匙。物联网感知设备主要是资源严重受限（计算和存储能力受限、硬件受限、能源受限等）的设备，其处理器能力、通信能力、存储空间有限，无法运行复杂的加密机制。因此需要建立一个“比较轻便”，便于物联网设备“携带”的加密机制，运行起来资源消耗较少，不超过其本身硬件限制。轻量级（包括其之下的超轻量级）加密机制的研究和应用有益于物联网的安全实现。

轻量级的加密通常能够提供足够的安全性。对称密钥加密中的 AES 广泛应用于基于分组密码的受限设备。文献[②]中讨论了公钥加密体制在受限设备中的应用及其适用性分析，详细讨论了密钥管理方案（组成、更新、分配等）的重要性，并提出了两种密钥管理方案，一种是基于对称密钥加密中的 Hash 函数[③]，例如 SHA-3，从能源效率的角度来看这种在资源受限设备中广泛应用的方法并不足够轻，但轻量级哈希函数的应用是一个方向。另一种是基于非对称密钥加密的，以椭圆曲线密码体制（ECC）为基础的密钥管理方案。虽然在物联网中可以使用比标准的公钥密码机制更小的密钥，但它的缺点是，执行效率目前还不够快。密钥管理方案的选择分析放在随后的密钥管理策略中讨论。

① Rodrigo Roman, Jianying Zhou, Javier Lopez. On the features and challenges of security and privacy in distributed internet of things. Computer Networks 57 Nr. 10, 2266–2279. Towards a Science of Cyber Security Security and Identity Architecture for the Future Internet, 2013.

② 陈雷 . 物联网中认证技术与密钥管理的研究 . http://www.docin.com/p-828087470.html.

③ http://baike.baidu.com/link?url=tpSoc1T0Li1DeRDiDKd0nvRHq-YUr-gdtYX_FgEWFu9i6ZzV8F-WYrIb3QCtVPaiCSAR8PaxBqaw7aNf_QE3ba.

物联网感知层网络容易在密钥交换过程中，因受到攻击而被对手捕捉到密钥。高效的轻量级物联网加密的基本要求，可以假设为以下几点。

- 必须优化加密机制的能量效率。能效是至关重要的，因为传感器等物联网设备的资源受限，例如设备的内存、处理器等资源均有限。
- 密码的分配方案。这些消耗宝贵能量的分配方案，既要尽量降低能量消耗，还要在密钥的交换中避免信息（被恶意）劫持的风险。
- 密码。密钥不应被预先存储在传感器设备中（目前通常在制造过程中是这样做的）。这构成了一个明显的安全威胁，因为放置在室外环境中的传感器并不安全。

现有的加密算法在为了既能满足能源效率，又能保证安全性能的权衡中不断优化。即便是通过对涉及隐私的数据，在产生和应用的两端使用加密来实现端到端的安全，也需要考虑加密性能优化、密码分配和存储、公钥 / 私钥体制的轻量化设计等安全和隐私保护设计问题。

2. 签名与鉴权

在一个超级连接的物联网世界中，数据的流动是高度松散耦合的，这意味着那些即使在安全通道上传输的数据，在存储、处理或传输中，也面临被非法篡改的威胁。可以通过消息级保护机制来实现这些松散连接数据的完整性保护。使用基于非对称密钥加密的安全签名方案，可以验证数据有没有经过未经授权的修改。

1）签名

完整性是“数据没有被改变的属性”。签名是数据完整性验证的技术手段，还可以进行数据源的身份验证，即验证是由哪一个实体的公钥进行的数据签名。比较简单的办法是，在发送者和接收者之间添加一个共享密钥的消息验证码（MAC），来保证消息的完整性未受干扰。使用中需要考虑以下问题。

- 针对物联网的 PKI/PKC 基础设施建设，及其与现有设施的关系；
- 高度涉密或涉及隐私（例如银行数据或账户数据）的签名方案；
- “物”能否有签名权及其责任追踪。

2）受限设备代码签名

通过代码签名[①]可以保护设备避免执行未签名的代码，从而降低受攻击的可能性。代码签名原本作为软件认证机制，其有效性取决于签名密钥的安全性。当用于感知层硬件（例如传感器）时，通过保证所有运行的代码都经过签名，避免恶意代码在一个正常代码被加载之后的恶意覆盖和执行。和签名一样，需要与公钥基础设施（PKI）技术一同实现系统的完整性，避免未经授权的访问、篡改和代码执行。

① https://en.wikipedia.org/wiki/Code_signing.

3）鉴权

鉴权是物联网感知层的认证授权机制，是验证谁能够对数据进行操作和实现安全会话的技术手段。主要从以下两个方面考虑。

一个是物联网感知层内部层次节点之间的认证授权管理。物联网感知层的密钥管理机制是保证感知层网络内部不同节点建立相互识别、认证的基础，在此基础上可通过授权确定节点能否建立安全会话。通常情况下，在感知层可通过密码学方法实现对感知层节点的鉴权，通过共享密钥建立节点之间的相互鉴权。

另一个是物联网感知层节点对用户的认证授权机制。用户作为物联网感知层以外的实体，通常用来管理或访问感知层节点和节点采集的数据，当用户访问物联网感知层时，首先需要物联网感知网络中的认证中心得到认证授权，获取访问节点的密钥才能访问相应节点。需要说明的是，这里的用户实体既指真正的人，也可以是网络层中的系统程序①。

3. 水印 /（隐写）隐匿

超级连接的物联网世界里，众多网络异构融合，各种感知设备在采集、存储、处理着数据，广泛的中间件系统支撑着数据转换为信息并实现更大范围的应用。这些产生的信息，必须结合其产生时的情景（Context，也称上下文环境），才能更有用并被用于智能决策。同理，对于恶意的攻击 / 截获者来说，感知数据结合其上下文才能够被充分利用。

举个例子，张先生为了避免个人信息被肆意传递，当他注册 X 银行相关网站时用户名取作“张 X 行”，当他留给 Y 保险公司联系方式时，用户名取作“张 Y 险”，以此类推，当接到电话说“您是张 X 某”时，他就知道是谁出卖了他的个人信息。

张先生隐去部分名字，并加上应用方的标识作为水印，是为了保护个人信息不被恶意使用，而张先生也可以根据来电方的业务和他加过水印的名字初步判断对方获取他名字的来源，以及是不是骗子。简单地说，水印既要保证主体对隐私的所有权，又要对隐私滥用行为可追踪。水印的应用需要考虑以下问题。

（1）水印的应用和其他安全技术应当兼容而不矛盾；

（2）应用在两端之间的设备和应用程序对于完整性的处理（非常重要）；

（3）不同类型的感知数据应当考虑不同的隐私设计。

文献②中隐私设计解决方案是这样的，每一个数据主体应该能够授权同意对个人数据进行收集、存储和处理，并仅限用于某种特定的、预知的目的。但是，反过来看，我们应当根

① 马骏．物联网感知环境分层访问控制机制研究．西安电子科技大学，2014.

② Marc Langheinrich: Privacy by Design — Principles of Privacy- Aware Ubiquitous Systems. Version: 2001. http://dx.doi.org/10.1007/3- 540-45427-6 23. In: ABOWD, GregoryD. (Hrsg.); BRUMITT, Barry(Hrsg.); SHAFER, Steven (Hrsg.): Ubicomp 2001: Ubiquitous Comput- ing Bd. 2201. Springer Berlin Heidelberg, 2001. ISBN 978-3-540- 42614-1, 273–291.

据不同场合所需的隐私数据类型，进行相应的隐私设计。例如，根据某种特定的应用场景，来对涉及隐私的数据进行处理。这将在随后的策略中的去除场景标识中讨论。简单地说，我可以同意我的数据让你获得和处理，我也可以将与你无关但与我关系重大的信息隐匿起来。

其余的感知安全技术还有，但不限于：感知层的安全路由技术、访问控制技术。

以数据安全及隐私保护为目的的安全技术应用，从感知数据一端出发，涉及诸多中间环节：数据离开感知层后，经由不同的中间件（程序、系统和技术处理）和网络承载，数据最终到达其应用归宿的另一端。可以联想到：端到端安全、管道（pipe）安全、防止截获与篡改的安全对策，这之间还有一些用于将数据转换为信息的处理、中转点安全（云安全）。这些环节的安全放在接下来的物联网网络层、应用层探讨。本节的讨论仅限于感知层的数据保护，对于能够在信息采集中间件部署的安全技术不做讨论。

即便在感知层，技术上看起来很严谨的加密，有时在应用中也避免不了漏洞，例如，侧信道分析（SCA）攻击①。为了对付防不胜防的漏洞，我们还需要能够查遗补漏的安全策略。安全技术与安全策略的联合，能够超越目前认识到的传统的安全保障范围，延伸端点到端点安全和区域的覆盖安全；最大限度避免设备被篡改、（企业）内部资源被入侵等恶意行为。

7.2.2 感知安全策略

安全策略与安全技术的关系，打个比方，策略就是，我想办法把我的密码弄得复杂些，避开生日和证件号码、电话，既有数字又有字母，让我感到安全；但技术上仍存在被截获、破解的可能。而安全技术就靠谱得多，是有理论和实践依据的技术。但如果安全技术很好但在某些场合实现不了，或者实现过于困难，用安全策略是让人们放心些的选择。

1. 数据的压缩感知 CS

应用于无线传感器网络（WSN）的压缩感知②（Compressed Sensing，CS）技术，可用于压缩通过传感器收集到的数据。压缩感知是一个非常有用的技术，它适用于在和采集数据同一步骤中的数据压缩（感知的同时即压缩）和轻量级的有损加密。从应用的角度，CS 用于感知安全的轻量级有损加密③，是一种安全策略。

---

① Ovidiu Vermesan，Peter Friess. Building the Hyperconnected Society IoT Research and Innovation Value Chains, Ecosystems and Markets. River Publishers, 2015: 192-195.

② 用于信号采样的新理论领域，作者计划将在本书下一版中详细介绍 CS 在物联网中的应用。

③ E Candes, M Wakin. An introduction to compressive sampling. IEEE Signal Processing Magazine, 2008 25(2): 21–30.

我们本身生存在一个自觉不自觉的感知压缩的世界，回想从CD到MP3，从VCD到DVD。语言是表情、手势、场景等情感沟通的压缩，在电话里又一次被压缩；吃饭本身从狩猎或者播种开始，现在简化到送（订）餐和咀嚼，人类社会进步的每个场景总会在技术革新领域找到自己的映射，或者说技术革新的原因和目的也都是社会进步。

音视频等模拟信号，转换为数字信号，这需要足够的存储和处理能力。随着技术的进步，这种足够变得"不够"。消费类电子产品的这些"足够"的要求如何应对呢？我们所获得的大部分数据可以在没有太多感知损耗的情况下被丢弃。Doooho提出，最终目标是：压缩和采样合并进行。"我们为什么不能直接测量不会最终被扔掉的一部分数据？"

就物联网而言，当本地（相对于传感器网络，单一传感器在本地；相对于物联网，本地传感器网络在本地）数据处理容量远小于远端（后台）数据处理容量时，我们需要把一桶桶小桶的水通过网络传送到后台大桶里精炼出有用信息。根据目前的网络容量，如果送往后台的水先经过精炼而使网络传送容量减少，是不是会有更多的"精炼水"能够送到后台，从而获取更多的信息？这里的"精炼"包括CS和加密。一种实时提取CS加密密钥的技术①，可用于支持物联网感知设备的数据加密。其密钥提取是利用信道测量，因此不需要任何密钥分配机制。这能够有效应对以SCA攻击为代表的侦测攻击。

压缩感知对于安全策略的贡献，可以延伸到通信技术中。我们想象一下通信原理中的"时域-频域变化"。也许换一个维度（角度）去处理和传递感知信息，就会像让窥探者像"看天书"一样实现安全。

2. 去除场景标识

回想我们第一次被要求作文时，老师要求"起码的"三个要素：时间、地点、人物。这是简单的"三元素"（Who、Where、When）场景论。如果去除其中之一，就能有效地保护隐私。

1）匿名

匿名是指隐去了Who。ID是物联网身份的唯一标识，该类方法通过模糊化敏感信息（如ID）来保护隐私②，即修改或隐藏原始信息的局部（或全局）敏感数据。

2）匿位置

匿位置是指隐去了Where。基于位置的服务（LBS）是物联网的一个重要应用，当用户

---

① A Fragkiadakis, E Tragos, A Traganitis. Lightweight and secure encryption using channel measurements. Wireless Communications, Vehicular Technology, Information Theory and Aerospace & Electronic Systems (VITAE), 2014 4th International Conference on. IEEE, 2014.

② 周水庚，李丰，陶宇飞等．面向数据库应用的隐私保护研究综述．计算机学报，2009,32(5)：847-861.
& CHOW CY, MOKBEL M F, HE T. Tinycasper: a privacy-preserving aggregate location monitoring system in wireless sensor networks. SIGMOD '08 Proceedings of the 2008 ACM SIGMOD international conference on Management of data, Vancouver, BC,Canada,2008. New York, USA:ACM, 2008:1307-1310.

向位置服务器请求位置服务（如 GPS 定位服务）时，如何保护用户的位置隐私是物联网隐私保护的一个重要内容。结合匿名技术，可以实现对用户位置信息的保护，具体方法如下[①]。

- 在用户和 LBS 之间采用一个可信任的匿名第三方，以匿名化用户信息；
- 当需要查询 LBS 服务器时，向可信任的匿名第三方发送位置信息；
- 发送的信息不是用户的真实位置，而是一个掩饰（模糊或夸大）的区域，包含许多其他的用户。

3）匿时间

匿时间是指隐去了 When。时间在网络中非常重要，在隐私中也很重要，例如，此时人在这里，就不可能同时也在那里。具体方法如下。

- 在不需要时间的应用里自动消隐时间。例如，在用于门禁的朝向街道的监控应用中，当一定时限内无异常发生时，应当消隐监控图像的时间信息。
- 在不需要精确时间的应用中，对过于精确时间的模糊化、截断处理或添加随意的延时；延时本身指实现隐私保护方法时产生的延时（包括计算延时和通信延时），这里指对于时间添加一个随机数。

4）匿场景要素及其关联

场景要素在场景安全的讨论中被扩展为 6 元素：时间、地点、人物、事件的起因、经过、结果（When、Where、Who、Why、How、What）。这些场景标识要素中去除其一二，或者阻断其中的关联，都属于去标识的隐私保护方法。

5）降低数据精度

作为隐匿或删除部分核心数据的权衡，可以适当降低数据精度来实现模糊化。但这并不会使人完全匿名。原理可以想象马赛克恢复软件：场景可以恢复出部分核心数据。

以匿名为代表的去除场景标识，是一种有效的访问控制方法。一方面，从用户注册、数据创建、数据访问等服务提供与认证计费中实现数据安全与隐私保护；另一方面，在与可信第三方交互数据时，也可以在第三方（云服务、雾服务）中提供去标识、降精度、模糊化的策略保护隐私。去除场景标识的这些内容将在应用层安全的场景安全策略中进一步充实、完善。

3. 隐私保护服务

隐私保护服务一般指实现数据的最小化来避免（场景）跟踪。“如无必要、勿增实体”的奥卡姆剃刀[②]，用在描述通过数据最小化来保护隐私时，是最恰当不过的了。具体有以下几

---

① 钱萍，吴蒙 . 物联网隐私保护研究与方法综述. 计算机应用研究，2013, 30(1):13-20.

② http://baike.baidu.com/link?url=jSJzZ60exm3NJ0hAam42BM7B_QBkoiw6wbNvpVtJl4_MWiUN-4dvCyyN_saVdMmfF6UNz30aCHK3fnYCnud1NbFQsddI7ISj71HK2sSwEGMC1vs7rrzxCSB9IAHVzwMjqeBT1Kkbw2GKL9dcnAwhvTHIGLV-vZNuvAh4nKAAcJ4LuSh-YjgQM5zIIStH4Mbj

种方式。

通过设计隐私保护服务内容，可以实现网络中传递隐私数据最小化的目的。如果从一开始就减少了个人数据的收集，那么就需要更少的精力来进一步定义和实施适当的隐私增强机制。物联网工程师必须具备所用场合的专业知识才能知道哪些信息是必要的，哪些信息是需要隐藏的。例如，设备和数据用于计费、认证等时，ID是必不可少的，但住址和工作等个人信息就是不必要的。再如，测量交通数据和预测交通流量时，不需要匿名参与者的真实位置，可以根据需要提供模糊化到某一街区的位置信息。实现数据最小化的最佳地点是在数据采集的源头：感知层。

4. 隐私代理中间件

在感知层除了可以通过数据最小化保护隐私外，还可以通过其上的信息采集中间件来保证收集到的个人隐私只能被用于支持授权的服务，文献[①]中提出了基于隐私代理技术的解决方案，在该方案中，代理一方面和用户联系，另一方面和服务提供者联系，从而保证了提供者只能获得必需的用户信息，并且用户可以设置代理的优先权，设置和控制隐私代理使用的策略。隐私代理技术不仅能够用于本地化的雾服务中，还能够应用于安全云服务。

5. 密钥管理策略

感知层的密钥管理，需要考虑运用合理的方法管理物联网感知层的密钥，不仅需要包括密钥的生成、密钥分配机制，还要考虑密钥的更新和传播机制[②]。通常情况下，感知层密钥管理方式有集中式密钥管理和分布式密钥管理。该文献指出，由于受到资源上的限制，物联网感知层的密钥管理相比较传统网络中的密钥管理，在安全需求方面需要考虑更多方面。

- 初始密钥的构造、密钥的分配和更新的安全性；
- 前向保密性安全，受攻击的感知节点和已退出网络的感知层节点无法通过先前获取的密钥信息参与其后的保密通信；
- 后向保密性安全，新加入的感知层节点能够通过密钥分配或密钥更新安全地与其他节点进行通信。

最后需要强调的是，感知层的硬件安全不能简单地等同于物联网感知层安全，感知安全技术也不能够完全包含应对隐私保护的安全策略。无论是感知安全技术，还是感知安全策略，都不能独立于物联网网络层安全、物联网应用层安全。

---

① LIOUDAKIS G V, KOUTSOLOUKAS E A, DELLAS N, et al. A proxy for privacy: the discreet box[C]. EUROCON 2007, Warsaw, Poland, 2007:966-973.

② 马骏．物联网感知环境分层访问控制机制研究．西安电子科技大学，2014.

7.3 物联网网络安全

7.3.1 网络安全技术

由上述可知，物联网安全是实现信息的保密性、完整性、认证性、抗抵赖性和可用性，确保用户对系统资源的控制，保障系统安全、稳定、可靠运行的一系列安全认知、安全技术、安全管理的综合。物联网网络层主要包括网络安全、信息安全、基础设施安全等的综合，物联网网络层可以细分为接入层、汇聚层、核心交换层，见图 7-4。物联网网络安全技术已经有许多讨论和模型分析[①,②]。在图 7-4 中，尝试构建了一个网络层安全技术体系框架。需要强调的是，物联网未必必须是 IP 接入，例如 4.9 节中，3GPP 的 MTC 业务发展和 NB-IoT 部署中的“ID”接入，它们同样也需要一种支持广域网覆盖的安全技术体系参考框架。

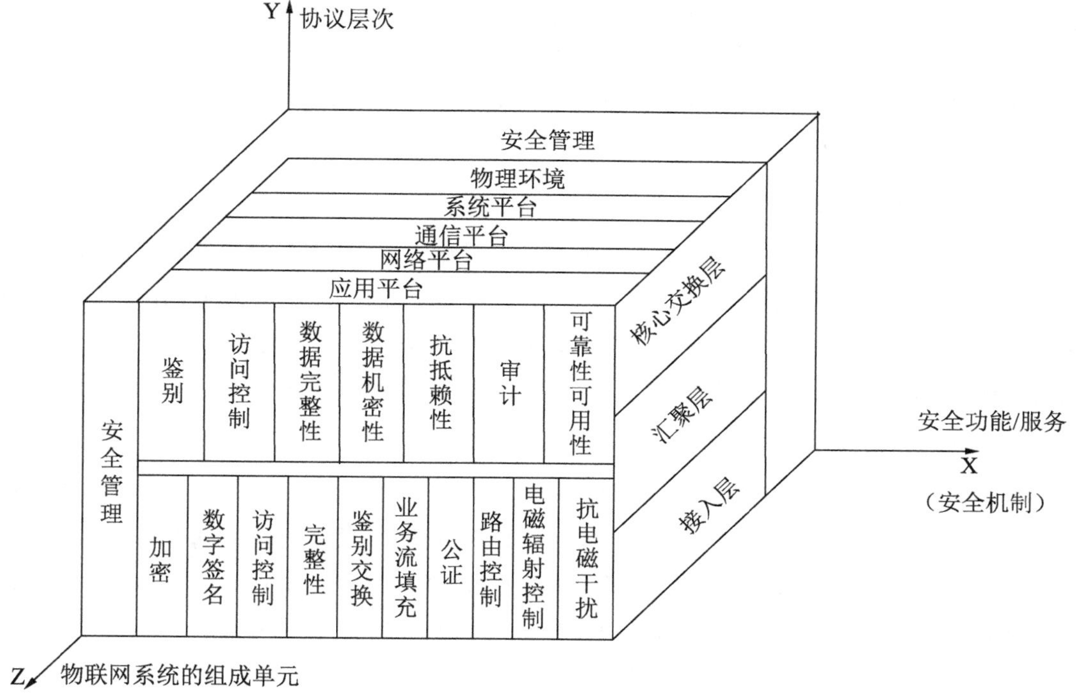

图 7-4 信息系统安全技术体系

① 宋航，等．军事物联网的关键技术．国防科技．2015.12(6):29.

② Rolf H Weber.Internet of Things-new Security and Privacy Challenges[J].Computer law & security review,2010,26(1):23-30.

物联网网络层整体安全技术体系可用三维坐标表示：X 轴表示安全功能 / 服务（安全机制）；Y 轴表示协议层次；Z 轴表示物联网系统的组成单元。

X 轴上给出的安全功能，能够覆盖到一个具体的物联网系统的安全功能。每个维中的安全管理是一种概念，它是完全基于标准的各种技术管理。安全管理可理解为：在一个具体的物联网系统的生命周期内，从技术、管理、过程和人员等方面提出系统的安全需求，制定系统的安全策略。在分析了物联网网络层整体安全技术架构基础上，物联网网络各层中还有具体的技术需求。

1. 物联网接入层的安全技术

感知信息在接入层进入网络。接入层的安全技术主要包括：传感器网络安全；网关节点及其密钥管理等；感知层节点的拒绝服务攻击和拒绝休眠攻击（Denial of Sleep[①]）；节点的识别、认证和控制等；节点的硬损伤（物理安全）及网络修复（自愈）；完整性鉴别、消息验证、水印技术等机制，以保证任务部署和执行的机密性、安全性；（轻量级）密码协议和密钥管理，可设定安全级别的密码（复合识别与认证）技术。这一层是感知层向上进入网络层的过渡子层，其中部分技术与感知层安全技术有所重叠。如果与 ISO/OSI 的网络 7 层参考结构对照，物联网接入层覆盖了网络的物理层。

2. 物联网汇聚层的安全技术

汇聚层汇接接入层用户流量，进行本地路由、过滤、均衡等处理，位于接入层和核心交换层之间。与图 7-4 中的信息安全技术体系一致，需要考虑的还有：当物联网网络层使用卫星网、数据链等专网承载时的专网安全技术，异构网络融合承载时的安全技术，无线网络中的无线频谱管理技术，网络抗毁技术，安全路由技术，认知无线电技术等。

3. 物联网核心交换层的安全技术

核心交换层通常指广域网承载，与图 7-4 中的信息安全技术体系一致。除了已有的 SSL（一种网站和它的用户之间的通信加密协议）和 TLS（传输层安全和认证协议）协议层之外，重点考虑：感知数据（库）访问权限分级控制，行为鉴权和记录、取证，信息（软件）安全，数字签名（水印）、认证、密码算法、数据（信息）追踪技术等。这些可以外延到各种物联网终端，实现端到端的安全保障，尤其是对于非 IP 接入。

总之，物联网网络安全技术体系需要为物联网系统的网络层安全提供全面的安全技术保障。

---

① 会耗尽电池的“拒绝休眠攻击”和“冒名物件（Impersonating Things）”均是 2016 年以来出现的新攻击类型。由于资源受限的“物”都无法使用先进的（复杂的）安全方法，只能使用简易型处理器及操作系统，针对这一特性的攻击花样会不断翻新。

现在看来，物联网通过网络层实现广域承载，很多应用需要 IP 接入，进入 IP 网络的安全——网络安全技术；它作为通用物联网网络层安全技术，目前已经得到较为充分的研究。在此仅列出，不做详细讨论。而位于物联网网络层接入层之前的，以感知层安全为主的部分，在 7.2 节中已详细讨论过。与网络安全技术体系密不可分的网络安全管理体系、网络安全组织体系在此不做讨论。物联网应用层安全一节将力图从更为宏观的角度，结合物联网的应用场景，来讨论物联网作为一个大的、独特的信息系统应考虑的技术与策略。

目前，网络安全技术，包括在物联网网络层一章讨论的各种承载技术（互联网、移动通信网络等无线承载）的安全问题较为明确并已在很大程度上解决了，物联网网络层安全技术的不详述，并不是因为它不重要；相反，这很重要，上述的每个名词都可以展开深入讨论，并且在物联网网络层安全中可能独当一面。当然，也并不是所有物联网都能够构筑“森严壁垒”的网络安全技术“全集”；但从中抽取部分技术，改造并集成于物联网安全是个可行的思路，例如，各种轻量级协议（例如加密）的应用；又如，把需要集中处理的安全技术分散到本地网关（雾安全）。从图 7-4 的 Z 轴看，近云端平台交给云安全，近“物”端平台交给雾安全，避免由于现有技术限制而发生“远水解不了近渴”；这些接下来讨论。

7.3.2 网络安全策略

1. QoS 安全

物联网网络 QoS（服务质量）安全是一种面向物联网的，综合运用部分网络安全技术的服务质量约束框架。比传统 QoS 范围广，包含拒绝服务攻击（DoS），拒绝休眠攻击（Deny of Sleep，又称能源耗尽攻击）等。物联网网络 QoS 安全策略首先要体现其对安全需求的满足和承诺。例如，在远程医疗应用中，当病人身体出现异常时，系统必须立即将异常数据非常可靠地发送给医生，以便医生及时做出应急救护措施。再例如，汽车中的加速度计可能需要每 10ms 读一次数据，否则会造成对实际速度的错误评估，从而导致车祸。

但是，物联网 QoS 的特殊性不容忽视。

- 物联网设备一般是资源受限的设备，其处理速度总是有一定的限制。当大量异构设备的接入产生海量数据时，各种类型的数据争用资源的情况就会发生。
- 不同应用场景和不同需求客户的 QoS 服务要求有所区别，导致采集的数据对保密性、时延、丢失率等要求也不同，安全服务应有所区分。
- 物联网是一个面向应用的大型异构网络，连接设备的数量增长应当充分考虑。

针对物联网应用中资源受限和物联网设备的特点，当前，在物联网服务质量安全框架的研究中，已明确通信网络的传统安全问题和物联网安全威胁之间的关系。于是，物联网 QoS

安全的方向性得到扩充，例如，专门针对物联网的认证和访问控制，针对资源受限设备的拒绝休眠攻击研究，以及物联网 QoS 安全链条中的其余重要组成部分。

文献[①]中列出了物联网 QoS 安全框架，并指出如下方向一直是最近标准化和认证工作的重点。

- ❑ 端到端安全及其分布式实现的讨论；
- ❑ 标准化、认证、互操作性。

QoS 安全框架的基本组成部分如下所示。

1）认证

实现用户和设备的认证，包括身份管理，以确保验证认证对象的识别信息，追踪问责和隐私保护。

现在的问题是，物联网环境中的部分设备访问无认证或认证采用默认（出厂）密码、弱密码。一方面，开发人员应考虑在设计时确保用户在首次使用系统时修改默认密码，必要时考虑使用双因素认证[②]和生物识别认证（见感知层技术一章），对于敏感功能，需要再次进行认证等；另一方面，作为用户，应该提高安全意识，采用强密码并定期修改。对于 QoS 安全框架来讲，要实现有效认证。

2）授权

在设备和服务上实现访问控制来保证数据的保密性和完整性。

访问控制的目的是避免未授权访问。还要考虑安全配置定期更新、核查，避免持续的脆弱性和错误配置被恶意利用。例如，如果设备本身存在漏洞，攻击者将可能绕过设备的认证环节。一个简单的思路是在网络的入口做统一的访问控制，只有认证的流量才能够访问内部的智能设备。

3）网络

实现路由和传输控制协议，从而保证通信保密性和完整性。

此外，网关的安全受到越来越多的关注。有基于软件定义的边界，只有认证后才能对服务进行访问；也有基于智能防火墙，采用了网关 + 云 + 手机 APP 的模式，手机 APP 可以看到对于内部网络的访问情况，并进行访问控制；还有基于云端的控制，对网关采集的流量数据进行分析并提供预警。安全网关是身份和访问管理、实现边界安全的一个思路，将放在下一小节“场景安全的策略”中讨论。

---

① Ovidiu Vermesan，Peter Friess.Building the Hyperconnected Society IoT Research and Innovation Value Chains, Ecosystems and Markets. River Publishers, 2015: 80-85.

② http://baike.baidu.com/link?url=ILV-WucJ5ouG_ivABBB12VQkgHtpz7cTAmif6ZJsxRUSpI1TfAmdXlQEUrkInVXprVbIg1cWubMg5u7wb26aairKxbscNeTDK7m5EKbVb9xcf5xq60JZKh61VLUu8QREuvOtj_mD3yZf9Z60hfMVEa.

4）信任管理框架

实现远程控制、自动更新、日志记录、分析等符合安全性要求和其他安全相关的法规和标准。

随着越来越多的能够升级的智能设备进入物联网，虽然在起步阶段它们对资源的需求有限，但在逐次升级过程中会逐渐消耗更多的网络资源。当许多设备同时访问网络资源时，就会造成网络堵塞和资源危机。例如，当大量智能设备同时在有限渠道内进行更新，就会对网络性能产生消极影响。为了更好地控制这一现象，必须采取一些机制来提前规划和设计，既保证能够升级，满足“物的发展权利”，又能够使升级的智能设备不过多地消耗资源，影响其他“物”的工作。这可能需要一个 QoS 声明，确保物联网设备全生命周期的资源消耗合理规划，某些功能或占用时段能够接受监测和限制，服从 QoS 安全框架下的设备优先级别设定和使用时间规范。相信企业联盟性质的 QoS 安全声明很快就会出现。

现阶段，我们需要对一个实际场景中的物联网安全建立信任管理框架，如前文的物联网网格（或者称为 Primitive IoT），在一个物联网安全需要解决的最小物联网基元（网格）的安全中探索。例如，一个涵盖智能家庭中的所有智能设备的安全管理框架。家庭中智能设备的增多，资源受限的设备本身的访问控制并不足以抵抗日益复杂的网络攻击，需要在物联网安全网格中构想一个物联网安全网关的角色。进一步的探讨放在下一小节中。

长远来看，我们需要一个精心规划和周密设计的物联网 QoS 安全框架。这里仅提出物联网网络层 QoS 架构和研究方向，以解决马上出现的安全服务需求。下面简述的 SLA 能否成为物联网 QoS 安全的有效延伸，留给我们共同思考。

2. SLA

服务水平协议（Service Level Agreement，SLA），也称“服务级别协议”。SLA 是物联网网络安全的一种策略，属于前述“立言”范畴。

SLA[①]是指提供服务的企业与客户之间就服务的品质、水准、性能等方面所达成的双方共同认可的协议。SLA 是由网络服务提供商发起，现在广泛使用于电信服务提供商和云计算服务提供商。企业的 IT 架构，特别是在那些已经包含 IT 服务管理（ITSM）的企业，与企业内其他（部门）用户共同参与 SLA。IT 部门创建一个 SLA 以明确服务是可以衡量的、合理的。用于衡量服务供应商的性能和质量的方法或指标集通常有[②]：

- 可用性和正常运行时间服务的可用率；
- 可服务的并发用户数；

---

① https://en.wikipedia.org/wiki/Service-level_agreement.

② Ovidiu Vermesan，Peter Friess.Building the Hyperconnected Society IoT Research and Innovation Value Chains, Ecosystems and Markets. River Publishers, 2015: 202.

- ❑ 具体性能基准要求和与实际性能的定期比较；
- ❑ 应用程序的响应时间；
- ❑ 网络更改可能影响用户的提前通知；
- ❑ 针对各类问题的帮助响应时间；
- ❑ 能提供的使用统计；
- ❑ 解决停机时间计划；
- ❑ 服务提供商违约的补偿方法。

SLA 安全是一种物联网网络安全策略；属于前述物联网安全“立言”范畴。对于能够方便接触到用户隐私的云服务提供商，应当本着承诺云安全和保护隐私等服务需求，通过在 SLA 中约定并细化、指标化、量化、可操作化的云安全参数，定义相应的品质、水准、性能。在云安全实践中，部署后应定期审查和更新，以反映技术变化和相应的需求更新、监管规范，并考虑违约时的补偿和供应商信誉度损失为不尽职的惩戒。例如，欧盟立法者正在考虑要求公司通过满足新的安全标准的认证①，来保障用户隐私。这源于超过 90% 的欧洲人说他们希望整个欧盟拥有同样的数据保护权。相关指导原则将会要求欧盟成员国必须在 2018 年 5 月 6 日前把它纳入国家法律，违者将面对巨额罚款②。

如果说 QoS 侧重从网络的开放式（OSI）7 层结构中的网络层及以下，以及端到端之间的两两映射的服务质量，SLA 则是侧重从应用与云服务的角度考虑的服务质量。而 QoE（Quality of Experience，体验质量）③则是这两者之间的，考虑用户对某项具体服务的自身主观感受指标集，这源自相应的服务质量和网络性能。例如，视频等媒体的透明性以及用户期望，特殊体验等相关的因素。从物联网对网络层的 QoE 需求来说，QoE 能够提供有针对性的高效服务，例如，物联网与云计算在某一特定服务领域的结合。这里有一个有趣的关于看脸识别体验心情的例子，是基于《面向 QoE 基于物联网的云图书馆服务》④这一特殊体验。

3. ITIL⑤

ITIL 即 IT 信息技术基础架构库（Information Technology Infrastructure Library），主要适用于 IT 服务管理（IT Service Management，ITSM）。20 世纪 90 年代后期，ITIL 的思想和方法被广泛引用，V2.0 包括以下 6 个模块。

---

① EU Commission. https://www.euractiv.com/section/innovation-industry/news/commission-plans-cybersecurity-rules-for-internet-connected-machines/.

② http://ec.europa.eu/justice/data-protection/reform/index_en.htm.

③ http://baike.baidu.com/link?url=hhO9LaUXV_xuKfv8N0JGndpIAtAN1v-qXjhziodbpCbCThqkLKQN0Odc0jnr-ERUs8aZR3PnHrzneWCpv6fUPK.

④ http://qbzl.zlzx.org/EN/article/downloadArticleFile.do?attachType=PDF&id=847.

⑤ https://en.wikipedia.org/wiki/Information_Technology_Infrastructure_Library.

- ❑ 业务管理；
- ❑ 服务管理（包含服务提供和服务支持）；
- ❑ ICT 基础架构管理；
- ❑ IT 服务管理规划与实施；
- ❑ 应用管理；
- ❑ 安全管理。

ITIL 安全管理从管理组织结构的视角来看信息安全的结构适用性，是基于实践的信息安全管理系统（ISMS，即 ISO/IEC 27002）。

ITIL 安全管理的一个基本目标是确保足够的信息安全。也就是说，是保护信息资产避免风险。其中考虑了保密性、完整性和可用性，并延伸到相关属性或目标的真实性、可追责性、不可（抵赖）否认性和可靠性。

ITIL 最新版本是 V3.0，它包含以下 5 个生命周期。

- ❑ 战略阶段（Service Strategy）；
- ❑ 设计阶段（Service Design）；
- ❑ 转换阶段（Service Transition）；
- ❑ 运营阶段（Service Operation）；
- ❑ 改进阶段（Service Improvement）。

ITIL 是一个客观、严谨、可量化的规范体系，正从 ICT 行业约定俗成的"行规"演变为业内标准。对于想在安全服务领域先行一步的企业，在构建网络安全服务、云安全服务、物联网安全服务中有着积极的借鉴作用。ITIL 也是银行等金融领域的 ICT 从业人员应具备的理论素养。

现在正把云作为网络基础设施的一部分，对于能够提供可信第三方服务的云来讲，需要一种面向数据生命周期的隐私保护架构。例如，安全云基础架构库，涵盖云环境下数据生命周期的数据生成、传输、存储、访问、派生、归档、销毁各个阶段；将安全机制对隐私保护的作用分层、量化、打分，并开放给用户，让用户精确地知道安全的程度。

4. 抵制网络流量分析

通过对网络流量分析提供保护，可以减少元数据的泄漏风险，这是网络层安全策略的一个探索方向，可以用来保护网络中的端点，及其时间和位置等信息。这里简介脚注文献里的一种方案[①]：匿名化的代理网络。匿名化的代理网络已经开始与 Chaum 的组合实现[②]。如

---

① Ovidiu Vermesan，Peter Friess. Building the Hyperconnected Society IoT Research and Innovation Value Chains, Ecosystems and Markets. River Publishers, 2015: 203.

② D L Chaum. Untraceable electronic mail, return addresses and digital pseudonyms. Communications of the ACM, 1981, 24(2): 84–90.

图 7-5 所示，该系统通过一些低延迟的代理实现流量加密。最初，在这一领域的兴趣主要是理论研究，但在过去的 30 年中，这一领域的研究已经可开发为匿名保持的系统。这样的系统用于保护包括电子邮件、网页浏览和其他服务，如对等网络和 IRC 聊天。例如，洋葱路由器系统（The Onion Router，TOR）和无形的互联网项目（Invisible Internet Project，I2P）。

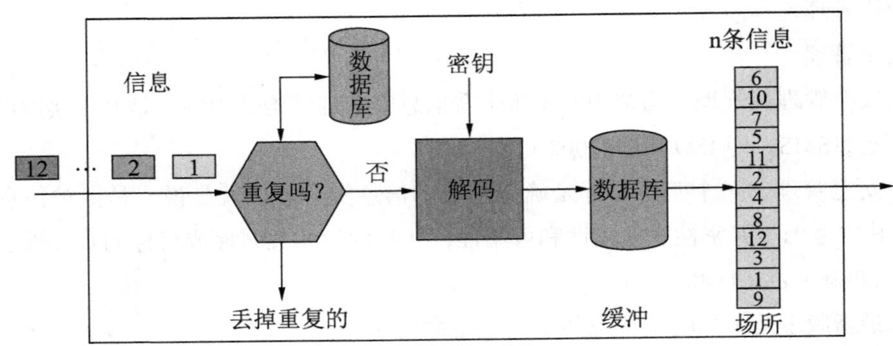

图 7-5　Chaum 的混合方案

允许匿名的网络适用于在物联网网络层的防止流量分析。一旦有流量离开 TOR 网络，就可以观测到，因此端 – 端加密是必要的（加密也是终端节点在匿名系统中本应做到的）。很多时候无法把物联网的安全技术与安全策略完全割裂看待，例如上述方案中的加密；也无法等到一个安全策略从一种方案进化到能够被理论和实践验证可行的时候。类似 TOR 和 I2P 这些可以扩展到很多类似匿名服务的方案，在物联网实现网络层安全策略分析中，有较大的探索空间。

本节讨论的物联网网络层安全，是整个物联网信任链的中间环节。这将涉及需要联网的物联网应用能否说服用户将个人数据信任地上交网络；避免数据泄漏、被恶意获取或篡改、受到攻击等风险的同时，放心地享受物联网。

这里想起“没人知道和你网络聊天的对象是一条狗”这句描述网络虚拟性的名言。但是，“看菜吃饭、量体裁衣”，根据物联网所需解决的网络层安全和隐私问题，以及这个问题伴随数据（信息）进入云而带来的新问题，确实有大量需要研究的安全工作要做。

研究者们有责任将物联网安全现状与技术解决方案告诉物联网用户，让用户知道物联网安全问题在被解决的不同发展阶段中，能够不断地自我权衡风险与受益，权衡“偶尔被无意的窥探”还是“个人数据在网络中裸奔”的得与失。这里不去讨论区块链技术[①]——这一尝试用分布式账本解决分布式网络数据库线上线下同步，并尝试避免数据（账本）安全威胁的新技术。如果区块链技术可行，通过去中心化和去信任的方式集体维护一个可靠数据库的技

① https://en.wikipedia.org/wiki/Block_chain.

术方案，来保护网络数据，这应该属于物联网网络数据库（大数据）安全技术中的一种，将可能解决高附加值数据（例如银行中的账户数据等）的网络层安全问题。

7.4 物联网应用安全

本节中主要讨论物联网应用层安全，分为安全技术和安全策略两部分。安全技术以物联网中的云安全技术为主，安全策略以场景安全（Context Security）分析为主。

7.4.1 物联网云安全技术

云计算是ICT领域发展最迅速的产业之一，对国民经济和社会发展的战略支撑与创新引领作用日益凸显。而在云计算加速步入落地阶段的今天，云安全正变得更加刻不容缓。尤其是在用户信心建立的过程中，安全性是云计算厂商首先要考虑的。

云计算安全方面，已经有诸如ISO 27001（信息安全管理体系）国际认证、可信云认证、信息安全技术云计算服务安全指南等一系列认证和标准[①]。它们的完善正在进一步推进云计算市场信任体系的建立，这对于云计算的发展无疑也是重大利好。在国内云计算加速普及的今天，“云计算安全是政府着力的重点[②]”，在“数据就是资源、数据就是资产”的今天，云安全已经不仅关乎企业安全，更关乎国家安全。

而为什么把云安全技术放在这一小节讨论，请见图7-6[③]。

在图7-6中，把云服务作为应用层之下，高于网络（通信）层，而支持物联网应用的管理服务平台。云计算本身就能够提供存储、设施管理、过程控制与分析、高级分析、隐私管理与数据安全等服务；而支撑服务的这些资源恰好是资源受限的“物”无法企及的。在物联网发展的现阶段，解决“资源受限”受成本、带宽、接入方式、材料科技等的现状制约，不太现实[④]；但是，强大的云可以实现安全服务[⑤]。

根据前面关于管理服务层技术的应用层技术的探讨可知，越来越多的物联网系统利用云计算来实现物联网数据存储和处理、设备管理、过程处理与分析，云计算是物联网的好伙

① http://www.50cnnet.com/show-114-120953-1.html.

② http://www.imxdata.com/archives/13428.

③ http://iot.ofweek.com/2016-12/ART-132209-5803-30074013.html，其第二层网络通信层的安全描述为E2E，即End-to-End的数据加密。

④ 几乎没人愿意用买一个智能机器人的价格去买一个传感器；你可以尝试告诉机器人“守口如瓶”，但你不会对一个设备有过高的智能的期望。

⑤ 举例来说，个人的人身安全可以通过格斗技巧、门、锁完全保护吗？社会中的人却可以通过道德、法律、小区门禁等实现安全保护。

伴，它能够支持物联网中众多受限（constrained）设备采集数据的大规模存储和处理。但是，云是一把双刃剑，它在安全方面带来新的威胁，尤其是关于隐私。

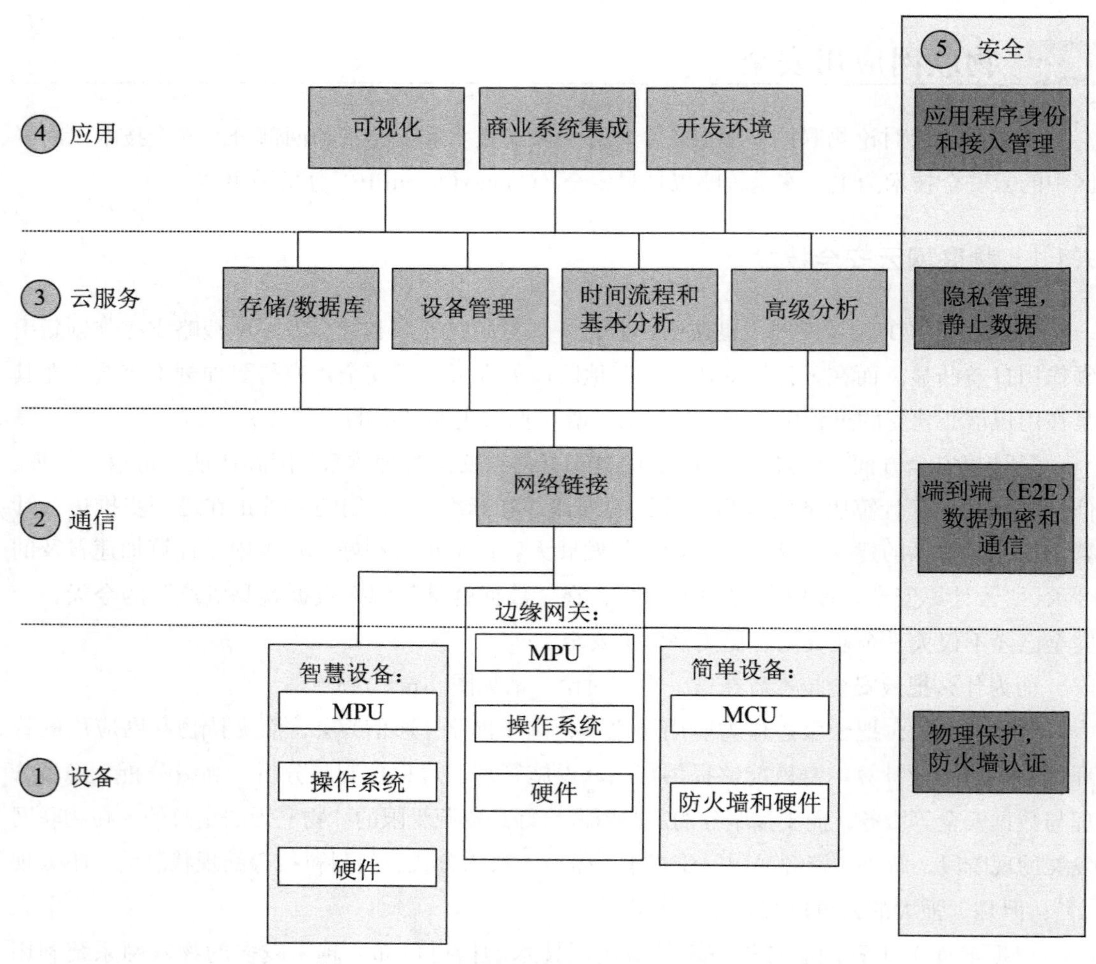

图 7-6 云服务和云安全在物联网中的示意图

云安全不仅需要实现对云平台自身的安全保护，而且要能够使用一系列的加密等云安全技术来保护进入云存储的物联网数据。如果应用程序将数据转换为在云中的信息，那么云服务提供商就也能够接触到来自物理世界的数据。自然而然，作为第三方的云服务供应商也从云那里“继承”了所有的隐私问题。目前，第三方供应商已经成为给物联网应用程序提供计算和存储等云服务的基础设施的一部分，第三方供应商也不得不面对基于云架构环境的物联网安全技术与策略，以解决云环境下的安全问题。物联网云安全的研究对象是：基于云平台自身的安全性；保障物联网业务的可用性、数据机密性、完整性和隐私保护等。

虽然前文探索了通过立言、立德和呼吁立法，从道德、法律等方面建立物联网秩序，也已经讨论了诸如 SLA 中能够强化的可信协议，但是，现在云供应商对所处理的数据通常并没有充分保护，对未经授权访问的控制也显得力不从心；远不足以保护个人数据和云中可能暴露的其他数据。例如，非法拦截，应对来自内部的商业秘密泄漏威胁的应急措施。但是，对于公众来说，公共云的云服务提供商（Cloud Service Provider，CSP）对于安全技术，起码要有自信，方可信。接下来先讨论云安全技术。可以在物联网网络安全中实现的 SLA 和物联网 QoS 安全已经在物联网网络安全策略中讨论了，本节不再赘述。

1. 数据保护技术

数据保护技术研究的是可验证（verifiable）真实性的数据，包括数据在处理过程中的真实可验证性。简单地说，就是处理“我的数据被别人动了没”的问题。

有多个实体以私有数据参与协作计算时如何保护每个实体私有（隐私或需保密）数据的安全，也就是说，当需要多方合作进行计算时，任何一方都只知道自己的私有数据，每一方的私有数据不会被泄漏给其他参与方，且不存在可以访问任何参与方数据的中心信任方，当计算结束时，各方只能得到正确的最终结果，而不能得到他人的隐私数据[①]，这就需要云计算中的数据保护。目前的数据保护系统可以实现：隐私（或涉密）数据在保存和处理过程中，即使计算本身是由一个或多个不可信的处理单元所执行，也可以通过可验证的计算来检查计算结果的有效性。数据保护系统正在尝试实施于云。

除了隐私数据的保护之外，物联网感知数据是否经过的是正确的处理，也需要数据保护来验证。例如，云用户可以使用数据保护机制来检查自己的数据（或保密数据）是否已得到正确的处理；反之，如果没有得到正确的处理，不正确（或恶意）的处理应当很容易识别。

当数据是由云供应商执行的计算处理，如果处理允许保持计算操作数据的真实性，这会非常有用。容许修改而又保持真实性的通用技术是同态签名（同态加密技术[②]）。

同态加密是采用同态原理的一种加密函数，无须知道解密函数，直接对数据进行加密处理。它的形式化定义如下：设 x 和 y 是明文空间 M 中的元素，是 M 上的运算，EK（ ）是 M 上密钥空间为 K 的加密函数，则称加密函数 EK（ ）对运算是同态的，如果存在一个有效的算法 A 使得：

---

① 钱萍，吴蒙．物联网隐私保护研究与方法综述．计算机应用研究，2013，01．
http://www.cnki.net/kcms/detail/51.1196.TP.20120911.1704.068.html.

② WESTHOFF D, GIRAO J, ACHARYA M. Concealed data aggregation for reverse multicast traffic in sensor networks: encryption, key distribution, and routing adaptations[J]. IEEE Transactions on Mobile Computing 2006, 5(10): 1417–1431. & CASTELLUCCIA C, CHAN ACF, MYKLETUN E, et al .Efficient and provably secure aggregation of encrypted data in wireless sensor networks. ACM Transactions on Sensor Networks (TOSN), 2009,5(3):20:1-20:36.
算法的同态性保证了用户可以对敏感数据进行操作但又不泄漏数据信息。

$$A（EK（x），EK（y））=EK（xy）$$

同态加密协议对隐私数据的加密处理，能同时保护源数据和中间结果的隐私性。其缺点是算法性能较差，运算量大，通信开销大。

安全多方计算（SMC）能够用于解决一组互不信任的参与方之间保护隐私的协同计算。SMC 是研究分布式系统安全性的重要内容，要确保输入的独立性和计算的正确性，同时不泄漏各输入值给参与计算的其他成员。可以描述成：

n 个成员 p_1，p_2，…，p_n 分别持有秘密的输入 $x1$，$x2$，…，x_n，试图计算函数值 $f(x_1$，x_2，…，$x_n)$，其中，f 为给定的函数，在此过程中，每个成员 i 仅知道自己的输入数据 x_i，最后的计算结果 $f(x_1$，x_2，…，$x_n)$ 返回给每个成员。

安全多方计算复杂度高，资源消耗较多。更多要考虑能量效率和资源受限的签名技术在探索中前进，例如，本页脚注文献①中的可修订签名（Redactable Signatures），性能较好②。

可修订签名等数据保护技术有效地用于数据原始值被更新 / 更改或修订后的隐私状态持续③，这些数据保护技术能够保持物联网设备签名数据的真实性，确保了数据（即便是处理过的）的来源可靠。因此，经过授权的云处理后，仍然可以验证所涉及的这些数据的真实性④。

2. 结构完整性及其基础设施认证

对于云基础设施的消费群体来讲，如果云供应商也是可以被追究责任的，那么起码增加了云消费群体对基础设施的信心。这就需要一个可信第三方（类似 PKI 的公钥基础设施和证书的颁发等），如图 7-7 所示。

由可信第三方出面，将组件结构完整性证明（基础设施所宣称的可信度或可信价值）与云拓扑结构（所连接组件的完整性）的实际安全保障达成一致，这就是结构完整性和虚拟基础设施认证的任务（这需要公众认可的框架之下形成）。具体包括，可信基础设施证明和云

---

① R Johnson, D Molnar, D Song, D Wagner. Homomorphic Signature Schemes. CT-RSA. pp. 244–262. LNCS, Springer (2002). & R. Steinfeld, L. Bull, Content Extraction Signatures. In: ICISC. Springer(2002).

② H C Pöhls, K Samelin, On updatable redactable signatures. In: ACNS.pp. 457–475. LNCS, Springer (2014).& C Brzuska, H C Pöhls, K Samelin. Efficient and Perfectly Unlinkable Sanitizable Signatures without Group Signatures. Proc. of the10th European Workshop: Public Key Infrastructures, Services and Applications (EuroPKI 2013), pages 12–30, Springer Berlin Heidelberg, 2013.

③ C Brzuska, H C Pöhls, K Samelin. Efficient and Perfectly Unlinkable Sanitizable Signatures without Group Signatures. Proc. of the 10th European Workshop: Public Key Infrastructures, Services and Applications (EuroPKI 2013), pages 12–30, Springer Berlin Heidelberg, 2013。能够用于云中数据安全保护的算法受到越来越多的关注。可修订签名和可消隐签名（Sanitizable Signatures）更多研究进展可见：*A General Framework for Redactable Signatures and New Constructions*（D Derler 等）、*On Updatable Redactable Signatures*（H. C. Pöhls 等）两篇文章和 Kwon, Soonhak, Yun, Aaram 编写的书 *Information Security and Cryptology - ICISC 2015*。

④ Ovidiu Vermesan，Peter Friess. Building the Hyperconnected Society IoT Research and Innovation Value Chains, Ecosystems and Markets. River Publishers, 2015: 198.

拓扑结构安全认证。云拓扑结构安全认证是指能够提供一定安全保障的证明（例如，网络隔离）。

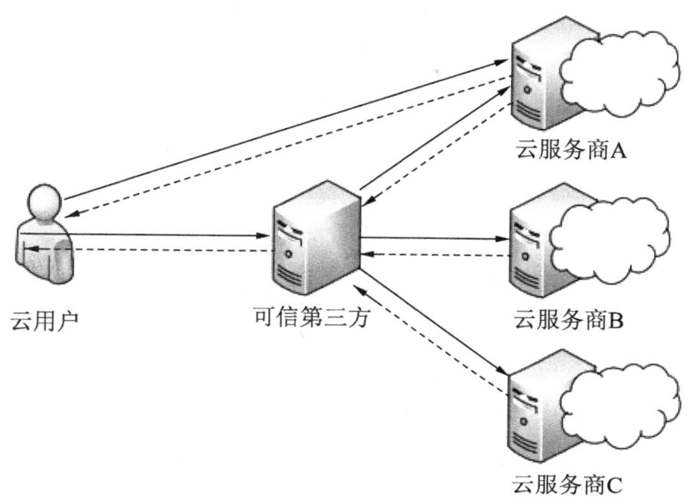

图 7-7 可信第三方示意图

最近提出的图签名（Graph Signatures）[①]概念有望解决这些问题。图签名允许一个值得信赖的第三方作为审计者，验证图在零知识（Zero-knowledge[②]）方面的属性，如拓扑图的连接或隔离属性。

图签名可用来说服某用户，他已经处在一个基础设施满足一定安全性的多租户环境中；虽然并不向他透露虚拟化基础设施的（需要保密的）图纸。简单地说，云需要证明，客户的基础设施与其他租用云的用户是隔离的，而不透露其他用户基础设施的样子。一个允许认证的基础设施[③]，能够使云的基础设施具备一定的安全性能。

这里不过多讨论实现“结构完整性和虚拟化基础设施的认证”的技术细节，只表明这是物联网云安全中颇具前景的一个研究方向。以此为基础，这里讨论一个新概念——雾安全，

---

① T Groß. Certification and efficient proofs of committed topology graphs. In: CCSW. ACM (2014).

② https://en.wikipedia.org/wiki/Zero-knowledge_proof。零知识（Zero-knowledge Proof，ZKP）由 Goldwasser 等人在 20 世纪 80 年代初提出，它指的是证明者能够在不向验证者提供任何有用的信息的情况下，使验证者相信某个论断是正确的。零知识证明实质上是一种涉及两方或更多方的协议，即两方或更多方完成一项任务所需采取的一系列步骤。证明者向验证者证明并使其相信自己知道或拥有某一消息，但证明过程不能向验证者泄漏任何关于被证明消息的信息。大量事实证明，零知识证明在密码学中非常有用。

《碟中谍 4》中，面对想得到钻石的杀手（拥有核弹发射代码），阿汤哥一伙扮作恐怖分子；面对想得到核弹发射代码的恐怖分子（拥有钻石），阿汤哥一伙扮作杀手。该过程是对身份的零知识证明的一种攻击。

③ T Groß. Signatures and Efficient Proofs on Committed Graphs and NP-Statements. Financial Cryptography and Data Security, LNCS, Springer, 2015: 75.

源于"能否像保险公司那样，只要经过上级的授权和合法的许可，就可以在本地通过当地分公司办理保险"。或许现在，数据（隐私）保险业务正在出现。

能否尝试把过于集中的云安全任务分散于地理上更贴近物联网本地网关（局域网或网格）？一方面，作为云计算更贴近本地化的雾计算，本身是紧贴用户的，这样就把安全的任务放在用户能看到的地方；另一方面，上述数据保护技术、结构完整性及其虚拟基础设施认证都是基于分布式计算的，雾计算距离需要保护的数据、需要认证的设施需求方，物理上比较近一些。

3. 雾安全

雾计算在物联网应用层技术中已经讨论。作为云计算的延伸概念，雾和雾之间的安全实现只需在它们共同所属的云内部，互相建立信任关系以证明可信即可，也就是说，在云（雾的上一级）的身份认可和授权雾彼此间的相互认证的基础上，实现雾安全。举个例子，云可以证明两个从属它的雾之间是物理隔离的。这就是"雾安全"的概念。

雾计算本身对地理位置信息的要求较高。例如，车联网、健康医疗物联网等。把和地理位置关系紧密的数据加密（或隐私处理）交给雾计算本身用来保护用户数据，看起来也更合适。

下面用一个基于位置感测的访问控制的例子，来实现基于室内定位技术的信任建立过程。最终目的是为了说明地理位置更贴近需要数据保护服务的目标的雾计算，在基于位置的场景安全服务提供中，比云计算更具优势。

图 7-8 描述了在室内环境中位置感测的访问控制过程。

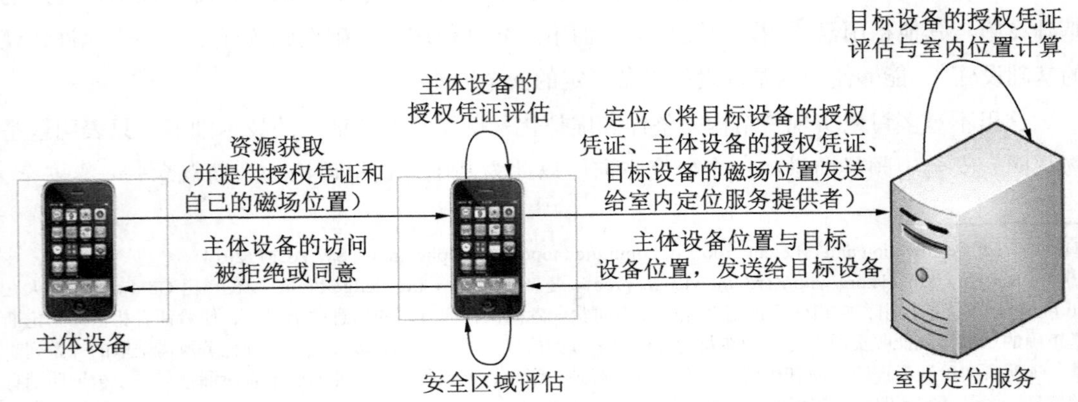

图 7-8 在室内环境中位置感测的访问控制的环境与实施步骤[①]

① Ovidiu Vermesan, Peter Friess. Digitising the Industry Internet of Things Connecting the Physical, Digital and Virtual Worlds. RIVER PUBLISHERS SERIES IN COMMUNICATIONS，2016, 49：206.

假设前提是，根据设备所在的磁场环境（传感器），进行雾计算，作为室内定位服务提供者能够计算出设备位置；主体设备和可能接受访问的目标设备之间的室内距离，是目标设备是否接受访问的重要依据。

据此实现一个访问控制的系统①：根据室内位置做出鉴权判断的"雾安全"的一个实例。步骤如下。

第 1 步：资源获取，并提供授权凭证和自己的磁场位置。

两部智能手机作为需要建立信任关系的两个目标。其中一部手机（Subject Device，主体设备）请求访问另一部智能手机（Target Device：目标设备）提供的资源。

在此之前的一个离线阶段中，主体设备联系 Authorization Manager 认证管理器（员），以获得一个能够访问智能对象的授权凭证（Token）。需要注意的是，此阶段需要身份验证。

一旦主体设备成功地通过身份验证，认证管理器将对策略进行评估，并生成（如果允许）一个代表与智能对象关联的权限集的凭证。

第 2 步：主体设备的授权凭证评估。

在允许它访问它的资源之前，目标设备评估两个能力令牌以及作为主体的位置，必须位于目标的安全区域内。

语境决定了智能对象 B 是能够被室内定位技术定位的。

第 3 步：定位。将目标设备的授权凭证、主体设备的授权凭证、目标设备的磁场位置发送给室内定位服务提供者。

第 4 步：目标设备的授权凭证评估与室内位置计算。

第 5 步：主体设备位置与目标设备位置，发送给目标设备。

第 6 步：安全区域评估。

第 2 ～ 6 步是为了实现：在允许访问之前，目标设备评估主体设备的授权凭证和位置，主体设备的位置必须位于目标设备的安全区域内。而在这一场景中，室内定位技术决定了对象设备的位置。

第 7 步：主体设备的访问被拒绝或同意。

在这一雾安全场景中，能够为访问控制系统提供决策依据的位置感测与计算，在室内两个设备的磁场传感器磁场信号能够可靠传递的这一范围内，就可以实现。没有必要再传到云端处理。

如果把雾安全的任务更具体化，可以把类似于例子中位置感测相关的安全计算，交给物联网网格②中的智能网关，来实现更本地化的安全服务。雾安全只是把云安全技术放到

① M Nati, et. al. Device centric enablers for privacy and trust. SOCIO- TAL Deliverable D3.1.2, February 2015.

② 参见《物联网技术及其军事应用》。

“雾”中来实现，属于安全策略，将放在本节关于安全策略的讨论中继续，详见雾安全网格模型小节。

4. 非结构化数据的机密性（与隐私保护）

云中数据可以尝试分结构化和非结构化两类数据来讨论其机密性与隐私保护。结构化数据的加密、签名、水印等，就是传统的加密技术应用能够解决其机密性、完整性、真实性问题。

而对于非结构化数据的隐私保护，一种有效办法是：根据应用场景，去除、裁剪、加密场景 6 元素中的场景标签，例如，匿名和（或）匿位置，去除时间、地点、人物之间的关系，去除事件的起因、经过、结果的因果关系。这在随后的场景安全策略中详细讨论。

非结构化数据当然也可以用加密技术实现其机密性，因为云供应商既不完全可靠（可信）也不完全牢靠（抗攻击）。但是，基于加密技术在云中的应用限制、操作复杂性和效率的权衡，过去几年一直在探索云存储的更优解决方案。例如，多重的、复杂云中的分布式数据存储（又称关于云的云计算方法，Cloud-of-cloud Approach①），这起码能够部分解决实现云中数据机密性的密钥管理问题，是在一个分布式的体系结构中的有益探索；该文献中关于云的云计算概念如果换成“关于雾的云计算（Cloud-of-fog Computing）”，这样更好理解，也更贴近物联网；类比来说，关于雾的云安全，就是刚提到的雾安全。

纵然角色和授权、各种加密技术、数字签名等构筑的复杂协议，例如 MAC (Mandatory Access Control) 的分密级、分类管理，RBAC（Role Based Access Control）的指定角色、分配相应权限，这些都有助于提高云的健壮性，其中各种类型的秘密共享协议，可以帮助解决不同的潜在威胁，但是，对于一个多用户云，设置一个可信的分布式访问控制机制是必需的②，这可以扩展它的隐私访问功能。例如，在云计算中处理与个人高度敏感的医疗数据及其服务数据，医疗物联网的隐私和安全保护都需要这么一个云安全解决方案。

关于分层访问控制机制③，无论是基于资源分层的访问控制，还是基于节点分层的访问控制，都可以应用于云（雾）中的数据保护。这里只是提出了对于分布式体系结构中大量非结构化数据的机密性探索方向。

总之，物联网系统的安全和隐私被视为更广泛地适用于公共物联网的关键，目前能够从技术上提高其安全性和隐私性，使物联网安全让人们能够放心地受益于自己的工作和生活，而避免泄漏信息、隐私或其暴露于众目睽睽之下。这样的安全目的和云计算（雾计算）是一

① D Slamanig, C Hanser. On cloud storage and the cloud of clouds approach. ICITST 2012, IEEE (2012).

② Ovidiu Vermesan，Peter Friess. Building the Hyperconnected Society IoT Research and Innovation Value Chains, Ecosystems and Markets. River Publishers, 2015:200.

③ 马骏．物联网感知环境分层访问控制机制研究．西安电子科技大学，2014.

致的，本章在此探讨了物联网云安全，其中部分热点也是云安全（安全云）所关注的。

7.4.2 场景安全的策略

本节从一个游戏开始，三个小学生，每人写“谁”(如果有第 4 个人玩，那么第 4 个人写：和“谁”）“在哪儿”“干什么”，然后一块儿大声念出来。虚拟隐私被暴露的笑声回荡在小学的课间。

这是简单的三元素（Who、Where、What）场景论。如果去除其中之一，就能有效地保护隐私。后来小学生们被要求写记叙文，场景被扩展为 6 元素：时间、地点、人物、事件的起因、经过、结果（When、Where、Who、Why、How、What）。

本节讨论从应用层的角度探索维护场景安全的策略。在物联网“碎片化”发展的现状之下，提出一个物联网安全框架并非易事；框架要考虑它在每一个具体场景的投影的有效性。本节尝试把“安全边界”内包含的各个要素设为“场景”，进而提出场景安全的策略——物联网安全网格。

IERC 也认为：云计算的应用程序和边缘计算（雾计算）的应用程序，将共存并安全地共享数据。云计算 / 移动边缘计算之间需要找到合适的平衡点以从整体上优化网络流量和延迟，促进移动边缘计算和云计算的最优化应用的实现，并将计算处理能力（包含安全能力）带给最末端的用户。本地网关可以参与到这个优化中，以最大限度地提高实用性、可靠性和隐私保护能力，并尽量减少整个网络的延迟和能源支出[①]。

在云计算 / 雾计算的融合趋势中，本节讨论的正是：在安全网格中通过让本地网关承担以安全为起点，同时兼顾云计算 / 雾计算将会有的分工合作机制中的网格的功能分工；最大限度地统筹考虑包括以降低延迟，提高安全性、能源效率、可访问性等在内的多个目标。

1. 隐私保护服务及其数据处理

在感知层安全策略中关于去除场景标签的讨论中，提出了：匿名、匿位置、匿时间、匿关联的方法。这些在获取数据中将涉及隐私的关键数据隐去的思路，同样适用于应用层对数据的处理。在应用场景安全中，隐私保护服务的使用基本上是指实现数据的最小化、避免（行为）跟踪服务用户等。“如无必要、勿增实体”的奥卡姆剃刀，用在数据最小化上，来保护隐私是最恰当不过的。这些内容与感知安全策略中的“去除场景标识”一致，但更为具体。有以下几种方式。

---

① Ovidiu Vermesan. Peter Friess. Digitising the Industry Internet of Things Connecting the Physical, Digital and Virtual Worlds. RIVER PUBLISHERS SERIES IN COMMUNICATIONS，2016，49：86.

1）匿名

匿名是指隐去（或处理）了 Who，或者和 Who 相关的部分信息。作为一个例子，文献[①]中将和名称相关的原始数据表设为 PT（A_1，…，A_n），匿名化后数据表设为 RT（A_1，…A_n）。其中和名称关联的 A_4 一列（邮编）被做了截断处理。

2）位置模糊

位置模糊是关于“ Where”的模糊处理。如果位置在服务中必不可缺，可以根据需要提供模糊化了的位置。位置模糊指的是实时位置的放大化、截断处理、非实时更新等措施。例如，在交通流量管理中，从精确的卫星定位数据，被放大到所在街区的处理。

3）匿行为

匿行为指 Why 或 How 的隐去。例如，行为数据从生成时就被删除，或者被放在可信的第三方——安全云中，或者与发生行为的人（或位置）没有任何关联；再如，能够记录行为的商业摄像数据或手机、手环等 APP 数据，必须在“安全”的固定时间周期内被删除。

4）最小化数据处理

最小化数据处理指在 6 元素场景论中，将场景元素中去除、模糊化到不能再小的数据表示。文献[②]中有关于数据最小化的描述：“只显示服务交付的关键信息，并避免跟踪服务用户。”例如，交通流量统计时，只需知道“在哪儿”，不需知道“谁”在哪儿。超市统计商品出售时，只需知道卖了“什么”，而不需要记录“谁”买的。反之，在基于云的应用中，这样的信息跟踪会导致个人和商业信息的泄漏。

关于匿名和避免（行为）被跟踪的研究，是未来物联网云应用的一个非常重要的课题。以上是针对非结构化数据中能够提取的场景元素，做隐匿、截断或模糊处理。模糊处理并不局限于位置信息，例如，在需要我留下电话号码的场景（例如会员卡），我有权多留一位电话号码位数。这样就避免了我的号码被恶意泄漏。而需要我号码的一方很容易通过程序判断我输入的是不是我的号码。

与保护隐私方式对应的场景策略有如下几个。

（1）场景 6 元素的部分数据处理。隐藏 6 要素之一二，根据应用粗化截断精确数据。考虑到场景安全 6 要素的数据安全时效性。6 要素在同一场景中出现后的时效性，例如 24 小时、一周、一个月，必须截断 6 要素的关系或永久消除，或者在连续存储它们时匿名或部分匿名。

---

① 王和平，景风宣．物联网安全与隐私保护研究．电子技术应用，2015，5.（http://sanwen8.cn/p/170mIW5.html）

② Ovidiu Vermesan，Peter Friess. Building the Hyperconnected Society IoT Research and Innovation Value Chains, Ecosystems and Markets. River Publishers, 2015: 208.

（2）避免被跟踪。基于属性的匿名凭证系统及其相关概念，如群签名方案[①]，是实现此类隐私保护的重要概念。它们允许用户以匿名方式进行身份验证。但允许声明：服务提供商仍然可以进行正确访问。这从根本上避免了隐私行为跟踪。

另一种避免被跟踪的情形是：从许多人收集的数据不允许识别唯一的个体，但仍然允许有意义的统计计算。技术上可以实现物联网设备的匿名认证服务，而物联网设备的数据匿名化有助于帮助保护个人隐私，例如，物联网设备发送到云的个体敏感信息（例如，健康数据），避免非法截获后的恶意使用。

（3）隐私的加密与交换。实现数据隐私的加密显然是最周全的办法，但这也否定了所有会用到访问隐私数据的机会，或者说被加密的隐私永远也没有被访问的机会。隐私加密与隐私被访问的折中办法，是第三方的保证。就像两个陌生人第一次需要共享秘密时，需要一个熟悉双方的第三者给出权威的信任保证。能够支持的技术有PKI公钥基础设施（证书）、安全多方计算和同态加密等。

2. 安全网格模型

本小节也可以称作“雾安全网格模型”，因为这能够最先体现在雾计算的安全网格中。

隐私权是人们对个人信息、决定私人事务等享有的一项重要民事权利。它包括个人信息的保密权、个人生活不受干扰权和私人事务决定权。实际生活中，人们在不同场合下拥有不同的隐私状态。例如，在私人住宅中，只有你或你的家人知道你在做什么；在公共场合（如商店，餐厅和游乐园），其他人可以看到你在做什么，他们可以不知道你是谁（匿名的思考）。你的顶头上司可能非常关心你在哪儿；而你的家人也许只想着你在不在家。

个人信息一旦泄漏就不可能再保持原来的隐私状态，所以对于任何一个物联网应用场景，都要尽可能防止任何个人信息的泄漏。某些颇有前景的个性化服务，大都需要顾客提供部分个人信息。但是，商家一旦掌握了这些顾客信息后有可能进行强制的推销行为，从而影响顾客的生活选择。因此，这里，在物联网网格中尝试初步地探讨在雾安全（雾安全网格）中实现分布式安全的策略。

1）安全网格要素

在5.2节中，物联网网格的三要素是：物、关系集、服务。

网格智能网关：是网格中特殊的“物”，是雾安全网格的核心，扮演着网格家长的角色。占有一切网格内资源及其分配，并可以作为网格间信任关系处理的代理。

（1）安全网格中的物：网格成员。

---

① J Camenisch, A Lehmann, G. Neven. Electronic Identities Need Private Credentials, IEEE Security & Privacy, 2012,10(1): 80–83.

（2）安全网格中的关系：网格成员及其与服务的关系。

（3）安全网格中的服务：安全服务等。

网格智能网关的职责包括，但不限于：网格成员管理，关系管理，安全管理。其中，安全管理分为以下两种。

（1）内部安全管理：管理隐私和秘密。

（2）外部安全管理：负责对外或向上的数据保护和安全认证等。

网格的（雾）计算：指网格内部资源，诸如计算、存储、互联（语言）等资源。

网格中的"物"：网格（家庭）成员，包括各种物联网设备。

安全原则：网格内部安全问题，能够在网格内部解决，就不出网格。"家丑不可外扬"，保证隐私与安全。

2）安全网格的信任管理

安全环境中，"物、关系、服务"所涉及的所有行为要符合信任管理的安全要求。信任管理问题包括但不限于，诸如"谁能看到我的信息""我允许谁看到我的隐私""谁能保证彼此交换秘密时的安全共享"等。

安全环境包括信任框架、信任交互和第三方管理三方面。

（1）信任框架。这是负责定义"物、关系、服务"中信任机制的组件，其中记录并更新所有安全相关的活动。当物联网网格（通过集成或联合、叠加的扩展）的规模化应用及其服务将跨安全域①时，或者其资源的所有权分属不同实体时，需要能够形成共识的一种信任框架。使物联网网格的用户相信：信息和服务的安全是可信的。其理论依据见云安全技术中的数据保护技术。

（2）信任交互。在信任框架约束下，物联网网格的信任可以建立、传递（部分传递）、继承（部分继承），可以改变状态为怀疑或完全不信任。在隐私保护服务的讨论中，物联网网格（见前文"物联网网格一节"）可以作为可信的界限，也就是说，作为信任交互模型或者信任管理模型中最小的、最基本的，但是可以扩展的单元。

在信任交互的场景分析中②，用一个网格间信任建立的例子来说明访问控制系统的信任交互模型。其中，用"Bubble（气泡）"来表示本文中的网格：网格 Bubble A，网格 Bubble B。

物联网的访问控制系统可以实现一个信任模型，以使授予和值得信赖的实体之间的安全和可靠的相互作用能够交互③，或者传递。

---

① http://vps.zzidc.com/yunVPStese/165.html.

② P N Karamolegkos, et al. User-profile based communities assessment using clustering methods. Proceedings of 18th International Sympo sium on Personal, Indoor and Mobile Radio Communications, PIMRC IEEE, 2007.

③ Ovidiu Vermesan, Peter Friess. IoT Digital Value Chain Connecting Research, Innovation and Deployment. RIVER PUBLISHERS SERIES IN COMMUNICATIONS，2016, 49：206-207.

这种机制可以部署在物联网中，由不同智能对象的工作联系、场景联系等，可以组成不同类型的网格 Bubble 实体（如个人，家庭，办公室或社区）。根据图 6-9，每个网格 Bubble 都是由一组智能对象，一个授权管理器，以及授权管理器负责生成的智能对象授权凭据。此外，每个智能网格 Bubble 有一个信任管理器（网格智能网关，或者网格家长的功能），负责评估所涉及的实体的可信性。

在基于信任的访问控制过程中，上述智能对象被描述为一种功能性设备（如智能手机、打印机、摄像机、传感器等），并可以作为一个客户端通过服务器协议（如 CoAP）提供物联网环境中的服务（如温度、位置等）。

信任管理器是信任模型的组成部分。在具有资源严重受限（即 0 类或类 1 设备[①]）的智能对象的情况下，信任管理器作为单独的网络元素（如网关）部署。对于更强大的智能对象（至少两类以上设备）的情况，信任管理器可以是一种设备。

授权管理器负责为智能对象生成和发送授权令牌（凭据）。此外，它是由两个子部分组成：策略决策点（PDP）和令牌管理（根据决定生成授权凭据）。

在同一个网格 Bubble 中，当智能对象试图访问另一个智能对象时，网格 Bubble 内部通信发生。

在图 7-9 中，在不同网格 Bubble 之间的智能对象请求通信的情况下，需要彼此的高层相互作用。在这种情况下，信任管理器的目的是双重的。一方面，它让请求者（智能对象）知道能够提供相同服务的一组设备中，最值得信赖的目标；另一方面，目标（智能对象）利用它来获得信任值，信任值与授权管理器先前获得的授权凭据一起使用，以便进行访问控制决策。

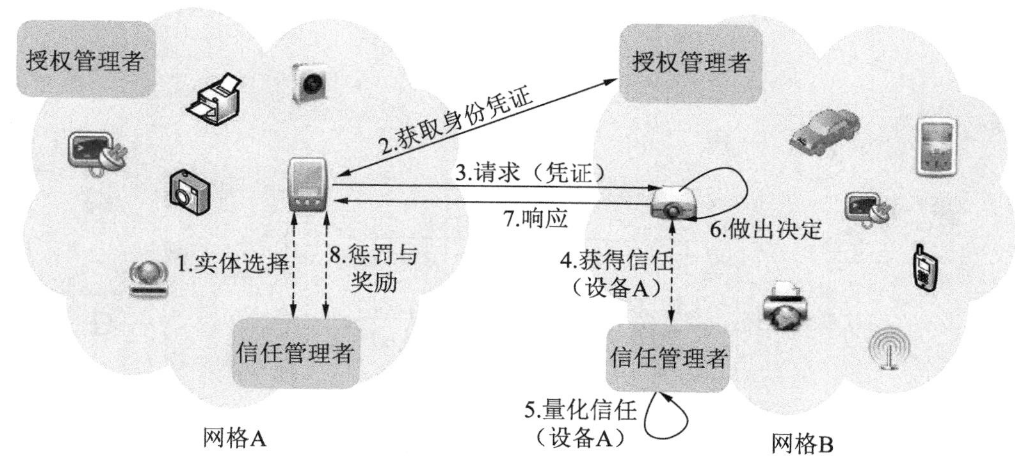

图 7-9　信任交互的场景分析（网格 A 与网格 B）

① 在 5.2 节中，“物”的层次性描述分级为：0 类或 1 类分别对应基本基础属性和基础属性。

在图 7-9 中，在基于信任的访问控制过程中进行的过程总结如下。

第 1 步中，智能对象访问其信任管理器，了解能够提供其所需资源中最值得信赖的智能对象在网格 Bubble B 中的位置。这需要计算网格 Bubble B（事先发现设备的假设）中可用性设备的信任程度。

在第 2 步中，该设备获得访问网格 Bubble B 中设备的授权凭据。如果之前已经获得授权，此步骤可忽略。

在第 3 步中，请求者依据获得的授权凭据发出请求；步骤 4 和 5 中，对网格 Bubble A 中的设备进行可信评估并量化可信等级（信任量化值），可信等级是基于以往证据而实时计算出的。

在第 6 步中，网格 Bubble A 中的设备，在网格 Bubble B 中接受其信任管理器关于 A 是否可信的裁决。以决定请求是否被接受，服务是否能提供给 A。

在第 7 步和第 8 步中，发生互动并形成可靠性的证据，实时更新彼此的信任量化值（可信等级）。为下一次网格间信任交互埋下伏笔。

（3）第三方管理。信任的交互行为，有时需要值得信赖的第三方，其理论分析见云安全技术中的结构完整性及其基础设施证明。在通用物联网安全网格的应用中，每一个安全网格需要获得其父亲节点的信任（其所属结构的近邻的上一级），这样的信任链条一直延伸到（如图 7-10 所示树状结构的父节点）共同的安全域。安全域内有其自治的信任管理。跨安全域的信任需要第三方机构作为审计者，以确保中立与“可信”。

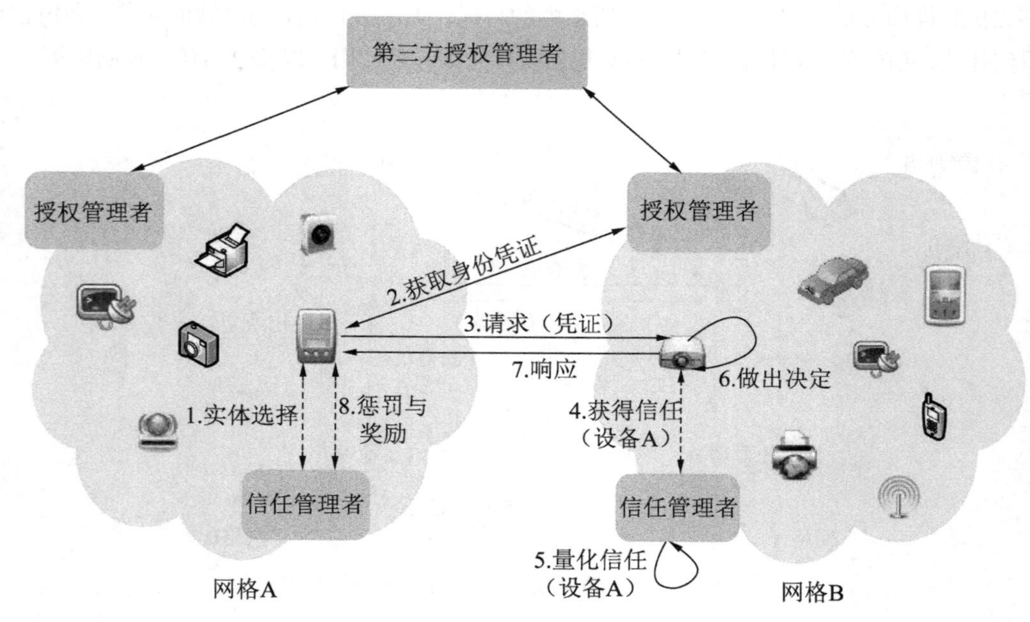

图 7-10　需要第三方的信任交互

总之，我们需要强大的信任管理模型和信任管理机制，这需要模仿人类对于信任的处理方式，还要考虑能够自治的机器们如何保护用户的隐私，更要考虑机器们自身的“物理安全”。例如，机器们不会被恶意“撬开嘴巴”，并且能够模仿人类形成信任传递的机制。机器不被损坏且能够正常工作；机器不会拒绝服务（DoS），且不会被恶意耗尽能源（Denial of Sleep）；等等。

不论是通过“立言、立德、立法”构建物联网安全的信任管理体系，还是通过安全技术体系实现物联网安全保障，都需要能够立足现有技术而面向社会应用的抽象模型。这是信任管理体系和社会大规模应用的桥梁，本章放在最后，着重强调建立一个基于物联网安全网格的最小化的模型。混合了人和物的信任模型，在物联网基础设施中将持续地被要求遵守；“没有规矩，不成方圆”，更多更深的研究方必须及时面对未来更复杂的物联网应用环境和对物联网“好用”的期待。

3）隐私的访问控制①

参考文献中关于“基于策略管理的访问控制”是把场景安全 6 要素的讨论，升级为更贴近实用化、拟人化，较为周全的访问控制模型，名称是“ The Security Toolkit (SecKit)”②访问控制模型，可以直接用于雾安全网格的隐私访问控制。这里仅简要介绍其思路。访问控制本身就是物联网安全策略的一个探索方向，例如，分层访问控制以及层次节点的私钥保护方案③。

（1）系统设计。策略管理框架支持物联网特定端口访问控制要求，例如，能够满足超连通性、分布性的物联网应用，及其所需共享资源和数据的需求。SecKit 模型设计分为一个实体域和一个行为域。实体域：实体和允许实体交换信息的通信机制。行为域：每个实体的详细信息，包括行动、互动、因果关系和信息属性；它也可以指定数据、身份、背景、信任的作用、风险和安全规则。图 7-11 说明了 SecKit 元模型及其依赖关系。

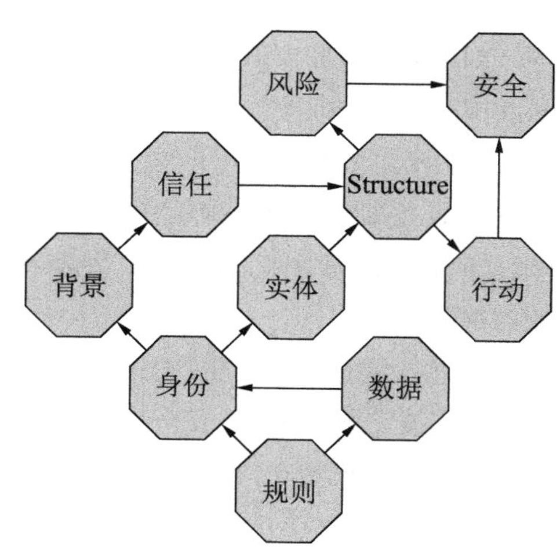

图 7-11 SecKit 元模型和依赖关系

① Ovidiu Vermesan，Peter Friess. Building the Hyperconnected Society IoT Research and Innovation Value Chains, Ecosystems and Markets. River Publishers, 2015:203.

② R Neisse, I Nai Fovino, G Baldini, et al. A Model-based Security Toolkit for the Internet of Things. International Conference on Availabil- ity, Reliability and Security (ARES), University of Fribourg, Switzerland, 2014.

③ 马骏 . 物联网感知环境分层访问控制机制研究 . 西安电子科技大学，2014.

情境元模型指定背景信息和背景情况类型。背景信息是一个实体的简单类型的信息，获取于特定时刻、在特定的时间段内开始和结束的背景情况类型。例如，“体温”是一个背景情况类型，而“发烧”是一个目标病人有一个温度高于37℃的存在时刻。实体关联到背景情况类型中使用的角色（例如病人）。

当背景情况开始和结束时，背景情况管理器组件监视和注册事件。这些事件包含参与该背景情况的实体的引用，并可用于支持策略规则的规范。策略规则可以包含情况开始时的授权访问、开始后的数据保护的义务，直至结束。例如，当紧急情况开始时，可以允许访问病人数据并履行数据保护义务；当紧急情况结束时，所有数据被删除。一个安全策略应该包含情况开始时访问数据被允许，情况结束时触发数据被删除。

（2）安全策略。安全策略必须考虑用于以安全方式收集数据的设备。根据安全策略，该设备具有触发和用于发送数据的适当机制。这包括两步：第一，设备已映射到特定的数据收集策略；第二，策略应该确定的数据的加密 / 安全级别，以确定适当的传输机制，同时考虑设备的能量效率要求（例如自适应加密方案）。

例如，在交通监控场景中，汽车用户可以向应用程序发送信息，此场景应该只需知道每个街道（或区域）的交通流量。

用户的手机具有发送各种流量相关数据的能力，即每秒的准确位置、速度、运动方向等。如果应用程序要估计交通流量，则应考虑用户的相关策略，每一时间段的平均速度及其所在街区被发送即可，以避免用户某时刻的精确位置泄漏（隐私设计）。

实际上，中间节点（即网关）也应该考虑这些策略，仅发送汇总或平均处理的数据到应用程序服务器，以便保护用户位置隐私。而当其他应用程序确实需要知道用户的确切位置（根据他们的访问控制策略）时，将能够发送确切位置。例如，一个人的车如果被偷走，他能跟踪他的车。

因此，贯彻到设备的安全策略至关重要，以确保整体系统的安全和隐私保护。该系统应该能够识别被发送到设备的安全策略完整性，使未经授权的应用程序无法访问隐私敏感数据。

安全规则模型支持：规则模板策略的规范化制定、执行和规则配置，并用以来实例化模板。这些策略模板的制定本身用以模仿人与人、团体之间的信任行为和信任架构，并兼顾安全性和隐私性的非功能性要求，例如数据保护、完整性、授权、不可否认性。

（3）信任管理策略。从信任管理的角度来看，SecKit 支持信任关系和信任推荐的交互。例如，信任关系可以被定义为某方面的身份确认、隐私保护、数据配置等。信任关系包括信任度，将其映射为主观逻辑（SL）来度量相信、不相信和不确定[①]。从人的角度来看，考虑

① A Jøsang. Evidential reasoning with subjective logic. 13th Interna tional Conference on Information Fusion, 2010.

不确定性的方面具体的方法是更现实的，因为人们通常相信别人的具体目的（例如，一个机械修理你的车）和大多数的时间不能绝对肯定他们可能会发生的信任。

在域进行交互和交换数据时，安全策略规则可以从一个管理域委派到另一个管理域。例如，当一个智能家居与智能汽车数据交换时，智能家居可以交换的数据交换规范，应该由智能车辆执行相关的授权和应承担的义务。这些信任管理机制的讨论与上述安全网格的信任管理是一致的。

在这里关于“隐私的访问控制”的三点讨论，完全取自 SecKit 访问控制模型，这里仅用来支撑本节的“安全网格模型”。而本节提出的“安全网格模型”包括：安全网格要素、安全网格的信任管理、访问控制三部分，随后的雾安全支撑则是一个可选部分。

（4）雾安全的支撑。西谚云，“风可以进，雨可以进，皇帝不能进”。

一个具体的物联网系统安全，需要安全网格模型，及其嵌入的安全技术和策略（显然包括隐私增强机制），来维护网格本地设备的物理实体的利益。当然，如果交给云安全，这需要较高代价的维护。例如，它需要为每个智能设备做软件更新，这反过来又提出为实际设备重新编程的需求。

如果将这些任务交给本地的云——“雾安全”，例如上述的智能安全网关，暂且称智能安全网关为雾安全中心，它在模型中起到的上述作用，就像大家庭的围墙、篱笆，或小家庭的门。这些围墙、篱笆和门作为安全硬件必须能够支持基本的或先进的安全机制，能够根据外在威胁的增加而升级。安全机制设置后，不需人为干预即能形成持续保护并自主更新。

安全网格的安全就像网格家庭的安全保护一样。不同网格家庭的安全需求有所不同，在每个网格家庭的雾安全中心（智能安全网关）配置不同的安全技术与策略即可。当然，雾安全中心还要保障所辖设备的基本需求——较低水平、较持久的能源消耗，这就是“物”的基本生理需求，就像人对食物和空气的需求一样。这是不是能让我们想到另外一个领域的名词——“能源互联网”。

总之，当安全和隐私的威胁正在不断变得更加智能化的时候，我们需要一个物联网智能安全网关，能够凭借它本地的、先进的、实时更新的安全对策，保护物联网网格中的一切。

4）安全网格模型小结

技术性的方案（包括本章讨论的所有安全技术和策略）只能解决技术上的问题。设计一个完全安全的物联网系统，同时保证在部署、实施中达到预想的安全级别，是需要涵盖所有物联网应用的安全场景，是一个面向未来应用、向后延伸、复杂长期的系统工程。而现在，我们必须将已经在头脑中的实现场景安全的想法，结合已有应用，抽象出来用于物联网场景安全设计。这不仅是技术问题，场景中还要考虑“谁会动我的数据”“拿了我的数据会损害我的什么利益”“相对智能的机器会如何背叛主人”等问题。认知上的薄弱环节和技术上的、操作上的薄弱环节一样可怕。

“黄河之水，在于疏而不在于堵”。如果能够揣测“物联网安全”在整个人类文明史中出现的时机，也许，现在需要“堵、疏”结合——技术上的安全防范体系和人文上的安全疏导。这就回归到本章开始时的讨论：从人类自身的需求来看待物联网安全，并充分重视。

物联网安全网格是一个开放的模型，旨在面对和解决一类限定边界条件之下的场景安全问题框架；需要更贴切的技术与想法不断充实完善。本节最后需要进一步讨论的问题列出如下。

（1）“物”如何分级？可以根据智能化程度分为设备（无智能）、机器人（半智能化）等吗？设备能够分为黑电（无智能需求的物理实体）、白电（有智能化需求的设备）吗？

（2）设备的物理安全能否定义如下？保持状态正常；只接受来自网格内部的合法操作命令（避免误操作）；维持它们的能源消耗；按照网格安全策略上传有限的自身状态信息。

（3）机器人（半智能化或未来的完全智能）能否在网格中定义如下？使用设备，通过人获得有限的设备信息，（对于所属者）没有隐私。这涉及伦理的考量。

（4）网关的职责是否只限于如下表述？管理网格（家庭）一切内部事务，必须向上传递信息时将可能涉及隐私的数据最小化（匿名、模糊位置等）。建议内部成员的信任框架、信任机制和关系，决定和其他网关的信任关系。利用雾计算进行不同等级的隐私增强技术处理家庭内部数据沟通和对外。保护未成年人。升级安全防火墙。异常发现能力和过滤不安全因素。

（5）当网格内部成员和外部成员建立信任关系后的行为，只要不危害内部成员安全，可否不管？如果危害，如何管理内部成员和外部成员的信任关系？

（6）当出现足够智能的机器人时，它在使用设备和与人交互时的安全与隐私保护，可以由网关监管吗？相关历史记录保存在哪里？

（7）假如雾安全中间件存在，它与安全网格的雾安全中心（智能安全网关）有什么区别和联系？

（8）区块链技术能否用于自动信任协商，在维护开放网络中主体自治性和隐私性的同时，是否有更高效、实用的信任自动建立技术？

（9）在线诚信建设作为解决消费者隐私的方法已被提出，从信任关系建立和社会交换理论出发，能否用于解决物联网安全问题？

（10）安全包含可信性、完整性和私密性，其中，系统可信由可靠性和便利性产生；制度可信由监控性和隐私性生成；人际可信来源于诚实性、友善性和能力；这些对于物联网安全有什么启发？

列出的和尚未列出的问题，有待于进一步的探索。

5）安全网格的进一步探讨

最后再介绍一种和场景安全分析类似的安全威胁分析模型，这源于把操作安全和信息安全适度融合考虑的场景安全分析[①]（见图 7-12），这样，可以将场景安全分析方法延伸到类似于工业控制一类的物联网安全分析，例如，面向工业 4.0 的 CPS 模态物联网。

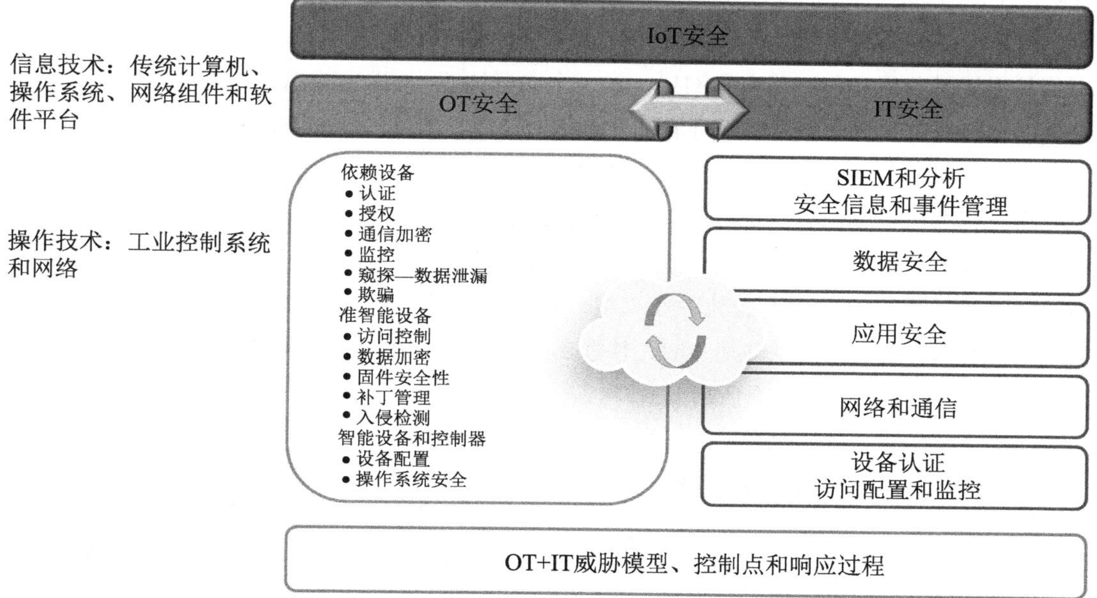

图 7-12　操作安全和信息安全适度融合考虑的场景安全分析[②]

图 7-12 中的操作技术包括：工业控制系统和工业控制网络；控制物联网设备的移动或桌面应用程序（例如可穿戴设备内置的应用程序）；物联网固件和嵌入式应用。操作安全是为了避免物联网设备的不正确或不安全的操作；窃取机密数据、私人用户信息或应用程序相关的知识产权等恶意行为；欺诈和未经授权的访问或支付处理。

在威胁操作安全的情况下，应用程序可以受到许多方面的攻击，例如，首先获得对物联网应用程序的访问，然后开始监控、控制和篡改设备。

图 7-12 中的信息安全涉及设备访问、授权与认证、数据保护、网络和应用程序安全等。这样，就把嵌入式“安全软件”的设计与开发，各级设备 / 应用设计、开发和安全实施同时纳入产品的安全生命周期中。在产品设计阶段，就开始考虑提供和运行自适应、动态

① Is the Internet of Things Too Big to Protect? Not if IoT Applications Are Protected!. https://securityintelligence.com/is-the-internet-of-things-too-big-to-protect-not-if-iot-applications-are-protected/.

② Gartner Says the Worlds of IT and Operational Technology Are Converging. http://www.gartner.com/newsroom/id/1590814.

的终端到终端的安全。这一部分的安全可以参考信息技术应用安全评估通用准则（ISO / IEC 15408）。

操作安全和信息安全的适度融合，有利于整合物联网、异构网络和云基础设施等异构基础设施。在基本的标准化操作系统和硬件安全功能一致的情况下，便于统一部署。例如，在基础设施的管理中，将扩大和增强身份验证和授权的功能，以实现在一个通用的认证框架中(考虑不同的认证标准)，统一认证设备、软件和人。

基于场景分析的物联网安全网格，是一个向群体智能[①]进化的思路；类似于感知层中关于异常发现的仿生学思考，最终可能引导网格的自治性向人工智能方向发展为一个分支。目的是激发新的更为宏观的物联网大安全[②]解决方案的设计。

有了场景方向的方法，就可以进一步研究基于社会行为的集体（群体）智慧，如蚁群、鸟群、鱼群和蜂箱，其中一些功能有限的个体能够对复杂问题而产生智能解决方案。例如，当蚂蚁群面临洪水时，为了避免种族灭绝，紧紧地抱成一个球，最外层的一层层被洪水湮灭；当“蚁球”被洪水冲到陆地上时，快速展开以延续生命。而物联网安全的智慧，也需要从花鸟鱼虫应对外在威胁中有所启发。

7.5 物联网安全的可持续性

物联网的发展中，在设计和开发的最早阶段筹划安全和隐私保护，并有针对性地设计，是为市场带来安全的物联网设备的有效途径，并有助于确保全过程安全地实现。同样的道理，在安全威胁规模化到来之前，需要考虑由于“人性”可能产生的好奇和恶意等潜在威胁进行规范和调控，也需要积极面向物联网安全的制度、法律的规范。物联网安全的可持续性，宏观上又回归到物联网安全的基石上去了。

写到这里，作者已经能够轻松地喘口气了。这里只是尝试讨论能够支撑物联网安全持续的社会问题和政策（行业）规范，以实现从用户的角度需要呼吁的持续安全的保障。简单地说，是一个物联网时代的企业或者行业的责任心、社会责任感的问题。

从保障的可持续性来看，是否应该开始考虑：保修期之后的持续性保障支持，例如可持续的可用性与安全、补丁管理与升级；数据的所有权安全转移；被迫（设备淘汰或无法升级）考虑的可移植性等一些必须面对的问题。已经无法升级的设备，可能像砖头一样被遗弃的孤

---

① Ovidiu Vermesan, Peter Friess. IoT Digital Value Chain Connecting Research, Innovation and Deployment. RIVER PUBLISHERS SERIES IN COMMUNICATIONS，2016，49：99-101.

② 物联网大安全，意指能够融合人文与科技的大安全观；在这里具体指一类能够自治的物联网网格，对于安全威胁所展示的群体安全防范智慧。

立设备[①]，所面临的风险；这启示我们通过定义“可持续性”来解决问题。OTA 认为这是实现物联网承诺的关键[②]。可以理解为，像宠物一样给我们带来快乐的物联网设备，当老的不能再帮我们叼回扔出去的骨头的时候，得思考一个让“宠物”安全的办法，而不是遗弃它。

以 Windows XP 为例，尽管微软提供给用户超过十年的免费支持，今天，数以百万计的设备仍然在使用并面临风险[③]。那么，谁来为这些风险负责？几十年后，面临淘汰的物联网设备，谁还会关心它如何面对不可预见的威胁？

没有适合所有脚的鞋，也没有能够完全实现物联网安全的技术。但是，对“吃瓜”用户来说，需要一个能够确保安全可持续的规范或承诺。毕竟，吃到肚里的瓜，需要安全承诺。已经有公司正考虑为一个产品的全生命周期提供一种服务或模型，来实现安全和功能更新的长期支持[④]。当然，只有初期是免费的。

提供持续的支持将使公司率先将可持续的安全植入他们的商业模式，并展示了保障用户安全和隐私的长期的承诺。这当然是一个增值服务，但我们应当对这种示范作用予以肯定。虽然有责任心的企业愿意满足用户关于安全和隐私的期望，树立“安全”的品牌和声誉，但他们还是要考虑成本的。永远免费的瓜，你敢持续吃吗？安全服务是需要收费来支撑更为长期的保护。对于安全硬件，也需要先期投入，例如，一些视频监控公司开始尝试增加安全芯片的方式来进行硬件加密[⑤]。其中部分公司更关心“硬件加密究竟会提高多少成本”。2015 年，为解决物联网安全问题而产生的安全费用不足行业年度预算的 1%。Gartner 预测，这一比例到 2020 年需要提高到 20%。如图 7-13 所示，安全问题现在还停留在“事后考虑”阶段，而对于物联网产品来说，其优先级本应前置。

从安全与隐私的心理学归属来看，如果个人和企业不能相信他们的个人信息和私有数据将保持安全和私密，大规模的物联网应用将无法推广，这一矛盾的解决过程中将有越来越强烈的监管立法的呼吁。欧盟的立法者已经在考虑规则，这可能要求公司通过一个满足新的安全标准的认证过程，以保证用户的隐私安全[⑥]。

到了为物联网安全立规矩的时候。

---

① 读者可查询一下朴槿惠闺蜜遗弃计算机中暴露的信息。

② Internet Of Things：A Vision For The Future．https://otalliance.org/IoT．

③ Windows XP Support．https://support.microsoft.com/en-us/help/14223/windows-xp-end-of-support．

④同②。

⑤ 这一问题源于 2016 年 10 月，美国大量被破解的智能家用摄像头和视频录像采集设备的片段流传网络，引起恐慌。随后的一次安全研讨会上，加州大学伯克利分校长期网络安全中心的执行主任 Betsy Cooper 指出“物联网设备是很难完全确保安全的，其总是会有安全风险。”尽管难以避免遭受攻击，“但我们仍应该尽最大努力降低其风险水平。”会上专家们就如何提高物联网设备安全性各抒己见，从创建通用的物联网设备安全标准，到提高公众安全意识。

⑥ EU Commission. https://www.euractiv.com/section/innovation-industry/news/commission-plans-cybersecurity-rules-for-internet-connected-machines/.

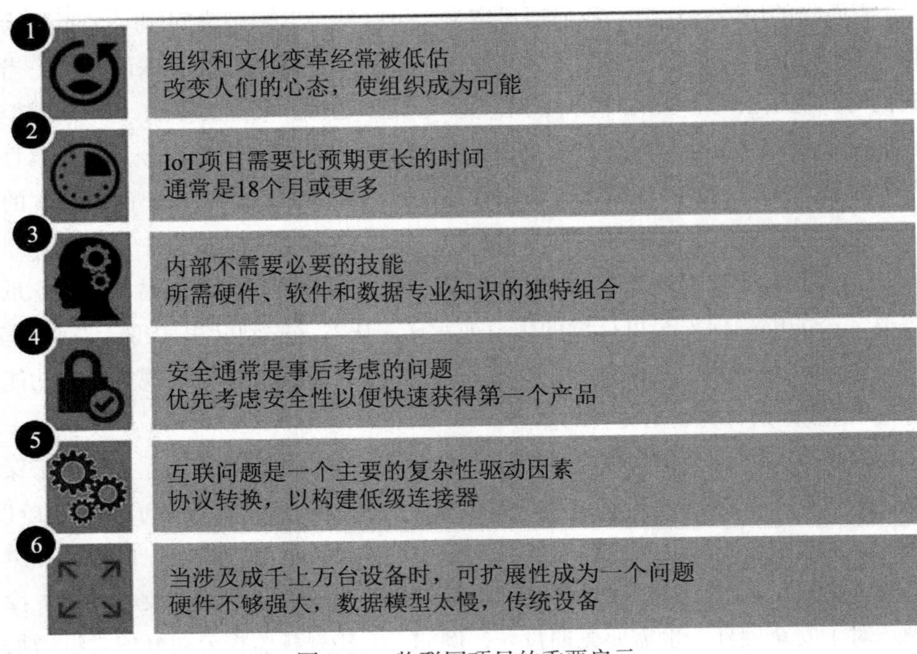

图 7-13　物联网项目的重要启示

小　结

为了写好这一章，避免把物联网安全当作“物联网的安全技术”，作者学习了部分心理学知识，并认真领悟了“哈佛大学公开课”“耶鲁大学公开课”等关于心理学的讲座（甚至包含“死亡”的课程，这些资料网上都能够获得），尽量整体把握“物联网安全”这个概念而不拘泥于安全、隐私、加密、网络安全等技术上的关键词；也尽量不受制于站在“物”的对立面的“人”的自身利益。

物联网世界的安全和隐私是饱受关注的研究领域，其相关进展也正影响着整个物联网产业。到现在为止，各种安全技术和策略，包括来自传感网的、来自互联网的、来自云（雾）计算的，立足安全可靠中间件平台的，立足在收集数据的感知端实现安全感知的，立足可信第三方的，都在用来探索物联网安全。近期，在物联网安全和隐私方面的成就不仅在技术领域取得重要的成就，而且在世界范围内更具启发性和方向性的研究逐渐呈现。遗憾的是，在与应用结合方面显得越来越紧迫。

本章从跨技术领域、跨层、多角度的视野，采取分而治之的安全分析，尝试剖析物联网安全。在讨论技术性问题之前安排了“物联网安全的基石”。物联网安全不仅是技术性问题，还包括认知、信任、社会责任等与之相辅相成的人文问题，本章只是在这些所谓“大物联网安全”方面的一些探索和研究的尝试。其中受到斯坦福大学关于 Dual process theory[1]的临床心理学讲座的启发，从物联网安全的人文分析入手，经过分层级的技术上的讨论，最后尝试在物联网安全框架模型中将人文分析与技术应用统一起来。

但是，在“大物联网安全”构筑之下，人们才会欣然接受和拥抱物联网[2]。人们会放心，物联网不会伤害他们，更不会窃取或利用他们的私人信息，不会消极地影响他们的生活。

总之，技术性的方案只能解决技术上的问题。设计一个有益而无害的物联网安全架构，同时保证在部署、实施、应用中达到一定的安全级别，以保护物联网超级连接的触角威胁不到我们的安全，这本身源于人类自身对安全需求的渴望。也许，只有在技术和人文的双重安全保护之下，物联网的全部潜力才能够被激发，将被乐意于用来改善我们每个人的生活质量。

让我们共同期待的是：在一个更长远、更持久、更全面的价值观中，确定一个合适的物联网安全框架和演进的目标。然后从技术（策略）上、道德上、法律上给予其保障与成长空间。

---

① https://en.wikipedia.org/wiki/Dual_process_theory_(moral_psychology).

② 这里是否有哈佛大学《幸福课》的影子？

附录

值得关注的网站

这里把值得关注的网站列出来，但并不能保证其可用性、真实性。书中所有引文提供的二维码或链接也一样，只是尽可能为读者提供方便，但无法保证其不会被删除、篡改，或链接中被植入恶意代码。在此郑重声明并善意提醒。

物联网安全

https://www.icsalabs.com/search/node/iot

该网站是符合 ISO 认证的 ICSA 实验室网站中的物联网部分。ICSA 实验室是独立的物联网设备安全及测试认证实验室，针对传感器等物联网设备（尚未连接网络）。

ICSA 实验室认为，安全漏洞比比皆是，已经成为接纳物联网的障碍。物联网企业需要广泛采用但被忽略了的两个重要组成部分：安全与隐私。研究揭示了在互联网连接的物联网设备和传感器的漏洞，不只是一个或两个设备的弱点，而是成千上万的。因此，安全和隐私问题已经成为物联网在企业间被接纳的主要障碍。

ICSA 实验室有 25 年的计算机和网络安全测试经验的第三方检测实验室。使用 ICSA 实验室物联网安全测试框架为基础，我们制定任何物联网设备的类型和它的组成部分的测试要求。然后，我们执行安全和隐私相关的测试映射到这些标准的要求。安全测试框架不是一组基于任何特定类型的设备或传感器的独立标准；相反，是集中在指定的物联网设备类型的安全测试。

http://www.ul.com/

UL 是 Underwriter Laboratories Inc.（美国保险商实验室）的简写。UL 安全实验所是美国最有权威的，也是世界上从事安全试验和鉴定的较大的民间机构。它是一个独立的、非盈利的、为公共安全做实验的专业机构。

UL 采用科学的测试方法来研究确定各种材料、装置、产品、设备、建筑等对生命、财产有无危害和危害的程度；确定、编写、发行相应的标准和有助于减少及防止造成生命财产受到损失的资料，同时开展实情调研业务。

它主要从事产品的安全认证和经营安全证明业务，其最终目的是为市场得到具有相当安全水准的商品，为人身健康和财产安全得到保证做出贡献。产品安全认证是消除国际贸易技术壁垒的有效手段而言。UL 广泛涉足 ISO 9000 质量体系认证，ISO 14000 环境保护认证，QS 9000 汽车行业质量体系认证和 AS 9000 飞机行业质量体系认证服务。

ICSA Labs 和 Underwriter Laboratories 公司已经在测试和开发 IoT 设备安全评级标准。隶属美国商务部的国家标准与技术研究所也在从事标准相关工作：建立一套与家电能源分级或车辆防撞安全指数类似，面向 IoT 设备的消费分级标准。

https://otalliance.org/Iot

OTA 召集跨行业工作组来开发物联网的信任框架，这是基于一种自愿行为守则的监管模式。2016 年 3 月以来，该框架确定了关于家庭连接、办公室和可穿戴技术的 31 个标准。这些将作为一些认证和风险评估程序的基础。

物联网综合

http://www.thnk.org/program-landing/challenge-projects/

这是一个物联网创意网站。

http://www.iotevolutionworld.com/

http://www.aioti.org/

欧盟 2015 年成立横跨欧盟及产业界的物联网创新联盟（AIOTI），通过咨询委员会和推进委员会统领新的“四横七纵”体系架构，将包括原有 IERC、地平线 2020 在内的 11 个工作组纳入旗下，统筹原本散落在不同部门和组织的能力资源，协同推进欧盟物联网整体跨越式创新发展。

http://iot.ofweek.com/

https://www.gsa.europa.eu/

这个网站中有关于物联网 LBS 的最新内容。

http://helioswire.com/

这是一个综合性物联网网站。

https://www.sogeti.nl/expertises/internet-things

后记

此处原本应该考虑“下一步工作”，但是作者更愿意以一堆发散的点子点燃读者们脑洞中的火花。让“干货”来得更猛烈些吧！

1. 知识传播的公益

为了能够使更多的人看到本书，作者有些建议需要和出版社（售书商）沟通。一个是关于电子书的出版与纸质书出版的时间间隔，另一个是出于公益目的“你买书、我看书”的筹划思路。如果本书不能实现，期待基于知识传播的公益项目尽快出现。

2. 物联网精细化延伸

食安网、食廉网等。农副产品的分级定价与甄别。

3. 味觉的延伸

在本书的写作当中，巧克力通过味觉刺激了作者的神经，并尽力维持一定程度的兴奋。为了感谢 Ms Chocolate，作者想开设一个网上巧克力 Bar：Mr Brain & Ms Chocolate（脑先生与巧小姐）。希望有人分享体验。也怀念一下 X 射线的发现。

例如，法国的赛梦 85% 黑巧克力，苦的提神（苦等级 8），苦后有点儿臭豆腐的后味。也许能够为 3.5.5 节中味觉分享系统的“互联网 +”埋下伏笔。

4. Cloudy Cycle

不多表述，给读者以想象空间。

5. 室内环境维护机器人

传感器 + 清洁器 + 家庭新风。

6. 慈善物联网

公益已经发展到了从钱转向爱心行动的时代，例如，给永远不会进摄影棚的人们以摄影纪实。“大数据、小爱心”的地铁丢书行动。

7. 智能人行道交通信号灯

此想法源于“美国行人死亡人数创历史纪录，玩手机是罪魁祸首”，已经有国家尝试将人行道交通信号灯嵌入马路一侧的地下，使“低头族”不必过马路时抬头先看信号灯。而作者认为信号灯的颜色应当强制实时推送给“低头族”正在看着的手机，必要时可以考虑手机强制“红屏”以阻断临过马路“低头族”的手机屏幕显示内容。